HISTOIRE

DE

L'ASTRONOMIE ANCIENNE.

HISTOIRE

DE

L'ASTRONOMIE ANCIENNE;

Par M. DELAMBRE,

Chevalier de Saint-Michel et de la Légion-d'Honneur, Secrétaire perpétuel de l'Académie royale des Sciences pour les Mathématiques, Professeur d'Astronomie au Collége royal de France, Membre du Bureau des Longitudes, des Sociétés royales de Londres, d'Upsal et de Copenhague, des Académies de Saint-Pétersbourg, de Berlin, de Suéde et de Philadelphie, etc., etc.

TOME PREMIER.

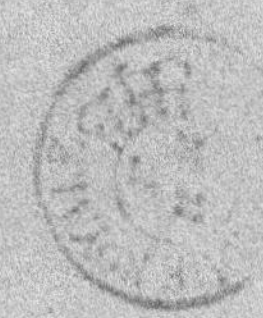

PARIS,

Mme Ve COURCIER, IMPRIMEUR-LIBRAIRE POUR LES SCIENCES.

1817.

DISCOURS PRÉLIMINAIRE.

PREMIÈRE PARTIE.

Nous avons déjà plusieurs histoires de l'Astronomie, les unes générales et les autres particulières, mais toutes plus ou moins incomplètes. Celle de Weidler, publiée en 1741, est une nomenclature des astronomes de tous les âges et de tous les pays. On y trouve les dates de leurs naissances et de leurs morts, et la liste de tous leurs ouvrages. C'est un répertoire très-bien fait, très-bon à consulter, mais il ne fait qu'indiquer les livres qu'un astronome peut avoir intérêt d'étudier.

Celle de Bailly, beaucoup plus célèbre et plus étendue qu'aucune autre, a été entreprise dans l'intention de prouver aux gens de lettres et aux gens du monde, l'importance et l'utilité de l'Astronomie; de tracer le tableau de ses phénomènes les plus imposans; de donner une idée des travaux et des découvertes principales des Hipparque, des Ptolémée, des Copernic et des Képler, et de tant d'autres savans illustres que les lecteurs, pour la plupart, sont réduits à n'estimer que sur parole.

Cette histoire est terminée par des discours éloquens et pleins d'intérêt, où l'auteur a fait l'exposé des dernières découvertes, des progrès successifs de l'Astronomie, de ce qu'elle peut laisser encore à desirer, enfin de ce qu'on peut espérer du tems et des efforts du génie.

C'est dans ces discours principalement et dans quelques digressions semées dans le cours de l'ouvrage, que l'auteur a fait preuve d'un grand talent. C'est-là qu'on rencontre ces deux beaux portraits de l'astronome et du géomètre, portraits qu'il avait dessinés d'après nature, et dont ses deux maîtres, La Caille et Clairaut, avaient fourni les traits les plus saillans. En tout tems ces discours seront lus avec plaisir et avec fruit; on n'y aperçoit aucune trace des hypothèses favorites de l'auteur; il n'y parle qu'en passant de *ce peuple ancien qui nous a tout appris, excepté son nom et son existence* (1). Au contraire, en remontant de nos jours aux tems les plus anciens, Bailly trouve d'abord une Astronomie

---

(1) Les mots soulignés sont de d'Alembert. Voici comment il s'exprime au tome II de sa Correspondance avec Voltaire, pag. 259.

« Le rêve de Bailly, sur ce peuple ancien, qui nous a tout appris, excepté son nom » et son existence, me paraît un des plus creux qu'on ait jamais eus; mais cela est bon

perfectionnée par l'analyse; puis une Astronomie déjà singulièrement améliorée par l'invention du télescope; plus loin, une Astronomie fondée sur la Géométrie plus élémentaire, et sur l'usage des instrumens propres à la mesure des angles; enfin, dans l'antiquité, une Astronomie qui ne suppose que des yeux, de l'attention, de la patience et du tems.

D'après cette division si naturelle et si juste, Bailly n'avait aucun besoin de recourir à la supposition gratuite d'un peuple perdu, qui avait tout inventé, tout *perfectionné*, et duquel il ne reste que des notions éparses, *dont les unes se retrouvent chez les Chinois, d'autres chez les Indiens ou les Chaldéens, qui n'en ont connu ni la valeur ni l'origine*, notions qui enfin ont pénétré dans la Grèce.

Est-il bien vrai que ces notions supposent une Astronomie perfectionnée? Au reste, il ne faut pas se tromper sur le sens de ce mot. Jamais Bailly n'a osé assurer que son peuple eût connu le télescope, ni sondé les profondeurs de l'Analyse; ce qu'il a dû entendre, c'est uniquement une Astronomie qui avait su tirer un parti avantageux de quelques théorèmes de Géométrie élémentaire, et qui s'était aidée de quelques instrumens, tels que l'astrolabe d'Hipparque, les armilles d'Eratosthène et le quart de cercle de Ptolémée. Mais tant de secours sont-ils véritablement nécessaires pour rendre raison de quelques périodes imparfaites, ou de quelques idées qui ont pu naître tout naturellement et sans aucune communication, chez tous les peuples qui ont eu, dans tous les tems, un intérêt presque égal de connaître la véritable longueur de l'année, la succession des saisons et l'ordre dans lequel elles doivent ramener les travaux de l'agriculture et les époques favorables à la navigation?

Pour répondre à cette question, qui n'est nullement difficile, il nous a suffi de remonter aux sources, et de consulter, dans leur langue, les historiens et les philosophes qui nous ont transmis ces notions vagues.

Que nous ont rapporté Platon et Eudoxe de leurs voyages en Égypte? qu'ont-ils pu apprendre de ces prêtres à qui Thalès avait montré comment on pouvait mesurer la hauteur des pyramides par la longueur de leurs ombres? Une année de 565 jours d'abord, et puis de 565 jours et six heures, avec l'idée du zodiaque incliné de 24° sur l'équateur.

Dès les premiers vers de son poëme, Manéthon nous annonce qu'il va démontrer à l'univers les *hautes connaissances du peuple qui ha-*

» à faire des phrases… J'aime mieux dire avec Boileau, en philosophie comme en poésie, » *Rien n'est beau que le vrai.* » Voyez aussi la pag. 236 du même volume.

bite les plaines sacrées de l'Égypte. Mais que voyons-nous dans ce poëme? Un éloge emphatique d'un Pétosiris et d'un Nécepsos, qu'il vante sans indiquer un seul de leurs travaux ; une imitation servile du poëme d'Aratus et toutes les rêveries de l'Astrologie judiciaire.

Les prêtres d'Égypte apprennent à Hérodote que le Soleil a quatre fois changé son cours, que deux fois il s'est levé où il se couche, et couché où il se lève. Ces prêtres étaient très-mystérieux, ce qui convient fort à l'ignorance et au charlatanisme. Aussi n'est-ce point à ce peuple si peu communicatif que Bailly fait honneur de son Astronomie perfectionnée. Il serait presque tenté de l'attribuer aux patriarches. Sur la foi de l'historien Josephe, il leur donne une *grande année* de 600 ans, que de son autorité il transforme en une période lunisolaire qui appartiendrait bien plutôt aux Égyptiens, lesquels auraient pu la tirer de la Chaldée, ou la trouver eux-mêmes sans être plus habiles que nous ne le supposons. Ce qu'on appelle *grande année*, c'est la période qui ramène toutes les planètes à un même point du ciel.

Que trouvons-nous chez les Chaldéens ? Quelques observations grossières d'éclipses dont les quantités sont marquées en moitié ou quarts du diamètre, et les tems sont donnés en heures sans fraction, ou rarement avec une fraction qui n'est jamais au-dessous d'un quart.

Diodore de Sicile nous dit que les prêtres de Bélus observaient assidûment les levers et les couchers des astres du haut de leur tour. On ajoute qu'ils ont réuni des séries d'éclipses qui embrassent plusieurs siècles; Simplicius, commentateur d'Aristote, nous rapporte que ces éclipses sont celles des 1903 années qui ont précédé la conquête d'Alexandre, et que Callisthène les avait envoyées à Aristote. Mais ce philosophe n'en fait aucune mention dans aucun de ses ouvrages existans, ni même dans aucun des ouvrages lus par Simplicius, puisque ce commentateur ne nous donne l'anecdote que sur l'autorité d'un Porphyre dont l'ouvrage est perdu, et que ceux qui nous ont parlé des liaisons et de la correspondance d'Aristote et de Callisthène, ne font pas la moindre mention de ces éclipses. Ptolémée nous dit bien que *des éclipses ont été apportées de Babylone ;* il en calcule plusieurs, mais la première ne remonte qu'à l'an 720 avant notre ère, c'est-à-dire à l'an 26 de Nabonassar ; s'il en avait eu de plus anciennes, il n'eût pas manqué de s'en servir pour la détermination du mouvement de la Lune; et une preuve assez bonne qu'il n'en avait pas, c'est qu'il a pris pour époque de ses Tables, la première année de Nabonassar. Son intention était que ses

Tables servissent au calcul de toutes les éclipses, tant passées que futures; il ne connaissait donc très-probablement aucune observation plus ancienne que Nabonassar.

Ce qui est sorti de plus ingénieux de l'école chaldéenne, c'est sans aucun doute l'hémisphère creux de Bérose, le premier et le plus répandu des cadrans solaires, et le premier fondement de la Gnomonique. Mais ce cadran ne suppose d'autre connaissance que la forme et le mouvement sphériques du ciel, et nous ne voyons en ces notions aucun moyen pour arriver à une Astronomie perfectionnée.

Les Chaldéens, observateurs assidus de tous les phénomènes, ont eu plusieurs périodes. On parle de leur *saros*, de leur *néros* et de leur *sossos*, sans bien savoir ce que ce pouvoit être. On croit avec quelque vraisemblance que l'une de ces périodes pouvait être le cycle de 19 ans que Méton trouva depuis à Athènes, où il n'est aucun besoin qu'il eût été apporté de Chaldée. Géminus, dans ses Élémens d'Astronomie, nous a montré par quels essais successifs les Grecs étaient arrivés à cette période que Calippe a depuis perfectionnée en la quadruplant. Censorinus s'explique à peu près comme Géminus.

Apollonius Myndien attribue aux Chaldéens des idées fort saines sur les comètes, qu'ils regardaient comme des planètes qui ne sont visibles que dans une partie de leurs révolutions, et reparaissent à certains intervalles. Ce ne serait encore qu'une conjecture raisonnable, puisqu'on ne l'appuyait d'aucune observation; mais Epigène, autre disciple de ces mêmes Chaldéens, nous assure qu'ils regardaient les comètes comme des vapeurs amassées momentanément dans l'atmosphère; on ajoute qu'ils prédisaient l'avenir par les mouvemens des astres. Jugeons de leurs connaissances par ce trait et par l'explication que Bérose donne des éclipses. Suivant ce chaldéen célèbre, la Lune tourne vers nous momentanément la partie qui n'est pas de feu. Suivant d'autres notions apportées en Grèce, la Lune et le Soleil sont des feux qui parcourent les espaces célestes dans des chars fermés. Un côté seulement est ouvert d'un trou rond. Si par hasard l'ouverture vient à se fermer ou à se rétrécir, nous observons une éclipse totale ou partielle.

Voilà donc quel était l'état de la science chez ces Chaldéens et ces Égyptiens si vantés. Nous ne parlons pas encore des Chinois et des Indiens, dont les écrits nous ont été connus si tard, que nous ne trouverons pas mieux instruits, ou qui ne l'ont été que dans des tems bien postérieurs aux écrits des Grecs et même à ceux des Arabes formés à l'école des Grecs.

C'est donc chez les Grecs, et chez eux seuls, qu'il nous faut chercher l'origine et les monumens d'une science qu'ils ont créée, et que seuls ils ont eu les moyens de créer. Je n'appelle pas science la collection de quelques faits si frappans, qu'ils n'ont pu échapper à aucun observateur, ni quelques conséquences faciles à déduire, et qui ne supposent tout au plus qu'une opération arithmétique. Je n'appelle pas science la simple revue du ciel étoilé et sa distribution en certains groupes auxquels on a imposé des noms arbitraires, non plus que la division du zodiaque en 27 ou 28 maisons indiquées par le cours de la Lune, ou en douze signes qui répondent aux douze mois de l'année. Tout cela est si facile, qu'on a dû le trouver partout où l'on a voulu, et ce n'est guère la peine de rechercher quel est le peuple qui s'en est avisé le premier; ce doit être le plus ancien, et l'on n'aurait aucune raison valable pour refuser ces connaissances aux patriarches.

Ce que j'appelle *science astronomique*, c'est une théorie qui lie tous ces faits mieux observés, qui en donne la mesure plus précise, qui fournit les moyens de calculer tous les phénomènes, qui sait en conclure les distances et les vitesses des corps célestes, leurs marches, leurs rencontres, leurs éclipses, et qui sait assigner les tems et la manière différente dont ces phénomènes s'offriront aux habitans des divers pays. Or, voilà ce que les Grecs ont fait seuls, ce qu'ils ont seuls enseigné aux autres peuples, ce qu'ils ont fait d'une manière complète à certains égards, quoiqu'imparfaite encore à beaucoup d'autres.

Hérodote nous dit que Thalès avait annoncé aux peuples d'Ionie la fameuse éclipse de Soleil qui fit jeter les armes aux Mèdes et aux Lydiens, et l'historien fait remarquer comme une merveille, que l'astronome eût pu fixer d'avance l'*année* où devait s'observer un phénomène si remarquable. Faut-il d'autre preuve qu'on ignorait alors l'art de calculer une éclipse? Cette connaissance ne remonte pas plus haut qu'Hipparque, qui, le premier, donna aux Grecs une Trigonométrie, fixa plus sûrement la durée du mois lunaire et de l'année solaire, et sut déterminer la parallaxe de la Lune et sa distance à la Terre. En vain chercherait-on ces connaissances dans Aristarque, Archimède, Euclide. Aucun de ces géomètres fameux ne savait résoudre un triangle même rectangle, autrement que par des opérations graphiques. Quand Aristarque eut trouvé sa méthode ingénieuse pour estimer la distance du Soleil à la Terre, il parvint, par un emploi fait avec beaucoup d'adresse de toutes les ressources de la Géométrie de son tems, à prouver que cette distance renfermait plus que 18 fois et moins que 20 la distance de la Lune à la Terre. En adoptant ses données, fort inexactes, Hipparque lui aurait prouvé, par une règle de trois, que ce rapport devait être celui de 19 à l'unité. Dans une recherche à peu près de même genre, Archimède est réduit à porter, sur un quart de cercle, un arc qu'il a mesuré; il trouve ainsi que le diamètre du Soleil surpasse 27′, et qu'il est moindre que de 35′, laissant une incertitude d'un cinquième sur une mesure si facile et si fondamentale.

Que trouvons-nous chez les géomètres qui l'avaient précédé? Des considérations vagues et générales sur le mouvement diurne, et pas un théorème usuel.

Autolycus fait tourner une sphère; il examine la partie de ses différens cercles qui est au-dessous de l'horizon et celle qui est au-dessus; il rassemble et démontre géométriquement quelques propositions sur les levers et les couchers, sans pouvoir assigner en nombre, ni l'instant précis d'aucun phénomène, ni le tems qu'un point donné doit employer à passer de l'horizon oriental à l'horizon occidental.

Platon conseille aux astronomes de chercher l'explication des mouvemens célestes, dans la combinaison de différens cercles; ils suivent ce conseil, et faute d'idées assez précises et de bonnes observations, ils multiplient les cercles outre mesure et sans aucun succès.

Par les difficultés que rencontre l'établissement de l'Astronomie chez un peuple ingénieux qui avait produit des géomètres tels qu'Archimède et Apollonius, que l'on juge ce qu'a dû être la science, ce qu'elle a été certainement chez les nations qui n'avaient aucune Géométrie.

Il est démontré que du tems d'Archimède, les Grecs n'étaient guère plus avancés que les autres peuples desquels ils avaient pu emprunter ces notions vagues, disséminées chez leurs historiens. Toutes leurs connaissances se trouvent à fort peu près rassemblées dans le poëme d'Aratus, qui n'avait fait que mettre en vers deux ouvrages d'Eudoxe, dont Hipparque, dans son Commentaire, nous a conservé quelques fragmens précieux.

Aratus n'était point observateur, Eudoxe ne l'était guère davantage. Celui-ci avait fait ou s'était procuré un globe sur lequel, d'après des levers et des couchers, on avait placé grossièrement quelques étoiles brillantes et l'écliptique inclinée de 24°; il fait tourner ce globe, et remarque quelles étoiles se lèvent et se couchent ensemble; quelles constellations seront visibles en différentes saisons de l'année; il fait, de ces remarques faciles et inexactes, un livre pour l'usage des navigateurs. Ce livre a une vogue qui prouve l'ignorance générale; ce livre est mis en vers, il a l'honneur d'être commenté par plusieurs astronomes, au nombre desquels très-heureusement se trouve Hipparque. Le poëme est traduit par Cicéron et Germanicus; l'original parvient jusqu'à nous avec le Commentaire de Théon et le Commentaire bien autrement intéressant d'Hipparque. Son importance s'accroît en raison de son antiquité; on y voit le dépôt des connaissances les plus précieuses; on suppose très-gratuitement, et contre le témoignage formel d'Hipparque, qu'il ne peut être fondé que sur des observations très-exactes; tout ce qu'il contient d'erroné devient article de foi, on n'ose le révoquer en doute; mais, d'après un mouvement découvert postérieurement par Hipparque, mouvement dont il n'est plus possible de douter, et qu'Hipparque ignorait encore au tems où il écrivait son Commentaire, la sphère d'Eudoxe ne donne pas les positions telles qu'elles devaient être de son tems. Newton calcule à quelle année doivent se rapporter les positions indiquées; il conçoit le hardi projet de réformer la Chronologie. Son système est vivement combattu par Fréret; différens auteurs prennent parti pour ou contre. La victoire paraît demeurer au savant français; mais, dans cette guerre si longue et si inutile, on oublie précisément la chose par laquelle il fallait commencer. On renouvelle le scandale de la *dent d'or;* on néglige de discuter ces observations prétendues sur lesquelles on dispute sans s'entendre; on ne prend garde qu'à la position équivoque des solstices et des équinoxes. Mais Eudoxe et Aratus nous décrivent en même tems les deux colures, l'équateur et les deux tropiques. Si les observations sont bonnes, si elles sont d'une même époque, toutes les étoiles indiquées devront se trouver sur le cercle désigné. Au moyen du mouvement de précession, aujourd'hui parfaitement connu, nous pourrons vérifier la bonté des données; nous pourrons déterminer entre certaines limites l'époque des observations. Si tout ne s'accorde pas, nous pourrons dire à quel âge appartient telle partie de la sphère, à quel autre appartient telle autre partie qui n'est pas du même tems.

Or, ce calcul, que nous avons fait, prouve invinciblement que les étoiles placées sur un même cercle ne s'y trouvent pas réellement, que les unes ne peuvent jamais s'y trouver, et les autres ne peuvent s'y rencontrer ensemble; ensorte qu'il faudrait autant d'époques différentes qu'il y a d'étoiles dans cette sphère; qu'il ne suffit plus de remonter à des époques de mille à douze cents ans, qu'il faut remonter de deux à trois mille ans ; et ce qui est surtout digne de remarque, que plusieurs étoiles n'étaient pas encore arrivées à la position où il les place, qu'elles n'y sont pas même aujourd'hui, et n'y viendront que dans trois cents ans ; de manière qu'Eudoxe s'est trompé de vingt-quatre siècles, à moins qu'on n'aime mieux remonter à vingt-trois ou vingt-quatre mille ans.

Que conclure de toutes ces remarques ? Une chose si naturelle et si simple qu'on aurait pu l'affirmer avant d'en avoir fait le calcul : les observations étaient grossières, et les étoiles mal placées, parce qu'on manquait de moyens, et qu'on n'avait aucun des instrumens nécessaires pour un pareil travail. Rien de plus facile que de dessiner des groupes de constellations, de les placer sur un globe d'une manière qui représente à peu près ce qu'on a vu ou cru voir. Mais pour faire un bon globe et un bon catalogue d'étoiles, il y faut bien d'autres soins et bien d'autres ressources. Nous avons plusieurs de ces anciens catalogues rédigés sans instrument et sans observation véritable. Tels sont ceux qui passent sous les noms d'Eratosthène et d'Hygin. Ce sont de simples nomenclatures des étoiles qui composent une constellation, de celles qui sont à la tête, sur les bras ou la poitrine ; du reste aucune indication précise. Tels sont les catalogues que nous trouvons chez les Chinois et les Indiens qui leur attribuent une antiquité fabuleuse que nous n'avons aucun intérêt à contester. Ils sont assez grossiers pour être aussi anciens qu'on voudra. Le premier catalogue vraiment digne de ce nom, est celui d'Hipparque. On sait avec quels éloges Pline a parlé de cet ouvrage. Pour le composer, Hipparque avait imaginé des instrumens dont on ne voit aucune mention avant lui, et qui ont été imités par tous ses successeurs. Avec ces nouveaux moyens, à quelle précision Hipparque est-il parvenu ? à celle d'un demi-degré à peu près, comme nous le prouvons par une multitude de rapprochemens et de calculs qui, par des voies différentes, nous ramènent toujours au même résultat ; et l'on voudrait qu'Eudoxe, les Chinois et les Indiens eussent fait mieux, eux à qui l'on ne connaît aucune Géométrie, aucun instrument, aucune méthode quelconque !

Si nous n'avions que les observations d'Hipparque et de Ptolémée pour juger du tems où vivaient ces grands astronomes, nous serions bien embarrassés pour y répondre d'un demi-siècle, et l'on voudrait fixer l'époque de Chiron et des Argonautes ! Mais que pensera-t-on de ce long procès astronomique et chronologique, si nous ajoutons qu'il n'a été occasionné que par une méprise, par un simple malentendu.

Sextus Empiricus nous apprend que les Chaldéens avaient divisé le zodiaque en douze signes, par les levers, au moyen d'une clepsydre. Nous voyons déjà ce que nous devons penser de ce moyen, qui nécessitait plus d'un demi-degré d'erreur sur le lieu vrai de chaque étoile, à cause de la réfraction, quand même on supposerait l'horizon terrestre aussi bien terminé que celui de la mer, et sans parler de l'écoulement inégal de l'eau, et des erreurs qu'il produit dans la mesure du tems et dans celle du mouvement diurne. Quand le Soleil se couche, l'étoile qui devrait paraître à l'orient est effacée par le crépuscule; ce n'est que plus d'une heure après, que les étoiles sont visibles. On ne peut donc observer directement, ni le lieu occupé par le Soleil, ni le point opposé. Autolycus estime à 30°, ou un signe entier, l'espace absorbé par les rayons solaires. Une heure environ après le coucher du Soleil, on verra paraître une étoile qui sera à 15° du Soleil ou du lieu opposé. Dans une même nuit, on ne verra que onze des douze signes qui forment l'écliptique; mais la partie invisible change tous les jours d'un degré. En peu de mois, on aura divisé l'écliptique entière, et reconnu les étoiles des douze signes.

De cette méthode il résulte qu'on placera le Soleil au milieu de l'arc invisible, dont on ne peut déterminer que les deux points extrêmes. Au jour du printems, l'arc invisible s'étendra de 15° de part et d'autre du premier point du Bélier. Les points équinoxiaux répondront au milieu des signes du Bélier et de la Balance; les points solsticiaux, au milieu du Cancer et du Capricorne. L'été se composera des trois mois ou des 90° qui donneront les plus longs jours; l'hiver, des 90° qui donneront les nuits les plus longues; le printems et l'automne, des 90° qui de part et d'autre donnent des durées moyennes au jour et à la nuit. Pour trouver l'époque du Catalogue qui donne ces positions aux colures, il ne sera plus besoin de remonter du nombre de siècles qui donnera une précession de 15°, c'est-à-dire de douze cents ans environ. Isidore d'Hispala nous a transmis une figure du zodiaque, ainsi divisé, suivant la méthode des Chaldéens; mais cette division a cessé d'être celle des astronomes, et la raison en est bien simple. Hipparque, après avoir inventé la Trigonométrie, sentit la nécessité de donner aux arcs de l'écliptique, pour origine commune, l'intersection vernale, qui était le sommet de tous les triangles qu'il avait à calculer. Il a changé de 15° la place de toutes les étoiles, parce qu'il a changé le point de départ. Toutes les fois qu'il fait un calcul, et qu'il en veut comparer le résultat à une position donnée par Eudoxe, il tient compte à part de ces 15° de différence. Eudoxe, qui n'était ni observateur ni calculateur, a suivi la division chaldéenne. Hipparque, qui était l'un et l'autre, a changé cette division; il a été contraint de le faire, pour ne pas allonger très-inutilement tous les calculs. Ce changement était de nature à n'être ni remarqué, ni même compris des auteurs qui écrivaient sur la sphère; et de là tant de systèmes et tant de disputes.

Quoi qu'il en soit de cette explication, à laquelle on donnera, si l'on veut, le nom de système, nous ne perdrons pas le tems à la défendre; elle est fort indifférente à la véritable Astronomie. Qu'on l'adopte ou qu'on la rejette, il n'en restera pas moins démontré que la sphère d'Eudoxe est mal construite, et qu'on n'en peut rien tirer pour l'avantage de l'Astronomie, ni pour celui de la Chronologie.

Qu'on ne s'étonne pas de ces erreurs d'un demi-degré que nous avons l'air de reprocher à Hipparque. Songeons que son astrolabe n'était autre chose qu'une sphère armillaire; que le diamètre en était fort médiocre, les sous-divisions du degré peu sensibles; qu'il ne connaissait ni les lunettes, ni les verniers, ni les micromètres. Que ferions-nous aujourd'hui même, si nous étions dépourvus de ces secours; si nous ignorions la réfraction et la véritable hauteur du pôle, sur laquelle, à Alexandrie même, malgré les armilles de toute espèce, on commettait une erreur d'un quart de degré? Aujourd'hui nous disputons pour une fraction de seconde; on ne pouvait alors répondre d'une fraction de degré, on pouvait se tromper d'un diamètre du Soleil ou de la Lune. Songeons bien plutôt aux services essentiels qu'Hipparque a rendus à l'Astronomie, dont il est le vrai fondateur. Le premier il a donné et démontré les moyens de calculer tous les triangles, soit rectilignes, soit sphériques. Il avait construit une Table des cordes, dont il tirait à peu près les mêmes services que nous tirons de nos Tables de sinus. Il a fait des observations beaucoup plus nombreuses et mieux entendues que ses prédécesseurs. Il a établi la théorie du Soleil d'une manière à laquelle Ptolémée, deux cent soixante-trois ans après, n'a trouvé rien à changer. Il est vrai qu'il s'est trompé sur l'inégalité du Soleil; mais nous démontrons que sa méprise tient à une erreur d'un demi-jour sur l'instant du solstice. Lui-même il avoue qu'il a pu s'y tromper d'un quart de jour; et l'on peut toujours, sans scrupule, doubler l'erreur avouée par un auteur qui est de bonne foi, mais qui se fait illusion à lui-même. Il a déterminé la première inégalité de la Lune, et Ptolémée n'y change rien; il a donné les mou-

vemens de la Lune, ceux de son apogée et de ses nœuds, et Ptolémée
n'y fait que des corrections légères et d'une bonté plus que douteuse.
Il a entrevu la seconde inégalité; il a fait toutes les observations nécessaires pour une découverte dont l'honneur était réservé à Ptolémée; découverte qu'il n'eut peut-être pas le tems d'achever, mais pour laquelle
il avait tout préparé. Il a montré que toutes les hypothèses de ses prédécesseurs étaient insuffisantes pour expliquer la double inégalité des
planètes; il a prédit qu'on ne pourrait y parvenir qu'en combinant ensemble les deux hypothèses de l'excentrique et de l'épicycle. Les observations lui manquaient, parce qu'elles exigent des intervalles qui passent
la durée de la plus longue vie; il en a préparé pour ses successeurs.
Nous devons à son Catalogue la connaissance précieuse du mouvement
rétrograde des points équinoxiaux. Nous pourrions, il est vrai, tirer
cette connaissance des observations beaucoup meilleures qu'on a faites,
surtout depuis cent ans; mais il nous manquerait la preuve que ce mouvement est sensiblement uniforme pour une longue suite de siècles; et
ses observations, par leur nombre, par leur ancienneté, malgré les erreurs qu'on est forcé d'y reconnaître, nous donnent cette confirmation
importante de l'un des points fondamentaux de l'Astronomie. C'est lui
qui en a fait la première découverte. Il a inventé le planisphère, ou le
moyen de représenter la sphère étoilée sur un plan, et d'en tirer la
solution des problèmes de l'Astronomie sphérique, d'une manière souvent aussi exacte et plus commode que par le globe même. Il est encore
le père de la véritable Géographie, par l'idée heureuse de marquer la
position des villes comme celle des astres, par des cercles menés perpendiculairement du pôle sur l'équateur, c'est-à-dire par longitudes et
latitudes. Sa méthode pour les éclipses a été long-tems la seule qu'on
eût pour déterminer les différences des méridiens; enfin, c'est d'après la
projection dont il est l'auteur, que nous faisons encore aujourd'hui nos
mappemondes et nos meilleures cartes géographiques.

   Après ce grand homme, nous trouvons une lacune considérable dans
l'histoire de l'Astronomie. Nous ignorons jusqu'au nom des prédécesseurs de Ptolémée; et nous ne voyons d'eux que des observations aussi
grossières que celles des Chaldéens. Sur la foi du juif Abraham Zachut,
Riccius nous parle d'un Milbeus qui vivait à Rome sous Trajan, et qui
fit un Catalogue que Ptolémée s'attribua, sans y faire d'autre changement que celui d'ajouter à toutes les longitudes, les 25' dues à la précession. Ainsi, tout conspire pour refuser à Ptolémée ce Catalogue, que

tous les astronomes, aujourd'hui, restituent à Hipparque, parce qu'il n'y a que ce moyen pour le rendre moins défectueux, et que le Catalogue prétendu de Millæus aurait précisément le même défaut, et ne serait qu'une copie tirée d'après le Catalogue d'Hipparque. S'il est difficile de disculper Ptolémée de ce plagiat, et peut-être de quelques autres, il lui reste au moins d'autres titres qui le feront toujours placer au nombre des astronomes du premier ordre. Telle est sa découverte de l'évection ou de la seconde inégalité de la Lune. D'après une idée d'Hipparque, il a le premier établi la théorie et calculé des Tables de toutes les planètes, et déterminé, avec une précision assez remarquable, les rapports des rayons de leurs épicycles à leurs distances moyennes; c'est-à-dire, en d'autres termes, et sans qu'il s'en doutât lui-même, les rapports de leurs distances moyennes à la distance moyenne de la Terre au Soleil. Cette théorie, toute imparfaite qu'elle était, a régné quatorze cents ans; elle a été adoptée par les Arabes, transmise aux Persans, aux Tartares, et enfin aux Indiens, qui l'ont défigurée en la déguisant. Les centres équidistans de la Terre, de l'excentrique et de l'équant, les orbites aplaties de la Lune et de Mercure, ont conduit à l'idée de l'ellipse et de ses foyers. Ainsi Ptolémée a préparé les voies à Képler, qui les a préparées à Newton. Ses écrits sont les seuls qui nous aient conservé la connaissance des travaux d'Hipparque. D'après les idées que ce grand astronome avait consignées dans un Traité du Planisphère qu'on avait trouvé trop obscur, il a écrit un nouveau traité sur le même sujet, auquel il a joint un ouvrage sur l'Analemme, où l'on trouve la première idée des sinus substitués aux cordes. Il est auteur du Traité de Géographie le plus complet qui nous soit parvenu; il a écrit sur la Musique; il avait fait un ouvrage sur les trois dimensions des corps, où l'on trouve la première idée des trois coordonnées orthogonales. On lui doit enfin la découverte de la réfraction astronomique, des Tables précises de la réfraction dans l'eau et dans le verre, c'est-à-dire les seuls vestiges de Physique expérimentale qu'on ait pu découvrir dans les écrits des Grecs.

De ces faits incontestables il résulte que si Ptolémée fut un observateur médiocre et justement suspect, il fut au moins un écrivain très-distingué, un excellent calculateur, qui savait imaginer et combiner des hypothèses. Comme on est porté naturellement à donner à un auteur tout ce qu'on trouve dans ses ouvrages et qu'on n'a encore vu nulle part, il a été réputé le *Prince des Astronomes*; et sans la justice qu'il rend partout au grand homme qui lui avait été si utile dans la composition de ses Livres, il passerait pour le seul astronome véritable qu'ait produit l'antiquité.

Ptolémée n'eut aucun successeur parmi les Grecs ; car Théon, son commentateur, n'a rien fait, rien perfectionné. Il paraîtrait n'avoir lu et ne connaître que Ptolémée. On lui devrait cependant l'observation d'une éclipse de Soleil, la seule qui nous soit restée des anciens ; mais elle a bien l'air de n'être qu'un calcul fait sur les Tables de Ptolémée.

Après ce que nous avons annoncé des Chinois et des Indiens, il serait fort inutile d'exposer ici les travaux ou grossiers ou tardifs de ces deux peuples, qui sont toujours restés étrangers aux progrès de la Science. Nous renverrons aux deux chapitres que nous avons consacrés à leur histoire. Qu'il nous suffise de rappeler qu'on ne leur connaît aucun instrument, aucune science géométrique, aucune méthode qui n'ait été tirée directement ou indirectement des écrits des Grecs ; qu'ils n'avaient qu'une idée très-imparfaite de la parallaxe ; et que les Indiens mêmes, beaucoup moins ignorans que les Chinois, n'ont jamais été en état de calculer, à une demi-heure près, le tems ni la durée d'une éclipse. Que jusqu'à l'an 1200 de notre ère, les Chinois ont cru que le rapport du diamètre à la circonférence était celui de un à trois ; qu'ils n'avaient aucune Trigonométrie ; que Cochéou-King tenta de leur en donner une, à laquelle Gaubil n'a jamais pu rien comprendre ; qu'il s'est trompé de plus d'un degré sur la déclinaison de l'étoile polaire ; qu'il a annoncé plusieurs éclipses qui n'ont jamais eu lieu ; mais disons à sa gloire, qu'il avait fait à un gnomon de quarante pieds, des observations qui n'ont pas été inutiles à La Caille, pour ses Tables du Soleil. On trouve, dans les annales des Chinois, d'autres observations d'ombres à un gnomon de huit pieds, qui ne s'accordent guère entr'elles, et dont l'une donnerait onze cents ans avant notre ère, une obliquité de l'écliptique qui s'accorde avec nos Tables, mais nullement avec l'idée que les Chinois avaient de cet angle, qu'ils auraient observé pendant près de deux mille ans, sans en apercevoir la diminution. Enfin, qu'à l'arrivée des Jésuites, le président du Tribunal des Mathématiques, et le tribunal tout entier, étaient incapables de calculer pour un jour donné, quelle devait être la longueur de l'ombre d'un gnomon. Il paraîtrait cependant que les Chinois auraient devancé Pythéas et les Grecs de sept cents ans, dans l'usage du gnomon ; mais cet instrument est le plus simple de tous, le premier qu'on ait dû imaginer, ou plutôt qu'on a trouvé tout fait ; ensorte qu'on en peut faire remonter l'usage jusqu'au tems de la création du monde.

Mais quand il est seul, il ne peut mener bien loin en Astronomie; consulté pendant une longue suite de siècles, il donnera fort bien la longueur de l'année. Et si les anciens avaient connu cette durée, ce ne pourrait être que de cette manière.

Quant aux Indiens, nous dirons simplement qu'après avoir démontré la faiblesse des raisonnemens hasardés en leur faveur par Bailly, après avoir rétabli dans leur vrai sens les passages qu'il apporte en preuve de son opinion, nous exposons, d'après les savans de Calcutta, leurs véritables théories, la composition de leurs Tables, et tous les fondemens de leurs calculs, qui ne changeront rien aux conclusions tirées précédemment.

Ainsi, pour connaître l'origine et les progrès de l'Astronomie véritable, il faut étudier les écrits des Grecs, et ceux de leurs disciples et leurs imitateurs de tous les âges, jusqu'à Képler. Mais la plupart de ces livres sont rares : à la difficulté de se les procurer se joint celle de les entendre, non-seulement à cause de la différence des langues, mais aussi parce que la langue mathématique a changé totalement; que les méthodes et les démonstrations sont différentes; que les idées et les expressions les plus familières autrefois sont tombées en désuétude, et devenues presque inintelligibles; que pour une page qui pourrait être utile, on est obligé de dévorer l'ennui de plusieurs volumes. On peut soupçonner pourtant, que dans ce nombre effrayant d'ouvrages, dont les titres seuls et les dates occupent mille pages dans la Bibliographie de Lalande, il peut se trouver quelque méthode, quelque pratique, quelque fait et quelque connaissance qui ne mérite pas l'oubli dans lequel elle est tombée. Lire tous ces ouvrages par ordre, est le seul moyen de connaître sûrement la marche de l'esprit humain, de distinguer les véritables inventeurs, et de rendre à chacun ce qui peut lui appartenir. Il ne faut pas que nos richesses actuelles nous rendent trop dédaigneux pour les auteurs inconnus aujourd'hui, qui ont autrefois joui d'une grande considération, par ce qu'ils avaient ajouté à la masse des connaissances acquises, et qui, enfin, pourraient n'être pas encore tout-à-fait inutiles. Mais quand il serait prouvé qu'on n'en tirera jamais rien qui puisse nous servir, ne sera-t-il pas au moins très-curieux de voir par quels degrés l'Astronomie est arrivée au point de perfection où nous la voyons.

D'après ces réflexions, nous avons pris le parti de lire, et nous avons analysé, en suivant l'ordre des tems, tous les livres, depuis le premier qui nous reste des Grecs jusqu'à Képler, nous proposant d'aller jusqu'à

Newton, et peut-être jusqu'à nos jours. Nous avons pris dans chacun ce qui n'avait pas été dit auparavant; nous examinons les méthodes, nous en montrons la filiation, nous les comparons aux nôtres, nous les dégageons des longueurs qui les rendent obscures, nous en donnons des équivalens plus commodes, nous transcrivons tous les faits et toutes les observations qu'il pourrait être important de calculer de nouveau, ensorte que l'on puisse être dispensé de recourir aux originaux, si ce n'est dans les cas rares où rien ne peut affranchir de cette obligation.

La Caille avait formé le projet d'un ouvrage qu'il devait intituler *les Ages de l'Astronomie*. Autant qu'on peut voir, son dessein était de recueillir et de calculer toutes les observations faites depuis l'origine de l'Astronomie, jusque vers le milieu du 18ᵉ siècle. Pingré avait suivi ce plan pour les observations du 17ᵉ siècle, en commençant à Tycho; le volume n'a pu être publié, ni même achevé. Peut-être ce qu'on lira dans notre Histoire démontrera-t-il le peu d'utilité de ces longs calculs sur des observations précieuses dans leur tems, et qui n'auraient plus aujourd'hui le moindre mérite. La Caille et Pingré voulaient se charger de ce soin, pour en éviter la peine aux astronomes. Aujourd'hui, ce dévouement doit se borner aux seules observations faites avec des instrumens à la précision desquels on ne pourra désormais rien ajouter de bien marqué, ou qui ne puisse être suffisamment compensé par l'avantage d'une date plus ancienne d'un demi-siècle. Tel est, par exemple, le travail que M. Bessel a fait sur Bradley, et dont les astronomes voudraient hâter la publication prochaine. Rien de tout cela n'est entré dans le plan de Bailly. On pouvait en retrouver une partie dans les éclaircissemens rejetés à la fin de chaque livre; on n'y voit guère que ce qui lui paraît propre à donner quelque vraisemblance à ses hypothèses, les preuves qu'il amasse et combine de l'existence de son peuple imaginaire, de ses travaux prétendus, et de leur conformité singulière avec les mesures des modernes. Nous discutons ces preuves, mais simplement par occasion; notre intention n'a été d'attaquer ni de réfuter qui que ce soit. Que nous importe que l'Astronomie ait été autrefois aussi florissante qu'elle peut l'être aujourd'hui? Bailly lui-même convient que tous ces anciens travaux étaient perdus, et qu'on les a refaits sans se douter qu'ils eussent été parfaitement exécutés il y a trois mille ans. Bailly n'a donc traité qu'une question purement curieuse, et propre à faire briller le talent qu'il avait pour la discussion, et l'adresse avec laquelle il plaide une cause dont il se défie lui-même. Pour nous, nous ne considérons que les faits dont nous pouvons fournir la preuve; on voit à chaque pas les sources où nous avons puisé. Les doctrines que nous analysons peuvent se vérifier dans des ouvrages qui existent : nous n'écartons que les longueurs et les inutilités; nous épargnons aux astronomes un tems dont ils peuvent faire un beaucoup meilleur usage; et en leur présentant sous une forme plus abrégée et beaucoup plus commode, tout ce qui peut résulter d'instruction de la lecture d'un grand nombre de volumes, nous avons desiré que cette instruction ne leur coûtât jamais que ce qu'elle pourra valoir.

Nota. Cette première partie a été lue dans l'assemblée publique de l'Académie royale des Sciences, le 17 mars 1817.

SECONDE PARTIE.

Nous croyons avoir suffisamment démontré, dans le cours de notre Histoire, qu'à la réserve du gnomon, connu depuis long-tems des Chinois, tous les instrumens astronomiques sont des inventions des Grecs. Nul autre peuple plus ancien n'a produit aucun observateur qui méritât véritablement ce nom. Nous pouvons ajouter que chez les Grecs mêmes, les vrais observateurs ont été peu nombreux. Le premier instrument dont il soit fait mention est l'héliomètre, que Méton posa publiquement et consacra dans Athènes. Nous n'en connaissons bien précisément ni la grandeur ni les usages. Mais de toutes les observations de Méton, on ne cite que des solstices. Il se peut donc que son héliomètre ne fût qu'un gnomon destiné à mesurer les ombres solsticiales. Eratosthène fit placer à Alexandrie des armilles équatoriales; ce fait est certain. On ne voit pas aussi clairement qu'il y ait aussi fait placer l'armille solsticiale; mais on peut conjecturer avec quelque vraisemblance, qu'elle fut employée par Timocharis et Aristylle, dont nous avons quelques déclinaisons d'étoiles. Il est assez naturel de croire que c'est à l'armille solsticiale qu'il a mesuré les deux distances d'où il a conclu l'obliquité de l'écliptique et le degré du méridien (*voyez* le chap. d'Ératosthène, tome I, p. 86). Mais depuis Timocharis jusqu'au tems d'Hipparque, on ne trouve aucune observation qui exige aucun instrument d'une forme quelconque. Il paraît même qu'Ératosthène ne fit pas un usage bien fréquent des armilles qu'il avait inventées. On ne rapporte de lui aucun équinoxe, ni le tems d'aucun solstice. Il n'a donc que ses deux distances ou ses deux ombres solsticiales, et la hauteur de quelques montagnes mesurée avec une dioptre qui n'a pas été décrite. Géminus fait mention d'un instrument qui ressemblerait à l'équatorial; mais on ne connaît aucune observation à laquelle il ait servi. On connaît la dioptre d'Hipparque, imitée par Ptolémée; on connaît encore mieux l'astrolabe, dont il paraît l'inventeur, et avec lequel il a observé les distances de la Lune à l'Épi; avec lequel, sans doute, il a composé son Catalogue d'étoiles. Mais dans quel observatoire étaient ces deux instrumens d'Hipparque? en quel pays a-t-il fait ces observations qui lui ont acquis la réputation du plus grand astronome qu'ait produit l'antiquité? C'est ce que rien ne nous apprend bien clairement. Nous voyons, par son Commentaire sur Aratus, qu'il y prend le surnom de *Bythinien*; Pline lui donne celui de *Rhodien*; Suidas l'appelle *Nicéen,* ce qui revient à *Bythinien.* Ptolémée nous dit expressément que dans les années 619 et 620 de Nabonassar, il observa la Lune à *Rhodes.* Théon, dans son Commentaire (p. 63), nous dit que Ptolémée calcule tous ses exemples pour le climat de Rhodes, parce qu'Hipparque y a fait un grand nombre d'observations. S'il avait fait un long séjour à Alexandrie, il serait plus naturel que Ptolémée eût choisi, dans ses exemples, le parallèle de cette ville, qu'il habitait lui-même. Il est donc très-probable que c'est à Rhodes que demeurait Hipparque; que c'est-là qu'il a composé la plus grande partie de ses ouvrages; et de là le surnom que Pline lui donne. L'anonyme alexandrin qui a joint une note au livre de Ptolémée sur les disparitions et réapparitions des étoiles, nous apprend qu'Hipparque a observé en Bythinie tous les levers et couchers mentionnés par Ptolémée dans son opuscule. Il n'ajoute pas que, depuis, Hipparque soit venu observer à Alexandrie; aucun auteur ne lui donne le titre d'*Alexandrin.* C'est probablement aussi en Bythinie, qu'il a observé les levers et les couchers qu'il rapporte dans son Commentaire sur Aratus. Ces observations n'exigent aucun instrument; elles peuvent être de sa jeunesse, ainsi que son Commentaire, qui nous prouve qu'à l'époque où il le composa, il n'avait encore aucune idée du mouvement de précession.

On trouve dans Ptolémée une éclipse de Lune observée à Rhodes en l'an 606 de Nabonassar. Cette éclipse est probablement d'Hipparque, quoiqu'il n'y soit pas nommé; car nous n'avons connaissance d'aucun astronome rhodien à cette époque; et Bouillaud, qui avait un grand fond d'érudition astronomique, nous dit, page 13 de son Astronomie, qu'Hipparque s'appliqua aux observations à Rhodes, vers l'an 600 de Nabonassar; et Ptolémée nous prouve qu'il y demeurait en 619 et 620.

Malgré toutes ces raisons et tous ces témoignages, on paraît persuadé généralement qu'Hipparque observait à Alexandrie. Cette opinion est celle de Flamsteed, dans ses Prolégomènes, et celle de Cassini, dans ses Élémens d'Astronomie; elle a été adoptée depuis par tous les auteurs, dont aucun n'a pris la peine de la discuter.

Le séjour d'Hipparque à Alexandrie n'est pourtant affirmé nulle part. Il ne peut se conclure que du rapprochement de quelques passages; et ce genre de preuves est un peu moins sûr. Il ne suffit pas de montrer que ces passages peuvent en effet s'interpréter de cette manière; il ne suffit pas même que cette manière soit la plus naturelle, il faut prouver qu'elle est la seule; sans quoi l'on n'aura que des probabilités plus ou moins fortes, on n'aura aucune démonstration réelle. Il n'est pas sans exemple que, d'une page à l'autre, un auteur soit un peu en contradiction avec lui-même, et qu'il s'exprime d'une manière un peu vague ou irréfléchie, à laquelle on peut donner une interprétation qu'il n'a pas prévue. Rien ne peut valoir une assertion claire et positive comme nous en avons pour le séjour d'Hipparque en Bythinie, d'abord, et puis à Rhodes.

Examinons les passages où il est question des recherches d'Hipparque. Nous voyons, au livre III de la Syntaxe, qu'Hipparque a rapporté toutes les observations *qui lui ont paru faites avec soin, tant des solstices d'été que des solstices d'hiver*. Il ne désigne ni le lieu ni l'observateur. Les observations lui ont paru faites avec soin; rien de plus. L'inégalité qu'il soupçonnait dans la longueur de l'année peut se reconnaître *par les observations faites à Alexandrie au cercle de cuivre placé dans le portique carré. Ce cercle paraît désigner le moment de l'équinoxe, au jour où la surface concave commence à être éclairée de l'autre côté.*

D'abord, ces mots pourraient être simplement un avis donné aux astronomes d'Alexandrie, de vérifier chez eux les observations qu'il avait lui-même faites à Rhodes, avec un instrument différent, peut-être à une armille solsticiale qui pouvait lui donner l'instant de l'équinoxe par le progrès diurne des déclinaisons, après qu'il eut déterminé la hauteur de l'équateur par les deux solstices. Un cercle d'un pied ou deux de diamètre placé dans le méridien, n'est pas un instrument bien coûteux; et l'on peut soupçonner qu'Hipparque en avait un, puisqu'il a observé des déclinaisons. Peut-être avait-il l'équatorial indiqué par Géminus, qui était de Rhodes, et cite les travaux d'Hipparque. Remarquons, en outre, que ces expressions, *ce cercle paraît désigner*, etc., ne sont pas trop d'un homme qui a lui-même observé avec l'instrument dont il parle ; elles seraient plutôt celles d'un homme qui discute une observation faite avec un instrument qu'il n'a jamais vu.

Il rapporte ensuite les tems des équinoxes *le plus exactement observés*. Il ne nomme encore personne. Ce sont les équinoxes d'automne des années 17, 20, 21, 32, 33 et 36 de la 3ᵉ période callipique. Il rapporte de même *comme les mieux observés*, les équinoxes du printems, et d'abord celui de la 32ᵉ année, *où*, dit-il, *le cercle d'Alexandrie parut également éclairé sur ses deux bords, une première fois au commencement du jour, et ensuite vers la cinquième heure. Le cercle qui est à Alexandrie*, χρίχος ὁ ἐν Ἀλεξανδρία, ne paraît pas encore d'un homme qui habitât pour le moment Alexandrie. Il ne dit pas *me parut*, mais simplement *parut*. Un équinoxe observé deux fois en un jour, à cinq heures de distance, ne peut guère être mis au rang des équinoxes les plus sûrs. Il est donc très-probable qu'Hipparque ayant observé de son côté cet équinoxe à Rhodes, d'une manière moins douteuse, ne s'est point servi de l'observation d'Alexandrie, et que seulement il nous avertit que cet équinoxe est le même qui avait paru si douteux à Alexandrie ; et cette remarque ne servirait qu'à prouver quelle est l'incertitude de ces observations. Hipparque dit qu'il a été observé le matin ; ainsi l'armille solsticiale n'aurait pu le donner directement. La veille, la déclinaison lui aura paru 18' australe, et le jour même de 6' boréale ; d'où il aura conclu l'équinoxe 18ᵃ après le premier midi, et 6ᵃ avant le second. Parlant ensuite de l'équinoxe de l'an 43, il dit qu'il s'accorde parfaitement avec l'équinoxe de l'an 32. Mais cinq heures d'incertitude réparties sur un espace de onze ans, produiraient une erreur de $27'\frac{1}{3}$ sur la longueur de l'année, c'est-à-dire presque $\frac{1}{37}$ de jour ; et Hipparque cherche à prouver que l'année est de $565\frac{1}{4}-\frac{1}{300}$ de jour. L'équinoxe qu'il emploie ici n'est donc pas celui d'Alexandrie.

Ptolémée, en rapportant ces passages d'un ouvrage d'Hipparque, ajoute, en parlant du double équinoxe de l'an 32, qu'il a observé lui-même quelque chose de semblable, au plus grand cercle qui est *chez nous dans la palestre*, παρ' ἡμῖν. Ces derniers mots conviennent bien à Ptolémée ; ils prouvent qu'il habitait Alexandrie. Hipparque dit, au contraire, *le cercle qui est à Alexandrie*, ce qui lui convient pareillement s'il habitait Rhodes.

Plus loin, on voit qu'en l'an 32, par une éclipse qu'il vient de rapporter, Hipparque trouva l'Épi éloigné de l'équinoxe de 6° ½. Cette observation appartient sûrement à Hipparque; elle est une de celles qui l'ont conduit à la découverte de la précession. Hipparque avait donc dès-lors, très-probablement, son astrolabe, pour mesurer cette distance.

Jusqu'ici, rien ne prouve le moins du monde qu'Hipparque ait été à Alexandrie. Voici un passage que j'avais d'abord cru beaucoup plus formel, et par là plus embarrassant. Après l'énumération de tous ces équinoxes rapportés et calculés par Hipparque, Ptolémée reprend en ces termes : *Nous nous sommes servis des observations désignées par Hipparque, comme de celles qui ont été faites* PAR LUI *de la manière la plus sûre.* En admettant que l'équinoxe de l'an 32 eût été celui d'Alexandrie, et qu'il eût été observé par Hipparque, il en résultait invinciblement qu'Hipparque, en l'an 32, était à Alexandrie. Mais s'il l'a observé de son côté, s'il le donne comme sûr, et comme parfaitement d'accord avec tous les équinoxes précédens et suivans, depuis 32 jusqu'en 50, alors toute difficulté disparaît; les mots ὑπ' αὐτοῦ, *par lui*, n'impliquent aucune contradiction. Hipparque aura observé tout ses équinoxes, ses solstices, ses distances de l'Épi, à Rhodes, avec l'astrolabe qu'il y possédait certainement dans les années 619 et 620. Il aura été fixé à Rhodes dès l'an 586; il y sera ensuite resté toute sa vie; jamais il n'aura vu Alexandrie. On l'aura appelé *Bythinien* ou *Rhodien*, suivant l'époque de sa vie que l'on considérait. Si Ptolémée ne parle de Rhodes qu'en 619 et 620, c'est qu'alors il y avait une parallaxe à calculer, et que cette parallaxe dépend de la latitude aussi bien que de la longitude du lieu. Partout ailleurs, Ptolémée supprime la mention du lieu, parce qu'il supposait Rhodes et Alexandrie sous le même méridien; que l'heure de Rhodes et celle d'Alexandrie étaient exactement la même. Je n'avais pas aperçu d'abord cette solution si simple. Je croyais l'équinoxe double observé par Hipparque; je voyais qu'il avait été observé à Alexandrie. Je ne voyais d'autre moyen de sortir de cet embarras qu'en disant que les deux mots ὑπ' αὐτοῦ étaient une interpolation; et je les supprimais comme inutiles. Je ne remarquais pas la contradiction palpable qu'il y avait à mettre au nombre des équinoxes les plus sûrs, celui où l'on avouait une incertitude de 5ʰ; tandis qu'Hipparque témoigne peu de confiance aux solstices, parce qu'on peut s'y tromper de 6ʰ.

La question paraît donc décidée enfin; mais quand elle ne le serait pas; quand il faudrait admettre qu'Hipparque, sortant de Bythinie, se serait arrêté quelques années à Alexandrie avant de se fixer à Rhodes, il n'en résulterait absolument rien pour le peu d'observations qui nous ont été transmises, puisque le méridien est le même.

Après cette question, qui pouvait paraître oiseuse et sans utilité réelle, il s'en présente une autre qui est d'une toute autre importance. *Ptolémée a-t-il observé? Les observations qu'il nous dit avoir faites ne seraient-elles pas des calculs sur les Tables, et des exemples qui lui servent à mieux faire comprendre ses théories?* Quelle que puisse être notre opinion sur une question assez singulière pour paraître paradoxale, nous allons exposer avec impartialité tout ce qu'on peut dire pour et contre.

S'il fallait s'en rapporter à ses témoignages répétés, il n'y aurait nul doute. Il nous dit (ci-après, tome II, p. 74): Ἐτηρήσαμεν, *nous avons observé; l'extrémité des gnomons nous a montré.* Il ajoute aussitôt, qu'il a rendu l'observation plus commode, en imaginant un instrument nouveau dont il nous enseigne la construction, sans nous apprendre si celui qu'il avait était de bois ou de pierre, et quel en était le rayon. Il ne rapporte aucune observation; tout ce qu'il dit, c'est que *la distance des tropiques lui a toujours paru entre* 47° ½ *et* 47° ⅓, *ce qui diffère peu de la distance trouvée par Ératosthène, et adoptée par Hipparque.* Si ces observations sont réelles, comment a-t-il pu se faire que Ptolémée ait pu se tromper de 15′ sur la hauteur de l'équateur, avec un instrument qui donnait la hauteur du centre du Soleil, et non celle du bord supérieur, que le gnomon eût indiquée nécessairement.

Au chap. 5 du premier livre de la Géographie, il nous dit qu'avec un instrument propre à mesurer les hauteurs, et qui doit être le même que son quart de cercle, il a pris la hauteur du pôle en deux lieux différens, l'azimut de l'un de ces lieux sur l'horizon de l'autre, et qu'il en a conclu la grandeur du degré et celle de la circonférence de la Terre. Mais il se garde bien de désigner les lieux où il avait fait ces observations, de nous donner ces hauteurs du pôle et cet azimut. Il garde le silence sur la manière dont il s'y est pris pour déterminer cet azimut, quoique cette observation soit la seule de ce genre dont il parle dans ses divers ouvrages. Enfin, il ne nous donne ni l'amplitude de l'arc mesuré, ni la grandeur du degré qu'il en a tirée. Est-ce ainsi qu'on rendrait compte d'opérations si neuves et si importantes, si elles étaient réelles?

Au chap. 7, il nous apprend que Marin de Tyr donnait cinq cents stades au degré. Il ne parle ni des six cent soixante-six stades de Posidonius, ni des sept cents d'Ératosthène.

Toutes ces assertions sont encore bien plus vagues que celles de la Syntaxe. On a droit de trouver ces réticences bien singulières ; car les observateurs attachent ordinairement trop de prix à leurs observations, pour résister au desir qu'ils ont d'entrer dans des détails que trop souvent nous avons à regretter de ne pas trouver chez Ptolémée.

Nous venons de voir qu'il a comparé ses équinoxes et ses solstices à ceux d'Hipparque et de Méton. Il semble qu'il n'y ait rien à opposer à des assertions si positives et si détaillées ; et jamais il ne se serait élevé le moindre doute à cet égard, si ces équinoxes, comparés à ceux des modernes, ne donnaient à l'année une longueur qu'il est impossible d'admettre. Tout s'explique, si ces équinoxes sont des calculs donnés pour des observations réelles. Ptolémée, en calculant ces équinoxes par les Tables d'Hipparque, a dû y commettre des erreurs ; car les mouvemens annuels des Tables sont trop faibles de 16″, qui produisent un jour et quelques heures. Or, Ptolémée s'est trompé d'un jour sur ses deux premiers équinoxes ; le troisième ne va pas aussi mal, peut-être par une faute de calcul. On en a conclu, avec beaucoup de vraisemblance, que ces équinoxes sont supposés. L'argument est pressant ; et l'on ne voit pas ce qu'on pourrait y répondre.

Au livre III, chap. 4, il rapporte les intervalles qu'il a trouvés entre les équinoxes et les solstices ; il s'en sert pour calculer, par la méthode d'Hipparque, l'excentricité et le lieu de l'apogée. Il trouve, pour ces intervalles, les mêmes quantités qu'Hipparque ; ce qui est tout simple, si ses équinoxes et ses solstices sont des calculs faits sur les Tables d'Hipparque. Mais cet accord sera difficile à concevoir, si ce sont des observations réelles, et si l'on songe que les observations des équinoxes, de l'aveu même de Ptolémée, peuvent être en erreur de 6ʰ, et que les solstices peuvent avoir une erreur double ou quadruple.

Il suffirait de cette remarque pour rendre ses équinoxes et ses solstices plus que suspects. Avec des données identiques, il a dû retrouver pour l'apogée et l'excentricité, les deux quantités d'Hipparque ; mais avec des observations réelles, cette conformité devient comme impossible, puisque l'excentricité d'Hipparque est beaucoup trop forte.

Au livre IV, il rapporte trois éclipses qu'il a observées lui-même. La première est totale ; il n'en donne ni le commencement ni la fin. Il calcule que le milieu est arrivé trois quarts d'heure avant minuit. Le milieu entre les deux observations ne lui donne que des quarts ; les observations étaient donc marquées en quarts d'heure tout au plus.

Le milieu de la seconde éclipse est arrivé une heure avant minuit ; la quantité de l'éclipse à été de ⁴⁄₅ de diamètre.

Le milieu de la troisième éclipse est arrivé quatre heures après minuit, et la Lune a été éclipsée de la moitié de son diamètre.

Sont-ce là des observations ? Nous pouvons admettre que Ptolémée a réellement vu ces éclipses, sans qu'on puisse en conclure qu'il fût observateur. Elles lui donnent, pour l'excentricité de la Lune, un résultat si conforme à celui qu'il tire des trois éclipses babyloniennes, qu'on sera tenté de croire encore que ses trois éclipses sont des calculs faits sur les Tables. En effet, comment se persuader que six éclipses observées aussi grossièrement, puissent s'accorder mieux que ne pourraient faire six observations qu'on ferait aujourd'hui pour une semblable recherche.

De ces éclipses, il conclut cependant deux légères corrections, pour les mouvemens d'anomalie et de latitude ; mais ces corrections sont si faibles et si incertaines, qu'il a pu les hasarder sans se compromettre ; elles peuvent être une petite adresse pour inspirer plus de confiance à son lecteur.

Au chap. 1 du livre V, il nous dit encore positivement qu'il a observé la Lune à l'astrolabe dont il nous a donné la description, sans nous dire quel en était le rayon, sans déterminer les divisions du degré. Ce n'est guère la manière dont un astronome décrit l'instrument dont il s'est servi. Il ajoute que ses observations, comme celles d'Hipparque, paraissant indiquer une seconde inégalité, il a continué ces observations avec beaucoup d'assiduité ; qu'il a cherché la loi de l'inégalité ; que toutes les variations observées s'accordent avec la théorie qu'il va établir. Voilà encore des assertions assez soutenues et assez détaillées, pour qu'il fût très-difficile de les nier, si elles n'étaient des conséquences nécessaires de la théorie qu'il va fonder sur trois observations d'Hipparque. Il en ajoutera une quatrième de lui ; mais elle ne dira rien de plus que les trois autres. Cette hypothèse est que la Lune est apogée dans toutes les syzygies, et périgée dans toutes les quadratures. Or, c'est ce qu'il nous affirme, sans en administrer la preuve ; car deux de ces observations ont été faites dans la même quadrature. L'une est de lui, l'autre d'Hipparque. Dans l'une, la Lune est à droite de son épicycle ; dans l'autre, elle est à la gauche. Mais puisqu'il suppose que la distance du centre de l'épicycle est la même, les deux rayons perpendiculaires menés aux points de contingence du rayon visuel avec l'épicycle, soutiendront nécessairement des angles égaux. Si les observations sont réelles,

elles prouveront qu'en effet la distance est la même ; et s'il a calculé sur les Tables son observation prétendue, il a dû trouver le même angle et la même équation. Aux deux observations de la seconde quadrature il fallait donc en ajouter deux autres de la première quadrature ; il fallait, de plus, ne les pas faire accorder si précisément à la minute. On a droit de lui demander comment, avec un instrument qui ne donnait au plus que les sixièmes de degré, deux observateurs différens, à près de trois cents ans l'un de l'autre, ont pu s'accorder si parfaitement. Si l'observation la plus moderne n'est pas supposée, on peut soupçonner au moins qu'elle a été un peu modifiée, ou qu'elles l'ont été toutes deux pareillement. Il nous déclare que par beaucoup d'autres observations de ce genre, il a toujours trouvé la plus grande inégalité de $7°\frac{1}{2}$ à très-peu près ; mais il n'articule pas expressément qu'il ait observé l'autre quadrature ; et nous sommes obligés de l'en croire sur parole, quoiqu'il néglige de nous prouver le point fondamental de sa théorie ; c'est-à-dire que la Lune est périgée à la première quadrature, comme il vient de le prouver pour la seconde. Encore pourrait-on lui objecter que rien ne nous démontre qu'en effet la plus grande équation coïncide exactement avec la quadrature. Il en avait probablement la preuve dans les observations d'Hipparque, qui n'aura pas négligé de s'assurer au moins des deux quadratures, puisqu'il avait porté son attention, même sur les octans. Ainsi, Ptolémée ne peut réclamer que l'explication qu'il a trouvée, et dont il est étrange qu'il n'ait pas reconnu l'inexactitude, puisque cette hypothèse, qui représentait si bien les longitudes en quadrature, donnait en même tems des parallaxes excessives, et bien différentes de celles d'Hipparque.

Il lui reste à établir le point le plus singulier et le plus difficile à imaginer de toute cette doctrine, c'est-à-dire l'équation de $13°$ qu'il applique à l'anomalie moyenne, avant de calculer l'équation du centre. Il n'y emploie que deux observations d'Hipparque. Ces deux observations sont dans les deux octans, lorsque la *variation*, alors inconnue, est la plus grande en plus et en moins. Elles s'accordent d'une manière qui peut paraître étonnante, et il ajoute encore son assertion ordinaire, que par beaucoup d'autres observations pareilles, il a trouvé le même résultat à fort peu près. Mais nous ferons ici une remarque analogue à celle que nous avons faite sur les quadratures. Ses deux octans sont semblablement placés de part et d'autre de l'apogée ; si la ligne des syzygies partage la courbe en deux moitiés égales et semblables, il est tout simple que la ligne de *prosneuse*, ou la direction de l'apogée de l'épicycle, arrive exactement au même point dans les deux positions; il restait donc à prouver que dans les deux autres octans, ou au moins dans l'un des deux, le point d'intersection était encore le même. Il n'eût pas même été inutile de rapporter quelques observations entre les quatre octans, et les syzygies et les quadratures. Les vérifications qu'il fait de son hypothèse sont donc bien loin d'être satisfaisantes; et s'il l'eût soumise à des épreuves plus répétées et plus rigoureuses, il en eût sans doute reconnu les imperfections, et peut-être eût-il trouvé la *variation*. Nous avons remarqué partout, dans l'extrait de sa Syntaxe, que jamais il ne donne que le nombre d'observations strictement nécessaire pour établir ses théories; que jamais il n'ajoute celles qui serviraient à prouver la généralité de l'hypothèse. Car toute hypothèse satisfait nécessairement aux observations sur lesquelles elle est fondée; il en est ici de même. Il prouve fort bien que ses quatre observations sont représentées fidèlement; il nous laisse dans l'incertitude s'il aurait le même succès dans les autres parties de l'orbite. Hipparque avait reconnu que la première inégalité devenait insuffisante hors des conjonctions; il est naturel d'imaginer qu'il avait observé la Lune dans toutes les parties de son cours; nous avons encore la preuve qu'il avait du moins observé une quadrature et deux octans; il n'est nullement naturel de penser qu'il se soit arrêté là. Il est permis de croire qu'il a multiplié des observations si faciles, et dont l'occasion se représente sans cesse. Les inégalités lui ont paru si nombreuses, qu'il aura désespéré d'en trouver la loi. Ptolémée venant ensuite, aura choisi trois observations, et les aura représentées; il aura supprimé toutes les autres, parce qu'elles n'allaient pas avec sa théorie. Cette théorie a été reçue avec confiance. On n'en aura pas senti les défauts, parce qu'on ne faisait guère attention qu'aux éclipses, où la première inégalité suffit. Ptolémée se serait bientôt aperçu que la seconde était loin de suffire, s'il eût réellement fait toutes les observations dont il se vante, sans en rapporter aucune.

Le chapitre II du livre V nous représente Ptolémée comme un observateur qui ne se contente pas des instrumens connus avant lui, et qui en imagine de nouveaux pour des recherches importantes et délicates. Il y décrit l'instrument qu'il a construit pour déterminer la parallaxe de la Lune. Mais pour bien connaître cette parallaxe, pour avoir des déclinaisons exactes qu'il pût comparer aux déclinaisons calculées pour le centre de la Terre, la première chose était sans doute de véri-

d

fier la hauteur du pôle. Il n'imagine un instrument nouveau, que pour
avoir la facilité de diviser le degré en fractions plus petites; il n'avait
donc aucune confiance aux armilles; il devait donc se défier de la hauteur du pôle; il devait savoir que l'erreur de cette hauteur se porterait
toute entière sur les parallaxes observées, et serait bien plus grande
sur la parallaxe horizontale; il ne fait aucune de ces remarques; il ne
nous donne qu'une observation, et elle prouverait une parallaxe énorme.
Ou l'observation est tout-à-fait mauvaise, ou elle est supposée dans la
vue de faire croire à la bonté de ses Tables. Depuis ce moment, il n'est
plus question une seule fois de l'instrument. On est donc forcé de conclure que Ptolémée n'a point observé, ou qu'il était un bien mauvais
observateur.

Il nous dit ensuite, chapitre 14, qu'il a fait construire une dioptre
à l'imitation de celle d'Hipparque; mais il n'en peut tirer aucune mesure
exacte des diamètres; il trouve que le diamètre de la Lune est toujours
au moins égal à celui du Soleil, d'où résulterait l'impossibilité des éclipses
annulaires dont il ne fait aucune mention dans sa Syntaxe; pour le diamètre de la Lune, il va le déterminer par les éclipses, et ces éclipses,
il les emprunte des Chaldéens; il n'en donne que deux, avec le refrain
ordinaire, qu'il a trouvé la même chose par beaucoup d'autres; et, pour
calculer la distance du Soleil à la Terre, il emploie la méthode d'Hipparque, et parvient au même résultat.

Dans son livre VII, chapitre 1, il nous dit qu'il a vérifié tous les alignemens d'Hipparque, et qu'il en a fort augmenté le nombre. Il ne
paraît guère possible de lui contester ces observations, qui sont d'un
amateur autant que d'un astronome de profession, car elles n'exigent
qu'un fil, et d'ailleurs on peut les revoir et les multiplier, comme nous
avons fait nous-mêmes, sur un globe ou l'on aurait placé les étoiles par
longitudes et latitudes, d'après un bon catalogue. On pourrait les vérifier
bien mieux aujourd'hui, par une formule où n'entrent que les longitudes
et les latitudes des trois étoiles qui doivent se trouver dans le plan d'un
grand cercle, si les alignemens sont exacts.

Au chapitre 2, il rapporte une observation de Régulus qu'il compare
à une observation d'Hipparque; il en conclut que la précession est de
2°40', ce qui fait 1° pour cent ans, *et se trouve conforme à ce qu'Hipparque avait soupçonné*, c'est-à-dire que le mouvement annuel n'est
pas au-dessous de 56". Il ajoute que des comparaisons pareilles pour
l'Épi lui ont donné la même chose à très-peu près. Les longitudes de ces

deux étoiles étant ainsi déterminées, il a pu en conclure celles de toutes les autres par des comparaisons directes, et sans avoir de nouveau recours au Soleil. Mais il paraît difficile qu'avec des instrumens qui ne donnaient que les sixièmes de degré, les différences entre les observations d'Hipparque et de Ptolémée aient été si constantes. Il n'en cite qu'une, et n'en annonce véritablement que deux; il ne dit rien des différences qu'il a dû trouver pour le reste du Catalogue entre ses longitudes et celles d'Hipparque. Toutes ces différences devaient être affectées de l'erreur commune qui provenait de Régulus et de l'Épi; mais elles devaient être modifiées par les erreurs particulières des autres observations. Une chose aussi nouvelle et aussi importante que la précession, dont il fixe la quantité à 36″, par une ou deux observations, méritait sans doute qu'il la confirmât par nombre d'autres; qu'il nous donnât la moyenne avec les plus grands écarts autour de cette moyenne. C'est ce qu'on fait aujourd'hui dans des occasions bien moins importantes, et où il s'agit de très-petits écarts; dans les comparaisons que Ptolémée n'aurait pu s'empêcher de faire, il aurait certainement trouvé des différences de 10, 20 ou 30′. Or, 10′ en deux cent soixante-trois ans feraient déjà 2″,5 d'incertitude sur la précession annuelle. Comment Ptolémée a-t-il fait pour n'avoir aucun doute, pour prononcer si affirmativement et si souvent qu'elle est en effet de 36″, et comment a-t-il pu retrouver cette même quantité si invariablement dans toutes les occasions. S'il a observé, il a dû faire ces comparaisons; s'il les a supprimées, pour ne pas trop décréditer son Catalogue et ses observations, il a manqué de bonne foi; il n'avait pas cette probité astronomique qui est l'une des qualités les plus indispensables à l'observateur; nous dirons plus, il a été maladroit. Il valait mieux, de toute manière, dire le fait tel qu'il était, que de laisser à l'imagination du lecteur la liberté d'aller bien au-delà de la réalité.

Il est arrivé à toutes les étoiles de Ptolémée, quand on les a comparées aux catalogues modernes, ce qui est arrivé à ses équinoxes. Pour avoir supposé une précession trop faible, pour avoir donné comme une quantité certaine la limite inférieure que dans son incertitude, Hipparque avait assignée à cette quantité, il nous a transmis des longitudes trop faibles, d'où il est résulté une précession trop grande, quand on les a comparées aux longitudes modernes. Pour avoir donné au Soleil un mouvement tropique trop petit, qui résultait d'une année trop longue, il a calculé des équinoxes tardifs, il s'y est trompé d'un jour, et ces équinoxes ainsi rapprochés des équinoxes modernes, ont donné une année trop courte. Tout part de la même source; il n'a point observé, il a calculé sur les Tables d'Hipparque, et il nous a donné ces calculs pour des observations. On est donc forcé d'abandonner son Catalogue, comme on a rejeté ses équinoxes. On retranche les 2°40′ que l'on suppose qu'il a simplement ajoutés aux longitudes d'Hipparque; en rendant ainsi à Hipparque le Catalogue dont il est le véritable auteur, on obtient une précession exacte, du moins en prenant un grand nombre d'étoiles; cette précession est la même que nous avons tirée (p. 185) du Commentaire sur Aratus. On est donc, en quelque sorte, obligé d'avouer que Ptolémée en a imposé, quand il a dit qu'il avait observé le Soleil et les étoiles. Il s'est trompé grossièrement, quand il a voulu observer la parallaxe. On suppose donc tout naturellement que sa parallaxe est un calcul tiré de sa mauvaise théorie, qu'il nous donne hardiment pour une observation. Ses éclipses de Lune et son observation de l'évection s'accordent si bien avec des observations plus anciennes, qu'on est réduit à les suspecter de même; il a perdu le droit d'être cru sur parole, et l'on est disposé à nier la réalité de toutes ses observations.

Au chapitre 3, il fait le rapprochement des déclinaisons observées par Timocharis, par Hipparque et par lui-même. Dans les premières, on remarque des demies, des tiers, des quarts et des cinquièmes; dans les autres, on voit de plus des sixièmes; il n'est pas croyable que les instrumens eussent toutes ces divisions; il est à présumer qu'une partie de ces fractions de degré est le résultat d'une simple estime. Nous n'avons rien à objecter à ces observations, que le dessein trop marqué d'y trouver une précession de 36″. Dans le fait, elles en donnent une plus considérable, et sont loin de s'accorder aussi bien que le dit Ptolémée. Mais Ptolémée ne sait pas calculer le mouvement en déclinaison. On le voit à la manière dont il s'y prend pour en déduire sa précession. Il aurait voulu cette fois nous donner, pour des observations réelles, des calculs fort incertains; il n'a pu obtenir qu'à ses yeux l'accord qu'il a su trouver en d'autres occasions, et les résultats se trouvent contraires à la supposition qu'il veut démontrer.

Au chapitre 4, il nous dit que le mouvement des étoiles se faisant autour des pôles de l'écliptique, il a senti la nécessité de déterminer, pour son tems, les positions des étoiles, non par rapport à l'équateur, mais par rapport à l'écliptique; cette nécessité avait été de même sentie par Hipparque, qui a fait bien certainement ce que Ptolémée nous dit avoir répété lui-même.

Nous ignorons d'après quelle autorité Abraham Zachut a prétendu que Ptolémée avait emprunté son Catalogue de Millæus, qui observait à Rome sous Trajan. En ce cas, Millæus mériterait aussi le reproche que tous les astronomes font à Ptolémée; il n'aurait fait qu'ajouter $2°15'$ à toutes les longitudes d'Hipparque; Millæus aurait, comme Ptolémée, supposé une précession de $36''$. Il faudrait toujours finir par rendre le Catalogue à Hipparque, qui en serait toujours le premier auteur. Au lieu d'observer les positions des étoiles telles qu'elles étaient de leur tems, les deux auteurs les auraient calculées telles qu'ils s'imaginaient qu'elles devaient être.

Le chapitre 5 est une description de la voie lactée; les observations qu'elle suppose sont encore plus faciles que des alignemens, et ne sont d'aucun poids dans la question qui nous occupe.

Dans le chapitre suivant, il enseigne à construire un globe céleste. Ce chapitre est curieux par l'idée des pôles mobiles du mouvement diurne; il est étonnant qu'on trouve si peu de globes de cette construction, qui en étendrait l'usage à toutes les époques de l'Astronomie.

Au chapitre 8 du livre IX, il nous dit qu'il n'a fait qu'un petit nombre d'observations de Mercure, qu'on peut voir si rarement. Il en prend avec l'astrolabe les distances à Aldébaran, à Régulus, à Antarès. On en trouve de pareilles dans les chapitres suivans. En rapportant ces observations, nous avons fait quelques remarques qu'il est inutile de répéter ici, sur leur accord singulier, qui pourrait les rendre un peu suspectes.

Au chapitre 1 du livre X, on trouve de Ptolémée deux observations de Vénus à la manière chaldéenne. Ces observations sont plus faciles à faire et plus difficiles à supposer; on peut admettre qu'elles sont réelles. Plus loin il observe Vénus à l'astrolabe.

Au chapitre 7, on trouve de lui trois oppositions de Mars qui lui servent à déterminer l'excentrique. Pour le rayon de l'épicycle, il emploie une observation faite trois jours après l'opposition. Nous avons fait nos remarques sur la singularité de ce choix, et l'on avouera qu'une théorie fondée sur quatre observations ainsi placées, n'est pas propre à nous inspirer beaucoup de confiance. On ne nous dit pas même qu'elle ait été soumise à d'autres épreuves. Pour les moyens mouvemens, il emploie une observation plus ancienne.

Pour Jupiter, livre XI, il prend encore trois oppositions: son choix pour l'épicycle n'est pas aussi répréhensible que le précédent. Une observation ancienne lui donne les moyens mouvemens et les époques.

Pour Saturne, chapitre 5 et 6, c'est encore le même procédé.

Dans le livre XII, les stations et rétrogradations sont traitées d'une manière purement théorique, qu'il n'appuie d'aucune observation. Nous en dirons autant des digressions de Mercure et de Vénus.

Au livre XIII, qui traite des latitudes, il ne rapporte que quelques remarques vagues qu'il dit avoir faites sur les cinq planètes ; elles peuvent en effet être de lui, et supposeraient des recherches assez suivies ; il peut les avoir tirées de ces observations d'Hipparque dont il nous a parlé, sans en rapporter une seule. Il n'entre dans aucun détail à cet égard ; il ne calcule même aucune observation de latitude. Il a fallu pourtant qu'il en eût de véritables, puisqu'il a trouvé, pour les inclinaisons, des quantités qui ne diffèrent pas extrêmement de celles que nous leur assignons aujourd'hui. Quant à la seconde partie de la latitude, comme il la fondait sur une théorie fausse des centres et des distances, elle ne pouvait être d'une grande précision. Il est assez singulier qu'il n'ait en aucun endroit comparé à aucune observation réelle cette théorie si compliquée. Les licences qu'il s'y est permises autorisent à croire qu'il ne visait pas à une exactitude bien rigoureuse ; et s'il ne rapporte aucune observation, on peut penser que son intention a été de ne pas mettre au jour la faiblesse de cette partie de ses hypothèses.

Ainsi cette partie n'était nullement éprouvée ; on ne sait pas à quel point elle aurait pu s'accorder avec les observations. On ne sait guère mieux quelle pouvait être l'erreur de ses longitudes géocentriques ; car il n'a prouvé rien autre chose, sinon qu'elles étaient conformes aux observations sur lesquelles il avait fondé tous ses calculs. Les Grecs ont trouvé bon de le croire sur parole, et c'était certainement le parti le plus commode. On peut dire que les planètes étaient encore moins utiles alors qu'elles ne le sont aujourd'hui. Cependant nous verrons qu'en différens tems on a cherché les erreurs des Tables de Ptolémée, et qu'on en a trouvé de très-considérables.

Quant à la question principale, nous ne voyons aucun moyen de la décider. Il paraîtrait dur de nier absolument que Ptolémée ait observé lui-même, du moins quand il n'a pas trouvé ce dont il a eu besoin pour ses recherches. S'il a eu entre les mains des observations en plus grand nombre, comme il le dit lui-même, on peut lui reprocher de ne les avoir pas communiquées, de n'avoir dit nulle part quelles pouvaient être les erreurs de ses Tables solaires, lunaires et planétaires. Un astronome qui se conduirait aujourd'hui de cette manière, serait bien sûr de n'inspirer aucune confiance; mais il était seul, il n'a eu ni juges ni rivaux; on l'a long-tems admiré sur parole, aujourd'hui l'on ne daigne plus guère calculer le peu d'observations qu'il nous a laissées. Nous en avons rapporté les dates; il serait aisé de comparer aux Tables modernes les neuf oppositions qu'il a observées des trois planètes supérieures, les trois observations qui lui ont donné ses épicycles, enfin ses digressions de Vénus et de Mercure.

On pourrait faire un pareil travail sur les quatre observations de l'évection et sur ses éclipses de Lune.

Nous ne pensons pas que l'on puisse tirer de ces observations la plus petite amélioration pour nos Tables actuelles, si ce n'est peut-être pour le mouvement du nœud de la Lune. Tout l'usage qu'on en pourrait faire d'ailleurs se bornerait à montrer qu'elles ne peuvent former aucune objection contre les théories actuelles, dans le cas toutefois où les erreurs ne surpasseraient pas les incertitudes des anciennes observations. Si la différence était plus forte, je suis persuadé qu'il n'y aurait d'autre conclusion à tirer, sinon que les observations sont, ou supposées, ou totalement inexactes, et qu'on n'en devrait tenir aucun compte. Ces comparaisons ne serviraient qu'à une chose, c'est-à-dire à nous apprendre quel jugement nous devons porter de Ptolémée comme observateur. Nous aurions un peu plus de confiance aux éclipses chaldéennes, ou à celles de quelques Grecs qu'il nous a également transmises, encore n'oserions-nous répondre qu'il ne les ait un peu accommodées à ses hypothèses.

Ce jugement peut paraître un peu sévère, mais nous n'affirmons rien; et dans ce Discours même, et dans nos extraits de ses ouvrages, nous avons dit partout avec franchise tout ce que nous avons trouvé qui pouvait faire honneur à Ptolémée, et rehausser l'idée qu'on doit se faire de ses connaissances, qui ne sont pas douteuses, et de son caractère qui se trouve un peu compromis dans les réflexions qu'une étude approfondie de ses ouvrages nous a dictées, et qu'il nous était impossible de supprimer. D'autres astronomes ont été bien plus loin que nous; ils l'ont accusé d'avoir anéanti tout ce qui pouvait diminuer la confiance en ses théories, et falsifié tout ce qu'il a rapporté en preuves. Ces imputations nous paraissent beaucoup trop graves pour être hasardées sans des preuves qu'on n'a pas et qu'on n'aura jamais.

Montucla nous dit, dans son Histoire des Mathématiques, qu'il ne nous reste aucune connaissance de la Gnomonique des Grecs; nous en retrouvons la théorie toute entière dans l'Analemme de Ptolémée. Nous en décrivons les monumens encore subsistans à Athènes, et nous y trouvons une exactitude beaucoup plus grande que celle de plusieurs cadrans qu'on voyait encore à Paris il n'y a pas trente ans.

Des deux volumes que nous publions aujourd'hui sous le titre d'*Astronomie ancienne*, le premier ne renferme que l'histoire de la science dans l'antiquité, chez les Chaldéens, les Égyptiens, les Chinois et les Indiens, et les extraits des ouvrages où il est parlé de l'Astronomie. Nous y avons rapporté dans leur langue originale tous les passages qui nous ont conservé les notions vagues que nous avons tâché de réduire à leur juste valeur. Nos extraits sont proportionnés à l'importance et à l'étendue des ouvrages. Nous nous sommes arrêtés plus long-tems sur Aratus, Hipparque, Géminus et Cléomède, les Annales chinoises et les Mémoires de la Société de Calcutta, sans lesquels nous n'aurions que des connaissances si incertaines de l'Astronomie des Indiens. Ce premier volume est terminé par l'extrait de l'Arithmétique indienne de Planude, qui n'a jamais été publiée, et par celui du Lilawati, production indienne et plus ancienne de deux siècles que l'écrit de Planude.

Ce premier volume ne renferme encore que des notions éparses ; nous avons réservé, pour le second, l'extrait des ouvrages de Ptolémée et de son commentateur Théon, qui pouvaient seuls nous fournir un traité méthodique et complet de l'Astronomie grecque ; il n'y avait rien à changer au plan que Ptolémée a suivi dans sa Syntaxe. Pour en faciliter l'intelligence, nous avons mis en avant un traité d'Arithmétique grecque, un chapitre de la construction et du calcul de la Table des cordes, un traité de Trigonométrie rectiligne et sphérique, tiré tout entier des ouvrages de Ptolémée, mais présenté dans un ordre plus naturel et plus complet. Après ces préliminaires, nous avons pu suivre Ptolémée pas à pas dans l'exposition qu'il fait des théories du Soleil, de la Lune, des étoiles et des planètes. Nous donnons un extrait de ses traités peu connus, quoique bien curieux, de l'Optique, du Planisphère et de l'Analemme.

Dans le premier, nous trouvons mentionnée, pour la première fois, la réfraction astronomique, dont Ptolémée nous donne une idée plus exacte et plus complète qu'aucun autre écrivain, soit grec, soit arabe. Il y joint des Tables de la réfraction dans l'eau et dans le verre, dans lesquelles on voit que la réfraction augmente avec l'obliquité du rayon visuel, idée qu'il devait probablement à Archimède, mais qu'il paraît avoir démontrée par des expériences directes, dont on ne trouve aucune mention avant lui.

Son Traité du Planisphère est le seul qui nous reste où l'on ait les principes de la projection stéréographique qui nous sert encore aujourd'hui pour les cartes, tant célestes que terrestres. Il est assez singulier que Ptolémée n'y nomme pas une seule fois Hipparque, à qui cependant tous les auteurs en accordent l'invention; et c'est encore une chose remarquable, que toutes les démonstrations diffèrent de celles que tous les auteurs modernes en ont données d'après une idée de Commandin.

Le livre de l'Analemme n'est pas moins curieux, en ce qu'il nous offre la théorie de deux autres projections désignées par les modernes sous les noms d'*orthographique* et de *gnomonique*; c'est-là qu'on voit aussi, pour la première fois, les sinus et les sinus verses substitués aux cordes. Albategnius se donne pour le premier auteur de cette innovation heureuse. Il paraît en effet l'avoir introduite le premier dans les calculs trigonométriques; mais Ptolémée en fait un usage continuel pour la construction des cadrans.

Aux traités astrologiques de Ptolémée, dont nous ne pouvons nous dispenser de dire quelques mots en passant, nous joignons l'extrait de Sextus Empiricus, qui traite des mêmes objets, et nous donne quelques faits curieux de la science chaldéenne. Il est d'ailleurs le seul qui ait parlé des effets de la réfraction sur le lever des astres.

Nous n'avons aucune traduction du Commentaire de Théon sur la *Syntaxe mathématique*. Quoique cet ouvrage ne soit pas tout ce qu'il aurait dû être à beaucoup près, nous l'avons lu d'un bout à l'autre avec attention, pour en extraire tout ce qui pouvait avoir quelque intérêt, et nous y avons trouvé la confirmation de plusieurs choses que nous avions conjecturées, mais dont nous n'avions aucune preuve bien positive.

L'extrait de ce Commentaire était terminé depuis long-tems, quand nous avons trouvé, dans les manuscrits de la Bibliothèque du Roi, un exemplaire de ces Tables manuelles dont Théon avait donné une idée assez incomplète dans son Commentaire. Ces Tables sont de Ptolémée lui-même, mais le discours préliminaire est de Théon, qui paraît l'avoir composé pour donner aux astrologues ignorans une idée des calculs astronomiques, et les moyens de dresser leurs thèmes de nativité. Ces Tables sont les mêmes au fond que celles de la Syntaxe; elles ne nous apprennent rien de bien nouveau; ce qu'elles ont de plus curieux, est une Table composée de l'équation du tems; et ce qui est le plus remarquable, c'est qu'elle est toute additive, ce qui suppose des constantes ajoutées à toutes les Tables d'époques, ainsi qu'une constante ajoutée à tous les termes de la Table d'équation du tems.

Un autre manuscrit encore plus inconnu nous a fourni un chapitre curieux sur la composition des éphémérides. Malgré le silence de Ptolémée et de Théon, il nous paraissait impossible que les Grecs n'eussent jamais composé d'almanachs des mouvemens des astres, des éclipses et des phases de la Lune, comme nous savions qu'ils en avaient pour les levers des étoiles et les prédictions météorologiques. Ce fragment, qui est de Théon, a levé nos doutes. Les éphémérides des anciens paraissent avoir été composées pour les astrologues qui, sans ce secours, auraient été, pour la plupart, fort embarrassés pour la composition de leurs thèmes de nativité; les détails que nous devons à Théon, nous prouvent que les anciennes éphémérides étaient fort complètes, et qu'elles ressemblaient beaucoup à celles qu'on faisait en Europe, dans les 15, 16 et 17e siècles. Les idées astrologiques, les aspects et les influences y étaient traitées avec un soin particulier.

Après ces extraits d'un auteur qui n'a jamais été traduit, et dont quelques ouvrages n'ont jamais été imprimés, nous disons quelques mots de Théon de Smyrne et de son abréviateur Psellus, dont les articles très-peu importans avaient été omis à leur époque dans notre premier volume, où nous avons tâché de faire connaître tous les auteurs grecs ou latins qui, sans être précisément des Astronomes, ont du moins parlé d'Astronomie avec plus ou moins de détails. Les extraits de ces auteurs composent l'histoire du premier tems de la science. On y voit les premières tentatives et les premières applications de la Géométrie à l'Astronomie; mais rien de tout cela ne constitue encore un système astronomique. C'est ce que nous trouverons dans les divers écrits que Ptolémée a composés en grande partie d'après les livres et les idées d'Hipparque. La véritable histoire de la science ne doit pas être la simple énonciation des découvertes; pour intéresser les savans, elle doit offrir les théorèmes, les démonstrations, les méthodes, les pratiques et les procédés de calcul; or, c'est ce qui ne se rencontre plus que dans les ouvrages de Ptolémée, puisque ceux d'Hipparque sont perdus depuis long-tems, et que Théon même ne paraît pas les connaître. La *Syntaxe mathématique* est donc tout-à-la-fois et le traité le plus complet et la seule histoire qui nous reste de l'Astronomie des Grecs. Cette grande composition, l'un des restes les plus précieux de l'antiquité, a été long-tems négligée par les hellénistes et par les éditeurs.

Nous n'avions le texte grec que dans l'édition de Bâle, qui est en général assez correcte, mais difficile à lire de suite, et plus difficile encore à consulter. M. Halma vient enfin de nous en donner une édition plus belle, plus commode et plus exacte. La nécessité de ne rien retrancher, de tout traduire, et de présenter le texte en regard de la traduction, a forcé de se borner aux notes qui ont paru le plus nécessaires. Notre analyse formera un supplément utile à cette édition; elle en peut être considérée comme un commentaire indispensable à ceux qui voudront entendre Ptolémée, et bien saisir le sens et l'esprit de ses méthodes et de ses calculs.

Malgré tous nos soins, plusieurs passages importans, quelques remarques curieuses nous étaient inconnus, ou avaient échappé à nos recherches, dans le tems où s'imprimait notre premier volume; plusieurs réflexions ne nous sont venues à l'esprit qu'en relisant plusieurs fois l'ouvrage entier. Nous les réunissons à la suite de ce Discours sous le titre d'*Additions*. Chacune de ces notes commence par l'indication de la page ou de l'article auquel elle servira de supplément.

ADDITIONS ET CORRECTIONS.

Page 10, ligne 31, Apollon, *lisez* Appollonius

13, 14, *εγκυκλιος*, *lisez εγκυκλιοι*

15, à l'article d'Anaxagore, *ajoutez*, d'après Diogène Laërce, qu'il prétendait que la Lune a des habitans, des montagnes et des vallées ; que, dans l'origine, tous les astres tournaient autour du zénit, qui était en même tems le pôle du monde ; mais que, par la suite, l'axe s'était incliné. Il ignorait donc la rondeur de la Terre.

Suivant Diogène de Laërce, Leucippe pensait que le Soleil se mouvait dans un grand cercle qui enveloppait l'orbite de la Lune ; que la Terre était portée, *ἰχουμένην*, et tournait autour du milieu : *περὶ τὸ μέσον δινουμένην*. On voit donc qu'il plaçait la Terre au centre du monde où elle était suspendue ; qu'il la faisait tourner autour de son centre ; que la Lune et le Soleil faisaient leurs révolutions autour de ce même milieu. Il donnait à la Terre la forme d'un tambour : *τυμπάνῳ αὐτὴν παραπλησίαν εἶναι*. Leucippe était disciple de Zénon, et vivait vers l'an — 428.

Page 17, à l'article d'Aristote, *ajoutez :* Que Diogène Laërce, en parlant des liaisons du philosophe avec Callisthène, ne dit pas un seul mot des éclipses envoyées de Babylone.

Page 20, Prop. VIII. *Confondus deux fois*, lisez, *une fois*. Et, cinq lignes plus bas : *à chaque demi-révolution, l'horizon se renversant*, etc., lisez : *à chaque révolution, l'horizon revient à la même place.*

En effet, soit P l'angle au pôle qui exprime le mouvement du point de contingence du cercle mobile et du cercle arctique : cet angle est compté du méridien inférieur ; z l'azimut du point d'intersection du cercle mobile avec l'horizon : cet azimut est compté du point *nord* de l'horizon en allant vers l'est ; Δ la distance polaire du point de l'horizon où se fait l'intersection ; a l'angle d'inclinaison du cercle mobile avec l'horizon ; H la hauteur du pôle. Vous aurez (fig. 184, dernière planche du second volume)

$$\tan Z = \sin H \tan \tfrac{1}{2} P,$$
$$\cos \tfrac{1}{2} a = \cos H \sin \tfrac{1}{2} P,$$
$$\tan \Delta = \tan H \text{ sécante } \tfrac{1}{2} P.$$

Soit $\tfrac{1}{2}$ P = o, z = o, $\tfrac{1}{2}$ a = 90°, Δ = H : c'est le point de départ ; le cercle mobile se confond avec l'horizon.

Soit $\tfrac{1}{2}$ P = 90°, P = 180°, tang Z = ∞, Z = 90°, cos $\tfrac{1}{2}$ a = cos H, $\tfrac{1}{2}$ a = H, a = 2H, Δ = 90°. Le cercle n'est donc pas confondu avec l'horizon ; il le coupe aux points est et ouest ; il coupe le méridien en un point dont la hauteur est 2H.

Mais soit P = 360°, $\tfrac{1}{2}$ P = 180°, Z = o, a = 180°, Δ = H, comme au moment du départ.

Ces formules générales, qui expriment à tous les instans la position du cercle mobile, prouvent bien que la coïncidence n'a lieu qu'*une seule fois*, et non pas deux fois à chaque révolution, ainsi que je l'ai dit ou copié par inadvertance ; car je n'ai plus entre les mains le livre d'Autolycus pour vérifier le passage.

Page 22, titre, *lisez ἐπιτολὰς καὶ δύσεις*

Page 24, titre, ASTONOMIE, *lisez* ASTRONOMIE

53, ligne 21, l'an 300, *lisez* l'an 360

70, ligne 6, du bas en haut, Cassiopée, *lisez*, Cassiépée. Le nom grec est en effet *Cassiépée* : ce sont les Romains qui ont dit Cassiopée, comme ils ont dit Ptolomée pour Ptolémée. Faites la même correction, page 164, ligne 7 en remontant.

Page 74, *lisez* ἀγχιστῆα

113, ligne 8, e st, *lisez* est

129, ligne 10, (fig. 4), *lisez* (fig. 5)

131 et 132, *ajoutez* :

Hipparque dit qu'Eudoxe plaçait les équinoxes et les solstices au milieu des dodécatémories. Pétau soutient qu'Hipparque *s'est grossièrement trompé*, et qu'Eudoxe les plaçait au milieu des constellations. Or, les constellations sont de longueur très-inégale ; il eût été impossible que les colures fussent à 90° l'un de l'autre, et que les commencemens des saisons et des mois fussent également espacés.

Voici, d'après le Catalogue de Ptolémée, les milieux des douze constellations, leurs intervalles, ceux des colures des solstices et des équinoxes, et les distances au milieu du signe correspondant à la constellation.

	Milieux.	Distance au milieu du signe.	Intervalles.	Intervalles des colures.	Intervalles des équinoxes et des solstices.
♈	0ˢ16°50'	+ 1°50'			
♉	1.11. 0	— 4. 0	24°10'	2ˢ24°5'	
♊	2.18.35	+ 3.35	57.35		
♋	3.12.55	— 4. 5	22.20		6. 3.50
♌	4. 7.55	— 7. 5	27. 0	3. 9.45	
♍	5.19.10	+ 4.10	41. 5		
♎	6.20.40	+ 5.40	31.40		
♏	7.18.35	+ 3.35	27.55	2.26.10	
♐	8.17. 5	+ 2. 5	28.30		5.26.10
♑	9.16.50	+ 1.50	29.45		
♒	10. 7.10	— 7.50	20.20	3. 0. 0	
♓	11.12.55	— 2.25	34.55		
♈	0.16.50		35.45		

La précession commune ne peut rien changer à cette inégale distribution.

Il n'y a donc aucune probabilité qu'Eudoxe ait parlé des constellations ; il est bien plus croyable qu'il mettait les équinoxes, les solstices et les milieux de chaque mois, au milieu de chaque signe, à la manière des Chaldéens, qui, comme Eudoxe, ignoraient la précession, le mouvement inégal du Soleil, et l'inégale étendue de chaque constellation. Eudoxe ne faisait réellement aucune différence entre un signe et une constellation ; il les croyait invariablement fixés les uns aux autres ; il supposait tacitement toutes les constellations égales, ainsi que les signes ; il en faisait uniquement des *douzièmes* de l'écliptique. Il ne connaissait les constellations qu'en masse, et par leurs étoiles principales ; il n'avait aucun moyen pour en déterminer ni les milieux, ni les limites.

Newton suppose, à la page 82 du tome III de ses opuscules, que les premiers auteurs des astérismes ont placé les solstices au milieu des constellations, parce que l'intercalation d'un mois faisait commencer le premier mois de l'année lunisolaire, sept ou quinze jours avant ou après le solstice. Il semble que les notions qui nous ont été conservées par Sextus Empiricus et Isidore d'Hispala, fournissent une explication plus naturelle et plus satisfaisante.

Il ajoute, d'après Achille Tatius, que les uns plaçaient les solstices au 15° degré, d'autres au 12° ou au 8°, et d'autres enfin au commencement du signe; ce qu'il explique par la précession, qui, dans les tems plus anciens, était ignorée des Grecs. Achille Tatius, venu 200 ans après Ptolémée, pouvait penser en effet que si les solstices avaient été placés au milieu des constellations, ils avaient dû rétrograder plus ou moins, suivant l'intervalle écoulé depuis l'époque primitive. Théon, qui vivait dans le même tems à peu près que Tatius, nous dit en effet dans son commentaire sur Aratus, que les solstices sont dans le 8° degré; ce qui suppose 7° de rétrogradation et les points cardinaux placés au milieu des constellations. Mais que supposaient les auteurs antérieurs à Tatius, et qui plaçaient les solstices au commencement des signes? La précession n'était pas encore de 15°; il est donc évident qu'ils comptaient comme Hipparque, et qu'ils plaçaient le zéro de l'écliptique à l'intersection du printems : c'est ce qu'Euclide avait fait long-tems auparavant.

Newton suppose, d'après l'autorité d'un poète, que Chiron avait décrit les astérismes; et il ajoute que Chiron était astronome pratique; mais il ne peut nous dire quels étaient ses moyens d'observation, ni comment il avait partagé le zodiaque, ni enfin de quelles étoiles il avait composé ses constellations. Chiron a pu faire une sphère, y placer le navire Argo, et quelques argonautes, sans être pourtant en état de déterminer une longitude et une latitude. La plus ancienne observation d'étoiles que nous connaissions est celle de Timocharis, de laquelle Hipparque conclut qu'à cette époque l'Epi était à 8° de l'équinoxe. Nous n'avons même aucun détail sur cette observation, et l'on ne peut dire bien sûrement si Timocharis avait réellement mesuré cette distance. Newton nous dit encore d'après Columelle, que Méton et Euctémon, en l'an 316 de Nabonassar, c'est-à-dire en l'an — 433, avaient observé un solstice, et placé l'équinoxe en 8° du Cancer, ce qui ne diffère pas beaucoup de l'observation de Timocharis. Il en conclut, comme Théon, une rétrogradation de 7°, en supposant toujours qu'originairement le solstice avait été placé au milieu de la constellation, ce qui est loin d'être suffisamment prouvé.

Il convient en plusieurs endroits, que les observations des Grecs étaient alors assez grossières, *Crassâ satis Minervâ*. Il ne trouve que peu d'accord entre les diverses étoiles qu'il calcule; et ce n'est que par un milieu qu'il en peut conclure la véritable époque des argonautes. Il ne peut donc avoir aucune certitude; et tous ces calculs si peu d'accord, sont d'ailleurs fondés sur des suppositions extrêmement précaires. Voyez au reste l'ouvrage de Fréret intitulé : *Défense de la Chronologie contre le système chronologique de Newton*. Vous y trouverez des extraits de tout ce qu'on a écrit pour ou contre ce système; vous verrez que tous les auteurs supposent des observations dont l'erreur ne peut aller à 30'. Or nous avons prouvé que les étoiles d'Hipparque n'ont pas toujours cette exactitude. Vous serez donc conduit comme nous à conclure que la sphère d'Eudoxe ne peut être d'aucune utilité ni pour l'Astronomie, ni pour la Chronologie.

Page 143, πρχγματία, *lisez* πραγματία.

Page 146, ligne 25, (fig. 5) *lisez* (fig. 6)

 202, 20, *ajoutez* la note suivante :

Bailly croit que cette dioptre est un tube ; c'est tout simplement une alidade qui porte deux pinnules à rainures : c'est à travers ces rainures que l'on visait à l'astre. Théon en a donné la figure dans son Commentaire sur la Syntaxe, à la page 262. Cette dioptre sert de vignette au premier livre de la traduction de Ptolémée, par M. Halma.

Page 207, ligne 28, Méthon, *lisez* Méton

 208, 20, apocatastasse, *lisez* apocatastase

 213, 24, *la parallèle*, lisez le parallèle

    ligne 32, on lit — 300, *lisez* + 300. J'ajoutais que l'ouvrage d'Achille Tatius est plus moderne que l'an — 300, ce que je prouve invinciblement, page 216. La fausse date étant corrigée, les preuves deviennent à peu près inutiles ; mais elles serviront toujours à constater l'âge de cet auteur.

A la page 218, la même erreur se trouve implicitement dans les premières lignes, où je me justifie assez inutilement d'avoir placé Achille Tatius après Géminus.

Page 233. Après le chapitre de Cléomède, *ajoutez* la note suivante :

En donnant une idée du livre de Cléomède, nous nous étions borné à ce qui nous avait paru curieux et instructif : nous avions omis tout ce qui nous avait semblé sans intérêt ; mais le singulier usage qu'a fait Bailly de l'un de ces passages que nous avions cru devoir omettre, nous force à revenir sur cet article. Il s'agit de la figure de la Terre. Cléomède veut prouver qu'elle n'a point une surface plane : voici son raisonnement.

« Si la Terre avait une surface plane, le diamètre du monde entier (c'est-à-dire
» celui de la sphère des fixes) n'aurait que dix myriades (ou 100,000 stades) de longueur.
» Car, à Lysimachie, la tête du Dragon passe au zénit (nous verrons plus loin que c'est
» une erreur manifeste) ; tandis qu'à Syène, c'est le Cancer que l'on voit au zénit. L'arc
» du méridien (céleste), qui passe par (les zénits de) Lysimachie et de Syène, est d'un
» quinzième de la circonférence (c'est-à-dire de 24°) : tel est l'arc qui va du Cancer
» à la tête du Dragon. (L'arc qui va du Cancer à la tête du Dragon serait de 97° $\frac{1}{2}$;
» mais la différence de déclinaison n'était alors que de 30° 47′, ce qui surpasse encore
» de 6° 47′ l'estime de Cléomède) ; c'est ce que prouvent les observations faites avec les
» instrumens propres à mesurer les ombres (les sciothères).

» Or, un quinzième de la circonférence vaut un cinquième du diamètre. » (Cléomède suppose ici que le diamètre est exactement le tiers de la circonférence ; on voit qu'il ne cherche pas une grande précision ; mais il ne lui en fallait pas davantage pour sa démonstration). « Supposons que la Terre soit un plan, et abaissons des perpendicu-
» laires de la tête du Dragon et du Cancer : ces perpendiculaires tomberont, l'une à
» Lysimachie et l'autre à Syène. La distance de ces deux perpendiculaires sera de 2
» myriades (ou 20,000 stades), comme la corde du globe terrestre qui joint ces deux
» villes. Le diamètre de la sphère céleste sera donc de 10 myriades (ou 100,000 stades) ;
» la circonférence du grand cercle de la sphère étoilée sera donc de 50 myriades (ou
» 300,000 stades) ; mais nous savons que la circonférence du méridien terrestre est de 25
» myriades » (ou de 250,000 stades : c'est le nombre trouvé par Ératosthène. Cléomède adopte donc ici la mesure d'Ératosthène : le grand cercle céleste ne surpasserait donc le grand cercle terrestre que de 5 myriades, ou 50,000 stades : c'est dix fois le chemin

d'Alexandrie à Syène). « Et cependant il est reconnu que la Terre n'est qu'un point
» en comparaison de la sphère des fixes : il est donc évident que la surface de la Terre
» ne saurait être plane. »

Il est bien visible que Cléomède ne veut ici rien dire autre chose, sinon que la surface de la Terre est courbe ; que, pour le prouver, il prend le premier exemple dont il
s'avise ; et qu'il ne prétend pas nous donner la distance de 20,000 stades entre Lysimachie et Syène, non plus que l'arc céleste de 24°, ou d'un quinzième de la circonférence, comme des données bien sûres.

Lysimachie, située dans l'Hellespont, est séparée de Syène par une suite de mers,
d'îles et de terres qu'il n'a jamais été possible de mesurer exactement ; et nous pouvons
nous convaincre aisément qu'entre la tête du Dragon et le milieu du Cancer, la distance est
de 97° ½, et non de 24. Nous voyons que Cléomède dit *l'arc du méridien*, c'est-à-dire la
différence de déclinaison des deux étoiles. Or, du temps de Cléomède, cette différence
était de 30° 47′, tandis que la différence de latitude entre les deux villes n'était pas de
18°. Les étoiles de Cléomède étaient donc mal choisies. La tête du Dragon passe aujourd'hui à 2′ ¼ du zénit de Greenwich ; elle n'a donc jamais passé par le zénit de Lysimachie, qui est 10° plus au sud. Le milieu du Cancer passait alors à 15′ du zénit de
Syène, vers le nord, en supposant Syène sous le tropique. Cléomède aurait mieux fait
de parler de la patte μ de la grande Ourse : elle devait passer fort près du zénit de
Lysimachie, le raisonnement subsistait ; seulement Cléomède aurait trouvé, pour la
circonférence du méridien céleste, 40 myriades, ou 400,000 stades à peu près, et c'eût
été le nombre qu'Aristote donne à la Terre ; la sphère étoilée eût exactement emboîté
la Terre, ce qui eût encore été plus curieux.

On voit donc ce qu'un astronome doit penser du calcul et des suppositions de Cléomède ; l'observation qu'il dit avoir été faite est de toute impossibilité. Bailly en a jugé
plus favorablement. Il prend pour une base réellement mesurée, la distance de
Lysimachie à Syène ; il n'élève pas le moindre doute sur l'arc de 24° mesuré par les
Sciothères, entre la tête du Dragon et le Cancer.

En multipliant par 15° la distance itinéraire, il en conclut 800,000 stades pour le
contour du méridien : c'est ce qu'il appelle une quatrième mesure du méridien. Aristote
donnait à ce contour 400,000 stades ; Cléomède trouve 800,000 ; Posidonius avait trouvé
240,000, et Ptolémée 180,000. Or, ces mesures doivent être identiques selon Bailly ;
elles sont entre elles comme les nombres 20, 15, 12 et 9 : elles supposent donc des
stades, comme 9, 12, 15 et 20. Dans le fait, aucune de ces mesures n'a été exécutée ;
ce sont de simples aperçus, des estimes grossières. Celle d'Aristote était la plus chimérique, et on devait la croire exagérée ; c'est le sens qu'indiquent ses expressions. Elle
doit maintenant le céder à celle que Bailly vient d'imaginer ; il ne sait à qui l'attribuer ; il a oublié qu'elle se rapporterait à celle dont Archimède parle au roi Gélon : *Vous
n'ignorez pas qu'on a tenté de prouver que ce périmètre est de 30 myriades seulement.*
(*Voyez* le chap. d'Archimède, page 102.) Bailly soupçonne qu'elle est de Posidonius,
qui, peu satisfait de sa première mesure entre Rhodes et Alexandrie, a voulu recommencer sur une plus grande base ; enfin, dans son incertitude, il se décide à le désigner
sous le nom de *mesure de Cléomède*. (*Astron. modern.*, tome I, p. 503 ; et dans le même
volume, à la page 530, il ajoute :)

« Posidonius paraît s'y être repris à deux fois , c'est-à-dire que nous croyons qu'il a
» vérifié sa première mesure par une seconde. Nous apprenons de Cléomède que l'on
» avait trouvé l'arc céleste, compris entre Lysimachie et Syène , de la quinzième partie
» de la circonférence, ou de 24°; la distance terrestre étant de 20,000 stades, il en résulte
» que la circonférence de la Terre est de 300,000 stades. » (Cependant, à côté de cet arc
de 30 myriades, Cléomède avait eu soin de rappeler le méridien terrestre qui n'en a que
25). Cette mesure est une des quatre dont nous avons prouvé l'identité (en effet, elles
sont toutes supposées). « Nous l'attribuons à Posidonius, parce qu'on n'en nomme
» point l'auteur, et qu'il nous paraît difficile qu'une mesure dont le résultat est abso-
» lument le même que le sien, une mesure qui n'est citée que de son temps, et dont
» l'auteur est inconnu, ne lui appartienne pas. Il y a apparence que ce philosophe astro-
» nome , qui sentait toute l'importance et la difficulté d'une pareille entreprise, a vérifié,
» par une nouvelle base de 20,000 stades, le résultat qu'il avait obtenu par sa première
» mesure. Nous pensons même que ces résultats n'étaient pas parfaitement les mêmes , et
» que Posidonius s'est permis de supprimer de légères différences pour les faire accorder.
» Nous allons plus loin, et nous pensons qu'il a fait quelques changemens pour identifier
» sa mesure avec celle qu'Aristote avait citée comme l'ouvrage des anciens mathéma-
» ticiens. » (Remarquez pourtant qu'Aristote ne parle nullement d'*anciens mathématiciens*, *mais de tous ceux qui ont tenté de donner une idée de la grandeur de la Terre.*)
» Ce sont ces anciens mathématiciens, ces premiers cultivateurs des sciences , à qui nous
» nous sommes efforcés de restituer la gloire qui leur appartient. Remarquons que la
» détermination de Posidonius était fondée sur deux bases, l'une de 5000 , l'autre de
» 20,000 stades; c'est-à-dire de 150 et de 600 lieues. » (Comment un astronome du
18° siècle peut-il croire à des bases de 600 lieues qui soient un peu exactes ?) « Ne doutons
» pas que ces grandes bases , bien plus étendues que celles de toutes nos mesures mo-
» dernes (n'est-ce pas là précisément ce qui devait les lui rendre suspectes ?) n'aient mé-
» rité la confiance de Ptolémée, et ne soient les motifs de la préférence qu'il accorde
» aux déterminations de ce philosophe : c'est en même tems la source de leur exac-
» titude. »

Bailly oublie de nous dire pourquoi Posidonius, pour accorder mieux sa nouvelle mesure avec celle d'Aristote , emploie cependant un autre stade pour l'exprimer. Il oublie
de nous dire pourquoi Ptolémée, qui la préfère, emploie encore un autre stade ; enfin,
où est la raison de préférence quand les quatre mesures sont identiques ? Il était tout
simple alors que Ptolémée s'en tînt à sa propre détermination, qui était la plus nouvelle,
et qui s'accordait si merveilleusement avec tant d'autres.

Riccioli avait tenté d'avance de prévenir la méprise de Bailly ; il avait objecté que les
deux villes n'étaient pas sous le même méridien, et que la différence de latitude n'est
pas de 18°. En effet, suivant la Géographie de Ptolémée,....

Syène est par......	62° de longitude et	23° 51′ de latitude ;
Lysimachie , par...	54.20 .... et	41.30
Différence	7.40	17.39.

Bailly répond que Ptolémée nous a avertis que , pour mesurer la Terre, il n'est pas
nécessaire que la distance des villes soit dans un méridien. Ptolémée prescrit d'observer

les latitudes des deux lieux, et l'azimut de l'un des deux sur l'horizon de l'autre : c'est ce qu'il dit avoir exécuté lui-même avec son quart de cercle décrit sur une planche ou sur une brique. Nous avons dit ailleurs ce que nous pensons de cette méthode ; et d'ailleurs comment observer l'azimut d'une ville éloignée de 600 lieues ? Bailly substitue la différence de longitude à l'azimut, et il ajoute : « Ptolémée développe ici la méthode des anciens ; » nous sommes étonnés qu'on n'y ait pas fait attention. Il ne faut donc pas leur repro- » cher que les villes dont ils avaient mesuré la distance n'étaient pas sous le même mé- » ridien, car ils savaient bien en tenir compte. » (Bailly oublie encore que Ptolémée dit formellement qu'avant lui tous les arcs mesurés étaient dans un même méridien.) « L'autre méthode vaut mieux sans doute, parce que la réduction que celle-ci exige » est une nouvelle source d'erreurs. Mais enfin ils avaient une méthode dont les prin- » cipes étaient exacts (mais suffit-il des principes, quand on se permet de choisir des » données aussi incertaines ?) Nous espérons que ces rapprochemens, l'identité et l'exac- » titude des anciennes mesures de la Terre feront plaisir à nos lecteurs, et qu'ils juge- » ront, comme nous, que le travail des anciens mérite plus d'estime qu'on ne lui en a » accordé jusqu'ici. »

Nous avons fidèlement rapporté le passage de Cléomède, nous y avons ajouté quelques remarques fondées sur des calculs trigonométriques, nous avons copié les propres expres- sions de Bailly : le lecteur jugera.

Page 263, au chapitre de Cicéron, *ajoutez* le passage suivant sur Nicétas, dont nous avons parlé brièvement page 16 :

Habitari ait Xenophanes in Lunâ, eamque esse Terram multarum urbium et montium. Nonne etiam dicitis esse è regione nobis, è contrariâ parte Terræ, qui adversis vestigiis, stent contra nostra vestigia, quos antipodas vocatis ?

Nicetas Syracusius, ut ait Theophrastus, cælum, Solem, Lunam, stellas, supera denique omnia stare censet, neque præter Terram rem ullam in mundo moveri : quæ cum circum axem se summâ celeritate convertat et torqueat, eadem effici omnia, quasi stante Terrâ cælum moveretur, atque hoc etiam Platonem in Timæo dicere quidam arbitrantur, sed paullo obscuriùs. (Academ. Quest. lib. IV.) Il est donc évident qu'il ne s'agit ici que du mouvement diurne.

Ajoutez ce passage du livre II de la Nature des Dieux :

Quod si in Scythiam, aut in Britanniam, sphæram aliquis tulerit, hanc quam nuper familiaris noster effecit Posidonius, cujus singulæ conversiones idem efficiunt in Sole et in Lunâ, et in quinque stellis errantibus, quod efficitur in cælo singulis diebus et noctibus : quis in illâ barbarie dubitat quin ea sphæra sit perfecta ratione ? Hi au- tem dubitant de mundo ?... Archimedem arbitrantur plus valuisse in imitandis sphæræ conversionibus, quam naturam in efficiendis, præsertim cum multis partibus sint illa perfecta quam hæc simulata solertiâs. Il paraît que Posidonius avait construit pour Cicéron une sphère, à l'imitation de celle d'Archimède.

Page 271, ligne 3 de bas en haut, *ajoutez* :

Nous en voyons la preuve dans Diogène Laërce, Vie d'Aristote : Παρετίθεται δὲ ταῦτα διὰ λεκάνης ὕδωρ ἐχούσης. On observait les éclipses dans des bassins remplis d'eau.

Page 291, à la fin du chapitre de Pline, *ajoutez* ce passage du livre II :

Vastitas cæli immensa, discreta altitudine in duo atque LXX signa Hæ sunt rerum, ent animantium effigies, in quas digessere cælum periti; in his quidem mille sexcentas annotavere stellas, insignes videlicet effectu visuve. Exempli gratiâ in caudâ Tauri septem, quas appellavere Vergilios, in fronte suculas, Booten qui sequitur septentriones. On voit ici 72 constellations. Hipparque n'en comptait que 49, et Ptolémée 48, parce qu'il mettait la chevelure de Bérénice parmi les informes. On voit 1600 étoiles. Hipparque n'en avait observé que 1080, et l'on n'en compte ordinairement que 1022 dans le Catalogue de Ptolémée. Bailly croit que les douze signes du zodiaque, partagés chacun en trois décans, ont été pris par Pline pour 36 constellations, ce qui fait 24 de plus, et porte le nombre total à 72. Quant aux 1600 étoiles, s'il n'y a pas faute de copie, je ne sais sur quelle autorité Pline a pu se fonder. Le Millæus, dont parle Riccius (voy. pag. 186), n'avait pas encore composé son Catalogue. Pline met ici les Pléiades sur la queue du Taureau; le Taureau n'était représenté qu'à moitié sur les cartes célestes, il n'avait point de queue. On place les Pléiades sur le dos. Voici encore un autre passage qui avait d'abord échappé à mes recherches.

Cardo temporum quadripartitâ anni distinctione constat, per incrementa lucis; augetur hæc à Brumâ et æquatur noctibus verno æquinoctio diebus XC horis tribus; deindè superat noctes ad solstitium diebus XCIII horis XII usque ad æquinoctium autumni; et tum æquatâ die procedit ex eo ad Brumam diebus LXXXIX horis III. Horæ nunc in omni accessione equinoctiales, non cujuscumque diei significantur; omnes que eæ differentiæ fiunt in octavis partibus signorum. Bruma Capricorni ad VIII calend. januar. ferè; æquinoctium vernum Arietis, solstitium Cancri; alterumque æquinoctium libræ.

Ce qu'il y a de plus remarquable dans ce passage, c'est que les nombres des jours des diverses saisons ressemblent fort peu à ceux d'Hipparque et de Ptolémée : on n'y voit que trois saisons. Il semble qu'il y ait une lacune après le mot *solstitium*; il paraît cependant que les 93 $\frac{1}{2}$ jours appartiennent à l'été, et alors ce sera la durée du printems qui manquera; et nous aurons

$$
\begin{array}{lr}
\text{pour l'été}\ldots\ldots & 93^{j}\ 12^{h} \\
\text{pour l'automne}\ldots & 89.\ 3 \\
\text{pour l'hiver}\ldots\ldots & 90.\ 5 \\
\text{donc pour le printems}\ldots\ldots & \underline{92.12} \\
\text{année}\ldots\ldots\ldots\ldots & 365.\ 6.
\end{array}
$$

Le Soleil sera 186 jours dans les signes septentrionaux, et 179 jours 6 heures dans les signes méridionaux.

Page 299, après ces mots, *Cicéron ne l'entendait pas ainsi*, ajoutez :

Mais Vitruve explique si clairement ce système, que, suivant toute apparence, il devait être bien connu à Rome du tems de Cicéron. Voici le passage :

Mercurii autem et Veneris stellæ circum Solis radios, Solem ipsum, uti centrum, itineribus suis coronantes, regressus et retardationes faciunt.

Page 312, ligne 22, *de services*, lisez *de service*

Page 336. *Phades incipiunt humeros relevare paternos.* L'expression n'est pas d'une grande justesse; elle indiquerait qu'Atlas ne porterait que l'hémisphère visible, ou que les étoiles, en se couchant, se détacheraient de la voûte céleste, puisqu'elles cesseraient de peser sur les épaules d'Atlas, père des Pléiades.

Page 342. *Lisez* Εὐπορίδης *avec un esprit rude.*

Page 346. A la fin de ce premier livre, ajoutez quelques passages d'Hérodote, de Dion-Cassius et de Diodore :

Πρῶτοι αἰγύπτιοι ἀνθρώπων ἁπάντων ἐξεῦρον τὸν ἐνιαυτόν, δυώδεκα μέρεα δασάμενοι τῶν ὡρέων ἐς αὐτόν, ταῦτα δὲ ἐξευρεῖν ἐκ τῶν ἀστέρων ἔλεγον, ἄγουσι δὲ τοσῷδε σοφώτερον Ἑλλήνων (ὡς ἐμοὶ δοκέει) ὅσῳ Ἕλληνες μὲν διὰ τρίτου ἔτεος ἐμβόλιμον ἐπεμβάλλουσι, τῶν ὡρέων εἵνεκεν, αἰγύπτιοι δὲ τριηκοντημέρους ἄγοντες τοὺς δυώδεκα μῆνας ἐπάγουσι ἀνὰ πᾶν ἔτος πέντε ἡμέρας πάρεξ τοῦ ἀριθμοῦ, καί σφι ὁ κύκλος τῶν ὡρέων ἐς τὠυτὸ περιιὼν παραγίνεται.

Πόλον μὲν γὰρ, καὶ γνώμονα καὶ τὰ δυώδεκα μέρεα τῆς ἡμέρης παρὰ Βαβυλωνίων ἔμαθον Ἕλληνες.

Ἐν μυρίοισί τε ἔτεσι καὶ χιλίοισι καὶ τριηκοσίοισί τε καὶ τεσσαράκοντα... τετράκις ἔλεγον ἐξ ἠθέων τὸν ἥλιον ἀνατεῖλαι ἔνθέν τε νῦν καταδύεται, ἐνθεῦτεν δὶς ἐπαντεῖλαι, καὶ ἔνθεν νῦν ἀντέλλει, ἐνθαῦτα δὶς καταδῦναι. Hérod., lib. II.

Καὶ τὰ δὲ ἄλλα αἰγυπτίοισί ἐστι ἐξευρημένα, μείς τε καὶ ἡμέρη ἑκάστη θεῶν ὅτεο ἐστι. Ibid.

Ce qui signifie que *les Égyptiens ont les premiers trouvé l'année et les douze mois par l'observation des astres. En quoi Hérodote trouve qu'ils sont plus sages que les Grecs, qui intercalent tous les trois ans à cause des saisons ; au lieu que les Égyptiens, avec leurs mois de 30 jours, et leurs cinq jours épagomènes, voient chaque année les saisons revenir aux mêmes jours. Ainsi, au tems d'Hérodote, on croyait encore l'année de 365 jours sans fraction.*

Les Grecs ont reçu des Babyloniens le pôle et le gnomon et les douze heures du jour. (Le pôle n'est rien autre chose que l'hémisphère concave de Bérose, dans lequel un rayon perpendiculaire montrait les heures par son ombre : de là viennent les heures temporaires, seules connues des peuples anciens ; les heures égales n'ont jamais été employées que dans les calculs astronomiques.)

En 16340 ans, le Soleil a changé quatre fois le lieu accoutumé de son lever et de son coucher ; deux fois il s'est levé où il se couche, et couché où il se lève.

Les Égyptiens sont encore les auteurs de plusieurs inventions ; on leur doit le mois, et ils ont dit à quel dieu chaque jour appartient. Ce dernier passage ne parle pas de la semaine ; il ne dit rien du nombre de ces dieux entre lesquels les jours ont été partagés. Dion-Cassius s'explique plus clairement : Εἰς τοὺς ἀστέρας τοὺς ἑπτὰ τοὺς πλανήτας ὠνομασμένους τὰς ἡμέρας ἀνακεῖσθαι κατέστη ὑπὸ αἰγυπτίων. *Ce sont les Égyptiens qui ont consacré les jours aux sept astres qu'on nomme planètes.*

Stobée dit qu'Anaximène prétendait que des corps terrestres et invisibles circulent autour des astres, qui sont de feu.

L'auteur des vers orphiques dit que la Lune a beaucoup de montagnes, de villes et de palais :

ἥ πολλ' οὔρε' ἔχει, πολλ' ἄστεα, πολλὰ μέλαθρα.

Plutarque nous dit que, suivant Héraclide et les Pythagoriciens, chaque étoile est un monde qui contient une terre, un air, un éther, dans un éther infini. Les Pythagoriciens croyaient à deux Soleils : le second, qui est celui que nous voyons, est un miroir qui nous réfléchit la lumière du Soleil véritable. Ils croyaient aussi à une seconde Terre, qu'ils appelaient *Terre opposée* (ἀντίχθων), qui est toujours invisible ; enfin ils croyaient que les animaux et les arbres de la Lune étaient plus beaux et quinze fois aussi grands que ceux de la Terre.

Diodore de Sicile dit que les Égyptiens ajoutent 5 jours et ½ aux 12 mois de 30 jours pour compléter l'année : προστιθέασι δέ τινας καὶ ἐπαγομένας τῶν δώδεκα μηνῶν ἡμέρας. Il ajoute qu'ils ont beaucoup médité sur les éclipses de Soleil et de Lune ; qu'ils en font, sans jamais se tromper, des annonces qui en expliquent toutes les circonstances : καὶ προρρήσεις περὶ τούτων ποιοῦνται, πάντα τὰ κατὰ μέρος γινόμενα προλέγοντες, ἀδιαπτώτως. Le traducteur latin paraît n'avoir pas bien compris le sens purement astronomique de ces derniers mots ; il a l'air de leur attribuer la prédiction des évènemens qui seront amenés par l'éclipse.

Plus loin il ajoute : que les Égyptiens ne le cèdent à aucun autre peuple pour le soin avec lequel ils ont observé l'ordre et les mouvemens des astres ; qu'ils conservent les registres de ces observations depuis un nombre incroyable d'années ; qu'ils connaissent les mouvemens, les périodes et les stations des planètes, leurs qualités bonnes ou malfaisantes ; qu'ils en déduisent des prédictions fort utiles, et qu'ils ont annoncé des années de stérilité et d'abondance, des épidémies, des tremblemens de terre, des cataclysmes et l'apparition des comètes ; enfin, que leurs études les ont mis en état de faire des prédictions impossibles à tout autre. Il résulte assez clairement de ce passage, que les Égyptiens étaient astronomes tout juste ce qu'il fallait pour être charlatans ; il dit enfin que les Chaldéens de Babylone sont une colonie égyptienne.

Leur observatoire était la tour du temple de Bélus, laquelle, par sa hauteur, leur donnait toute facilité pour observer les levers et les couchers des étoiles. Le portrait qu'il fait de ces prêtres ressemble beaucoup à celui qu'il a tracé des prêtres d'Égypte. Consacrés au culte des dieux, ils passent toute leur vie à philosopher, et ils se sont acquis une grande réputation comme astrologues ; ils font des prédictions, des purifications ; ils ont des charmes pour écarter les maux et procurer les biens ; ils prévoient l'avenir par le vol des oiseaux, par l'interprétation des songes et des prodiges. Ils sont élevés dans tous ces arts par leurs pères auxquels ils succèdent ; ainsi, ils ont pour se perfectionner dans l'Astrologie des secours qui manquent aux Grecs qui étudient plus tard, et qui sont trop distraits par d'autres occupations.

Les Chaldéens croient le monde éternel et impérissable. L'ordre du monde n'est pas dû au hasard, mais à une Providence divine. Tous les mouvemens sont assujétis à des lois invariables. Par des observations long-tems répétées, ils ont appris à connaître la marche et la puissance de tous les astres : ils sont en état de prédire l'avenir. La partie la plus importante de leur science a pour objet les cinq planètes, qu'ils appellent *interprètes*, et auxquelles ils donnent, comme nous, les noms de Mars, de Vénus, de Mercure, de Jupiter et de Saturne. Seules, elles ont des mouvemens particuliers, et peuvent servir à connaître les évènemens futurs, qu'elles annoncent par leurs levers, leurs couchers, et même par leurs couleurs. Elles présagent les pluies, les tempêtes et les chaleurs excessives, quelquefois même aussi l'apparition des comètes, les éclipses de Lune et de Soleil, les tremblemens de terre, toutes les variations atmosphériques, enfin tout ce qui peut être bon ou funeste aux nations comme aux particuliers. Sous les planètes sont 30 étoiles qu'ils appellent les *dieux conseillers*. Douze dieux principaux président aux douze mois et aux signes du zodiaque. Les planètes président principalement aux naissances.

On a lieu souvent d'être étonné de la justesse des prédictions de ces prêtres, en qui l'on est forcé de reconnaître quelque chose de divin. Outre les étoiles zodiacales, ils en comptent 24 autres, douze au nord, douze au sud. Ils disent que la Lune est l'astre le plus voisin de la Terre, parce que sa révolution est la plus courte, non qu'elle aille plus vite, mais parce que son cercle est beaucoup plus petit. Elle n'a qu'une lumière empruntée; ses éclipses sont produites par l'ombre de la Terre. Ils ne sont pas aussi forts sur la théorie des éclipses de Soleil, qu'ils n'osent pas prédire, et dont ils ne savent pas fixer les tems; ils disent que la Terre est *creuse*, et qu'*elle a la forme d'un bateau*, et sur ce sujet ils sont riches en belles et plausibles explications, qui seraient trop étrangères à cette Histoire, ajoute Diodore; mais ce qu'on peut affirmer avec raison, c'est que, dans la science astrologique, les Chaldéens l'emportent sur tous les peuples, parce qu'ils en ont fait une étude plus approfondie. A l'invasion d'Alexandre, ils comptaient déjà 473,000 ans depuis qu'ils avaient commencé à observer les astres.

Dans ce tableau, dont nous n'avons rien omis d'important, je crois qu'on peut bien voir des hommes adroits, qui n'avaient négligé aucun moyen de fasciner et d'en imposer; mais avec tant de professions diverses, ils auraient pu observer les astres pendant 473,000 ans, comme ils s'en vantaient, sans avancer davantage une science qu'ils transmettaient à leurs enfans telle qu'ils l'avaient reçue de leurs pères.

Page 399, Chinois, *ajoutez*: Nous avons examiné les connaissances des Chinois, d'après leurs annales et les idées que les Missionnaires se sont efforcés de nous en donner. Nous avons adopté leur témoignage, sans en discuter l'authenticité. Nous aurions eu trop d'avantage en adoptant les idées de M. de Guignes, qui prétend que l'empire chinois n'était encore rien 776 ans avant notre ère; que leur chronologie n'est qu'un tissu de fables, et que dans leurs Annales, qui sont à la Bibliothèque du Roi, on ne trouve rien qui dépose en faveur de leur science astronomique; que la sphère d'Yu-Chi n'était rien que le *bonnet* porté par l'empereur dans certaine cérémonie. Suivant cet auteur, rien ne mentionne l'éclipse de 2159, et il le prouve par le texte des Annales, dont voici la traduction exacte : A la première année de Tchou-Kang, au premier jour de la dernière Lune d'automne, la conjonction ne fut pas d'accord dans la constellation du Scorpion.

Enfin le Père Ko, missionnaire, dit qu'on ne trouve dans les écrits des Chinois aucune mention de la sphère avant l'an — 300 : c'est l'époque où Autolycus composait sa sphère en mouvement, et son Traité des levers et couchers des Etoiles. Il en résulterait donc que les Chinois ne seraient pas plus anciens que les Grecs, qu'ils n'ont égalés en aucun tems.

Tome II, page 206, ligne 5 en remontant, $+ 4',42\, a \sin (2\mathrm{D} - \mathrm{A})$, *lisez* $4',42\, a \sin 2 (\mathrm{D} - \mathrm{A})$. Dans ces calculs nous n'avons fait aucune attention à la variation, qui est restée inconnue jusqu'à Tycho; cependant, si nous considérons que Ptolémée a établi sa théorie sur deux octans aussi bien que sur deux secondes quadratures, il faut ajouter à l'erreur de Ptolémée, $+ 2' \sin \mathrm{D} - 35',7 \sin 2\mathrm{D}$. La partie de l'erreur dépendant de 2D, sera............ $- (35',7 + 4',42) \sin 2\mathrm{D} = - 3i',28 \sin 2\mathrm{D}$. Ptolémée ne satisfaisait donc pas à la variation; il n'en employait guère que la neuvième partie. Sa théorie pouvait être quelquefois en erreur de près d'un degré : cette théorie ne repose véritablement que sur trois observations. Dans l'un des deux octans, la variation, suivant nos Tables, était de $+ 35'$ environ; elle était $- 35'$ dans l'autre. Les deux distances angulaires étant égales à droite et à gauche de la ligne des syzygies, la ligne de l'apogée de l'épicycle, ou la prosneuse, devait nécessairement couper celle des syzygies en un même point. Cette théorie est in-

génieuse, mais les fondemens n'en sont pas assez solides; la légitimité n'en est pas suffisamment démontrée. On peut croire qu'elle n'aurait pas été si bien d'accord dans les deux
autres octans, ni dans les situations intermédiaires. Hipparque n'avait pu trouver la loi
de l'inégalité, parce que, sans doute, il voulait satisfaire également à toutes ses observations. Ptolémée, se bornant à quatre observations qui n'en valent réellement que deux,
a trouvé moins de difficultés; mais il a été moins véridique : de là, sans doute, tant de
reproches qu'il n'a probablement que trop mérités. On l'a accusé d'avoir supprimé tout ce
qui ne cadrait pas avec ses hypothèses; nous n'en avons aucune preuve réelle; mais il est
sûr au moins qu'il a négligé de nous donner les observations qui auraient pu servir à juger
ses théories.

Tome II, page 411. Optique de Ptolémée.

M. Venturi dans ses Mémoires sur l'Histoire et la Théorie de l'Optique (Bologne, 1814),
vient de donner un nouvel extrait de l'Optique de Ptolémée, d'après un exemplaire qu'il
a trouvé dans la bibliothèque Ambrosienne, et sur lequel il a corrigé la copie qu'il avait
faite en 1797 du manuscrit de la Bibliothèque du Roi. Le premier livre manque également dans les deux manuscrits, parce qu'il manquait dans l'arabe.

La couleur fait partie des corps, elle en est la croûte extérieure. L'œil sent la direction du rayon visuel qu'il envoie vers le corps, il en sent également la longueur; il
juge de la grandeur de l'objet d'après la longueur de la pyramide combinée avec la
grandeur de la base. Si l'humidité du rayon visuel se dissipe promptement, on voit
mieux de près, si elle se dissipe plus tard, on voit mieux de plus loin.

Voilà les passages que je n'avais pas extraits d'une manière aussi précise, soit que le
manuscrit de Paris ne les présente pas assez correctement, soit que j'aie manqué d'attention.

Dans un appendice qu'il joint à son extrait, M. Venturi nous apprend que les Tables
de Vitellon et celles de Ptolémée que j'ai données comme différentes, sont réellement
identiques. Les variantes que j'y ai remarquées, sont des fautes de copie dans le manuscrit de Paris. M. Venturi ne parle pas des Tables inverses que Vitellon a ajoutées à
celles de Ptolémée; il y a toute apparence qu'elles ne sont pas dans le manuscrit ambrosien.

J'ai trouvé le mot *planta* fort singulier pour désigner le cercle divisé qui a servi aux
expériences de Ptolémée. Le manuscrit porte *planca*, *planche* ou *planchette*. Ce mot latin
peu connu, se trouve dans Pline; il est la racine du nom *Plancus*. Le manuscrit de Paris
porte que les yeux *concaves* voient mieux de *près*; le manuscrit ambrosien dit de *loin*,
et la faute que j'avais remarquée disparaît.

M. Venturi n'a pas renoncé au projet de nous donner en meilleur latin l'Optique de
Ptolémée; il croit son extrait plus complet que le mien, et à quelques égards, je pense
qu'il a raison : mais M. Venturi faisait l'Histoire de l'Optique, l'ouvrage de Ptolémée ne
m'intéressait guère que pour ce qui concerne les réfractions. Si j'ai parlé du reste, c'était
uniquement par occasion et parce que l'on croyait cet ouvrage entièrement perdu. À
présent qu'on le connaît beaucoup mieux, je n'ai plus de raison pour entrer dans des
détails qui n'intéresseraient que fort indirectement l'Astronomie. Je renverrai donc au
Mémoire de M. Venturi et à la traduction qu'il nous fait espérer.

Tome II, pag. 560, à la suite du paragraphe qui commence par ces mots, *ces théorèmes ainsi présentés*, etc., on peut ajouter ce qui suit :

Dans mon Astronomie, tome I, pag. 282, j'ai démontré, par notre théorème sphérique des quatre sinus, les quatre théorèmes fondamentaux de la Trigonométrie sphérique des Grecs. Si l'on suppose le triangle infiniment petit, et par conséquent rectiligne, les côtés prendront la place des sinus, mes quatre formules générales deviendront

$$\text{(I)}\ B''(A'+B')(A'''+B''')=A'B'''(A''+B''),$$
$$\text{(II)}\ BA''(A'+B')=B'(A+B)(A''+B''),$$
$$\text{(III)}\ AB'(A'''+B''')=BA'A''',$$
$$\text{(IV)}\ AA''B'''=A'''B''(A+B).$$

Pour comparer ces théorèmes rectilignes à ceux que Théon a démontrés par la propriété des triangles rectilignes semblables, je forme la figure 183, qui est celle de Théon, dont je conserve les lettres, en y ajoutant les lettres romaines de la figure 109 de mon Astronomie. Je traduis, selon cette nouvelle notation, les quatre théorèmes rectilignes de Théon, tome II, pag. 559 et 560; j'obtiens ainsi

$$\text{(I)}\ \alpha\gamma.\delta\zeta.\theta\iota=\alpha\iota.\delta\gamma.\beta\zeta \text{ ou } (A'''+B''')B''(A'+B')=B'''(A''+B'')A',$$

c'est ma première formule générale;

$$\text{(II)}\ \epsilon\zeta.\alpha\beta.\gamma\delta=\beta\iota.\alpha\delta.\gamma\zeta \text{ ou } B'(A+B)(A''+B'')=(A'+B')BA'',$$

c'est ma seconde formule générale;

$$\text{(III)}\ \alpha\iota.\gamma\zeta.\beta\delta=\gamma\iota.\delta\zeta.\alpha\beta \text{ ou } B'''A'A=A'''B''(A+B),$$

c'est ma quatrième formule générale;

$$\text{(IV)}\ \gamma\iota.\beta\zeta.\delta\alpha=\alpha\gamma.\zeta\iota.\beta\delta \text{ ou } A'''A'B=(A'''+B''')B'A',$$

c'est ma troisième formule générale.

Ainsi l'identité est parfaite, ainsi que cela devait être.

Ptolémée et Théon sont partis des théorèmes rectilignes pour arriver aux théorèmes sphériques, et c'était la marche naturelle; mais leurs démonstrations compliquées exigent des figures difficiles à tracer et à comprendre. Je suis parti de notre Trigonométrie sphérique pour démontrer, par un calcul fort simple, les quatre théorèmes sphériques des Grecs; je transporte ces théorèmes aux triangles rectilignes, je dois retrouver les théorèmes rectilignes des Grecs, et je les retrouve en effet. Les démonstrations pénibles des Grecs sont directes; ce sont de véritables démonstrations; les miennes ne sont que des vérifications. Je prouve plus simplement, que les théorèmes des Grecs, tant sphériques que rectilignes, ne sont que des corollaires de nos méthodes modernes.

En général, ces formules renferment six quantités; cinq quelconques étant données, on en conclut toujours la sixième. Je n'ai pas cherché si dans cette forme elles pouvaient avoir quelque utilité. Les Grecs eux-mêmes les ont toujours simplifiées, en supposant des angles droits et des côtés de 90°. L'identité de leurs formules avec les nôtres prouve à la fois et l'exactitude et les longueurs de leurs méthodes.

Page 217, ::DN:DG, *lisez* ::BDN:BDG

Page 633, ligne 8 en remontant, *lisez* l'arg. de latitude 230° 19′ 0″.

TABLE DES MATIÈRES
CONTENUES DANS CET OUVRAGE.

il ne paraît pas connaître le mouvement des nœuds, *a*, 23o ; il nie d'abord, et il explique ensuite les éclipses de Lune observées à l'horizon. Idée des réfractions, *a*, 232. Son livre est une compilation des ouvrages des philosophes de son temps et de ceux de Posidonius en particulier. Système des Grecs sur la vision, *a*, 223. Mesure du diamètre du Soleil par le tems qu'il emploie à se lever : ce tems est mesuré par la course d'un cheval, *a*, 224. Jugement qu'on peut porter de Cléomède, *a*, 232.

Clepsydres ou *horloges d'eau*. On s'en servait pour observer les éclipses, *b*, 357, et pour mesurer le diamètre du Soleil, *a*, 581 ; les Chaldéens s'en étaient servis pour diviser le zodiaque, *b*, 547 ; Disc. prél., xiij.

Climats, *b*, 82.

Cochéou-King. Voyez *Chinois*.

Comètes, *a*, 10.216. Ce mot ne se trouve pas une seule fois dans la Syntaxe de Ptolémée : il se trouve dans le Commentaire de Théon, où elles sont assimilées aux nuages, *b*, 557. Opinion de Sénèque, *a*, 375 ; Opinion des Chaldéens, *a*, 275. Comètes des Chinois, *a*, 358.

Commandin commente l'Analemme de Ptolémée, *b*, 458 ; dans ses commentaires sur le planisphère, il indique le premier la propriété des sections sub-contraires, tirée d'Apollonius, mais il n'en fait aucun usage pour changer les démonstrations de Ptolémée, *b*, 456.

Conjonction écliptique calculée sur les tables de la Syntaxe et sur les Tables manuelles, *b*, 581.588.

Constellations, *a*, 7. Elles ne sont pas égales aux dodécatémories, *a*, 140 ; leurs formes et leurs limites un peu incertaines, *a*, 112. Eudoxe n'avait aucune raison pour les distinguer des dodécatémories, *a*, Ad., xlj. Constellations des Chinois, *a*, 380 ; —des Arabes, *a*, 501.

Cosmique (lever et coucher), *a*, 22.

Crépuscules (livre des) de l'arabe Abhomade Malfegeir, *b*, 428.

D

Degré d'Eratosthène, *a*, 89.219 ; —d'Archimède, *a*, 102 ; —de Posidonius, *a*, 219, 255.256 ; —d'Aristote, *a*, 3o3 ; —de Ptolémée, *b*, 523 ; —de Cléomède ou plutôt de Bailly, *a*, Addit., xliij. Degré chinois, *a*, 372. Ptolémée ne trouve pas nécessaire de le mesurer dans le plan du méridien, *b*, 521.

Démocrite soupçonne que le nombre des planètes est beaucoup plus considérable qu'on ne le croit, *a*, 275.

Descensif, un des cercles de l'analemme, *b*, 259.

Diabète, *b*, 6o6. Les Grecs avaient en outre des règles brisées pour tracer des cercles sur la sphère, κλωμένῳ κανόνι γράφοντες τὸ μεταξὺ τῶν πόλων ἡμικύκλιον, dit Théon, p. 359 de son Commentaire.

Diamètre du Soleil, *a*, 4.11.1o3 ; manière de le mesurer, *b*, 581 ; diverses évaluations, *a*, 1o3.

Diamètre de la Lune, *b*, 214.224, déterminé par la clepsydre, *a*, 312.

Diamètre de l'ombre de la Terre, *b*, 177.215.226.

Diodore de Sicile, *a*, 4.11, Addit., xlix.

Dion Cassius, *a*, Addit., xlviij.

Diophante, *a*, 11.6.11.

Dioptre d'Hipparque, de 4 coudées de longueur, *b*, 214.581 ; —d'Eratosthène, *a*, 221.

Q

R

S

TABLE DES CHAPITRES.

LIVRE PREMIER.

CORRECTIONS.

Page 407, ligne 27, Cali-yong, *lisez* youg. La même faute se trouve plusieurs fois
    dans les pages suivantes.

    408,   4 en remontant, ou bien qu'il, *lisez* ou comme s'il

    423,   21, 50″, *lisez* 50′.

    463,   4, en remontant, 5°¼, *lisez* 5°¾

    470,   9, en remontant, dixaines, *lisez* dixièmes

    509,   7, la longueur, *ajoutez* de l'ombre

HISTOIRE

DE

L'ASTRONOMIE ANCIENNE,

Tirée des Ouvrages encore existans, analysés suivant l'ordre des tems, pour déterminer ce que chaque Auteur a pu ajouter aux connaissances de ses devanciers.

LIVRE PREMIER.

CHAPITRE PREMIER.

Notions générales. Astronomie traditionnelle.

Nous rejetterons de cette Histoire, ou du moins nous tâcherons d'y réduire à sa juste valeur, tout ce qui est simple tradition, notion incertaine, conjecture ou système ; nous n'avancerons rien dont nous ne donnions la preuve, et qu'on ne puisse vérifier dans les sources que nous indiquerons.

Les traditions, au reste, se réduisent à un petit nombre d'articles qui ne supposent aucune théorie, aucun instrument, aucune observation précise. Pour les expliquer, il suffira des notions les plus superficielles de la Géométrie et de la Sphère.

Les Chaldéens, favorisés par un ciel sans nuages, et stimulés par le desir et l'espoir de lire d'avance dans les astres tous les événemens futurs, cultivèrent à la fois l'Astronomie et l'Astrologie. Ils furent observateurs assidus des phénomènes les plus frappans que leur offraient les mouvemens célestes ; ils se rendirent attentifs à toutes les éclipses, et sans doute aussi aux phases de la lune ; ils en tinrent registre pendant plusieurs siècles : les uns disent pendant sept cents ans, d'autres pendant dix-neuf cents, d'autres pendant des espaces de tems beaucoup plus considérables. Ces registres dùrent faire trouver bientôt la période de 223 lunaisons ou de 18 ans, qui ramène dans le même ordre toutes les éclipses, et principalement celles de Lune, les seules dont il soit resté quelques vestiges. L'observation des phases et celle des nouvelles et pleines lunes ont dû faire apercevoir la période plus importante et plus usuelle de 235 lunaisons ou de 19 ans, qui ramène les conjonctions et les oppositions aux mêmes points du ciel et aux mêmes jours de l'année.

De ces périodes à peu près exactes et de l'année solaire connue aussi à peu près, ils purent former d'autres périodes plus longues, comme on a vu depuis, en Grèce, Calippe quadrupler le cycle de 19 ans publié par Méton, et en retrancher un jour pour le rendre plus exact. Ils triplèrent ainsi la période de 18 ans pour en former une de 54. Ils eurent aussi, dit-on, celles de 12, de 60, de 600 et de 3600 ans. Au lieu de voir dans ces longues périodes des indices d'une astronomie perfectionnée, n'est-il pas naturel de les regarder comme les premiers essais d'une science qui n'est pas encore formée ? Depuis que nous connaissons mieux les mouvemens célestes, nous avons abandonné tous ces cycles plus ou moins imparfaits ; nous nous appliquons uniquement à corriger les mouvemens moyens dont ils se dédairaient au besoin.

Hipparque, auteur d'une de ces périodes, nous a donné cet exemple imité depuis par Ptolémée. La recherche des périodes et l'importance qu'on y attache, sont donc plutôt la preuve du peu de progrès des théories ; l'exactitude qui peut s'y rencontrer est un effet du hasard, et n'est due qu'à des compensations d'erreurs. Tous ces cycles, en effet, ne sont que des nombres approximatifs qu'on admet pour plus de commodité, et parce qu'on ne peut répondre des quantités qu'on y néglige. Ainsi de ce que la période de 600 ans pourrait être le résultat de 7421 révolutions lunaires de 29^j 12^h 44' 3'', formant 219146$\frac{1}{4}$ jours et valant 600 années solaires de 365^j 5^h 51' 36'', nous ne conclurons pas avec Cassini ou avec Bailly, que les auteurs de cette grande année aient donné véritablement ces deux durées aux révolutions lunaire et solaire. Nous dirons plutôt que la période était de 219146 jours sans fraction, puisqu'aucun auteur ne parle de cette fraction, et qu'ainsi le mois lunaire ne serait que de 29' 12ʰ 43' 57″, trop faible de 6″, et que l'année solaire serait de 365' 5ʰ 50' 24″, durée qui serait plus exacte même que celle d'Hipparque et de Ptolémée, tandis que la révolution de la lune serait, au contraire, moins bien connue qu'elle ne l'a été des Grecs d'Alexandrie.

Si l'on veut qu'on ait dit 600 ans par abréviation, au lieu de 600 ans et 12 heures, pourquoi n'aurait-on pas dit aussi bien 600 ans pour 600 ans un ou deux jours, comme on dit souvent 18 ans au lieu de 18 ans et onze jours pour la période des éclipses ; et alors où serait cette exactitude prétendue ? Cassini est le premier qui ait voulu donner quelque importance à cette période ; on n'avait jusque-là fait que peu d'attention au témoignage de Josephe qui paraît l'attribuer aux Patriarches. En réduisant à leur juste valeur les expressions de cet historien, on verra que Bailly lui fait dire ce à quoi il n'avait jamais songé. Il veut rendre raison de la longévité des Patriarches : *Dieu*, dit-il, *voulut leur donner des facilités pour perfectionner la Géométrie et l'Astronomie ; et comment auraient-ils pu y parvenir avec une vie moins longue, puisque la grande année est de 600 ans ?* D'abord ce raisonnement de Josephe ne peut être qu'une conjecture ; Dieu ne lui avait pas fait confidence de ses desseins. De ce que Dieu aurait voulu ménager à ces Patriarches la facilité de devenir astronomes, s'ensuit-il nécessairement qu'ils le soient devenus, et qu'ils aient reconnu cette grande année de 600 ans? D'ailleurs, qu'est-ce que cette *grande année ?* Josephe n'en dit rien ; Cassini pense que ce ne peut être qu'une révolution luni-solaire : cela se peut, mais où est la preuve ? Bailly ne compte que 2300 ans au plus entre la création et le déluge ; les patriarches, pris isolément, n'ont guère pu observer qu'une période avec le commencement de la suivante. Le dernier d'entr'eux n'a pu connaître que trois de ces périodes ; encore faudrait-il que dès les premiers siècles, ils eussent pensé à faire un cours régulier et suivi d'observations ; qu'ils eussent une écriture pour en tenir registre, et une arithmétique pour en tirer des conclusions. Le tems a dû manquer ainsi que les moyens à ces Patriarches, pour avoir cette Astronomie perfectionnée que Bailly leur prête si gratuitement. Si cette période a été reconnue en effet, ce ne peut être que par des peuples qui, comme les Chaldéens, auraient véritablement observé pendant un tems assez long pour la découvrir.

Quelques-unes de ces observations chaldéennes ont été portées en Grèce; Ptolémée nous a conservé six de leurs éclipses dont, à l'exemple d'Hipparque, il s'est servi pour déterminer les mouvemens de la lune. Si les Chaldéens eussent eux-mêmes calculé ces mouvemens, pourquoi leurs déterminations n'ont-elles pas été portées en Grèce avec les observations desquelles elles avaient été déduites, ou pourquoi Ptolémée n'en fait-il aucune mention?

D'ailleurs en quoi consistent ces observations? *Tel jour, deux heures avant minuit, ou une heure après le coucher du Soleil, la Lune a été éclipsée, au nord ou au sud, de la moitié ou du quart de son diamètre.* Le tems n'est exprimé qu'en heures, la quantité de l'éclipse qu'en demi ou quart de diamètre, et que faut-il pour de pareilles observations que des yeux et un peu d'attention?

Ces mêmes Chaldéens, au rapport de Diodore de Sicile, observaient assidûment les levers et les couchers des étoiles et des planètes, de dessus la tour du temple de Bélus, dont une face regardait le midi, une autre l'orient et une troisième l'occident. Ce récit n'a rien que de très-vraisemblable, et nous n'avons aucun motif pour le révoquer en doute. Ces observations ont pu donner aux Chaldéens un premier aperçu de la longueur de l'année, la première notion de l'obliquité de la route annuelle du soleil par rapport à l'équateur, et les conduire à une division du zodiaque. Ils n'avaient cependant, suivant toute apparence, aucune idée bien nette de l'écliptique; ce n'est pas non plus ce cercle qu'ils ont divisé. On nous dit qu'ils ont déterminé les parties de l'équateur qui passent par l'horizon dans un tems donné. Le nombre de ces parties est toujours proportionnel au tems écoulé; mais il n'en est pas de même des arcs de l'écliptique qui se lèvent dans le même tems. L'opération qui partageait également l'équateur ne pouvait diviser que très-inégalement l'écliptique. L'équateur fut divisé par eux en douze portions égales qu'ils firent correspondre aux douze mois de l'année solaire. S'ils divisèrent aussi le zodiaque en 27 ou 28 parties égales, cette division leur fut indiquée par la lune qu'ils pouvaient suivre des yeux pendant une demi-révolution, et en différentes parties du ciel successivement. Cette méthode est si naturelle, qu'elle a dû naître chez tous les peuples qui ont voulu se faire une astronomie.

Par les mêmes moyens qui leur servirent à diviser le zodiaque, les Chaldéens voulurent aussi mesurer le diamètre du Soleil qu'ils ont trouvé de 28 à 31' suivant les uns, et de 1° 40' selon les autres.

La période écliptique de 18 ans et 11 jours renferme implicitement le retour au nœud aussi bien que le retour au Soleil; en examinant les lieux du zodiaque où la Lune s'éclipsait d'une période à l'autre, ils ont pu en conclure le mouvement rétrograde des nœuds; ils auraient pu même en tirer, quoique plus difficilement, le mouvement progressif de l'apogée, s'ils eussent comme les Grecs remarqué l'inégalité du mouvement de la lune en longitude. Mais il est plus que douteux qu'ils aient tiré aucune de ces conséquences. Qui sait même s'ils avaient la moindre idée des nœuds et de l'inclinaison de l'orbite lunaire. Cependant pour l'inégalité du mouvement en longitude, voyez Geminus, dont nous discuterons les idées quand nous en serons à cet auteur.

Ils auraient pu observer les ombres du gnomon, mais rien n'est moins certain. D'autres peuples l'ont fait : on cite entr'autres les Egyptiens et les Chinois. C'était le moyen le plus simple et le plus naturel pour trouver à la fois l'obliquité de l'écliptique, la hauteur de l'équateur et la durée de l'année. Mais rien ne prouve qu'ils aient connu cet instrument. Diodore n'en fait aucune mention; il ne parle même ni de la hauteur du pôle, ni de la méridienne, ni d'aucun moyen pour mesurer ni les angles, ni le tems, enfin de rien qui suppose aucune théorie.

A ces périodes chaldéennes, ajoutez l'idée du mouvement sphérique autour d'un axe incliné, celles des pôles et des principaux cercles de la sphère, et vous aurez tout ce qu'il y a de certain dans l'ancienne Astronomie. La science n'a commencé véritablement qu'à l'établissement de l'école d'Alexandrie. Les Grecs venus après ces différens peuples; les Grecs qui ont recueilli ces diverses traditions, paraissent les premiers qui aient appliqué la Géométrie au calcul des phénomènes, et créé la science astronomique. C'est donc dans les écrits des Grecs uniquement que nous trouverons des méthodes véritables, qui depuis ont passé aux Arabes, et par suite aux peuples de l'Europe moderne. Ce sont ces écrits seuls qui pourront nous donner l'histoire positive et prouvée de l'Astronomie.

Si nous admettons que les Grecs aient puisé en Egypte ou en Asie ces notions vagues dont ils se sont contentés pendant plusieurs siècles, ce n'est pas qu'il leur eût été bien difficile de les trouver eux-mêmes : nous avons la preuve certaine qu'ils avaient de bons géomètres long-tems avant d'avoir aucun astronome vraiment digne de ce nom. Pendant long-tems, comme tous leurs voisins, ils observèrent à la vue simple , et celles d'entre leurs observations qui nous ont été conservées par Ptolémée, ressemblent fort à celles des Chaldéens ; c'est *une planète qui a éclipsé une étoile ou qui s'en trouvait éloignée d'une ou deux lunes, d'une ou deux coudées.* Ce sont des observations dont les tems sont donnés en jours ou tout au plus en heures, et qui annoncent la privation absolue de tout instrument. Hipparque lui-même a commencé par n'observer que des levers et des couchers ; nous en trouverons la preuve dans l'examen que nous ferons de ses commentaires sur Aratus.

Nous disons qu'il n'a fallu que des yeux pour partager le ciel en constellations, pour trouver à peu près la longueur de l'année, et acquérir enfin toutes ces notions vagues rapportées par les historiens.

Il n'a fallu que des yeux pour remarquer qu'une belle étoile, long-tems visible, cessait enfin de l'être parce qu'elle s'était perdue dans les rayons du Soleil. Après un certain intervalle, cette étoile brillante, Sirius, par exemple, commençait à s'apercevoir quelques instans avant le lever du Soleil ; quelques jours après, on la voyait un peu plus tôt et plus long-tems ; au bout d'un an, elle se perdait et reparaissait de la même manière. Il n'était pas difficile d'en conclure qu'à deux disparitions ou réapparitions consécutives, elle devait être à même distance du soleil ; que l'intervalle entre deux disparitions ou deux réapparitions, était le tems que le soleil emploie à faire le tour du ciel ; que ce tems était la véritable longueur de l'année. On dut reconnaître bientôt que cet intervalle était de plus de 360 jours ; on ne tarda pas à s'assurer qu'il était de 365 ; on reconnut enfin qu'il était de 365 jours $\frac{1}{4}$.

Supposons que sur chacune de ces observations on ait pu se tromper d'un jour, on en aura conclu une année de 363 ou 367 jours ; mais en répétant la même observation pendant cent ans et comparant la première à la dernière, l'erreur n'aura plus été que de $\frac{1}{100}$ de jour, ou 0,48 d'heure, ou 28′ 48″. Supposez dix étoiles au lieu d'une, joignez les disparitions aux réapparitions, vous pourrez réduire l'erreur à 2 ou 3′ sur la durée de l'année. Les anciens n'ont pas même été jusqua-là ; les Egyptiens qui se faisaient un devoir religieux d'observer le lever héliaque de Sirius, n'ont jamais connu que l'année de 365 $\frac{1}{4}$ jours, et ils ne l'ont connue que fort tard ; elle leur a fourni leur période sothiaque de 1460 ans qui répondent à 1461 années de 365 jours.

La connaissance de cette année, qui est celle du Calendrier Julien, ne suppose donc aucune science, aucun instrument, aucune théorie ; la division du ciel étoilé en diverses constellations, ne suppose rien de plus difficile ou de plus relevé.

Il suffit de regarder le ciel avec quelqu'attention pour y remarquer quelques groupes d'étoiles plus brillantes, qui conservent toujours entre elles les mêmes distances, le même ordre et la même configuration. La grande Ourse, ou du moins les sept étoiles principales qu'on y distingue, ont dû être connues de toute antiquité, comme elles le sont aujourd'hui de ceux mêmes qui sont le plus dépourvus d'instruction. On aura pu en dessiner la figure à vue; on aura bientôt aperçu la petite Ourse qui présente en petit et avec moins d'éclat, la même figure, mais dans une position renversée. Ces deux constellations changent de position d'une manière très-sensible dans le cours d'une même nuit. Elles tournent autour d'un point fixe placé entre les deux constellations. Ce point est dans un espace où l'on aperçoit une longue suite d'étoiles dont on a fait le Dragon, qu'Aratus compare à un fleuve qui coulerait entre les deux Ourses, et qui enveloppe de deux côtés la petite. Plus loin on remarque un quadrilatère assez brillant; on en a fait la tête du Dragon, dont on a replié le corps pour arriver à ce quadrilatère. Près du Dragon sont trois étoiles formant une espèce d'arc; en y joignant quelques étoiles de quatrième grandeur, on en aura fait la constellation de Céphée. Les étoiles de Cassiopée forment tout près de là une figure très-reconnaissable. Ainsi, de proche en proche, on aura dessiné ces constellations, celle de la Lyre, de Persée, d'Andromède, de Pégase, du Cygne, de l'Aigle, du Dauphin et toutes les constellations qui sont au nord de l'écliptique.

L'écliptique elle-même était indiquée par la route oblique du Soleil et de la Lune. L'étoile qui se montre aujourd'hui à l'horizon oriental en un point diamétralement opposé à celui où le Soleil se couche, est le point de l'écliptique que le Soleil occupait six mois auparavant; il en est de même de l'étoile qui se couche diamétralement au Soleil levant. Voilà donc un moyen de tracer la route du Soleil, et de la diviser en douze parties qu'on a désignées par le nom de *signes*. Nous avons déjà dit comment la Lune avait servi à diviser le zodiaque en 27 ou 28 maisons. De cette manière, toute la partie visible du ciel aura été divisée en constellations sans aucun calcul astronomique.

Les amplitudes extrêmes du Soleil levant et couchant font connaître le tems des solstices. L'amplitude moyenne donne les tems des équinoxes. Supposez ces observations répétées pendant deux ou trois mille ans, ou

aura nécessairement aperçu que les levers héliaques ne répondaient plus
au même jour de l'année, et l'on aura reconnu le mouvement des fixes
en longitude. C'est peut-être ainsi que les Indiens ont aperçu ce mouvement que leurs Tables supposent de 54" par années, si pourtant il est
vrai que cette connaissance, tout imparfaite qu'elle est, soit un peu
ancienne parmi eux.

En suivant jour par jour la marche de la Lune, on aura vu que sa route
mensuelle diffère peu de la route annuelle du Soleil ; pour les renfermer toutes deux dans un même zone, on aura donné au zodiaque une
largeur de 10 à 12° qu'on aura portée à 15 ou 16 quand on aura connu
les planètes.

Les levers et les couchers des étoiles auront donné la ligne est et
ouest et toutes ses parallèles. Une ligne qui coupe toutes ces parallèles
perpendiculairement et en deux parties égales, aura suggéré l'idée de
la méridienne.

Voilà l'origine la plus simple des constellations et des cartes célestes ;
mais ces cartes étaient grossières et manquaient de proportion. Voulez-
vous plus d'exactitude ? vous pouvez vous la procurer à peu de frais.

Admettez que les premiers inventeurs aient connu le gnomon et
qu'ils aient mesuré les ombres solsticiales AC, AD (fig. 1). Du pied A
du gnomon, menez sur le terrain la droite AB perpendiculaire à la
méridienne AD, et égale à la hauteur du gnomon. ACB sera la hauteur
solsticiale d'été, ADB la hauteur du Soleil au solstice d'hiver. Prenez
BE = CB, menez CE, et sur CE la perpendiculaire BGF ; AFB sera
la hauteur du Soleil à l'équinoxe, ou la hauteur de l'équateur : menez
FH perpendiculaire à CD, BFH sera la hauteur du pôle.

Ensuite avec cette dernière hauteur et l'idée du mouvement sphérique
autour d'un axe qui fait avec l'horizon l'angle BFH, rien de plus simple
que de construire un globe, d'y marquer des points qui seront les pôles,
d'y tracer l'équateur et de le diviser, si l'on veut, en ses 360° ; d'enchâsser
ce globe dans un méridien et un horizon qui se couperont à angles droits ;
d'élever le pôle au-dessus de l'horizon de l'angle BFH ; alors la machine
pourra tourner comme le ciel.

Après ces préparatifs, mesurez l'azimut de Sirius à l'horizon, c'est-à-
dire prenez graphiquement l'angle que fait avec le méridien la direction
à Sirius, levant ou couchant ; prenez sur l'horizon du globe un arc
égal à cet azimut, et marquez sur le point correspondant du globe la
place de Sirius. Quand cette étoile sera de nouveau à l'horizon, mesurez

l'azimut d'une autre étoile que vous marquerez de même sur votre globe, tourné de manière que Sirius soit à l'horizon. Au moyen de ces deux étoiles, vous en pourrez placer d'autres de la même manière. Les étoiles qui se lèvent ensemble ne se couchent pas en même tems. Ainsi en plaçant une étoile à l'horizon oriental et occidental successivement, la même étoile pourra vous servir à en placer deux ou plusieurs autres. Vous en déterminerez ainsi un assez grand nombre, même sans avoir besoin que l'équateur soit divisé ; mais la division de l'équateur en degrés facilite l'opération, et fait qu'elle peut s'étendre à toutes les étoiles qui se lèvent ou se couchent. Il faudrait en outre une clepsydre qui indiquât de combien de degrés l'équateur aura dû tourner entre le lever d'une étoile connue et celui de l'étoile qu'il s'agit de placer sur le globe.

Pour les autres étoiles, il faudra vous aider de leurs hauteurs méridiennes et du tems de leurs passages. Pour cela, vous pourrez employer le procédé décrit au chapitre I de mon Astronomie.

Je ne dis pas que les Anciens se soient avisés de ces procédés : je crois au contraire qu'ils ont décrit leurs constellations à vue ; mais enfin ces moyens sont simples et ne supposent pas cette astronomie perfectionnée dont parle Bailly : ce sera de l'astronomie si l'on veut, mais une astronomie purement élémentaire, puisqu'elle n'emploiera pas même la Trigonométrie rectiligne. Cette espèce d'astronomie paraît avoir existé chez les Chinois, ainsi que nous le dirons au chapitre où nous parlerons des différens peuples de l'Asie ; mais les Grecs seuls nous offrent des monumens authentiques et une suite d'ouvrages que tout le monde peut consulter, et où nous trouverons les accroissemens successifs d'une science qu'ils paraissent avoir créée. Comme tous les autres peuples, ils ont enveloppé de fables l'origine de leur Astronomie. Nous ne parlerons ni d'Uranus, ni d'Atlas, ni de son fils Hespérus qui donna son nom à la planète Vénus, ni de ses filles connues sous la dénomination d'*Atlantides* et qui ont donné leurs noms aux sept étoiles des Pléiades. Nous ne parlerons ni d'Hercule, ni de Chiron qui enseigna aux hommes l'usage des constellations, ni de la sphère de Musée, ni enfin d'Atrée qui le premier apprit aux Grecs le mouvement propre du Soleil, en sens contraire du mouvement diurne, ce qui donna lieu à la fable de son festin qui avait fait reculer le Soleil. Remarquons en passant que c'était une récompense assez singulière pour une découverte aussi importante. (Voyez, sur ces fables, Diodore de Sicile.)

On peut voir dans Plutarque (Traité des Opinions des Philosophes)
l'explication que le Chaldéen Bérose donnait des phases de la Lune et
de ses éclipses ; elle ne fait pas concevoir une idée bien avantageuse
de la science des Chaldéens. Jamblique rapporte qu'ils supposaient à la
Terre la figure d'un bateau. Sextus Empiricus dit qu'ils divisèrent le
zodiaque en douze signes, au moyen d'une clepsydre et par l'observation des levers et des couchers. Ces différens témoignages que nous
recueillons chez les Grecs, ajoutent bien peu à ce que nous avons
déjà rapporté des Chaldéens. On nous dit qu'ils n'ont jamais osé annoncer les éclipses de Soleil, et cela se conçoit. Ils ne pouvaient prédire les éclipses de Lune que par la période de 18 ans ; les éclipses
sujettes aux parallaxes ne reviennent qu'avec des modifications considérables, et souvent ne reviennent pas du tout ; il est tout simple qu'ils
aient aperçu ces différences. Ptolémée lui-même, quoiqu'il eût une
théorie exacte pour ces éclipses, n'en a pourtant ni calculé, ni même
rapporté aucune. Les quantités qu'il assignait aux parallaxes étaient trop
défectueuses.

Ce qu'on nous a transmis de plus ingénieux de toute l'Astronomie
chaldéenne, c'est l'hémi-cycle, ou plutôt l'hémisphère concave de
Bérose, qui est probablement la plus ancienne comme la plus simple
de toutes les horloges solaires. Nous aurons occasion d'en parler à
l'article de la Gnomonique des Grecs, et nous verrons que cette invention remarquable ne suppose rien autre chose que le mouvement uniforme et la forme sphérique du ciel.

Les Chaldéens avaient encore observé les planètes Saturne, Jupiter,
Mars, Vénus et Mercure. Cette connaissance était répandue dans l'Asie,
ainsi que le prouvent les noms des jours de la semaine. Mais la connaissance des planètes, de leurs mouvemens moyens ou du tems qu'elles
emploient à faire le tour du ciel, quand on se borne à ces notions, est
ce qu'il y a de plus facile en Astronomie.

Apollon Myndien dit que les Chaldéens regardaient les comètes comme
des planètes visibles pendant une partie de leurs révolutions, et qui doivent
revenir à des intervalles plus ou moins longs. Cette idée est raisonnable
et l'on ne peut que leur en savoir beaucoup de gré, quand on lit tout
ce que les Grecs ont écrit sur ce sujet ; il est fâcheux qu'Epigène, qui
avait aussi étudié chez les Chaldéens, ait affirmé qu'ils ne savaient rien
des comètes, et qu'ils en attribuaient la formation à des tourbillons de
matière enflammée.

Les Grecs avouent qu'ils ont puisé chez les Chaldéens et les Égyptiens leurs premières idées astronomiques. Les Égyptiens étaient fort mystérieux, ce qui est fort commode pour le charlatanisme et l'ignorance. On ne cache guère ce qui peut faire honneur. Ce qui leur en ferait beaucoup, ce serait l'idée de faire tourner Mercure et Vénus autour du Soleil ; idée saine et judicieuse, mais qui n'est d'ailleurs appuyée d'aucune observation qui nous ait été transmise et dont on ait fait la moindre mention ; ensorte qu'elle ne peut passer que pour une conjecture ingénieuse. Il est remarquable, si le fait est vrai, que Ptolémée n'en ait pas dit un seul mot dans son Astronomie.

Selon Diodore, les Égyptiens savaient expliquer les stations des planètes : cela se peut ; mais où en est la preuve ? Il ajoute encore qu'ils prédisaient les apparitions des comètes ; mais comme il dit en même tems qu'ils prédisaient les événemens futurs, nous voyons ce que nous devons croire de tous ces récits.

Hérodote avait appris d'eux que le Soleil avait changé quatre fois les points de son lever, qui étaient devenus ceux de son coucher ; ou Hérodote ne les a pas compris, ou ils étaient des hâbleurs ignorans, ou bien ils se sont moqués d'Hérodote. Ils supposaient le diamètre de Saturne double de celui de la Lune, et celui du Soleil moyen arithmétique entre les deux. Cet échantillon nous fera peu regretter la perte de leur Astronomie, et si Manethon nous a exposé une partie de leur doctrine, nos regrets doivent être tout-à-fait nuls pour le reste. *Voyez* ci-après l'article de Manethon.

Ils trouvèrent le diamètre du Soleil de 28' 48" au tems de l'équinoxe, par les horloges d'eau et par le tems que ce diamètre emploie à monter sur l'horizon. L'observation en elle-même est assez incertaine, et nous ignorons s'ils étaient en état de la calculer en tenant compte de l'angle que fait l'équateur avec l'horizon. S'ils ont négligé la correction que cet angle exige, leur diamètre, déjà trop petit, deviendra plus défectueux encore, puisqu'il sera de 24' 42". Quoi qu'il en soit, si l'observation est grossière, elle suppose au moins un raisonnement. Au lieu de clepsydre ils employèrent aussi la course d'un cheval, après avoir préalablement mesuré le chemin qu'il faisait dans un tems donné. Ce moyen est encore moins susceptible de précision que le premier.

Le cercle d'Osymandias, selon Diodore, était de 365 coudées et d'une coudée d'épaisseur. Ce cercle colossal n'a pu servir à aucune observation ; il prouve que les Egyptiens ne connaissaient alors que l'année de 365 jours ;

Les pyramides sont orientées, ce qui prouve qu'ils savaient tracer la ligne est et ouest et par conséquent la méridienne; il ne faut pour cela qu'avoir observé le lever et le coucher du soleil aux solstices. Leurs obélisques ont pu leur servir de gnomons; mais la forme trop aiguë a dû rendre les observations moins sûres.

Du tems d'Auguste les observations avaient cessé. L'école grecque d'Alexandrie a dû ôter toute réputation aux prêtres du pays. Eudoxe et Platon, qui avaient demeuré long-tems avec eux, en reçurent la durée de l'année. Cette durée était fort inexacte. Ces prêtres étaient bien peu géomètres, s'il est vrai que Thalès leur ait appris à trouver la hauteur des pyramides par l'ombre du soleil. Avec aussi peu de connaissances, ils ne pouvaient se faire en Astronomie que des théories bien imparfaites. S'ils firent de Mercure et de Vénus deux satellites du Soleil, cette idée juste et saine prouve seulement l'observation des limites que ne passent jamais les élongations des deux planètes. Cette différence remarquable qui les distingue des planètes supérieures conduisait naturellement à ce système, et même elle aurait dû mener les Egyptiens au système de Tycho. Ce qu'il y a d'inconcevable, c'est que Ptolémée n'ait pas emprunté d'eux la seule notion peut-être dont ils pussent à bon droit se glorifier. Tout ce que nous savons d'ailleurs de l'Astronomie des Egyptiens ne prouve que l'ignorance de ces prêtres si vantés.

Voilà tout ce qu'on peut recueillir de l'Astronomie des peuples anciens. Nous ne parlons pas encore des Indiens, dont les écrits nous ont été connus si tard et si imparfaitement; d'ailleurs on n'est pas bien d'accord sur l'époque à laquelle il faut rapporter ces écrits, et surtout les Tables dont ils enseignent les usages. Partout ailleurs que chez les Indiens nous ne trouvons que des observations faites à la vue simple ou des remarques qu'on a pu faire également en tout pays et sans rien emprunter des autres peuples. Quelques conséquences faciles à tirer et qui ne prouvent pas même la connaissance des premiers théorèmes de la Géométrie, mais uniquement quelques pratiques, comme celle de mener une perpendiculaire, ou de mesurer graphiquement un angle; l'idée de partager la surface d'une sphère par des cercles parallèles qui ont pour pôle commun l'extrémité du diamètre autour duquel se fait le mouvement; quelques périodes déduites d'une longue suite d'observations; enfin l'usage du gnomon pour mesurer les ombres solsticiales et en conclure la durée de l'année, l'obliquité de l'écliptique et la hauteur du pôle par le cercle et le compas, sans aucune idée de Trigonométrie; c'est là ce qui constitue l'Astronomie des Anciens, c'est là tout ce qui est avéré ; mais les Grecs vont enfin trouver la science, après s'être long-tems contentés de ces notions vagues et de ces pratiques imparfaites que leurs philosophes leur avaient rapportées de l'Egypte ou de l'Inde.

Homère nomme les Pléiades, les Hyades, Bootés, l'Ourse ou le Chariot, Orion et l'Etoile d'automne. On croit qu'il a voulu désigner Sirius. On lit dans l'Odyssée ce vers :

Ἥλιος οὐρανοῦ ἐξαπόλωλε, κακὴ δ' ἐπιδέδρομεν ἀχλύς.

Le Soleil a disparu du ciel, une obscurité sinistre est accourue. On a prétendu qu'il voulait indiquer une éclipse. Il est plus naturel d'entendre ces mots d'une nuit obscure. Hérodote, à propos de l'éclipse de Soleil qui inquiéta Xercès à son départ pour la guerre contre les Grecs, emploie une expression semblable : Ὁ ἥλιος ἐκλιπὼν τὴν τοῦ οὐρανοῦ ἕδρην ἀφανὴς ἦν, ἀντὶ ἡμέρης τε νὺξ ἐγένετο. *Le Soleil abandonnant la place qu'il occupait dans le ciel, devint invisible, et la nuit remplaça le jour.*

Hésiode conseille d'observer les levers et les couchers des Pléiades, des Hyades, d'Arcturus, de Sirius et d'Orion. L'indication de ces levers ou couchers composait seule en ce tems ancien les almanachs des laboureurs et des navigateurs.

Platon, dans son Epinomis, fait l'énumération des connaissances qui sont nécessaires à l'astronome ; ce sont celles des huit sphères et de leurs révolutions, celles du mois lunaire, des solstices et des saisons ; il faut qu'il sache quelles étoiles sont en conjonction avec le soleil. Ce passage souvent cité, mal traduit par Ficin, mérite peu d'être commenté. On n'y voit rien que de vague ; tout ce qu'il prouve, c'est que les Grecs étaient encore peu avancés.

Thalès passe pour le fondateur de l'Astronomie grecque. Il dit que les étoiles sont de feu ; que la lune reçoit sa lumière du soleil ; que dans ses conjonctions elle est invisible parce qu'elle est absorbée dans les rayons solaires ; il aurait pu ajouter qu'alors elle tourne vers nous celui de ses deux hémisphères qui ne peut recevoir aucune lumière du soleil. Suivant lui, la terre est sphérique et placée au milieu du monde. Le ciel est divisé par cinq cercles, l'équateur et les deux tropiques, l'arctique et l'antarctique. Ces deux cercles, chez les Anciens, enfermaient l'un les étoiles qui ne se couchent jamais, et l'autre toutes celles qui sont toujours au-dessous de l'horizon. L'écliptique coupe l'équateur obliquement; le méridien coupe tous ces cercles perpendiculairement; il aurait pu en excepter l'écliptique, qui presque toujours est coupée sous un angle oblique et qui change de valeur à chaque instant. Il partageait l'année en 365 jours. Il trouva *le mouvement du soleil en déclinaison*, expression équivoque qui n'est pas vraie, si l'on entend que Thalès découvrit ce mouvement, prouvé de tout tems par les ombres du gnomon. L'expression n'est pas assez développée, si l'on a voulu dire que Thalès a donné des règles pour calculer ce mouvement, et même en ce sens l'assertion serait tout aussi fausse que dans le premier; car la Trigonométrie sphérique n'était pas encore connue en Grèce, puisqu'elle n'a été trouvée que par Hipparque. Thalès observa, dit-on, la première éclipse de Soleil, mais on ne rapporte aucune circonstance de cette observation, pas même la date. Hérodote raconte qu'il prédit l'éclipse qui fit cesser la guerre entre les Mèdes et les Lydiens, éclipse sur laquelle on a tant écrit, et sur laquelle on est si peu d'accord. Je soupçonne un peu d'exagération dans le récit d'Hérodote. Il est difficile que l'éclipse ait été totale, et impossible que Thalès en ait fait une prédiction précise et circonstanciée. S'il en a fait l'annonce, ce ne peut être que d'une manière vague et incertaine, d'après la période chaldéenne de dix-huit ans. Au reste, voici le passage d'Hérodote : Συνέπεσε... τὴν ἡμέρην ἐξαπίνης νύκτα γίνεσθαι. Τὴν δὲ μεταλλαγὴν ταύτην τῆς ἡμέρης Θαλῆς ὁ Μιλήσιος τοῖσι Ἴωσι προηγόρευσε ἔσεσθαι, οὖρον προθέμενος ἐνιαυτὸν ἐν ᾧ δὴ καὶ ἐγένετο ἡ μεταβολή. *Il arriva que le jour se changea soudainement en nuit, changement que Thalès le Milésien avait annoncé aux peuples d'Ionie ; en assignant pour limite à sa prédiction ; l'année dans laquelle ce changement eut lieu en effet.* On voit que Thalès n'avait osé annoncer ni le mois ni le jour. On croit que cette éclipse est celle de l'an 585, 603 ou 621. (Voyez Costard et Riccioli.) Callimaque dit qu'il détermina la position des étoiles qui composent la petite Ourse, sur lesquelles les Phéniciens se dirigeaient dans leurs navigations. On ne voit pas comment il a pu, sans instrumens, donner autre chose que la configuration et le nombre des étoiles entre lesquelles peut-être il aura désigné celle qui était la moins éloignée du pôle.

On lui attribuait, suivant Diogène Laërce, une Astronomie nautique et un Livre du solstice et de l'équinoxe. Ces Traités seraient curieux, mais ils sont perdus et ne sont cités nulle part. Enfin on dit qu'il a mesuré le diamètre du Soleil, sans nous apprendre ce qu'il a trouvé par cette mesure.

Phérécide éleva, dit-on, un héliotrope dans une île d'Ionie (Syra). Bochart a cru qu'Homère faisait allusion à un pareil instrument dans l'Odyssée (O. 402), en indiquant une île Syria, où sont les conversions du Soleil.

Νῆσος τις Συρίη.... Ὅθι τροπαὶ ἠελίοιο.

Didyme rapporte que dans cette île on voyait une caverne qui servait à observer les solstices. Τὸ ἡλίου σπήλαιον δι᾽ οὗ σημειοῦται τὰς τοῦ ἡλίου τροπάς.

Anaximandre, selon Diogène Laërce, plaçait la terre sphérique au centre du monde, où, suivant Eudémus, elle n'était portée sur rien et se mouvait *autour d'elle-même*. Plutarque dit au contraire qu'il donnait à la terre la figure d'une colonne; qu'il n'accordait à la lune qu'une lumière empruntée du soleil; qu'il faisait le soleil égal à la terre; qu'il inventa le gnomon et qu'il en plaça un à Lacédémone pour observer les solstices et les équinoxes; qu'il construisit une sphère et des horoscopes et traça les premières cartes géographiques; enfin qu'il reconnut l'obliquité de l'écliptique. Il est plus probable qu'il répandit seulement ces notions établies long-tems avant lui; il croyait que le cercle du soleil était 28 fois grand comme la terre; que le soleil était un chariot qui renfermait un feu qu'on voyait par une ouverture circulaire, et que si cette ouverture venait à se boucher momentanément on observait une éclipse; il donnait une explication pareille des phases et des éclipses de la lune. Tous ces contes méritent peu qu'on les répète. On dit encore qu'il fixa le coucher matinal des Pléiades au vingt-neuvième jour après l'équinoxe. Anaximandre était né 610 ans avant J.-C.

Anaximènes, né 530 ans avant J.-C., serait, suivant Pline, celui qui aurait enseigné la Gnomonique en Grèce et placé à Lacédémone le premier cadran attribué ci-dessus à Anaximandre. Il eut pour successeur Anaxagore, qui croyait que le soleil était un fer rouge ou une pierre chauffée à blanc et grande comme le Péloponnèse, et que le ciel était une voûte de pierres qui ne se soutenait que par la rapidité du mouvement circulaire. C'était, comme beaucoup d'autres philosophes grecs, un dissertateur qui passait son tems à raisonner sur ce qu'il ne se donnait pas la peine de soumettre à l'expérience, duquel on rapporte quelques opinions ridicules et pas une seule observation.

Pythagore, né 540 ans avant J.-C., avait étudié chez les Égyptiens et les mages de Perse, chez les Chaldéens et les Brachmanes. Il passe pour

le premier qui ait placé le soleil au centre du monde; mais ce point
est assez obscur. Il appliqua aux planètes ses recherches sur les tons
musicaux, et débita les rêveries qui depuis ont été commentées par
Képler. Il soutint que l'étoile du soir et celle du matin était une même
planète, connaissance qu'il avait sans doute rapportée d'Egypte. Il n'a
rien écrit, on ne sait de lui rien de bien certain.

Philolaüs de Crotone, un de ses disciples, faisait du soleil un disque
de verre qui nous réfléchissait la lumière du feu du monde. Il faisait
tourner la Terre autour du Soleil comme Vénus et Mercure. Il soutint
plus ouvertement cette idée qu'il devait peut-être à Pythagore. Nicétas
de Syracuse embrassa ce système. Plutarque nous dit que Platon l'adopta
dans sa vieillesse. Héraclide de Pont et Ecphantus le Pythagoricien
avaient déjà attribué à la Terre un mouvement de rotation autour de
son axe. Philolaüs faisait le mois lunaire de 29 ½ jours, l'année lunaire
de 354 jours, l'année solaire de 364 ½ jours.

Eudoxe de Cnide, vers l'an 370 avant J.-C., se fit une grande réputation comme astronome. Cicéron dit qu'il s'était formé à l'école des
Egyptiens. Du tems de Strabon on voyait encore à Cnide l'observatoire
d'où il avait aperçu Canobus. Suivant Ptolémée, il fit diverses observations en Sicile et en Asie. Suivant Pline, il apporta en Grèce l'année
de 365 ¼ jours. Suivant Archimède, il ne faisait le diamètre du Soleil
que neuf fois celui de la Lune. Vitruve lui attribue le cadran qu'on
appelle l'*Araignée*. Il inventa ou perfectionna l'octaétéride. On cite de
lui les titres de trois ouvrages perdus, la *Période* ou le *Contour de la
Terre*, les *Phénomènes* et le *Miroir*. Nous aurons l'occasion d'en parler
plus amplement à l'article d'Aratus et de ses commentateurs.

Phainus, Méton et Euctémon, à Athènes, 432 ans avant J.-C.,
méritèrent plus véritablement encore le titre d'Astronomes. Le premier
fournit à Méton l'idée et les fondemens de son cycle de 19 ans; les deux
autres observèrent des solstices dont à la vérité Ptolémée ne fait pas
un grand éloge.

Démocrite se contenta de raisonner sur le système du monde. Nous
en dirons autant de Chrysippe, de Cléanthe et d'Epicure. Platon recommanda aux Astronomes l'étude de la Géométrie; on ne pouvait leur
donner un avis plus important, et ils se sont très-bien trouvés de
l'avoir suivi.

Platon proposa aux Mathématiciens le problème dont l'objet est de
représenter par des cercles tous les mouvemens apparens. Cette idée eut

encore les plus heureux effets. Nous n'avons aucune connaissance des premières tentatives des géomètres; mais nous apprenons de Ptolémée qu'Apollonius de Perge avait, au moyen des épicycles, résolu le problème des stations et des rétrogradations. Platon mérite donc d'être considéré comme l'un des premiers promoteurs de la véritable science astronomique.

Aristote avait composé un livre intitulé *Astronomique*; il est perdu et nous devons peu le regretter, si nous en jugeons d'après ses quatre Livres sur *le Ciel*, dans lesquels on trouve cependant quelques observations. Cet ouvrage a été commenté par Simplicius, et nous y reviendrons à l'article de ce dernier pour ne point séparer les idées d'Aristote des développemens que leur a donnés son commentateur.

Hélicon de Cyzique prédit une éclipse de soleil au roi Denis, et l'événement répondit à la prédiction; c'est du moins ce que Plutarque a rapporté dans la Vie de Dion. Si le fait est véritable, Hélicon fut plus heureux que prudent.

Nous omettrons plusieurs autres disciples de Platon pour arriver à Calippe, qui est surtout connu par sa période qu'il composa de quatre cycles de Méton, diminués d'un jour entier pour les quatre cycles. Il avait reconnu l'erreur d'un quart de jour par cycle, en observant une éclipse de lune six ans avant la mort d'Alexandre. Il avait fait un Traité des apparitions ou levers héliaques des planètes. Il vivait 330 ans avant J.-C. On voit qu'il était observateur et calculateur.

Nous avons d'Autolycus deux livres intitulés l'un de *la Sphère qui se meut*, et l'autre *des Levers et Couchers des Étoiles*. Ces deux ouvrages sont les plus anciens de tous ceux qui nous restent des Grecs, et à ce titre ils méritent que nous en fassions un extrait en forme.

Eudémus de Rhodes, disciple d'Aristote, avait écrit une *Histoire de l'Astronomie*, où il exposait l'origine et les progrès de cette science jusqu'à son tems. Il n'en reste qu'un fragment de quelques lignes rapporté par Fabricius dans sa *Bibliothèque grecque*, III. 11. p. 278. On y voit à la dernière ligne que l'axe de l'équateur et celui de l'écliptique sont éloignés l'un de l'autre du côté du pentédécagone, c'est-à-dire de 24°. On a jusqu'ici parlé souvent de l'obliquité de l'écliptique; on nous en donne ici pour la première fois la valeur, mais en nombre rond, et l'on peut bien y soupçonner une erreur d'un quart de degré pour le moins. Cette manière d'exprimer une quantité usuelle sent un peu l'école de Pythagore.

Artémidore était d'Ephèse, suivant la conjecture de Weidler, et vivait environ cent ans avant J.-C. Il pensait, nous dit Sénèque, que les planètes étaient sans nombre ; et si l'on n'en avait observé que cinq, c'était à raison de leur peu de lumière, ou par la position de leurs orbites qui sont telles, qu'elles ne deviennent visibles qu'à l'une des extrémités de leurs courbes. De là, disait-il, ces étoiles nouvelles qui, se réunissant à des étoiles fixes, en augmentent l'éclat apparent. Cette conjecture absolument dénuée de preuves, pourrait paraître aujourd'hui moins invraisemblable depuis la découverte des cinq planètes modernes et le système de Chladny sur les aérolithes. C'est dommage qu'Artémidore ait ajouté à sa première idée celle des étoiles qui paraissent augmenter de grandeur, et d'autres rêveries moins heureuses qu'on peut voir dans Sénèque, qui prend la peine de les combattre.

Pour terminer cette nomenclature des anciens Astronomes grecs, nous devons dire que Pythéas de Marseille, presque contemporain d'Eratosthène, mais probablement un peu plus ancien, s'était servi de gnomon pour déterminer les ombres solsticiales en plusieurs pays. On a dit qu'il avait trouvé que l'ombre était égale à Marseille et à Bysance ; on sait aujourd'hui que la latitude de Marseille est de...... 43° 17′ 49″

que celle de Constantinople n'est que de...... 41. 2.27

La différence est de $2^s\frac{1}{4}$...... 2° 15′ 22″

ce qui ne donnerait pas une idée bien grande de l'exactitude de Pythéas. M. de Zach a tenté de venger la mémoire de Pythéas des critiques de Strabon. Si Strabon se montre un peu trop sévère et trop prévenu contre Pythéas, son apologiste a peut-être donné dans l'excès contraire : c'est un procès difficile à juger. Quoi qu'il en soit, Pythéas en cherchant avec soin la hauteur du pôle, s'assura qu'en cet endroit du ciel on ne voyait de son tems aucune étoile, mais que le pôle formait avec trois étoiles voisines un quadrilatère. Nous retrouverons cette observation de Pythéas dans le Commentaire d'Hipparque sur Aratus.

Voilà toutes les notions que nous avons pu recueillir sur l'Astronomie avant l'établissement de l'école d'Alexandrie. De tous les Traités composés avant cette époque, il ne nous reste que les deux ouvrages d'Autolycus, mentionnés ci-dessus. L'extrait que nous allons en faire nous apprendra quel était l'état de la science 300 ans avant notre ère.

CHAPITRE II.

Ouvrages d'Autolycus, et d'abord Περὶ κινουμένης σφαίρας.

Le Livre d'Autolycus, sur la Sphère en mouvement, est le Traité le plus ancien qui nous soit resté des Grecs. Maurolycus l'avait traduit de l'arabe en latin. Le Napolitain Joseph Auria le traduisit de nouveau, mais d'après un manuscrit grec qu'il possédait et qu'il avait comparé à cinq exemplaires que possède la bibliothèque du Vatican. Cet ouvrage ne contient que douze propositions, toutes géométriquement et simplement démontrées. Nous nous contenterons d'en rapporter les énoncés.

Je n'ai pu me procurer qu'une édition de l'original grec ; elle a été publiée à Strasbourg en 1572 : elle ne contient que les propositions, sans aucune démonstration. L'éditeur Dasypodius se plaint de n'avoir pu trouver les Elémens d'Arithmétique de Héron, ni son Traité des Horloges d'eau.

L'auteur suppose que la sphère se meut uniformément de manière qu'un de ses méridiens fasse toujours avec le méridien fixe des angles proportionnels aux tems.

Proposition I. Si une sphère se meut uniformément autour de son axe, tous les points de sa surface qui ne sont pas sur l'axe, décriront des cercles parallèles qui auront pour pôles communs les pôles mêmes de la sphère, et dont tous les plans seront perpendiculaires à l'axe.

Proposition II. Tous ces points décriront sur leurs parallèles des arcs semblables en tems égaux.

Proposition III. Réciproquement des arcs semblables indiqueront des tems égaux.

Proposition IV. Si un grand cercle fixe et perpendiculaire à l'axe partage la sphère en deux hémisphères, l'un visible et l'autre caché, et que la sphère vienne à tourner autour de son axe, aucun des points de la surface ne se levera, ni ne se couchera.

C'est ce qu'on dit aujourd'hui de la sphère parallèle, où le pôle et le zénit se confondent, ainsi que l'équateur et l'horizon.

Proposition V. Si ce grand cercle (qu'on nomme depuis long-tems *horizon*) passe par les pôles, tous les points de la sphère se leveront et se coucheront, et passeront autant de tems au-dessus qu'au-dessous de l'horizon.

C'est ce qui arrive dans la sphère droite, où les deux pôles sont dans l'horizon, et où l'horizon et l'équateur se coupent à angles droits. D'où il suit que tous les parallèles sont également perpendiculaires à l'horizon.

Remarquez que le mot *horizon* ne se trouve pas une seule fois dans tout l'ouvrage comme substantif; probablement il n'avait point encore été consacré; mais nous nous en servons pour éviter des circonlocutions fastidieuses.

Proposition VI. Si l'horizon est oblique à l'axe, il sera tangent à deux parallèles égaux. Celui de ces parallèles qui sera voisin du pôle élevé sera toujours apparent, et l'autre sera toujours invisible.

Cette position de la sphère s'appelle aujourd'hui *sphère oblique*. Les deux parallèles ont été nommés depuis par les Grecs, le premier *arctique*, c'est-à-dire voisin de l'Ourse; le second *antarctique*, c'est-à-dire opposé au cercle arctique.

Proposition VII. Si l'horizon est oblique, les cercles perpendiculaires à l'axe auront toujours leurs points de lever et de coucher aux mêmes points de l'horizon, avec lequel ils seront tous également inclinés.

Proposition VIII. Les grands cercles qui touchent l'arctique et l'antarctique seront à chaque révolution confondus deux fois avec l'horizon. L'auteur n'emploie ni le mot arctique ni le mot antarctique dont nous nous servons pour abréger.

Tous ces cercles sont les différentes positions que prendrait successivement l'horizon si on le faisait tourner avec la sphère autour de l'axe du monde; il est évident qu'à chaque demi-révolution l'horizon, en se renversant, revient à la même place.

Proposition IX. Dans la sphère oblique, de tous les points qui se lèvent au même instant, ceux qui sont les plus voisins du pôle apparent se coucheront plus tard; de tous les points qui se couchent au même instant, les plus voisins du même pôle apparent se sont levés les premiers.

Proposition X. Dans la sphère oblique, tout cercle qui passe par les pôles sera perpendiculaire à l'horizon deux fois dans chaque révolution (c'est-à-dire dans les deux passages au méridien).

Proposition XI. Imaginez, outre l'horizon, un grand cercle oblique qui touche l'arctique et l'antarctique, ou deux autres parallèles plus grands, ce cercle aura tous ses points de lever et de coucher entre l'arctique et l'antarctique, ou entre les parallèles plus grands auxquels il est tangent.

Proposition XII. Si un cercle immobile coupe un cercle mobile dans toutes ses positions successives, en deux parties toujours égales, et qu'aucun de ces deux cercles ne soit ni perpendiculaire à l'axe ni mené par les pôles du monde, alors ces deux cercles seront des grands cercles tous les deux.

Ces deux dernières Propositions, qui n'ont jamais été d'une grande utilité, sont aujourd'hui complètement oubliées. La septième est encore dans le même cas. Les neuf autres vraiment fondamentales, sont restées dans tous les livres élémentaires d'Astronomie; les autres Traités les supposent quand ils ne les énoncent pas formellement. Ce sont des propositions de pure Géométrie. Elles avaient été sûrement entrevues par tous ceux qui ont supposé le mouvement sphérique du ciel. Il est à croire qu'elles n'avaient pas encore été réunies en un corps de doctrine, puisqu'Autolycus a pris la peine de composer ce petit Traité. Voilà donc enfin un monument de la Géométrie appliquée à l'Astronomie; mais ce n'est qu'un premier pas. L'ouvrage d'Autolycus pourrait faire penser que de son tems on n'avait encore aucune idée de Trigonométrie sphérique. Les Sphériques et les deux autres ouvrages de Théodose, postérieurs de 100 ou 200 ans, paraîtraient ne laisser aucun doute à cet égard. On n'y voit, comme dans Autolycus, que des théorèmes généraux dont on ne peut faire que des applications toujours un peu vagues; et rien qui puisse servir de base ou de règle au moindre calcul. Le calcul astronomique suppose essentiellement des Tables de cordes ou de sinus; il est donc postérieur à la formation de ces Tables. Hipparque est le plus ancien auteur qui soit connu pour avoir composé un Traité du calcul des cordes. Il n'a dû composer cet ouvrage que dans la vue de faciliter les calculs trigonométriques. Il est donc très-probable qu'Hipparque est l'inventeur de la Trigonométrie, ou au moins qu'elle n'a dû être inventée que peu de tems avant lui, et l'on ne connaît personne à cette époque à qui l'on puisse faire honneur d'une invention si singulièrement utile.

Levers et Couchers des Étoiles. Περὶ ἐπιτολῶν καὶ δύσεων.

Le second ouvrage d'Autolycus traite des différens levers et couchers des étoiles : il les divise en vrais et apparens.

Le lever du matin vrai arrive quand une étoile est à l'horizon oriental en même tems que le soleil : c'est ce qu'on a depuis nommé lever *cosmique* ou du *monde*.

Le coucher vrai du matin, quand l'étoile se couche à l'instant où le soleil se lève : on l'a depuis nommé coucher *acronyque*, c'est-à-dire qui a lieu à l'une des extrémités de la nuit.

Le lever vrai du soir, quand l'étoile se lève à l'instant où le soleil se couche : on l'a depuis nommé lever *acronyque*, ou du commencement de la nuit.

Le coucher vrai du soir ou *cosmique*, quand une étoile se couche avec le soleil.

Il est évident que ces deux levers et ces deux couchers sont invisibles ; le soleil à l'horizon absorbera toute la lumière de l'étoile; il faudra que le soleil soit abaissé d'un certain nombre de degrés au-dessous de l'horizon pour que les étoiles puissent être aperçues. Pour les petites étoiles, les Grecs ont supposé qu'il fallait environ 18° d'abaissement, et c'est ce qu'on suppose encore aujourd'hui pour calculer la durée du crépuscule. Mais pour les étoiles principales, ils ont cru qu'il suffisait de 10 ou 12°. Autolycus suppose 15°, mais il les compte sur l'écliptique et non dans le vertical.

Le lever apparent du matin a lieu quand une étoile se voit pour la première fois à l'horizon un peu avant le lever du soleil. Ce lever s'est depuis appelé *héliaque* ou du soleil. L'étoile se lève dégagée des rayons du soleil, qui est encore assez abaissé sous l'horizon pour que l'éclat de l'étoile ne soit pas effacé par la lumière crépusculaire.

Le coucher apparent du matin, quand on voit pour la première fois l'étoile se coucher un peu avant le lever du soleil.

Le lever du soir, quand une étoile se voit pour la dernière fois à l'horizon oriental, après que le soleil est couché.

Le coucher du soir, quand l'étoile se voit pour la dernière fois après le coucher du soleil : c'est le coucher *héliaque*.

Ces deux espèces de levers et de couchers sont les seules qu'on pût

réellement observer ; ces observations faciles qui ne supposent qu'un
peu d'attention, de bons yeux et un horizon libre, ont fait long-tems
toute l'Astronomie des Anciens, et la matière de leurs Calendriers :
ces levers et ces couchers ont réglé l'ordre des travaux agricoles et
les tems propres à la navigation.

Les diverses propositions qu'Autolycus a rassemblées en ces deux Livres
ne sont, comme celles de *la sphère en mouvement*, que des théorèmes
généraux qui ne peuvent servir à aucun calcul. Il les a démontrées par
des figures très-simples, et cependant ses démonstrations sont en général
assez obscures ; l'énoncé même en est parfois difficile à comprendre.
On ne peut guère en saisir le sens qu'en ayant un globe sous les yeux,
en le faisant tourner pour mettre à l'horizon les étoiles différemment
situées, et trouver quel est le point de l'écliptique qui est abaissé de 15°
au-dessous de l'horizon, soit du même côté que l'étoile, soit dans la
partie opposée du ciel. Pour reconnaître ce point, on se sert du vertical
mobile, ou à son défaut d'un fil égal à l'arc de 105° de l'équateur, et
que l'on suspend au zénit du lieu. Mais Autolycus compte ces 15° sur
l'écliptique, en partant du point qui est à l'horizon.

Proposition I. Les levers et les couchers apparens du matin suivent
de quelque tems les levers et les couchers vrais ; les levers et les
couchers apparens du soir précèdent de quelque tems les levers et
couchers vrais.

On en sentira facilement la raison. Les levers et couchers vrais, soit
du matin soit du soir, ont lieu quand le Soleil est dans le point de
l'écliptique, qui est à l'horizon en même tems que l'étoile ; les levers et
couchers apparens, quand le Soleil est de 15° au-dessous de l'horizon ;
c'est-à-dire *plus avancé* de plusieurs degrés en longitude, si le Soleil est
vers l'horizon oriental, et *moins avancé* de plusieurs degrés, s'il est vers
l'horizon occidental.

Proposition II. Les levers de toutes les étoiles sont visibles chaque
nuit depuis le lever apparent du matin jusqu'au lever apparent du soir,
et jamais dans un autre tems. Le tems où ils sont visibles est moindre
que de six mois.

La preuve en est encore facile. On a vu aujourd'hui lever une étoile
peu de tems avant le lever du soleil ; demain on la verra plus aisément,
parce que le soleil sera plus enfoncé sous l'horizon, puisque la longitude
augmente chaque jour d'environ un degré, et que le mouvement propre
du soleil se fait en un sens contraire à celui du mouvement diurne de

la sphère. Chaque jour l'étoile se levera $4'$ plus tôt que la veille ; l'heure du lever rétrogradant ainsi successivement dans la nuit, et le Soleil avançant chaque jour en longitude , il arrivera un jour où l'étoile se levera à la fin de la nuit quand le Soleil ne sera plus abaissé que de 15°. Le lendemain, quand l'étoile se levera , le Soleil ne sera plus abaissé que de 14° environ ; l'étoile ne se verra plus. Le Soleil aura parcouru en longitude l'arc de l'écliptique qui était sous l'horizon à l'instant du lever apparent du matin, sauf les deux arcs de l'écliptique qui répondent aux deux abaissemens de 15° du premier et du dernier jour. L'arc parcouru ne sera donc tout au plus que de (180° — 30°) $=$ 150°, qui feront cinq mois environ.

Ce que démontre ce raisonnement, l'observation a dû nécessairement le faire découvrir ; et pour le vérifier , il suffit de mettre une étoile quelconque à l'horizon oriental du globe , et de voir quelle est la partie de l'écliptique qui est plus abaissée que de 15° au-dessous de l'horizon. Cette partie vous donnera le tems que le Soleil emploie à la parcourir, c'est-à-dire le tems pendant lequel on pourra voir lever l'étoile.

Proposition III. Les couchers sont visibles chaque nuit, depuis le coucher apparent du matin jusqu'au coucher apparent du soir ; jamais dans un autre tems, et le tems où on peut les observer n'est pas la moitié de l'année.

C'est encore une vérité d'observation qui se vérifie par le globe de la même manière que la précédente. Toute la différence est qu'il faut amener l'étoile à l'horizon occidental.

Proposition IV. Les étoiles qui sont dans l'écliptique ont leur coucher apparent du matin, six mois après leur lever apparent du matin ; celles qui sont au nord de l'écliptique, après plus de six mois ; et celles qui sont au midi, après un intervalle qui n'est pas de six mois.

Placez à l'horizon oriental l'étoile qui est dans l'écliptique , et soit L sa longitude , $L + x$ sera la longitude du Soleil le jour du lever apparent du matin. Conduisez l'étoile à l'horizon occidental , la longitude du point couchant de l'écliptique sera L ; celle du point orient sera $(L + 180°)$; celle du Soleil sera $(L + 180° + x)$ pour que l'étoile puisse se voir aussi ce jour-là. La longitude du Soleil sera donc de 180° plus forte qu'au jour du lever. Ainsi dans l'intervalle le Soleil aura parcouru 180°, c'est-à-dire la moitié de son cercle. L'intervalle sera donc de six mois en supposant que le Soleil décrive son cercle d'un mouvement uniforme. C'est ce qu'Autolycus suppose tacitement; il négligeait donc l'inégalité du mouvement, et probablement il l'ignorait.

Si l'étoile est au nord de l'écliptique, pour la faire descendre à l'horizon, il faudra tourner le globe en sens contraire du mouvement diurne, la longitude du point orient de l'écliptique qui était L, deviendra $(L - y)$, la longitude du Soleil sera $(L - y + x)$ au lever du matin; conduisez l'étoile à l'horizon occidental, $(L + y')$ sera la longitude du point couchant, $(L + y' + 180°)$ celle du point orient, $(L + y' + 180° + x')$ celle du Soleil; la différence des deux longitudes du Soleil sera $180° + (y + y') + (x' - x)$; le chemin du Soleil dans l'intervalle sera $180° + 2y$ environ, car y et y' diffèrent peu, x' et x ne diffèrent guère : ainsi l'intervalle sera de plus de six mois, et d'autant plus long que l'étoile sera plus voisine du pôle boréal de l'écliptique.

Si l'étoile est australe, y et y' changent de signe; le chemin $180° - 2y$ à peu près, c'est-à-dire moindre que de six mois, et d'autant moindre que l'étoile sera plus australe.

Pour déterminer y, y', x et x', il nous faudrait la Trigonométrie sphérique, qui n'était pas encore inventée. La démonstration n'en est pas moins bonne pour établir la proposition d'Autolycus qui n'a pour but que d'indiquer quelles sont les étoiles pour lesquelles l'intervalle est de six mois plus ou moins une quantité qui varie pour chaque étoile, et qu'il n'entreprend pas de déterminer. Les raisonnemens d'Autolycus n'ont d'autres fondemens que la Géométrie; nous y avons substitué un calcul algébrique plus simple et plus clair, et qui est de même indépendant de la Trigonométrie.

Proposition V. Les étoiles dans l'écliptique ont leur coucher apparent du soir six mois après le lever apparent du soir; celles qui sont au nord, plus de six mois après; celles qui sont au sud, moins de six mois.

Au coucher apparent du soir, le point couchant de l'écliptique est L = longitude de l'étoile dans l'écliptique, le point levant $L + 180°$, le lieu du Soleil $(L - x)$.

Au lever apparent du soir, le point levant est L, le point couchant $L - 180°$, le lieu du Soleil $(L - 180° - x')$, $(L - x) - (L - 180° - x') = 180° + x' - x = 180°$; car Autolycus compte x et x' le long de l'écliptique, et il suppose $x' = x = 15°$; l'intervalle est donc de six mois.

Si l'étoile est boréale, le point couchant de l'écliptique est $(L + y)$,

le point levant $(L + \gamma + 180°)$, le lieu du Soleil $(L + \gamma - x)$; au
lever apparent du soir, le point levant $(L - \gamma)$, le point couchant
$(L - \gamma - 180°)$, le lieu du Soleil $(L - \gamma - 180° - x')$; le chemin
du Soleil dans l'intervalle $(180° + \gamma + \gamma' + x' - x)$; c'est-à-dire de
plus de six mois.

Si l'étoile est australe, γ et γ' changeront de signe, et l'intervalle
ne sera pas de six mois.

Ces deux propositions ont dû être découvertes par les observations.
Autolycus a voulu démontrer qu'elles étaient des conséquences nécessaires du mouvement sphérique de la voûte céleste.

Proposition VI. Les levers vrais des étoiles reviennent au bout d'un
an, ainsi que les couchers vrais. Cela serait rigoureusement exact si un
nombre entier de révolutions des fixes faisait une année solaire bien
juste : alors le Soleil s'étant trouvé à l'horizon avec l'étoile, s'y retrou-
verait aussi bien qu'elle au bout de l'année ; mais comme il y a une
fraction de jour, qui même n'est pas tout-à-fait une aliquote du jour,
la coïncidence ne peut jamais être exacte. Il semblerait donc qu'Autolycus
croyait l'année de 365 jours. En la supposant de 365 $\frac{1}{4}$, les levers ne seraient
encore revenus les mêmes que tous les quatre ans. La précession des
équinoxes dont Autolycus n'avait certainement aucune idée, produirait
aussi à la longue un changement sensible dans la position relative des
étoiles et du Soleil. Les levers vrais reviennent en effet au bout d'un an
mais non pour le même pays. Si l'étoile s'est levée un jour avec le
Soleil, quand elle sera revenue 365 fois à l'horizon, le Soleil n'y sera
pas encore ; quand elle sera revenue 366 fois, le Soleil y aura déjà
passé, et quand le lever vrai aura lieu, ce ne sera que pour un horizon
différent de celui où il aurait été observé la première fois.

La proposition n'est donc vraie qu'à peu près. Il en sera de même
de la suivante.

Proposition VII. Du lever vrai du matin au lever vrai du soir,
comme du coucher vrai du soir au coucher vrai du matin, l'intervalle
est de six mois.

Ces deux propositions sont de pure théorie ; l'observation n'a pu les
fournir, puisque les phénomènes sont toujours invisibles ; il s'ensuit
encore que ces propositions ne sont que de pure curiosité.

Proposition VIII. Les étoiles qui sont dans l'écliptique ont leur première apparition du matin quelque temps après leur dernière apparition
du soir, après avoir été cachées pendant quelques jours et quelques nuits.

Soit L la longitude de l'étoile, $(L - x)$ le lieu du Soleil à la dernière apparition du soir, $(L + x)$ sera le lieu du Soleil à la première apparition du matin ; la différence $2x$ fera connaître le tems où l'étoile sera perdue dans les rayons solaires ; $2x = 5o°$; l'étoile sera cachée pendant 5o jours, suivant Autolycus.

Proposition IX. Si l'étoile est australe, elle sera cachée un peu plus long-tems que si elle était dans l'écliptique, et elle aura sa première apparition orientale après sa dernière apparition du soir.

Si l'étoile est australe, elle disparaîtra le soir quand le Soleil aura $(L - y - x)$ de longitude ; elle reparaîtra le matin quand le Soleil aura $(L + y + x)$ de longitude ; elle sera cachée tout le tems que le Soleil emploiera à parcourir $y' + y + x' + x = 2y + 2x$.

Autolycus aurait pu ajouter qu'une étoile boréale ne serait pas cachée 5o jours ; il se pourrait qu'elle ne fût jamais cachée : ce qui a lieu en effet pour les circompolaires qui sont visibles en tout tems.

Proposition X. Parmi les étoiles qui se lèvent et se couchent, il y en a toujours quelques-unes des plus boréales qui sont visibles en tout tems, à quelqu'instant de la nuit.

Car les étoiles qui ne se couchent pas sont visibles en tout tems une partie de la nuit. Les étoiles qui sont voisines du cercle arctique sont peu de tems au-dessous de l'horizon ; à peine se sont-elles couchées qu'elles se lèvent presqu'aussitôt : elles seront donc visibles une partie de la nuit. Mais cela n'est vrai généralement que pour les climats où le Soleil, à minuit, est à plus de 18° d'abaissement au-dessous de l'horizon, et où par conséquent le pôle n'est pas trop élevé. Ainsi la proposition était vraie pour la Grèce.

Proposition XI. Aucune étoile dans l'écliptique ne sera visible pendant tout le tems où elle sera sur l'horizon. Il en est de même des étoiles septentrionales. Mais il se pourra qu'une étoile australe soit visible tout le tems qu'elle passe au-dessus de l'horizon.

Pour qu'une étoile dans l'écliptique aille de l'horizon oriental à l'horizon occidental, il faut que l'arc de 180° qui était au-dessous de l'horizon, passe par l'horizon oriental ; si le Soleil était sous l'horizon au lever de l'étoile, il se levera donc avant que l'étoile soit couchée ; elle cessera d'être visible avant de se coucher : si le Soleil était au-dessus de l'horizon, l'étoile ne commencera d'être visible qu'un tems plus ou moins long après son lever. Ainsi, dans aucun cas, elle ne sera visible depuis son lever jusqu'à son coucher.

Il en sera de même à plus forte raison pour les étoiles septentrionales dont le jour est plus long que si elles étaient dans l'écliptique.

Si l'étoile est au sud de l'écliptique, pendant qu'elle ira du lever au coucher il passera moins de 180° par l'horizon; il est donc possible que la nuit dure plus que le tems où l'étoile sera au-dessus de l'horizon.

Proposition XII. Supposons des étoiles dont le coucher vrai du matin suive le lever vrai du matin de moins de six mois (ce qui a lieu pour les étoiles australes, par la Prop. IV); que l'intervalle entre les deux phénomènes soit (6 mois — 2*y*) : pendant le tems 2*y*, quelqu'une de ces étoiles se levera et se couchera visible dans une même nuit; et dans un autre tems de l'année, mais toujours = 2*y*, l'étoile ne se levera ni ne se couchera pendant que le Soleil sera sous la Terre.

Si une étoile est voisine du pôle antarctique, elle passera peu de tems au-dessus de l'horizon; il sera donc possible que pendant ce peu de tems, le Soleil soit toujours à plus de 15° au-dessous de l'horizon, et que par conséquent son lever et son coucher soient visibles dans la même nuit. Mais dans un autre tems de l'année, il est possible que pendant tout le tems qui s'écoulera entre le lever et le coucher de l'étoile, le Soleil soit à moins de 15° de l'horizon; l'étoile ne pourra donc être aperçue ni à son lever, ni à son coucher, ni dans l'intervalle.

Le tems où elle sera visible du lever au coucher sera aussi long, du moins sensiblement, que le tems où elle sera invisible du lever au coucher.

Appelons jour de l'étoile l'intervalle entre son lever et son coucher: ce tems sera court; il peut coïncider avec le tems où le Soleil est à plus de 105° du zénit : alors l'étoile sera visible pendant son jour tout entier; ce tems peut coïncider avec le tems où le Soleil est à moins de 105° du zénit. Elle sera donc invisible pendant son jour tout entier.

Proposition XIII. Supposons des étoiles qui aient (6 mois + 2*y*) d'intervalle entre leur lever vrai du matin et leur coucher vrai du matin. Pendant ce tems 2*y*, quelques-unes de ces étoiles ne se lèvent ni ne se couchent pendant que le Soleil est sous la Terre; mais dans un autre tems 2*y'* = 2*y*, l'étoile se levera et se couchera pendant que le Soleil est sous la Terre.

Ces étoiles seront boréales (Prop. IV), leur jour peut être beaucoup plus long que celui du Soleil : le Soleil pourra se lever après l'étoile et se coucher avant elle; ainsi le lever et le coucher seront visibles; ils arriveront l'un et l'autre pendant que le Soleil sera sous la Terre. Mais

si elles sont moins boréales que le Soleil, leur jour sera plus court;
elles pourront se lever après le Soleil et se coucher avant lui : on ne
pourra donc observer ni le lever ni le coucher.

Ces deux propositions ont pu être reconnues par l'observation, elles
n'en sont pas moins parfaitement inutiles. Ce sont de ces arguties que
les Grecs aimaient tant, et qu'on discutait dans leurs écoles en attendant
qu'on eût une Astronomie véritable. Les démonstrations d'Autolycus
sont géométriques; mais les questions en elles-mêmes tiennent plus
à la métaphysique de la science qu'à la partie usuelle et pratique.

Levers et Couchers, Livre second.

L'auteur appelle *dodécatémorie* tout arc de l'écliptique qui est de 30°,
en quelque point de l'écliptique qu'on le fasse commencer et finir,
c'est-à-dire qu'il prend ce mot dans son véritable sens, puisqu'il signifie
un *douzième*. Nous y substituerons le mot de *signe*, pris dans le
même sens.

Proposition I. Le signe occupé par le Soleil, c'est-à-dire celui dont
le Soleil occupe le milieu, ne peut être vu ni se lever, ni se coucher;
mais il est caché ou perdu dans les rayons solaires. L'arc diamétralement opposé ne peut se voir ni lever, ni coucher, mais il est visible
toute la nuit, au-dessus de la Terre.

Par nuit il faut entendre nuit close, c'est-à-dire tout le tems où le
Soleil est au moins à 108° du zénit. La première partie de la proposition suppose absorbée dans les rayons solaires, la calotte sphérique dont
le pôle est au centre du Soleil et la base un cercle à 15° de ce pôle.

Proposition II. Des douze signes de l'écliptique, celui qui précède
celui qu'occupe le Soleil se voit lever le matin; le signe qui suit se
voit coucher le soir. Par *précédent*, les Grecs entendent toujours *moins
avancé en longitude, qui précède au méridien ou à l'horizon.*

Proposition III. Pendant une nuit quelconque on voit onze signes
du zodiaque. En effet, dès que le signe occupé par le Soleil est couché
tout entier, on voit six signes au-dessus de la Terre; on voit ensuite
se lever les cinq autres qui ne sont pas occupés par le Soleil; on voit
donc chaque nuit onze signes de l'écliptique.

Proposition IV. Toute étoile, soit qu'elle soit au nord ou au sud
de l'écliptique, parviendra en cinq mois de son lever du matin à son
lever du soir. Nous en donnerons ci-après une démonstration bien simple.

Proposition V. Ceux qui habitent une zône boréale voient les levers et couchers apparens se succéder dans le cours d'une année.

On ne voit pas pourquoi l'auteur restreint sa proposition aux zônes boréales. Le scholiaste dit que par ces mots *zône boréale*, il entend un quart de la surface sphérique compris entre l'équateur et le pôle; je croirais plutôt qu'il ne parle des zônes boréales seules que parce qu'il croyait l'hémisphère austral inhabité.

Proposition VI. Une étoile quelconque, si elle est dans l'écliptique, va du lever du matin au lever du soir, du lever du soir au coucher du matin, du coucher du matin au coucher du soir; du coucher du soir au lever du matin elle emploie 3o jours; pendant ce tems elle est entièrement cachée. Du lever du matin au lever du soir elle emploie cinq mois; dans cet intervalle on la voit se lever; mais du *coucher* du soir au *lever* du matin elle emploie 3o jours, pendant lesquels on ne la voit ni se lever, ni se coucher. Enfin du *lever* du matin au *coucher* du soir il y a cinq mois, pendant lesquels on la voit seulement se coucher.

Nous donnerons une démonstration générale de toutes ces propositions.

Proposition VII. Les étoiles qui sont au nord de l'écliptique ont leur coucher du matin avant le lever du matin; pour celles qui sont au sud, c'est le contraire.

Proposition VIII. Les étoiles qui sont au nord de l'écliptique, quand elles sont du côté de l'occident (le grec dit l'orient), ont leur coucher du soir avant leur lever du soir. C'est le contraire pour les étoiles australes.

Proposition IX. Entre les étoiles qui sont sur un même parallèle, celles qui sont au nord de l'écliptique seront cachées moins long-tems que celles qui sont au sud.

On voit que ce parallèle doit être entre les deux tropiques, sans quoi il ne pourrait être coupé par l'écliptique.

Proposition X. Les étoiles qui à l'orient sont au sud de l'écliptique, et qui de plus sont placées de manière que les étoiles avec lesquelles elles se lèvent ne sont pas éloignées de 15° de celles avec lesquelles elles se couchent, ces étoiles, dis-je, vont en cinq mois du lever du matin au lever du soir; et pendant tout ce tems leur lever sera visible. Elles emploient plus de 3o jours pour arriver du lever du soir au coucher du matin; elles sont cachées pendant tout ce tems. Du coucher du matin au coucher du soir elles mettent cinq mois, et leur coucher est visible pendant cet intervalle tout entier. Elles mettent plus de 30 jours du coucher du soir au lever du matin, et pendant tout ce tems elles sont cachées.

Je tâche de traduire fidèlement, sans répondre pourtant de rien. J'ai depuis comparé ma traduction à l'édition grecque de 1572; car j'ai soupçonné souvent que le traducteur latin n'avait pas bien saisi le sens de l'original. Cette remarque s'étend à tout le reste du Livre.

Proposition XI. Prenez au sud de l'écliptique une étoile quelconque, pourvu que les points de l'écliptique avec lesquels elle se lève et se couche ne soient pas éloignés l'un de l'autre de 15°; je dis que cette étoile aura son lever visible du matin avant son lever visible du soir; que du lever visible du soir au coucher du matin, l'intervalle ne sera pas de 30 jours; que le coucher visible viendra ensuite; que le lever du matin succédera; enfin que l'étoile sera plus long-tems cachée que si elle était dans l'écliptique.

Dans cette dernière proposition, pour plus de clarté, j'ai mis *deux points de l'écliptique* au lieu de *deux étoiles placées dans l'écliptique.* On voit que tout cela est d'un bien faible intérêt; nous traduirons toutes ces propositions en un langage plus intelligible.

Proposition XII. A l'orient les étoiles qui sont au sud de l'écliptique, de manière que les *étoiles* qui se lèvent ou se couchent avec elles sont éloignées entr'elles de 30°, ont leur lever du soir et leur coucher du matin dans la même nuit; et elles seront plus long-tems cachées que celles qui sont dans l'écliptique.

Proposition XIII. A l'occident, prenons des étoiles boréales, telles que celles avec lesquelles elles se lèvent et se couchent ne soient pas éloignées de 30° : ces étoiles auront dans une même nuit leur lever du matin et leur coucher du soir; le coucher du matin viendra ensuite, et enfin le lever du soir, et elles seront cachées moins long-tems que celles qui sont dans l'écliptique.

Proposition XIV. A l'occident, choisissons des étoiles boréales telles que celles avec lesquelles elles se lèvent et se couchent, soient distantes de 30° : ces étoiles ne seront point cachées; mais on les verra dans la même nuit à leur lever du matin et à leur coucher du soir.

Proposition XV. Si les étoiles boréales sont tellement placées que celles qui se lèvent et se couchent en même tems qu'elles, soient plus éloignées que de 30°, elles ne seront point cachées; mais on les verra dans la même nuit avoir leur lever du matin et leur coucher du soir; puis leur coucher du matin et leur coucher du soir.

Proposition XVI. A l'occident si les étoiles sont australes et que l'intervalle entre celles qui se lèvent et se couchent avec elles , soit moindre que de 30°, elles auront d'abord leur lever du matin, puis celui du soir ; le coucher du matin , puis celui du soir , et seront plus long-tems cachées que les étoiles qui sont dans l'écliptique.

L'écliptique n'est pas dans le grec qui met toujours le zodiaque.

Cette proposition n'est pas dans l'édition grecque de Strasbourg ; la suivante a le n° 16, et la dernière le n° 17.

Proposition XVII. Si les étoiles sont australes , et si la distance entre les étoiles qui se lèvent et se couchent avec elles, est de 30°, ces étoiles auront dans la même nuit leur lever du soir et leur coucher du matin , et seront plus long-tems cachées que celles qui sont dans l'écliptique.

Proposition XVIII. Si ces mêmes étoiles sont tellement placées que la distance soit plus grande que 30° entre celles qui se lèvent et se couchent avec elles, alors le coucher du matin viendra après le lever du matin ; elles auront ensuite leur lever du soir et leur coucher du soir ; elles se lèveront et se coucheront la même nuit , et depuis le coucher du matin jusqu'au lever du soir, elles seront plus long-tems cachées que celles qui sont dans l'écliptique.

Nous nous dispenserons de commenter ces propositions. Si nous les avons rapportées , c'est uniquement en vue de donner une idée de l'état de la science chez les Grecs, 300 ans avant J. C. Si l'on avait su calculer trigonométriquement tous ces phénomènes , on se serait bien gardé d'en faire une énumération si longue et si obscure. Aujourd'hui ces phénomènes ont cessé d'être observés ; ils tenaient lieu de l'Astronomie qui n'était pas créée. Pour vérifier plus sûrement les diverses propositions d'Autolycus , le plus sûr serait de les soumettre toutes au calcul. La plus grande difficulté sera toujours de s'assurer du véritable sens.

D'abord pour les quatre levers et couchers vrais, le problème se réduit à trouver les points de l'écliptique qui se lèvent et se couchent avec une étoile donnée hors de l'écliptique. Le calcul est le même que pour le nonagésime ; car la longitude du nonagésime étant connue, il suffit d'y ajouter 90° pour trouver le point orient de l'écliptique , et de les retrancher pour avoir le point couchant. On peut trouver directement le point orient en mettant dans la formule , la cotangente au lieu de la tangente : on ajoute ensuite 180° pour avoir le point couchant.

Connaissant les deux étoiles ou les deux points de l'écliptique qui se lèvent et se couchent avec l'étoile donnée, on saura si leur distance est de plus ou de moins que de 15 ou 30°.

On chercherait ensuite quel est le point de l'écliptique qui est à 15° au-dessous de l'horizon, soit à l'orient, soit à l'occident, et l'on aurait les levers et les couchers apparens tant du soir que du matin. Pour cela, il faut calculer la hauteur du nonagésime ou l'angle de l'orient, c'est l'angle que l'écliptique fait avec l'horizon ; après quoi il ne reste que le calcul de l'arc qui donnera un abaissement de 15° au-dessous de l'horizon. Sur quoi il est bon de remarquer qu'à cet arc abaissé de 15° perpendiculairement au-dessous de l'horizon, Autolycus paraît substituer l'arc de 15° de l'écliptique qui a son origine au point orient ou couchant, ce qui abrégerait encore le calcul.

De cette manière, on aura bien plus sûrement les intervalles des apparitions et des disparitions ; mais encore on aura, ce qui est bien plus important, les tems absolus de ces divers phénomènes et les jours de l'année où l'on peut les observer. La théorie vague et indéterminée d'Autolycus ne pouvait avoir qu'une seule utilité, celle d'indiquer à peu près au bout de quel tems il pouvait attendre un de ces phénomènes, quand il en connaissait un premier par observation.

Donnons un modèle de ces recherches en prenant pour exemple une belle étoile, telle qu'Arcturus, et choisissons l'an 360 avant J. C. Nous trouverons que la longitude de l'étoile devait être de 169° ; la latitude 31° 30′ boréale ; l'obliquité 23° 50′. Supposons de plus que la hauteur du pôle soit de 38° 20′ qui est à peu près celle de Thèbes. Soit donc $H = 38° 20′$.

On commencera par chercher l'ascension droite

qu'on trouvera de.................................. $184° 15′ 30″ = \textit{Æ}$
et la déclinaison qu'on trouvera de............... $32.56. 0 = D$

On cherchera ensuite la différence ascensionnelle par la formule $\sin d\textit{Æ} = \tang D \tang H$. On fera attention au signe de tang D ; il est ici $+$, puisque la déclinaison est boréale.

$$
\begin{aligned}
\tang H &= 38° 20′ \ldots\ldots\; 9.89801 \\
\tang D &= 32.56\ldots + 9.81141 \\
\sin d\textit{Æ} &= 30.48.30″ \quad \overline{9.70942} \\
\textit{Æ} &= 184.15.30 \\
\textit{Æ} - d\textit{Æ} &= \overline{153.27.\; 0} \\
\textit{Æ} + d\textit{Æ} &= 215.\; 4.\; 0
\end{aligned}
$$

Pour avoir le point B de l'écliptique qui se lève avec Arcturus, la formule est

$$\cot B = \cos \omega \cot (\mathcal{R} - d\mathcal{R}) - \frac{\sin \omega \, \tang H}{\sin (\mathcal{R} - d\mathcal{R})}$$

cos ω........	9.96129	— sin ω —	9.60646
cot (ℛ — dℛ) —	0.30132	tang H....	9.89801
— 1.85067 —	0.26261	C.sin (ℛ—dℛ)+	0.54971
— 0.71480.............................. —			9.85418
— 2.54547 — 0.40577...... log cot B =			158°53′10″ = long. p' or.

$$ \underline{180}$$

An lever vrai d'Arcturus, point couchant..... 338.53.10

Ces deux longitudes donneront les jours de l'année où le Soleil levant ou couchant se trouvera à l'horizon avec Arcturus, c'est-à-dire les levers vrais d'Arcturus, le matin et le soir.

L'étoile dans l'écliptique qui se leverait avec Arcturus, devrait avoir aussi 158° 53′ de longitude ; mais rien n'assure qu'une pareille étoile existe.

Pour les points de l'écliptique qui sont à l'horizon quand Arcturus se couche, la formule est

$$\cot B' = \cos \omega \cot (\mathcal{R} + d\mathcal{R}) + \frac{\sin \omega \, \tang H}{\sin (\mathcal{R} + d\mathcal{R})}.$$

cos ω........	9.96129	+ sin ω tang H +	9.50447
cot(ℛ + dℛ)	0.15370	C.sin (ℛ+dℛ) —	0.24069
+ 1.30316	0.11499	— 0.55611 —	9.74516
— 0.55611			
+ 0.74705	9.87535	cot B' = 235° 14′ 20″ se couche avec Arcturus.	

$$ \underline{180.}$$

B' + 180° = 55.14.20 se lève quand Arcturus   se couche.

Nous aurons ainsi les jours des couchers vrais du soir et du matin pour Arcturus.

L'étoile ou le point de l'écliptique qui se lève avec Arcturus a pour longitude.............................. 158° 53′ 10″

Celle qui se couche avec lui a pour longitude........ 235.14.20

La distance entre ces deux étoiles est donc de......... 74.41.10

Pour chercher les couchers apparens, il faut avoir l'angle de l'éclip-tique avec l'horizon. Nous ferons

$$\cos a = \cos \omega \sin H + \sin \omega \cos H \cos(\mathrm{ÆR} - d\mathrm{ÆR}); \text{ angle au point B,}$$

et

$$\cos a' = - \cos \omega \sin H + \sin \omega \cos H \cos(\mathrm{ÆR} + d\mathrm{ÆR}); \text{ angle au point B',}$$

ou

$$\sin a = \frac{\sin(\mathrm{ÆR} - d\mathrm{ÆR})\cos H}{\sin B} \quad \text{et} \quad \sin a' = \frac{\sin(\mathrm{ÆR} + d\mathrm{ÆR})\cos H}{\sin B'},$$

ou, ce qui est encore plus court et toujours suffisant,

$$\sin \beta = \left(\frac{\sin 15^{\circ}}{\cos H}\right)\frac{\sin B}{\sin(\mathrm{ÆR} - d\mathrm{ÆR})} \quad \text{et} \quad \sin \beta' = \left(\frac{\sin 15^{\circ}}{\cos H}\right)\frac{\sin B'}{\sin(\mathrm{ÆR} + d\mathrm{ÆR})}.$$

```
        cos ω.... 9.96129        + sin ω........ 9.60646
        sin H.... 9.79256          cos H...... 9.89455
  + 0.56735... 9.75385        cos(ÆR—dÆR) — 9.95160
  — 0.28354                                 — 9.45261
  + 0.28381     9.45303        cos a = 75° 30' 40"

        sin ω cos H..... 9.50101
        cos(ÆR+dÆR)... 9.91301
        — 0.25943..... 9.41402
        — 0.56735 = — cos ω sin H
        — 0.82678 — 9.91759 = cos a'.

              C.sin a..... 0.01824
              sin 15°..... 9.41300
  sin β =   15° 39' 55" ... 9.43124
  B =       158.35.10
  ☉ = B + β = 174.12.45

  C.sin a' = 155.46.10... 0.24986   C.cos H...... 0.10545
            sin 15°... 9.41300................. 9.41300
  sin β' =  27°25'40"  9.66286   sin 15° séc H... 9.51845
  B' =      233.14.20            C.sin(ÆR+dÆR) 0.24069
  ☉' = B' — β' = 205.50.40       sin B'......... 9.90571
                                 sin β' = 27°25'40"  9.66285
```

Cette manière de trouver directement β et β' est beaucoup plus courte; il est inutile de songer aux signes des sinus.

$\odot = B + \beta$ est le lieu du Soleil au jour où Arcturus devient visible à l'orient.

$\odot' = B' - \beta'$ est le lieu du Soleil au jour où Arcturus devient invisible à l'occident.

$\odot$ et $\odot'$ sont les points de l'écliptique qui sont de 15° au-dessous de l'horizon dans les deux positions de la sphère qui placent Arcturus à l'horizon.

Ici β diffère peu de 15° ou de l'abaissement du Soleil; au contraire, β' en diffère de $12°25'40''$. Autolycus paraît supposer $\beta = \beta' = 15°$ constamment, ce qui épargne le calcul de ces deux arcs. Autolycus aurait donc

$$\odot = 175°53'10'' \quad \text{et} \quad \odot' = 218°14'20''; \quad \odot' - \odot = 41°41'10''.$$

Plaçons Arcturus à l'horizon oriental et le Soleil en $174°12'45''$, nous aurons le lever apparent du matin.

Plaçons le Soleil en $205°50'40''$, et Arcturus à l'horizon occidental, nous aurons le coucher apparent du soir. La différence $\odot' - \odot = 31°37'55''$ donne à peu près 32 jours pour l'intervalle entre ces deux phénomènes.

Plaçons Arcturus à l'horizon oriental et le Soleil à l'occident.

La longitude du point couchant sera................... 338.53.10

$\qquad\qquad\qquad\qquad\qquad\quad - \beta - \quad$ 15.59.35

Nous aurons la longitude au lever apparent du soir.... 322.53.35.

Plaçons Arcturus à l'horizon occidental et le Soleil à l'orient.

La longitude du point orient sera..................... 53.14.20

$\qquad\qquad\qquad\qquad\qquad\quad + \beta' + \quad$ 27.23.40

Longitude au coucher apparent du matin............. 80.38. 0.

Rassemblons ces huit phénomènes.

ou par ordre de date,

Lever vrai du matin, Soleil,	158°53'10''	Couch. vrai du soir,	53°14'20''
Coucher vrai du matin...	233.14.20	Lever vrai du matin	158.53.10
Lever vrai du soir.......	338.53.10	Couch. vrai du mat.	233.14.20
Coucher vrai du soir......	53.14.20	Lever vrai du soir,	338.53.10

Lever app. du matin..... 174.12.45   Couch. app. du mat. 80.38. o
Coucher app. du matin... 80.38. o   Lever app. du mat. 174.12.45
Lever app. du soir....... 322.53.35   Couch. app. du soir 205.50.40
Coucher app. du soir..... 205.50.40   Lever app. du soir 322.53.45

Ces longitudes, en ce qui concerne Arcturus, prouvent la vérité de la prop. I; du lever apparent du matin au lever apparent du soir, il y a 148° 41', c'est-à-dire environ cinq mois, ce qui prouve la prop. II; du coucher apparent du matin au coucher apparent du soir 125° 12' 40", plus de quatre mois et beaucoup moins que six, prop. III; du lever apparent du matin au coucher apparent du matin 266° 25' 15", près de neuf mois, plus que six mois, prop. IV; du lever apparent du soir au coucher apparent du soir 242° 56' 55", plus de huit mois donc plus de six, prop. V.

Dans le cours d'une année, l'ascension droite et la déclinaison changeraient peu; B et B', β et β' seraient à peu près les mêmes, prop. VI et VII, et prop. V du Livre II.

Du lever apparent du matin au lever du soir, 148° 41', livre II, prop. IV.

Le coucher apparent du matin est avant le lever apparent du matin, prop. VII.

Le coucher du soir est avant le lever du soir, prop. VIII.

Voilà toutes les propositions des deux Livres d'Autolycus qui peuvent s'appliquer à Arcturus, et elles sont toutes vérifiées. La différence entre les points de l'écliptique qui se lèvent ou se couchent avec Arcturus, est de plus de 74°. Arcturus n'est pas dans le cas de celles où la différence n'est que de 15 ou 30°.

Supposez $D = 90° - H$, $\sin dÆ = \text{tang } H \cot H = 1$, $dÆ = 90°$.

$$\cot B = \cos\omega \cot(Æ-90°) - \frac{\sin\omega \text{ tang } H}{\sin(Æ-90°)} = -\cos\omega \text{ tang } Æ + \frac{\sin\omega \text{ tang } H}{\cos Æ}$$
$$= -\cos\omega \text{ tang } Æ + \frac{\sin\omega \cot D}{\cos Æ},$$
$$\text{tang }(B-90°) = \cos\omega \text{ tang } Æ - \frac{\sin\omega \cot D}{\cos Æ}.$$

L'étoile sera à l'horizon au point nord.

$$\cot B' = \cos\omega \cot(Æ+90°) + \frac{\sin\omega \text{ tang } H}{\sin(Æ+90°)} = -\cos\omega \text{ tang } Æ + \frac{\sin\omega \cot D}{\cos Æ};$$
$$\cot B - \cot B' = 0 = \frac{\sin(B'-B)}{\cos B \cos B'},$$

B' — B = 180°; car il est évident que pour les étoiles situées dans le cercle arctique ou antarctique, qui se lèvent et se couchent au même instant B — B' = 180°; or pour une étoile dans l'écliptique, B — B' = 0; donc B — B' peut avoir toutes les valeurs possibles entre 0° et 180°. Pour avoir B — B' = 15° ou 30°, il faut une étoile qui ne soit pas trop éloignée de l'écliptique. Choisissons Aldébaran dont la latitude est australe.

```
 AR=65° 24' 0"   D=  15°59'               tang H..... 9.89801
 dAR=15. 5.20    L=  66.17.45"            tang D..... 9.45702
AR+dAR=78.29.20  λ=— 5.29          sin dAR =13°5'20"... 9.35505
AR—dAR=52.18.40


                cos ω... 9.96240  — sin ω tang H..... — 9.50483
 cot(AR—dAR)...+ 9.88794    C.sin(AR—dAR)....+ 0.10164
      +0.70865... 9.85043    — 0.40408.....— 9.60647
      — 0.40408
      + 0.30457... 9.48369   Cot B = 75°5'40"


                cos ω... 9.96249  + sin ω tang H.....+ 9.50483
 cot(AR+dAR)... 9.50889     C.sin(AR+dAR)... 0.00882
      0.18680... 9.27158          0.32655... 9.51565
      0.32655
      0.51313... 9.71023    Cot B' = 62°50'10"
                            B = B' = 10.13.30 < 15°.


 sin ω cos H... 9.40477...........................  9.40477
 cos(AR—dAR)... 9.78651         cos(AR+dAR)... 9.50007
      0.19102... 9.28108              0.06235... 8.79484
      0.56892                         0.56892
    +0.75994   9.88072 = cos a    0.63127    9.80022 cos d


 C.sin a= 40.35. 0   0.18701   C.sin a'=50.51.20   0.11039
       sin 15°... 9.41300.........................  9.41300
 sin β= 25°27'40"... 9.60001   sin β'= 19°29'40"... 9.52559
 B= 75. 3.40                   B'= 62.50.10
 B+β= 96.31.20                 B'—β'= 43.20.50
 B—β= 49.36. 0                 B'+β'= 82.19.50
       180                            180
180+B—β=229.56. 0        180°+B'+β'=262.19.50.
```

Résumé.

$$
\begin{aligned}
\mathrm{B} &= 73°\ 3'\ 40'' &\text{Lever du matin invisib., ou cosmique.}\\
\mathrm{B} + \beta &= 96.31.20 &\text{Lever du matin visible, ou héliaque.}\\
180 + \mathrm{B} - \beta &= 229.36.\ 0 &\text{Lev. du soir dern. vis., ou acronyque.}\\
180 + \mathrm{B} &= \overline{253.\ 3.40} &\text{Lever du soir invisible,}\\[4pt]
\mathrm{B'} &= 62.50.10 &\text{Coucher du soir invisib., ou cosmique.}\\
\mathrm{B'} - \beta' &= 43.20.50 &\text{Coucher du soir visible, ou héliaque.}\\
180 + \mathrm{B'} &= 242.50.10 &\text{Coucher du mat. invisib.,}\\
180 + \mathrm{B'} + \beta' &= \overline{262.19.50} &\text{Coucher du mat. visib., ou acronyque.}\\[4pt]
(\mathrm{B}+\beta)-(\mathrm{B'}-\beta') &= \overline{53.10.50}
\end{aligned}
$$

L'étoile est cachée 54 jours. Au coucher héliaque, le Soleil s'approche de l'étoile et l'absorbe dans ses rayons; le Soleil marche vers la conjonction; l'étoile est invisible jusqu'à ce que la conjonction étant passée, le Soleil soit assez loin de l'étoile pour être de 15° au-dessous de l'horizon oriental quand l'étoile est dans l'horizon oriental.

On aurait par ordre de date ou de longitudes ,

$$
\begin{aligned}
\text{Lever du soir dernier visible...} \quad 180 + \mathrm{B} - \beta &= 229°\,36'\ 0''\\
\text{Coucher du matin invisible.....} \quad 180 + \mathrm{B'} &= 242.50.10\\
\text{Lever du soir invisible ....} \quad 180 + \mathrm{B} &= 253.\ 3.40\\
\text{Coucher du matin visible.......} \quad 180 + \mathrm{B'} + \beta' &= 262.19.50\\
\text{Coucher du soir visible.........} \quad \mathrm{B'} - \beta' &= 43.20.50\\
\text{Coucher du soir invisible.......} \quad \mathrm{B'} &= 62.50.10\\
\text{Lever du matin invisible.......} \quad \mathrm{B} &= 73.\ 3.40\\
\text{Lever du matin visible.........} \quad \mathrm{B} + \beta &= 96.31.20\\
\text{Lever du soir dernier visible...} \quad 180 + \mathrm{B} - \beta &= 229.36.\ 0
\end{aligned}
$$

Comparez ce tableau à la prop. XI; l'étoile est au sud de l'écliptique; $\mathrm{B} - \mathrm{B'} = 10°\,13'\,30'' < 15°$.

Le coucher visible du matin précède de 141 jours ou degrés le coucher visible du soir; le coucher invisible vient de 19 à 20 jours plus tard. Le lever du matin suit le coucher du soir, à 10 jours d'intervalle; du coucher visible au lever visible, l'intervalle est de 53 jours, pendant lesquels l'étoile sera cachée.

Pour vérifier de même la prop. IX qui me paraissait contraire à ce que je crois démontré, j'ai fait choix du parallèle de 12° qui coupe l'écliptique en deux points dont les ascensions droites sont 28° 45′ 45″ et 151° 14′ 15″. J'ai supposé sur ce parallèle des étoiles de 10 en 10° d'ascension droite, et j'ai calculé les arcs d'occultation $(B - B') + (\beta + \beta') = (B + \beta) - (B' - \beta')$.

Ascensions droites.		Arcs d'occultation.	Latitude.
270°	270°	— 16° 9′	Nord.
280	260	— 15.59	
290	250	— 14.55	
300	240	— 12.54	Nord.
310	230	— 10, 4	
320	220	— 5.59	
330	210	— 0.48	Nord.
340	200	+ 4.59	
350	190	+ 15.21	
0	180	+ 24.58	Nord.
10	170	+ 30.58	
20	160	+ 40.51	Nord.
30	150	+ 48.04	Sud.
40	140	+ 52.18	
50	130	+ 54.54	
60	120	+ 56.27	Sud.
70	110	+ 57.26	
80	100	+ 57.51	
90	90	+ 58, 3	Sud.

On y voit que pour toutes les étoiles dont la latitude est australe, l'arc d'occultation est toujours plus grand que pour aucune de celles dont la latitude est boréale; que l'arc d'occultation est d'autant plus grand que l'étoile est plus enfoncée sous l'écliptique.

Il est donc prouvé que dans l'énoncé de la prop. IX, il faut lire *cachées moins long-tems*, et non pas *cachées plus long-tems*.

Le signe — placé avant l'arc d'occultation, signifie que $(B + \beta)$ est plus petit que $(B' - \beta')$; que le lever du matin précède le coucher du soir. C'est le contraire quand le signe est +.

Il faudrait faire des calculs de même genre, soit pour vérifier les propositions suivantes, soit pour les bien comprendre et rectifier les erreurs que j'y soupçonne. Il faudrait savoir ce que l'auteur entend par une étoile *à l'orient* ou *à l'occident*. Est-ce à l'orient ou à l'occident du point qui se lève avec elle ? C'est ce qui n'est expliqué nulle part.

Dans les propositions qui suivent, Autolycus considère des étoiles pour lesquelles l'arc (B—B') est de plus ou de moins de 15°, ou de 15° bien juste, de 30° ou de 30° plus ou moins. Ces théorèmes nous sont aujourd'hui parfaitement inutiles; ils sont des conséquences nécessaires de nos formules générales. Nous pouvons mettre de même en formules les divers intervalles dont l'auteur fait une énumération si obscure et si longue. Ainsi, pour ne considérer que les quatre phénomènes qu'on peut observer, prenons la différence entre le coucher

visible du soir.............................. $B' — \beta'$
et le lever visible du matin................... $B + \beta$

nous aurons du coucher du soir au lever du matin... $(B — B') + (\beta + \beta')$.

Et si nous faisons $(\beta + \beta') = 30°$ comme Autolycus, nous aurons pour l'arc d'occultation, c'est-à-dire pour l'arc invisible, $30° + B — B'$. D'où l'on voit que suivant les valeurs de B' et de $(30° + B)$, l'arc peut être plus ou moins grand, positif ou négatif; le coucher peut précéder le lever ou le suivre.

Du premier lever du matin..... $B + \beta$
au lever visible du soir........ $180 + B — \beta$

l'intervalle sera de 150° ou cinq mois....$= 180 — 2\beta$
Au contraire, du lever du soir à celui du matin, on aura $180 + 2\beta$

Du premier lever du matin.... $B + \beta$
au coucher du matin........ $180 + B' + \beta'$

$180 + (B' — B) + (\beta' — \beta)$

et du coucher du matin au lever du matin.... $(B — B') + (\beta — \beta') \mp 180°$
On aura de même du couch. du s. au lev. du mat. $(B' — B) + (\beta' — \beta) \pm 180°$

Dans un cercle ajouter 180° ou les retrancher, c'est absolument la même chose : on arrive au même point par des chemins opposés.

Du coucher du soir au coucher du matin... $180° + 2\beta'$
Du coucher du matin au lever du soir..... $(B — B') — (\beta + \beta')$.

Deux ou trois siècles après Autolycus, les Grecs ont facilité par des Tables la solution de tous ces problèmes dont il ne donnait qu'une théorie vague. Les astronomes et les astrologues du moyen âge ont multiplié les Tables d'ascensions droites, d'ascensions obliques et de différences ascensionnelles. Nous avons aujourd'hui des moyens encore plus faciles et plus généraux.

Hist. de l'Ast. anc. Tom. I.   6

Soient données l'ascension droite $\mathcal{R}$ et la déclinaison D d'une étoile quelconque et la hauteur du pôle H : nous aurons $\sin d\mathcal{R} = \operatorname{tang} H \operatorname{tang} D$. Nous pouvons faire une Table de cette formule, et par ce moyen avoir sans peine $(\mathcal{R} - d\mathcal{R})$ ascension oblique du point qui se lève avec l'étoile, et $(\mathcal{R} + d\mathcal{R})$ ascension oblique du point qui se couche avec elle.

Avec cette ascension oblique du point de l'écliptique, nous pourrons avoir l'ascension droite du point levant ou couchant de l'écliptique.

Soit A l'ascension droite du point de l'écliptique, dA sa différence ascensionnelle,

$$(A - dA) = \mathcal{R} - d\mathcal{R}, \quad A = \mathcal{R} - d\mathcal{R} + dA;$$

mais

$$\sin dA = \operatorname{tang} H \operatorname{tang} D = \operatorname{tang} H \operatorname{tang} \omega \sin A$$
$$= \operatorname{tang} H \operatorname{tang} \omega \sin (\mathcal{R} - d\mathcal{R} + dA),$$
$$\sin dA = \operatorname{tang} H \operatorname{tang} \omega \sin (\mathcal{R} - d\mathcal{R}) \cos dA$$
$$+ \operatorname{tang} H \operatorname{tang} \omega \cos (\mathcal{R} - d\mathcal{R}) \sin dA,$$
$$\operatorname{tang} dA = \operatorname{tang} H \operatorname{tang} \omega \sin (\mathcal{R} - d\mathcal{R}) + \operatorname{tang} H \operatorname{tang} \omega \cos (\mathcal{R} - d\mathcal{R}) \operatorname{tang} dA,$$
$$\operatorname{tang} dA = \frac{\operatorname{tang} H \operatorname{tang} \omega \sin (\mathcal{R} - d\mathcal{R})}{1 - \operatorname{tang} H \operatorname{tang} \omega \cos (\mathcal{R} - d\mathcal{R})},$$

ou

$$dA = \frac{\operatorname{tang} H \operatorname{tang} \omega}{\sin 1''} \sin (\mathcal{R} - d\mathcal{R}) + \frac{(\operatorname{tang} H \operatorname{tang} \omega)^2}{\sin 2''} \sin 2 (\mathcal{R} - d\mathcal{R})$$
$$+ \frac{(\operatorname{tang} H \operatorname{tang} \omega)^3}{\sin 3''} \sin 3 (\mathcal{R} - d\mathcal{R}) + \text{etc.}$$

Par l'une ou l'autre de ces formules, on fera une Table des ascensions droites de l'écliptique, qui aura pour argument l'ascension oblique $(\mathcal{R} - d\mathcal{R})$ ou $(\mathcal{R} + d\mathcal{R})$; on connaîtra donc $A = \mathcal{R} - d\mathcal{R} + dA$ et $A' = \mathcal{R} + d\mathcal{R} + dA'$.

Ayant ainsi les ascensions droites des points levant et couchant de l'écliptique, on pourra les changer en longitude en y ajoutant les réductions de l'équateur à l'écliptique,

$$R = \operatorname{tang}^2 \tfrac{1}{2} \omega \frac{\sin 2 A}{\sin 1''} + \operatorname{tang}^4 \tfrac{1}{2} \omega \frac{\sin 4 A}{\sin 2''} + \text{etc.},$$

ou bien en faisant

$$\operatorname{tang} B = \frac{\operatorname{tang} A}{\cos \omega};$$

on aura donc

$$B = Æ - dÆ + dA + R ,$$
$$B' = Æ + dÆ - dA' + R' ,$$

et
$$B - B' = - 2dÆ + (dA + dA') + (R - R').$$

Ainsi pour Arcturus.......... $Æ = 184.15.30$

Nous avons trouvé ci-dessus... $dÆ = 30.48.30$

$$Æ - dÆ = 153.27. 0$$
$$Æ + dÆ = 215. 4. 0$$

$$
\begin{aligned}
&- \text{tang } H \ldots \quad - 9.89801 \\
& \text{tang } \omega \ldots \quad 9.64517 \\
&\phantom{-- \text{tang}} - 9.54318 \ldots\ldots\ldots\ldots\ldots + 9.54318 \\
&\cos (Æ - dÆ) - 9.95160 \qquad \sin (Æ - dÆ) + 9.65029 \\
&+ 0.31245 \quad + 9.49478 \qquad C. \ 1.31245 \ldots \quad 9.88192 \\
& 1.0 \qquad\qquad \text{tang } dA = \ 6° 47' 2'' \ldots \ 9.07559 \\
& 1.31245 \qquad \quad Æ - dÆ = 153.27. 0 \\
& \text{tang } A = 160.14. 2 \ldots - 9.55553 \\
& C.\cos \omega \ldots \quad 0.05871 \\
& \text{tang } B = 158.33.12 \quad - 9.59424
\end{aligned}
$$

comme ci-dessus. Ce moyen pour trouver B et B′ serait beaucoup plus long ; mais si les Tables étaient construites , on y prendrait à vue $dÆ$, dA, dA', R et R′ qui donneraient $(B - B')$ par de simples additions ou soustractions.

Nous avons donc tout l'ouvrage d'Autolycus dans les formules

$$\cot B = \cot \omega \cot (Æ - dÆ) - \frac{\sin \omega \ \text{tang } H}{\sin (Æ - dÆ)} ,$$

$$\cot B' = \cot \omega \cot (Æ + dÆ) + \frac{\sin \omega \ \text{tang } H}{\sin (Æ + dÆ)} ,$$

$$\sin \beta = \left(\frac{\sin 15°}{\cos H} \right) \frac{\sin B}{\sin (Æ - dÆ)} ,$$

$$\sin \beta' = \left(\frac{\sin 15°}{\cos H} \right) \frac{\sin B'}{\sin (Æ + dÆ)} ,$$

auxquelles il faut joindre les huit combinaisons de ces quatre quantités qui nous donneront les quatre levers et les quatre couchers (voyez page 41). Mais ces formules , en vérifiant les théorèmes d'Autolycus , nous donneraient encore les tems absolus des phénomènes dont l'auteur grec n'a donné que la métaphysique. Le Livre d'Autolycus est aujourd'hui fort rare, et probablement il ne sera jamais réimprimé.

Nous avons promis une démonstration générale des dernières propositions d'Autolycus ; la voici, elle est extrêmement simple.

L'ordre naturel des phénomènes qu'il considère est celui-ci :

1	2	3	4
Coucher du soir.	*Lever du matin.*	*Lever du soir.*	*Coucher du matin.*
$B'-\beta'$	$B+\beta$	$B+180°-\beta$	$B'+180°+\beta'$

ou bien , en faisant comme Autolycus , $\beta=\beta'=15°$,

$$B'-15°\ldots\ldots B+15°\ldots\ldots B+165°\ldots\ldots B'+195°$$

intervalles $\quad 30+(B-B')\ldots 150°\ldots\ldots 30-(B-B')\ldots-210°=+150°$

ce qui suppose $B > B'$ et $B-B' < 30°$.

Donnons à $(B-B')$ les valeurs suivantes : nous aurons pour les intervalles les valeurs ci-dessous.

	$B-B'$	1er intervalle.	2e intervalle.	3e intervalle.	4e intervalle.	Somme des quatre.
1	0°	30° 0'	150°	30° 0	150°	360°
2	15 − x	45 − x	150	15 + x	150	360
3	15 0	45 0	150	15 0	150	360
4	15 + x	45 + x	150	15 − x	150	360
5	30 − x	60 − x	150	0 + x	150	360
6	30 0	60 0	150	0 0	150	360
7	30 + x	60 + x	150	0 − x	150	360

La sixième supposition rend nul l'intervalle entre le lever du soir et le coucher du matin. On les observera donc tous deux à une même longitude du Soleil, c'est-à-dire dans la même nuit.

La septième rend ce même intervalle négatif, ce qui montre que l'ordre est interverti ; que le coucher du matin sera visible avant le lever du soir ; et quand ce lever sera devenu visible à son tour, on les verra tous deux dans le cours d'une même nuit.

Supposons maintenant $B < B'$; $(B-B')$ sera négatif. Au lieu de

$(B - B')$, mettons $- (B' - B)$ dans les formules qui deviendront $3o° - (B' - B)$, $15o°$, $3o° + (B' - B)$, $15o°$; alors en formant pour $(B' - B)$ les mêmes hypothèses, nous aurons ce qui suit.

	$B' - B$	1er intervalle.	2e intervalle.	3e intervalle.	4e intervalle.	Somme des quatre.
8	$15° - x$	$15° + x$	$15o°$	$45° - x$	$15o°$	$36o°$
9	15 o	15 o	$15o$	45 o	$15o$	$36o$
10	$15 + x$	$15 - x$	$15o$	$45 + x$	$15o$	$36o$
11	$3o - x$	$o + x$	$15o$	$6o - x$	$15o$	$36o$
12	$3o$ o	o o	$15o$	$6o$ o	$15o$	$36o$
13	$3o + x$	$o - x$	$15o$	$6o + x$	$15o$	$36o$

Voilà donc treize formules qui sont équivalentes aux treize dernières propositions d'Autolycus, et qui au besoin serviraient à corriger les fautes d'impression : elles sont bien plus faciles à comprendre. Au reste, quoique les Grecs ne connussent pas l'usage des équations, il n'est pas impossible qu'Autolycus ait trouvé ses théorèmes par des raisonnemens tout semblables à nos calculs. Ses commentateurs les ont démontrés par des figures ; je ne dirai pas avec quel succès, je n'ai pas eu le courage de les vérifier.

$(B - B')$ peut avoir toutes les valeurs entre $18o°$ et $- 18o°$. Pour le prouver et compléter cette théorie, nous allons montrer comment on peut déterminer les étoiles pour lesquelles $(B - B')$ sera de $(15° \pm x)$, de $(3o° \pm x)$, ou telle autre valeur quelconque positive ou négative.

Soient L la longitude de l'étoile, λ sa latitude, $dL = L - B$, $dL' = B' - L$, vous en conclurez

$$L = B + dL,$$
$$L = B' - dL';$$

d'où

$$o = (B - B') + dL + dL' \quad \text{et} \quad dL + dL' = (B' - B),$$

de plus,

$$\sin dL = \tang \lambda \cot \alpha \quad \text{et} \quad \sin dL' = \tang \lambda \cot \alpha',$$

α et α' sont les angles que l'écliptique fait avec l'horizon aux points B et B'.

Pour connaître ces angles on fera

$$\sin H = \cos \omega \cos \alpha - \sin \omega \cos B \sin \alpha,$$
$$\sin H \sec \omega = \cos \alpha - \tan \omega \cos B \sin \alpha = \cos \alpha - \tan \varphi \sin \alpha,$$
$$\sin H \sec \omega \cos \varphi = \cos \alpha \cos \varphi - \sin \alpha \sin \varphi = \cos (\alpha + \varphi) = \cos \chi;$$

on aura donc

$$\tan \varphi = \tan \omega \cos B, \quad \cos \chi = \sin H \sec \omega \cos \varphi, \quad \alpha = \chi - \varphi;$$

pour l'angle α' vous aurez

$$\tan \varphi' = \tan \omega \cos B', \quad \cos \chi' = \sin H \sec \omega \cos \varphi' \quad \text{et} \quad \alpha' = \chi' + \varphi.$$

Les angles subsidiaires φ et φ', χ et χ' sont toujours aigus; mais φ et φ' peuvent être négatifs : or,

$$\sin dL : \sin dL' :: \tan \lambda \cot \alpha : \tan \lambda \cot \alpha' :: \cot \alpha : \cot \alpha' :: \tan \alpha' : \tan \alpha,$$
$$\tan \tfrac{1}{2} (dL + dL') : \tan \tfrac{1}{2} (dL - dL') :: \sin (\alpha' + \alpha) : \sin (\alpha' - \alpha),$$
$$\tan \tfrac{1}{2} (dL - dL') = \frac{\sin (\alpha' - \alpha) \tan \tfrac{1}{2} (dL + dL')}{\sin (\alpha' + \alpha)} = \frac{\sin (\alpha' - \alpha) \tan \tfrac{1}{2} (B' - B)}{\sin (\alpha' + \alpha)},$$
$$\tan \lambda = \sin dL \tan \alpha = \sin dL' \tan \alpha',$$
$$L = B + dL = B' - dL'.$$

Si $B' > B$, la latitude sera boréale; si $B > B'$, elle sera australe.

Ces formules vous feront connaître la longitude et la latitude de l'étoile qui se levant avec B se couche avec B'. Voulez-vous connaître cette étoile par son ascension droite et sa déclinaison ? Faites

$$\cos \omega \tan B = \tan A, \quad \sin \omega \sin B = \sin \delta, \quad \sin dA = \tan \delta \tan H,$$
$$\cos \omega \tan B' = \tan A', \quad \sin \omega \sin B' = \sin \delta', \quad \sin dA' = \tan \delta' \tan H,$$
$$Æ - dÆ = A - dA, \quad Æ = A - dA + dÆ,$$
$$Æ + dÆ = A' + dA', \quad Æ = A' + dA' - dÆ,$$
$$Æ = \tfrac{1}{2} (A' + A) + \tfrac{1}{2} (dA' - dA), \quad \tan D = \sin dÆ \cot H,$$
$$dÆ = \tfrac{1}{2} (A' - A) + \tfrac{1}{2} (dA' + dA);$$

Æ sera l'ascension droite et D la déclinaison de l'étoile cherchée.

Soit h la hauteur du pôle de l'écliptique sur l'horizon,

$$h = 90° - \alpha, \quad h' = 90° - \alpha', \quad \sin dL = \tan \lambda \tan h, \quad \sin dL' = \tan \lambda \tan h'.$$

On voit qu'il y a une grande analogie entre les dL et les $dÆ$; $B = L - dL$ pourrait s'appeler la longitude oblique de l'étoile, comme $Æ - dÆ$ s'appelle l'ascension oblique; dL pourrait s'appeler différence longitudinelle, comme $dÆ$ différence ascensionnelle.

Appliquons ces formules à Arcturus, c'est-à-dire cherchons l'étoile qui se levant avec $B = 158°\ 55'\ 10''$ se couche avec $B' = 233°\ 14'\ 20''$.

$$
\begin{array}{llll}
\text{tang } \omega,\ldots & 9.64517 & \text{sin H séc. } \omega \ldots\ldots\ldots & 9.83127 \\
\cos B & - \ 9.96884 & \cos \Phi \ldots & 9.96608 \\
\text{tang } \varphi = -23°\ 21'\ 0''\ldots\ 9.61401 & \cos\chi = & 51.\ 9.40\ldots\ldots & 9.79735 \\
& -\varphi = +22.21.\ 0 & B = 233.14.20 \\
\chi - \varphi = a = & 73.30.40 & B = 158.33.10 \\
& & B'-B = 74.41.10
\end{array}
$$

$$
\begin{array}{llll}
\text{tang } \omega\ldots & 9.64519 & \text{sin H séc } \omega\ldots & 9.83127 \\
\cos B' & - \ 9.77705 & \cos \Phi'\ldots\ldots & 9.98533 \\
\text{tang } \varphi' = -14°\ 48'\ 30''\ldots\ 9.42234 & \cos\chi' = & 49°\ 2.20\ldots & 9.81660 \\
& \varphi' = -14.48.30 \\
\chi' + \varphi' = a' = & 54.13.30
\end{array}
$$

$$
\begin{array}{lll}
a = & 73°\ 30'\ 40'' \\
a' = & 54.13.30 \\
a + a' = & 107.44.30\ldots\ldots & \text{C sin}\ldots\ 0.02116 \\
a - a' = & 59.16.50\ldots\ldots & \text{sin}\ldots\ldots\ 9.80148 \\
\tfrac{1}{2}(B'-B) = & 57.20.55\ldots\ldots & \text{tang}\ldots\ 9.88251 \\
\tfrac{1}{2}(dL'-dL) = & 26.53.55\ldots\ldots & \text{tang}\ldots\ 9.70515 \\
dL' = & 64.14.10 & B = \quad 158°\ 53'\ 10'' \\
dL = & 10.27.\ 0 & dL = \quad 10.27.\ 0 \\
& & L = \quad 169.\ 0.10 \\
& & B' = \quad 233.14.20 \\
& & dL' = -\ 64.14.10 \\
& & L = \quad 169.\ 0.10
\end{array}
$$

(voyez ci-dessus, page 53.)

$$
\begin{array}{llll}
\text{sin } dL\ldots & 9.25858 & \text{sin } dL'\ldots & 9.05453 \\
\text{tang } a\ldots & 0.52870 & \text{tang } a'\ldots & 9.83275 \\
\text{tang } \lambda = & 9.78728 & \text{tang } \lambda\ldots & 9.78728
\end{array}
$$

$$\lambda = 51°\ 29'\ 52'' \quad \text{(voyez page 53).}$$

λ est boréale, parce que $B' > B$.

φ et φ' sont négatifs comme $\cos B$ et $\cos B'$.

Les φ et les χ sont toujours moindres que de $90°$.

Cherchons l'étoile par son ascension droite et sa déclinaison.

$$\begin{array}{lll}
 & \cos \omega \ldots \quad 9.96129 & \sin \omega \ldots 9.60646 \\
\tan B = 158° 33' 10'' - 9.59429 & & \sin B \ldots 9.56506 \\
\tan A = 160.13.54 - 9.55558 & \sin \delta = 8° 29' 46'' & 9.16952 \\
dA = \quad 6.46.52 & & \tan \delta \ldots 9.17415 \\
A - dA = 153.27.\ 2 = \mathcal{R} - d\mathcal{R} & & \tan H \ldots 9.89801 \\
& & \sin dA \ldots 9.07216
\end{array}$$

$$\begin{array}{lll}
 & \cos \omega \ldots 9.96129 & 9.60646 \\
\tan B' = 235° 14' 20'' + 0.12666 & & \sin B' - 9.90371 \\
\tan A' = 230.45.45 \quad 0.08795 & \sin \delta = -18.53.17 & 9.51017 \\
dA' = - \ 15.41.45 & & \\
A' + dA' = 215.\ 4.\ 0 = \mathcal{R} + d\mathcal{R} & & \tan \delta' - 9.53430 \\
 153.27.\ 2 = \mathcal{R} - d\mathcal{R} & & \tan H \ldots 9.89801 \\
 368.31.\ 2 = 2\mathcal{R} & & \sin dA = - 9.43221 \\
 184.15.31 = \mathcal{R} & & \sin d\mathcal{R} \ldots 9.70941 \\
 61.36.58 = 2d\mathcal{R} & & \cot H \ldots 0.10199 \\
 30.48.29 = \ d\mathcal{R} & \tan D = 52° 56' 0 & 9.81140
\end{array}$$

Telles sont en effet et l'ascension droite et la déclinaison de nos calculs précédens. Ces deux méthodes sont donc également sûres ; la seconde est plus courte.

Autolycus ne dit rien des moyens qui serviraient à trouver B et B' par L et λ, non plus que de ceux qui donneraient L et λ par B et B' ; mais il est à croire que l'arc (B' — B) qui peut être positif ou négatif, distingue les étoiles *à l'orient* ou *à l'occident* dont il a parlé plusieurs fois, sans jamais les définir.

Il suit de nos formules que :

Si B' — B = o, $dL = dL' = $ o ; L = B = B' et λ = o ;
Si B' — B = 180°, $dL = dL' = $ 90° ; L = nonagésime, λ = α = α' ;
Si $d\mathcal{R} = $ o, D = o ;
Si $d\mathcal{R} = $ 90° ; tang D tang H = 1 ; tang D = cot H ; D = 90° — H ;

$\mathcal{R}$, dans ce dernier cas, est le milieu du ciel.

CHAPITRE III.

Euclide.

Nous n'avons rencontré dans Autolycus aucun vestige de la Trigonométrie qui seule aurait pu lui donner la théorie complète et la solution précise des diverses questions qu'il a mises en théorèmes vagues et souvent obscurs. Nous trouverons dans Euclide des propositions d'un usage indispensable en Astronomie, mais aucune règle positive et usuelle pour la solution des triangles. Le premier Livre des Élémens renferme des théorèmes importans sur la nature des triangles, sur la somme de leurs angles, sur leur surface, et enfin la fameuse proposition du carré de l'hypoténuse, qui est le fondement de la doctrine des cordes et des sinus. On trouve dans le Livre second ces propositions remarquables :

Dans le triangle obtusangle, le carré du grand côté est égal à la somme des carrés des deux autres côtés plus deux fois le rectangle de l'un des côtés par le prolongement de ce même côté compris entre le sommet de l'angle obtus et la perpendiculaire abaissée du second côté sur le premier, proposition qui en langage trigonométrique moderne s'exprime par l'équation

$$C''^2 = C^2 + C'^2 + 2C.C' \cos(180° - A'') = C^2 + C'^2 - 2C.C' \cos A''.$$

Dans le triangle acutangle, le carré du côté opposé à l'un des angles aigus est égal à la somme des carrés des deux autres côtés moins deux fois le rectangle d'un des côtés sur lequel tombe la perpendiculaire, par le segment compris entre l'angle aigu et la perpendiculaire; proposition qui s'exprime encore par la même équation

$$C'^2 = C^2 + C'^2 - 2CC' \cos A''.$$

Toute la différence est que dans le premier cas l'angle A'' est obtus, son cosinus négatif, et le double rectangle est additif, au lieu que dans le second, il reste soustractif. La formule moderne est bien plus générale, puisqu'elle donne également le côté opposé à un des angles aigus dans le triangle obtusangle, et sert de plus à trouver les angles par les côtés.

Les propositions d'Euclide ont encore l'inconvénient de ne pas se prêter au calcul numérique; car elles ne donnent aucun moyen pour évaluer le segment C' cos A''.

Dans le troisième Livre on trouve ce théorème utile, que si deux cercles se touchent, soit intérieurement soit extérieurement, les deux centres et le point de contingence seront dans une même droite. On y trouve des notions indispensables sur les cordes, les tangentes, la mesure des angles, soit au centre soit à la circonférence; enfin sur les segmens des cordes qui s'entrecoupent. Sans ces diverses propositions, il serait impossible de calculer les Tables des cordes ou des sinus, des tangentes et des sécantes. Mais Euclide n'indique aucun de ces usages : on est en droit de soupçonner qu'il n'en avait pas la moindre idée.

Le quatrième traite des polygones inscrits ou circonscrits au cercle, et cette théorie est fondamentale pour la Trigonométrie; mais rien de tout cela n'est encore une véritable Trigonométrie.

Le sixième expose la théorie des proportions sans laquelle la science du calcul serait trop bornée.

Le septième contient, sur la similitude des triangles et des polygones en général, les théorèmes les plus féconds et les plus importans qui font la partie la plus utile et la plus indispensable de la science mathématique.

Les Livres huit, neuf et dix ne sont que d'une utilité fort médiocre, et presque nulle pour l'Astronomie.

Le onzième offre sur les plans, les angles plans et solides, et sur les solides, des propositions très-utiles, mais insuffisantes à la Trigonométrie sphérique.

Le douzième livre n'y a presqu'aucun rapport.

On trouve dans le treizième des théories sur l'hexagone, le pentagone et le décagone, dont les Grecs ont tiré bon parti pour le calcul des cordes.

Le reste de l'ouvrage ne traite que des solides réguliers inscriptibles à la sphère, et les deux derniers Livres passent pour être d'Hypsiclès, astronome d'Alexandrie dont nous aurons lieu de parler par la suite.

On ne voit donc aucune trace de trigonométrie dans Euclide non plus que dans Autolycus. Les deux auteurs étaient presque contemporains, puisqu'ils vivaient l'un et l'autre trois cents ans avant J. C. En

général les théorèmes d'Euclide ne sont que de pure spéculation; ils
donnent les moyens de mesurer quelques lignes et quelques surfaces;
ils peuvent conduire à quelques solutions graphiques toujours très-im-
parfaites quand on ne sait pas y appliquer le calcul.

Euclide nous a laissé un ouvrage plus astronomique intitulé *Phénomènes*
(Φαινόμενα). Ce livre est précieux comme monument historique et
comme un dépôt qui doit être à peu près complet, des connaissances
qu'on avait en Grèce à cette époque. Il est naturel de penser qu'Euclide
aura lui-même ajouté à la masse de ces connaissances, et nous pourrons regarder comme postérieur à l'an — 3oo tout ce qui ne sera pas
consigné dans le livre des Phénomènes. En voici un extrait.

On voit que toutes les étoiles se lèvent invariablement aux mêmes
points de l'horizon; que celles qui se lèvent ensemble un jour de l'année,
se lèvent ensemble tous les autres jours; que celles qui se couchent
ensemble, font toujours de même, et que dans leur mouvement elles
conservent toujours les mêmes distances entr'elles; c'est ce qui ne peut
avoir lieu que pour les objets qui tournent par un mouvement circulaire, lorsque l'œil est placé au centre de la sphère qui se compose de
tous ces cercles, ainsi qu'on le démontre dans l'Optique. Il faut donc
supposer que le mouvement des astres est circulaire; qu'ils sont enchâssés
dans une sphère solide, et que l'œil est à égale distance de tous les
points de la périphérie sphérique.

On voit au milieu, entre les Ourses, une étoile qui ne change point
de place, mais qui tourne dans le lieu où elle est fixée; et puisque
cette étoile est toujours à égale distance d'une étoile quelconque parmi
celles qui tournent autour d'elle, il faut en conclure que les étoiles
décrivent des cercles parallèles qui ont cette étoile pour pôle.

Nous pourrions contester le fait de l'étoile placée exactement au pôle.
Euclide s'exprime ici en géomètre qui n'a guère examiné le ciel; mais
admettez le fait, vous verrez dans tous ces raisonnemens une marche
méthodique, claire et parfaitement géométrique.

Quelques étoiles ne se couchent ni ne se lèvent, leurs cercles sont trop
élevés; ce sont celles qui sont placées entre le pôle et le cercle arctique.
Leurs parallèles sont d'autant moindres qu'ils approchent plus du pôle.
Le plus grand de ces cercles parallèles est le cercle arctique. Les étoiles
qui sont sur ce cercle, ne font que raser l'horizon.

On voit que tous les astres qui sont au-dessous de ce cercle et plus loin
du pôle, se lèvent et se couchent, parce que leurs parallèles sont partie

au-dessus de l'horizon, partie au-dessous; les segmens visibles sont plus grands quand les cercles parallèles sont plus près de l'arctique; alors par une suite nécessaire, les segmens invisibles sont plus petits. On en juge sur ce que le tems que ces astres passent sous l'horizon, est plus petit que celui qu'ils passent au-dessous. (Ceci suppose une manière de diviser le tems, mais il n'est pas nécessaire qu'elle soit de la dernière précision.) A mesure que les parallèles s'éloignent du cercle arctique, le segment visible diminue, le segment invisible augmente.

Au milieu de ces parallèles, on en voit un dont les étoiles sont autant de tems au-dessus qu'au-dessous; nous appelons ce cercle *équinoxial*. Les astres également éloignés de part et d'autre de l'équinoxial, ont les tems égaux dans les segmens alternes, c'est-à-dire que les étoiles de l'un de ces cercles sont visibles autant de tems que les étoiles de l'autre sont invisibles, et réciproquement; ensorte que les deux tems de chaque cercle font toujours une même somme.

Le zodiaque et la voie Lactée, qui sont des cercles obliques aux cercles parallèles, se coupent dans leurs circonférences, et une moitié de ces cercles est toujours au-dessus de l'horizon.

Euclide dit au-dessus *de la Terre*, comme Autolycus.

En conséquence on doit supposer le monde sphérique. S'il était cylindrique ou conoïdique, les astres placés sur des cercles obliques qui coupent en deux également l'équinoxial, ne paraîtraient pas toujours faire leurs révolutions dans des demi-cercles égaux, mais seraient tantôt dans un segment plus grand et tantôt dans un segment plus petit; car si un cône ou un cylindre est coupé par un plan non parallèle à sa base, la section est celle d'un cône oxygone, elle est semblable à un bouclier.

On voit que l'on avait déjà quelqu'idée des sections du cône et du cylindre; que les noms d'ellipse, de parabole et d'hyperbole n'avaient pas encore été imaginés. Il paraît que ces noms sont dus à Apollonius. Avant ce géomètre, l'ellipse était la section du cône acutangle, la parabole la section du cône rectangle, et l'hyperbole la section du cône obtusangle ou amblygone. (Voyez *Archimède*.)

Or il est visible, continue Euclide, qu'une pareille section coupée par le milieu tant en long qu'en large, produit des segmens inégaux. Les segmens seraient encore inégaux quand la section serait partagée au milieu par des lignes obliques : ce qu'on ne voit pas dans le monde, c'est-à-dire dans les mouvemens célestes.

Cette démonstration est d'un géomètre qui ayant bien conçu le mouvement sphérique, tire de cette hypothèse des conséquences rigoureuses. Un astronome aurait établi la même conséquence sur des faits plus aisés à vérifier par l'observation. Euclide raisonne fort bien, mais en homme qui n'est pas sorti de son cabinet, qui donne des conséquences incontestables pour des faits observés, sans s'inquiéter si l'on avait de son tems des moyens assez précis pour faire avec succès les observations qu'il suppose.

Nous dirons donc que le monde est *sphéroïde* (ce qui signifie chez les Grecs, *d'une forme sphérique*, et non pas comme chez les modernes, *à peu près sphérique*); qu'il fait sa révolution autour d'un axe dont l'un des pôles est toujours visible et l'autre toujours invisible.

Nous appellerons *horizon* un plan passant par notre œil et qui coupera la sphère céleste et qui séparera l'hémisphère visible d'avec l'hémisphère invisible.

Euclide pourrait bien être l'auteur de cette dénomination, *horizon*, qui ne se trouve pas dans Autolycus.

Ce plan est celui d'un cercle; la section d'une sphère par un plan est toujours un cercle.

Nous appellerons *méridien* un cercle passant par les pôles du monde, perpendiculairement à l'horizon. Nous appellerons *tropiques* deux cercles qui ont pour pôles les pôles du monde, et qui touchent le cercle oblique qui passe par le milieu du zodiaque.

Il est évident qu'Euclide ne fait qu'énoncer des vérités reconnues long-tems avant lui.

Le cercle oblique du zodiaque et l'équateur sont deux grands cercles; ils se coupent en deux parties égales. Le commencement du Bélier et celui des Serres sont diamétralement opposés; leurs levers et leurs couchers sont *conjugués*, c'est-à-dire que l'un se lève quand l'autre se couche, et réciproquement. Entre ces deux points d'intersection, il y a six des douze signes qui divisent le zodiaque. L'équateur est donc partagé par le cercle oblique en deux demi-cercles; et comme les deux points d'intersection ont la même vitesse tant au-dessus qu'au-dessous de la Terre, si la sphère tourne d'un mouvement égal autour de son axe, tous les points de la sphère décriront dans le même tems des arcs semblables sur leurs parallèles. Des arcs semblables de l'équateur traverseront l'horizon en des tems semblables. Les arcs au-dessous et au-dessus de la Terre sont donc semblables; ils sont donc des demi-cercles: l'arc compris entre le couchant et le levant, joint à l'arc entre le levant et le couchant, font un cercle entier. Ainsi l'équateur et le zodiaque se coupent réciproquement en demi-cercles; ils sont donc des grands cercles. Mais l'horizon et l'équateur se coupent aussi en demi-cercles; donc l'horizon est aussi un grand cercle.

Toutes ces notions sont plus anciennes qu'Euclide; elles n'avaient peut-être jamais été exposées avec cette clarté et cette concision; mais nous dirons encore que cette marche est d'un géomètre plus que d'un astronome.

Théorème I. La Terre est au milieu du monde; elle en est comme le centre.

Soit (fig. 2) ABC l'horizon, D notre œil, C l'orient, A l'occident. Observez par une dioptre (règle garnie de pinnules) le Cancer qui se lève en C, vous verrez par la même dioptre le Capricorne se coucher en A. A, D, C sont trois points en ligne droite, ADC sera le diamètre commun de l'horizon et du zodiaque. Déplacez la dioptre, observez le Lion se lever en B, vous verrez au même tems le Verseau se coucher en E; EDB sera encore un diamètre commun de l'horizon et du zodiaque; ainsi D sera le centre de la sphère céleste. On fera le même raisonnement de tout point de la Terre : la Terre est donc le centre de l'univers.

Ce sont là des observations de cabinet, et qui vont fort bien sur le papier. Euclide raisonne ici comme si le Cancer et le Capricorne, le Lion et le Verseau étaient des étoiles uniques placées diamétralement dans le cercle du milieu du zodiaque.

Théorème II. Dans une révolution du monde, tout cercle qui passe par les pôles sera deux fois perpendiculaire à l'horizon. Le zodiaque sera deux fois perpendiculaire au méridien, mais jamais à l'horizon, tant que le pôle de l'horizon sera entre l'arctique et le tropique d'été. Si le pôle de l'horizon est sur l'un des tropiques, le zodiaque sera une fois à chaque révolution perpendiculaire à l'horizon. Si le pôle de l'horizon est entre les tropiques, le zodiaque sera deux fois perpendiculaire à l'horizon.

La démonstration d'Euclide est fort longue; on peut y suppléer comme il suit. Tout cercle qui passe par les pôles du monde se confondra deux fois avec le méridien, et sera par conséquent perpendiculaire à l'horizon, puisqu'il passe par le zénit.

Le zodiaque est perpendiculaire au colure des solstices. Quand le colure sera dans le méridien, le zodiaque sera perpendiculaire au méridien; ce qui arrivera deux fois par jour.

Jamais le zodiaque ne passera par le zénit si le zénit est hors des tropiques; ainsi jamais le zodiaque ne sera perpendiculaire à l'horizon.

Si le zénit est sur le tropique quand le point solsticial passera au zénit, le zodiaque sera perpendiculaire à l'horizon; mais il n'aura cette position qu'une fois par jour, car le tropique n'a qu'un point commun avec l'écliptique. Mais si le zénit se trouve sur un parallèle entre les deux tropiques, ce parallèle coupera l'écliptique en deux points; le zodiaque sera donc deux fois perpendiculaire à l'horizon en un même jour.

Théorème III. Les étoiles qui se lèvent et se couchent, se lèvent toujours au même point de l'horizon, elles se couchent toujours au même point de l'horizon, mais ce point n'est pas le même que celui du lever.

Euclide, dans sa démonstration, suppose que l'étoile est toujours sur le même parallèle, qu'elle ne s'éloigne ni ne se rapproche du pôle. La précession des équinoxes lui était donc inconnue. Nous pourrions en inférer qu'elle n'était connue de personne de son tems; ce dont nous avons bien d'autres preuves.

Théorème IV. Si plusieurs astres sont sur la circonférence d'un même grand cercle qui ne touche ni ne coupe le cercle arctique, ceux qui se lèvent les premiers se couchent aussi les premiers, ceux qui se couchent les premiers s'étaient aussi levés les premiers. Théorème vrai, mais peu utile.

Théorème V. Si plusieurs astres sont sur un même grand cercle qui touche ou qui coupe le cercle arctique, ceux qui seront plus près de l'Ourse (il veut dire du pôle) se lèvent les premiers et se couchent les derniers. Même remarque.

Théorème VI. Les astres qui sont dans le zodiaque, et diamétralement opposés, ont des levers et des couchers *conjugués* : il en est de même des astres qui sont diamétralement opposés dans l'équateur.

Théorème VII. Le zodiaque se lève et se couche dans tous les points situés entre les tropiques, quand l'arctique n'est pas plus grand que le tropique. Si le point du lever est vers l'Ourse, le point du coucher est vers le midi, et réciproquement (car ces points sont diamétralement opposés).

Théorème VIII. Les signes du zodiaque se lèvent en des segmens divers de l'horizon; c'est-à-dire que les arcs de l'horizon compris entre le lever et le coucher, sont plus grands pour les points voisins de l'équateur, plus petits pour ceux qui sont voisins des tropiques. (Pour que ce théorème soit vrai, il faut prendre celui des deux segmens qui est plus petit que 180°.)

Théorème IX. Les demi-cercles du zodiaque qui ne commencent pas au même parallèle, ne se lèvent pas en des tems égaux. Celui qui suit le Cancer emploie le plus de tems, ceux qui viennent après en emploient moins ; celui qui suit le Capricorne en emploie moins que tous les autres ; mais ceux qui commencent au même parallèle emploient le même tems.

Plus le commencement du demi-cercle est loin du pôle élevé, moins de tems il est sur l'horizon, moins de tems l'arc de 180° met à traverser l'horizon.

Théorème X. Si deux demi-cercles du zodiaque emploient à se lever des tems inégaux et qu'ils aient une partie commune, les arcs opposés se lèvent en des tems inégaux, et il y aura entre les tems des différences égales pour les demi-cercles et les parties différentes. Si les demi-cercles qui se lèvent dans le même tems ont une partie commune, les parties qui sont différentes se leveront aussi dans le même tems.

On peut dire que tous ces théorèmes sont la métaphysique de la Trigonométrie sphérique, et que la pratique n'en retire aucun fruit. On voit qu'Euclide avait réfléchi sur le mouvement diurne, mais qu'il ne l'avait pas observé ; ses idées auraient pris un autre cours. Ou bien on peut dire que jusque-là on n'avait observé que des levers et des couchers ; que ces théorèmes sont les résultats d'observations qu'on ne savait pas encore calculer, et qu'Euclide a voulu démontrer qu'ils étaient des corollaires du mouvement sphérique uniforme. Ainsi tout cela prouve la non-existence de la Trigonométrie.

Théorème XI. De deux arcs égaux et contraires du zodiaque, l'un emploie à se lever le tems que l'autre met à se coucher, et réciproquement.

Théorème XII. Dans le demi-cercle qui commence au Cancer, les arcs égaux se lèvent en tems inégaux. Ceux qui sont plus voisins du tropique emploient plus de tems ; ceux qui sont plus éloignés en emploient moins ; ceux qui en emploient le moins de tous, sont ceux qui touchent aux équinoxes ; ceux qui sont également éloignés de l'équateur se lèvent et se couchent en des tems égaux.

Le *Théorème XIII* est tout semblable au XII°, en lisant *Capricorne* au lieu de *Cancer.*

Définition. On dit que l'hémisphère visible *a changé*, c'est-à-dire *a été traversé*, quand le premier point d'un arc étant à l'horizon oriental, le dernier point de ce même arc, après s'être levé et avoir traversé l'hémisphère visible, vient à se coucher à son tour; de manière que l'arc compris entre ces deux points s'est levé tout entier, qu'il a traversé l'hémisphère visible et s'est couché tout entier. Il est aisé, d'après cette définition, de trouver ce qu'il faut entendre par le *changement de l'hémisphère invisible*; il suffit de lire *coucher* au lieu de *lever*, et réciproquement; *occidental* en place d'*oriental*, et *invisible* au lieu d *visible*.

Ce qui va faire l'objet des théorèmes suivans, c'est le tems qui doit s'écouler entre le lever du premier point de l'arc et le coucher du dernier point de cet arc; ou bien entre le coucher du premier point et le lever du dernier.

Lemme. De deux arcs égaux du zodiaque également éloignés de l'un des solstices, n'importe lequel, l'un met autant de tems à se coucher que l'autre à se lever, et réciproquement.

Théorème XIV. Les arcs égaux du zodiaque ne traversent pas en tems égaux l'hémisphère visible; mais ceux qui sont plus voisins des tropiques d'été y emploient plus de tems; ceux qui sont également éloignés y emploient le même tems dans l'un et l'autre demi-cercle, tant que le pôle de l'horizon est entre l'arctique et le tropique.

Théorème XV. De deux arcs inégaux et opposés du zodiaque, l'un traverse l'hémisphère visible dans le même tems que l'autre l'hémisphère invisible, et réciproquement.

Théorème XVI. Les arcs égaux du zodiaque ne traversent pas en tems égaux l'hémisphère invisible. (C'est le théorème XIV, en changeant visible en invisible, été en hiver.)

Théorème XVII. Des arcs également éloignés de l'équateur, l'un au-dessus et l'autre au-dessous, l'un traverse l'hémisphère visible dans le même tems que l'autre traverse l'hémisphère invisible, et réciproquement.

Théorème XVIII. Dans le demi-cercle boréal du zodiaque si l'on prend des arcs égaux, l'un traversera l'hémisphère visible en plus de tems que l'autre ne traversera l'hémisphère invisible, de quelque manière qu'on prenne ces arcs.

Voilà donc ce qui constituait l'Astronomie du tems d'Euclide; ses théorèmes sont moins obscurs, moins prolixes que ceux du livre des Levers et Couchers d'Autolycus; ils offrent une doctrine plus complète que le livre de la Sphère en mouvement; mais au fond tous ces théorèmes ne sont que des spéculations uniquement curieuses. La

Trigonométrie en faciliterait les démonstrations ; elle fait mieux encore, elle les a rendus presque tous inutiles ; car ils ne conduisent à la solution d'aucun problème, et se déduiraient au contraire avec facilité des problèmes résolus et des formules trigonométriques qui servent à ces solutions inaccessibles aux méthodes d'Autolycus et d'Euclide.

Bailly nous dit que ce traité d'Euclide est le modèle sur lequel ont été faits tous les autres. Il en faudrait au moins excepter ceux d'Autolycus, qui paraissent plus anciens ; mais on peut dire qu'il y a d'assez grandes différences entre les Phénomènes d'Euclide, les Élémens de Géminus et les Météoriques de Cléomède.

Sans doute toutes ces spéculations sont aujourd'hui bien peu intéressantes ; mais elles font partie de l'histoire positive et prouvée de l'Astronomie, et il sera toujours curieux de savoir ce qui, dans ces premiers tems, était le sujet des méditations des géomètres qui s'occupaient de l'Astronomie théorique, et tâchaient de suivre le conseil de Platon autant que la chose était possible, quand on ne savait encore ni l'art d'observer ni celui de calculer.

Euclide désigne le zénit par ces mots, *le pôle de l'horizon*, et l'écliptique par ces mots, *cercle oblique du zodiaque* : il dit indifféremment le cercle arctique ou le plus grand des cercles toujours visibles.

OPTIQUE (ΟΠΤΙΚΑ), *au pluriel neutre.*

L'Optique du même auteur a des parties qui ne sont rien moins qu'étrangères à l'Astronomie : nous allons les extraire.

La lumière se propage en ligne droite, ce qui se voit par l'ombre des corps et par la lumière qui passe par une porte ou par une fenêtre.

Si l'objet lumineux est égal à l'objet éclairé, les ombres seront égales à l'objet, parce que les rayons extrêmes sont parallèles. Les ombres seront plus petites, parce que les rayons convergeront, si le corps éclairé est plus petit que le corps lumineux. Les ombres seront plus grandes, si le corps éclairé est le plus grand des deux.

Supposition. Les rayons visuels sortent de l'œil en droites divergentes, et forment un cône dont le sommet est dans l'œil, et la base enferme l'objet que l'on considère. On voit les objets auxquels se dirigent ces rayons ; on ne voit pas ceux sur lesquels on ne les dirige pas.

Les objets paraissent plus grands quand l'angle sous lequel on les voit est plus grand, plus petits si on les voit sous un angle plus petit, égaux si les angles sont égaux. L'objet se voit toujours dans la direction du rayon visuel ; ceux qui se voient par un plus grand nombre de rayons se voient mieux.

Jamais on ne voit un objet en entier ; de deux objets égaux, le plus voisin se verra plus exactement (cela est vrai dans certaines limites). Tout objet visible devient invisible à une certaine distance.

Des parties égales d'une ligne droite, la plus éloignée est vue sous un plus petit angle et paraît plus petite.

Des grandeurs égales vues de distances inégales paraîtront inégales ; la plus voisine paraîtra la plus grande.

Des lignes parallèles vues de loin paraîtront converger.

Des figures orthogonales vues de loin paraissent rondes.

Si une surface horizontale est plus basse que l'œil, la partie la plus éloignée paraîtra plus élevée ; ce sera le contraire si la surface horizontale est au-dessus de l'œil.

Trouver la hauteur d'un objet par son ombre, ou en l'absence du soleil, au moyen d'un miroir.

Trouver la profondeur par des triangles semblables, trouver de même la longueur d'une ligne.

Voilà deux problèmes de Trigonométrie ; l'auteur les résout par la simple Géométrie, qui ne peut donner la même précision : la Trigonométrie lui était donc inconnue.

Un cercle vu par son épaisseur paraîtra comme une ligne droite.

Quand on regarde une sphère, on n'en voit jamais tout-à-fait la moitié ; en s'approchant on croira en voir davantage.

Vue de loin, une sphère paraîtra comme un cercle.

Quand vous voyez une sphère des deux yeux, si elle est égale à l'intervalle entre les deux prunelles, vous en voyez la moitié ; si l'intervalle des prunelles est plus grand, vous en voyez plus que la moitié ; s'il est plus petit vous en voyez moins.

Considérez un cylindre d'un œil, vous n'en verrez pas la moitié ; plus vous vous approcherez, moins vous en découvrirez.

Considérez un cône, vous en verrez moins que la moitié.

Si l'œil approche de l'objet, vous verrez moins et croirez voir davantage.

Si l'œil est dans l'axe du cercle, tous les rayons paraîtront égaux.

S'il n'est pas dans l'axe, mais à la distance d'un demi-diamètre du cercle, tous les demi-diamètres lui paraîtront égaux (car tous soutendront un angle droit).

Un cercle vu obliquement paraît aplati.

Si plusieurs objets sont en mouvement et un seul tranquille, il paraît se mouvoir en sens opposé.

Si plusieurs corps se meuvent avec des vitesses inégales, et que l'œil soit emporté dans le même sens, les objets qui auront la même vitesse que l'œil paraîtront stationnaires, ceux qui auront une vitesse plus grande, paraîtront avancer; enfin ceux qui auront une vitesse moindre, paraîtront aller en arrière.

Cette proposition assez inutile à l'Astronomie de ce tems, trouve son application quand on fait mouvoir la Terre.

Si l'œil s'approche de l'objet, l'objet paraît augmenter.

Si plusieurs objets ont un mouvement égal, le plus éloigné paraîtra se mouvoir plus lentement.

Si l'œil avance, les objets éloignés paraîtront rester en arrière.

Si un objet paraît augmenter, on jugera qu'il s'approche de l'œil.

Des objets inégalement éloignés qui ne sont pas en ligne droite, peuvent quelquefois donner l'idée d'une surface concave, quelquefois d'une surface convexe.

L'introduction à cette Optique paraît d'une autre main; on y parle de l'auteur à la troisième personne : c'est une espèce d'extrait ou d'abrégé du livre. On y voit énoncé en passant un système de vision que nous trouverons exposé avec plus de détails dans Cléomède, ce qui nous dispense d'en dire ici davantage. On y voit cependant que ce système n'était pas universellement adopté, les philosophes étaient partagés entre cette opinion bizarre et le système qui fait venir les rayons de l'objet à l'œil.

CHAPITRE IV.

Aratus.

Après Autolycus et Euclide, le poëte Aratus est le plus ancien auteur dont l'ouvrage nous soit parvenu. Son poëme est intitulé les *Phénomènes* et *les Signes ou Prognostics.* Ce n'est qu'une paraphrase en vers de deux ouvrages d'Eudoxe qui sont perdus tous les deux, et dont l'un portait aussi le titre de *Phénomènes*; l'autre était intitulé *le Miroir.* Aratus nous a conservé les idées de l'auteur original ; mais nous avons sans doute quelque chose à regretter du côté de la précision, de la méthode, des détails et de la nomenclature.

Après une invocation qui n'est pas de notre sujet, Aratus expose la révolution du ciel étoilé autour d'un axe immobile dont les extrémités sont appelées *pôles*, et qui traverse la terre par le centre. L'un de ces pôles, celui qui est du côté de Borée, s'élève au-dessus de l'Océan ; mais l'autre est invisible en tout tems. Dans le voisinage du premier sont les constellations des deux Ourses, placées de manière que la queue de l'une répond aux épaules de l'autre. Ces constellations s'appellent aussi *les deux Chariots*; l'une s'appelle encore *Hélice*, et c'est sur ses étoiles que se dirigent les navigateurs grecs ; c'est la plus brillante, la plus facile à reconnaître ; on la distingue dès le commencement de la nuit. L'autre est plus faible, mais d'un meilleur usage pour la navigation, et c'est sur elle que les Phéniciens se dirigent.

Entre les deux Ourses serpente, comme un fleuve, un grand Dragon dont les replis s'étendent jusqu'à l'extrémité de l'une (la petite Ourse, Cynosure ou la queue du Chien), tandis que sa queue atteint à la tête de l'Hélice. Sous les pieds de la Cynosure il revient sur lui-même ; deux étoiles brillent sur son front, deux autres dans ses yeux, et une dernière à l'extrémité de sa mâchoire ; sa tête est tournée vers la queue de la grande Ourse. Ces trois constellations ne se baignent jamais dans l'Océan, et *la tête du Dragon ne fait qu'en raser les eaux.*

Toute cette description s'accorde encore à fort peu près avec nos cartes modernes, et les derniers mots nous serviront à déterminer le parallèle sous lequel vivait Aratus ou plutôt Eudoxe. La hauteur du pôle y devait être de quelques minutes plus forte que la distance polaire de γ du Dragon. Or, soit λ la latitude de l'étoile, L sa longitude au tems pour lequel on calcule, ω l'obliquité de l'écliptique, enfin Δ la distance polaire, nous aurons $\cos \Delta = \cos \omega \sin \lambda + \sin \omega \cos \lambda \sin L$, d'où il est aisé de conclure que 360 ans avant notre ère, la distance polaire de γ du Dragon devait être de $38^\circ 7'$; c'est la distance polaire du cercle arctique, lequel renferme toutes les étoiles qui ne se couchent jamais. C'est la hauteur du pôle que nous cherchons, c'est celle de Samos, celle de Palerme en Sicile; ce n'est pas exactement celle de Cnide, patrie d'Eudoxe, ni celle de Sole en Cilicie, où Aratus était né. Sole et Cnide devaient voir coucher γ du Dragon. Cela conviendrait mieux à la Macédoine, où Aratus a composé son poëme; mais on ne croit pas que jamais il ait observé lui-même.

Auprès de la tête du Dragon on remarque la figure d'un homme qui paraît dans une situation pénible; on ne sait pas précisément qui ce peut être ni quel est le travail qui l'occupe; on le désigne par les mots ἐν γόνασι, *à genoux*; il a de plus les bras élevés vers le ciel, comme pour en implorer l'assistance. (C'est Hercule; nos cartes modernes lui mettent dans une main sa massue, de l'autre il tient un rameau entre les feuilles duquel on voit trois serpens qu'on nomme *Cerbère*, ce qui a tout-à-fait dénaturé cette figure, dont l'expression est devenue fort équivoque; elle est loin d'indiquer un travail pénible ou une situation douloureuse. Les parties en sont incohérentes; on ne voit aucun rapport entre ce genou ployé, cette massue levée dans la main droite et la gauche qui a l'air de présenter un rameau et des serpens qu'elle tient par la queue). Au dos de cette figure on aperçoit la Couronne; la tête d'Hercule est voisine de celle d'Ophiuchus (le Serpentaire ou l'homme qui tient un serpent). Cette dernière figure est remarquable par les étoiles qui brillent à ses épaules, et qu'on aperçoit même dans la pleine Lune (les étoiles de l'épaule la plus visible ne sont que de la troisième grandeur, celles de l'autre ne sont que de quatrième et de cinquième); ses mains ne sont pas aussi brillantes; on les voit pourtant encore. (Il semble qu'en décrivant le Serpentaire, Aratus n'avait pas la constellation sous les yeux. Les mains sont comme les épaules; à l'une on voit deux étoiles de troisième grandeur et à l'autre une étoile de quatrième et une de cinquième.) Ces mains serrent le serpent, qui s'étend de part et d'autre, et les pieds foulent le grand Monstre (le Scorpion. On ne voit pas bien pourquoi on a fait le Scorpion si grand. *Porrigit in spatium signorum membra duorum...., elatæ metuendus acumine caudæ*, ont dit les poëtes. Aujourd'hui on ne met communément qu'un pied d'Ophiuchus sur le dos du Scorpion, l'autre est au-dessus de la queue, mais à une distance sensible). Vers la main droite le Serpent est peu brillant; il l'est davantage vers la gauche, et sa tête est voisine de la Couronne. (Cette figure d'un homme qui tient entre les deux mains écartées un énorme serpent, est une des conceptions les plus simples et les plus heureuses qu'offrent les cartes célestes pour joindre une multitude d'étoiles; les dragons, les serpens, les hydres et les fleuves sont, à cet égard, ce qu'on pouvait imaginer de plus commode; aussi en voit-on dans toutes les parties du ciel.)

Sous le ventre du Serpent cherchez les grandes Serres (les *serres du Scorpion*, ou la Balance), qui ne sont pas d'une lumière bien vive (elles ont pourtant deux étoiles de seconde grandeur; Ophiucus n'en a qu'une aussi bien que le Serpent). Derrière la grande Ourse on en voit le gardien Arctophylax, ou le Bouvier, qui a l'air de la chasser devant lui. (Dans nos cartes modernes il a bien plutôt l'air de lui tourner le dos, et on lui fait tenir en laisse deux chiens de chasse, ensorte qu'il n'a plus l'air de s'occuper de l'Ourse.) On l'appelle *le Bouvier*, parce qu'il semble toucher au grand Chariot; il est aisé à reconnaître, surtout à la belle étoile qu'il a au-dessous de la ceinture, c'est-à-dire Arcturus. Sous ses pieds vous voyez la Vierge et son brillant épi. A l'aile droite de la Vierge est une étoile qui annonce la vendange (προτρυγητὴρ, *vindemiatrix*, ε ℔). Cette étoile est comparable en grandeur à celle qui est à la queue de la grande Ourse. Cette dernière constellation a des étoiles très-remarquables, celles des pieds, de l'épaule, des reins et de la queue; les autres n'ont pas été jugées dignes de recevoir des noms particuliers.

Il y a ici de l'exagération; la Vendangeuse est de troisième grandeur, les étoiles de l'Ourse sont de seconde et de première. Il y a d'ailleurs quelque confusion; on ne sait parfois si l'auteur parle de l'Ourse ou de la Vierge; on a même cru qu'il parlait de la petite Ourse. On ne voit pas qu'il revienne à la Vierge, qui a six étoiles formant une équerre très-remarquable. Nous omettons ici quelques traits mythologiques concernant Astrée, qui a quitté le séjour des mortels à cause de leurs vices: ce morceau passe pour l'un des plus agréables du poëme.

Vers sa tête (celle de l'Ourse) sont les Gémeaux, sous son ventre l'Écrevisse et sous ses pieds le Lion, dont les étoiles brillantes indiquent le solstice. Remarquons ici que le solstice n'est pas expressément nommé. Aratus se contente de dire θερίσταται ὑπὲ κέλευθα (le chemin le plus d'été, c'est-à-dire les jours les plus chauds, suivant le scholiaste, qui se demande si ces mots ne se rapporteraient pas aux trois dernières constellations que le poëte a nommées).

Quand le Soleil commence à marcher avec le Lion, c'est alors que les champs sont vides d'épis, c'est alors que les vents étésiens se précipitent en foule vers la mer, c'est alors qu'on ne navigue plus à la rame, qu'il faut des vaisseaux larges, et que le pilote est obligé de consulter le vent.

Voulez-vous connaître le Cocher, la Chèvre et les Chevreaux, cherchez-les à la gauche des Gémeaux, à l'opposite de la tête de l'Ourse. A l'épaule du Cocher est la Chèvre sacrée qui a nourri Jupiter; on l'appelle *Olénie* (c'est-à-dire portée sur les bras, ὠλένη, *ulna*) : elle est belle et brillante. Vers la main du Cocher vous verrez les Chevreaux, qui sont beaucoup plus faibles. Aux pieds du Cocher sont les cornes du Taureau, dont la tête est marquée par des étoiles qui en dessinent la figure (les Hyades, ainsi nommées parce qu'elles ont la forme d'un υ) : l'étoile qui marque l'une des cornes est en même tems l'un des pieds du Cocher.

Le Taureau, qui se lève en même tems que le Cocher, se couche avant lui. (C'est un effet de la distance polaire, qui est plus grande, d'où il suit que l'arc diurne doit être plus petit.)

Céphée est derrière la Cynosure; il étend les deux bras; la queue de la petite Ourse va de l'un à l'autre de ses pieds; il a sa ceinture dans le voisinage du premier pli du Dragon (ce pli est aujourd'hui le second). Avant lui tourne Cassiopée, qui ne se voit pas parfaitement au tems de la pleine Lune : les étoiles qui la composent ont la figure d'une clé (ancienne). Ses bras sont élevés au-dessus de ses épaules, elle semble déplorer le sort de sa fille Andromède, placée au-dessous d'elle. Vous reconnaîtrez celle-ci aux étoiles de la tête, des épaules, des pieds et de la ceinture; elle a les bras étendus et retenus par des chaînes. Sous sa tête est le cheval Pégase : ces deux figures ont même une étoile commune. Le Cheval n'est visible qu'à moitié. Les mouvemens du Cheval sont rapides ainsi que ceux du Bélier (car ils sont voisins de l'équateur; leurs parallèles ne diffèrent guère d'un grand cercle).

Le Bélier est difficile à reconnaître (il a pourtant deux étoiles fort voisines, l'une de seconde et l'autre de troisième grandeur, et qui se

reconnaissent facilement ; les autres sont en effet peu remarquables) ;
vous le trouverez sous la ceinture d'Andromède ; il est dans l'équateur
comme les Serres et la ceinture d'Orion. (Ceci n'a jamais pu être vrai à
la fois des trois constellations ; nous reviendrons sur ce point quand nous
en serons aux commentateurs d'Aratus ; mais en attendant on voit que
cela doit s'entendre du corps des constellations plutôt que de leurs étoiles
les plus remarquables.)

Au-dessous d'Andromède est une figure facile à trouver ; c'est un
triangle dont deux côtés sont égaux, le troisième est beaucoup plus
court ; c'est ce qu'il y a de plus brillant au-dessus du Bélier. (Les
étoiles n'en sont que de quatrième grandeur, et il y en a une de troisième
dans la Mouche qui est tout près. Le triangle est appelé Δελτωτόν par
les Grecs.)

Plus bas sont les Poissons ; le plus boréal est aussi le plus visible :
un lien qui les unit se fait connaître par une belle étoile (α du Lien
n'est que de troisième grandeur) ; le boréal touche à l'épaule d'Andromède. Les pieds d'Andromède touchent aux épaules de Persée : cette
constellation est grande. Persée a la main près du trône de sa belle-mère ;
ses jambes sont écartées comme s'il marchait à grands pas (les jambes
sont encore écartées, mais Persée n'a plus l'air de courir). Au-dessous
de son genou gauche sont les Pléiades. On dit communément qu'elles
sont au nombre de sept, quoiqu'elles ne soient que six : la septième n'est
pourtant pas perdue, aucune étoile ne se perd. Leurs noms sont Alcyone,
Mérope, Célæno, Electre, Astéropée, Taygète et Maïa. (Ce sont les noms
des sept filles d'Atlas). Quoique faibles de lumière, elles n'en sont pas
moins renommées (elles forment un des groupes les plus remarquables
de tout le ciel, et l'un des plus universellement connus), parce qu'elles
annoncent et l'été, et l'hiver, et les approches des labours.

La Lyre n'a que de petites étoiles (il est très-singulier qu'il ait oublié
Véga, l'une des étoiles les plus brillantes du ciel). Le Vautour qui la
porte est entre l'Homme à genoux et la tête du Cygne. Le Cygne est
obscur, ou plutôt composé d'étoiles qui ne sont ni petites ni grandes
(il y en a une de première grandeur) ; il semble se diriger vers l'autre
Vautour (l'Aigle) ; l'une de ses ailes s'étend vers la main de Céphée,
et l'autre vers le Cheval ; la gauche est voisine du sabot du Cheval. Près
de la tête de Pégase s'étend la main droite du Verseau, qui se lève
avant le Capricorne, où se fait la conversion du Soleil. (Les belles étoiles
du Capricorne ont 10' de longitude ; 5oo ans avant notre ère, elles

n'en avaient que neuf. Si elles marquaient le solstice d'hiver, le Lion ne marquait donc pas le solstice d'été. La différence est de près de 900 ans.)

Ici vient une description de l'hiver. Quand le Soleil échauffe l'Arc et le Sagittaire, il ne faut pas naviguer de nuit, mais prendre terre tous les soirs : ce tems est indiqué par le lever du Scorpion. Le Sagittaire tend son arc vers la queue du Scorpion, qui se lève un peu avant lui ; tandis que la tête de la petite Ourse est au plus haut de son cercle, Orion se précipite dans l'onde avant l'Aurore, et Céphée s'y plonge de la main à la ceinture. Il est encore une autre flèche, mais sans arc et au nord ; un autre oiseau les ailes étendues : c'est l'Aigle dont le lever est de mauvais augure.

Au-dessus du Capricorne est le Dauphin qui n'a point un grand éclat, surtout vers le milieu ; mais il offre quatre étoiles assez remarquables, placées deux à deux sur deux lignes parallèles.

Toutes ces constellations sont entre le pôle boréal et la route du Soleil ; beaucoup d'autres sont entre la route du Soleil et l'autre pôle.

Obliquement, à la section du Taureau (car il n'est pas figuré tout entier), se trouve placé Orion, si facile à reconnaître par lui-même, et par le Chien qui est à ses pieds, et qui porte à la gueule une superbe étoile nommée Sirius. Le Chien n'est pas également brillant. A son lever, la végétation est dans toute sa force ; mais s'il donne de la vigueur à beaucoup de plantes, il en est d'autres dont il fait tomber les feuilles : son coucher n'est pas non plus sans effet sensible, mais les étoiles voisines en ont de moins remarquables. (Quelques auteurs écrivent Syrius, mais l'étymologie demande un i long, Σείριος.)

Sous les pieds d'Orion est le Lièvre ; le Chien a l'air de le poursuivre.

Après la queue du Chien est la proue du navire Argo. Une partie du vaisseau semble entrée déjà dans le port. Le reste est tout brillant ; le gouvernail surtout est marqué par une étoile d'un grand éclat (Canobus) qui se voit sous les pieds de derrière du grand Chien.

Sous le Bélier et les Poissons, et au-dessus du fleuve étoilé (l'Éridan), s'avance la Baleine pour effrayer Andromède. L'Éridan s'étend jusqu'au pied gauche d'Orion. Les liens attachés à la queue des deux Poissons viennent se réunir au cou de la Baleine. Entre la Baleine et le gouvernail, près du Lièvre, on aperçoit quelques étoiles faibles de lumière et sans nom, qui n'ont été rangées dans aucune constellation.

Au-dessous du Capricorne est un Poisson tourné vers la Baleine ;

c'est le Poisson austral. Entre celui-ci et la Baleine, sous le Verseau, sont encore quelques étoiles sans nom. Sous la main droite du Verseau sont des étoiles peu remarquables qui serpentent et forment ce que l'on appelle *l'eau*. Il y en a pourtant deux qui se distinguent ; elles ne sont ni bien voisines l'une de l'autre, ni trop éloignées. Mais on en voit une belle sous les pieds du Verseau. (Les deux pieds sont bien séparés, et Fomalhaut, ou la bouche du Poisson dont il veut parler, est à distance à peu près égale des deux pieds.)

Sous le Sagittaire, on aperçoit un cercle qui n'est pas brillant (la Couronne australe) ; mais sous les premiers pieds, on voit des étoiles qui ont beaucoup plus d'éclat (ce sont probablement celles du Paon). Au-dessous du dard de la grande constellation (le Scorpion), on voit l'Autel qui se montre peu de tems sur l'horizon , à l'opposite d'Arcturus. Si l'Autel brille et que les étoiles voisines soient enveloppées de nuages, craignez une tempête , attendez-vous à ce que l'Eurus vienne à souffler.

Dans le Centaure , le corps de l'homme est au-dessous du Scorpion, le reste sous les Serres. Il a le bras droit étendu vers l'Autel , et il perce un autre animal (le Loup). Plus loin se traîne l'Hydre en longs replis ; sa tête est sous l'Ecrevisse, ses replis sous le Lion , et sa queue au-dessus du Centaure. Sur le milieu de son corps est la Coupe, et vers la queue le Corbeau qui a l'air de lui donner des coups de bec. Sous les Gémeaux brille Procyon.

Toutes ces constellations sont visibles à leur tour. Vous les voyez revenir tous les ans , parce qu'elles sont attachées d'une manière fixe dans le ciel ; mais parmi ces étoiles qui conservent toujours entr'elles la même position, il en est qui ont leurs mouvemens propres ; vous ne sauriez dire où elles vont , car elles sont errantes ; leurs révolutions sont longues , et il se passe bien du tems avant qu'elles se réunissent au même point du ciel. Je ne pourrais suffire à vous expliquer leurs routes ; j'ai encore à vous dire les cercles des fixes. Il en est quatre qu'il est principalement utile de connaître ; on ne le peut qu'au moyen des étoiles qui s'y trouvent. (Preuve qu'on n'avait point encore l'instrument que Ptolémée appelle *astrolabe*, et dont Hipparque s'était servi avant lui, peut-être le premier. Ce passage nous prouve encore que la théorie des planètes était peu avancée, leurs révolutions mêmes assez mal connues.)

Il y a deux de ces cercles qui sont plus grands que les deux autres (l'équateur et le zodiaque ; les deux petits cercles sont les tropiques).

Dans une belle nuit, vous apercevez avec surprise le ciel divisé dans toute son étendue, par un large cercle qui a la couleur du lait, ce qui le distingue de tous les astres. Des quatre cercles il n'y en a que deux qui lui ressemblent, au moins pour la grandeur. Les deux autres sont plus petits. (On voit que les Anciens mettaient la voie Lactée au nombre des grands cercles de la sphère : nous en verrons bien d'autres preuves.)

L'un des petits cercles (le tropique du Cancer) est du côté de Borée; il renferme les têtes des Gémeaux, les genoux du Cocher, la jambe gauche et l'épaule droite de Persée; le bras droit d'Andromède au-dessus du coude, la gorge est plus boréale, le coude est au midi. Il renferme les sabots du Cheval, le cou du Cygne avec la tête, la belle épaule d'Ophiuchus, le Lion et le Cancer qui y sont couchés à la suite l'un de l'autre. Le tropique coupe l'un sous la poitrine et le ventre jusqu'aux aines ($\alpha \delta \tilde{o}$), et l'autre sous la coquille entre les deux yeux. Ce tropique joint le zodiaque dans le signe du Cancer. (Le scholiaste dit au 8ᵉ degré du Cancer. L'expression d'Aratus n'est pas d'une précision qui réponde à l'importance du sujet.)

Partagez ce cercle en huit parties (de $45°$ chacune); cinq seront au-dessus de la Terre, et trois au-dessous (trois valent $135°$, la moitié $67°30'$ sera l'arc semi-nocturne,

$$\cos \text{ arc semi-noct.} = \cos 67° 30' = \text{tang } D \text{ tang } H = \text{tang } 23° 50' \text{ tang } H,$$
$$\text{tang } H = \cos 67° 30' \cot 23° 50' = \text{tang } 40° 54'.$$

Cette latitude est de $2° \frac{1}{2}$ plus forte que celle qui voit γ du Dragon raser les eaux de la mer.)

Le tropique d'hiver coupe le milieu du Capricorne, les pieds du Verseau, la queue de la Baleine; le Lièvre est sur le cercle même, le Chien ne le touche que des pieds; il traverse Argo, le dos du Centaure, la queue du Scorpion, l'arc du Sagittaire : c'est là que le Soleil est le plus austral; c'est de là qu'il remonte vers Borée. Trois de ses parties seulement sont au-dessus de l'horizon et cinq au-dessous.

Entre ces deux cercles et à égales distances, en est un qui partage le ciel en deux parties égales et qui est lui-même égal à la voie Lactée. Il rend les jours égaux aux nuits, quand l'été finit et quand le printems commence. Il est marqué par le Bélier, les genoux du Taureau, la ceinture d'Orion, le pli de l'Hydre, la Coupe, le Corbeau, quelques étoiles des Serres et les genoux d'Ophiuchus ; il passe auprès de l'Aigle, sur la tête et le cou du Cheval.

Ces trois cercles sont coupés perpendiculairement par l'axe du monde ; le cercle oblique joint ensemble les deux tropiques ; il est partagé en deux par l'équateur. L'artiste le plus habile n'assemblerait pas mieux plusieurs cercles entr'eux ; il ne leur donnerait pas un mouvement plus uniforme et plus régulier.

Ces grands cercles (l'équateur et l'oblique) sont également coupés par l'horizon. Toujours une de leur moitié est visible et l'autre cachée. Ces cercles embrassent six fois l'espace qu'on peut saisir d'un coup d'œil (six fois 60° ; chacun de ces espaces renferme deux signes.)

Le cercle oblique s'appelle *zodiaque* ; il contient le Cancer, le Lion, la Vierge, les Serres, le Scorpion, le Sagittaire, le Capricorne, le Verseau, les Poissons, le Bélier, le Taureau et les Gémeaux.

Aratus emploie ici cinq vers pour nommer les douze signes.

C'est en parcourant ces signes que le Soleil conduit l'année et les saisons. Six parties de ce cercle se couchent chaque nuit, autant se lèvent. La nuit se mesure par la moitié de ce cercle qui s'élève au-dessus de la Terre. (Cela suppose que le Soleil reste immobile dans l'écliptique pendant toute la nuit. Alors il est clair que le Soleil partant de l'horizon occidental avec un point de l'écliptique, et conduisant ce point de l'écliptique à l'horizon oriental, les six signes qui étaient au-dessous de l'horizon au coucher du Soleil, auront passé successivement par l'horizon oriental et qu'ils auront mesuré la durée de la nuit. Mais cette mesure sera fautive en ce sens, que cette durée est variable ; elle est d'un nombre plus grand ou moindre d'heures équinoxiales, mais pour les Anciens, elle était toujours de douze heures temporaires.)

Quand on attend la naissance du jour, ce n'est pas une chose inutile que d'observer les levers des différens points de l'écliptique ; il y en a toujours un avec lequel le Soleil se lève et se couche. Le moyen le plus naturel est de les regarder directement ; mais s'ils sont cachés par un nuage ou par une montagne, vous pourrez vous faire des signes auxquels vous reconnaîtrez le lever qu'il ne vous sera pas possible d'observer directement. Pour cela, vous remarquerez aux divers points de l'horizon les étoiles qui se lèvent en même tems que celle qui vous intéresse.

Quand l'Ecrevisse monte sur l'horizon, la Couronne se couche, le Poisson se couche jusqu'à l'épine, vous n'en voyez plus que la moitié ; la Couronne, en achevant de se coucher, fait disparaître le reste.

Hercule est alors renversé et plongé dans l'océan jusqu'au ventre. L'Ecrevisse entraîne Ophiuchus jusqu'aux épaules, et le Serpent jusqu'au cou. Le Bouvier est plus qu'à moitié plongé. Il emploie à se coucher le tems pendant lequel se lèvent quatre signes (le Taureau, les Gémeaux, l'Ecrevisse et le Lion); il se couche de même dans le tems que quatre signes se couchent (la Balance, le Scorpion, le Sagittaire et le Capricorne. Homère avait dit ὁ δὲ δύοντα βοώτην).

De l'autre côté, on voit à l'horizon Orion, remarquable par ses épaules, sa ceinture et son épée. Il amène avec lui le fleuve tout entier.

Quand le Lion se lève, les constellations ci-dessus nommées achèvent de se coucher, ainsi que l'Aigle; l'Homme à genoux est dans l'onde, à la réserve du genou et du pied droit. La tête de l'Hydre se lève avec le Lièvre, Procyon et les premiers pieds du Chien brûlant.

La Vierge en paraissant précipite plusieurs étoiles, la Lyre, le Dauphin, la Flèche, les ailes du Cygne jusqu'à la queue, le reste du Fleuve, la tête et le cou du Cheval. L'Hydre se lève jusqu'à la coupe, le Chien montre ses autres pieds, traînant après lui la proue d'Argo et le milieu du mât.

Les Serres sont annoncées par le Bouvier et Arcturus. Argo ne sera pas encore entièrement visible; il ne manquera de l'Hydre que la queue; elles ramènent Ophiuchus, la jambe et le genou de l'Agenouillé. Souvent celui-ci se lève et se couche dans la même nuit. La tête attend le lever du Scorpion et du Sagittaire; le premier se montre à moitié et l'autre tout entier. On voit en même tems la moitié de la Couronne et la queue du Centaure. Le Cheval plonge sa tête, le Cygne sa queue. Andromède cache sa tête, la Baleine suit et se couche jusqu'au sommet de la tête. Du côté de Borée, Céphée dont la main a l'air de commander, se couche jusqu'à la tête, la main et l'épaule.

La courbure du Fleuve se couche au lever du Scorpion qui, en paraissant, effraie Orion et le met en fuite. Ce qui restait d'Andromède et de la Baleine a disparu. La ceinture de Céphée rase la Terre, sa tête est dans l'Océan, le reste n'y peut descendre, les Ourses s'y opposent. (β de Céphée ne peut exactement raser la Terre qu'à la latitude de 45°57'; il se couchera si la latitude est moindre.) Cassiopée suit sa fille; elle est précipitée la tête la première et son siège par dessus elle; ses genoux se voient encore. L'autre moitié de la Couronne se montre, ainsi que le reste de l'Hydre, le corps et la tête du Centaure avec le monstre qu'il tient de la main droite; les premiers pieds attendent le lever de l'arc. Au lever de l'arc, la spire du Serpent se lève avec le corps d'Ophiuchus, le Scorpion montre sa tête, Ophiuchus ses mains, et le Serpent ses premières étoiles. Les extrémités de l'Agenouillé paraissent les premières, car il est toujours dans une situation renversée ; il montre d'abord les cuisses, puis la ceinture, la poitrine, les épaules et la main droite : sa tête et l'autre main paraîtront avec l'Arc et l'Archer. La Lyre et Céphée jusqu'à la poitrine, sont à l'horizon oriental, les belles étoiles du Chien disparaissent, ainsi que ce qui restait d'Orion et du Lièvre ; mais on voit encore les Chevreaux et la Chèvre : le Cocher se voit jusqu'à la main. Ces étoiles excitent des tempêtes dans leurs conjonctions avec le Soleil.

Le Capricorne en se levant les fait disparaître ; les parties inférieures descendent au lever du Sagittaire ; on ne voit plus ni la proue d'Argo, ni Persée dont on aperçoit seulement le genou et le pied droit. Au lever du Capricorne, la proue est entièrement cachée ; alors Procyon se couche : l'Oiseau, l'Aigle, la Flèche et l'Autel se lèvent.

Quand le Verseau monte, le Cheval paraît, montre ses pieds et sa tête : à l'opposite la nuit tire le Centaure par la queue ; mais elle ne peut faire plonger ni sa tête ni ses larges épaules avec la cuirasse. La spire et le front de l'Hydre se couchent. Tout le reste est visible, mais disparaîtra avec le Centaure au lever des Poissons.

Avec les Poissons du zodiaque se lève l'autre Poisson qui est sous le Capricorne, non entier ; le reste ne paraîtra qu'avec le Bélier. Les mains, les épaules, le genou d'Andromède commencent aussi à se montrer, mais on ne les verra bien qu'avec le Bélier.

Avec le Bélier paraît aussi l'Autel au couchant ; la tête et les épaules de Persée se lèvent ; sa ceinture ne se montrera qu'à la fin du Bélier ou avec le Taureau. Avec ce signe il se montrera tout entier.

Le Cocher ne se sépare pas du Taureau, mais il paraît en partie avec le Bélier, et en totalité avec les Gémeaux.

Les Chevreaux, la Chèvre, le pied gauche, la crête et la queue de la Baleine achèvent de se lever. Le Bouvier commence à se coucher, mais il continue avec trois autres signes, encore restera-t-il la main gauche sous la grande Ourse. (Il en doit rester bien davantage.)

Ophiuchus enfoncé jusqu'au genou, indiquera que les Gémeaux paraissent dans la partie opposée de l'horizon. La Baleine n'est plus partagée, vous la voyez toute entière ; vous verrez aussi la première courbure du Fleuve qui sort de la mer en attendant Orion.

Tous ces détails indiquent un moyen bien naturel de placer les étoiles sur un globe céleste. C'est probablement ainsi qu'on a fait, et de là viennent peut-être en grande partie les incohérences qu'on reproche à la sphère d'Eudoxe et d'Aratus.

Le reste du poëme est consacré aux présages, et cette partie n'offre rien d'astronomique. Seulement il y est fait mention du cycle de 19 ans ; l'auteur y parle des halos simples, doubles et triples qu'on aperçoit quelquefois autour du Soleil et de la Lune (*vers* 880). En parlant du Cancer, il en fait une description plus détaillée. Il nomme la Nébuleuse ou l'Etable et les deux Anes qui ne sont ni très-près ni très-loin, mais de part et d'autre de l'Etable, à une distance qu'on peut estimer un *pygon*. C'était, suivant Paucton, la distance du coude à la première articulation du petit doigt. On trouve dans le Commentaire d'Hipparque et dans Ptolémée, des expressions de même genre, c'est-à-dire en coudées ou autres mesures de longueur. La distance des deux Anes est, suivant nos catalogues, de 3° 19' ; ainsi un pygon vaudrait 3° ½ environ.

En abrégeant Aratus, nous avons soigneusement recueilli tout ce qui peut servir à apprécier les connaissances qu'il suppose. On voit qu'elles se réduisent aux cercles de la sphère, au mouvement diurne commun à tous les astres, au mouvement propre du Soleil le long du cercle oblique, sans qu'il ait jamais fait mention de la quantité précise de cette obliquité, ni de l'inégalité du mouvement du Soleil en longitude. Il parle des levers et des couchers simultanés des différentes constellations ; mais il les indique d'une manière si vague qu'on n'en peut presque rien conclure. On y voit à cet égard des choses qui paraissent peu d'accord. Il parle de Canobus comme d'une étoile qu'on peut voir ; et il dit que la fin du Dragon et la ceinture de Céphée rasent l'horizon ; ce qui n'appartient pas à la même latitude. Il fait couper par l'horizon le tropique, en parties qui sont entr'elles comme cinq et trois, ce qui appartient encore à une autre latitude. Il fait coucher le Bouvier tout entier, hors la main ; ce qui en demande encore une autre. Ensorte qu'il est permis de croire qu'Aratus et même Eudoxe n'avaient observé ni l'un ni l'autre ces couchers qu'ils ont décrits, et qu'ils s'étaient contentés de recueillir des observations faites avant eux, sans trop s'inquiéter si elles avaient été faites à la même époque, ce qu'on peut excuser par l'ignorance où l'on était alors du mouvement des équinoxes ; et peut-être aussi sans examiner si les observations avaient été faites sur le même parallèle, ce qui serait inexcusable, surtout pour Eudoxe. On

peut soupçonner qu'au lieu de passer les nuits à observer ces levers
et ces couchers, ils auront fait tourner un mauvais globe sur lequel
les étoiles auraient été placées fort inexactement. Nous verrons plus
tard qu'on faisait de ces globes qu'on appelait *sphères d'Aratus*, pour
l'usage des navigateurs; mais il n'en parle lui-même en aucun endroit.
Peut-être n'étaient-ils pas encore en usage de son tems, quoiqu'on eût
dès lors toutes les connaissances qui auraient pu suffire à cette construction, et quoique l'invention du globe soit attribuée par les Grecs à
l'ancien Atlas. On voit qu'en général les constellations sont encore
celles que nous avons aujourd'hui, sauf quelques modifications assez
peu importantes. Cette division du ciel en constellations parait fort
ancienne; elle se sera transmise de nation à nation, sans qu'il soit aisé
de dire à laquelle on doit en faire honneur. Mais elle était sûrement
fort inexacte, elle ne supposait véritablement ni instrument ni calcul;
ainsi elle n'a pour nous qu'un intérêt indirect; ce n'est qu'un point
historique qui ne sera probablement jamais décidé.

Aratus partage le zodiaque en douze signes, et ne fait aucune mention
de l'autre division en 27 ou 28 domiciles lunaires. Il ne dit pas un mot
de l'orbite de la Lune, ni de son inclinaison à l'écliptique, ni par conséquent de ses nœuds.

La Balance n'est pas une seule fois nommée dans le Poëme; il n'y est
question que des Serres. On n'y trouve aucun des mots longitude, latitude, ascension droite ou déclinaison, méridien, ligne ou hauteur
méridienne; et, ce qui est plus singulier encore, il n'est mention en
aucun endroit ni de la hauteur du pôle, ni des différens climats. Aratus
se contente de dire que l'un des pôles est visible et l'autre invisible : il
paraîtrait ignorer que cette hauteur n'est pas partout la même.

On voit dans ce Poëme que le tropique d'été est dans le signe du
Cancer, et l'expression est indécise :

$$\text{Ἀλλ ὁμὲν ἐν βορέῳ περὶ καρκίνον ἐστήρικται.}$$

Le tropique boréal est fixé dans le Cancer ou vers le Cancer.

Ce qui signifie seulement que l'écliptique touche le tropique par la
constellation du Cancer. Le point de contact pourrait être dans le premier
degré comme dans le dernier; et, ce qui paraîtra plus naturel, on sup-
posera qu'il est dans le milieu : c'est ce qu'on entend communément.
Cependant le scholiaste Théon dit que c'était au huitième degré, soit
qu'on le crût ainsi de son tems, ou que l'équinoxe eût rétrogradé de

7 degrés depuis Eudoxe, ce qui ferait 700 ans à raison de 36″ par année. Quoique cette explication paraisse satisfaisante, on ne peut excuser Aratus de la négligence avec laquelle il s'est exprimé en cet endroit. Il est vrai qu'il croyait les points solsticiaux immobiles.

Ce qui regarde le tropique d'hiver n'est guère plus clair.

$$\text{Ἄλλος δ' ἀντιόωντι τόπῳ μέσον αἰγοκερῆα}$$
$$\text{Τέμνει.}$$

On pourrait entendre que le tropique du Capricorne coupe la constellation dans le sens de la longueur en deux parties égales, l'une boréale et l'autre australe, au lieu de la couper dans le sens de la latitude en deux parties, l'une orientale et l'autre occidentale. Le passage d'Aratus tout seul ne signifierait donc rien, nous en croirons son commentateur Hipparque. Mais pourquoi Aratus dit-il ensuite que le Sagittaire est le plus austral des signes que parcourt le Soleil? Aucun signe n'est plus austral que le Sagittaire, dit encore le scholiaste, et après l'avoir parcouru, le Soleil commence, en entrant dans le Capricorne, à remonter vers le nord. Le solstice serait donc tout au commencement du Capricorne et non au quinzième degré. Le scholiaste ajoute ensuite d'une manière plus précise : *ἐν τῷ τοξότῃ ἐν τοῖς τελευταίοις χειμερινὸς τρέπεται ὁ ἥλιος. C'est dans les derniers degrés du Sagittaire que le Soleil fait sa conversion.* On voit quelle confiance on peut avoir dans les expressions d'Aratus; mais nous reviendrons sur cet objet en examinant les commentaires des astronomes sur ce Poëme qui a long-tems joui d'une réputation dont il est un peu déchu. Aratus n'était ni astronome ni même véritablement poëte; il ne peut guère passer que pour versificateur : mais quelques-uns de ses vers sont assez bien tournés. Il nous a transmis à peu près tout ce qu'on savait en Grèce de son tems, ou du moins ce qu'il pouvait mettre en vers. La lecture d'Autolycus ou d'Euclide en apprend davantage à celui qui voudrait devenir astronome. Leurs notions sont plus précises et plus géométriques. Le mérite principal d'Aratus est la description qu'il nous a laissée des constellations; mais avec cette description même, on serait fort embarrassé pour construire des cartes ou un globe céleste; et à cet égard, il n'y a nulle comparaison à faire entre les vers d'Aratus, et des longitudes et des latitudes telles que celles du catalogue de Ptolémée.

Aratus vivait vers l'an 270 avant notre ère. Il composa son poëme à la cour d'Antigone, roi de Macédoine, fils de Démétrius-Poliorcétes.

CHAPITRE V.

Aristarque.

L'ordre des tems amène Aristarque dont il nous reste un ouvrage intitulé *des Grandeurs et des Distances*. Il est fâcheux pour sa mémoire que ce livre nous ait été conservé en entier, et qu'il n'ait pas été réduit à un fragment assez court. D'après le témoignage d'Archimède, nous aurions de cet auteur une idée plus avantageuse. Wallis a publié les *Grandeurs et les Distances* dans le troisième volume de ses Œuvres, avec une traduction latine et des notes.

Aristarque pose d'abord en fait que la Lune reçoit sa lumière du Soleil, et que la Terre n'est qu'un point à l'égard de la sphère de la Lune.

La première partie était une chose reçue long-tems avant lui et qui n'est plus contestée. Quant à la seconde, si elle était vraie, il s'ensuivrait que la Lune n'aurait point de parallaxe. Hipparque a démontré que cette parallaxe est environ d'un degré. Il ajoute qu'à l'instant où la Lune est dichotome ou en quartier, nous sommes dans le plan du cercle qui sépare la partie éclairée de la partie obscure. Cette remarque curieuse fait honneur à Aristarque. Il ajoute qu'à l'instant de la dichotomie, l'angle à la Terre entre le Soleil et la Lune ne diffère d'un angle droit que de la trentième partie de l'angle droit, c'est-à-dire de 3°; ou, ce qui revient au même, que l'angle est de 87°. Il n'en donne aucune preuve, ce pourrait être le résultat d'une observation; mais elle eût été bien grossière, car cet angle surpasse 89° 50'. Il se serait donc trompé de près de 3°.

La cinquième proposition est que la largeur de l'ombre de la Terre est de deux demi-diamètres de la Lune. La demi largeur est la somme des deux parallaxes moins le demi-diamètre du Soleil; c'est-à-dire de 41' environ; le diamètre est donc de 82'. Deux lunes ne feraient que 63 ou 64'.

La sixième est bien plus erronée et surtout plus étonnante. La Lune soutend la quinzième partie d'un signe, c'est-à-dire un angle de $2°$. Il aurait été plus juste de dire la soixantième partie, c'est-à-dire un demi-degré. On voit ce qu'était alors l'Astronomie même entre les mains d'un géomètre qui avait des idées et des connaissances assez étendues pour soumettre ses idées à une sorte de calcul.

De la proposition IV il suit qu'en prenant pour unité la distance de la Terre à la Lune, la distance de la Lune au Soleil serait la tangente de l'angle de $87°$, et la distance de la Terre au Soleil en serait la sécante. Ainsi ces deux distances seraient 19,081 et 17,107, et la distance de la Terre au Soleil serait dix-neuf fois la distance de la Lune à la Terre.

Les Grecs ne connaissaient ni les tangentes ni les sécantes des angles ; ils n'avaient pas même encore de Tables des cordes, et le calcul d'Aristarque le prouve. Ils ne savaient pas encore résoudre un triangle rectangle dont ils connaissaient les trois angles et un côté. Ils auraient pu le résoudre graphiquement avec la règle et le compas ; il paraît même qu'Aristarque ne s'avisa pas de ce moyen ou qu'il ne voulut pas s'en contenter. Il nous dit plus loin de quelle manière il procéda pour trouver que la distance surpassait 18 et n'était pas de 20 ; d'où il suit qu'elle ne devait pas différer considérablement de 19. Il pouvait arriver à ce même résultat par un moyen bien plus simple, et que voici :

Soit ST (fig. 3) le diamètre du cercle circonscrit au triangle STL, l'angle en L appuyé sur ce diamètre sera droit ; $STL = 87°$, $TSL = 3°$; l'angle au centre TCL sera de $6°$; l'arc $TL = 6° = \frac{60°}{10}$; TC est la corde de $60°$: en supposant les cordes proportionnelles aux arcs, on aurait $TL = \frac{1}{10}$ du rayon, ou $\frac{1}{20}$ du diamètre.

Mais il est évident que si l'on divise l'arc de $60°$ en 10 parties égales, et qu'on en mène les cordes, les dix cordes seront plus grandes que le rayon ; donc $TL > \frac{1}{10} TC$ et $TL > \frac{1}{20} TS$; donc $TS < 20\ TL$, et la distance du Soleil à la Terre est moindre que 20 fois la distance à la Lune.

En s'arrêtant à ce nombre, il aurait été un peu moins éloigné de la vérité.

Euclide avait donné un moyen de calculer ou du moins de déterminer le côté du décagone ou la corde de $56°$; mais $TL > \frac{1}{2}$ corde $56°$.

Soit corde $56° = m$. diamètre $= m$. TS , m sera connu , on aura
$$TL > \tfrac{1}{6}\, m \text{ . MS et } TS < \frac{6TL}{m}.$$

On aurait trouvé TS $< 19{,}4$ qui approche un peu plus de la vérité, en supposant l'angle de $87°$.

Remarquons pourtant que le moyen donné par Euclide pour trouver la corde de $56°$, suppose la résolution d'une équation du second degré, et les Grecs ne savaient pas encore résoudre numériquement ce problème, nous n'en voyons du moins aucune preuve.

Dans la proposition XVI du Livre IV, Euclide enseigne à inscrire au cercle un polygone régulier de 15 côtés; l'angle au centre sera donc de $\frac{36o°}{15} = 24°$; le côté de ce polygone sera donc $2 \sin 12°$, TL $= 6°$; donc la corde TL se placera quatre fois sur l'arc de ce polygone, et $4TL >$ corde du polygone.

$$4TL > 2\sin 12°, \quad 2TL > \sin 12° \text{ rayon},$$
$$4TL > \sin 12° \text{ diamètre}, \quad \text{diam} < \frac{4TL}{\sin 12°} < \frac{4}{\sin 12°} < 19{,}239.$$

Ainsi plus nous diminuons la corde du polygone, plus nous diminuons le diamètre, plus nous approchons de la vérité. TL comparé à la corde de $180°$ nous aurait donné TS $< 3o$; comparé à la corde de $90°$, il aurait donné TS < 21; comparé à la corde de $60°$, il donne TS < 20; à la corde de $56°$, il donne TS $< 19{,}4$; à la corde de $24°$, il nous donne TS $< 19{,}24$. On voit que plus nous avançons, moins les résultats diffèrent entr'eux : on est donc autorisé à estimer que TS diffère peu de 19. Nous savons aujourd'hui que 19 est trop faible; mais le difficile était alors de le prouver : Aristarque n'a pu le faire.

$$TL = 2\sin 3° \times \text{rayon} = \sin 3° \text{ diamètre}, \quad \text{diam} = \frac{TL}{\sin 3°} = \frac{1}{\sin 3°},$$

$$\text{diam} = \frac{1}{\dfrac{3^{\frac12}+1}{8.a^{\frac12}}(5^{\frac12}-1)-\dfrac{3^{\frac12}-1}{8}(5+5^{\frac12})^{\frac12}} = \frac{8}{\dfrac{3^{\frac12}+1}{a^{\frac12}}(5^{\frac12}-1)-(3^{\frac12}-1)(5+5^{\frac12})^{\frac12}}.$$

Cette formule est de Lambert qui l'avait donnée sans démonstration. Cagnoli m'avait demandé la démonstration qu'il a indiquée dans sa Trigonométrie. Mais Aristarque n'aurait pas eu le moyen d'y arriver; il ne savait pas même calculer la corde du décagone, encore moins celle du polygone de 15 côtés. Il ne pouvait donc trouver facilement que l'une des limites, c'est-à-dire TS < 20. En traçant un grand cercle, il pouvait trouver facilement que TS > 18.TL; mais il a voulu le démontrer par des moyens géométriques.

Sa méthode est fort longue; mais cette longueur et cette difficulté sont un fait historique qui nous prouvera d'autant mieux qu'on n'avait aucune notion de Trigonométrie.

Soit α (fig. 4) le centre du Soleil, β celui de la Terre, γ celui de la Lune; l'angle $\alpha\gamma\beta = 90°$, $\alpha\beta\gamma = 87°$, $\delta\beta\varepsilon = 3°$; achevez le rectangle ou carré $\alpha\beta\varepsilon\zeta$; menez la diagonale $\beta\zeta$, $\zeta\beta\varepsilon = 45°$; coupez cet angle en deux parties égales $\zeta\beta\eta = \eta\beta\varepsilon = 22°\frac{1}{2}$.

$$\frac{\eta\beta\varepsilon}{\delta\beta\varepsilon} = \frac{22°30'}{3°} = 7.30 = 7\frac{1}{2} = \frac{15}{2}, \qquad \frac{\eta\varepsilon}{\eta\delta} > \frac{\eta\beta\varepsilon}{\delta\beta\varepsilon}.$$

Il suppose donc que les tangentes sont en plus grande raison que les arcs, ce qui est aujourd'hui bien connu; donc $\frac{\eta\varepsilon}{\eta\delta} > \frac{15}{2}$.

A présent $\beta\varepsilon = \varepsilon\zeta$; et l'angle $\varepsilon = 90°$; donc

$$(\zeta\beta)^2 = 2(\beta\varepsilon)^2; \qquad \text{or} \qquad (\zeta\beta)^2 : (\beta\varepsilon)^2 :: \overrightarrow{\zeta\eta} : \overrightarrow{\eta\varepsilon} :: 2 : 1.$$

En effet, à cause de l'angle également divisé $\zeta\beta : \beta\varepsilon :: \zeta\eta : \eta\varepsilon$; donc

$$(\zeta\eta)^2 = 2(\eta\varepsilon)^2, \qquad \zeta\eta : \sqrt{2} :: \eta\varepsilon : 1, \qquad \zeta\eta : \eta\varepsilon :: \sqrt{2} : 1;$$

mais

$$\frac{49}{25} = \frac{7^2}{5^2} < \frac{\overline{\zeta\eta}^2}{\overline{\eta\varepsilon}^2} \qquad \text{et} \qquad \frac{7}{5} < \frac{\zeta\eta}{\eta\varepsilon};$$

donc

$$\frac{7+5}{5} < \frac{\zeta\eta + \eta\varepsilon}{\eta\varepsilon} < \frac{\zeta\varepsilon}{\eta\varepsilon} \qquad \text{ou} \qquad \frac{\zeta\varepsilon}{\eta\varepsilon} > \frac{12}{5} > \frac{36}{15};$$

mais

$$\frac{\eta\varepsilon}{\eta\delta} > \frac{15}{2} \qquad \text{et} \qquad \zeta\varepsilon > \frac{36}{15}\,\eta\varepsilon, \quad \text{enfin} \quad \eta\varepsilon > \frac{15}{2}\,\varepsilon\theta;$$

donc

$$\zeta\varepsilon > \frac{36}{15}\cdot\frac{15}{2}\,\varepsilon\theta > 18.\varepsilon\theta \quad \text{or} \quad \beta\varepsilon = \zeta\varepsilon; \quad \text{donc} \quad \beta\varepsilon > 18.\varepsilon\theta.$$

Mais

$$\overline{\beta\theta}^2 = \overline{\beta\varepsilon}^2 + \overline{\varepsilon\theta}^2; \quad \text{donc} \quad \beta\theta > \beta\varepsilon;$$

donc à plus forte raison,

$$\beta\theta > 18.\varepsilon\theta \quad \text{et} \quad \frac{\beta\theta}{\varepsilon\theta} > 18;$$

or ,

$$\beta\vartheta : \theta\varepsilon :: \beta\alpha : \beta\gamma, \quad \frac{\beta\vartheta}{\iota\vartheta} = \frac{\beta\alpha}{\beta\gamma} > 18; \quad \text{donc} \quad \beta\alpha > 18\beta\gamma.$$

Donc la distance du Soleil à la Terre est plus de 18 fois la distance de la Lune à la Terre.

Le choix de $\frac{\iota\vartheta}{\iota\vartheta}$ paraît arbitraire ; mais Aristarque a cherché deux carrés parfaits dont l'un fût presque le double de l'autre. Par les points δ et γ, menez des perpendiculaires $\delta\alpha$ et $\gamma\mu$, elles seront parallèles ; circonscrivez un cercle au triangle $\beta\alpha\delta$, ce cercle aura $\beta\delta$ pour diamètre, $\varepsilon\beta\delta = 3^\circ = \alpha\delta\beta$; donc $\alpha\beta$ sera la corde de 6°, puisque l'angle de 3° à la circonférence est appuyé sur un arc de 6°. L'arc de 6° est 10 fois dans l'arc de 60° ; donc 10 corde $6^\circ >$ rayon ; donc corde $6^\circ > \frac{1}{10}$ du rayon ; donc $\beta\alpha > \frac{1}{20}$ du diamètre $\beta\delta$ ou $\beta\alpha$; donc

diam. $< 20\beta\alpha$, $\alpha\beta : \beta\gamma :: \beta\delta : \beta\alpha$, donc $\beta\gamma = \beta\alpha$, donc $\beta\gamma < \frac{1}{20}$ du diam.

Donc la distance du Soleil à la Terre

$$= 20 \,\text{dist.}\ \mathbb{C} - x = 18 \,\text{dist.}\ \mathbb{C} + y = \frac{20 + 18 + (y - x)}{2} = 19 + \left(\frac{y - x}{2}\right).$$

Ces démonstrations sont pénibles et détournées, mais ingénieuses ; elles prouvent beaucoup mieux l'ignorance absolue où l'on était alors de la trigonométrie rectiligne qu'elles ne donnent la distance du Soleil. Mais quand on compare cette distance d'Aristarque aux idées de ses prédécesseurs, on conçoit qu'Aristarque a dû passer en son tems pour un grand astronome. Au reste voilà tout ce que son Livre contient qui soit remarquable.

Il prouve encore que si une éclipse de Soleil est totale, notre œil sera au sommet du cône auquel sont inscrits le Soleil et la Lune ; et cela est évident, pourvu que l'éclipse totale ne dure qu'un instant.

Dans ce cas, les diamètres apparens seront égaux, les diamètres réels seront en raison inverse des distances ; et par conséquent le diamètre du Soleil sera de 18 à 20 fois le diamètre de la Lune.

Les volumes sont comme les cubes : le volume du Soleil sera à celui de la Lune en plus grande proportion que 5832 à 1, et en moindre que 8000 : 1 (en supposant 19 on aurait le rapport de 6859 : 1). Tous ces rapports sont beaucoup trop faibles.

Il ajoute que le diamètre de la Lune est moindre que $\frac{2}{45}$ de sa distance, et plus que $\frac{1}{30}$, et il le prouve fort bien en supposant le diamètre de la Lune $= 2^\circ = \frac{90^\circ}{45}$: nous avons déjà dit ce qu'on devait penser de ce diamètre de 2°.

Le diamètre du cercle qui sépare la lumière de l'ombre est au diamètre de la Lune en plus grande proportion que 89 : 90 et cela est vrai, mais la limite 89 est trop faible.

Les propositions suivantes sont trop compliquées et portent sur des suppositions trop inexactes pour que nous nous donnions la peine de les transcrire. Il est à remarquer qu'Aristarque ne dit pas un mot du mouvement annuel de la Terre autour du Soleil. Archimède cependant lui fait honneur de cette idée qu'il avait mise en avant dans un ouvrage où il combattait le système de l'immobilité de la Terre, reçu par tous les philosophes de son tems. Nous en reparlerons à l'article d'Archimède. Il y a quelqu'apparence qu'il n'avait pas appuyé son assertion de preuves bien imposantes, puisque Ptolémée n'en fait aucune mention dans le chapitre où il s'efforce de prouver que la Terre est immobile au centre du monde.

Archimède n'est pas le seul qui ait rendu ce témoignage à la mémoire d'Aristarque. Plutarque, au Livre II *des Opinions des Philosophes*, Chapitre XXIV, dit qu'Aristarque rend le Soleil immobile, aussi bien que les étoiles, et qu'il fait tourner la Terre autour du *cercle solaire*, c'est-à-dire, sans doute, le long de l'écliptique ; il ajoute que *ses inclinaisons font que le disque est obscurci*. Ce passage obscur est sans doute altéré ; on peut conjecturer qu'après avoir parlé du mouvement annuel, l'auteur aura voulu dire que le mouvement de rotation servait à expliquer le jour et la nuit. Il dit ailleurs qu'Aristarque fut accusé d'impiété.

Viète attribue à Archimède la propriété du triangle dont l'angle au sommet est divisé également ; Aristarque la connaissait, puisqu'il en fait usage.

Aristarque vivait vers l'an 264 avant l'ère chrétienne.

L'écrit que nous venons d'analyser, s'il ne nous donne que des résultats très-inexacts, est du moins recommandable par la finesse des aperçus et une méthode vraiment géométrique ; nous ne trouverons aucun de ces avantages dans celui qui vient après, suivant l'ordre des dates ; il n'est pas d'un Grec, mais il est écrit en vers grecs ; il appartient à une école de laquelle il ne nous reste aucun monument authentique. Nous le comprendrons dans l'Histoire de l'Astronomie grecque.

CHAPITRE VI.

Manéthon.

Weidler nous parle d'un Manéthon, prêtre égyptien, qui avait acquis quelque célébrité sous le règne de Ptolémée-Philadelphe, et qui pour écrire l'histoire de son pays avait été consulter dans la terre sériadique les *stèles* ou colonnes sur lesquelles Thout, ou le premier Hermès, avait placé des inscriptions en langue sacrée et en caractères hiéroglyphiques. Un fragment de ce Manéthon nous a été conservé par Eusèbe, et ce fragment paraît l'original du passage où Josephe parle de l'Astronomie des Patriarches. Il est plus que probable que Josephe, pour donner du relief à sa nation, a voulu, en abusant de la ressemblance des noms, donner à Seth les colonnes *sothiaques*. Ainsi cette période de 600 ans, sur laquelle Bailly fonde son Astronomie antédiluvienne, doit être rendue aux Egyptiens, qu'elle n'enrichira guère. On ne sait si ce Manéthon est le même que l'auteur des *effets* ou des *influences*, ἀποτελεσμάτικα, ou si ce dernier ouvrage ne serait pas d'un Grec qui aurait pris un nom égyptien, pour faire valoir un poëme au-dessous du médiocre; dans lequel il ne nous a conservé que quelques notions pitoyables d'Astrologie judiciaire entremêlées de notions fort communes d'Astronomie, qu'il a rendues en vers hexamètres mêlés de pentamètres et d'anapestes, où les règles de la prosodie sont violées souvent, ensorte que la forme en est assez digne du fond.

L'auteur, quel qu'il soit, dédie son poëme à un roi Ptolémée, sans nous apprendre lequel; il se dit l'ami de Pétosiris, dont il annonce qu'il va exposer la doctrine en vers héroïques. Il veut chanter les planètes, dont il a réuni les noms en deux vers :

Ἥλιον, Μήνην, Κρόνον, Ἄρεα, Ἑρμέα, Ζῆνα,
Κυπρίδα τ' εὐπλόκαμον καλὴ λέγε Καλλιόπεια.

Dans un autre endroit, il les renferme toutes en un seul vers :

Ζεὺς, Ἄρης, Παφίη, Μήνη, Κρόνος, Ἥλιος, Ἕρμης.

Le poëme de Manéthon a été publié en 1698, par J. Gronovius, à Leyde, avec une traduction latine. L'intention du poëte est de prouver la science universelle des Egyptiens.

Ὄφρα μάθῃς ὅτι πάντα δαίμονες ἀνέρσι τιμὰν
Ὅι λάχεσιν ναίειν ἱερὸν πέδον Αἰγύπτοιο.

On va voir comment il y a réussi. Son premier Livre ne parle que des différens caractères des hommes qui naissent sous l'influence des différentes planètes combinées deux à deux ou trois à trois. Le second paraît à quelques égards imité d'Aratus. Il y parle des étoiles fixes, soit sparsiles, soit formées en constellations ; de l'axe du monde ; des deux pôles, dont l'un est voisin de la tête de la petite Ourse ; et en effet, de son tems, le pôle devait être dans l'alignement des deux gardes de la petite Ourse γ et β, comme il est aujourd'hui dans l'alignement de β et α de la grande, avec cette différence qu'il en était beaucoup plus voisin. Il parle des cercles de la sphère ; il en compte neuf principaux, deux qui sont visibles, les autres peuvent seulement se concevoir. Le premier est le cercle arctique, qu'il désigne par le nom de *cercle boréal* ; le second, le tropique d'été ; le troisième, l'équateur ; le quatrième, le tropique d'hiver ; le cinquième, l'antarctique, qu'il nomme simplement *austral*, et qui est *presque* entier sous la terre ; le sixième et le septième sont le méridien et l'horizon, qui ont même axe, dit Manéthon. Cet axe ou diamètre commun pourrait être la méridienne ; mais il ajoute qu'ils ont même sommet et qu'ils se coupent aussi au pôle austral, ce qui prouve que l'auteur n'avait pas des idées bien justes, ou qu'il ne savait pas les exprimer. Tous ces cercles ne se voient que des yeux de l'esprit ; les deux autres qu'on voit réellement sont la voie lactée et le zodiaque brillant de ses douze signes ; tous deux sont obliques et se coupent en deux parties égales.

Dans le cercle arctique il place la grande Ourse, nommée *Helice* par les navigateurs. Il fait passer ce cercle par les pieds, par la main du Bouvier, au-dessous du coude gauche, par la tête du Dragon qu'il ne fait que toucher. (Il s'accorde en cela avec Aratus, mais cette description convient encore moins au climat d'Egypte qu'à celui de la

Grèce.) Ce cercle passe encore par la poitrine de Céphée et par les pieds de Cassiépée.

Le tropique d'été touche l'écliptique au huitième degré du Cancer ; il coupe cette constellation par le milieu ; il coupe la crinière du Lion, la première spire du Serpent, les épaules d'Ophiuchus, le col du Cygne aux ailes étendues, les pieds du Cheval, le coude gauche d'Andromède et le carpe de sa main, la jambe gauche de Persée et l'extrémité du pied du Cocher ; enfin les têtes et les cols des Gémeaux. (Manéthon a du moins sur Aratus l'avantage d'avoir indiqué le solstice avec précision. Mais ces 8° doivent-ils se compter sur l'écliptique comme on fait aujourd'hui, ou sur l'équateur, qui était alors moins mal connu que l'écliptique ? Au reste peu importe ; car le point solsticial est toujours à 90° de l'intersection équinoxiale sur l'un comme sur l'autre de ces cercles.)

Représentez-vous l'équinoxial tracé par le milieu du Bélier, par les pieds du Taureau, par la ceinture d'Orion, par le sillon de l'Hydre, le milieu de la Coupe, l'extrémité de la robe de la Vierge, à travers les serres du Scorpion, les jarrets d'Ophiuchus et la crinière du Cheval ; enfin par le milieu entre les deux Poissons.

Le tropique d'hiver du rapide Capricorne passe entre le Verseau et la queue de la Baleine, par le milieu et la poitrine du Lièvre, les pieds de devant du Chien, l'extrémité de la proue d'Argo, les épaules du Centaure, le dard du Scorpion, l'arc et la poitrine du Sagittaire.

Le cercle austral ou antarctique est tracé par les sabots du Centaure, au-delà desquels les habitans de notre terre n'aperçoivent aucun astre ; il passe sur le gouvernail du Vaisseau.

Les deux autres cercles qui sont *traversés* par le pôle sont immobiles, l'un fixe au haut du ciel et partage le jour aux mortels ; l'autre entoure la terre et la mer, et marque les levers et les couchers.

La voie Lactée n'est pas partout également brillante ; elle passe par les genoux de Cassiépée, la tête de Céphée, l'aile du Cygne, le milieu de l'Aigle, le sommet de l'arc, le dard du Scorpion, l'autel et les quatre sabots du Centaure ; de là elle remonte vers le nord par la proue du vaisseau, les jambes des Gémeaux, la tête d'Orion, les genoux du Cocher, le genou droit de Persée qui paraît tendu comme celui d'un homme qui court.

Le plus brillant des cercles de la sphère est le zodiaque orné de ses douze signes. En voici les noms :

Κριὸς καὶ Ταῦρος, Δίδυμοι δ'ἐπὶ τῶδε, μετ' αὐτοὺς
Καρκίνος ἠδὲ Λέων, στάχυας τ' ἐνὶ χερσὶ φέρουσα
Παρθένος, ἀνθρώπων γενεὴν ποθέουσα παλαιῶν,
Χηλαί θ' ἃς καὶ δὴ μετεφήμισαν ἀνέρες ἱροὶ
Καὶ ζυγὸν ἐκλήϊσαν, ἔπειτ' ἔτανυσσ' ἑκάτερθεν
Οἵαι καὶ πλάστιγγες ἐπὶ ζυγοῦ ἑλκομένοιο,
Σκορπίος ἔστι δ' ἔπειτα βίητ' ἐπὶ Τοξευτῆρος
Καὶ δὴ καὶ 'Αἰγόκερως, μεθ' ὃν Ὑδροχοός τε καὶ 'Ιχθὺς.

Nous avons rapporté ces vers un peu prolixes, à cause des deux vers sur les Serres *dont les hommes sacrés ont changé le nom en celui de Balance, parce qu'elles s'étendent de part et d'autre comme des plats suspendus à un joug.*

On voit ensuite les influences de ces signes sur le caractère et la vie des hommes. Le troisième Livre est consacré aux influences des sept planètes, suivant leurs différens aspects dans les douze signes. Ce sujet est continué dans le quatrième Livre dont nous allons citer un fragment pour qu'on ait un échantillon du style et des idées de l'auteur.

Στίλβων δ' Ἑρμάωνος ὅτ' ἂν Κυλλήνιος ἀστὴρ
Φωσφόρου ἀκτίνεσσι βάλῃ κυβερνίδος αἴγλης
Τὰς τ' αὐγὰς ἐπέχοντες ἐν οὐρανῷ ἀστερόεντι
Δωδεκατημορίων σχῶσιν βάσιν, ἡνίκα θνητοὺς
Γαιωμέτρας δείκνυσι μαθηματικούς τε φανεῖσθαι
'Αστρολόγους, μαγικούς τε θύτας, ἰδ' ἐ μάντιν ἔθηκεν
'Οἰωνοσκοπικούς τε σαφῶς τ' ὑδρομάντις ἔριξεν
Οἷς λεκανοσκοπίη πιστεύεται ἢ νεκυισμός.

« Quand l'astre brillant de Mercure frappe de ses rayons la lumière
» de Vénus, et qu'ils brillent tous deux dans le ciel étoilé parmi les
» signes du zodiaque, alors les enfans qui naissent deviendront géo-
» mètres, mathématiciens, astrologues, sacrificateurs, mages, devins
» et augures ; ils prédiront l'avenir par l'eau ; on leur confiera l'inspec-
» tion des chaudrons ou l'invocation des morts. »

Nous citerons du cinquième Livre un vers dont la mesure et la pensée sont assez singulières :

Οὐ καλός ἐστιν Ἄρης ὑπεμβαίνων 'Αφροδίτῃ.

Il faut apparemment lire Ἄρης ἐστα. Il signifie que Mars ne brille pas quand il est au-dessus de Vénus (V. 105, Liv. V).

C'est dans ce cinquième Livre qu'il fait mention de Pétosiris dont il fait un éloge pompeux qui ne nous apprend rien. Je n'ai trouvé dans le sixième Livre aucun vers, aucune idée à citer. D'après cet extrait, peut-être beaucoup trop long, je ne pense pas que les astronomes soient bien empressés à se procurer un ouvrage qui est assez rare. Bailly qui probablement ne l'avait pas lu, pense que Manéthon, jaloux de l'éclat que commençait à jeter l'école d'Alexandrie, aura voulu jouter contr'elle. La partie n'était pas égale; et si la science des prêtres égyptiens et celle du célèbre Pétosiris se bornait à ce que nous a révélé Manéthon, il aurait mieux fait pour leur honneur et le sien de garder le silence.

On a pu remarquer que Manéthon, à l'exemple d'Aratus, imité par Hipparque, Ptolémée et tous les auteurs grecs, écrit partout *Cassiépée*, et non *Cassiopée*. Ce sont les Latins qui ont changé l'ε en ο, comme ils ont fait dans les noms de tous les Ptolémées, qu'ils ont souvent appelés *Ptolomées*. Nous avons cru devoir rétablir les noms véritables.

Comme Ptolémée, Manéthon désigne par le nom de *Poule* ou d'*Oiseau*, la constellation qu'on nomme aujourd'hui *le Cygne*. L'auteur des *Catastérismes* est le seul entre les Grecs qui emploie le mot de *Cygne*.

CHAPITRE VII.

Eratosthène.

Après nous être arrêtés avec quelque regret à exposer les rêveries égyptiennes, nous allons voir enfin naître l'Astronomie véritable. Eratosthène en fut le premier fondateur, s'il est vrai qu'il ait fait placer dans le portique d'Alexandrie ces armilles dont on a fait un si long et si bon usage. Eratosthène les obtint, dit-on, de la munificence de Ptolémée-Evergète qui l'avait appelé à Alexandrie, où il lui donna la direction de sa bibliothèque. Ptolémée en rapportant les équinoxes observés aux armilles, ne dit point par qui elles ont été placées : il n'en donne pas les dimensions ; il dit seulement que la plus ancienne était aussi la plus grande ; il pense même qu'à la longue elle a pu ou se fausser ou se déranger de la position qu'on avait voulu lui donner. Il ne dit pas comment on les avait placées dans le plan de l'équateur, ce qui suppose une méridienne bien tracée, et la hauteur de l'équateur déterminée précédemment par les ombres solsticiales du gnomon ; car on ne connaissait alors aucun autre instrument, et le silence de Ptolémée sur ces deux points fondamentaux de l'Astronomie, est tout-à-fait inexplicable. Nous ne voyons qu'Eratosthène à qui nous puissions attribuer les armilles équatoriales, ou au moins la plus ancienne.

Quant à l'armille solsticiale, on pourrait également en faire honneur à Eratosthène. Il est bon de remarquer pourtant que Ptolémée ne dit pas expressément qu'elle ait existé. Dans la description qu'il en fait, il se borne à dire : *Nous construirons un cercle de cuivre que nous placerons dans le méridien ; nous y placerons de petits gnomons, pour que l'ombre du gnomon supérieur venant à couvrir le gnomon inférieur, nous puissions être assurés de la hauteur du centre du Soleil au-dessus de l'horizon.*

Il passe aussitôt à la description de son petit quart de cercle sur une planche ou une brique, avec lequel il dit avoir mesuré l'obliquité de l'écliptique. Il ne cite aucune observation faite à l'armille solsticiale ;

ensorte que nous n'avons aucune preuve positive qu'elle ait jamais été employée, et qu'au contraire nous aurions plutôt de fortes raisons pour croire que l'intervalle entre les tropiques n'a pu être mesuré qu'à l'aide du gnomon.

En effet le gnomon ne donne guère que les ombres du bord supérieur du Soleil ; la hauteur de l'équateur qui s'en déduit doit être trop forte du demi-diamètre du Soleil, ou de 15 minutes environ ; la hauteur du pôle trop petite d'autant. Or la hauteur du pôle, à Alexandrie, est en effet trop faible d'environ 15 minutes chez Ptolémée, et cette erreur serait inexplicable avec les armilles ou le quart de cercle qui auraient donné la hauteur du centre, à moins qu'on ne dise que ces instrumens ne donnaient les angles qu'à un quart de degré près.

Ératosthène qui était à la fois poëte, grammairien, philosophe, géomètre, géographe et astronome, n'aura donné probablement que la moindre partie de son tems aux observations astronomiques. On n'en rapporte de lui qu'une seule, à proprement parler ; on n'en donne même que la conclusion, telle que l'auteur avait jugé à propos de l'exprimer. Il trouva, nous dit-on, que l'intervalle entre les tropiques était de $\frac{11}{83}$ de la circonférence. Nous ne dirons pas avec Riccioli, que le cercle d'Ératosthène était divisé en 83 parties ou degrés ; nous verrons plutôt dans ces nombres une fraction réduite à ses moindres termes, pour qu'elle fût plus facilement retenue. En la supposant exacte et la multipliant par 360°, nous trouverons 47° 42' 39" pour la distance des tropiques, et 23° 51' 19" 5 pour l'obliquité. Ptolémée emploie partout 23° 51' 20" en nombre rond. Il dit que c'est la valeur employée par Hipparque, ᾧ καὶ Ἵππαρχος συνεχρήσατο ; que c'est aussi ce qu'il a trouvé par ses propres observations, qui lui ont toujours donné des quantités entre 47° 40' et 47° 45' ; c'est-à-dire $\frac{4}{6}$ ou $\frac{4}{6}$ et demi ; car il est démontré que les armilles et les astrolabes d'Alexandrie n'étaient divisés qu'en sixièmes de degré, ou de dix en dix minutes.

Supposons donc qu'Ératosthène ait observé à l'armille solsticiale ; il n'a pu trouver 47° 42' 39" ; il aura trouvé 47° 40'$=$47°$\frac{2}{3}$ ou 47°50'$=$47°$\frac{5}{6}$.

Or $\frac{47\frac{2}{3}}{360} = \frac{143}{1080} = \frac{11 \cdot 13}{1080} = \frac{11}{83\frac{1}{13}}$. On voit donc comment Ératosthène a pu être conduit assez naturellement à la fraction $\frac{11}{83}$ en négligeant au dénominateur la fraction $\frac{1}{13}$, qui ne produit en effet que 2' 39", dont il savait lui-même qu'il ne pouvait pas répondre. La fraction $\frac{47\frac{5}{6}}{360} = \frac{287}{2160}$

$$= \frac{13.28\tfrac{1}{4}}{1080.9} = \frac{13.11\tfrac{1}{4}}{1080} = \frac{11\tfrac{11}{12}}{83\tfrac{1}{4}}$$ ne conduit ni aussi naturellement ni aussi facilement au rapport $\tfrac{11}{12}$.

Nous n'aurions pas ces incertitudes si l'on nous eût transmis les deux observations telles qu'elles ont été faites ; nous aurions deux arcs ou deux ombres que nous pourrions calculer ; nous connaîtrions l'instrument et nous aurions de plus la latitude. Mais un rapprochement fort naturel va nous compléter ce qui paraît nous manquer. Nous le trouverons dans la distance solsticiale d'où Eratosthène a conclu la grandeur de la Terre. On dit que cette distance a été trouvée de $\tfrac{1}{50}$ de la circonférence.

Supposons-la d'abord exacte ; cette fraction vaudra...... $7°\,12'\ \ 0°$
ajoutons-y la double obliquité de l'écliptique............ $47.42.40$

nous aurons la distance solsticiale d'hiver............... $54.54.40$
la somme des deux distances solsticiales sera........... $62.\ 6.40$
dont la moitié nous donnera la latitude.................. $31.\ 3.20$

Ptolémée dans un calcul de la parallaxe qui veut une extrême précision, et dans lequel il emploie l'obliquité qu'il dit être celle d'Eratosthène, supposait cette latitude de $30°\,58'\,0$, ou plus petite de $5'20''$. Cependant en adoptant l'obliquité d'Eratosthène, il est naturel de supposer qu'il a pris aussi la latitude qui se déduisait de ses observations, et qui sans doute avait servi à placer l'armille équatoriale à la hauteur qu'on croyait exacte. Mais si nous songeons que les armilles ne donnaient que les dixaines de minute, nous réduirons l'observation

solsticiale d'été à............................ $7°\,10'\,0$
           la double obliquité à........ 47.40

           la distance d'hiver sera...... 54.50
           la somme des deux distances... $62.\ 0$
           et la hauteur du pôle......... $31.\ 0$

Il ne restera plus que deux minutes de différence que nous expliquerons en disant que l'observatoire de Ptolémée pouvait être de $2'$ ou 1900 toises plus au sud que le portique où étaient les armilles ; au lieu qu'il serait bien difficile d'expliquer une différence de $5\tfrac{1}{3}$. Il n'est pas vraisemblable que la fraction $\tfrac{1}{50}$ fût plus exacte que la fraction $\tfrac{11}{83}$. Or, $\dfrac{7.10}{360} = \dfrac{7\tfrac{1}{6}}{360} = \dfrac{43}{2160} = \dfrac{1}{50\tfrac{1}{43}}$ dont Eratosthène aura pu très-bien faire $\tfrac{1}{50}$ en nombre rond.

Voyons maintenant l'usage qu'il a fait de cette observation pour connaître la grandeur de la Terre.

C'était une chose connue qu'à Syène, le jour du solstice à midi, les corps ne jetaient aucune ombre; qu'un puits était éclairé jusqu'au fond. Cette ville était donc sous le tropique. La hauteur du pôle était égale à l'obliquité de l'écliptique; mais à Alexandrie, la distance solsticiale, au lieu d'être nulle, était de $\frac{1}{50}$ de la circonférence du méridien. L'arc compris entre les deux parallèles terrestres, était donc $\frac{1}{50}$ de la circonférence du méridien terrestre. Il suffisait donc de prendre 50 fois la distance entre les deux villes; car Eratosthène les supposait sous le même méridien. Il y avait cependant une différence de 2°; il ne la connaissait point, ou il la négligea.

Alexandre-le-Grand, et après lui les Ptolémées, avaient fait mesurer les chemins de l'Egypte par les *bématistes*, c'est-à-dire par des arpenteurs ou géographes qui déterminaient les distances par le nombre des pas ($\beta\eta\mu\alpha$). Ils avaient trouvé 5ooo stades entre Syène et Alexandrie. La circonférence de la Terre était donc de 50 fois 5ooo stades ou 25oooo stades. Ces 25oooo stades divisés par 36o, donneraient $694\frac{1}{3}$ de stades par degré. Eratosthène supposa 252ooo pour avoir un nombre rond de 700 stades pour un degré. Mais nous avons dit que l'arc n'était

pas exactement $\frac{1}{50}$, mais $\frac{1}{50\frac{1}{4}}$; ainsi aux 25oooo stades il faudrait ajouter $\frac{1}{3}$.5ooo ou 1165; la circonférence était donc de 251165 stades; il ne restait donc que 857 stades à ajouter au lieu de 2ooo, pour arriver au degré de 700 stades.

Eratosthène savait mieux que personne qu'il lui était impossible de répondre de ces quantités : il avait négligé la différence des méridiens; il avait négligé les détours du chemin qui n'était sûrement pas une ligne parfaitement droite; il avait négligé les inégalités du terrain, car une route de 7 degrés ne saurait être dans la même surface sphérique; il était bien évident de plus que les 5ooo stades ne pouvaient être qu'une approximation; l'arc céleste ne pouvait être sûr à $2'$ près; l'espace où les ombres sont nulles, à Syène, s'étend circulairement dans un rayon de 15o toises. Tout était donc incertain dans son calcul; mais ce calcul était d'un homme d'esprit qui aperçoit ce qu'il faudra faire pour obtenir avec précision la grandeur de la Terre, quand on aura des données plus exactes. En attendant ces mesures plus précises qui demanderaient bien des soins, bien du tems et de grandes dépenses, il se sert de ce qui avait été fait dans d'autres vues, pour obtenir une approximation qui n'était pas sans utilité pour la Géographie, malgré toutes ses imperfections.

On ignore quel était ce stade dont il fallait 700 pour un degré. En donnant 57000 toises au degré d'après les mesures modernes, ce stade vaudrait $\frac{57000}{700} = 81^t \frac{3}{7}$. Ptolémée, dans sa Géographie, ne donne que 500 stades au degré ; son stade devait être de 114 toises. Lui qui cite si souvent l'obliquité d'Eratosthène, ne dit cependant pas d'où vient cette différence ; au contraire, en parlant de son petit quart de cercle qui peut servir à la mesure des degrés, il dit qu'il en a mesuré un et qu'il l'a trouvé comme ses prédécesseurs. On a des stades de toute grandeur. D'après l'évaluation d'Aristote, le stade ne serait que de 51 $\frac{1}{3}$. Si le stade d'Alexandrie n'était que de 500 au degré, les $7°\frac{1}{2}$ ne valaient que 3600 stades, et non pas 5000. Pourquoi Eratosthène ne s'est-il pas servi de la mesure du pays, ou pourquoi les bématistes ne l'avaient-ils pas employée. Le nombre 5000 ne serait-il pas, comme la fraction $\frac{1}{50}$, une traduction d'un autre nombre. Le stade de 700 au degré ne serait-il pas un stade fictif, un stade astronomique qu'on a voulu rendre une partie aliquote de la circonférence, comme sont aujourd'hui les milles marins, qu'on fait toujours une fraction exacte du degré. On voit que tout est obscur et douteux dans cette prétendue mesure que les modernes ont tourmentée de tant de manières pour lui attribuer une exactitude que ne lui a jamais supposée son auteur même. Si cette détermination de la grandeur de la Terre avait passé dans la Grèce pour autre chose que pour une approximation grossière, ou comme une conjecture simplement ingénieuse, comment imaginer que long-tems après, Posidonius eût osé en présenter une nouvelle bien plus incertaine encore. Au lieu que bien convaincu qu'Eratosthène n'aurait pu rencontrer la vérité que par hasard, Posidonius pouvait être tenté d'éprouver si un autre essai confirmerait le premier résultat, afin de juger par le plus ou le moins d'accord, ce qu'on pouvait espérer de l'une et de l'autre méthode.

Nous avons supposé qu'Eratosthène s'était servi de l'armille solsticiale, ce qui est extrêmement douteux ; il est plus croyable qu'il s'est servi du gnomon. Mais alors il fallait calculer l'angle dont l'ombre solsticiale était la tangente. Les Grecs n'ont jamais connu les tangentes. On ne voit pas même qu'ils eussent alors des Tables de la longueur des cordes pour tous les arcs. On ne voit encore chez eux aucun vestige de la Trigonométrie rectiligne. Supposons pourtant qu'ils eussent ces Tables et ces théorèmes qui leur manquaient, l'incertitude dans cette hypothèse sera bien plus grande. Au solstice d'été, avec un gnomon de 15 pieds, 2' de plus ou de moins sur la distance, sont à peine un dixième de ligne; ⅕ ferait quatre minutes, et si vous supposez un gnomon de cinq pieds, vous aurez 12' d'erreur, sans parler de l'erreur d'un quart de degré ou du demi-diamètre du Soleil, puisqu'on n'observait que l'ombre du bord supérieur, et que cette erreur du demi-diamètre pouvait avoir lieu à Syène aussi bien qu'à Alexandrie; ensorte que les deux erreurs pouvaient tout aussi bien s'accumuler que se compenser.

Cléomède a écrit qu'Eratosthène s'était servi du scaphium ou scaphé, c'est-à-dire de l'hémisphère concave de Bérose. Ce petit instrument n'a jamais servi que pour la gnomonique; jamais il n'a été employé aux observations astronomiques, et Ptolémée ne le nomme pas même une seule fois. Dans ce cas, l'incertitude serait bien plus grande encore. Nous examinerons plus loin ce récit de Cléomède, et nous verrons qu'il ne mérite aucune confiance.

Voilà donc ce qu'Eratosthène a fait pour l'Astronomie; car nous ne compterons pour rien un petit ouvrage qu'on lui attribue sur les constellations, ou les *Catastérismes*. Cet opuscule serait tout au plus un extrait qu'un amateur aurait fait pour son usage, d'un traité plus complet et plus savant qu'on serait en droit d'attendre d'Eratosthène. En effet, on n'y voit rien qu'une nomenclature assez sèche de 44 constellations, et du nombre des étoiles dont chacune est composée; le tout entremêlé de quelques notions superficielles de Mythologie. Le catalogue d'Eratosthène contient 475 étoiles sans aucune indication qui se rapporte ni à l'écliptique, ni à l'équateur. Tout nous porte à croire qu'il n'a point existé de vrai catalogue d'étoiles, avant celui d'Hipparque. Voyons cependant ce que nous pourrons tirer des *Catastérismes* d'Eratosthène.

Cet opuscule a été imprimé à Gottingue en 1795, par les soins de Conrad Schaubach, avec la traduction latine et des notes de Heyne, celles de l'éditeur, et deux cartes où les étoiles sont projetées sur le plan de l'équateur et rapportées en même tems à l'écliptique aussi bien qu'à l'équateur même. Ces cartes ne sont pas bien conformes au texte.

1. Grande Ourse. 7 étoiles obscures à la tête, 2 à chacune des oreilles, 1 brillante aux omoplates, 2 à la poitrine, 1 brillante à l'épine,

2 aux jambes de devant, 2 à celles de derrière, 2 à l'extrémité du pied, 5 sur la queue; en tout 24.

2. Petite Ourse. A chacun des angles du carré 1 brillante, sur la queue 5 brillantes; en tout 7. Sous l'une des deux précédentes est *une autre étoile qu'on appelle* le Pôle, *et autour de laquelle le pôle paraît tourner.* Ce passage peut-il être d'Eratosthène? Nous avons vu que Pythéas s'était assuré que de son tems il n'y avait pas d'étoile au pôle.

5. Dragon. 3 brillantes à la tête, 12 sur le corps jusqu'à la queue, presque pareilles les unes aux autres, mais séparées; elles sont entre les Ourses: en tout 15.

4. L'Homme à genoux. On dit que c'est Hercule marchant sur le serpent. Il tient la massue élevée; il porte la peau du lion qu'il tient de la main gauche. 1 brillante à la tête, 1 brillante au bras droit, 1 brillante à chaque épaule, 1 au bout de la main, 1 à chacun des deux flancs (celle de la gauche est la plus belle), 2 sur la cuisse droite, 1 sur le genou, 1 au pli, 2 sur la cuisse, 1 au pied, 1 au-dessus de la main droite (on l'appelle *la massue*), 4 sur la peau du lion; 19 en tout.

Je soupçonne ces détails plus modernes qu'Eratosthène.

5. La Couronne. 9 étoiles en cercle. Les plus belles sont voisines de la tête du Serpent *qui sépare les Ourses.* Cela serait plus vrai du Serpent d'Ophiuchus.

6. Ophiuchus ou le Serpentaire. 1 brillante à la tête, 1 chaque épaule, 3 à la main droite, 4 à la gauche, 1 à chacune des deux cuisses, 1 à chacun des deux genoux, 1 brillante au pied droit, 2 au sommet de la tête du serpent; 17 en tout.

7. Le Scorpion. Sa grandeur l'a fait partager en deux signes. Dans l'un sont les *serres*; le corps et l'aiguillon dans l'autre. 2 étoiles à chaque serre, l'une brillante et l'autre obscure; 5 brillantes au front, 2 au ventre, 5 à la queue, 4 à l'aiguillon. *Elles sont toutes précédées par la plus belle de toutes, la brillante de la Serre boréale;* 19 en tout. Il n'est pas bien exact de dire que la Serre boréale soit la plus brillante de toutes; elle l'est moins que l'australe et surtout moins qu'Antarès.

8. Arctophylax, le gardien de l'Ourse. 2 étoiles à la main droite, qui ne se couchent pas; 1 brillante à la tête, 1 brillante à chaque épaule, 1 à chaque mamelle, celle de la droite est brillante; 1 obscure au-

dessous, 1 au coude, 1 très-brillante entre les genoux ; on la nomme Arcturus ; 1 brillante à chaque pied ; 14 en tout. Je n'en vois là que 12.

9. La Vierge. 1 obscure à la tête, 1 à chaque épaule, 2 à chaque aile ; celle de l'extrémité de l'aile et de l'épaule droite s'appelle Προτρυγητήρ, *qui précède la vendange*; 1 à chacun des coudes, 1 à l'extrémité de chaque main. Celle de la main gauche est brillante et s'appelle l'Epi. 6 à la bordure de la robe, 1 à chaque pied ; 19 en tout.

10. Les Gémeaux. Celui qui est porté sur le Cancer a 1 brillante étoile à la tête, 1 brillante à chaque épaule, 1 au coude droit, 1 à la main droite, 1 à chaque genou ; le suivant a 1 brillante étoile à la tête, 1 brillante à l'épaule gauche, 1 à chaque mamelle, 1 au coude gauche, 1 au bout de la main, 1 au genou gauche, 1 à chaque pied, 1 sous le pied gauche qui s'appelle *Propus* ou l'avant-pied ; 17 en tout.

11. Le Cancer, les Anes et l'Etable. 2 étoiles brillantes sur la coquille ; ce sont les deux Anes ; l'Etable est la nébuleuse auprès de laquelle on les voit, 1 brillante à chacun des deux pieds droits, 2 brillantes sur le premier pied gauche, 1 sur le second, 1 sur le troisième, et de même sur l'extrémité du quatrième ; à la bouche et à la pince droite 5 ; 2 également grandes à la pince gauche ; 17 en tout.

12. Le Lion. 3 à la tête, 2 à la poitrine, 1 brillante au pied droit, 1 au milieu du ventre, 1 sous le ventre, 1 à l'aine ou la cuisse, 1 au genou gauche de derrière, 1 brillante au bout du pied, 2 au cou, 5 sur l'épine, 1 sur le milieu de la queue, 1 brillante au bout de la queue, 1 au ventre ; au-dessus du triangle et vers la queue, 7 obscures qu'on appelle les boucles de cheveux de Bérénice-Evergète : 19 en tout (sans compter la chevelure de Bérénice).

Eratosthène, né l'an 276 ans avant notre ère, a pu en effet parler de cette constellation, formée par Callimaque, qui ne mourut qu'en 270.

13. Le Cocher. 1 étoile à la tête, 1 à chaque épaule ; celle de la gauche est brillante, c'est la Chèvre ; 1 à chaque coude, 1 à la main droite, 2 à la gauche ; ce sont les Chevreaux : 8 en tout.

14. Le Taureau. A l'apotome ou section de l'épine, est la pléiade composée de 7 étoiles; on n'en voit que 6, la septième est très-obscure. *Le Taureau a 7 étoiles.* Il rampe en avant, ayant la tête en dessous ; 1 étoile à la naissance de chaque corne, la gauche est la plus brillante ;

1 à chaque œil, 1 au museau, 1 à chaque épaule; on les appelle les Hyades; 1 au genou gauche de devant, 1 aux pieds, 1 au genou droit, 2 au cou , 3 à l'épine, la dernière est brillante; 1 sous le ventre , 1 à la poitrine ; en tout 18. Je n'en vois que 17, sans compter les Pléiades , ce qui ferait en tout 24 ; mais les Pléiades reviennent plus loin (23).

15. Céphée. Le cercle arctique le renferme des pieds à la poitrine , le reste est entre l'arctique et le tropique. 2 brillantes à la tête , 1 à chaque épaule , 1 à chaque main , 1 à chaque coude, 3 obliques et obscures à la ceinture , 1 brillante au milieu du ventre , 1 au flanc droit , 1 au genou, 1 au bout du pied ; 15 en tout.

16. Cassiépée. Elle est assise sur un char. 1 brillante à la tête, 1 obscure au coude gauche , 1 à la main , 1 au genou , 1 au bout du pied , 1 obscure à la poitrine , 1 brillante à la cuisse gauche , 1 brillante au genou , 1 à la plinthe , 1 à chaque angle du char ; 13 en tout.

17. Andromède. 1 brillante à la tête , 1 à chaque épaule , 2 au pied droit , 1 au pied gauche , 1 au coude droit , 1 brillante au bout de la main , 3 à la ceinture, 4 au-dessous , 1 brillante à chaque genou , 1 au pied droit , 2 au pied gauche ; 20 en tout.

18. Le Cheval. La partie de derrière est invisible , afin de ne pas montrer que ce cheval est femelle. 2 étoiles obscures au front, 1 à la tête , 1 à la joue, 1 obscure à chaque oreille, 4 au cou; celle qui est voisine de la tête est la plus belle : 1 à l'épaule , 1 à la poitrine , 1 à l'épine, 1 brillante au nombril, c'est la dernière; deux aux genoux de devant , 1 à chaque sabot; 18 en tout.

19. Le Bélier. 1 étoile à la tête , 3 au museau , 2 au cou , 1 brillante au bout du pied de devant, 4 sur l'épine , 1 à la queue , 3 sous le ventre , 1 à l'aine , 1 au bout de chaque pied de derrière; 18 en tout.

20. Le Deltoton ou triangle. Il a 3 étoiles brillantes , une à chaque angle.

21. Les Poissons. Ce sont les descendans du grand Poisson. L'un est boréal et l'autre austral. Ils ont un lien qui part du pied de devant du Bélier. Le boréal a 12 étoiles, le poisson austral 15, le lien a 3 étoiles dans la partie boréale , 5 dans la partie australe , 3 à l'orient et 3 au nœud; en tout 39.

22. Persée. Il a 1 étoile à la tête , 1 brillante à chaque épaule, 1 bril-

lante au bout de la main droite , 1 au coude , 1 au bout de la main gauche
dont il tient la Gorgone, 1 brillante à la cuisse gauche, 1 à chaque
genou, 1 à chaque avant-jambe, 1 obscure au pied, 3 aux cheveux de
la Gorgone : la tête et la harpe ou la faux sont sans étoiles ; mais un amas
nébuleux a fait croire à quelques-uns qu'il y en avait 15 en tout.

23. La Pléiade. Hipparque dit qu'elle offre la figure d'un triangle.
(Il est étrange de voir Eratosthène citer Hipparque. L'ouvrage serait-il
d'un autre Eratosthène ?)

24. La Lyre. 1 étoile à chacun des deux peignes (κτεῶν), 1 à chacun
des deux coudes, 1 à l'extrémité, 1 à chaque épaule, 1 sur le joug, 1 belle
et blanche à la base ; 9 en tout.

25. Le Cygne. Ce mot ne se trouve ni dans Aratus ni dans Ptolémée.
1 brillante à la tête , 1 brillante au cou , 5 à l'aile droite, 4 au corps, 1 au
croupion, qui est la plus grande ; 12 en tout.

26. Le Verseau. 2 obscures à la tête , 1 à chaque épaule , toutes deux
grandes ; 1 à chaque coude , 1 brillante au bout de la main droite , 1 à
chaque mamelle , et au-dessous 1 de chaque côté ; 1 à l'aine gauche ,
1 à chaque genou , 1 à la jambe droite , 1 à chaque pied ; 17 en tout.
L'effusion de l'eau est à gauche ; elle a 30 étoiles dont deux brillantes ,
les autres sont obscures. Le tout ferait 47 étoiles.

27. Pan ou le Capricorne. 1 brillante à chaque corne, 2 à la tête , 5 au
cou, 2 à la poitrine, 1 au pied de devant , 7 à l'épine , 5 à l'estomac,
2 brillantes à la queue ; en tout 24.

28. Le Sagittaire. 2 à la tête, 2 sur l'arc, 2 à la pointe de la flèche,
1 au coude droit, 1 au bout de la main, 1 brillante au ventre, 2 à
l'épine, 1 à la queue, 1 au genou de devant, 1 à la corne ; 14 en tout.
7 autres sous la jambe semblables à celles de derrière, qui ne sont pas
entièrement visibles. Ce serait 21.

29. L'Arc (c'est-à-dire la Flèche). 1 à la pointe, 1 obscure au milieu,
2 à la coche ; l'une plus remarquable : 4 en tout.

30. L'Aigle. 4 étoiles ; celle du milieu est brillante : il a les ailes étendues comme pour s'envoler.

31. Le Dauphin. 1 à la bouche, 2 à la crête , 5 aux nageoires, 1 sur
le dos, 2 sur la queue ; en tout 9, nombre des Muses.

32. Orion. 3 obscures à la tête , 1 brillante à chaque épaule , 1 au

coude droit, 1 au bout de la main, 3 à la ceinture, 3 obscures au poignard, 1 brillante à chaque genou, 1 brillante de même à chaque pied ; 17 en tout. Il n'est question ni de la massue ni de la peau.

33. Le Chien. 1 sur la tête, qu'on nomme Isis ; 1 à la langue, qu'on nomme Sirius ; elle est grande et belle : 1 obscure à chaque épaule, 2 à la poitrine, 2 à l'épine, 3 au pied de devant, 2 au ventre, 1 à la cuisse gauche, 1 au bout du pied, 1 au pied droit, 4 sur la queue ; 20 en tout.

34. Le Lièvre. 1 à chaque oreille, 3 au corps ; celle qui est sur l'épine est brillante : 1 à chaque pied de derrière ; 7 en tout.

35. Argo. 4 à la proue, 5 sur une rame, 4 sur l'autre, 5 sur l'acrostole, 5 sur le pont, 6 voisines sur la carène (τρόπων, *carina*) ; 27 en tout.

36. La Baleine. 2 étoiles obcures à la queue, 5 au pli, 6 sous le ventre ; 13 en tout.

37. Eridan. Il part du pied gauche d'Orion ; au-dessous de ce fleuve que d'autres appellent le Nil, est Canobus, près d'Argo. C'est l'astre qui s'élève le moins ; on l'appelle *périgée* (περίγαος). 1 étoile à la tête, 3 au premier pli, 3 au second, 7 jusqu'à la fin ; on les appelle Bouches du Nil ; 14 en tout, ou 15 en comptant Canobus qui n'est pas mis dans Argo.

38. Le Poisson. 12 étoiles, dont 3 brillantes à la bouche.

39. Le Nectar ou l'Autel. 2 étoiles au foyer, 2 à la base ; 4 en tout.

40. Chiron. 3 étoiles obscures à la tête, 1 brillante à chacune des épaules, 1 au coude gauche, 1 au bout de la main, 1 au milieu de la poitrine du cheval, 1 à chacune des pieds de devant, 4 sur l'épine, 2 brillantes au ventre, 3 à la queue, 1 brillante à la cuisse du cheval, 1 à chaque genou de derrière, 1 à chaque sabot ; en tout 24. Il tient entre les mains la bête θηρίον, d'autres disent une outre de vin dont il veut faire des libations à l'Autel : il la tient de la main droite ; il tient de la gauche un thyrse. La bête a deux étoiles à la queue, 1 brillante au bout du pied de derrière, 1 brillante au pied de devant et au-dessous une autre, 3 à la tête ; en tout 8.

41. Le Corbeau et l'Hydre. L'Hydre a 5 étoiles brillantes à la tête, 6 au premier pli, dont 1 brillante, c'est la dernière ; 3 au second pli,

4 au troisième, 2 au quatrième, 9 obscures jusqu'à la queue; en tout 17. Le Corbeau regarde le couchant. 1 obscure au bec, 2 à l'aile, 2 au croupion, 1 au bout de chaque pied; 7 en tout.

La Coupe est à une certaine distance du pli; elle s'incline vers les genoux de la Vierge. Elle a deux étoiles au bord, 2 au milieu, 2 à la base; en tout 6. Les trois constellations font 40 étoiles.

42. Procyon. Il a trois étoiles.

43. Les cinq astres ou planètes. Jupiter ou Φαίνων, il est grand; Φαέθων n'est pas grand; le troisième est Mars ou Πυρόεις, couleur de feu, il n'est pas grand; Phosphore ou Vénus, d'une couleur blanche et la plus grande de toutes les étoiles; le cinquième, Mercure ou Στίλβων, brillant, mais petit. Phaéton ne peut être que Saturne.

44. La voie Lactée.

Nous ne ferons pas de remarques sur ce Catalogue que nous croyons pseudonyme. On pourra le comparer à ceux d'Hygin et de Ptolémée. En comptant les cinq planètes dont l'auteur a fait un catastérisme, il y avait 694 étoiles. Il n'y a véritablement que 41 constellations, mais plusieurs sont doubles ou triples.

Eratosthène avait eu pour prédécesseurs à l'école d'Alexandrie, Aristylle et Timocharis dont il nous reste quelques solstices observés grossièrement, sans doute par les ombres du gnomon; Hipparque qui n'y avait pas grande confiance, les a employées cependant pour ses recherches sur la longueur de l'année.

Nous ne savons rien de ces astronomes que ce qui nous a été dit par Ptolémée qui nous a conservé quelques déclinaisons observées par Timocharis. Nous en parlerons aux articles d'Hipparque et de Ptolémée.

On a attribué à Eratosthène un Livre de commentaires sur Aratus; mais on le croit pseudonyme. Il se pourrait que ce Commentaire et les *Catastérismes* fussent d'un autre Eratosthène que la ressemblance des noms aura fait confondre avec le premier. Au reste aucune preuve n'appuie notre conjecture.

Eratosthène, comme géographe, est cité souvent par Strabon; mais comme dans tous ces passages il n'est guère question que d'évaluations de distances terrestres en stades, nous nous contenterons de renvoyer à l'ouvrage de Strabon.

CHAPITRE VIII.

Empédocle.

Tandis que nous en sommes aux ouvrages faussement attribués à des auteurs célèbres et qui sont d'une date plus moderne, mais incertaine, nous allons extraire un petit Poëme intitulé *Sphère d'Empédocle*. Il est en vers iambiques, et il a été publié en entier par Fabricius, au tome I de sa Bibliothèque grecque; mais il avait paru à Paris en 1586, chez Morel. Le titre porte le nom d'Empédocle, mais il ajoute *ou de Démétrius*, τοῦ Τριχλινίου, qui, dit-on plus bas, en a raccommodé quelques vers. Il en avait aussi supprimé plusieurs comme tout-à-fait inintelligibles. Nous en traduirons tout ce qui est relatif à l'Astronomie. Nous n'y trouverons guère qu'un abrégé d'Aratus.

Autour du pôle sont deux Ourses qui se tournent le dos ; un Dragon, par ses replis tortueux, les empêche de se joindre : l'Homme à genoux a le pied droit près de sa gueule ; il a la tête près de celle d'Ophiuchus ; celui-ci a le pied sur le front du Scorpion ; la grande Ourse a son gardien qui la suit. Sous les pieds du Gardien se trouve la Vierge tenant en main son brillant épi. Entre ces constellations est la Couronne, voisine de l'épaule d'Arcturus (le Bouvier), au-dessus du Serpent qu'Ophiuchus tient entre ses mains. Sous les pieds de derrière de l'Ourse, est le Lion. Au solstice d'été est le Cancer, sous les pieds de devant de l'Ourse. Sous la tête, le Cocher a le pied appuyé sur la corne droite du Taureau. A son épaule gauche est la Chèvre, nourrice de Jupiter, qui, à son avénement au trône, lui donna place parmi les astres. Au-dessous et vers la main du Cocher, se trouve le Chevreau. Au dernier pied de la petite Ourse est Céphée, formant un triangle, et cherchant de la main droite à saisir l'oiseau. Sous l'aile un Cheval étend son pied ; ce Cheval est entre les Poissons. Cassiépée est assise devant Céphée et remplit l'espace entre les constellations ci-dessus décrites. Persée avec sa faulx a ses pieds sur le dos du Cocher. La tête d'Andromède n'est pas séparée du Cheval, avec lequel elle a même une étoile commune. On voit ensuite la Lyre placée entre l'Oiseau et l'Homme à genoux. De l'autre côté, vers l'orient et vers le milieu (du même Homme) sont *les deux Dauphins*. Non loin de là se voit la tête du Cheval. Le Capricorne a au-dessus de lui le Verseau, et le touche de sa queue. Au-dessus *du Dauphin* sont la Flèche et l'Aigle. (On voit donc *les Dauphins* et *le Dauphin*; on croit que c'est une faute dans le premier passage, car aucun auteur ne parle de plusieurs Dauphins.) La tête du Dragon que tient Ophiuchus, s'approche de la Couronne. Telles sont les constellations boréales, passons à celles du midi.

Sous le dard du Scorpion est l'Autel; sous les serres et le corps du Scorpion, on voit le devant du Centaure, et sous les mains de celui-ci une bête (le Loup). On voit aussi un cercle d'étoiles, et un autre encore qui s'appelle l'*austral*, avec un autre Poisson. L'Hydre est sous le Lion et la Vierge; elle a la tête près de l'Ecrevisse, et la queue vers les pieds de derrière du Centaure. Sur les plis est une coupe remarquable et le Corbeau plus voisin du Centaure. De la gauche d'Orion part un fleuve, et sous ses pieds est le Lièvre léger qui fuit devant le Chien brillant. Près des pieds du Taureau, le brillant Orion composé d'étoiles lumineuses, tend la main aux deux Gémeaux en *signe d'amitié*. (La main qui est étendue vers les Gémeaux porte la massue; ainsi le mot δεξιούμενος n'est là probablement que pour finir le vers.) Procyon est près de la main droite; le Bélier est au-dessus avec les deux Poissons. Sous les Poissons la Baleine s'étend, et vers sa tête, vous voyez l'étoile du lien des Poissons. Le mot de Κριός vient Κρίσις; on l'appelait autrefois ουρος, *gardien de limites*. Κάρκινος, *le Cancer*, pour Κάρκιμος, *qui fait naître les fruits*. Le Lion vient à la cinquième place. Ἔχει δ' ἀριθμὸν ἐν μέρει πέμπτῳ Λέων. Weidler croit que le mot ἀριθμὸν est ici pour signifier *zodiaque*; je n'en vois pas la nécessité. Les Serres sont nommées ensuite (on ne voit nulle part ζυγὸς); puis le Sagittaire qui se montre jusqu'au-dessous du ventre. Le Poëte donne au Capricorne l'épithète de Τηλωπός, sans doute parce qu'il est le plus austral des signes. La partie de devant est celle d'un bouc, celle de derrière est une queue de poisson de mer. A la suite des étymologies que nous avons citées, on peut ranger la suivante, qui dit que le Lion s'appelait autrefois le *Destructeur*.

Ὁ δ' ὀλλύων χρόνοισιν αὐδᾶται Λέων.

On ne voit dans tout cela rien de neuf, que quelques étymologies très-hasardées. Le tout paraît une abréviation d'Aratus. Les vers n'ont d'autre mérite que celui de la précision, et ne l'ont pas toujours. Le Poëme est de 168 vers.

CHAPITRE IX.

Archimède.

Archimède était contemporain d'Eratosthène, puisqu'il périt à l'âge de 75 ans, à la prise de Syracuse qu'on rapporte à l'an 212 avant J. C. Il était donc né l'an —287, et l'on place en l'an — 276 la naissance d'Eratosthène. Archimède est donc de onze ans plus ancien qu'Eratosthène qui ne mourut que 15 ou 16 ans après lui. Mais si notre attention s'est portée d'abord sur le dernier, c'est que nous avons pensé qu'il appartenait plus véritablement à l'Astronomie, tandis qu'Archimède est connu principalement comme géomètre, et dans ce genre, comme l'un des plus grands génies qui aient jamais existé. Mais ici nous ne verrons en lui que l'astronome, et nous n'extrairons de ses ouvrages que ce qui nous concerne plus particulièrement. Archimède voyagea, dit-on, en Egypte pour s'instruire à l'école des prêtres du pays. On ne voit pas ce qu'il a pu apprendre d'eux ; mais il se lia d'amitié avec Conon, géomètre et astronome d'Alexandrie, à qui Callimaque attribue la constellation de la chevelure de Bérénice. C'est là qu'il imagina la vis qui porte encore son nom, et qui avait pour objet de dessécher les terrains après les inondations du Nil. Il est encore le premier auteur du *planétaire*, c'est-à-dire de cette machine qui est destinée à représenter tous les mouvemens célestes.

> *Arte syracusiâ suspensus in aëro clauso*
> *Stat globus, immensi parva figura poli,*

dit Ovide au sixième Livre des Fastes. Claudien entre dans plus de détails :

> *Jura poli, rerumque fidem, legesque deorum*
> *Ecce Syracusius transtulit arte senex.*
> *Inclusus variis famulatur spiritus astris,*
> *Et vivum certis moribus urget opus ;*

Percurrit proprium mentitus signifer annum;
Et simulata novo Cynthia mense redit:
Jamque suum volvens audax Industria mundum
Gaudet, et humaná sidera mente regit.

Il est donc certain que ce planétaire exposait non-seulement les mouvemens du Soleil et de la Lune, mais celui de la sphère étoilée. Il n'est pas aussi clair que les planètes y fussent représentées; mais rien n'empêche de croire qu'Archimède a pu les y faire marcher suivant leurs mouvemens moyens à peu près connus. C'est ce que pourrait indiquer le vers

Inclusus variis famulatur spiritus astris.

C'est à lui qu'on doit le théorème du centre de gravité du triangle; et à cette occasion Eutocius démontre que si des trois angles on mène des droites au milieu des trois côtés opposés, elles se rencontreront toutes trois en un même point.

C'est Archimède qui trouva que la surface parabolique est les $\frac{4}{3}$ du triangle inscrit, qui a même base et même hauteur (propos. 17), théorème qui dut alors paraître bien étonnant, et dont les astronomes font un usage continuel dans les calculs des comètes.

Ses théorèmes de la sphère et du cylindre sont trop connus pour que nous ayons besoin de les rapporter ici; mais nous ne pouvons omettre son rapport de la circonférence du cercle au diamètre déterminé par des polygones inscrits et circonscrits dont les côtés sont un nombre multiple de 4. Allant ainsi de polygone en polygone jusqu'à celui de 96 côtés, il démontre par ce dernier que si l'on prend le diamètre pour unité, la circonférence sera plus grande que $3\frac{10}{71}$ et moindre que $3\frac{10}{70}$. Ajoutons que ses calculs développés par son commentateur Eutocius d'Ascalon, sont les seuls restes que nous ayons aujourd'hui de l'Arithmétique usuelle des Grecs.

Dans son *Traité des Conoïdes et des Sphéroïdes*, il a prouvé que la surface de l'ellipse est à celle du cercle circonscrit dans la raison du petit axe au grand axe, qui est aussi le diamètre du cercle, proposition dont les astronomes se servent dans le problème de Képler.

Son *Arénaire*, Ψαμμίτης, est un jeu de son génie, une espèce de récréation mathématique qui doit principalement intéresser les astronomes. L'objet de ce Traité est de prouver, contre l'opinion vulgaire, que le nombre des grains de sable n'est pas innombrable. D'autres un peu plus mathématiciens, avaient avancé que si ce nombre n'est pas infini, il est du moins impossible de l'exprimer en quantités connues ou qui aient des noms. Il entreprend de démontrer que les dénominations numériques qu'il a indiquées dans ses Livres à Zeuxippe, sont plus que suffisantes pour le nombre de grains de sable qui composeraient un globe gros non-seulement comme la Terre, mais comme une sphère égale à celle du monde. On sait, dit-il, que suivant les astrologues, le monde est une sphère dont la Terre est le centre. C'est ce qu'Aristarque a réfuté dans le Livre qu'il a écrit contr'eux. Il y prétend que le monde est bien plus grand encore. Il y suppose que le Soleil est immobile aussi bien que les étoiles, et que la Terre décrit un cercle autour du Soleil, qui demeure immobile au centre du monde, et que la sphère des fixes dont il occupe le centre, est tellement grande, que le cercle décrit par la Terre est à cette sphère dans la même raison que le centre est à la surface de la sphère. Or il est évident, ajoute Archimède, que cela est impossible; car le centre d'une sphère n'a aucune étendue; il ne peut donc être en aucun rapport avec la surface. Il faut supposer que l'intention d'Aristarque a été de dire que si nous prenons la Terre pour le centre du monde, le globe de la Terre sera à la sphère du monde dans la même raison que la sphère dont l'orbe annuel de la Terre est un grand cercle, à la sphère des étoiles. C'est dans ce sens qu'il dispose ses démonstrations, et il paraît qu'il entend que la sphère dans laquelle il fait tourner la Terre égale en grandeur celle que nous supposons aux étoiles. Il paraît, par ces derniers mots, qu'Archimède n'adopte pas l'opinion d'Aristarque, quoiqu'il la prenne tout aussitôt pour base de ses calculs. Supposons, reprend-il, que la sphère des étoiles soit en effet telle que l'a dit Aristarque, il nous sera facile de démontrer que le nombre des grains de sable qui remplirait la capacité de cette sphère, pourra s'exprimer facilement par les nombres dont nous avons donné l'idée.

Ceci posé, admettons d'abord que le périmètre de la Terre est de 300 myriades de stades ou de 3000000 stades, et non davantage. Vous n'ignorez pas qu'on a tenté de prouver que ce périmètre est de 30 myriades seulement (Eratosthène ne lui donnait guère que 25 myriades); pour moi, je le fais dix fois plus grand qu'il n'est réellement. Je suppose encore que le diamètre de la Terre est plus grand que celui de la Lune et moindre que celui du Soleil ; et ces hypothèses sont semblables à celles des astronomes plus anciens qu'Aristarque ; que le diamètre du Soleil est 300 fois celui de la Lune , et pas davantage , quoique quelques Anciens , et Eudoxe entr'autres , ne le fassent que 9 fois plus grand ; que Phidias ne le fasse que 12 fois celui de la Lune ; et qu'Aristarque ait essayé de prouver qu'il est plus de 18 fois et moins que 20. Je supposerai qu'il soit 300 fois celui de la Lune , pour qu'on ne puisse opposer aucune objection aux conséquences que je vais tirer de mes suppositions.

Je supposerai de plus que le diamètre du Soleil est plus grand que le côté du chiliagone ou polygone inscrit de 1000 côtés. Je sais qu'Aristarque le fait $\frac{1}{720}$ (c'est-à-dire de 30′ ou d'un demi-degré , au lieu que suivant la supposition d'Archimède , il ne serait que $\frac{360}{1000} = 0.36 = 21′30″$).

« J'ai cherché moi-même à déterminer ce diamètre au moyen d'un ins-
» trument, ce qui n'est nullement aisé ; car ni nos yeux , ni nos mains,
» ni aucun des moyens qu'il nous est possible d'employer, n'ont la
» précision qu'il faudrait dans une pareille mesure. Ce n'est pas ici le
» lieu de m'étendre sur ce sujet. Il me suffira, pour prouver ce que
» j'avance, de mesurer un angle qui ne soit pas plus grand que celui
» qui enferme le diamètre apparent du Soleil, et qui ait son sommet
» dans nos yeux (dans notre vue) ; et de prendre ensuite un autre angle
» qui ne soit pas moindre et qui ait également son sommet dans nos
» yeux. Ayant donc dirigé une longue règle sur un plan horizontal,
» vers le point (de l'horizon) où le Soleil devait se lever, et ayant
» placé un cylindre fait au tour, perpendiculairement à la règle, à
» l'instant même du lever, et ayant répété l'expérience à l'instant du
» coucher, lorsqu'on pouvait sans danger envisager le Soleil ; dans cet
» état, ayant placé *la vue* à l'extrémité de la règle, je fis placer le
» cylindre de manière qu'il couvrit le Soleil tout entier, puis je le
» fis éloigner de manière qu'on aperçût un mince filet de lumière aux
» deux côtés du cylindre.

» Si notre vue n'était qu'un point, il suffirait de mener du lieu de
» *la vue*, des lignes tangentes aux deux côtés du cylindre. L'angle compris
» entre ces lignes serait un peu moindre que le diamètre du Soleil,
» puisqu'on voyait un filet de part et d'autre ; mais comme *nos yeux*
» ne sont pas un point unique, j'ai pris un autre corps rond non moindre
» que la vue (il entend sans doute l'intervalle entre les deux prunelles),

» et plaçant ce corps à la place de *la vue* au bout de la règle, et menant
» des lignes tangentes aux deux corps dont l'un était cylindrique, j'ai
» pu obtenir l'angle qui comprend le diamètre du Soleil. Or voici
» comme on détermine le corps qui n'est pas moindre que *la vue*. On
» prend deux cylindres égaux, l'un blanc et l'autre noir. On les place en
» avant, le blanc plus loin, l'autre tout près, de manière qu'il touche
» au visage de l'observateur. Si ces deux cylindres sont moindres que
» la vue (que l'espace entre les deux yeux), le cylindre voisin ne
» couvrira pas en entier le cylindre éloigné, et l'on verra des deux côtés
» quelque partie blanche du cylindre éloigné. On pourra par divers
» essais, trouver des cylindres de grandeur telle, que l'un soit exacte-
» ment caché par l'autre. On aura donc la mesure de notre vue, et un
» angle qui ne soit pas plus petit que le diamètre du Soleil. Ayant porté
» ensuite ces angles sur un quart de cercle, j'ai trouvé que l'un était
» moins que $\frac{1}{164}$, et l'autre plus que $\frac{1}{200}$. Il est donc démontré que le
» diamètre du Soleil n'est pas $\frac{90°}{164}$, et qu'il est plus que $\frac{90°}{200}$. » (C'est-à-dire
qu'il n'est pas de 32′ 56″, et qu'il est plus que 27′ 0″ ; ce qui fait près
de 6′ de l'une à l'autre limite.)

Ce passage est extrêmement curieux ; d'abord il nous montre l'état de
la science, tant pour l'observation que pour le calcul. Il n'existait donc
aucun instrument connu qu'Archimède crût susceptible de donner, à 4
ou 6 minutes près, le diamètre du Soleil, puisqu'il a cru nécessaire
d'imaginer des moyens auxquels il s'est arrêté après un essai si peu
satisfaisant. Nous voyons ensuite qu'il porte ses angles ou leurs cordes
sur un quart de cercle. Il ne dit pas expressément que cet arc ait été
divisé ; il suffit pour rendre ses expressions, de dire qu'ayant porté
l'une des cordes 200 fois sur l'arc, il se trouva épuisé, et que l'autre
corde ne pouvait s'y placer que 164 fois. Il aurait pu de même employer les arcs de 60, de 30 et même celui de 36°, puisqu'on savait
calculer le côté du décagone.

Quoi qu'il en soit, nous voyons qu'Archimède n'a pas les moyens de
calculer l'angle au sommet d'un triangle isoscèle dont il connaît la
base et les deux côtés égaux. Il est obligé de recourir à une opération
graphique aussi incertaine que l'observation même. Ainsi la Trigonométrie, même rectiligne, était entièrement ignorée ; on n'avait pas encore
eu l'idée de calculer les cordes des arcs du cercle. Nous verrons dans
peu d'années Hipparque composer un long Traité sur les cordes, et

faire des opérations très-compliquées qui supposeront l'une et l'autre Trigonométrie. Les moyens qu'Archimède emploie pour prouver ensuite que le diamètre du Soleil est plus grand que le côté du chiliagone, sont du même genre que ceux d'Aristarque. La science était à cet égard restée stationnaire. Au reste, puisque l'arc du chiliagone n'est pas de 22' et que le diamètre du Soleil surpasse 27', il était prouvé d'avance qu'il surpassait le côté du chiliagone.

Il en conclut que le diamètre du monde n'est pas dix mille fois celui de la Terre ; qu'il n'est pas de cent myriades de myriades de stades, ou de 100.0000.0000 stades. Il suppose que 10000 grains de sable ne soient pas plus grands qu'une graine de pavot, et que cette graine soit $\frac{1}{40}$ de doigt.

Il expose ensuite les unités de divers ordres qu'il a imaginées et qui forment la progression géométrique dont 1 et 1.0000.0000 sont les deux premiers termes. Ce second terme sera l'unité du second ordre. L'unité du troisième ordre serait suivie de 16 zéros ; celle du quatrième, de 24 zéros. Il partage ainsi ses nombres en tranches de huit figures, en commençant par la droite. (Voyez dans notre Arithmétique des Grecs, ci-après, tout ce calcul d'Archimède, dont la conclusion est que le nombre des grains de sable qui tiendrait dans une sphère d'une capacité égale à celle du monde qu'il a supposé, ne serait encore composée que d'unités des sept premiers ordres. Il n'a véritablement donné aucun nombre déterminé ; il se borne à indiquer les rangs des divers chiffres dans la notation qu'il a imaginée, et qui n'était qu'un prolongement du système arithmétique des Grecs.

Voilà tout ce qui concerne l'Astronomie dans ce qui nous est resté des OEuvres d'Archimède. Nous verrons dans les écrits de Ptolémée qu'il avait observé ou au moins calculé quelques solstices pour en déduire la longueur de l'année. Nous pouvons ajouter que la manière dont il a calculé ses polygones inscrits et circonscrits, était un acheminement au calcul des cordes, imaginé depuis par Hipparque ; mais c'en est assez pour que l'historien de l'Astronomie soit autorisé à placer ce grand géomètre dans la liste de ceux qui ont le plus efficacement contribué aux progrès de la science.

Nous avons vu, pag. 76, qu'Aristarque donnait 2° de diamètre à la Lune. Nous venons de voir, pag. 103, que ce diamètre n'est plus que de 30'. Il en faut conclure qu'Aristarque avait postérieurement reconnu son erreur, en prenant des idées plus justes sur le système du monde.

CHAPITRE X.

Hipparque et les autres Commentateurs d'Aratus.

Les trois premiers Livres du Commentaire sur le Poëme d'Aratus, portent le nom d'Hipparque le *Bithynien*; c'est le même qui est nommé le *Rhodien* par Pline, parce que c'est à Rhodes, où il a demeuré long-tems, qu'il a fait les observations et les calculs qui lui ont mérité la réputation du plus grand astronome de l'antiquité. On croit communément qu'il a aussi observé à Alexandrie, d'autres le nient; c'est un point que nous examinerons quand nous aurons fait l'extrait de tout ce qui nous reste d'Hipparque et de Ptolémée. Nous allons commencer par le Commentaire sur Aratus.

Ce Commentaire a été plus d'une fois commenté lui-même, surtout dans les discussions qui se sont élevées à l'occasion du nouveau système chronologique de Newton. On peut voir la *Défense de la chronologie*, par Fréret. Mais presque tous ceux qui se sont occupés de ce Commentaire, avaient un système à combattre ou à défendre. Notre but est tout différent; nous n'avons aucun système, nous cherchons des faits, les vestiges de l'ancienne Astronomie, et les renseignemens qui nous manquent sur les anciennes méthodes d'observation et de calcul. Nous passerons en revue tout ce qui nous paraîtra mériter notre attention, sans songer d'abord aux conséquences qui s'en pourront déduire, disposés à admettre tout ce qui nous sera démontré, mais bien décidés à douter de tout ce qui ne sera point appuyé sur des faits incontestables.

Hipparque nous apprend d'abord que le Poëme d'Aratus avait été déjà l'objet de bien des recherches, mais les auteurs, pour la plupart, n'étaient ni mathématiciens ni astronomes : Hipparque qui était l'un et l'autre, voyant que ses observations ne s'accordaient ni avec les vers du poëte, ni avec les notes des commentateurs, crut qu'il serait utile de relever les erreurs des uns et des autres. On l'a souvent accusé d'être un censeur amer et jaloux ; il proteste en commençant qu'il n'a pas la petitesse de chercher à convaincre les autres des fautes qu'ils ont pu commettre, et qu'il n'a eu en vue que l'intérêt de la science. Le charme des vers a contribué à répandre l'ouvrage d'Aratus, et lui a donné un grand nombre de lecteurs. Eudoxe avait mis dans ses différens Traités, plus de science et d'exactitude, mais il s'était aussi trompé souvent. Aratus alors a été forcé de le suivre ; car il n'avait pas observé lui-même : on ne peut le rendre responsable des erreurs de son guide.

Hipparque promet une exposition exacte des levers et des couchers ; il dira surtout quelles sont les étoiles qui *déterminent les 24 espaces horaires*. Ainsi nous pouvons espérer quelques lumières sur les méthodes d'observation qui étaient en usage au tems où il écrivait son Commentaire, qui paraît un ouvrage de sa jeunesse, ou du moins du tems qui a précédé sa découverte du mouvement des fixes en longitude. On peut remarquer en effet que nulle part il ne cite aucun des ouvrages qu'il a certainement composés, et dont Ptolémée nous a conservé les titres et même des fragmens ; nulle part il ne paraît se douter que dans l'intervalle de tems écoulé depuis Eudoxe jusqu'à lui, les positions des étoiles avaient pu changer relativement à l'équateur, et par suite par rapport à l'horizon.

Il prouve d'abord par des citations, qu'en effet Aratus n'a fait que copier Eudoxe. Cet astronome avait composé deux ouvrages qui différaient peu l'un de l'autre, le *Miroir* et les *Phénomènes* ; c'est ce dernier surtout qu'Aratus a copié.

Eudoxe avait dit, en parlant du *Dragon*, que la queue du *Serpent* est entre les deux Ourses, et qu'elle a une petite étoile au-dessus de la tête de la grande Ourse ; qu'il fait un pli près de la tête de la petite Ourse, et s'étend ensuite jusque sous les pieds ; et que faisant alors un autre pli, il relève sa tête en avant (de cette constellation). Il avait dit du Bouvier qu'il est derrière la grande Ourse, et que la Vierge est sous ses pieds ; de l'Homme à genoux, qu'il est voisin de la tête du Serpent, au-dessus de laquelle il tient le pied droit. Tout cela se retrouve mot pour mot dans Aratus, qui seulement dit le *Dragon* au lieu du *Serpent*. Hipparque prétend qu'ils se sont trompés tous deux, et que c'est le pied *gauche* et non le *droit* ; ce qui est conforme à nos cartes modernes, où nous voyons Hercule par devant. Eudoxe place la Couronne au dos d'Hercule ; il dit que la tête de cette figure est voisine de celle d'Ophiuchus. Quant à la grande Ourse, Eudoxe dit que sous sa tête elle a les Gémeaux ; sous les pieds de derrière, le Lion ; qu'en avant des pieds de devant est une étoile, mais qu'il y en a une plus brillante sous les pieds de derrière. Tout cela est copié littéralement par Aratus, et ne ressemble guère à nos cartes actuelles.

Eudoxe dit du Cocher, qu'il a les épaules vis-à-vis la tête de la grande Ourse, qu'il est placé obliquement sur les pieds des Gémeaux, et qu'il a le pied droit commun avec la corne du Taureau.

Céphée, suivant Eudoxe, a les pieds sous la queue de la petite Ourse, formant un triangle équilatéral avec l'extrémité de la queue, et le milieu du corps est vis-à-vis le pli du Serpent (ou du Dragon). Hipparque dit qu'ils se sont trompés tous deux, et que l'intervalle des deux pieds est moindre que la distance de l'un ou l'autre à la queue. Aujourd'hui on ne voit aucune étoile au pied de Céphée, qui est près de la polaire ; peut-être que la jambe était alors repliée sur une étoile de cinquième grandeur qui est à $8°\frac{1}{2}$ du pôle, et alors Hipparque aurait raison.

En avant de Céphée, poursuivait Eudoxe, est Cassiépée ; en avant de Cassiépée, Andromède, ayant l'épaule gauche au-dessus du Poisson boréal, la ceinture au-dessus du Bélier ; entre les deux est le triangle, l'étoile de la tête est aussi celle du ventre du Cheval. Persée a les épaules auprès des pieds d'Andromède ; il tend la main droite vers Cassiépée : le genou gauche est près des Pléiades.

Auprès de la main droite de Céphée est l'aile droite de l'oiseau (le Cygne) ; près de l'aile gauche, les pieds du Cheval. C'est par ces citations qu'Hipparque prouve les emprunts d'Aratus qui n'a guère fait que mettre en vers les phrases d'Eudoxe ; mais en outre la division des étoiles est la même. Aratus ainsi qu'Eudoxe, commence par les constellations qui sont au nord du zodiaque. Il parle ensuite de celles qui sont plus australes. Tous deux passent ensuite aux levers et couchers simultanés des autres constellations avec ceux des douze signes du zodiaque ; ils sont également d'accord sur les étoiles par lesquelles ils font passer les tropiques et l'équateur. Pour le tropique d'été, voici les paroles d'Eudoxe. Sur ce cercle est le milieu ($τὰ$ $μέσα$) du Cancer, et toute la longueur du corps du Lion. Il passe un peu au-dessus de la Vierge, sur le cou du Serpent tenu par Ophiuchus, la main droite de l'Homme à genoux, la tête d'Ophiuchus, le cou de l'Oiseau (le Cygne), son aile gauche et les pieds du Cheval, la main droite d'Andromède, entre les pieds de Persée, sur son épaule gauche, et sur sa jambe gauche, sur les genoux du Cocher, les têtes des Gémeaux, et revient au milieu du Cancer.

Voici maintenant le tropique d'hiver selon Eudoxe. Sur ce cercle sont le milieu (τὰ μέσα) du Capricorne, les pieds du Verseau, la queue de la Baleine, le pli du Fleuve, le Lièvre, les pieds du Chien, sa queue, la proue et le mât d'Argo, le dos du Centaure, la poitrine, l'Animal (le loup), le dard du Scorpion, et enfin après avoir traversé le Sagittaire, il revient au milieu du Capricorne.

Aratus n'a pas moins fidèlement copié ce qu'Eudoxe avait dit de l'Équateur.

Il faut convenir que les descriptions d'Eudoxe ne sont guère moins vagues que celles d'Aratus. En plaçant le pôle de l'équateur où il était au tems d'Eudoxe, et en élevant le pôle de 39°, je trouve en effet que les constellations désignées se lèvent réellement à 30° d'amplitude environ ; mais tout cela n'est vrai qu'à quelques degrés près, et ne mérite pas qu'on prenne la peine d'y appliquer le calcul. Il faudrait d'ailleurs convenir de la hauteur du pôle. Hipparque dit qu'elle est supposée la même par Eudoxe et par Aratus. En effet l'un, dans son *Miroir*, dit que le tropique est coupé par l'horizon en parties qui sont comme 5 et 3 (ou 15 et 9) ; que le jour par conséquent est de 15 heures, et la nuit de 9 heures. L'arc semi-nocturne de $4^h \frac{1}{2}$ valant 67° 30′ ; on aura

$$\cos 67° 30' = \sin 22° 30' = \tang 23° 51' \tang \mathrm{H},$$

et

$$\tang \mathrm{H} = \sin 22° 30' \cot 23° 51' = 40° 52' 20''.$$

(Léonce, dans sa Construction de la Sphère, dit 41° comme Hipparque.)

Hipparque reproche à Aratus d'avoir ignoré l'inclinaison de la sphère, lorsqu'il a dit que le rapport du plus long jour au plus court, était celui de 5 à 3. C'est une chose reconnue qu'en Grèce le rapport du gnomon à l'ombre équinoxiale, est celui de 4 à 3, que le plus grand jour est de $14^h \frac{1}{2}$ presque, et la hauteur du pôle 37° ; tandis que dans les lieux où le plus long jour est de 15 heures, la hauteur du pôle est de 41° à fort peu près.

La hauteur du pôle connue avec l'obliquité d'Eratosthène, on avait la distance zénitale aux solstices ; on pouvait trouver le rapport de l'ombre au gnomon par une opération graphique, assez bien pour avoir ces rapports grossiers 4 à 3. Mais la hauteur du pôle étant donnée, pour en déduire le rapport du plus grand au plus petit jour, ou réciproquement, on serait tenté de soupçonner l'usage de la Trigonométrie sphérique ; mais cet usage n'est pas suffisamment prouvé. Outre qu'on pouvait avoir par observation, la durée du jour et celle de la nuit au jour où l'on avait mesuré l'ombre, on peut dire qu'avec un globe dont le méridien était, ainsi que l'équateur, divisé en 360°, on pouvait trouver sans calcul la durée du jour à toutes les latitudes. L'ombre donnée par observation, on avait la hauteur du pôle par une opération graphique que l'on pouvait faire assez en grand pour ne se tromper que d'une fraction de degré. Ici, par exemple, Hipparque dit 41° au lieu de 40° 52′ 20″ : il y a donc 7′ 40″ ou ⅛ de degré d'erreur. Rien ne prouve donc invinciblement qu'Hipparque connût alors la Trigonométrie dont nous le croyons l'inventeur. D'ailleurs s'il s'était ici servi de ce moyen nouveau, il ne dirait pas *c'est une chose reconnue* ; il dirait *j'ai prouvé.*

Aratus, ajoute Hipparque, pourrait se disculper en disant qu'il n'a point fixé le lieu pour lequel il écrivait ; mais Attale qui l'a commenté, a eu tort quand il a dit, qu'il était évident qu'Aratus avait composé son poëme pour la Grèce, où les jours les plus différens sont entr'eux comme 5 et 3 (ou 60 : 36, tandis que 12 : 7 :: 60 : 35).

Ce qui ajoute à l'étonnement d'Hipparque, c'est qu'il n'eût point remarqué qu'Eudoxe, dans son autre ouvrage (les Phénomènes), avait dit que ce rapport est celui de 12 à 7 (ce qui donnerait une latitude encore plus forte, ou de 42° 15′). Mais laissant de côté cette erreur, Hipparque va examiner si Eudoxe a bien décrit les Phénomènes pour la Grèce. Il prend Athènes pour le lieu de l'observation ; il suppose la latitude 37° et le jour de 14ᵇ ¼ ou 14ᵇ 36′. On fait aujourd'hui la latitude d'Athènes de 37° 58′.

Cette latitude n'était donc connue qu'à un degré près. Hipparque n'avait pas observé à Athènes ; il s'en était rapporté aux astronomes athéniens.

Eudoxe a dit qu'il y avait auprès du pôle boréal une étoile qui reste toujours à la même place. Mais la place du pôle est vide. On voit dans le voisinage trois étoiles avec lesquelles le lieu du pôle forme une figure presque carrée. Il cite à ce propos Pythéas de Marseille. Il paraît que ces trois étoiles sont β de la petite Ourse, α et x du Dragon. Mais à 2 ou 3° du pôle était alors l'étoile du nez de la Giraffe qui pouvait passer pour étoile polaire. L'erreur ne serait donc pas bien considérable pour le tems d'Eudoxe ; et parce qu'on n'avait point d'instrumens, une distance pareille à peu près à celle de notre étoile polaire actuelle, pouvait échapper aux regards des observateurs.

Ils se sont encore trompés en disant que le Dragon se courbait autour de la tête de la petite Ourse; car les deux brillantes et précédentes du carré de celle-ci, dont la plus brillante est à la tête, sont placées presque parallèlement à la queue du Dragon. Aratus a donc eu tort de dire que la tête de la Cynosure est dans la courbure.

Cette remarque d'Hipparque s'accorde avec nos cartes modernes, si ce n'est que l'étoile β ne marque plus la tête, mais l'épaule; β et γ sont précédentes, parce qu'elles passent les premières au méridien. Aratus en particulier s'est trompé sur le Dragon; d'abord en disant que les Ourses sont aux deux côtés de la spire; car entre les deux Ourses, la queue va en ligne droite, la spire ou le pli enveloppe la petite Ourse et s'éloigne de la grande. Ce n'est pas non plus le côté droit, mais le côté gauche de la tête, qui forme avec la langue (γ et μ) une ligne droite qui se dirige à la queue de la grande Ourse. Attalus a voulu disculper Aratus, en disant que le Dragon était peint tel qu'on le verrait de dehors. Hipparque rejette cette excuse, en disant qu'on dessine les constellations pour notre usage, telles que nous les voyons et tournées vers nous, ce qui est à remarquer.

Remarquez que pour éviter les erreurs reprochées à Aratus, il ne fallait pas faire ce qu'on appelle des observations; il suffisait de regarder le ciel, et Aratus n'en avait pas pris la peine.

Eudoxe et Aratus avaient placé la tête du Dragon sur le cercle toujours visible; Attalus la mettait plus bas, et faisait coucher ces étoiles. Hipparque le censure en disant que l'étoile de la gauche (μ et ν) est à $34°\frac{1}{2}$ du pôle, l'œil austral (β) à $55°$, et le sommet austral (γ) à $57°$. Ce qui est précisément la hauteur du pôle qu'il suppose pour Athènes. Voilà trois déterminations curieuses, et qui méritent toute notre attention.

Hipparque ne citant ici l'autorité d'aucun astronome pour combattre Attalus, on doit croire que les observations ont été faites par lui-même.

Hipparque observait donc des déclinaisons ou des distances polaires. Nous avons déjà dit que Timocharis en avait observé.

Ces distances sont données en degrés et cinquièmes de degré; deux sont en nombre rond. Ainsi l'instrument ne donnait guère que les degrés; on estimait les fractions, et $\frac{1}{2}$ peut signifier un peu plus

qu'un demi-degré. L'instrument aurait donné tout au plus les demi-
degrés.

Il n'y a aucune incertitude sur β et γ du Dragon. L'étoile de la
bouche est ν; μ serait l'étoile de la langue. La formule

$$\cos \Delta = \cos \omega \sin \lambda + \sin \omega \cos \lambda \sin L,$$

en partant de nos catalogues modernes, et de $29^\circ\ 22'$ de précession pour
2100 ans, donne,

Pour β du Dragon.... $55^\circ\ 1'$, ou $1'$ de plus qu'Hipparque;

Pour γ du Dragon.... 57.12, ou $12'$ de plus;

Pour ν du Dragon.... 32.19, ou $127'$ de moins, ce qui est peu
croyable.

D'après le texte grec, il n'y aurait que $\frac{2}{5}$ ou $24'$ de différence entre
β et ν. Il suffit de jeter les yeux sur un globe ou une carte céleste,
pour voir que la différence doit être de plus de 2°. Ainsi il y a faute
de copie; au lieu de 34°, il faut lire 32°; c'est-à-dire au lieu de $\lambda\delta$,
il faut $\lambda\beta$. Alors les différences entre nos catalogues et les observations
d'Hipparque seront $+ 1' + 12' - 17'$; le milieu $\dfrac{-17 + 13}{3} = -\dfrac{4}{3}$.

Les trois étoiles devaient donc être toujours visibles à Athènes, surtout
si nous y supposons la hauteur du pôle $37^\circ\ 58'$ et les effets de la réfraction. Attalus avait donc tort de faire coucher ces étoiles.

Nous passons quelques remarques sur la droite ou la gauche des
figures, parce qu'elles ne nous apprennent rien de nouveau.

Aratus avait dit qu'Ophiuchus marche sur les yeux et sur la poitrine
du Scorpion; mais il ne le touche que de la jambe gauche, qui même
est en partie cachée par le front et la poitrine. La jambe droite est
repliée; mais Aratus disait simplement que le pied droit pose sur le
corps. Il s'était trompé sur la grandeur des étoiles d'Ophiuchus, et nous
en avons déjà fait la remarque sur cet endroit du Poëme. Au reste les
passages de ce genre n'ont d'autre intérêt que celui qu'on pourrait
prendre à connaître exactement la forme que les anciens avaient donnée
aux constellations, et cette forme est toujours un peu incertaine par le
défaut de renseignemens assez complets ou assez précis.

Nous avons remarqué de même qu'Aratus ne donne pas la grandeur
bien exacte des étoiles des Serres.

La tête de la grande Ourse (α) est la boréale des deux précédentes, du carré ; la plus australe (β) est aux pieds de devant. C'est ce qu'ont supposé Aratus et Attale, lorsqu'ils disent que la queue du Dragon est contre la tête de l'Ourse.

Il faut savoir, ajoute Hipparque, que les Anciens ne mettaient que sept étoiles dans la grande comme dans la petite Ourse : la tête et les pieds étaient dans les quatre qui forment le carré.

L'étoile de la queue (du Dragon), dit-il encore, est sur son parallèle, en 3° du Lion, et l'étoile du carré e st un peu moins avancée que 3°.

Si nous calculons ces deux ascensions droites d'après nos catalogues et les suppositions ci-dessus par la formule

$$\tan \mathcal{R} = \cos \omega \tan L - \frac{\sin \omega \tan \lambda}{\cos L};$$

nous aurons.......... $5^s 26° 57'$.... et.... $5^s 28° 16'$
au lieu de............ $4.\ 3.\ 0$.... et.... $4.\ 2.55$
   Les diff. seraient.... $6.\ 3$.... et.... 4.39, un peu moins.

Mais Hipparque ne connaissait pas encore la précession qu'il a depuis découverte le premier ; il a dû croire que les étoiles étaient, du tems d'Eudoxe, à la place où il les observait lui-même.

Si nous calculons pour le tems d'Hipparque, nous aurons

λ...... $4^s\ 1°42'$.... α..... $4^s\ 4°25'$
au lieu de............ $4.\ 5$ .... $4.\ 2.55$
             $+\ 1.18$........... $-\ 1.30$,

ce qui va beaucoup mieux. Mais il en résulte que les ascensions droites d'Hipparque ne sont exactes qu'à $1°\frac{7}{10}$ et $1°\frac{1}{2}$, et de plus, que la queue du Dragon (λ) qu'il croyait un peu plus avancée en ascension droite, l'était réellement un peu moins.

Remarquons encore cette expression : *l'étoile sur son parallèle était en 3° du Lion*. Ainsi il comptait les ascensions droites sur le parallèle et non sur l'équateur, ce qui au reste revient au même. Enfin remarquons que ces erreurs de $1°\frac{1}{2}$ sur des parallèles si voisins du pôle, sont excusables, vu l'imperfection des instrumens.

Cela posé, continue Hipparque, comment ont-ils pu dire que les Gémeaux et le Cancer sont placés sous l'Ourse ? Si la tête et les pieds de devant sont en 3° du Lion, il faut donc ne nommer que le Lion. L'australe du carré (γ) n'est pas en 25° du Lion (je trouve 26° 11' pour le tems d'Hipparque ; c'est toujours à peu près la même erreur 1° ½ et elle n'empêche pas la remarque d'être juste) ; mais si l'on veut ajouter la queue, il faudra joindre au Lion une partie des Serres ; car la dernière de la queue et des sept', est sur son parallèle en 4° des Serres (je trouve 5° 11' ; c'est encore 1° ½ de plus). Hipparque ajoute, *en supposant les tropiques et les équinoxes au commencement des signes*. Si l'on plaçait les tropiques au milieu des signes comme Eudoxe, il faudrait ajouter 15° à toutes les ascensions droites ci-dessus. La plus faible deviendrait 4° 18°, la plus grande 6° 19° ; il faudrait donc placer sous l'Ourse le Lion qui commence à 4° 15°, la Vierge qui commence à 5° 15°, et les Serres qui commencent à 6° 15°.

Il paraît donc constaté par ces calculs qu'Hipparque, au tems où il composait ce commentaire, n'avait encore aucune idée du mouvement de précession ; que les calculs qu'il faisait dans la supposition de l'immobilité des fixes, ne pouvaient lui donner les phénomènes tels qu'auraient pu les observer Eudoxe ou Aratus ; qu'il a pu croire Eudoxe en erreur, quand Eudoxe pouvait avoir raison ; mais entre Hipparque et Eudoxe, l'intervalle n'est guère que de 200 ans, et la précession n'était guère que de 3° ; les différences pouvaient très-bien échapper aux observations d'Eudoxe.

Aratus avait dit que le Cocher se levant avec le Taureau, se couchait beaucoup plus tard ; mais suivant Hipparque, ce sont les pieds du Cocher qui se lèvent avec le Taureau, le reste du corps avec les Poissons et le Bélier, l'épaule droite et la main droite bien avant le pied gauche. Aratus n'était pas d'accord avec lui-même ; il aurait dit une chose plus remarquable et plus vraie, s'il eût dit que le Cocher se levant avant le Taureau, se couchait après lui.

Ils se sont trompés tous deux sur Céphée, en disant que ses pieds et l'extrémité de la queue de la petite Ourse, font un triangle équilatéral ; l'intervalle des pieds est moindre, et le triangle n'est qu'isoscèle. (Si les pieds sont γ et x de Céphée, le triangle pourrait bien être scalène, mais peu nous importe.)

Il reproche à Aratus d'avoir dit que la Lyre est en avant d'Hercule, parce qu'elle est à l'orient. Ce pourrait être une chicane. A la vérité la Lyre est à l'orient d'Hercule ; elle le suit donc à l'horizon et au méridien : mais Hercule paraît la regarder ; le poëte a pu dire qu'elle était devant lui, en ne faisant attention qu'à la disposition des figures, et sans songer au mouvement diurne. Mais Hipparque a pleinement raison quand il reproche à Aratus de n'avoir pas donné une idée exacte des grandeurs des étoiles de Cassiépée et d'Ophiuchus. Mais il garde le silence sur le vers où Aratus dit que la Lyre ne renferme aucune étoile brillante, et la luisante de la Lyre est une des plus belles étoiles du ciel. Ptolémée la fait de première grandeur. Ce censeur qu'on dit si sévère, ne profite donc pas toujours de tous ses avantages; et nous pouvons dire que jusqu'ici nous n'avons trouvé dans ses critiques, rien d'amer ni d'injuste.

Il attaque ensuite Eudoxe pour avoir dit dans *les Phénomènes*, que *sous Persée et Cassiépée, à une petite distance, est la tête de la grande Ourse, et que dans l'intervalle, il n'y a que des étoiles faibles;* et dans le Miroir, *derrière Persée, et près des cuisses de Cassiépée, est, à une petite distance, la tête, etc.* L'intervalle n'est pas si petit, car Cassiépée est en 11^s 12° et Persée dans le Bélier; tandis que, suivant Eudoxe, la tête de la grande Ourse est en 4^s 12°. Il eût été plus juste de dire que ces deux constellations sont plus près de la queue de la petite Ourse; car cette étoile est en 11^s 18°, en suivant Eudoxe, ou en 0^s 3°, en ajoutant 15° pour la différente manière de compter.

Ce passage ne dit pas qu'Eudoxe ait en effet donné 0^s 3° d'ascension droite à la queue de la petite Ourse. Eudoxe n'avait pas fait d'observations, Hipparque le dit plus loin, ou du moins il n'en avait fait qu'à la vue simple; mais Hipparque trouvant la queue en 11^s 18° suivant sa manière de compter, nous dit seulement que ce serait 0^s 3° suivant la manière d'Eudoxe, qui plaçait le solstice en 15° du Cancer, et non en 0^s du Cancer.

Pour le tems d'Hipparque, je trouve pour l'ascension droite de la queue de la petite Ourse, 11^s 16° 18'; c'est 1° 42' de moins que ne dit Hipparque; la déclinaison 77° 43', et la distance polaire 12° 17'. Cette erreur de 1° $\frac{7}{10}$ est encore moins étonnante que la précédente, puisque l'étoile est plus près du pôle. Remarquons en passant que cette étoile est à 12 ou 14° du colure des équinoxes.

Il reproche justement à Aratus d'avoir dit que, pour reconnaître le Bélier dont les étoiles sont faibles, on pouvait recourir au triangle dont les étoiles sont réellement moins remarquables; mais il paraît partager le tort d'Aratus quand il ajoute, que les étoiles de la tête ne le *cèdent guère* à celles du triangle, mais que *surtout celle qui est au pied de devant, est belle et remarquable.* C'est celle de la tête qui est certainement la plus belle, puisqu'elle est de seconde grandeur et que le triangle n'en a que de quatrième. Les quatre étoiles de la tête qui sont de deuxième, troisième, quatrième et cinquième grandeur, ont une figure très-facile à reconnaître. Nous ne voyons rien aujourd'hui au pied de devant, à moins qu'on n'étende l'un des deux pieds de devant jusqu'au nœud du lien des Poissons, d'après Ératosthène qui nous dit, que le lien des Poissons est attaché au pied de devant du Bélier. Mais le nœud n'est que de quatrième grandeur ; il est moins remarquable que β et γ du Bélier, et surtout que α. Mais Ptolémée ne mettait pas α véritablement dans la tête, il le plaçait au-dessus, parmi les *informes* ; cependant il ajoute que, selon Hipparque, cette étoile était ἐπὶ τοῦ τραχήλου ῥύγχους, *sur le cou du bec*, expression assez singulière.

Il a pleinement raison contre Aratus qui dit que les deux Poissons sont au sud du Bélier ; l'un des deux est plus boréal. En effet, dit Hipparque, le museau du Poisson boréal est un peu au sud de la ceinture d'Andromède, et à 70° du pôle. Elles n'en sont pas aujourd'hui à 60° ; mais comme les déclinaisons de ces deux étoiles diffèrent d'environ 5°, cette indication n'est qu'approximative, et ne mérite pas d'être soumise au calcul.

La suivante de la queue en est à 78°. Il en est de même de la boréale du museau et de la boréale de la queue. Toutes les étoiles du corps sont plus australes. (Je ne vois pas assez clairement quelles sont ces étoiles, pour entreprendre le calcul ; mais la remarque d'Hipparque n'en est pas moins évidente, et nous dirons avec lui :) s'il en est ainsi, comment Aratus a-t-il pu dire que l'équateur passe par le Bélier?

Aratus s'est encore évidemment trompé quand il y a mis le genou gauche de Persée. Il a tort aussi de dire qu'il n'y a que six étoiles dans les Pléiades ; car en *y faisant bien attention dans une nuit obscure et sans lune, on aperçoit la septième.* (On voit qu'Hipparque avait de bons yeux.) C'est à tort qu'il dit que le Cygne est obscur ; car il y a plusieurs belles étoiles, et particulièrement celle de la queue, qui est voisine de la *luisante de la Lyre*, et presque son égale en lumière.

Dans une discussion qui ne peut avoir que peu d'intérêt pour nous, sur le lever du Cocher, Hipparque dit que la tête de la petite Ourse (β), est à la fin du Scorpion, ou qu'elle est sur son parallèle à près de 8^s ou 240°. Je trouve 8^s 0° 41′ pour le tems d'Hipparque.

Hipparque en conclut que le point qui culmine avec la tête de la grande Ourse, est en 8^s 5° de l'écliptique. Je trouve 8^s 4° 49′. Il ajoute qu'en Grèce, à 37° de latitude, le point qui se lève est 10^s 17° de l'écliptique. Je ne trouve que 10^s 13°. Ainsi, conclut Hipparque, ce n'est pas le Scorpion qui se lève , mais bien le milieu du Verseau , et le Scorpion est déjà levé tout entier. La différence est de plus de 3 signes.

Ceci nous prouve qu'Hipparque savait calculer des triangles sphériques, qu'il connaissait les ascensions droites avec la même exactitude à peu près qu'il a mise dans son Catalogue rapporté à l'écliptique; d'où l'on pourrait inférer qu'il avait d'abord observé les ascensions droites et les déclinaisons ; d'où il aura ensuite conclu les longitudes et les latitudes, quand il aura reconnu que les latitudes étaient constantes, et que les longitudes augmentaient plus uniformément que les ascensions droites; que c'est alors aussi , peut-être , qu'il aura imaginé l'astrolabe qui lui donnait directement les lieux des astres rapportés à l'écliptique. Nous verrons que dans les dernières années , au moins , il avait à Rhodes un instrument de ce genre, avec lequel il observait la Lune. Ceci n'est en partie qu'une conjecture ; nous nous rendrons attentifs à ce qui pourrait ou la détruire ou la confirmer. Il résulterait encore de ce passage, que l'équateur était divisé en douze signes de 30° chacun ; et que c'était le long de l'écliptique, pareillement divisée , que l'on comptait les constellations. Ce sont encore des idées à vérifier dans l'occasion. Avant l'invention du calcul, la division de l'équateur en douze parties égales, partageait inégalement l'écliptique , déterminée par les levers des étoiles; mais avec le calcul, on peut déterminer les arcs de l'écliptique qui se lèvent avec les parties égales de l'équateur. Au reste , si nous disons qu'Hipparque était dès lors en possession des méthodes de la Trigonométrie sphérique , cela n'est pas tout-à-fait hors de doute. Il n'est pas absolument impossible qu'avec un globe fait avec soin, dont le méridien , l'équateur et l'horizon eussent été divisés en degrés , il eût pu trouver les derniers résultats que nous venons de rapporter ; car il est encore à remarquer que le mot de calcul, de nombres, de trigonométrie ne se rencontre pas une seule fois dans tout ce que nous avons analysé jusqu'ici. Accoutumés dès long-tems à résoudre ces problèmes par le calcul, nous sommes trop aisément portés à croire que les Anciens faisaient comme nous. Mais il faut d'autres raisons pour s'en convaincre.

Hipparque nous apprend ensuite que le pied gauche d'Orion se couche avec le septième degré du Taureau ; ce pied gauche est Rigel. Je trouve 1ˢ 5° 57′, ou si l'on veut, 1ˢ 6° ; c'est un degré de moins.

La dernière étoile qui se couche est l'épaule droite (α) ; Hipparque dit qu'elle se couche avec 1ˢ 24°, Je trouve 1ˢ 22° 9′.

En ajoutant la massue qu'Orion tient dans la main droite, il ne se couche-
rait qu'avec le dernier degré du Taureau ; le calcul en serait bien facile,
mais il ne nous apprendrait rien de plus ; d'ailleurs nous ne sommes pas
bien sûrs de l'étoile. Si c'est x, elle est voisine de $\zeta\,\forall$, et doit se coucher
à peu près en même tems.

Ce qui suit sur Céphée est obscur et incomplet ; mais on y voit très-
clairement qu'Aratus et Attale se sont trompés. A la latitude de 57°, la
ceinture de Céphée ne peut se coucher, ni même les épaules; il n'y a que
les étoiles de la tête qui peuvent disparaître.

La belle étoile de l'épaule droite de Céphée est à 35° $\frac{1}{2}$ du pôle; je
trouve 35° 39' $\frac{1}{2}$. Celle de l'épaule gauche à 34° $\frac{1}{2}$; je trouve 34° 22' Ces
étoiles ne pouvaient donc se coucher à Athènes. L'erreur serait plus
grande encore si l'auteur écrivait pour le parallèle qu'il a indiqué ;
car si le plus grand jour est de 15^h, Céphée sera tout entier dans le
cercle arctique.

Les différences de 9' et 7' que nous trouvons ici entre nos calculs
et ceux d'Hipparque, sont des quantités dont il est difficile de répondre
pour ces tems éloignés.

Aratus se trompe encore quand il dit que le Navire est sans étoile
depuis la proue jusqu'au mât; car à l'endroit où il est coupé, on voit
plusieurs belles étoiles, l'une boréale sur le pont, l'autre australe dans
la carène et qui sont plus à l'orient. Ici rien de bien précis, car la figure
d'Argo a éprouvé bien des changemens. Ptolémée place une étoile de
seconde grandeur sur le pont, à 3^s 21° 30' de longitude et 58° 40' de
latitude ; une de troisième à la section du pont, en 4^s 17° 30' et 51° 15' ;
une de seconde, ἐπὶ τῆς τρόπεως (on dit que τρόπις est le lien qui
attache la rame au bord du vaisseau). Cette dernière est par 4^s 3° 30'
et 59° 40'. En voilà plus qu'il n'en faut pour prouver l'assertion
d'Hipparque.

Nous omettons quelques critiques aujourd'hui peu importantes, mais
nous copierons une citation d'Eudoxe.

Sous la Baleine est le Fleuve qui commence au pied gauche d'Orion.
Entre le Fleuve et le gouvernail, au-dessous du Lièvre, il est un lieu
qui n'est pas grand et qui contient des étoiles obscures. Et dans son
autre Livre : Entre le gouvernail, sous le Lièvre, il y a un ciel
(ὀυρανὸς) peu grand, qui a des étoiles obscures.

Hipparque trouve que ces passages ont été bien rendus par Aratus,
et qu'Attale n'a pas saisi le sens du poëte. Il attaque ensuite Aratus qui

avait opposé l'Autel à Arcturus. Il dit que les distances polaires sont loin
d'être égales ; que la brillante du milieu de l'Autel est à 46° du pôle ;
Arcturus est donc bien plus éloigné non-seulement que l'Autel, mais
même que le Scorpion, sous lequel est l'Autel ; car sans parler des étoiles
de la poitrine et du front, ni du premier nœud après la poitrine, l'étoile
du second nœud est à 59° du pôle austral : c'est la distance d'Arcturus au
pôle boréal. La plus australe de toutes est à 52° 20′ ou 52° 5′ ; car 20
et ⅕ sont souvent difficiles à distinguer dans les textes grecs. Pour
l'Autel, je trouve 45° 8′, ou 52′ de moins qu'Hipparque. Pour le second
nœud 58° 8′ ; c'est encore 52′ de moins. Pour le quatrième nœud qui est
le plus austral, je trouve 52° 15′, et la différence n'est que de 5′ ou de 12′.
Pour Arcturus, enfin, je trouve 60° 2′, c'est-à-dire 52′ de plus ; mais on
sait qu'Arcturus a un mouvement propre.

Je ne vois rien de bien déterminé dans ce qui regarde les épaules du
Centaure.

Hipparque s'exprime plus clairement quand il dit que la suivante de la
tête est en 5ˢ 29° ; l'épaule droite en 6ˢ 7° ; l'australe des jambes de
derrière en 5ˢ 15° environ. Je trouve pour ces trois étoiles 6ˢ 0°, 6ˢ 2° 39′,
5ˢ 29° 18′ : les différences sont + 1°, — 4° 21′ et + 16° 18′. Il faut qu'il
y ait ici quelque méprise. Dans Ptolémée, toutes les étoiles ont au moins
6ˢ de longitude ; une seule devait avoir 5ˢ 28° au tems d'Hipparque.
Pour en tirer 5ˢ 15° d'ascension droite, il faudrait une latitude considérable. J'essaie α de la Croix du sud, je trouve 5ˢ 11° 13′ ; ce n'est plus
que 1° 47′ de moins : δ de la Croix donnerait 5ˢ 8° 51′. La probabilité
est donc toujours pour α de la Croix. L'erreur sur cette étoile est beaucoup moindre que celle de l'épaule, qui est de 4° 21′, quoiqu'il n'y ait
aucune incertitude sur l'étoile.

On voit en passant que la belle constellation de la Croix du sud, donnée
comme une découverte des navigateurs portugais, était connue des
Anciens, et qu'elle était à l'un des pieds du Centaure. Cette partie la
plus australe du ciel, est peut-être ce qu'il y a de plus défectueux chez
les Anciens et même dans Ptolémée. La raison est simple, c'est le peu
d'utilité de ces étoiles qui sont si peu de tems sur l'horizon, et la difficulté jointe à la rareté des observations.

Sur le vers αὐτοὶ δ' ἀπλατεῖς (on lit aujourd'hui ἀπλατεῖς, c'est-à-
dire *fixes*, et non pas *sans largeur*). Attale disait qu'il fallait αὐτοὶ δὲ
πλατεῖς, *ils ont une largeur* ; car autrefois on donnait une largeur au
zodiaque et aux tropiques, *afin que le Soleil fût toujours dans ces*

cercles, quoique les plus grandes déclinaisons du Soleil ne fussent pas toujours les mêmes. Eudoxe disait dans le Miroir, que les plus grandes déclinaisons éprouvaient des variations, quoique peu considérables. Il était plus simple de les attribuer aux erreurs des observations. Hipparque les nie, par la considération qu'elles auraient rendu faux les calculs des éclipses de Lune dans les solstices; au lieu qu'ils ne sont guère en erreur que de deux doigts au plus, et cela fort rarement. Deux doigts font un sixième du diamètre de la Lune ou 5' ½. Il lui paraît plus naturel d'attribuer cette erreur aux Tables lunaires, et nous nous rangerons à cet avis. La conclusion d'Hipparque est que l'équateur, les tropiques et l'arctique sont sans aucune largeur, ce qui ne peut faire aucun doute; mais ce point d'histoire nous a semblé curieux et bon à connaître.

Hipparque admet avec Aratus qu'un coup d'œil peut embrasser 60°; mais il le critique pour avoir dit que les tropiques sont beaucoup moindres que l'équateur, tandis qu'ils n'en diffèrent guère que de $\frac{1}{17}$. Il le blâme aussi d'avoir mis les têtes des Gémeaux dans le tropique. Le tropique, dit-il, n'a guère que 24° de déclinaison; les têtes des Gémeaux ont l'une 30° et l'autre 33 ½. Il faut croire qu'Hipparque ne donne ici que des à peu près. Il connaissait l'obliquité d'Eratosthène, 23° 51'; il l'employait dans ses calculs, si nous en croyons Ptolémée; il se pourrait qu'il n'eût pas mis plus de précision dans ce qu'il dit des têtes des Gémeaux. Cependant je trouve 30° 18' et 33° 36', c'est-à-dire 18' et 6' de plus. On voit d'abord qu'Aratus a certainement tort, que jamais ces deux étoiles n'ont pu être à-la-fois dans le tropique, à moins de lui donner une largeur de plus de 3°.

Pour savoir le tems où une étoile a pu être dans le tropique, il faut chercher le tems où l'on avait

$$\sin \omega = \cos \Delta = \cos \omega \sin \lambda + \sin \omega \cos \lambda \sin L,$$

ou

$$\sin L = \sec \lambda - \cot \omega \, \mathrm{tang} \, \lambda \, ;$$

ainsi pour Castor, on aurait L = 31° 55' au lieu de 81° 5', ce qui donne une rétrogradation de 49° 52', et fait remonter à une époque éloignée de 3600 ans. Pour Pollux, je trouve L = 47° 57' au lieu de 84° 6', c'est-à-dire une rétrogradation de 36° 9' ou de 2700 ans.

Si nous faisons passer le tropique entre les deux étoiles, il faudra remonter de 3150 ans, et donner au tropique 3° de largeur; mais si l'on suppose une largeur au tropique, il n'y a plus de calcul à faire.

Aratus mettait les genoux du Cocher sur le tropique. Hipparque
objecte que les genoux n'ont pas d'étoiles, ce qui ne serait pas une
raison bien valable, et que le pied même, moins boréal que le genou,
a 27° de déclinaison. Ce pied est en même tems la corne du Taureau.
Je ne trouve que 24° 28'. On pourrait donc dire que le tropique passe
très-près (à ½ degré) de la corne du Taureau ; mais le genou est plus
haut de plusieurs degrés. Voilà encore une déclinaison d'Hipparque qui
n'est exacte qu'à 5° (à moins de faute de copie). On ne ferait qu'augmenter l'erreur en prenant la latitude de Ptolémée et en retranchant
2° 40' de la longitude.

Aratus fait passer le tropique par la jambe et l'épaule gauche de Persée.
Hipparque objecte que l'étoile du milieu du corps est à 40° de déclinaison
et de 16° au-dessus du tropique. Je trouve 40° 27'. La tête est plus boréale,
les pieds le sont moins.

Aratus place sur le tropique l'étoile au-dessus du coude droit d'Andromède. Hipparque dit que des trois étoiles qui sont au bras droit, la
plus boréale (θ) a plus de 30° de déclinaison ; que des trois étoiles qui
sont à la main droite, la plus australe (λ) a 32° de déclinaison : je ne
trouve que 27° 12' pour θ, et 35° 15' pour λ. Les déclinaisons d'Hipparque
sont assez inexactes, mais son objection subsiste.

Il dit encore que la boréale de l'aile du Cygne (ζ) est à 23° de déclinaison, le bec (β) à 25° 25', l'étoile du larynx à 31° ; et qu'ainsi ni
la tête ni le cou ne peuvent être sur le tropique où les plaçait Aratus.
Je trouve pour ζ, 25° 55' ½ ; pour β, 27° 45' ; quant à l'étoile du larynx, je
ne vois pas bien certainement ce qu'il a voulu désigner.

Aratus met sur le tropique les belles épaules d'Ophiuchus ; mais l'épaule
droite est bien plus près de l'équateur que du tropique. L'épaule
gauche est de 10° plus australe que le tropique. La déclinaison de l'épaule
droite est de 7° (je trouve 7° 35' 40" ; et pour l'épaule gauche 14° 30') :
Hipparque dit près de 15°.

Aratus a raison pour ce qui concerne le Lion et l'Ecrevisse ; car le
cœur du Lion est un peu au sud du tropique, et la suivante un peu au
nord. Ces étoiles sont α et η du Lion. En effet α ou Régulus est de 3° 3' au
sud, et η de 1° 26' au nord. Mais on voit que quand Aratus a raison,
c'est qu'il n'a rien articulé de précis.

Le tropique passe encore entre θ du Lion qu'il laisse à 2° 12' au nord,
et ι qu'il laisse à 2° 30' au sud. Mais d'après cette position du tropique,
l'expression d'Aratus, $\pi\alpha\rho'$ $\alpha\iota\delta\tilde{\omega}$ n'est pas rigoureuse. Le cercle qui

coupe le Lion dans sa longueur, doit passer un peu au nord de cette partie du Lion (*pudendum*).

Je trouve l'Ane boréal 3° 53′ au-dessus du tropique, et l'Ane austral 17′ au-dessous. Hipparque dit du premier qu'il est de 2° ½ au nord, et de l'autre qu'il est presque sur le tropique.

Les deux autres étoiles de la Nébuleuse sont sans doute ϰ qu'Hipparque met 1° ½ au-dessus et θ qu'il met 1° au-dessous ; ce qui est sensiblement vrai. Ainsi nous nous dispenserons du calcul.

Aratus paraît avoir suivi Eudoxe en ce qui concerne le Cancer, le Lion et la Vierge, les pieds du Cheval, Persée, les genoux du Cocher et les têtes des Gémeaux. Mais c'est la tête et non les épaules d'Ophiuchus qu'Eudoxe plaçait sur le tropique, ce qui est une autre erreur : mais du moins la tête en est plus voisine que les épaules ; car elle est de 7° au sud (je trouve 7° 59′). Eudoxe y place encore le cou et l'aile gauche du Cygne, la main droite d'Andromède, le cou du Serpent et la main droite d'Hercule. Le cou du Serpent est apparemment δ ; quant à la main droite d'Hercule, je n'y vois rien de bien reconnaissable.

Dans toutes ces remarques sur le tropique d'Eudoxe, on ne trouve pas une seule position un peu précise. Sa Sphère devait donc avoir été faite à vue et sans aucun instrument, et même sans instrument, il était aisé de faire beaucoup mieux, en observant les étoiles qui traversent l'horizon au levant et au couchant d'été. On en pouvait faire autant pour le tropique du Capricorne, avec les points levant et couchant d'hiver, et pour l'équateur, par les points est et ouest de l'horizon.

Mais les données d'Eudoxe ne s'accordent pas entr'elles ; c'est qu'il n'a point regardé le ciel, qu'il a recueilli les observations grossières faites à vue, peut-être en différens tems et en différens pays. Il n'est pas étonnant qu'avec des élémens aussi imparfaits, il ait donné des discordances énormes ; ce qui étonne davantage, c'est la peine inutile que se sont donnée quelques modernes pour expliquer tout cela, en supposant des observations faites à des époques éloignées les unes des autres. Il faudrait autant d'époques différentes qu'Eudoxe a nommé d'étoiles. On s'est accordé à prendre pour idée fondamentale, que les observations étaient bonnes. Il était bien plus naturel de les supposer mauvaises ; mais alors on n'aurait pu bâtir aucun système.

On ne peut donc rien, absolument rien conclure des livres d'Eudoxe, paraphrasés par Aratus, sinon qu'on n'avait pas encore su, ni même voulu faire aucune observation passable en Grèce, non plus qu'ailleurs ;

que celles mêmes d'Hipparque ne sont pas toujours sûres, à 1 , 2 , 3 et 4°
près ; car ces erreurs sont trop nombreuses , pour les rejeter toutes sur
des fautes de copie. Cette remarque jointe au silence absolu sur la précession , nous paraît prouver que son Commentaire est l'un des plus anciens
de ses ouvrages. Enfin on ne verra qu'une manière différente de compter
les signes et les degrés entre Hipparque et Eudoxe. Le premier mettait
les points équinoxiaux et solsticiaux dans le milieu des signes. Il étend
le signe d'été, celui des plus longs jours, θερινώτατος, comme dit Aratus,
à 15° de part et d'autre du point solsticial ; et cette manière était certainement la plus naturelle, tant qu'on n'avait aucun calcul à faire. Hipparque,
au contraire, qui avait imaginé ou perfectionné la Trigonométrie , avait
senti le besoin de placer le point o du zodiaque et de l'équateur à
l'intersection de ces deux cercles , au point où était l'angle constant du
triangle sphérique avec le commencement de l'hypoténuse et de la base.
Mais ensuite , pour comparer ses calculs aux nombres d'Eudoxe, il nous
avertit qu'il faut ajouter 15° aux arcs qu'il calcule sur l'écliptique.
Ainsi les 15° d'Eudoxe ne signifient pas qu'Hipparque et lui eussent
placé le solstice en des points réellement différens. Le point était le
même , le chiffre seul était changé. Voilà ce que n'ont pas vu les chronologistes qui avaient à peine quelques notions d'Astronomie, et ce
que n'ont pas voulu voir les astronomes à système, qui se sont égarés
à l'envi pour n'avoir pas voulu convenir que l'Astronomie a toujours
été dans l'enfance chez tous ceux qui ont fait des sphères et des
zodiaques, sans jamais donner en nombre la longitude ni l'ascension
droite d'une étoile. Nous reviendrons sur ces idées auxquelles nous donnerons de nouveaux développemens, quand nous aurons achevé l'examen
du Poëme d'Aratus.

Suivant ce poëte, l'équateur traversait le Bélier dans sa longueur ;
mais suivant Hipparque, le Bélier était tout entier au nord : l'étoile des
pieds de derrière était seule dans l'équateur. Il est difficile de dire quelle
était cette étoile , car il est constant que la forme de cette constellation
a éprouvé plusieurs changemens , d'abord par le fait d'Hipparque , ensuite
par celui de Ptolémée , sans parler des modernes.

Ptolémée place au pied de derrière une étoile de quatrième grandeur ;
elle avait 0° 8′ de déclinaison au tems d'Hipparque. Il ne reste aucun
doute ; mais nos Catalogues modernes n'offrent aucune étoile qui ait 5° ½
de latitude australe, à moins qu'on n'emprunte l'étoile ξ de la Baleine ,
qui est de quatrième grandeur.

Hipparque convient ensuite que la ceinture d'Orion est dans l'équateur, sans dire quelle étoile de la ceinture; mais il ajoute que la spire du Dragon (de l'Hydre), le loup et le Corbeau sont beaucoup au sud; la queue du Corbeau seulement s'en approche. Ptolémée ne met aucune étoile à la queue. Il n'y en a pas dans les Catalogues modernes.

Des étoiles des Serres, reprend Hipparque, il n'y a que la brillante de la Serre boréale qui s'approche de l'équateur, les autres sont plus australes. Les genoux d'Ophiuchus sont au sud, le genou gauche de $5°\frac{1}{2}$, le droit de 10° et plus. Je trouve $4°\frac{1}{4}$ et $10°\,45'$.

Eudoxe avait dit que le milieu des Serres était sur l'équateur; ce qui signifie simplement que l'équateur et l'écliptique se coupant à 15° du Bélier, ils doivent se couper de même à 15° des Serres. Il plaçait encore sur l'équateur l'aile gauche de l'Aigle, le rein du Cheval et le Poisson boréal : mais l'Aigle ne touche pas l'équateur; le rein du Cheval est au nord de plus de $5°\frac{1}{4}$, et le Poisson boréal de 10°.

Le rein ne peut être que γ de Pégase : je trouve $5°\,42'$ pour cette étoile. Suivant Ptolémée, la boréale du Poisson boréal était en $11^s\,29°\,20'$ au tems d'Hipparque, avec une latitude boréale de $21°\,45'$, ce qui donne une déclinaison boréale de $19°\,55'$ et non pas de 10°; peut-être faudrait-il lire 20°.

En discutant ce qu'Aratus a dit du cercle arctique, Hipparque nous dit que la distance polaire de l'épaule gauche du Bouvier est de $41°\,4'$; je trouve $41°\,34'$. Quant à la Lyre, il dit que la plus boréale est à 49° du pôle, que la plus australe du Dragon (γ) est à 37° comme l'arctique; pour la Lyre, je trouve $51°\,42'$. La boréale serait-elle δ qui est sur les cordes, au lieu que la luisante est sur la Coquille, ἐπὶ τοῦ ὀστράκου; pour γ je trouve $37°\,29'$.

L'aile droite du Cygne est à 40° du pôle, la boréale aux pieds de Cassiépée à 38°, la précédente des pieds de la grande Ourse à 24°, et la suivante à 25°.

Je trouve $39°\,40'$ pour $\varkappa$ du Cygne, $37°\,34'$ pour la jambe de Cassiépée ; $23°\,42'$ pour le pied précédent de la grande Ourse, et $25°\,7'$ pour le pied suivant. Ce qui prouve invinciblement que β et γ étaient alors les pieds de l'Ourse.

A l'occasion du cercle antarctique, Hipparque dit que Canobus est à $38°\frac{1}{4}$ du pôle, et visible par conséquent à Athènes, et surtout à Rhodes où la hauteur du pôle est de 36°, ce qui pourrait faire soupçonner qu'il demeurait déjà à Rhodes.

Eudoxe parle ensuite des colures. Il fait passer l'un par le milieu de la grande Ourse, le milieu du Cancer, ce qui est tout simple, le cou de l'Hydre, et le milieu d'Argo, entre le mât et la proue. Et de l'autre côté du pôle austral, par la queue du grand Poisson, le milieu du Capricorne, ce qui est encore un corollaire indispensable de son système de numération; par le milieu de la flèche, le cou et l'aile droite du Cygne, par la main gauche de Céphée, par le pli du Serpent (Dragon); enfin près de la queue de la petite Ourse.

Voici maintenant les réflexions d'Hipparque. La tête et les pieds de devant de l'Ourse sont dans le Lion; comment peut-on dire que le milieu de l'Ourse est dans le Cancer? La raison est qu'Eudoxe n'en savait pas davantage; c'est qu'il avait suivi aveuglément de mauvaises autorités, et copié les livres, ou les sphères, ou les cartes qu'on avait faites avant lui sans instrumens. Le cercle de latitude qui passe par le milieu de la grande Ourse, passe, a toujours passé et passera toujours par les étoiles du Lion; la précession n'y peut rien changer. Ce cercle de latitude a été autrefois le colure; alors il passait par le quinzième degré du Cancer, considéré comme signe, mais non par les étoiles du Cancer; et c'est ainsi qu'on a voulu justifier Eudoxe; mais il faut voir si l'on peut justifier par là toutes ses bévues. Ce cercle de latitude a-t-il pu jamais passer par la queue de la petite Ourse?

La grande Ourse n'avait que sept étoiles. Ptolémée leur donne les longitudes suivantes :

$5^s\ 17^d\ 40'$	$4^s\ 12^d\ 40'$
5.22.10	4.18. 0
4. 3. 0	4.29.50
4. 5.30	

Le milieu, entre la première et la dernière, serait $4^s\ 8^d\ 45'$. Il est donc évident qu'Eudoxe parle des étoiles, et non des signes ou douzièmes, des dodécatémories. Il est évident que son colure est mal tracé. Il n'y a pas moyen d'accorder ces longitudes, à moins de changer d'époque pour chaque étoile, et de cette manière, en expliquant tout, on n'expliquerait rien. Il n'y a donc aucune conséquence à tirer de pareilles données.

Le milieu de la grande Ourse est donc en 4ˢ 8° 45′ environ.

Le milieu du quadrilatère seul............... 5.26

La queue de la petite Ourse............... 2. 0.50

Le milieu des étoiles du Cancer............... 5.11

Le cou de l'Hydre............... 5.25

Le milieu d'Argo............... 5.14

La queue du Poisson austral............... 9.20 ⎫

Le milieu des étoiles du Capricorne..... 9.27 ⎪

Le milieu de la Flèche............... 9. 7 ⎬ ôtez 6° 0″

Le milieu du cou du Cygne............... 9.16 ⎪

L'aile droite............... 9.21 ⎭

La main gauche de Céphée............... 0. 7

Les plis du Serpent............... ⎧ 8. 5 ôtez 6°
⎨ 6.21
⎩ 5.29

Suivant Hipparque, la tête de l'Hydre est en 5ˢ 10° au plus ; suivant Ptolémée, la longitude est 5ˢ 14° qui se réduisent à 5ˢ 11° 20′ pour le tems d'Hipparque, en ne comptant que 2° 40′ de précession (ou 5ˢ 10° 19′ en comptant 50″ par an). La latitude est 15° australe, l'ascension droite 5ˢ 11° 4′ ; il est incertain si Hipparque parle de la longitude, mais peu importe. Le cou s'étend de 5ˢ 21° à 5ˢ 28° suivant Ptolémée, ou de 5ˢ 18°⅓ à 5ˢ 25°⅓ au tems d'Hipparque. La Flèche, suivant Ptolémée, de 9ˢ 4° à 9ˢ 10°. Hipparque dit qu'elle est toute entière plus avancée que le colure. Le colure ne la traverse donc pas.

Le Cygne a sa première étoile en 9ˢ 4° 30′ ou 9ˢ 1° 50′. Hipparque dit qu'elle passe le colure de 1°½. Ce qui suit n'est pas clair. L'extrémité de l'aile droite n'est avancée que de 21° par rapport au commencement du signe ; suivant Ptolémée, elle est en 16° 40′, ce qui ferait 14° pour le tems d'Hipparque.

La main de Céphée est loin du colure, car les étoiles de la tête qui sont les moins avancées, sont en 10ˢ 10°. La brillante de la main, dont quelques-uns font l'épaule, est en 10ˢ 25°. Il y a erreur manifeste ; car suivant nos Catalogues modernes, les étoiles de Céphée s'étendent de 0ˢ 2° à 2ˢ 20°, le milieu serait 1ˢ 11° ; retranchez 1ˢ pour la précession, il restera environ 0ˢ 11°.

Hipparque dit enfin que pour ce qui concerne le pli du Serpent et la queue de la petite Ourse, Eudoxe a raison. Hipparque appelle Serpent ce qu'on nomme aujourd'hui Dragon. Le pli du Dragon est en 8ˢ 24° 40ʹ ou 8ˢ 22°, et 8ˢ 28° 50ʹ ou 8ˢ 26° 10ʹ ; ce qui l'éloigne en effet beaucoup moins du tropique. L'erreur est cependant encore de 4° au tems d'Hipparque : elle était plus grande au tems d'Eudoxe. Pour la queue de la petite Ourse, les trois étoiles, suivant Ptolémée, seraient pour le tems d'Hipparque en 1ˢ 27° 50ʹ et 1ˢ 28° 50ʹ ; il s'en faut de plus d'un signe qu'elles ne fussent au colure.

Le colure des solstices est à la fois cercle de latitude et de déclinaison ; nous avons pu le vérifier par les longitudes. Il n'en est pas de même du colure des équinoxes, qui n'est que cercle de déclinaison, et qui doit contenir toutes les étoiles dont l'ascension droite est de 0ˢ ou 6ˢ 0°. Nous ne pouvons le vérifier que par les ascensions droites.

Eudoxe y place la main droite du Bouvier et le milieu de la constellation des Serres *en largeur*, ce qui n'est pas bien clair ; les Serres s'étendent en longitude de 6ˢ 18° à 7ˢ 3° : d'ailleurs elles s'étendent de 8° 50ʹ de latitude boréale à 1° 40ʹ de latitude australe. La longitude du point qui est entre les longitudes extrêmes est de 6ˢ 23°. Eudoxe y place encore la main droite du Centaure et ses genoux de devant. De l'autre côté du pôle invisible, c'est-à-dire à 0° d'ascension droite, il place le pli du Fleuve, la tête de la Baleine, le dos du Bélier *en largeur*, la tête et la main droite de Persée.

Pour mieux suivre les critiques d'Hipparque, plaçons ici les ascensions droites des étoiles d'Eudoxe, telles qu'elles résultent des positions que Ptolémée donne à ces mêmes étoiles.

Colure des Équinoxes.

Main droite du Bouvier, ascension droite... 6ˢ 24° 0ʹ
Tête du Bouvier...................... 6.24.42
Luisante de la Ceinture............... 6.16.42
Main du Centaure..................... 6.12.40
Lien du Poisson...................... 0. 3. 8
Dos du Bélier........................ 0.11.41
Tête de Persée....................... 0. 9.46
α de la Baleine...................... 0.10.58
Main droite de Persée, Nébuleuse..... 0. 1.40

Il faudrait que toutes ces ascensions droites fussent de 6ˢ ou de 0ˢ bien juste.

Hipparque observe que la main droite du Bouvier est en avant de ce cercle, d'un demi-signe environ. Il ne dit pas encore assez, l'erreur est de $\frac{1}{3}$ et non pas $\frac{1}{8}$. Il ajoute : car la moins avancée en longitude est à 6ᶳ 15°. Et en effet, la moins avancée des étoiles de Ptolémée me donne 6ᶳ 15° 26′. Il ajoute qu'il n'est pas exact de faire passer le colure par le milieu du corps, car l'étoile de la tête est en 6ᶳ 16° $\frac{1}{4}$. Je trouve 6ᶳ 24° 42′ 30″.

Suivant Hipparque, la luisante de la Ceinture est en 6ᶳ 14° 20′; je trouve 6ᶳ 16° 42′ ou 2° 42 de plus.

La main droite du Centaure est plus avancée que le colure, d'un quart de signe, car elle est à 6ᶳ 8°; je trouve 6ᶳ 12° 40′ ou 4° 40′ de plus.

La tête de la Baleine, toujours suivant Hipparque, est plus avancée que le colure, mais de bien peu de chose; car le lieu des Poissons, qui est après la tête, à la crête, est en 0ᶳ 5° $\frac{1}{4}$. Je trouve 0ᶳ 3° 8′ pour le lieu, et 0ᶳ 10° 58′ pour α de la Baleine.

Le dos du Bélier est plus avancé d'un tiers de signe, car l'étoile du milieu du dos est en 0ᶳ 11° $\frac{1}{3}$. Je trouve 0ᶳ 11° 41′.

La tête de Persée est plus avancée d'un tiers de signe; je trouve 0ᶳ 9° 46′, ce qui confirme l'observation d'Hipparque. Mais il ajoute qu'il en est de même de la main droite, et pour cette main je ne trouve que 0ᶳ 1° 40′ : elle serait donc sur le colure, ce qui pourrait faire soupçonner que la main de Persée n'était pas alors placée tout-à-fait comme elle est sur nos cartes modernes.

Quoique les erreurs soient ici moins singulières que sur le colure des solstices, on voit qu'elles sont encore assez considérables et assez différentes pour qu'aucun système ne puisse les concilier.

Au reste on ne doit pas s'étonner que les colures soient si mal décrits; les Anciens n'avaient aucun moyen pour les tracer bien exactement. Ici l'horizon ne sert plus de rien; il faut ou le calcul ou le passage au méridien. Le premier était impossible à Eudoxe, qui, suivant toute apparence, n'a fait aucun usage du second moyen, qui d'ailleurs exigerait un instrument placé dans le méridien, et de plus une horloge passable, ou tout au moins un point voisin de l'équateur bien connu et placé sur le colure. Cependant en supposant les étoiles bien placées sur leur parallèle au moyen des levers et transportées sur un globe, on pouvait tracer le colure des équinoxes à 90° de celui des solstices, et connaître ainsi toutes les étoiles qu'il traversait; autre preuve que ces

moyens si simples , s'ils ont été pratiqués , l'ont été du moins avec
beaucoup de négligence ; et comme les étoiles placées sur leur globe
ou à vue ou grossièrement , n'étaient pas bien aux endroits qu'elles
devaient occuper , le colure a traversé des constellations dont il était
éloigné , et ces erreurs nous donnent la mesure de celles qu'on avait
commises sur les lieux des étoiles.

Avant de passer au second Livre du Commentaire d'Hipparque sur
Aratus , revenons un instant sur la Sphère d'Eudoxe et d'Aratus , comparée à celle d'Hipparque.

Au solstice d'été , quand le Soleil est en a (fig. 4) , au plus haut
point de l'écliptique , l'arc AB de 30° dont il occupe le centre , est
tout entier absorbé dans ses rayons ; cet arc AaB est invisible , on n'aperçoit aucune des étoiles qui peuvent s'y trouver. Quand le Soleil et le
point a arrivent ensemble à l'horizon occidental , ils font connaître le
couchant d'été , et par suite le point diamétralement opposé qui est l'intersection de l'horizon avec le point b du solstice du Capricorne , et ce
point de l'horizon est le levant d'hiver.

Environ une heure après le coucher du Soleil , c'est le point B de
l'écliptique qui est à l'horizon , l'étoile en B ou voisine de B sera visible.
On voit , à plus forte raison , l'étoile en M qui se lève au point opposé
de l'horizon , la moitié de l'écliptique B$\triangle$M est alors visible. On peut
reconnaître et dessiner tous les groupes d'étoiles qui s'y rencontrent ;
mais pour suivre exactement cette moitié dans toute son étendue , il
faudrait connaître l'angle qu'elle fait avec l'horizon ; cet angle est un peu
moindre que la hauteur de l'équateur. Cette notion suffit pour distinguer
les belles étoiles qui sont à peu de distance au nord et au sud de
l'écliptique.

On remarquera facilement que le point B ne se couche pas exactement
au même point que le solstice a ; mais qu'il s'est rapproché un peu (de 1°)
du couchant équinoxial.

A mesure que le Soleil s'abaisse , on voit disparaître à l'occident la
partie BCE de l'écliptique , et monter à l'orient la partie correspondante
MKH ; la moitié visible de l'écliptique se rapproche de l'horizon.

Quand le point solsticial $\triangle$ se couche , ce qui arrive à minuit , le point
opposé γ monte à l'horizon , la moitié australe $\triangle \chi \gamma$ de l'écliptique est
alors visible , et fait avec l'horizon un angle égal à la hauteur de l'équateur , moins l'obliquité de l'écliptique , c'est-à-dire à la hauteur méridienne du Soleil en hiver ; ce moment est le plus favorable pour bien

juger la direction de l'écliptique ; et si dans ce moment on élevait sur
la ligne est et ouest un demi-cercle divisé en six arcs égaux de 30°,
de manière que l'angle avec l'horizon fût $= (h - \omega)$, on verrait au
même instant la moitié de l'écliptique divisée en ses six signes ; on
reconnaîtrait les étoiles remarquables qui s'y rencontrent, et celles qui
sont à quelques degrés au-dessus ou au-dessous. Dans les nuits suivantes,
on guetterait l'instant où ces mêmes étoiles seraient placées comme le
premier jour par rapport à l'instrument, et l'on ajouterait quelques
remarques à celles de la première observation. Dans le reste de la nuit
du solstice d'été, on verrait successivement monter à l'horizon l'arc
♈DA. Au lever du point A, le crépuscule commence et les étoiles
cessent d'être visibles ; mais dans la nuit, on a vu tout, excepté l'arc
AB. On a pu connaître onze signes de l'écliptique, c'est-à-dire la
totalité, à la réserve du signe dont le Soleil occupe le milieu. L'arc
invisible commence au lieu qu'occupait le Soleil quinze jours avant le
solstice ; il finit au point qu'il occupera quinze jours après le même
solstice. On connaîtra le point A que le Soleil occupait quinze jours
avant, le point B qu'il occupe quinze jours après ; de ces trente jours
on pourra former le premier mois, et cette manière ferait commencer
l'année vers le 6 juin.

Le mois suivant, le Soleil aura passé de ♋ en ♌ ; l'arc BC sera invisible ; on fera de KM l'usage qu'on a fait de ML.

Dans le troisième mois, le Soleil parcourra l'arc CE et l'arc opposé
HK sera celui dont on pourra observer les levers ; et ainsi des autres dans
les douze mois de l'année.

Au jour du solstice d'hiver, à minuit, on verra l'arc boréal ♈♋♎
formant aux points est et ouest un angle égal à $(h + \omega)$; on pourrait
donc le reconnaître et le diviser en six signes égaux. Mais laissons de
côté ce moyen dont ne parle aucun auteur, et que n'ont pas connu
les Anciens ; s'ils ne l'ont pas employé, ils n'ont donc pas eu l'idée du
moindre instrument ; ils n'ont connu d'autre moyen que l'horizon et
la vue simple : l'Astronomie était donc tout-à-fait dans son enfance. Ils
auront déterminé l'écliptique par parties, et successivement de mois en
mois, comme nous avons dit d'abord.

C'est ainsi que les Anciens ont pu reconnaître et diviser le zodiaque,
non pas aussi exactement que les modernes, mais à peu près et grossièrement, comme ils l'ont fait.

Toutes les étoiles qui se lèvent au point est sont dans l'équateur ;

toutes celles qui se lèvent aux points levans d'été ou d'hiver sont dans les tropiques. On peut, par les levers et avec une clepsydre, diviser en degrés les tropiques et l'équateur, et même tous les parallèles qui sont coupés par l'horizon. Toutes les étoiles qui se lèvent et se couchent, ainsi placées sur leurs parallèles, on pouvait faire passer un grand cercle par les points équinoxiaux et solsticiaux. On aurait reconnu les longitudes et les latitudes de toutes les étoiles zodiacales avec bien plus d'exactitude qu'on n'en trouve dans la Sphère d'Aratus.

Cette manière de diviser le zodiaque par les levers et les couchers, placerait les équinoxes et les solstices au milieu des constellations ; c'est ce qu'a fait Eudoxe. Tout ce que nous venons d'exposer, à la réserve du demi-cercle divisé en six signes, est contenu dans le Livre d'Autolycus, sur *la Sphère en mouvement*. Ainsi nous ne prêtons rien aux Anciens ; nous ne leur accordons que les connaissances qu'ils ont eues réellement.

Cette division du zodiaque était celle des Chaldéens et des Egyptiens (voyez Empiricus). De ces peuples elle a passé en Grèce où elle a été enseignée jusqu'au tems où Hipparque établit une nouvelle division dont le point de départ était à l'équinoxe du printems. Les Grecs appliquèrent leur géométrie à ces données étrangères : mais Autolycus ne parle que des cercles en général, de la division de l'écliptique en dodécatémories et de l'arc de 30° absorbé dans les rayons solaires que le Soleil partageait ainsi en deux arcs de 15°. On ne voit pas bien où il plaçait les solstices et les équinoxes. Eudoxe n'a pas été si loin ; rien ne prouve qu'il fût géomètre. Il nomme les constellations, en indique à peu près les places. Il ne parle nulle part de la division en degrés, il ne parle que des signes et de leur milieu, τὰ μέσα, et comme il n'observait pas, il est à croire qu'il se servait d'un mauvais globe, puisqu'il a si mal désigné les étoiles qui sont dans l'équateur, dans les tropiques et dans les colures.

Hipparque a cru que par ces mots *le milieu* du Bélier, des Serres, du Cancer et du Capricorne, Eudoxe a voulu faire entendre le milieu des dodécatémories que nous nommons *signes*.

Pétau prétend qu'Hipparque s'est *grossièrement trompé*, et qu'Eudoxe a entendu le milieu de chacune des constellations. Quoique je sois fort éloigné de rejeter cette interprétation, je ne serai pas si tranchant que Pétau ; je supposerai qu'Hipparque entendait mieux que nous le grec et le langage des astronomes de son tems ; mais n'est-il pas possible

qu'Eudoxe ait voulu dire les deux choses à la fois ? Il croyait les
constellations immobiles ; Hipparque partageait encore cette erreur qu'il
a reconnue le premier, mais dans un tems postérieur. Eudoxe s'enten-
dait-il bien lui-même, avait-il des idées nettes ? c'est ce dont il est
permis de douter, puisqu'il s'est expliqué d'une manière si obscure et si
équivoque, qu'Hipparque avait pu s'y méprendre. Nous n'avons plus le
livre d'Eudoxe, nous n'en connaissons que les fragmens conservés par
Hipparque ; Pétau pourrait-il répondre que dans le reste du Livre,
Hipparque n'avait pas lu des preuves plus claires de l'interprétation qu'il
donne aux passages que nous connaissons ?

Suivant Ptolémée, la première étoile du Bélier est en 0ˢ6°40′ de long.
ôtons pour avoir celle d'Hipparque...................... 0.2.40

Ainsi, au tems d'Hipparque, la longitude était..... 0.4. 0
ôtons encore... 2.47

La longitude, au tems d'Eudoxe, était donc....... 0.1.13

La constellation du Bélier commençait donc à très-peu près au point
équinoxial ; elle était donc renfermée toute entière dans le premier signe
ou premier douzième, et ne le remplissait pas. La première du Taureau
était, suivant Ptolémée, en 24° 40′ ; donc en 19° 13′ au tems d'Eudoxe. La
dernière des informes devait être au même tems en 1ˢ 27° 53′. Le Taureau avait donc près de 39° d'étendue ; il occupait les 10 derniers degrés
du premier signe et le second presqu'entier. Le hasard n'avait pas disposé
les étoiles de manière à former des constellations bien égales ; on
n'avait aucun moyen exact pour diviser l'écliptique, on s'est contenté
d'à peu près, ou bien tout simplement on a commis des erreurs.

Quoi qu'il en soit, du tems d'Eudoxe, le Bélier répondait au premier
signe à peu près. Comment a-t-il pu dire que l'équinoxe était au milieu
du Bélier ? à moins qu'il n'appelât du nom de Bélier l'arc de 30° qui
s'étendait également de part et d'autre du point équinoxial. S'il plaçait
l'équinoxe au milieu de la constellation, il le plaçait en un point qui
de son tems devait avoir 9° de longitude. Le scholiaste dit que l'équinoxe
est à 8° du Bélier ; mais ce scholiaste connaissait la précession. Les
modernes ont dit que la sphère copiée par Eudoxe, était plus ancienne,
qu'elle devait remonter à une époque plus reculée de 1200 ans environ,
parce qu'ils supposaient que l'équinoxe partageait également la constellation à laquelle ils donnaient 30° ; mais si Eudoxe a parlé du milieu de

la constellation, il ne se trompait que de 9° au plus, et l'époque ne devait être reculée que de 700 ans environ.

Il est en effet très-possible et très-probable que la sphère d'Eudoxe ne soit pas réellement de lui, et qu'elle appartienne à une époque plus ancienne : Eudoxe qui n'était pas observateur, n'a pu s'en apercevoir. L'équinoxe qu'il place au milieu de la constellation, c'est-à-dire à 15° ou à 9° du commencement de la constellation, avait déjà rétrogradé jusqu'à en être tout-à-fait dehors. Je ne prends aucun parti dans cette question qui me paraît inutile, parce qu'elle est insoluble ; mais cette sphère était-elle bien divisée ? Voilà une question bien plus importante et bien plus facile, et je crois qu'on peut, sans rien hasarder, la décider d'une manière négative, car nous avons vu les incohérences qu'elle renferme.

Dira-t-on que cette sphère est un composé hétérogène de plusieurs fragmens de différentes dates ? Mais nous avons vu qu'il faudrait supposer presqu'autant d'époques différentes qu'il y a d'étoiles sur les colures d'Eudoxe, sur ses tropiques et sur son équateur. On est donc forcé de revenir à cette idée bien simple, que toutes ces incohérences sont autant d'erreurs, et qu'il n'a existé aucune sphère passable avant celle d'Hipparque. Hipparque est le premier, du moins que nous connaissions, qui ait eu des armilles, un astrolabe et une dioptre, et qui ait su calculer ses observations. Malgré tous ces secours, il n'a pu nous donner que des positions d'étoiles assez imparfaites, et l'on voudrait que les premiers astronomes, dépourvus de tous ces moyens, nous eussent transmis des sphères exactes et des positions d'étoiles sûres, à quelques degrés près ? C'est là, je l'avoue, une prétention que je ne puis concevoir et que je n'admettrai jamais, à moins qu'on n'en fournisse des preuves positives que j'ai vainement cherchées dans les écrits des historiens et des astronomes.

Nous avons dit qu'Hipparque avait changé le point zéro de l'écliptique, et placé le commencement du Bélier à l'intersection vernale, au lieu qu'Eudoxe mettait les quatre points cardinaux de l'écliptique au 15° du Bélier, du Cancer, des Serres et du Capricorne. Voyons quelle raison a pu le déterminer à ce changement qui fait commencer l'été au point où les jours commencent à décroître, et l'hiver au point où ils commencent à augmenter ? Rien ne serait moins naturel, à ne considérer que les jours et les saisons.

Hipparque s'était fait des instrumens ; il avait un astrolabe qui suivait et mesurait tous les mouvemens de la sphère céleste. C'est à lui qu'on

doit la première division régulière de l'écliptique. Il savait calculer les
déclinaisons du Soleil, c'est-à-dire celles de tous les points de l'écliptique.
Il avait pour ces calculs une formule qui revenait à la nôtre, qui fait

$$\sin D = \sin \omega \sin \odot \, ;$$

ces longitudes du Soleil étaient comptées du point équinoxial, où se
trouvait le sommet commun de tous ses triangles. Il est vrai qu'il
pouvait faire

$$\sin D = \sin \omega \sin (L - 15°),$$

en comptant, comme Eudoxe, les longitudes des points de l'écliptique,
d'un point moins avancé de 15°. Mais la numération d'Hipparque était
plus simple et mieux adaptée à l'usage journalier. Elle lui épargnait cette
soustraction continuelle de 15° qu'il emploie cependant quand il veut
comparer une position d'Eudoxe à ses propres observations ou à ses
calculs. La raison de symétrie qui avait placé le solstice au milieu des
plus longs jours et l'équinoxe au milieu des jours moyens, d'après les
observations des levers et des couchers, n'était pour lui d'aucune importance ; la numération qu'il substituait à la manière vague et indéterminée qui s'était introduite quand on ne savait encore faire aucun
calcul, était plus commode pour lui, sans inconvéniens pour les autres
astronomes, et elle était même de nature à n'être pas aperçue par le
vulgaire.

Après ces réflexions, desquelles il résulterait qu'il n'y avait qu'une
différence apparente entre les équinoxes d'Hipparque et ceux d'Eudoxe,
il paraît assez inutile de discuter le différent entre Hipparque et Pétau,
ou plutôt cette question paraîtrait jugée en faveur d'Hipparque ; mais
sans y attacher la moindre importance, nous nous rendrons attentifs,
dans ce qui va suivre, à faire remarquer tout ce qui pourrait jeter quelque
jour sur cette question oiseuse, sur laquelle tant d'auteurs ont perdu leur
tems et leurs peines.

En parlant des colures qui sont menés du pôle de l'équateur aux points
solsticiaux et équinoxiaux, Eudoxe s'exprime ainsi :

Il y a deux autres cercles qui se coupent réciproquement à angles droits
aux pôles du monde ; on y voit les *astres* suivans. (Le mot *astres* ne
peut avoir deux significations ; il indique ou des étoiles simples ou des
constellations tout au plus ; il ne peut signifier les degrés de l'équateur
ni de l'écliptique, ce qui serait en faveur de Pétau.)

Sur l'un de ces cercles, on voit le pôle toujours visible du monde, le milieu de l'Ourse en largeur (en latitude), *le milieu du Cancer*, le milieu de la grande Ourse, le cou de l'Hydre, la partie du Navire entre la proue et le mât, la queue du Poisson austral, *le milieu du Capricorne*, le milieu de la Flèche, le cou et l'aile droite du Cygne, la main gauche de Céphée, le pli du Serpent ; enfin il passe près de la queue de la petite Ourse. Les mots *milieu du Cancer* et *du Capricorne* pourraient être équivoques s'ils étaient seuls ; mais entourés comme ils sont, ils ne peuvent désigner que les constellations. On voit de plus qu'il s'agit ici du colure des solstices qui passe par les degrés 90 et 270 de l'écliptique et de l'équateur. Le milieu du Cancer a donc 90° de longitude.

Le pôle du monde est toujours sur le colure des solstices qui est en même tems un cercle de latitude ; mais ce colure change sans cesse de position par la rétrogradation du pôle qui produit la précession des équinoxes, et fait que toutes les longitudes augmentent uniformément de 50″ par an. En l'an 1800, ce cercle passait à 4° 13′ du cercle de latitude de la polaire, dont la longitude était de 2ˢ 25° 47′. Eudoxe vivait 370 ans avant notre ère. En 2170 ans la longitude a dû augmenter de 2170 × 50″ ou de 30° 8′ 20″ ; elle n'était donc que de 1ˢ 25° 39′ du tems d'Eudoxe, et il s'en fallait de 34° 21′ que l'étoile ne fût sur le colure. Elle en était encore éloignée de 4° 13′ en 1800 ; elle n'y arrivera que dans 300 ans environ. Voilà donc une erreur qu'on ne pourra corriger en changeant l'époque, puisque la position donnée par Eudoxe ne pouvait avoir lieu que 2400 ans après lui.

La queue du Poisson austral est encore sur le colure d'Eudoxe. C'est sans doute ϰ de la queue suivant nos catalogues modernes. Elle avait 10ˢ 19° 28′ en 1800 ; elle devait avoir 9ˢ 19° 20′ du tems d'Eudoxe : il y avait donc 1400 ans qu'elle avait passé par le colure. Il faudrait faire remonter à 1400 ans plus haut l'époque de la sphère d'Eudoxe. Aimez-vous mieux vous servir du Catalogue de Ptolémée ? il faut, comme on sait, en retrancher 2° 40′ pour le réduire au tems d'Hipparque ; à raison de 50″ par an, il faut ensuite retrancher 2° 47′ pour le tems d'Eudoxe ; la longitude de l'étoile de la queue sera 9ˢ 14° 43′ : il suffira de remonter à 1000 ou 1100 ans. Voilà donc déja deux époques distantes de 3400 ans, et la première est future.

Le cou et l'aile droite du Cygne sont après ϰ de la queue du Poisson austral, ce qu'il y a de moins vague dans les indications d'Eudoxe. Prenons les étoiles qu'il a pu indiquer.

Tems de Ptolémée.   Tems d'Eudoxe.

$$
\begin{array}{lll}
\text{Aile}\ldots\left\{\begin{array}{l} x\ldots\ldots \\ \gamma\ldots\ldots \\ \theta\ldots\ldots \end{array}\right. & \begin{array}{l} 10^s 11^\circ 11' \\ 10.15.14 \\ 10.15.54 \end{array} & \begin{array}{l} 9^s 12^\circ 3' \\ 9.15. 6 \\ 9.15.46 \end{array} \\[2em]
\text{Cou}\ldots\left\{\begin{array}{l} \delta\ldots\ldots \\ x\ldots\ldots \\ \varkappa\ldots\ldots \end{array}\right. & \begin{array}{l} 10.15.29 \\ 10. 6.10 \\ 10.10.12 \end{array} & \begin{array}{l} 9.15.31 \\ 6. 6. 2 \\ 9.10. 4 \end{array}
\end{array}
$$

Les étoiles qui approchent le plus d'un même cercle de latitude sont x de l'aile et δ du cou; elles diffèrent encore de 1° 18' en longitude : le milieu entre les deux est en 9^s 12° 42'. Il faudrait donc remonter de 900 ans.

La main gauche de Céphée est encore plus embarrassante. Nos Catalogues ne mettent rien à cette main. Toutes les étoiles de Ptolémée sont par 11^s 0°, et la plus avancée de toutes est en 1^s 9° : elle devait être, au tems d'Eudoxe, en 1^s 4° 15', c'est-à-dire à 55° 47' du colure. Il n'y a pas d'époque passée pour corriger une pareille erreur. L'étoile que Ptolémée place au bras gauche, était en 0^s 2° 3' du tems d'Eudoxe. Voyons les plis du Serpent, c'est-à-dire du Dragon.

$$
\begin{array}{ll}
\textit{Ptolémée.} & \textit{Eudoxe.} \\
8^s 24^\circ 40' \ldots\ldots & 8.19.15 \\
9. 2.30 \ldots\ldots & 8.26.53 \\
8.28.50 \ldots\ldots & 8.28.25 \\
\cline{2-2}
\text{Milieu}\ldots\ldots & 8.23.19 \\
\text{Distance au colure}\ldots\ldots & - 6.50
\end{array}
$$

L'étoile ne devait arriver au colure que de 4 à 500 ans plus tard.

La Flèche était plus courte chez les anciens que chez les modernes. Chez Ptolémée elle s'étend de 9^s 4° 20' à 9^s 10° 10'; le milieu est 9^s 7° 15' ou 9^s 1° 48$''$ pour le tems d'Eudoxe. Voilà la seule indication qui soit à peu près juste; elle deviendrait fausse si l'on admettait une des époques déterminées ci-dessus.

Le Cancer, suivant Ptolémée, s'étend de 5^s 2° 40' à 5^s 16° 30'; milieu 5^s 9° 55'; ou 5^s 4° 8' pour le tems d'Eudoxe. Le Capricorne s'étend de 9^s 5° à 9^s 28° 40'; milieu 9^s 16° 40', ou 9^s 11° 3'.

Le milieu du Cancer et le milieu du Capricorne n'ont donc jamais été et ne seront jamais sur le même colure ; le milieu est 5ᵉ 7° 55′. Il y avait au moins 500 ans que ce point avait passé le tropique. Je suppose ici qu'Eudoxe ait voulu indiquer le milieu des constellations.

Enfin il fait passer son colure par le milieu de la grande Ourse; mais le milieu du carré était du tems d'Eudoxe en.... 5ᵉ 18° 48′

Le milieu des sept étoiles en............. 5. 29. 54

Quel que soit le choix qu'on fasse, il y aura toujours environ 19° d'erreur sur la position du colure, et par conséquent environ 1400 ans sur l'époque.

Il n'y a donc pas de système qui puisse expliquer des erreurs si différentes et si considérables. On ne peut donc rien conclure de cette sphère, sinon qu'elle ne mérite aucune confiance. Tous les auteurs de systèmes sont partis de ce point, qu'Eudoxe plaçait les solstices au milieu des signes ou des constellations selon leurs idées particulières ; tous ont supposé les déterminations bonnes. Ils ont assigné diverses époques à cette sphère ; mais tous sont partis d'une supposition vicieuse, et les conséquences qu'ils en ont tirées sont également fausses ou tout au moins incertaines. Ils n'ont pas examiné les diverses indications d'Eudoxe ; ils ne se sont nullement inquiétés si les étoiles étaient sur un même colure, ils n'ont vu que le point solsticial au milieu du signe ou de la constellation.

Quel que soit le sens qu'il ait voulu attacher à ses expressions, qu'il ait entendu le signe ou les étoiles, quels moyens avait-il pour ces déterminations ? Les observations qu'Hipparque lui oppose ne sont elles-mêmes sûres qu'à 3 ou 4° près. Celles d'Eudoxe pouvaient-elles être meilleures ; pouvaient-elles même être aussi bonnes ? C'est tems perdu que de discuter de pareilles prétentions. C'est une chose absolument impossible que de trouver une époque qui le mette bien d'accord avec lui-même. Concluons donc que la sphère d'Aratus ne nous apprend rien, sinon qu'on avait divisé le ciel en constellations, qu'on y avait placé les étoiles comme on avait pu ; mais qu'on ne pouvait être sûr de rien dans un tems où l'on n'avait aucun instrument, ni aucune idée du calcul trigonométrique. Si nous n'avions pour déterminer l'âge d'Hipparque ou de Ptolémée que les observations qui nous restent de ces astronomes, nous ne le pourrions à cent ans près ; et l'on veut déterminer l'âge de Chiron et des Argonautes !

Nous avons déjà vu que le colure des équinoxes, sans donner des résultats tout-à-fait aussi incohérens, offre cependant encore des quantités qu'il est impossible de concilier.

Que le pli du Fleuve donnait de trop... 5o° 14′
    La tête de la Baleine............ 10.58
    Le dos du Bélier............... 11.41
    La main droite de Persée.......... 1.40
    La tête de Persée............... <u>9.46</u>
Le milieu serait une erreur en plus de... 12.52

La première de ces erreurs est bien forte ; mais elle se trouve à peu près compensée par la quatrième. En prenant pour le pli du Fleuve l'étoile qui diffère le moins du colure, 5o° 14′ se réduirait à 15°35′.

Convenons cependant qu'en général les erreurs en plus sont en plus grand nombre que les autres ; c'est une probabilité en faveur de ceux qui supposent qu'Eudoxe n'a fait que recueillir des observations plus anciennes, qu'il a cru pouvoir adopter, parce qu'il n'avait aucune idée du mouvement des étoiles en longitude. Ainsi je ne nierai pas que ces observations ne soient d'une date antérieure à l'âge d'Eudoxe. Tout ce que je prétends, c'est que ces observations n'ont jamais été bonnes, et plus on prouvera leur ancienneté, plus j'aurai droit de les supposer mauvaises.

Ce n'est pas d'aujourd'hui qu'on a porté ce jugement sur la sphère d'Eudoxe. Léonce le mécanicien, qui a laissé un petit écrit sur *la construction de la Sphère d'Aratus*, nous dit qu'elle ne s'accorde ni avec les observations d'Hipparque, ni avec celles de Ptolémée. La cause qu'il en donne c'est que *les positions d'Eudoxe n'ont pas été prises bien exactement*, οὐ λίαν ὀρθῶς εἴληπται. D'ailleurs, comme le dit Sporus, son commentateur, *le but de ces ouvrages n'était nullement de donner quelque chose de bien précis, mais seulement ce qui devait suffire au besoin des navigateurs. On pouvait donc se contenter de positions prises en gros*, ὁλοσχερέστερον ; *car les navigateurs n'ont aucun instrument, ils observent à la vue simple, et il leur suffit que les positions leur soient données grossièrement*, παχυμερῶς ; ensorte que la sphère n'a pas été construite *pour l'extrême exactitude*, πρὸς ἄκραν ἀλήθειαν οὐδαμῶς. Léonce suppose le pôle élevé de 41°, d'après la manière dont l'horizon partage les deux tropiques. Il suppose l'obliquité de 24°; ce qui était bon pour un instrument d'un petit diamètre.

Notre dessein principal en entrant dans d'aussi longs détails sur les critiques d'Hipparque, n'a pas été de faire voir ce qu'on doit penser de ces anciennes sphères, mais d'essayer ce que nous pourrions tirer des déterminations des étoiles qu'Hipparque met en opposition avec celles d'Eudoxe, et de montrer quelle confiance on peut accorder au plus grand astronome de la Grèce, ou plutôt aux instrumens dont il se servait. Il est plus aisé de prononcer sur les théories des Grecs que nous connaissons mieux. Quoiqu'imparfaites, elles étaient de beaucoup supérieures à leurs observations. Au reste il ne faut pas encore juger Hipparque sur les observations que contient son Commentaire. Il ne nomme aucun des instrumens dont il se servait alors; on ne rencontre pas même le nom générique d'instrument.

Nous avons déjà fait entendre que ce qui nous paraît le résultat d'un calcul, pourrait bien avoir été trouvé par le moyen du globe; mais nous allons bientôt acquérir la preuve positive qu'il avait démontré les principes de la Trigonométrie sphérique. Ainsi quand nous trouverons quelques erreurs dans ses résultats numériques, il faudra les attribuer à l'inexactitude des données, ou à des fautes d'attention qu'on ne parvient pas toujours à éviter dans des calculs très-prolongés.

Livre second du Commentaire d'Hipparque.

Hipparque va examiner la doctrine d'Eudoxe et d'Aratus sur les levers et les couchers simultanés des étoiles.

Aratus paraît supposer que pour connaître l'heure pendant la nuit, il suffit de connaître le lieu du Soleil, et d'observer l'étoile qui est à l'horizon. La chose en effet est possible, mais Eudoxe n'en connaissait pas les moyens.

Le Soleil, nous dit-il, se couche tous les jours avec un point de l'écliptique; le point opposé de ce cercle se lève en même tems et se couchera à la fin de la nuit : ainsi l'arc de l'écliptique levé depuis le commencement de la nuit, nous en donnera la partie écoulée. Hipparque lui reproche d'avoir cru que les parties égales de l'écliptique employaient à se lever, des tems égaux. Il est possible qu'Aratus l'ait cru, mais il ne l'a pas dit explicitement. Il peut avoir sous-entendu les moyens de calculer l'inégalité, parce qu'ils étaient difficiles à mettre en vers. Le mathématicien Attale ne s'explique pas mieux, ce qui est plus singulier,

Mais, dit Hipparque, les constellations ne sont point égales aux dodécatémories, c'est-à-dire ne sont pas des douzièmes exacts du cercle, *et elles ne sont pas toutes dans leur propre lieu.* Les unes ont moins de 30°, les autres beaucoup plus. Ainsi le Cancer n'a pas un tiers de signe ou 10° d'étendue. (Dans Ptolémée, le Cancer en a 13° 50' ou près de 14°, en ne comptant pas les étoiles *informes*, c'est-à-dire qui sont simplement voisines sans être du corps de la constellation.) La Vierge empiète sur le Lion et les Serres. Le Poisson austral est presque dans le Verseau. Comment donc serait-il possible d'employer ces signes à déterminer l'heure ? Il y en a qui ne sont pas dans l'écliptique, mais tout entiers au nord, tels sont le Lion et le boréal des deux Poissons. Ainsi la constellation du Cancer étant toute levée, Aratus voyant lever la tête du Lion et croyant que le signe du Lion se lève, il se trompera d'une heure et demie. Le Scorpion se couche au lever de 15°½ du Bélier ; il est couché tout entier quand le sixième degré du Taureau se lève, ainsi que nous l'avons démontré dans notre Livre *des Levers simultanés* (ce Livre est perdu, il était plus ancien que le Commentaire). Ainsi l'inégale division des constellations, l'irrégularité de leurs positions, induiront en de graves erreurs celui qui attribuera des tems égaux aux parties égales des six signes qui se lèvent chaque nuit. *Mais supposons qu'on pût observer réellement le point de l'écliptique qui est à l'horizon au lieu des constellations qu'on aperçoit,* voyons, dit Hipparque, comment leur doctrine s'accorde avec la réalité.

Avant de suivre Hipparque, remarquons qu'il ne fait aucune mention de l'inégalité du mouvement du Soleil, que probablement il n'avait pas encore déterminée ; mais comme elle n'est que de 2° environ, l'erreur ne pouvait être que de 8' de tems, ou ⅛ d'heure environ. Hipparque pouvait passer cette erreur à Aratus, à qui il en reproche de bien plus fortes. Ajoutons que nous ne voyons nulle part que les Anciens aient jamais pu déterminer l'heure mieux qu'à ¼ d'heure près, et nous saurons ce que nous devons penser de leurs longitudes et de toute leur géographie. Hipparque reprend.

Remarquons d'abord qu'Aratus a divisé le zodiaque en partant des points équinoxiaux et solsticiaux auxquels il fait commencer les signes ; tandis qu'Eudoxe a fait de ces quatre points les milieux du Cancer, du Capricorne, du Bélier et des Serres ; c'est-à-dire qu'Aratus fait commencer le signe du Bélier à 0°, celui du Cancer à 90°, celui des Serres à 180°, celui du Capricorne à 270° ; car en parlant des tropiques, de

l'équateur et de l'écliptique, il dit que trois de ces cercles se lèvent et
se couchent parallèlement à eux-mêmes, que chacun se lève et se couche
constamment aux mêmes points ; tandis que l'écliptique fait ses levers
et ses couchers dans un arc de l'horizon, entre les points de lever du
Capricorne et du Cancer : il suppose donc les tropiques au commencement des deux signes.

Il dit que le Soleil est au plus *chaud de sa course* (θερμόταται κέλευθοι),
lorsque le Soleil commence à marcher avec le Lion ; car c'est au lever
du Chien que sont les plus grandes chaleurs, et ce lever a lieu 30 jours
environ après le solstice d'été. Ainsi, à ce solstice, le Soleil est au commencement du Cancer, et cette manière est celle de tous les anciens
mathématiciens.

Mais Eudoxe place les solstices au milieu des constellations ; car il dit
expressément : le second cercle est celui dans lequel se fait la conversion d'été, et dans ce cercle est le milieu du Cancer. Et plus loin : le
troisième cercle est celui dans lequel se font les équinoxes, et où se
trouvent le milieu du Bélier et celui des Serres. Le quatrième est celui
où se font les conversions d'hiver, et dans lequel est le milieu du
Capricorne. Et en parlant des colures, il dit encore : que dans l'un
de ces cercles se trouve le milieu du Cancer et le milieu du Capricorne ; et dans l'autre, le milieu des Serres et celui du Bélier en latitude. (Il semblerait que *latitude* signifie ici, non pas la hauteur, mais la
longueur ou l'étendue en longitude.)

Ensuite il faut remarquer qu'Aratus place le commencement de chaque
signe à l'orient, et montre quelles étoiles du zodiaque se lèvent ou
se couchent en même tems, afin qu'on puisse en conclure celles qui se
lèveront ensuite. En cela il a imité Eudoxe, qui suppose de même les
commencemens des signes à l'horizon oriental. Malgré ces différences,
les deux auteurs disent toujours ou presque toujours les mêmes choses,
puisqu'Aratus a copié Eudoxe ; mais les apparences sont mieux conservées dans Aratus que dans Eudoxe. Sans suivre tous les raisonnemens d'Hipparque, recueillons toutes les déterminations numériques
qu'il nous a conservées. Il n'y a que celles-là qui offrent quelque chose
de fixe, le reste est trop vague.

La Couronne commence à se coucher au lever de 23° ♊, elle achève
avec 4° ♋ ; c'est ce que dit Aratus, et il a raison. Mais d'après Eudoxe,
le commencement du Cancer est en 15° des Gémeaux. Ainsi c'est le
quinzième degré des Gémeaux qu'il met à l'horizon, quand il fait lever

le commencement du Cancer. Aratus alors fait lever le premier degré du Cancer. Il y a donc une heure, plus ou moins, de différence entre les levers d'Eudoxe et ceux d'Aratus. Mais Aratus, en copiant Eudoxe, se trouve mieux d'accord avec le ciel ; Eudoxe n'avait donc pas été fidèle à son propre système.

Le Poisson austral commence à se coucher au lever de 4° ♓ ; il achève avec 18° ♋.

L'épaule droite d'Hercule se couchant, 27° ♐ se lève ; l'épaule gauche se couche au lever de 8° ♋.

La tête d'Ophiuchus se couche au lever de 11° ♋.

La tête du Serpent se couche au lever de 15° ♐ ; le bout de la queue se couche au lever de 9° ♋.

Ils disent tous deux qu'Arctophylax se couche en opposition avec quatre signes, le Bélier, le Taureau, les Gémeaux et le Cancer. Dans la vérité, c'est avec deux signes et demi seulement. Il commence à se coucher au lever de 6° ♉, et il achève de se coucher au lever de 19 ♋.

Représentons-nous à l'horizon occidental le pied gauche du Bouvier ; sa déclinaison est de 27° 20′, et son ascension droite de 6ʰ 1°.

Je trouve 6ʰ 5° 38′, et la déclinaison 29° 28′, ou 6ʰ 2° et 29° 56′. Aucun de ces calculs ne s'accorde avec Hipparque. Il fait la déclinaison trop faible de $2°\frac{1}{2}$ ou $\frac{3}{5}$, et l'ascension droite trop faible de $2°\frac{1}{2}$ ou $1°\frac{1}{2}$. Adoptons les nombres d'Hipparque, nous trouverons pour la durée du jour, ou pour l'arc diurne de l'étoile :

$$15^h\,0^s\,38 \quad \text{au lieu de} \quad 15^h - \tfrac{1}{12} = 14^h\,57′.$$

Pour le point de l'équateur au méridien,

$$9^t\,25°\,55′, \quad \text{Hipparque donne} \quad 9^t\,21°\,55′$$

Pour le point culminant... 9.21.45..................... 9.22

Je soupçonne quelque faute de copie, car il donne comme moi le point culminant. Ainsi au lieu de 9ᵗ 21° 55′, je lirais 9ᵗ 25° 55′.

Je trouve en continuant le calcul, pour le point orient, 1ᵗ 6° 52′ ; Hipparque dit 1ᵗ 6°, et il ajoute : *Toutes ces méthodes sont démontrées géométriquement dans mon Traité sur ces matières.* Il a déjà cité ce Traité des Levers et des Couchers ; il nous assure ici qu'*il y a démontré la solution des triangles sphériques qui servent à trouver le point orient de l'écliptique.*

Ce passage nous autorise à le regarder comme l'inventeur de cette, science, sans laquelle il n'y a point d'Astronomie. Hipparque nous montre ici la véritable manière de calculer ces phénomènes; c'est de mettre dans l'horizon une étoile dont la déclinaison et l'ascension droite sont connues; on en déduit le point de l'écliptique qui est à l'horizon, la déclinaison et l'ascension droite de ce point, ou a son ascension oblique qui est celle de tous les astres qui sont à l'horizon au même instant. On peut donc voir si un astre connu est couché ou levé; car ayant l'ascension droite et l'ascension oblique, on a la différence ascensionnelle dR dont l'expression est

$$\sin dR = \tang D \tang H.$$

Faites

$$\sin dR \cot H = \tang D';$$

si $D' < D$, l'étoile est levée; si $D' > D$, l'étoile est couchée.

En mettant le commencement d'un signe à l'horizon, il est presque impossible qu'on y mette réellement une étoile. On n'a pas de point de comparaison pour vérifier par l'observation si le résultat du calcul est exact.

Comme ce passage est important, il convient de citer ici les propres paroles d'Hipparque.

Ἕκαστον γὰρ τῶν εἰρημένων ἀποδείκνυται διὰ τῶν γραμμῶν ἐν ταῖς καθόλου περὶ τῶν τοιούτων ἡμῖν συντεταγμέναις πραγματείαις.

Il n'en dit pas davantage; mais il en résulte évidemment qu'il a démontré, *par une figure*, tout ce qu'il vient d'exposer en détail; que la latitude et la déclinaison étant données, on en déduit l'arc semi-diurne; que le point du parallèle qui est à l'horizon étant donné, on en conclut le point qui est au méridien, le point culminant de l'écliptique, le point orient de l'écliptique; ce qui forme une des opérations trigonométriques les plus longues et les plus compliquées de l'Astronomie. Il s'agit ici de résultats numériques, et non de théorèmes généraux et métaphysiques, tels que ceux d'Autolycus ou de Théodose. C'est bien de la Trigonométrie sphérique. Je ne connais pas d'autre manière de résoudre ces problèmes. Il est donc bien à regretter que nous ayons perdu ce Traité où Hipparque avait démontré ces méthodes, alors nouvelles, et qui avait pour titre : Ἡ τῶν συνανατολῶν πραγματεία, *Traité des levers simultanés.* (Voyez *Petavii Uranologion*, pag. 218.)

Ajoutons qu'il avait composé douze Livres sur le calcul des Tables des Cordes : ainsi l'invention était complète et rien ne manquait à sa méthode. Il est fâcheux seulement qu'Hipparque n'ait pas donné ses théorèmes que nous aurions comparés à ceux qu'on trouve dans Ptolémée, et qui peut-être sont les mêmes.

Le genou droit d'Hercule se couche au lever de 16° ♌.

Le Lièvre commence à se lever avec 27° ♊; il finit au lever de 12° ½ ♋.

Hipparque cite ensuite un long passage où Aratus et Eudoxe, parfaitement d'accord entr'eux, ne s'accordent pas moins bien avec les phénomènes. Si les mouvemens des étoiles dans l'intervalle entre les deux auteurs et Hipparque, étaient la véritable cause des erreurs qu'il leur reproche *avec aigreur* comme le prétend Bailly, d'où vient donc qu'il les trouve exacts assez souvent, et comment expliquer le soin qu'il prend à démontrer leur exactitude comme il démontre aussi leurs erreurs? Pour moi je ne vois nulle part cette aigreur, et je n'aperçois qu'une critique devenue nécessaire. Il ne s'était pas écoulé 200 ans entre Hipparque et Eudoxe. Un mouvement de 2 à 3° en longitude n'apporte pas dans les phénomènes, des différences aussi notables que celles qu'il leur reproche. Si Eudoxe eût réellement observé, Hipparque n'eût remarqué dans son ouvrage que des taches légères. S'il a copié sans discernement les auteurs qui l'avaient précédé, il a mérité les reproches qui lui sont adressés sans amertume; car soit pour une raison, soit pour une autre, les phénomènes qu'il décrit ne sont pas vrais, et il induit en erreur ceux qui le lisent. S'il eût observé, il eût remarqué des différences entre ses levers et ceux des Anciens; Hipparque venant ensuite et voyant les erreurs croître avec le tems, aurait été conduit plus tôt à sa découverte du mouvement des fixes; Eudoxe eût bien mérité de l'Astronomie, au lieu qu'il y a nui peut-être par tout ce qu'il a fait dire à ceux qui ont inventé des systèmes pour le disculper, ou qui ont cherché à le disculper pour étayer leurs systèmes. Jusqu'ici nous n'avons vu dans Eudoxe que des disparates, et rien qui puisse mériter un calcul ou mener à une conséquence utile. Il est pourtant vrai de dire que sans Eudoxe, nous n'aurions ni Aratus, ni par conséquent le Commentaire d'Hipparque.

Le Mât ne se couche pas en opposition avec le Lion, seulement il commence à se coucher au lever de 27° ♋, et finit avec 2° ♌.

La brillante et la dernière, la plus australe du fleuve d'Orion, se couche au lever de 7° ♍.

A cette occasion Hipparque prend le parti d'Aratus contre Attale qui ne l'a pas bien compris.

L'épaule gauche du Centaure se lève avec 11° des Serres.

L'australe des deux de la queue de la Baleine se couche en opposition à 27° ♌.

L'australe à la tête de Céphée se couche au lever de 7° ½ des Serres ; le milieu au lever de 8° des Serres.

L'épaule gauche d'Hercule se lève avec 5° ♍.

La précédente de la tête de Céphée se lève avec 28° ♍.

La dernière de la tête avec 5° ½ ♓.

Le bout de l'aile droite du Cygne se lève avec les dernières parties des Serres.

Le bout de l'aile gauche se lève avec 22° ♓.

Ici il défend encore Aratus contre Attale, d'une manière qui indique du soin et de la bonne volonté.

Cassiépée commence à se lever avec 21° ♓ ; elle finit avec 12° ♈.

Le Dauphin se lève tout entier avec 20 et 24° ♓.

L'étoile assez brillante qui est au milieu du Verseau se lève avec 27° ♒.

La queue de l'Hydre, au-dessus de la tête du Centaure, se couche au lever de 11° ♈.

L'australe de la queue du Poisson austral se lève avec 3° ♈. La brillante du museau, avec 21° ♈.

La main gauche d'Andromède se lève avec le milieu du Capricorne ; la main droite se lève la dernière et avec 24° ♒.

Le pied droit de Persée se lève avec 8° ♈ ; le genou gauche avec 7° ♈ ; la brillante de la Gorgone, avec 13° ♈. Ici il y a encore une page de justifications pour Aratus.

L'épaule gauche du Cocher se lève avec 22° ♈.

Après avoir fait sur Aratus et Eudoxe les remarques qui lui paraissent utiles, il annonce qu'il va dire en abrégé, pour chacune des étoiles, avec quel point du zodiaque elle se lève et se couche, quelles parties de l'écliptique traversent l'horizon pendant le lever ou le coucher d'une constellation entière. Il promet que ses déterminations auront toute l'exactitude que peut exiger la pratique ; elles serviront sans erreur pour les climats voisins ; il y joindra les passages au méridien. Ce plan lui paraît beaucoup meilleur et plus utile que celui des Anciens. Ainsi le reste de l'ouvrage n'est plus un Commentaire,

Hist. de l'Ast. anc. Tom. I.

mais un Traité neuf qui doit inspirer plus de confiance que le poëme d'Aratus ou les livres d'Eudoxe, parce que tout sera fondé sur le calcul trigonométrique, ou du moins sur la connaissance des ascensions droites et des déclinaisons des étoiles au tems d'Hipparque. Ainsi il n'y aura rien ici pour les auteurs de systèmes.

Le jour est de $14^h 50'$, la moitié sera $6^h + 1^h 15' = 90° + 18° 45'$; $\sin 18° 45' = \text{tang } 23.51 \text{ tang } H$; $\text{tang } H = \sin 18° 45' \cot 23° 51' 20'' = \text{tang } 56° 0' 50''$. C'est la latitude que Ptolémée et Théon donnent à Rhodes, où Hipparque a long-tems observé et où il paraît, par ce passage, qu'il a composé son Commentaire.

Le Bouvier commence à se lever avec le commencement ou $0°$ de la Vierge ; il finit avec $27°$ ♍. Pendant son lever on voit passer au méridien l'arc de l'écliptique compris entre $26° \frac{1}{2}$ ♉ et $27°$ ♊. La première étoile qui se lève est celle de la tête, la dernière celle du pied droit. Quand il commence à se lever, on voit au méridien l'épaule gauche d'Orion; le pied gauche y a déjà passé, et il en est éloigné d'une demi-coudée. Quand il finit, on voit au méridien la brillante des cuisses du Chien. Le Bouvier emploie à son lever deux heures équinoxiales à très-peu près.

Il est bien fâcheux qu'à tous ces détails Hipparque n'ait pas ajouté les ascensions droites et les déclinaisons de toutes ces étoiles. Nous pourrions vérifier son calcul. Il paraît qu'il ne travaillait ici que pour les navigateurs, qui se servaient de la sphère d'Aratus. Voici du moins ce que nous pouvons faire.

(Fig. 5.) Le point ♍ ou $0°$ de la Vierge est à l'horizon; ♍A est la déclinaison de ce point de l'écliptique, ou $11° 40' 0''$;

$$\sin BA = \sin d\!R = \text{tang } D \text{ tang } H = \sin 8° 57' 40'',$$
$$\text{tang } \Upsilon A = \text{tang } \!R = \cos \omega \text{ tang } \Upsilon♍ = \text{tang } 152° 9' 50'',$$
$$\Upsilon B = \Upsilon A - BA = 143° 32' 10'',$$
$$MB = \underline{90}$$
$$\Upsilon M = 53.32.10$$

$$\text{tang } \Upsilon C = \frac{\text{tang } \Upsilon M}{\cos \omega} = \text{tang } 55° 56' 50''.$$

Hipparque dit 56.30.

Si nous connaissions l'ascension droite $\Upsilon \alpha$ de la tête du Bouvier, nous en retrancherions l'ascension oblique ΥB, qui est la même pour

tous les astres qui se lèvent au même instant ; nous aurions la diffé-
rence ascensionnelle Bα, d'où tang $\alpha\beta$ = tang déclin. = sinBα cot H. Mais
le problème est indéterminé.

Nous avons au moins l'ascension droite du milieu du ciel ; ce doit
être celle de l'étoile qui médie, et par conséquent celle qu'Hipparque
suppose à l'épaule gauche d'Orion ou γ. Nous différons de 33′ 10″ sur
le point culminant ; nous pouvons craindre une différence à peu près
égale pour γ d'Orion. D'après Ptolémée, en ôtant 2^s 40′ de la longitude, nous aurons AR = 53° 20′, à 12′ près comme le calcul nous l'a
donnée. Par le même Catalogue, nous aurons pour l'ascension droite
du pied gauche 54° 20′ ; c'est juste 1° de plus ; une demi-coudée vaudrait donc 1° sur le parallèle de Rigel.

Mais l'ascension droite du pied gauche est plus forte ici que celle de
l'épaule. Le pied devait passer au méridien 4′ après l'épaule ; le pied
était donc à l'orient du méridien ; Hipparque dit qu'il y a déjà passé,
ὡς ἡμιπήχιον προηγούμενος τοῦ μεσημβρινοῦ, environ d'une demi-coudée
en avant du méridien. Je soupçonne une faute de copie, et je lirais
ἀπολειπόμενος, en arrière.

Quand 2^s 27° sont au méridien, l'ascension droite du milieu du
ciel est 86° 43′. Telle est donc, suivant Hipparque, l'ascension droite de
la luisante des cuisses du Chien. Mais quelle est cette étoile, est-ce
ε ou δ ? D'après Ptolémée, l'ascension droite de ε n'est que de 83° 41′.
δ ou l'étoile, ὁ ἐν τῇ ἐκφύσει τοῦ ἀριστεροῦ μηροῦ, à la naissance de la
cuisse gauche, donne 85° 38′, ce serait encore 65′ de moins.

Les ascensions droites 86° 43′ et 56° 30′ donnent 30° 13′, ou 2^h 0′ 52″
pour la durée du lever. Ces heures sont sidérales. Hipparque dit deux
heures équinoxiales, qui ne valent guère que 2^h 0′ 19″. Voilà tout ce
qu'on peut tirer de ce passage, et ces résultats ne sont pas trop sa-
tisfaisans. On peut croire qu'Hipparque, en travaillant pour les navigateurs ou les curieux de différens pays, n'avait pas mis une extrême
précision dans ses calculs, qui devaient être excessivement longs par
ses méthodes, telles que nous les pouvons juger d'après Ptolémée.

La Couronne se lève avec l'arc compris entre 5^s 27° et 6^s 4° 30′ ;
l'arc qui passe au méridien s'étend de 2^s 26° 30′ à 5^s 4° 30′. L'étoile qui se
lève la première précède la luisante, c'est β ; la dernière est opposée
à la luisante, c'est ρ.

C'est encore δ du Chien qui est d'abord au méridien, puis la précédente de la tête de l'Hydre, la luisante du Cancer, la boréale des deux

pieds de devant de l'Ourse, enfin les étoiles qui sont au couchant de la nébuleuse du Cancer.

Toutes ces étoiles ont donc la même ascension droite à peu près que le milieu du ciel; c'est 94° 55'. La durée serait de 8° 12' ou 3₂' 48" de tems sidéral. Hipparque dit deux parties d'une heure, c'est-à-dire probablement ½ ou 40'; ce serait beaucoup trop.

La première de l'Hydre, d'après Ptolémée, devrait avoir 101° 4'; ce sont 6° 9' de trop. Les autres de la tête seraient encore plus avancées. La luisante du Cancer avait 104° 17'; c'est encore pis. Les deux Anes sont encore plus avancés. La boréale des deux pieds de l'Ourse devait avoir 94° 8'; la différence n'est plus que de 47'.

S'il n'y a pas de fautes de copie, il s'ensuivra qu'Hipparque n'avait pas encore fait son Catalogue d'étoiles. Je crains que cet article n'ait été écrit d'après un globe médiocrement exécuté. Les calculs seraient immenses.

Hercule se lève avec l'arc entre 5' 12° et 7' 7° 30'. L'arc qui passe au méridien est compris entre 2' 7° 30' et 4' 14°. L'étoile qui se lève la première est celle du pied droit, et celle du genou droit; la dernière celle du bout de la main gauche; les étoiles au méridien sont d'abord la deuxième des quatre aux pieds des Gémeaux, et enfin l'australe des deux voisines de la brillante des reins du Lion; la durée du lever est de 4ʰ⅚, ou 4ʰ 56'.

Essayons encore cette constellation. Le pied droit, d'après Ptolémée, donne d'abord 2' 7° 27', au lieu de 2' 7° 30'; pour le point culminant, la différence est insensible.

D'après Ptolémée, le pied droit aurait 6' 2° 20' de long. et 57° 10' de latit.
le genou droit.....6. 10. 40.........63. 20.
ou.....6. 7. 50.........64. 15.

L'ascension droite du milieu du ciel 65° 34'; ce doit être aussi celle de la deuxième des quatre aux pieds des Gémeaux ou ƐΠ, dont l'ascension droite est 66° 15', plus forte de 41'.

Le point culminant à la fin est 4' 12°; le milieu du ciel, 4' 15° 27'; la durée, 2' 9° 55', ou 4ʰ 39' 32", ou 4ʰ⅔, au lieu de 4⅔.

b♌, qui précède ♂ sur les reins, donne 4' 13° 45'; c'est 1° 38' de moins.

Il paraît qu'on ne peut espérer de précision plus grande que 1 ou 2°, et quelquefois moins encore.

Avec Ophiuchus se lève l'arc de 6ᵉ 29° à   7ᵉ 25°.
Il passe au méridien l'arc de... 4. 5   à   5. 5.

Le lever commence par les étoiles de la main gauche et les étoiles
du Serpent; il finit par la seconde occidentale des quatre du pied droit.

Les étoiles au méridien sont le col et la poitrine du Lion, la brillante
qui est la seconde en venant de l'Ourse; la dernière est la tête du
Corbeau. Le lever dure 2ᵃ.

Je ne vois là rien de bien intéressant à calculer.

| Le Serpent se lève avec l'arc de 6ᵉ 8° | 8ᵉ 0° 30' | durée, |
| L'arc qui passe au méridien... 3.7.30 | 5.14 | 4ᵃ ¼ |

Le lever commence par la plus boréale des précédentes de la tête
et finit par la dernière de la queue.

On voit passer au méridien la brillante de l'acrostole d'Argo, qui
en est à une demi-coudée, *ἀπολειπόμενος*, ce qui doit être le contraire
de *προηγούμενος*, qui nous embarrassait tout à l'heure.

Ensuite la Vendangeuse, l'aile boréale de la Vierge, l'une et l'autre
à une coudée du méridien, *ὑπολειπόμενος*.

Le traducteur latin s'est mis à son aise en ne traduisant que la distance, sans exprimer si elle est à l'est ou à l'ouest.

Une coudée ne fait que 2°, d'après ce que nous avons remarqué
ci-dessus; mais si les ascensions droites ne sont pas sûres à 2° près,
il se pourrait que le calcul ne décidât rien. Nous attendrons que nous
ayons recueilli toutes les indications de ce genre. C'est une chose certaine, d'après l'usage constant de Ptolémée, que *προηγούμενος* signifie
toujours plus à l'occident, qui passe le premier au méridien, *ὑπολειπόμενος*, plus à l'orient, ou qui suit au méridien. αℒ et βℒ (article
suivant) prouvent qu'Hipparque attache le même sens à ces expressions.

| Avec la Lyre se lève l'arc de 7. 8.30 | 7.18.0 | durée, |
| Au méridien.......... 4.12.30 | 4.26 | 0ᵃ 48'. |

Le lever commence par l'étoile proche la luisante vers le nord.

Il finit par l'étoile plus à l'orient des deux brillantes de l'assemblage, *ζεῦγμα*.

Étoiles au méridien, l'australe des deux brillantes des reins, et pour
finir, la brillante de la queue du Lion, le bout de l'aile gauche de la
Vierge, à une demi-coudée hypoliptique du méridien.

Avec le Cygne se lève.. 6.26.30 | 8.22 | durée ,
Au méridien............. 4. 0. 0 | 6. 9.30 | 4ʰ 24′.

Le lever commence par la boréale de l'aile droite, et finit par.......
Etoiles au méridien, Régulus, et à la fin l'australe de l'épaule droite
du Centaure ; Arcturus est alors à une demi-coudée hypoliptique du
méridien.

Avec la tète de Céphée.. 7.26.30 | 8. 5.30 | durée,
Au méridien.......... 5. 8.30 | 5.21. 0 | 0ʰ 56′.

Etoiles au méridien , la luisante et la queue du Corbeau , à une demi-
coudée hypoliptique, et le coude gauche de la Vierge , à une demi-
coudée proégoumène.

Avec Cassiépée........ 8.22 | 9.12. 0 | durée ,
Au méridien.......... 6.11 | 7. 2.30 | 1ʰ 20′.

La première est la luisante du Trône ; la dernière, celle de la tète.
Etoiles au méridien, australe de l'épaule droite du Centaure et
Arcturus ; à la fin, celle du milieu du front du Scorpion, et celle qui
précède la luisante de la Couronne.

Avec Andromède...... 9.15 | 10.23.30 | durée ;
Au méridien.......... 7. 5.30 | 8. 7.30 | 2ʰ 7′ 30″.

Première étoile australe de la main droite ; dernière de la main gauche.
Au méridien , étoile voisine de α de la Couronne ; dernière, coude
gauche d'Hercule.

Avec le Cheval........ 9. 0 | 10.21 | durée,
Au méridien.......... 6.20.30 | 8. 5.30 | 5ʰ 0′.

Première, australe des pieds de devant ; dernière, brillante du rein.
Au méridien, milieu du sabot austral ; dernières , trois étoiles en
ligne droite près de l'épaule droite d'Ophiuchus ; brillante de la cuisse
gauche d'Hercule.

Avec la Flèche........ 8. 5 | 10. 9.30 | durée ,
Au méridien.......... 5.19 | 5.25 | 0ʰ 24′.

Première, étoile de la coche ; dernière , étoile de la pointe.
Au méridien , coude gauche de la Vierge un peu hypoliptique ; dernière, l'Epi un peu en avant, épaule gauche du Centaure.

Avec l'Aigle.......... 8. 9 | 8.13.30 | durée,
Au méridien.......... 5.24 | 5.29.30 | 0ʰ 24'.

Première, boréale des deux petites des ailes; dernière, australe des trois brillantes du corps.

Au méridien, l'Épi; dernière, boréale de la tète du Centaure.

Avec le Dauphin........ 8.19.30 | 8.23.30 | durée,
Au méridien.......... 6. 7.30 | 6.13. 0 | 0ʰ 15'.

Premières, précédentes des quatre dans le rhombe; dernière, australe de la queue.

Au méridien, pied gauche d'Andromède, dernière, la plus boréale du Thyrse, boréale au-dessus du genou et du pied gauche de la Vierge, à une demi-coudée proégoumène.

Avec Persée........... 9.25 | 0.13.30 | durée,
Au méridien.......... 7.15.30 | 9. 7.30 | 3ʰ 50'.

Première, nébuleuse de la faux; dernières, étoiles du pied gauche au-dessus de la Pléiade.

Au méridien, luisante de l'Autel, précédente de l'épaule droite d'Hercule dans le bras; dernières, boréale du genou du Capricorne, boréale de l'aile gauche du Cygne, à une demi-coudée proégoumène.

Avec le Cocher........ 11.10.30 | 1.15.30 | durée,
Au méridien.......... 8.20. 0 | 9.29. 0 | 3ʰ 0'.

Premières, étoiles de la tète; dernières, pied droit.

Au méridien, précédente du voile du Sagittaire et milieu du dos, la seconde à partir de la queue du Serpent; dernières, luisante du nez du Cheval, suivante du pied gauche de l'Oiseau, australe des précédentes de l'épaule droite de Céphée, qui sont brillantes.

Couchers.

Avec le Bouvier........ 7. 6.0 | 9.18.30 | durée,
Au méridien.......... 9.22.0 | 0. 4 | 4ʰ 40'.

Première, australe du pied gauche; dernière, boréale de la massue.
Au méridien, luisante de l'Oiseau, précédente des australes de la queue.

Dernière, nébuleuse de la faux, suivante des trois de la tête du Bélier, lien des Poissons.

Avec la Couronne..... 8.25.o | 9. 5.5o | durée,
                      11. o.o | 11.15.5o | 1ᵃ environ.

Première, luisante de la Couronne; dernière, obscure et dernière du demi-cercle suivant.

Au méridien, luisante de la queue de l'austral des deux Poissons et les précédentes du parallélogramme qui est au sud; dernière, milieu du corps de Cassiépée et main gauche d'Andromède.

Avec Hercule......... 8.14.o | 10.16. o | durée,
                      10.23 | 1. 7.5o | 4ᵃ 36ʹ environ.

Première, bout de la main droite; dernière, pied gauche.

Au méridien, voisine du quatrième amas dans l'eau du Verseau, boréale des contiguës du corps du Cheval, épaule gauche de Céphée, à une demi-coudée hypoliptique.

Dernière, australe des deux suivantes du quadrilatère de la Baleine; étoile brillante et sans nom au sud.

Avec Ophiuchus........ 7.11.o | 9. 2. o | durée,
                       9.25 | 11.10.5o | 5ᵃ environ.

Au méridien, suivante de la queue du Capricorne, boréale de l'aile droite de l'Oiseau; dernière, tête de Cassiépée et petite sur le siège, boréale de la poitrine d'Andromède, boréale de la queue de la Baleine, un peu hypoliptique.

Avec le Serpent........ 7.25.5o | 9. 9. o | durée,
                       10. 8. o | 11.19.5o | 3ᵃ presque.

Premières, étoiles communes à la main gauche d'Ophiuchus; dernières, celles de la queue.

Au méridien, pied droit de Céphée, milieu de l'urne du Verseau, australe de la queue du Poisson, genou de Cassiépée.

Avec la Lyre......... 10. 4. o | 10.12 | durée,
                       o.22.3o | 1. 5 | oᵃ 4o'.

Première, étoile précédente de l'assemblage; dernière, voisine boréale de la luisante.

Au méridien, milieu de la queue du Bélier ; la boréale et la plus belle des étoiles, entre la pointe de la Pléiade et les Hyades, à ⅓ de coudée hypoliptique ; seconde en venant du pôle dans le grand arc du fleuve d'Orion, à une demi-coudée hypoliptique ; étoile précédente, entre la section et l'omoplate.

Avec l'Oiseau........... 11. 4.30 | 11.14.0 | durée,
                                  0.25.30 | 2.12.0 | 5ʰ 10'.

Première, bec ; dernière, boréale du bout de l'aile droite.

Au méridien, brillante de la cuisse droite de Persée, suivante de la queue d'Aries ; dernière, troisième des pieds des Gémeaux (γ), précédente des trois du genou ; proégoumène d'une demi-coudée.

Avec la tête de Céphée.. 0.7.30 | 0.14.0 | durée,
                                   3.9. 0 | 3.16.0 | 0ʰ 28'.

Au méridien, précédente des étoiles qui sont à l'orient du nuage, un peu hypoliptique, et la brillante de l'acrostole d'Argo ; dernière, brillante aux pieds du devant de l'Ourse, un peu hypoliptique ; Cancer, moyenne des trois de la pince australe ; Hydre, naissance du cou, brillante au côté du Vaisseau, un peu hypoliptique.

Avec Cassiopée.......... 0.21.0 | 1.23.30 | durée,
                                   5. 4.0 | 5. 5. 0 | 2ʰ 40'

Première étoile, la tête ; dernière, les pieds.

Au méridien, pied de devant du Lion, la plus brillante de la tête, la plus brillante de l'Hydre ; dernières, seconde du bout de la queue du Dragon, bec et tête du Corbeau.

Avec Andromède....... 11.21.30 | 0.27.30 | durée,
                                   2.20.30 | 4. 2. 0 | 3ʰ environ.

Première, la tête ; dernière, boréale du pied droit.

Au méridien, museau de la grande Ourse, tête du Gémeau précédent, boréale de la tête du Chien ; dernières, bout de la queue du Dragon, moyenne des trois en ligne droite sur le cou, la troisième des quatre à l'orient de la brillante du Taureau.

Avec le Cheval.......... 10.12.30 | 11.15. 0 | durée,
                                   1. 5.30 | 2.10.30 | 2ʰ 30'.

Première étoile, brillante de la bouche ; dernière, brillante des reins.

Au méridien, boréale entre la pointe des Pléiades et les Hyades, au front gauche, omoplate du Taureau, un peu hypoliptique ; dernières, troisième pied des Gémeaux, comptés du couchant, précédente des trois du genou.

  Avec la Flèche......... 9.26.30 | 10. 1.30 | durée,
          0.14. 0 | 0.21. 0 | 0h 20'.

Première, celle de la coche ; dernière, celle de la pointe.

Au méridien, épaule de Persée, boréale des trois informes en ligne droite au-dessus de la queue du Bélier, étoile sur le dos, hypoliptique d'une demi-coudée ; précédente des belles de la joue australe de la Baleine : dernières, brillante du milieu du corps de Persée, un peu proégoumène ; suivante de la joue australe, un peu hypoliptique.

  Avec l'Aigle........... 9.16.30 | 9.23.0 | durée,
          0. 2. 0 | 0. 8,0 | 0h 20'.

Premières, les deux petites des ailes ; dernière, la boréale des deux brillantes du corps.

Au méridien, pied gauche d'Andromède, milieu de la tête du Bélier, australe des suivantes du quadrilatère de la Baleine ; dernières, suivante de la base du triangle, précédente de la joue australe.

  Avec le Dauphin...... 10. 2. 0 | 10. 7.30 | durée,
          0.19.30 | 0.29. 0 | 0h 30'.

Première, précédente de la queue ; dernière, boréale du côté suivant du rhombe.

Au méridien, brillante du milieu du corps de Persée, un peu proégoumène ; suivante de la joue australe de la Baleine, un peu hypoliptique : dernières, celles du genou gauche de Persée, la partie boréale du côté précédent de la Pléiade.

  Avec Persée.......... 1.2. 0 | 1.29.30| durée,
          4.5.30 | 5. 9. 0| 2h 20'.

Première, boréale des précédentes de la Gorgone ; dernières, étoiles du genou droit.

Au méridien, ventre du Lion, une demi-coudée hypoliptique ; quatrième de celles qui suivent la brillante, une demi-coudée proégoumène ; navire, dernière de la carène : dernières, queue et pieds du Corbeau.

Avec le Cocher......... 1.23.0 | 2. 1.30 | durée,
                         5. 2.0 | 6.22. 0 | 5ʰ un peu plus.

Première , le pied gauche ; dernières , celles de la tête.

Au méridien, bout de la queue du Dragon , la plus boréale de la Couronne ; dernière , milieu de la Serre australe.

Livre III des Commentaires d'Hipparque sur Aratus et Eudoxe.

Levers des Constellations au sud du Zodiaque.

Avec l'Hydre.......... 3.18.30 | 6.15.30 | durée,
                        o. 2.30 | 3.18. 0 | 7ʰ 15′.

Première étoile , boréale de la gueule ; dernière , bout de la queue.

Au méridien, nébuleuse de la faux de Persée , lien des Poissons , trois
brillantes de la tête du Cancer, hypoliptiques d'une demi-coudée ; dernières, australe des précédentes de la tête du Lion , milieu du mât.

Avec la Coupe......... 4.26.30 | 5.10.30 | durée,
                        1.20.30 | 2. 0.30 | 1ʰ 15′.

Première , boréale des quatre de la base ; dernière , australe des six
étoiles de la Baleine.

Au méridien, les premières de la tête, et le milieu du Cocher ; dernière , seconde des quatre aux pieds des Gémeaux en venant de
l'occident , étoile sans nom et brillante sous le Lièvre.

Avec le Corbeau....... 5.16.0 | 5.23.0 | durée,
                        2.14.0 | 5.22.0 | oʰ 36′.

Première , étoile sur les reins ; dernière , étoile des pieds.

Au méridien, main précédente du Gémeau précédent, le pied droit
du suivant ; dernières, troisième sur les épaules , comptée de l'occident,
le Chien à la naissance des pieds de devant , un peu hypoliptique.

Avec le Centaure....... 6.10.0 | 8. 4. 0 | durée,
                         5.12.0 | 5.16.30 | 4ʰ 20′.

Première , épaule gauche ; dernière , suivante des pieds de devant.

Au méridien, première étoile sur le pont du Navire, suivante de la joue australe de l'Hydre ; dernière, la Vendangeuse, proégoumène d'une demi-coudée.

Avec l'Animal (le Loup).. 7.23.0 | 8.21.0 | durée,
5. 3.0 | 6.10.0 | 2^h 15'.

Première étoile, pied précédent de derrière ou la plus boréale au-dessous de l'épaule droite ; dernière, la plus australe de toutes au-dessous de la dernière des reins.

Au méridien, première étoile la plus boréale des suivantes de la tête, étoile des pieds de devant ; dernières, la brillante sur les reins de la grande Ourse, étoile à l'angle droit du triangle rectangle sous la coupe.

Avec l'Autel.......... 8.15.0 | 8.23.0 | durée,
6. 2.0 | 6.10.0 | 0^h 30'.

Première, foyer ; dernière, australe de la base.

Au méridien, australe du pied gauche du Bouvier, brillante des pieds de derrière du Centaure ; dernière, étoile au nord du genou et du pied droit de la Vierge, hypoliptique d'une demi-coudée.

Avec le Poisson austral... 10.16.30 | 5.20.30 | durée,
8. 4. 0 | 8.24.30 | 0^h 48'

Première, boréale de la queue ; dernière, brillante du museau.

Au méridien, milieu de l'arc, australe de l'épaule droite d'Ophiuchus, hypoliptique d'une demi-coudée ; dernière, brillante des pieds de derrière (de quelle constellation ?), bout de la queue du serpent d'Ophiuchus, précédente des deux brillantes de l'assemblage de la Lyre, proégoumène d'une demi-coudée.

Avec la Baleine........ 11.20. 0 | 1. 7. 0 | durée,
8.23.30 | 9.21.30 | 2^h 0'.

Première, boréale de la queue ; dernière, australe des suivantes et brillantes du quadrilatère.

Au méridien, précédente de l'assemblage de la Lyre ; dernière, brillante de la queue du Cygne.

Avec Orion.......... 1.27.30 | 3. 3.0 | durée,
10. 9. 0 | 11.13.0 | 2^h 10'.

Première étoile, main gauche ; dernière, pied droit.

Au méridien, pied droit de Céphée, milieu de l'urne du Verseau ; dernières, petite sur la chaise de Cassiépée, boréale à la poitrine d'Andromède.

Avec le fleuve d'Orion... 1.13.0 | 3.10.0 | durée,
                  9.27.0 | 11.22.0 | 5ʰ 36ʹ.

Première, précédente des plus boréales du parallélogramme du grand arc ; dernière, luisante, précédente et plus australe de toutes.

Au méridien, australe du pied gauche de l'Oiseau ; dernières, genou de Cassiépée, bout de la queue du plus austral des Poissons.

Avec le Lièvre.......... 2.27.0 | 3.11.30 | durée,
            11. 4.0 | 11.25. 0 | 1ʰ 12ʹ.

Première, étoile précédente des quatre boréales des oreilles ; dernière, australe des pieds de derrière.

Au méridien, brillante des reins du Cheval, pied gauche de Céphée ; dernière, boréale des suivantes du quadrilatère de la Baleine.

Avec le Chien.......... 3.15.0 | 4. 4.30 | durée,
            11.28.0 | 0.23.30 | 1ʰ 40ʹ.

Première, bout du pied boréal de devant ; dernière, bout de la queue.

Au méridien, pied de Cassiépée, boréale du pied droit d'Andromède, un peu proégoumène ; dernière, brillante de la cuisse gauche de Persée, et suivante de la queue du Cancer.

Avec Procyon.......... 3. 3.30 | 5. 9. 0 | durée,
            11.15. 0 | 11.19.30 | 0ʰ 20ʹ.

Première, précédente double ; dernière, suivante et brillante.

Au méridien, milieu du corps de Cassiépée, suivante des quatre de la queue de la Baleine ; dernières, celle qui touche aux étoiles de la ceinture d'Andromède, boréale du carré de la Baleine.

Avec Argo............ 4. 6. 0 | 6.3.30 | durée,
            0.25.30 | 3.3.30 | 4ʰ 32ʹ.

Première, triple de la queue du Chien ; dernière, australe de la section du Navire, brillante.

Au méridien, cuisse gauche de Persée, australe de la section du Taureau ; dernière, brillante qui précède la tête de l'Hydre et qui est dans les pattes australes du Chien.

Couchers des Constellations au sud du Zodiaque.

Avec l'Hydre.......... 2. 9. 0 | 5.11. 0 | durée,
                       6.18.5o | 8.18.5o | 4ʰ 0ʹ.

Première, australe de la gueule ; dernière, bout de la queue.

Au méridien, brillante et troisième de la queue du Dragon, proégoumène d'une demi-coudée ; brillante de la ceinture du Bouvier, précédente de la belle étoile de la Serre boréale, bout de la queue de l'Hydre, proégoumène de demi-coudée : dernières, tempe australe du Dragon, bout de la queue du serpent d'Ophiuchus.

Avec la Coupe......... 5.21. 0 | 4.12.5o | durée,
                       7.11.5o | 8. 0. 0 | 1ʰ 20ʹ.

Première, boréale de la base ; dernières, boréale et australe du ventre du vase.

Au méridien, troisième et cinquième nœuds du Scorpion, dans Hercule, la troisième du bras à partir de l'épaule droite, proégoumène de demi-coudée ; dernières, Hercule à la naissance de la cuisse, pointe de l'arc.

Avec le Corbeau....... 4.28.5o | 6.11. 0 | durée,
                       8.10. 0 | 9. 5.5o | 1ʰ 42ʹ.

Première, cuisse de derrière ; dernière, suivante de la tête.

Au méridien, gueule du Dragon, proégoumène d'une demi-coudée ; coude gauche d'Hercule, proégoumène d'une demi-coudée : dernières, précédente des trois brillantes dans la première spire du Dragon ; bout de l'aile droite du Cygne, un peu hypoliptique ; pointe de la Flèche, australe du front du Capricorne.

Il manque les constellations du Centaure et de l'Animal ; on voit seulement que l'Animal se couche en deux heures.

Avec l'Autel.......... 4.16.5o | 6.9. 0| durée,
                       8. 5. 0 | 9.8.5o| 2ʰ 10ʹ, c'est beaucoup.

Première, l'australe double du bord ; dernière, boréale de la base.

Au méridien, brillante de la cuisse gauche d'Hercule, milieu de l'arc du Sagittaire ; dernière, australe des brillantes du genou du Capricorne.

Avec le Poisson austral. .   8.24.0 | 9.17.30 | durée,
                            11. 5.0 | 0. 2. 0 | 1ᵈ 48′.

Première, australe des brillantes de la queue; dernière, la très-brillante de la bouche.

Au méridien, la quene du Poisson austral; dernières, le pied gauche d'Andromède, le milieu de la tête du Bélier, l'australe des suivantes du quadrilatère de la Baleine.

Avec la Baleine. . . . . 10.27.30 | 0.14. 0 | durée,
                            1.22. 0 | 5.14.30 | 4ᵈ — ⅛.

Première, australe de la queue; dernière, la suivante de la courbure boréale, τῶν ἐν τῷ βορείῳ χελωνίῳ.

Au méridien, australe de la tête du Cocher et le pied droit; dernières, brillante des pieds de devant de l'Ourse, brillante du milieu du Vaisseau, proégoumène d'une demi-coudée.

Avec Orion. . . . . 1. 7.0 | 1.30.0 | durée,
                            4.12.0 | 5.13.0 | 2ᵈ environ.

Première, pied gauche; dernières, les plus boréales de la massue.

Au méridien, genoux de derrière de la grande Ourse, celle qui est au midi de la brillante des reins du Lion; dernière, épaule boréale de la Vierge.

Avec le fleuve d'Orion. . . 11.7.0 | 1.4.30 | durée,
                            2.4.0 | 4.9.30 | 4ᵈ 12′.

Première, la précédente et la plus brillante de toutes; dernière, adjacente méridionale au pied d'Orion.

Au méridien, Propus des Gémeaux, un peu hypoliptique; les deux du milieu du corps du Lièvre : dernières, suivante du dos du Lion, genoux de derrière de l'Ourse, hypoliptique d'une demi-coudée.

Avec le Lièvre. . . . . 0.26.30 | 1.14.0 | durée,
                            3.30. 0 | 4.21.0 | 1ᵈ 20′.

Premières, pieds de devant; dernière, bout de la queue.

Au méridien, étoile du carré à l'épaule de l'Ourse, bout de la queue du Dragon, cœur du Lion, boréale de la section du Navire, un peu proégoumène; dernières, pieds et jambes du derrière du Lion, l'australe de la base de la Coupe.

Avec le Chien.......... 1.11.0 | 1.29.0 | durée,
4.17.0 | 5.11.0 | 1ʰ 3o′.

Première, brillante des pieds de derrière; dernière, australe des brillantes de la tête.

Au méridien, précédente des pieds de derrière de l'Ourse, rein du Lion; dernières, pieds du Corbeau, épaule australe de la Vierge, hypoliptique de ⅔ de coudée.

Avec le petit Chien.... 2.15.0 | 2.18.0 | durée,
6. o.o | 6. 4.o | oʰ 12′.

Première, précédente et double; dernière, suivante et brillante.

Au méridien, moyenne du pied gauche du Bouvier, un peu hypoliptique; boréale de la tête du Centaure, proégoumène d'une demi-coudée : dernières, bout de la queue de la grande Ourse, un peu hypoliptique; boréale du pied du Bouvier, bout de la queue de l'Hydre, épaule droite du Centaure.

Avec Argo............ o.16.o | 2.18.o | durée,
3.17.o | 6. 5.o | 5ʰ environ.

Première, étoile la plus brillante et la plus australe du gouvernail, que quelques-uns nomment Canobus; dernière, la boréale du mât.

Au méridien, australe des précédentes de la tête du Lion, hypoliptique d'une demi-coudée; petite à la naissance du cou de l'Hydre; dernières, bout de la queue de la grande Ourse; boréale du pied gauche du Bouvier, proégoumène d'une demi-coudée; bout de la queue de l'Hydre, épaule droite du Centaure, un peu proégoumène.

Levers des Constellations zodiacales.

Avec le Cancer......... 2.25.o | 3.18. o | durée,
11. 5.o | o. o.5o | 1ʰ 1/24.

Première, la pince boréale; dernière, bout de la pince australe.

Au méridien, brillante de la tête d'Andromède; dernières, précédente des trois brillantes de la tête d'Orion, anonyme brillante au sud de la Baleine vers le milieu du corps, australe des suivantes du carré de la Baleine, pied gauche d'Andromède, un peu hypoliptique.

Avec le Lion.......... 5. 7.5o | 4.18.5o | durée,
11.20. o | 1.11.3o | 3ʰ 15′.

Première, boréale des précédentes de la tête ; dernière, pieds de derrière.

Au méridien, suivante de la ceinture d'Andromède, boréale des suivantes du quadrilatère de la Baleine ; dernières, luisante des Hyades, coude gauche du Cocher, hypoliptique d'une demi-coudée.

Avec la Vierge........ 4.22. 0 | 6.8.0 | durée,
1.14.30 | 3.9.0 | 3ʰ 48ʹ.

Première, au nord de la précédente de la tête ; dernière, le pied droit.

Au méridien, brillante de l'épaule gauche du Cocher ; dernières, brillante de l'acrostole d'Argo, boréale dans la gueule de l'Hydre, hypoliptique d'une demi-coudée.

Avec les Serres........ 6.16.0 | 7. 6. 0 | durée,
3.18.0 | 4.11. 0 | 1ʰ 36ʹ.

Première, brillante australe des Serres ; dernière, la plus australe du front du Scorpion.

Au méridien, australe des précédentes de la tête du Lion, boréale du milieu du mât ; dernière, suivante des deux du dos.

Avec le Scorpion........ 7.3. 0 | 8. 9. 0 | durée,
4.7.30 | 5.22.30 | 2ʰ 54ʹ.

Première, boréale du front ; dernière, troisième nœud *compté du Centaure*, ou le sixième compté de la poitrine.

Je crois qu'il faut lire τοῦ ἐν τῷ κέντρῳ, *dans le dard*, et non τοῦ ἐν τῷ κενταύρῳ, et traduire *compté depuis le dard*.

Au méridien, brillante de la poitrine de la grande Ourse, la troisième des quatre après la plus brillante de l'Hydre, comptée du couchant et avant la Coupe ; dernières, l'Epi, l'épaule gauche du Centaure, proégoumène d'une demi-coudée.

Avec le Sagittaire........ 8. 5.30 | 9.18. 0 | durée,
5.19.30 | 7. 8.30 | 5ʰ 0ʹ.

Première étoile, la pointe de la Flèche ; dernière, brillante des pieds de derrière.

Au méridien, coude gauche de la Vierge, un peu proégoumène ; dernières, très-brillante au milieu du Scorpion, main gauche d'Ophiuchus, troisième de la Couronne après la plus brillante à l'orient, proégoumène d'une demi-coudée.

Avec le Capricorne..... 8.28.50 | 9.27.0 | durée,
6.18.50 | 7.18.0 | 1ʰ 50'.

Première, boréale des brillantes des genoux ; dernière, la suivante des belles de la queue.

Au méridien, luisante de la ceinture du Bouvier, précédente de la Serre boréale, la troisième du bout de la queue du Serpent des Ourses (du Dragon), proégoumène d'une demi-coudée ; dernières, épaule droite d'Hercule, la voisine boréale des étoiles de la jambe gauche.

Avec le Verseau........ 9. 6.0 | 10.20.50 | durée,
6.27.0 | 8. 7. 0 | 2ʰ 40'.

Première, précédente de la main gauche ; dernière, brillante du pied droit.

Au méridien, tête du Bouvier ; dernières, boréale de l'arc du Sagittaire, les trois anonymes en ligne droite près de l'épaule d'Ophiuchus, la brillante de la cuisse gauche d'Hercule, proégoumène d'une demi-coudée.

Avec les Poissons...... 10. 7.0 | 0.16.0 | durée,
7.26.0 | 9. 9.0 | 5ʰ 6'.

Première, bouche du Poisson austral ; dernière, nœud du lien des Poissons.

Au méridien, naissance de la cuisse droite d'Hercule, boréale au-dessus du dard du Scorpion ; la tête d'Hercule est hypoliptique de $\frac{2}{3}$ de coudée : dernières, australe des genoux du Capricorne, larynx de l'Oiseau, coude de l'aile droite.

Avec le Bélier......... 11.18.50 | 0.24.0 | durée,
8.23.50 | 9.14.0 | 1ʰ 24'.

Première, pied de devant ; dernière, suivante de la queue.

Au méridien, précédente de l'assemblage de la Lyre, suivante sur le dos du Sagittaire, proégoumène de $\frac{2}{3}$ de coudée ; dernières, suivante de la main gauche du Verseau, poitrine du Capricorne, précédente de la queue du Dauphin.

Avec le Taureau.......... 1. 7. 0 | 1.29.0 | durée,
                          9.21.30 | 10. 9.0 | 1ˢ 7′ ½.

Première, australe des quatre de la section; dernière, la corne droite.

Au méridien, brillante du milieu de la queue du Cygne; dernières, précédente des trois de la tête de Céphée, le pied droit proégoumène d'une demi-coudée; milieu de l'urne du Verseau, proégoumène d'une demi-coudée.

Avec les Gémeaux...... 2. 1.30 | 2.30. 0 | durée,
                        10.10.30 | 11. 8.30 | 1ˢ 50′.

Première, main gauche du Gémeau précédent; dernière, main droite du Gémeau suivant.

Au méridien, brillante du corps de Céphée, brillante au pied droit du Verseau, brillante à la bouche du Poisson austral; dernière, milieu des trois de l'épaule droite d'Andromède.

Couchers des signes du Zodiaque.

Avec le Cancer......... 2.26.30 | 3.19.30 | durée,
                        6.17. 0 | 7.12. 0 | 1ˢ 36′.

Première, brillante des pieds du Cancer, placée en ligne droite, dirigée à l'ouest vers les australes, auprès du nuage du Cancer; dernière, extrémité de la pince boréale.

Au méridien, pied droit du Bouvier, brillante de la Serre australe, dernière du bras droit d'Hercule, troisième depuis l'épaule, troisième, quatrième et cinquième nœuds du Scorpion, en partant de la poitrine.

Avec le Lion.......... 3.20.30 | 5.14. 0 | durée,
                       7.13. 0 | 8.20.30 | 2ˢ 40′.

Première, pied de devant du Lion, dernière, la queue.

Au méridien, pied droit d'Hercule, genou gauche d'Ophiuchus, hypoliptique d'une demi-coudée; premier nœud du Scorpion; dernières, tempe boréale du Dragon, milieu du dos du Sagittaire, proégoumène d'une demi-coudée.

Avec la Vierge........ 4.27.0 | 6.7.0 | durée,
                       8.11.0 | 9.4.0 | 2ˢ 12′.

Première, bout de l'aile gauche; dernière, pied boréal.

Au méridien, deuxième du bout de la queue du Serpent d'Ophiu-chus, précédente des obscures opposées du quadrilatère du Sagittaire ; dernières, brillante du milieu du corps du Cygne, australe des suivantes du rhombe du Dauphin.

Avec les Serres...... 6. 16.0 | 7.15. 0 | durée,
9.10.0 | 9.27.30 | 1ᵇ 15ᵐ.

Première, brillante de la Serre australe ; dernière, milieu de la Serre boréale.

Au méridien, boréale de l'aile droite du Cygne ; dernière, brillante à la bouche du Cheval.

Avec le Scorpion....... 6.12.30 | 7. 6.0 | durée,
9. 6.30 | 9.22.0 | 1ᵇ 0ᵐ.

Première, troisième nœud du Scorpion ; dernière, boréale au front.

Au méridien, milieu de l'aile droite du Cygne, hypoliptique d'une demi-coudée ; boréale sur les genoux du Capricorne ; dernières, brillante du milieu de la queue du Cygne, précédente des brillantes de la queue du Capricorne, hypoliptique de deux tiers de coudée.

Avec le Sagittaire....... 7. 5.0 | 7.26.30 | durée,
9.20.0 | 11. 4.30 | 5ᵇ 0ᵐ.

Première, brillante du pied de derrière ; dernière, la boréale du voile.

Au méridien, main droite de Céphée, coude de l'aile gauche du Cygne, suivante au dos du Capricorne, proégoumène d'une demi-coudée ; dernières, pied gauche de Céphée, nombril du Cheval.

Avec le Capricorne..... 9. 2. 0 | 9.23.30 | durée,
11.10.30 | 0. 9. 0 | 1ᵇ 40ᵐ.

Première, australe du genou ; dernière, suivante de la queue.

Au méridien, obscure de Cassiopée sur la chaise, boréale à la poi-trine d'Andromède ; dernière, épaule gauche de Persée, hypoliptique de deux tiers de coudée.

Avec le Verseau....... 9.17.30 | 10.15. 0 | durée,
0. 5. 0 | 1. 6.30 | 2ᵇ 7ᵐ ½.

Première, précédente de la main gauche ; dernière, suivante dans l'Urne.

Au méridien, nébuleuse de Persée dans la faux, pied gauche d'Andromède, un peu proégoumène; moyenne de la tête du Bélier : dernières, omoplate du Taureau, proégoumène d'une demi-coudée; museau des Hyades, hypoliptique d'une demi-coudée.

Avec les Poissons........ 10.23.0 | 0.5.0 | durée,
                          1.17.0 | 3.6.0 | 5ʰ 30ʹ.

Première étoile, bouche du Poisson boréal.

Au méridien, naissance de la corne droite du Taureau, épaule gauche du Cocher, proégoumène d'une demi-coudée; boréale des pattes de devant de l'Ourse, les deux occidentales près du nuage du Cancer, australe des pieds de devant du Chien.

Avec le Bélier......... 11. 9 0 | 0.26.0 | durée,
                         2.29.0 | 3.29.0 | 2ʰ 0ʹ.

Première étoile, pieds de devant; dernière, suivante de la queue.

Au méridien, bout de la queue du Chien, hypoliptique d'une demi-coudée; gouvernail, milieu du côté austral; dernière, la précédente des pieds de derrière de l'Ourse, proégoumène d'une demi-coudée; la troisième, en venant du pôle, des étoiles du cou et de la poitrine du Lyon, hypoliptique de deux tiers de coudée.

Avec le Taureau....... 0.20.0 | 1.26.0 | durée,
                        3.22.0 | 5. 7.0 | 3ʰ 0ʹ.

Première, australe des quatre de la section; dernière, extrémité de la corne gauche.

Au méridien, australe des trois du cou de l'Hydre, très-voisine et au nord de la brillante, hypoliptique d'une demi-coudée; dernières, milieu de l'aile gauche de la Vierge, un peu proégoumène; petite du milieu du corps du Corbeau.

Avec les Gémeaux...... 2. 4.0 | 3. 1.50 | durée,
                        5.17.0 | 6.21.50 | 2ʰ 10ʹ.

Première, Propus; dernière, main droite du Gémeau suivant.

Au méridien, la Vendangeuse, l'épaule droite de la Vierge, proégoumène d'une demi-coudée; dernière, brillante à l'extrémité de la Serre boréale, hypoliptique de deux tiers de coudée.

Ces désignations en tiers ou moitié de coudée, de la distance de l'étoile au méridien , soit en avant, soit en arrière, proégoumène ou hypoliptique , peuvent faire penser que le Livre est écrit pour le vulgaire et non pour les astronomes. Si la coudée vaut 2°, le tiers vaut 40′. Ces indications seraient donc incertaines à 20′ près , puisque sans rien changer à ce qui est écrit , on peut supposer la vraie distance plus forte ou plus faible de 20′. Les arcs qui se lèvent, se couchent , ou passent au méridien , ne sont exprimés le plus souvent qu'en degrés , et quelquefois en demi-degrés ; ils ne sont donc guère plus précis que les distances : on peut y supposer le plus souvent des erreurs de 15′. Une autre preuve que l'auteur ne vise pas à la plus grande exactitude , c'est le nombre d'étoiles qui passent au méridien aux mêmes instans ; d'où il résulte que ces passages ne sont vrais qu'à quelques minutes près.

Ces calculs sont les premiers que nous ayons rencontrés dans cette Histoire de l'Astronomie ancienne. A ce titre ils méritaient d'être conservés en entier, pour que le lecteur soit dispensé de recourir à l'original dans le cas où il voudrait les vérifier et les soumettre à quelqu'épreuve. Nous avons, en commençant, donné des essais de comparaison de ce genre ; mais les résultats ne nous ont pas semblé assez précis pour entreprendre des calculs si longs. D'ailleurs , on a quelquefois peine à reconnaître les étoiles indiquées. Pour être clair , l'ouvrage aurait eu besoin d'être accompagné de cartes des constellations d'Hipparque. Ces constellations ne sont pas toujours parfaitement conformes à celles de Ptolémée ; elles diffèrent encore plus de nos cartes modernes. Les mouvemens de l'écliptique, depuis un si long tems , font qu'il n'est guère sûr d'employer à ces calculs nos Catalogues modernes ; celui de Ptolémée serait préférable s'il était meilleur. Nous verrons plus loin que les erreurs d'un degré n'y sont pas rares , et alors il vaudrait mieux encore se servir des positions modernes, ramenées au tems d'Hipparque par la précession de 50″ par an. Quelque parti que l'on prenne , on trouvera des disparates propres à faire regretter au calculateur la peine qu'il aura prise. Nous nous bornerons donc aux exemples donnés ci-dessus. Mais nous avons dû mettre le lecteur à portée de continuer ce travail s'il le juge convenable.

Dans un dernier chapitre, Hipparque donne en tems les distances des étoiles entr'elles, c'est-à-dire les tems où elles passent au méridien , ce qui peut être utile pour trouver l'heure pendant la nuit et pour fixer le tems d'une éclipse , de lune par exemple , ou celui de toute autre observation.

Sur le cercle décrit par les pôles et les points solsticiaux, se trouve l'étoile à la queue du Chien, dans le demi-cercle qui contient le solstice d'été.

La longitude était donc de......................... 3ˢ 0°0′ 0″
Cette étoile qui est ϰ du Chien, avait en 1750........ 5.26.4.10

Ainsi en 1900 ans environ, la précession serait de 93850″ = 0.26.4.10

ce qui ferait par an 49″3947. Mais on suppose qu'Hipparque faisait ses observations vers l'an 128 ; mettons 130 ; l'intervalle ne sera plus que de 1880, la précession sera 49″92 ou 50″.

Ptolémée place cette étoile en 3ˢ 2° 50′, c'est-à-dire plus avancée que selon Hipparque, de 2° 50′ et non de 2° 40′, comme on suppose communément.

De cette étoile à celle de l'Hydre, à la naissance du cou, il y a une heure, dit Hipparque. La brillante des genoux de devant de l'Ourse est à peu près à la même distance. Ainsi les ascensions droites de θ de l'Hydre et de β de la grande Ourse, doivent être de 105° à fort peu près. β de l'Ourse, pris dans le Catalogue de Ptolémée, ne donnerait que 94° 7′. Si nous prenons l'étoile du genou gauche dans Ptolémée, nous trouverons 105° 28′ 50″ ; l'erreur sera encore de 1° 31′ 30″. L'incertitude de l'étoile désignée fait qu'on ne peut rien conclure de cette indication.

Quant à θ de l'Hydre, elle me donne 110° 21′ ; c'est trop de 5° 21′. L'étoile précédente de cinquième grandeur dans Ptolémée, donnerait 108° 5′ ; trop forte de 3° 5′. Je n'en vois pas d'autre, à moins de prendre celle que Ptolémée place sur la joue, et qui est moins avancée de 2° 50′, et qui est de quatrième grandeur. Cette étoile, en effet, donne 105° 11′ 50″ ; l'erreur ne sera pas de 12′, surtout si l'on tient compte de la différence du tems sidéral au tems solaire moyen.

Le second intervalle horaire est marqué par la petite étoile qui est moins avancée en longitude que Régulus, un peu plus que d'une coudée. Cette même étoile est moins avancée d'un sphondyle que le cercle qui marque le second espace horaire ; mais qu'est-ce qu'un sphondyle ? τῶ τε σφονδύλου. Les nœuds du Scorpion s'appellent *sphondyles*.

ϰ du Lion, suivant Ptolémée, est à 27° 20′ du tropique en longitude ; mais en ascension droite, elle n'est que de 54′ 45″ moins avancée que le cercle de 120° qui vient marquer sur l'équateur le point qui passe 2ʰ sidérales après le tropique. A ce compte, un sphondyle ferait 55′ ; on pourrait croire que le sphondyle serait environ un demi-degré.

Cette même étoile, suivant Ptolémée, est à... 3ˢ 27° 20′ | différence ;
Régulus, suivant le même.................. 4.2 .30 | 5° 10′.

Une différence de 5° 10′ est donc un peu plus qu'une coudée. Une coudée vaudrait donc 5° environ ; ci-dessus nous avions une raison de penser que la coudée n'était que de 2°. Tout cela est donc bien incertain.

Le troisième intervalle horaire, ou 135° d'ascension droite, est marqué vers le milieu du Lion, par l'australe des deux qui sont à côté de la brillante des reins. J'ai cru que ce pouvait être θ du Lion, mais l'ascension droite serait 139° 11′; c'est trop de 4° 11′. Mais *b* qui précède δ, donne 134° 55′ 50″; l'erreur n'est plus que de 4′ 10″ : on peut la regarder comme nulle.

Le quatrième intervalle, ou celui de 150°, est marqué par l'étoile qui est à l'angle droit du triangle de la Coupe. Ce triangle rectangle paraît formé par les étoiles βγζ, et γ devrait être à 150° d'ascension droite. Je ne trouve que 145° 7′. Serait-ce ζ ? je trouve 149° 28′ 30″; l'erreur serait — 31′ 30″; le triangle rectangle serait δζβ. Tout cela est un peu vague.

La brillante des reins de la grande Ourse passe de $\frac{1}{10}$ d'heure, ou $\frac{12}{16}$ de degré, ou de 45′ le quatrième cercle ou celui de 150°; elle aurait donc 150° 45′ d'ascension droite. Ce n'est donc pas γ qu'Hipparque place ailleurs en 146°; ce sera donc δ qui donne 150° 37′ : l'erreur n'est que de 8′, et par conséquent insensible.

Aucun astre ne marque bien exactement la cinquième heure qui passe par le milieu de la Vierge; mais la Vendangeuse est de 6′, ou de $\frac{1}{10}$ d'heure, ou $\frac{15}{16}$ de degré, ou de 1° 30′ plus loin : elle est donc en 166° 30′. Ici la désignation est précise, mais elle n'est guère exacte; car je trouve 170° 12′ 30″, et l'erreur de 3° 42′.

La sixième heure est marquée sur le colure des équinoxes, par l'étoile du Centaure, suivante des brillantes de la partie australe du Thyrse, et dont la distance est d'environ une demi-coudée. Ces étoiles sont vers le milieu de la poitrine du Centaure. L'étoile du milieu du pied gauche du Bouvier est éloignée d'un vingtième d'heure ou de 0° 45′; c'est-à-dire qu'elle a 180° 45′ d'ascension droite.

Les étoiles les plus voisines que je voie sur le Thyrse, ont au moins 1° de différence en longitude et 1° 27′ en latitude, ce qui doit donner une hypoténuse de 2° environ, et probablement plus d'une demi-coudée; ce serait une coudée d'après notre première estimation, et moins d'une demie, suivant la seconde. Si je choisis l'australe, je trouve 184° 52′ 34″; c'est 4° 55′ de trop : la boréale donne 184° 48′. Ainsi il faudra dire ou qu'on ne peut s'empêcher de reconnaître des erreurs de 4° ¼, ou que l'étoile dont il parle n'est pas dans les Catalogues, ou qu'elle y est défigurée; et si Hipparque se trompe de 5° sur son colure, que faudra-t-il penser de celui d'Eudoxe? Au reste l'erreur en tems n'est pas de 20 minutes.

La jambe du Bouvier me donne 180° 50′; c'est 5′ seulement de trop, ce qui peut passer pour très-juste.

La première heure après l'équinoxe d'automne, qui doit répondre sur l'équateur au milieu des Serres, est marquée à fort peu près par l'épaule gauche du Bouvier, et par la brillante de la Serre australe. L'épaule est plus avancée d'une quantité insensible. La Serre est moins avancée de ¼₅ d'heure = 0° 37′.

Je trouve 194° 55′; elle est donc un peu moins avancée, mais l'erreur n'est pas considérable. Pour la Serre je trouve 194° 2′ au lieu de 194° 30′; c'est 28′ de moins qu'il ne faut, mais nous devons apprendre à nous contenter de cette exactitude.

La deuxième heure est marquée par la boréale des deux de la main droite d'Ophiuchus. Celle qui précède la brillante de la Couronne est plus avancée de ½₀ d'heure, ou de 0° 50′.

Je trouve pour β de la Couronne 209° 30′; c'est-à-dire 30′ de moins au lieu de 30′ de plus. La main droite d'Ophiuchus, au contraire, paraîtrait beaucoup trop avancée et appartenir plutôt à une des heures suivantes. (Voyez la quatrième.)

Il en est de même, ajoute Hipparque, de celle du milieu entre les trois du front du Scorpion. Je trouve pour δ, 216° 6′ 40″, ce qui est une exactitude fort passable; l'erreur n'est pas d'une demi-minute de tems : elle indiquait la quatorzième heure ou la seconde après l'équinoxe d'automne.

La troisième heure est marquée par l'épaule droite d'Hercule et par le milieu de la jambe droite qui est plus à l'orient de ½₀ d'heure = 0° 30′, ou en 225° 30′. Je trouve 224° 46′ pour l'australe au-dessous du genou, 220° 12′ pour la jambe, 228° 7′ pour le genou droit, 224° 42′ pour l'épaule. Il paraît que c'est le milieu de la cuisse qui est la jambe, suivant Hipparque. Il y a du moins là deux étoiles qui vont assez passablement; l'erreur n'est que de 0° 45′, ou 3′ de tems.

La quatrième heure est marquée par la brillante de la cuisse gauche d'Hercule, et par les brillantes du carré de la petite Ourse, et la boréale de l'épaule droite d'Ophiuchus. Ces trois étoiles doivent être à 240°. Ci-dessus, pour la boréale de la main droite d'Ophiuchus, j'avais trouvé 241° 35′ 30″; je trouve pour la cuisse 239° 59′ 10″ : l'erreur est presque nulle. Pour β de la petite Ourse, je ne trouve que 239° 29′ 11″; l'erreur est — 31′. Pour γ, 238° 36′; erreur — 1° 24′. Mais il n'est pas étonnant qu'il y ait moins de justesse quand les étoiles sont voisines du pôle.

La cinquième heure en 255° est marquée par la suivante des trois de la tête du Sagittaire qui reste à l'orient de $\frac{1}{15}$ d'heure = 0° 50′, et qui doit être par conséquent en 255° 50′ : je trouve 255° 25′, ce qui va très-bien.

La sixième heure est marquée sur le colure des solstices, par la boréale des trois brillantes à 76.... qui est hypoliptique de ce cercle de $\frac{1}{20}$ d'heure = 0° 45′, et qui doit être par conséquent en 270° 45′. Mais le nom de la constellation manque, il faut la chercher sur le cercle de latitude qui était du tems de Ptolémée en 270° 40′. Elle a d'ailleurs un nom masculin, cela ressemble fort à l'Aigle. Je trouve pour γ, 270° 25′ 48″.

En 1800, cette étoile était en 9′ 28° 9′ 29″ de longitude.

Otez-en...................... 9. 0.45   environ.

Précession en 1938 ans...... 27.24.29 ou 51″ 0 par an.

Par l'autre tropique nous avions...... 49. 9

Milieu...... 50.45

Ces observations, encore grossières, prouvent du moins par leur ensemble, que la précession ne diffère pas sensiblement de 50″ par an; et quoiqu'en général on ne doive pas compter jusqu'à un certain point sur les déterminations de ce Livre, on voit qu'Hipparque donnait aux astronomes un moyen de connaître l'heure d'un phénomène observé la nuit, à quelques minutes près, et c'était déjà une chose très-importante pour l'Astronomie de ce tems-là. Les Grecs n'ont jamais eu mieux. On voit d'ailleurs par Ptolémée que la manière de savoir l'heure, c'était de marquer l'étoile qui était au méridien; mais il ne nous apprend pas par quel moyen on observait ces passages. Nous y reviendrons, mais en attendant, on pourrait supposer que c'était par l'observation à l'armille solsticiale placée dans le méridien.

La première heure après le solstice d'hiver était marquée par la boréale des précédentes du rhombe du Dauphin, et la précédente du dos du Capricorne. L'ascension droite est donc 285°; je trouve 285° 38′ 30″ pour l'une, et 285° 34′ 30″ pour l'autre de ces étoiles. L'erreur moyenne est 36′ ¼.

La deuxième est marquée par la bouche du Cheval et l'australe des précédentes à l'épaule droite de Céphée. Au lieu de l'ascension droite 300°, je trouve 299° 29′ 40″; erreur, — 30′ 20″ pour la première étoile. Mais pour la seconde, j'avais d'abord trouvé 306° 12′; j'ai reconnu depuis que l'étoile indiquée par Hipparque doit être θ au coude de Céphée, qui donne 302° 42′ 8″.

La troisième est marquée par l'étoile du milieu de la tête de Céphée et par la boréale des deux du cou du Cheval, qui est moins avancée que le cercle 315° de ⅓ d'heure, et doit par conséquent répondre à 314° 50′.

Je trouve pour la première étoile 314° 34′; l'erreur est — 26′; pour la seconde, 314° 52′ 20″, l'erreur n'est que de 2′ 20″.

La quatrième est marquée par la boréale de la main droite d'Andromède, qui est hypoliptique de ¹⁄₂₀ d'heure, ou de 45′. Au lieu de 330° 45′, je trouve 335° 18′, ce qui fait ⅓ d'heure au lieu de ¹⁄₂₀. Y aurait-il faute de copie?

La cinquième, par l'étoile du milieu du corps de Cassiépée, et par la troisième en partant de la tête. En supposant que l'étoile soit π, je trouve 340° 57′, au lieu de 345°.

La sixième est marquée près du colure des équinoxes, non par l'étoile au-dessus de la tête du Bélier, mais par la précédente de la tête, hypoliptique de ¹⁄₁₅ d'heure ou de 3′, ce qui fait une ascension droite de 0° 45′. Je ne trouve que 359° 45′ 56″; l'étoile devait donc être proégoumène de 14′ 36″, ce qui est à peu près 1′ de tems.

Après le colure des équinoxes, le premier intervalle est marqué par la brillante de Méduse. Je trouve 15° 17′ 15″, exact à 1′ de tems près.

Le second est marqué par la cinquième des étoiles en ligne droite au genou droit de Persée. Je trouve 28° 17′ 20″, au lieu de 30°.

Le troisième est marqué par la quatrième et la septième de la peau que tient Orion, et la brillante au milieu des cornes du Taureau faisant un triangle presqu'équilatéral avec les extrémités des deux cornes.

Je trouve par ι du Taureau, entre les cornes 45° 38′ 10″;
par la quatrième de la peau....... 45. 0. 50;
par la septième................... 44. 56. 40.

Le quatrième est marqué par la suivante de deux petites étoiles bien visibles qui sont en ligne droite à l'orient de la corne droite; elles sont sur la massue d'Orion. Il est encore marqué à peu près par l'australe des deux du milieu du Lièvre.

Je trouve par la massue 59° 59′ 40″, au lieu de 60°. β du Lièvre va moins bien, car il donne 61° 14′ 20″; mais Hipparque ne la donne que comme un *à peu près*.

Le cinquième, par l'étoile du milieu des trois brillantes des genoux des Gémeaux, qui est moins avancée de $\frac{1}{12}$ d'heure, ou de 50′, que le cercle horaire; et encore par la brillante des pieds de derrière du Chien. La première aurait donc 75° d'ascension droite, et l'autre 74° 50′. Je trouve pour la première 74° 20′ 10″, et pour l'autre 74° 35′ 40″.

Ici finit cet ouvrage, qu'Hipparque paraît avoir composé uniquement dans la vue de faciliter les moyens de trouver l'heure pendant la nuit. Il restait cependant à subdiviser les intervalles horaires, ce qui pouvait, jusqu'à un certain point, se faire à vue, en remarquant de combien étaient éloignées du méridien les deux étoiles dont l'une marquait l'heure déjà passée, et l'autre l'heure qui n'était pas complète.

Dans cette partie, destinée aux astronomes autant qu'aux navigateurs, il n'emploie presque plus les distances en coudées; il se sert des fractions de l'heure. Malgré cela nous avons trouvé des inexactitudes assez fortes. On en pourrait rejeter quelques-unes sur les fautes de copie, l'on écarterait ainsi les plus considérables; mais il restera toujours des erreurs d'un demi et même d'un degré. Mais comme nous démontrerons plus loin des erreurs de cette force, dans le grand Catalogue de Ptolémée, qu'on croit être celui d'Hipparque, nous n'avons ici aucun motif pour nous rendre plus difficiles.

Puisqu'il se borne aux heures, il est probable qu'Hipparque n'avait pas encore composé son Catalogue d'étoiles; il en avait peut-être posé les fondemens, qu'il aura pu vérifier et corriger encore par la suite. Il ne parle en aucun endroit, ni de longitude, ni de latitude, ni de précession. Il déterminait les étoiles par ascension droite et déclinaison ou distance polaire. Il divise l'équateur en douze signes. Et qui sait s'il n'aurait pas toujours conservé pour les étoiles cette manière d'observer les ascensions droites et les déclinaisons, sauf à en déduire après les longitudes et les latitudes par le calcul. Nous savons qu'il se servait d'un astrolabe pour la Lune. Ptolémée, qui nous l'apprend, ne nous dit pas comment Hipparque a observé ses étoiles; et si on l'en croit, c'est avec l'astrolabe qu'il aurait lui-même observé toutes celles qui composent son Catalogue.

Pétau, qui a donné une belle édition de ce Commentaire d'Hipparque, avoue qu'il n'a pas eu le courage d'en recommencer les calculs, même en se servant des Tables subsidiaires qu'il avait préparées. Mon intention était d'abord de faire ce travail en entier; j'en ai été détourné parce que je n'ai pas bien vu quel fruit on en pourrait tirer aujourd'hui. Il y a trop d'incertitudes sur une partie des étoiles désignées; il y en a trop surtout sur les longitudes et les latitudes de Ptolémée que j'ai employées le plus souvent; il y en aurait d'une autre espèce, si l'on prenait les longitudes et latitudes modernes, qu'il faudrait réduire à l'époque d'Hipparque, par la précession et par les variations qui sont un effet du déplacement de l'écliptique et de la diminution d'obliquité. Nous prendrons plus loin un moyen plus certain de reconnaître les inexactitudes des anciens Catalogues, dont nous tâcherons cependant de déduire le peu de conséquences utiles qu'on en peut tirer.

Autre Commentaire, attribué par les uns à Eratosthène, et par d'autres à Hipparque.

Il y a toute apparence que ce Commentaire est pseudonyme; il est évident qu'il n'est pas d'Hipparque, encore moins d'Eratosthène; il doit être plus moderne, car le mois de *juillet* y est nommé. Ce serait tout au plus l'extrait fait par un autre, d'un Commentaire anciennement écrit par Eratosthène.

Dans l'énumération des signes, on trouve les *Serres*, mais on trouve aussi la *Balance*. On y lit qu'Aratus avait décrit les signes avec une certaine *latitude*, κατὰ πλάτος, n'étant pas lui-même instruit à fond de la matière, μὴ πάντα ἀκριβῶς καταδείξαντος, et qu'enfin il avait omis quelques particularités. Le commentateur se propose de remplir ces lacunes.

On apprend ensuite que le nom vulgaire de la constellation d'Orion était ἀλετροπόδιον. Le traducteur ne rend pas ce mot. Ἀλέω signifie *moudre*. Orion se lève en *juillet*; le Chien se lève le 7 *août*.

La zône glaciale est à Saturne, elle est de 6 soixantièmes, ou 36 trois cent soixantièmes; ainsi l'auteur appelle *zône glaciale* celle qui est renfermée dans le cercle arctique déterminé par une hauteur du pôle de 36°; ainsi Rhodes serait sur le bord de la zône glaciale.

La zône équinoxiale est à Mars; elle a 8 soixantièmes placés aux deux côtés de l'équateur, ce qui suppose une obliquité de 24°.

La zône d'été, θερινή, a $\frac{5}{60} = \frac{20}{240}$; elle est à Jupiter. C'est la zône habitable; on voit que $36 + 24 + 50 = 90°$.

La zône d'hiver est à Vénus; elle est entre l'autre tropique et l'antarctique.

La zône invisible est à Mercure; elle est inhabitable comme la zône glaciale.

Chaque soixantième est de 4200 stades, ainsi le degré serait de 700 stades, comme l'avait dit Eratosthène. Le commentateur en conclut 250000 pour la circonférence; il aurait dû dire 252000, mais c'est le premier nombre trouvé par Eratosthène.

Puis viennent des définitions de la pluie, de la grêle, de la neige, du tonnerre, etc.

Il y a six colures, sans autre explication. On n'en compte ordinairement que quatre, mais rien n'empêcherait d'en compter 360, et davantage.

On appelle ἄστρα ἀμφιφανῆ des constellations qui paraissent deux fois ou de deux manières dans une même nuit. Il n'y a rien de semblable dans la partie australe.

Les étoiles sont au nombre de 1080, suivant Hipparque. On appelle *signes opposés* ceux qui sont à 180° l'un de l'autre. Il est bien évident que l'ouvrage n'est pas d'Eratosthène.

Le cercle du milieu s'appelle *écliptique*, parce qu'on y observe toutes les éclipses de Soleil et de Lune. Ce passage ferait croire ce Commentaire postérieur à Ptolémée, et même à Théon, qui n'ont jamais employé le mot *écliptique*.

Il place les équinoxes au commencement des signes, comme Hipparque et Ptolémée, et non au milieu, comme avait fait Eudoxe.

La voie lactée est oblique aux tropiques, μικρὸν μὲν ὑποπίπτον.

La partie boréale est la droite du ciel, la partie australe est la gauche. Ce n'était pas le sentiment d'Aristote. Voyez ci-après le chapitre de Simplicius.

Ce Commentaire est un ouvrage fort au-dessous du médiocre. J'en ai extrait, non ce qu'il y a d'intéressant, car je l'aurais entièrement négligé, mais ce qui ne se trouve pas ailleurs, au moins explicitement.

Hipparque et Le Gentil.

C'est ici le lieu de parler du travail commencé par Le Gentil, non sur Aratus, mais sur le Commentaire d'Hipparque. On n'avait employé, pour déterminer la précession, que deux observations d'Hipparque, parce qu'il n'en reste que deux où l'on voie immédiatement la longitude de l'étoile.

Longomontanus, en employant un plus grand nombre d'étoiles, soit d'Hipparque, soit de Ptolémée, et même de Timocharis et enfin de Tycho, trouvait pour la précession annuelle 45″,75. La méthode de Longomontanus n'est pas très-parfaite. Voyez son Astronomie danoise, page 193. Il ne paraît avoir calculé que le front du Scorpion, η des Pléiades et l'épi de la Vierge de Timocharis. Il y fait des corrections de 2 à 12′ pour l'effet des parallaxes; il suppose la déclinaison de 0° 56′, au tems d'Hipparque; il prend, dans Ptolémée, Régulus; il le prend ensuite dans Albategnius; il trouve pour la précession les résultats ci-joints, qui ne sont ni bien certains, ni bien uniformes; ils suffisent pour démontrer ce que j'ai avancé depuis long-tems, qu'on peut trouver tout ce qu'on veut dans les anciennes observations.

51″00	44″00
49.46	47.47
49.57	49.56
49.10	39.33
48.14	49.58
46.00	

Le Gentil suppose qu'il peut y avoir des erreurs de 5′ dans les étoiles de Tycho, et j'ai trouvé en effet qu'on ne pouvait jamais compter qu'à 3 et 4′ près sur les observations de cette époque.

Il dit qu'Halley faisait la précession de 50″; c'est aussi ce que Flamsteed avait tiré des étoiles de Ptolémée, réduites au tems d'Hipparque, en retranchant 2° 40′ des longitudes. C'est à fort peu près ce que j'ai trouvé en recommençant ce travail, car il m'a donné 50″,12.

Le Gentil annonce un travail sur les étoiles d'Eudoxe; ce travail n'a jamais paru, et je ne conçois pas comment on se propose de déterminer la précession par des observations aussi grossières que celles d'Eudoxe, et aussi incertaines d'ailleurs, quant à l'époque où elles ont été faites. Fréret avait trouvé que cette sphère se rapportait au quatorzième siècle avant J. C.; mais il négligeait des différences de plusieurs degrés. Le Gentil pense qu'elle se rapporte à des époques diverses et de deux à trois mille ans plus anciennes que Chiron. Nous avons montré ci-dessus qu'il faudrait supposer autant d'époques qu'il y a d'étoiles, et qu'une partie de ces époques seraient futures. Nous en avons conclu que ces époques si différentes étaient réellement des erreurs grossières et très-différentes de signe comme de quantité.

Le Gentil dit avoir vu dans Hipparque des observations très-précises; nous venons de voir qu'elles le sont fort peu, et qu'elles ne s'accordent quelquefois qu'à plusieurs degrés près. Il les préfère aux deux observations bien plus directes qui nous ont été conservées par Ptolémée, et qui sont les longitudes de Régulus et de l'Épi. Il doute si ces deux observations nous ont été fidèlement transmises. Il cite pour exemple la déclinaison de Castor, qu'Hipparque avait trouvée de $33°\,10'$, suivant Ptolémée, et qui, suivant Hipparque lui-même, est de $33°\frac{1}{2}$. La différence ne viendrait-elle pas de ce qu'Hipparque, au tems où il travaillait à son Commentaire, n'avait pas encore mis la dernière main à son Catalogue d'étoiles. La faute de copie $\frac{1}{2}$, au lieu de $\frac{1}{6}$, ne peut-elle pas aussi bien être dans le Commentaire que dans l'ouvrage de Ptolémée?

Hipparque dit, à la fin du premier Livre, que la tête de la Baleine n'est pas dans le colure des équinoxes, puisque le lien des Poissons, qui est derrière la tête et sur la crête est à $0^s\,3°\frac{1}{2}$; suivant le Catalogue de Ptolémée, la tête de la Baleine est à $0^s\,17°\,20'$; le lien, à $0^s\,3°\,50'$; il y a $14°\,50'$ de différence en longitude entre les deux. La différence d'ascension droite ne doit pas être très-différente. Si le lien est en $0^s\,3°\,15'$, la tête doit être vers $17°$, et par conséquent plus avancée de beaucoup que le colure.

Le Gentil voit la précision d'une minute où je ne vois que celle d'un quart de degré; en effet, les fractions de degré sont toujours des quarts ou des demies; les fractions d'heure, des trentièmes, ou des demi-degrés, ou des vingtièmes, qui valent $45'$ de degré. Tout au plus voit-on $\frac{1}{3}$, et l'on sait qu'on ne doit ajouter aucune foi aux fractions que l'on trouve dans les Catalogues. Mais supposons que l'ascension droite du lien des Poissons fût en effet de $0^s\,3°\,15'$ bien juste, il nous manquerait encore une donnée pour en faire le calcul. Pour y suppléer de la manière la moins incertaine, voici, je crois, ce qu'on peut faire.

$$\tan \text{g } \mathcal{R} = \cos \omega \tan \text{g } L - \frac{\sin \omega \tan \text{g } \lambda}{\cos L},$$

d'où

$$\tan \text{g } \mathcal{R} \cos L = \cos \omega \sin L - \sin \omega \tan \text{g } \lambda,$$
$$\cos \omega \sin L - \tan \text{g } \mathcal{R} \cos L = \sin \omega \tan \text{g } \lambda,$$

$$\sin L - \left(\frac{\tan \text{g } \mathcal{R}}{\cos \omega}\right) \cos L = \tan \text{g } \omega \tan \text{g } \lambda = \sin L - \tan \text{g } \varphi \cos L$$
$$= \frac{\sin L \cos \varphi - \cos L \sin \varphi}{\cos \varphi} = \frac{\sin (L - \varphi)}{\cos \varphi},$$

$$\sin (L - \varphi) = \tan \text{g } \omega \tan \text{g } \lambda \cos \varphi, \quad \text{quand on a fait } \tan \text{g } \varphi = \frac{\tan \text{g } \mathcal{R}}{\cos \varphi}.$$

Suivant Ptolémée...... λ = — 8° 5o′
Suivant les modernes... λ = — 9. 4.40″

La différence est...   14.40

C. cos ω =   23° 51′ 20″ .. 0.03878   tang ω... 9.64563
tang 𝓡 =   5.15...... 8.75423   cos φ... 9.99916
tang φ =   5.53.12... 8.79301   tang ω cos φ... 9.64479

tang ω cos φ... 9.64479................. 9.64479
tang λ = — 8° 5o′   — 9.19146   tang λ = — 9. 4.40 — 9.20351
sin (L—φ) = — 5.55.59 — 8.83625   L—φ = — 4. 5.38   8.84830
φ = + 5.53.12   φ = + 5.53.12
L = — 0.22.47   L = — 0.30.26
+ 2.40. 0   2.40
tems de Ptolémée 2.17.13   tems de Ptolémée... 2. 9.34
suivant Ptolémée 2.3o   2.3o

Différence...   12.47   Différence...   20.26

On aura donc entre la position d'Hipparque et celle de Ptolémée, une différence de 12′ 47″ ou de 20′ 26″, et par un milieu, de 16′ ¼, suivant le parti qu'on prendra pour la latitude.

La longitude en 1800 était............ = 0.26.34.55... 0.26.34.55
Nous trouvons pour le tems d'Hipparque.. — 0.22.47   — 0.30.26
Précession en 1928 ans ou 1948....... 0.26.57.42... 0.27. 5.21
La précession annuelle sera...........   50″343   ou   50″582

Milieu 50″465 pour 1928 ans; mais nous ne savons pas, à 20 ans près ½ l'époque de l'observation.

Si nous supposons l'intervalle 1948 ans, nous aurons 49″826 et 50″042, milieu 49″955.

Si ce résultat n'est pas bien sûr, il est au moins curieux; la précession tomberait entre les deux limites 50 et 50″ ½.

Le Gentil trouve six résultats de ce genre, d'où il a déduit 49″6666 de précession.

On suppose qu'Hipparque observait vers l'an — 128; mais le Commentaire doit être un de ses premiers ouvrages; il pourrait supposer des observations faites en — 148. Je m'arrête à — 138 pour un milieu; il pourra y avoir ¼ de seconde d'incertitude sur la précession calculée sur 1938 d'intervalle.

Halley et Fréret disent que le Commentaire doit être de — 162; l'incertitude irait à une demi-seconde.

Hipparque, dans ce Commentaire, dit que l'obliquité est de 24° *presque*. Il devait bien connaître l'obliquité d'Eratosthène dont il se servait au rapport de Ptolémée. N'est-ce pas une preuve que tous les nombres qu'on trouve dans son Commentaire, ne sont que des approximations suffisantes pour ceux qu'il avait en vue; c'est-à-dire les navigateurs à qui il voulait offrir une sphère moins défectueuse que celle d'Aratus.

Hipparque nous dit que les *précédentes* de la tête de l'Hydre sont en 5ˢ 10° et plus; je ne vois là rien d'assez précis pour mériter un calcul.

Que la précédente des étoiles de la queue du Poisson austral est éloignée de plus de 23° du commencement. Veut-il dire qu'elles sont en 9ˢ 23° ? Ptolémée les place en 9ˢ 21° : tout cela est trop vague.

Que le bec du Cygne est éloigné de 1° 30′ : est-ce la longitude ou l'ascension droite qui est de 9ˢ 1° 30′.

Si c'est l'ascension droite, la longitude par les formules ci-dessus sera.. 9ˢ 2° 4

Elle était en 1800..................................... 9.28.29

On voit déjà que la précess. sera trop faible pour l'intervalle   26.25

Si l'on suppose 1938, elle ne sera que 49″071.

Si c'est la longitude que donne Hipparque, la précession totale sera de 26° 59′, ce qui sera pour une année, 50″ 124 par l'intervalle 1958, et 49″ 51 par 1962.

Malgré toutes ces incertitudes, on voit toujours une précession de 49′ 5 à 50″, ce qui serait très-précieux si nous n'avions pas mieux.

La longitude de Ptolémée, diminuée de 2° 40′, est 9ˢ 1° 50′ ; ce qui confirme en passant l'opinion universellement reçue qu'il faut retrancher 2° 40′ environ des longitudes de Ptolémée, pour retrouver celles d'Hipparque. La longitude d'Hipparque est ici 9ˢ 1° 50′ ou 9ˢ 2° 4′, milieu, 9ˢ 1° 47′.

Hipparque dit encore que l'étoile la plus occidentale de l'aile droite est à plus de 9ˢ 6° 30′. La latitude moderne de δ du Cygne est de 64° 26′; Ptolémée dit 64° 30′ : la longitude en 1800 était 10ˢ 15° 29′. Il faut qu'Hipparque ait donné l'ascension droite. On en déduirait une longitude de 9ˢ 11° 27′; une précession de 3ˣ beaucoup plus forte encore. Mais Hipparque dit l'extrémité de l'aile, et δ est au coude; ce serait donc x qui en 1800 était en 10ˢ 12° 11′, avec une latitude de 73° 49′. La longitude serait 9ˢ 15° 2′, la précession 28° 28′ ou 52″ 232 pour 1962 ans. Tout cela prouve bien qu'il n'y a rien de certain à tirer de ces positions d'Hipparque. Il est vrai qu'en cet endroit il dit plus que 9ˢ 6° 30′. Quand on mettrait 7°, ou 30′ de plus, on aurait une précession de 28°, et elle ne doit être au plus que de 27°.

Hipparque ajoute que les précédentes de la tête de Céphée ont 10ˢ 10° et plus. Nous aurions donc la même incertitude; d'ailleurs les étoiles si boréales sont peu propres à cette recherche.

La brillante de la main gauche, que quelques-uns mettent à l'épaule, est en 10ˢ 25°. Voilà qui paraît plus précis. Je ne vois dans les Catalogues que ι de Céphée qui donne L = 5° 5′ 15″, 25° 27′ 25″ ou 46° 71 par an : l'erreur est d'environ 1° ¼.

La main droite du Bouvier, précédente, est en 6ˢ 13° et plus.

L'étoile de la tête est en 6ˢ 16° 30′; la longitude serait 5ˢ 12° 34′ 22″, la précession 38° 51′; ce qui serait trop fort de 10 à 11°. b et ψ de Flamsteed ne me réussissent pas mieux.

L'étoile du pied droit, suivant Hipparque, est en 6ˢ 24° 45′. Je soupçonne qu'il faut lire 6ˢ 14° 45′. La main droite du Centaure en 6ˢ 15° environ; l'étoile au milieu du dos du Bélier en 0ˢ 11° 30′. Voilà quelques indications qui paraissent précises. En lisant pour la première 6ˢ 14° 45′, je trouve pour ζ du Bouvier la longitude 6ˢ 3° 1′ 44″, la précession 27° 11′ 8″ ou 49″ 881.

La brillante de la Ceinture, en supposant que cette étoile est ε, donnerait 30° ½ de précession ; mais si c'est ρ, nous aurons 27° 6′ 40″ ou 49″745.

La main droite du Centaure a 24° de latitude australe suivant Ptolémée, 23° 59′ 58″ suivant La Caille, avec 7ˢ 21° 18′ 48″ de longitude en 1750 ; ce qui ferait 24° 5′ 7″ de précession en 1912 ans, ou 45″35 par an : il y a erreur.

Le dos du Bélier, ἐπὶ τῆς ὀσφύος de Ptolémée a 6° de latitude boréale, 6° 7′ 38″ suivant les modernes, avec 1ˢ 11° 20′ 15″ en 1800 ; précession 26° 9′ 57″ ou 48″01.

Ainsi les étoiles mêmes qui pourraient nous inspirer le plus de confiance, donnent la précession entre 48 et 52″.

Le cou de l'Hydre a 105° d'ascension droite, 11° 15′ de latitude australe suivant Ptolémée. Supposons que cette étoile soit ζ, la précession sera 26° 51′ 11″ ou 49″317.

θ de l'Ourse a dans Ptolémée 35° de latitude, 34° 56′ chez les modernes ; elle ne donne que 24° 58′ 32″ ou 45″81.

ν du Lion est à 4ˢ 0° d'ascension droite ; elle a —0° 15′ de latitude chez Ptolémée, et nous nous y tiendrons ; car la latitude a dû diminuer avec l'obliquité. Les modernes les mettent 2′ au nord de l'écliptique. La précession sera 26° 59′ 56″ ou 48″93 par 1962, ou 49″553 par 1938.

Cette étoile précède le cercle horaire d'une vertèbre, σφονδύλου. Nous ne savons ce que c'est. L'ascension droite doit être un peu moindre, la longitude aussi, et la précession de 50″ à fort peu près.

b du Lion a 4ˢ 15°, supposé qu'Hipparque ait véritablement désigné cette étoile qui n'est que de sixième grandeur. La précession sera 50″55 ou 50″96.

S'il a voulu désigner ζ de la Coupe à 5ˢ d'ascension droite, comme elle a 18° 15′ 58″ de latitude, et 18° 30′ selon Ptolémée, la précession sera de 48″35 ou 48″93.

La Vendangeuse doit être au moins en 5ˢ 16° 50′ ; la latitude + 16° 0′ ou 16° 14′. Elle donne 53″15 ou 53″81. Mais Hipparque dit que l'ascension droite est un peu plus forte ; quand on supposerait 17°, la précession serait encore 52″.

La jambe gauche du Bouvier est à 6ˢ 0° 45′ ; elle donne 27° 5′ 25″ ; c'est-à-dire 49″7, ou 50″5, ou 50″ par un milieu ; car nous ne sommes pas sûrs à 12 ou 15 ans près de l'époque des observations.

L'épaule gauche du Bouvier doit être en 6ˢ 15° et peu de chose ; la latitude est de 49° suivant Ptolémée ; 49° 34′ suivant les modernes. Supposons 49° 20′, nous trouverons une précession de 28° 6′ 27″ ; supposons 28° seulement, ou l'étoile plus avancée de 6′ 27″, nous aurons 51″ 57 ou 52″.

La Serre australe est en 6ˢ 14° 50′. La latitude est aujourd'hui 0° 23′ 18″ ; autrefois 0° 40′. La précession 26° 43′ 20″, ou 49″ 09, 49″ 69, ou 49″ 4.

Hipparque dit ensuite que la boréale de la main droite d'Ophiuchus est en 7ˢ 0°. La latitude est aujourd'hui 15° 18′ ; autrefois 15°. Nous avons déjà remarqué sur cette étoile une erreur de 50°. La main gauche donnerait 32° 55′ de précession : erreur manifeste.

β de la Couronne est à 7ˢ 0° 50′ ; latitude 46° 10′ ou 46° 5′ : elle donne 26° 15′ 23″ ou 48″ 18, 48″ 78 : milieu 48″ 5.

♎ du Scorpion a 1° 5′ 38″ de latitude australe, ou, suivant Ptolémée, 1° 40′. Supposons 1° 22′ ; elle donne 27° 29′ 10″, ou 50″ 45, 51″ 03 ; milieu 50″ 83.

L'épaule droite d'Hercule est en 7ˢ 15° ; latitude 42° 44′, et 43° suivant Ptolémée. Je suppose 42° 52′ ; elle donnera 26° 48′ 16″, ou 49″ 14, 49″ 74 ; milieu 49° 44.

Le genou droit et la jambe droite vont mal ; mais le milieu donne 27° 26′ ou 50″ 54 ; ce qui est un hasard duquel il ne faut rien conclure.

φ de la jambe donne 27° 59′ 33″ ou 51″ 36.

La cuisse d'Hercule est en 8ˢ 0° ; latitude 59° 56′ ou 59° 50 : précession 27° 46′ 51″ ou 51″ 0.

β de la petite Ourse 72° 50′ ou 72° 58′ ; précession 26° 7′ 9′, ou 47″ 93, 48″ 53, 48″ 23.

γ 75° 2′ ; 25° 58′ 9″ de précession ou 47″ 65, 48″ 25 et 47″ 95.

La suivante des trois de la tête du Sagittaire est en 8ˢ 15° 50′ ; latitude 2° ou 1° 50′ ; précession 26° 57′ 23″, 49″ 46, 50″ 06 et 49″ 76.

La boréale du rhombe du Dauphin et le dos du Capricorne ont 9ˢ 15° d'ascension droite. La latitude de α est 33° 20′ ou 33° 4′ ; elle donne 25° 58′ 16″ de précession ou 49″ 79 par un milieu.

Le dos du Capricorne a — 0° 10′ de latitude. ι du Capricorne donne 27° 23′ 50″ de précession, 49″ 81 ou 50″ 11.

ε du Cheval et l'australe des précédentes à l'épaule de Céphée ont 10° d'ascension droite ; la latitude de ε est de 22° 30′ ou 22° 7′. Supposons 22° 20′, nous aurons 26° 23′ 52″ et 48″ 71.

θ de Céphée a 69° de latitude ou 68° 55'.

L'étoile du milieu de la tête de Céphée a 10ʰ 15 d'ascension droite ; la boréale du cou du Cheval 10ʰ 14° 30'.

ζ de Céphée à 61° 15 ou 61° 10', donne 26° 4' 46" et 48" 15.

ξ du Cheval 18° 27' 20", ou suivant Ptolémée 19° ; précession 27° 29' 40" et 50" 76.

La main droite d'Andromède est en 11ʰ 0° 45' ; la latitude 44° et 43° 48' 8" ; précession 25° 44' 49" et 47" 54.

L'étoile du milieu de Cassiépée ν est de 11' 15° ; latitude 46° 45' ou 47° 4'.

L'ascension droite de la première du Bélier est 0' 0° 45' ; latitude 7° 50' et 7° 9' 20".

Algol à 0ʰ 15° ; latitude 25° ou 22° 24'

Genou droit de Persée, ascension droite 50° ; latitude 28° 50' 45". Je ne trouve dans tout cela rien de satisfaisant.

La quatrième et la septième de la peau que tient Orion et ι du Taureau ont 45° d'ascension droite.

La quatrième qui a 13° 50' ou 12° 27' de latitude australe, donne pour la précession 27° 5' 32" ou 50" 0.

La septième dont la latitude est 17° 10' ou 16° 49', milieu 17°, donne pour la précession 26° 59' 5" ou 49" 82.

ι du Taureau ; latitude — 1° 40' ou — 1° 14' ; précession 26° 52' 19", ou par an 49" 61.

Massue d'Orion 4.χ ; ascension droite 2' 0°, — 4° 0' ou 3° 48' ; précession 27° 26' 6" et 50" 65.

β du Lièvre — 44° 20' ou 43° 56' ; précession 26° 17' 27" et 48" 51.

L'étoile du milieu des Gémeaux a 74° 30' d'ascension droite ; la brillante des pieds de derrière 75°.

La première a — 2° 30' ou 2° 5' de latitude ; précession 26° 41' 9" et 49" 27.

La deuxième, ζ du Chien ; latitude 53° 45' ou 53° 24' ; précession 26° 54' 22" et 49" 06.

En rassemblant tous ces résultats et mettant en une somme tous ceux qui passent 49", et ne passent guère 51" ; dans une seconde somme tous ceux qui passent 48", et dans une troisième, ceux qui surpassent 51° et ceux qui sont au-dessous de 48", nous aurons les quantités suivantes.

51.04	700.61			
49.50	50.26			
50.08	49.76			
50.29	49.73		52.33	47.01
49.80	50.11		53.50	46.11
49.88	50.76		51.67	45.55
49.75	49.44	48.01	52.82	47.54
49.62	49.54	48.51		
49.23	50.00	48.53	52.555	46.50
50.64	49.82	48.48		52.555
50.02	49.61	48.23		
49.39	50.65	48.00	8 dernières......	49.525
50.73	49.97	48.73	Somme des 10...	48.362
50.64	49.06	48.15	Somme des 27...	49.95
700.61	1348.68	48.67	Somme des 45...	49.86
Milieu des 27....	49.95	48.51	27 meilleures.....	49.95
			Ptolémée.........	50.11
Milieu des 10.....	48.362			

Milieu entre Hipparque et Ptolémée... 50.23

Il résulte évidemment de là que la précession moyenne diffère très-
peu de 50″o, et qu'il est absolument nécessaire de retrancher 2° 40′
des étoiles de Ptolémée pour retrouver les longitudes d'Hipparque.

On a tenté de disculper Ptolémée en disant qu'il se peut qu'il ait
observé ; que ses observations pouvaient être bonnes en elles-mêmes, et
renfermer l'erreur des Tables du Soleil. L'excuse pourrait être admis-
sible, si Ptolémée lui-même ne nous disait qu'il a observé l'époque,
l'équation et l'apogée du Soleil, et qu'il a trouvé les mêmes élémens
qu'Hipparque. L'erreur de ses Tables du Soleil lui doit donc être
imputée, puisqu'il n'a pas su la corriger. Mais il paraît bien plus probable qu'il n'a observé ni les étoiles ni le Soleil et qu'il a tout emprunté
d'Hipparque, après avoir fait, peut-être pour la forme, quelques observations en petit nombre et qui ne lui parurent pas suffisantes pour
hasarder d'autre changement que les 2° 40′ qu'il a cru devoir ajouter
aux longitudes, dans la supposition que la précession annuelle était de
50″, quoique quelques observations d'Hipparque donnassent 42″, et
d'autres beaucoup plus.

Par six étoiles seulement, Le Gentil avait trouvé 49″ ½ de précession.
Il avait annoncé la continuation de ce travail; mais il ne l'a jamais donnée,
dégoûté probablement par quelques essais malheureux, et peut-être parce
qu'il sera tombé d'abord sur les étoiles que j'ai été forcé de rejeter comme
trop évidemment défectueuses.

Voilà donc enfin les fondemens de l'Astronomie établis par les Grecs. Les positions des étoiles sont déterminées par ascensions droites et déclinaisons ; l'obliquité de l'écliptique est connue. Nous verrons dans Ptolémée qu'Hipparque avait encore déterminé l'inégalité du Soleil et le lieu de son apogée ainsi que ses mouvemens moyens ; les mouvemens moyens de la Lune, du nœud et de l'apogée ; l'équation du centre de la Lune et l'inclinaison de son orbite ; qu'il avait entrevu une seconde inégalité dont il ne put, faute d'observations convenables, découvrir la période et la loi ; qu'il avait commencé un cours plus régulier d'observations pour fournir à ses successeurs les moyens de trouver la théorie des planètes. Enfin, nous voyons par son Commentaire sur Aratus, qu'il avait exposé et démontré géométriquement les méthodes nécessaires pour trouver les ascensions droites et obliques des points de l'écliptique et des étoiles, le point orient et culminant de l'écliptique, l'angle de l'orient qu'on appelle aujourd'hui la hauteur du nonagésime. Il avait donc une Trigonométrie sphérique. Nous verrons par ses calculs pour l'excentricité de la Lune, qu'il avait une Trigonométrie rectiligne et des Tables des cordes. Il avait tracé un planisphère par la projection stéréographique ; il savait calculer les éclipses de Lune et les faire servir à l'amélioration des Tables ; il avait une connaissance approchée des parallaxes, et Ptolémée qui a voulu le réformer en ce point, s'est bien plus écarté de la vérité : enfin on voit un corps de science véritable. Ce qui lui manquait, c'étaient de meilleurs instrumens ; mais nous sommes à cet égard devenus difficiles. Dans ces commencemens, une précision d'un degré devait paraître une chose merveilleuse. Hipparque ne l'a pas toujours obtenue, surtout quand l'opération était compliquée ; mais il l'a souvent de beaucoup dépassée, comme dans les équations du centre de la Lune et du Soleil, et dans l'inclinaison de la Lune qu'il a obtenue à très-peu de minutes près.

On peut être étonné qu'après avoir observé pendant un tems des ascensions droites et des déclinaisons, il ait quitté les armilles équatoriales pour y substituer l'astrolabe, au moyen duquel il rapportait les astres immédiatement à l'écliptique. On voit dans Ptolémée qu'il avait à Rhodes un de ces instrumens avec lequel il observait la Lune ; c'est la mention la plus ancienne que nous en connaissions. Peut-être Hipparque en était-il l'inventeur ; l'idée lui en sera venue à l'occasion de sa découverte du mouvement des fixes en longitude. Voyant que les latitudes étaient constantes et que les longitudes augmentaient d'une

manière uniforme, tandis que les ascensions droites et les déclinaisons
variaient d'une quantité qu'il ne savait pas calculer, du moins avec une
certaine facilité. Ces considérations et la longueur des calculs trigonométriques qu'il savait faire, mais qu'il avait un intérêt si grand d'éviter
quand il en trouvait la possibilité; voilà sans doute ce qui lui aura fait
imaginer un instrument plus compliqué, moins sûr par conséquent,
mais qui lui donnait directement ce qu'il n'aurait pu se procurer que
par un travail fastidieux et sujet à de fréquentes erreurs. Ces excuses
sont valables, mais il n'en est pas moins fâcheux qu'il ait changé sa
méthode d'observer et qu'il n'ait pas continué à déterminer les ascensions droites et les déclinaisons, ou du moins que ces déterminations
fondamentales ne nous aient pas été transmises; car rien ne nous assure
positivement qu'il ait employé l'astrolabe pour les étoiles : il a pu le
réserver pour le Soleil, la Lune et les planètes. Il est vrai qu'il a dû y
trouver de grandes facilités pour son Catalogue composé de 1080 étoiles.
On suppose communément qu'il n'en contenait que 1022, d'après celui
de Ptolémée, où l'on n'a compté ni les nébuleuses, ni quelques étoiles
obscures. En observant directement les longitudes et les latitudes, ou en
les déduisant des ascensions droites et des déclinaisons, il a donné à ce
Catalogue la forme la plus commode pour les astronomes qui devaient
lui succéder, et celle qui lui était plus avantageuse pour ses observations
journalières du Soleil et des planètes. Quoi qu'il en soit, les observations
rapportées à l'équateur, s'il y eût ajouté la date, nous seraient aujourd'hui
bien plus utiles que son Catalogue.

Malgré les imperfections de son astrolabe, il paraît que les longitudes
et les latitudes de son Catalogue sont un peu meilleures que les ascensions droites et les déclinaisons que nous offre son Commentaire. Il est
probable qu'il se sera formé dans l'art des observations; qu'il y aura mis
plus de soin et de scrupule; qu'après avoir surpassé ses prédécesseurs
dans les premiers essais consignés dans son Commentaire, il aura voulu
se surpasser lui-même, surtout depuis qu'il eut reconnu le mouvement
des étoiles. Les observations d'Aristylle et de Timocharis lui parurent
trop grossières pour donner la quantité de ce mouvement par la comparaison qu'il en fit avec les siennes. Cependant deux de ces comparaisons qui nous ont été conservées, donnent 42″ par an, au lieu de 56″
que trouva depuis Ptolémée. Il travailla pour laisser à ses successeurs
des données plus certaines.

Quand on réunit tout ce qu'il a inventé ou perfectionné, et qu'on songe au nombre de ses ouvrages, à la quantité de calculs qu'ils supposent, on trouve dans Hipparque un des hommes les plus étonnans de l'antiquité, et le plus grand de tous dans les sciences qui ne sont pas purement spéculatives, et qui demandent qu'aux connaissances géométriques on réunisse des connaissances de faits particuliers et de phénomènes dont l'observation exige beaucoup d'assiduité et des instrumens perfectionnés. La constance et l'assiduité ne dépendent que de l'homme; mais les instrumens perfectionnés ne peuvent être l'ouvrage que d'un long tems et des efforts continués de beaucoup d'hommes industrieux.

Depuis ce grand astronome, la science a été près de 300 ans stationnaire; Ptolémée est le seul à qui l'Astronomie ait eu de véritables obligations. Ptolémée lui-même n'eut pas de successeur chez les Grecs. Il faut parcourir un intervalle de 800 ans pour trouver chez les Arabes une petite découverte et la détermination plus précise du mouvement de précession; après quoi la science redeviendra stationnaire jusqu'à Copernic, Tycho et Kepler, fondateurs de l'Astronomie moderne.

Ainsi dans tous les auteurs dont nous allons parcourir les ouvrages, depuis Hipparque jusqu'à Ptolémée, nous ne trouverons que des commentateurs ou des abréviateurs; heureux si, dans leurs compilations, nous rencontrons quelques idées tirées d'auteurs plus anciens dont les ouvrages sont perdus!

Riccius, dans son Traité des Mouvemens de la huitième Sphère, nous parle d'un Millæus, astronome, qui demeurait à Rome et qui avait observé beaucoup d'étoiles, 41 ans avant Ptolémée, c'est-à-dire la première année du règne de Trajan; il ajoute que Ptolémée avait eu tant de confiance en ce travail, que pour former son Catalogue, il s'était contenté d'ajouter 25′ à toutes les longitudes de Millæus. Il serait bien singulier que Ptolémée n'eût jamais cité ce Millæus. Riccius, en rapportant ce fait, s'appuie du témoignage de l'Arabe Albouhassin. Il est à croire que le Catalogue de Millæus ne serait que celui d'Hipparque, réduit à l'an premier de Trajan, par l'addition de 2° 15′ à toutes les longitudes. Je ne vois que ce moyen pour accorder Millæus et Ptolémée avec Hipparque, et ce que nous savons aujourd'hui de la précession.

Copernic parle d'un Ménélaus qui observait à Rome et qui composa aussi, vers le même tems, un grand Catalogue d'étoiles. Ce Ménélaus serait-il le Millæus de Riccius? Peu nous importe, puisqu'il ne nous reste rien de l'un non plus que de l'autre.

Catalogue d'Hipparque tiré de ses Commentaires sur Aratus.

Étoiles.	Déclinaisons.	Suiv. mes calculs	Ascens. dr.	Suiv. mes calculs.	Remarques.
ν Dragon......	55°.24′	57°.41′			J'ai calculé ces premières Étoiles pour le tems d'Eudoxe, en retranchant 99° 22′ de long. pour 1810.
β Dragon.....	55. 0	54.59			
γ Dragon.....	53. 0	52.48			
β gr. Ourse....	64.53	66.19	4ʰ 3° 0′	4ʰ 1°.42′	
α gr. Ourse....	....	....	4. 3 presq	4. 4.25	
λ Dragon......	....	....	4. 3	3.27.55	
γ gr. Ourse....	65. 0	64.53	4.25	4.26.11	
η gr. Ourse....	....	....	6. 4	6. 5.11	
Polaire........	....	77.43	11.18	11.16.18	La polaire est pour le tems d'Hipparque, il en est de même des suivantes.
Poisson bor. qu.	20. 0	....			
suiv. de la qu.	12. 0	....			
Rigel.........	....	12.52 A	....	1.25.49	
α d'Orion.....	....	4.43 B	....	2. 0.48	
α Céphée......	54.30	54.20			
γ Céphée......	55.45	55.38			
α Autel.......	44. 0 A	44.52			
2ᵉ Nœud ♏.....	31. 0 A	31.52			
4ᵉ Nœud.......	37.40	37.45			
Arcturus......	31. 0	29.58			
2ᵉ tête Centaure	....	....	5.29	6. 0. 0	
Épaule droite...	....	....	6. 7	6. 2.39	
α Croix du Sud.	....	....	6.13	5.11.13	
α ♓.........	33.30	33.36			
β ♓.........	30. 0	30.18			
Pied du Cocher	27. 0	24. 8			
α Persée......	40. 0	40.27			
β Andromaque.	30 et plus.	27.12			
λ Andromaque.	32. 0	33.15			
ζ Cygne.......	23. 0	22.56			
β Cygne......	25.23	27.45			
β Ophiuchus...	7. 0	7.36			
α Ophiuchus...	15 presq.	14.30			
Régulus.......	un peu Sud.	1. 3 A			
ε ♌.........	un peu nord.	1.26 B			
δ ♌.........	....	26. 3 B			
λ ♌.........	....	21.21			
γ ♋.........	26.21	26.45			
δ ♋.........	presque sur le tropique...	23.34			
ζ Ophiuchus...	5 51 A	4.25			
η Ophiuchus...	10 + A	10.45			
γ Pégase......	3.30 +	3.42			
Poissons bor...	10 +	19.33			
γ Bouvier.....	41.15	41.34			
La Lyre.......	41. 0	38.18			
α Cygne......	50. 0	50.20			
Pied droit, Cassiopée.......	52. 0	52. 6			

Suite du Catalogue d'Hipparque.

Étoiles.	Déclinaisons.	Suiv. mes calculs.	Ascensions.	Suiv. mes calculs.	Remarques.
1re du Bouvier			6.13	6.13.26	
Brill. Ceinture			6.14.20	6.16.42	
Cent. main dr.			6. 8.	6.12.40	
Bouv. main dr.			6.½ sig. envir.	6.24	
Tête du Bouv.			6.16½	6.24.42	
Tête de la Bal.			♂, peu de ch.	0.10.58	
α ♓			0. 3.15	0. 3. 8	
Dos du Bélier			0.11½	0.11.41	
Persée, tête			0.10 envir.	0. 9.46	
Main droite			0.10 envir.	0. 1.41	
α Bouvier	27. 0	29 28	6. 1. 0	6. 3.28	γ Rigel, δ gr. Chien, conclu des levers et des médiations. Hipparque met γ d'Orion en ♈ à 45° du tropique. Ici j'ai suivi Ptolémée.
γ Orion			1.23½ ou 24°		
Rigel			1.24½		
δ r. Chien			2.26.45		
β Ω			4.15. 0		
δ gr. Ourse			5. 0.15	5. 0.27	
ε ♍			5.16.30	5.20.12	
Ep. du Bouvier			6.15	6.14.55	
Serre australe			6.14.30	6.14. 2	
α ♍			7. 0.57	7. 0. 7	
Ep. dr. d'Herc.			7.15. 0	7.14.42	
Jambe droite			7.15½	7.14.46	
Cuisse ga. bril.			8. 0	7.29.59	
β petite Ourse			8. 0	7.29.11	
γ petite Ourse			8. 0	7.28.36	
3e de la tête →→			8.15.30	8.15.25	
γ Aigle			9. 0.45	9. 0 26	
ι Cheval			10. 0. 0	9.29.30	
Bor. Dauphin			9.15. 0	9.15.59	
Préc. du ♑			9.15. 0	9.15.34	
ζ Bouvier			6.14.45		
ι			6.14.10		
Mains du Cent.			6.15. 0		
Hydre précéd.			3.10 et plus		
Poissons préc.			9.23		
Bec du Cygne			9. 1.30		
κ			9. 6.30		
Céphée les préc.			10.10 +		
Ep. ou main dr.			10.25		
Bouvier, m. dr.			6.13 +		
ζ Bouv. pied dr.			6.12.45		
Dos ♈, milieu			0.11.30		
Cent., m. dr.			6.15		
Col de l'Hydre			3.15		
δ Ourse			3.15		
a Ω			4. 0		
b Ω			4.15		
ζ Coupe			5. 0		

Suite du Catalogue d'Hipparque.					
Étoiles.	Ascens. droite.	Déclinais.	Étoiles.	Asc. droite.	Déclinais.
ι ng............	5.16.30 +		ι Pégase........	10. 0	
Bouv., jamb. g.	6. 0.45		Céphée.........	10.15	
Épaule gauche.	6.15 +		ζ Chev. b. du col.	10.14.30	
Australe ♎...	6.14.30		ε Cassiopée.....	11.15	
Oph. bor. m. dr.	7. 0		Androm. m. dr.	11. 0.45	
β de la Couron.	7. 0.30		Aigle..........	0.15	
δ ng...........	7. 0.30		Persée, gen. dr.	1. 0	
Hercule, ép. dr.	7.15		Orion, 4ᵉ et 7ᵉ		
Hercule c. gauc.	8. 0		de la peau.	1.15	
β petite Ourse.	2. 0		ι ♉...........	1.15	
γ petite Ourse.	2. 0		♅ 4 x d'Orion.	2. 0	
π ♈.........	8.15.30		δ Lièvre.......	2. 0	
Dauph. b. du R.	9.15		Chien, p. de der.	2.15. 0	
Dos ♉........	9.15		♅ ζ genoux....	2.14.30	

Longitudes.

Tête de l'Hydre........ 3ˢ 10°.
Première du Cygne..... 9. 1½.

Je n'ai compris dans ce Catalogue que les étoiles dont les positions m'ont paru les moins incertaines. J'aurais pu le grossir facilement de toutes celles dont il est question dans le Commentaire ; mais ce travail ne promettait ni assez de précision , ni assez d'utilité. Nous avons vu que ces autres étoiles ne sont exactes qu'à 1 ou 2 degrés près ; elles n'ont pu nous servir pour assurer la quantité de la précession , et je ne vois pas à quelle autre recherche elles pourraient être bonnes.

CHAPITRE XL.

Géminus.

Géminus est le premier qui se présente après Hipparque. On croit qu'il vivait du tems de Cicéron, environ 70 ans avant J. C., qu'il était de Rhodes, qu'il demeura quelque tems à Rome. Son ouvrage a pour titre : *Introduction aux Phénomènes.*

ΓΕΜΙΝΟΥ ΕΙΣΑΓΩΓΗ ΕΙΣ ΤΑ ΦΑΙΝΟΜΕΝΑ.

Ce titre ne fait aucune mention d'Aratus; ainsi l'on peut croire que l'auteur n'a pas prétendu faire une Introduction au Poëme, mais des Élémens d'Astronomie; et c'est dans ce sens qu'Hildéric l'a traduit.

Dans l'énumération des signes ou dodécatémories, on voit la Balance, ou ζυγός; mais on trouve aussi χηλαὶ à la page 5. Il distingue les signes qui sont des arcs, et les constellations qui sont des figures dessinées pour réunir en groupes un certain nombre d'étoiles. Les signes sont égaux, les constellations sont inégales, et ne sont pas toutes placées dans le cercle même du zodiaque, c'est-à-dire sur la route du Soleil.

Le zodiaque est divisé en 360°. Le Soleil les parcourt en $365\frac{1}{4}$. Géminus ne connaissait pas la correction d'Hipparque qui en retranchait $\frac{1}{300}$ de jour.

Le printems commence au premier degré d'Aries, l'été au premier degré du Cancer; le plus long jour pour le climat de Rhodes est de $14'\frac{1}{2}$. Comme Rhodien, il devait citer de préférence ce climat, célèbre d'ailleurs par le séjour d'Hipparque. Ce séjour prouvé invinciblement par les témoignages de Ptolémée et de Théon, n'a pas empêché que les astronomes n'aient été long-tems persuadés qu'Hipparque avait fait ses observations à Alexandrie. Nous discuterons cette question quand nous aurons extrait les ouvrages de Ptolémée.

La durée du printems est de 94½; celle de l'été, 92½; celle de l'automne, 88⅛; celle de l'hiver, 90⅛. Le tout forme en effet une somme de 365¼.

Géminus cherche la raison de cette inégalité apparente; car il est convaincu que le mouvement des corps célestes ne peut être que régulier. Un homme peut aller tantôt plus vite et tantôt plus lentement suivant ses affaires ou ses passions; mais on ne peut imaginer rien de semblable dans les astres.

Il ne faut pas croire que tous les astres soient placés dans une même surface sphérique; les uns sont plus hauts, les autres plus bas (c'est-à-dire plus éloignés ou plus rapprochés de la Terre), mais l'œil ne peut juger des distances en longueur.

Au-dessus de la sphère des fixes il place Saturne, Φαίνων, dont la révolution est de près de 50 ans.

Plus bas que Saturne est Jupiter, Φαέθων, dont la révolution est de 12 ans.

Au-dessous est Mars, Πυρόεις (*igneus*), qui parcourt le zodiaque en 2 ans et 10 mois.

Après cela vient le Soleil. Au-dessous du Soleil est Vénus, Φωσφόρος, dont le mouvement est presqu'égal à celui du Soleil; au-dessous de Vénus est Mercure, dont la vitesse est encore la même que celle du Soleil. Enfin, au-dessous de toutes les planètes est la Lune, qui parcourt le zodiaque en 27½. Voilà des idées claires, mais qui ne sont ni nouvelles, ni bien précises.

Si le Soleil se mouvait dans la sphère des fixes, les quatre saisons seraient égales; s'il se mouvait dans un cercle d'un plus petit rayon, mais concentrique à la sphère des fixes, les tems des saisons seraient encore égaux; ce qui produit l'inégalité, c'est que le centre du cercle n'est pas le même que le centre de la Terre; que la sphère du Soleil est rapprochée d'un côté, de sorte que les droites menées du centre de la Terre aux points équinoxiaux et solsticiaux doivent en conséquence partager le zodiaque en quatre arcs inégaux. Le plus grand de ces arcs va de 0° ♈ à 30° ♊, ou 0° ♋; le plus court est celui qui va de 0° ♎ à 30° ♐, ou 0° ♑. Les durées des saisons sont en proportion des arcs. A cette explication l'auteur joint une figure, mais il n'y place ni le centre de la Terre, ni la ligne de l'apogée; il ne dit rien qui suppose un peu de géométrie, ni qu'il eût connaissance des travaux d'Hipparque; mais les idées d'épicycle et d'excentrique pouvaient être déjà répandues. Apollonius de Perge s'en était servi pour expliquer les rétrogradations des planètes.

Les 12 signes du zodiaque, comparés entr'eux, offrent quatre rapports différens (on les a nommés depuis *aspects*). Les uns sont diamétralement opposés, d'autres sont en triangle, d'autres en carré, d'autres en syzygies ou anti-syzygies, comme disent quelques auteurs. C'est-à-dire que les uns sont à 180° de distance, les autres à 120°, les autres à 90°. Dans tout cela, nous ne voyons que trois positions différentes; il fallait ajouter l'aspect sextile ou de 60°. Mais syzygie est pris ici dans un sens particulier qu'il exposera plus loin.

Ici l'on trouve mêlées quelques notions chaldéennes sur les effets ou influences de ces signes, et sur les vents qui soufflent quand ces signes se lèvent ou se couchent.

Il appelle astres en syzygie ceux qui se lèvent aux mêmes points de l'horizon, c'est-à-dire qui sont également éloignés des tropiques, et qui ont le jour de même durée. Les arcs de ces signes, sur les cadrans solaires, sont à même distance de l'arc du tropique, ou plutôt sont les mêmes. Ce passage prouve que de son tems on traçait les arcs des signes sur les cadrans. On les a toujours tracés dans l'hémisphère de Bérose.

Dans les constellations, il cite les étoiles qui ont des noms propres, telles que les Pléiades, les Hyades, Propus, la Crèche et les Anes, Régulus, l'Epi et la Vendangeuse, l'urne du Verseau, les fils des Poissons, dont l'austral contient neuf étoiles, et le boréal cinq, sans compter la belle étoile du lien. Rien de tout cela n'est nouveau.

Les constellations boréales sont la grande et la petite Ourse, le Dragon entre les Ourses, Arctophylax, la Couronne, l'Agenouillé, Ophiuchus, le Serpent, la Lyre, l'Oiseau, la Flèche, l'Aigle, le Dauphin, *le buste du Cheval, suivant Hipparque*; le Cheval, Céphée, Cassiépée, Andromède, Persée, le Cocher, le Triangle et *la boucle de cheveux de Bérénice, mise au rang des constellations par Callimaque.* Cette nomenclature nous apprend deux choses. La constellation du petit Cheval, ἵππου προτομή, *section de devant du Cheval*, est due à Hipparque, et la boucle des cheveux de Bérénice, au poëte Callimaque, qui s'est fortifié du témoignage supposé de Conon. Géminus écrit Cassiopée et non Cassiépée, comme font tous les autres Grecs. Il nomme ensuite Arcturus, la Lyre, la Gorgone et la faux de Persée, la Chèvre et les Chevreaux.

Les constellations australes sont Orion, le Chien, Procyon, le Lièvre, Argo, l'Hydre, le Corbeau, le Centaure, l'Animal que tient le Centaure, le Thyrse (θυρσολόχος, mot qu'on ne trouve pas dans les Dictionnaires), l'Autel, selon Hipparque ; le Poisson austral, la Baleine, l'eau du Verseau, le fleuve d'Orion, la Couronne australe, appelée aussi ουρανίσκος, *le petit Ciel*, ou le Caducée, suivant Hipparque.

On ne voit pas pourquoi il attribue à Hipparque l'Autel, dont Aratus a fait mention ; je soupçonne qu'l faut rapporter ces mots *selon Hipparque*, à la constellation du Thyrse.

Les étoiles australes qui ont des noms propres sont Procyon, Sirius, Canobus au gouvernail d'Argo. Cette étoile se voit difficilement à Rhodes, mais à Alexandrie on la voit élevée d'un quart de signe. (C'est ce que supposait Posidonius pour sa mesure de la Terre.)

Il parle ensuite de l'axe et des pôles , des cercles de la sphère, qui n'ont aucune largeur, et ne sont que des conceptions géométriques. Le seul visible est la voie lactée. Tout cela se trouve dans Aratus. On ne décrit que cinq parallèles ; ils sont en nombre infini. Le Soleil en change à chaque instant, mais on peut sans erreur sensible le supposer sur le même parallèle pendant un jour entier. Chaque étoile a le sien. On n'a marqué sur les sphères que ceux qui sont nécessaires aux explications astronomiques. Les parallèles sont inégalement divisés par l'horizon. L'inégalité est différente, selon les climats. A Rhodes, le rapport est de $\frac{29}{48} = \frac{14\frac{1}{2}}{24}$.

Le cercle arctique est plus ordinairement au-dessus du tropique, avec lequel il peut coïncider ; il peut être plus près de l'équateur. Enfin il peut se confondre avec l'équateur.

Notre tropique d'été est le tropique d'hiver de nos *antipodes*, et réciproquement. Pour l'habitant de l'équateur, les deux tropiques sont des tropiques d'hiver , et l'équateur peut être considéré comme le tropique d'été. Il a raison, mais la dénomination de *tropique* cesse d'être juste, car il n'y a point de *retour* ou de *conversion*.

Partagez le méridien en 60 parties, vous en aurez quatre pour la distance des tropiques à l'équateur. Il suppose l'obliquité de 24°, en nombre rond. L'arctique sera à 6 parties du pôle, la hauteur du pôle sera donc de 36°, comme à Rhodes ; il en restera cinq ou 30° pour la distance du tropique à l'arctique.

Les colures ou cercles tronqués sont ainsi appelés, parce que dans la sphère oblique ils ont une partie toujours invisible et qui ne monte jamais sur l'horizon, tandis que l'équateur, l'oblique, les parallèles et la voie lactée montrent successivement toutes leurs parties.

Le zodiaque est oblique; il peut être considéré comme composé de deux cercles parallèles et d'un grand cercle qui le divise par le milieu de sa largeur, et qui, par cette raison, s'appelle le *cercle milieu des animaux*. Le zodiaque a 12° de largeur.

On voit que le mot *écliptique* n'était pas encore usité du tems de Géminus.

L'horizon sépare la moitié visible du ciel, d'avec la moitié invisible. On distingue l'horizon rationnel, qui passe par le centre de la Terre, et l'horizon sensible, qui renferme l'espace que nous pouvons réellement apercevoir. Ce dernier n'a que 2000 stades de diamètre.

Deux mille stades, suivant Eratosthène, feraient près de 3°; ils en font quatre, suivant Ptolémée. Nous verrions donc à 1°$\frac{1}{2}$ ou 2° autour de nous, ce qui est fort exagéré. En mer, à 4^t de hauteur, on ne voit pas 5′, et 5′ ne font pas 4800 toises; on voit combien le nombre de 1000 stades est exagéré.

L'horizon change selon les *habitations*. (Il change à chaque pas qu'on fait dans une direction quelconque.) Mais on suppose qu'on ne change pas d'*habitation* à moins qu'on ne soit avancé de 400 stades vers le nord ou vers le midi. Sur le même parallèle il faudrait faire 1000 stades pour changer d'horizon. Le climat reste le même, tous les phénomènes sont pareils; mais le commencement du jour et de la nuit n'est pas physiquement le même, quoique les durées ne diffèrent pas. Rigoureusement, vous ne pouvez faire un pas sans que l'horizon, l'inclinaison et tous les phénomènes n'éprouvent quelques variations.

On ne trace point l'horizon sur les globes mêmes, parce qu'il est immobile et que la sphère est destinée à tourner; mais le support de la sphère indique l'horizon.

Le méridien est un grand cercle qui passe par le pôle et le point vertical; il partage également le jour et la nuit. On ne le trace pas non plus sur les sphères, parce qu'il est immobile; Géminus n'ajoute pas, comme pour l'horizon, qu'il est indiqué par l'appareil qui soutient le globe.

Pour changer sensiblement de méridien, il faudrait faire environ 500 stades vers le levant ou le couchant. Rigoureusement, on en change à chaque pas; mais si l'on va vers le nord ou le sud, quand en avancerait de 10000 stades, on serait toujours sur le même méridien.

Il ne dit pas que sur les différens parallèles il faut avancer d'une quantité différente pour changer de méridien. Les 500 stades seraient-ils des stades astronomiques ou des fractions de degré? Ces 500 stades sont un nombre assez singulièrement choisi; ils ne font que 36′ du degré de Ptolémée, et 25′ 43″ du degré d'Ératosthène.

Nous avons omis ce qu'il dit des trois principales positions de la sphère, la droite, l'oblique et le parallèle.

La voie lactée est plus oblique que le cercle du Soleil, et elle traverse les deux tropiques.

Sa largeur n'est pas uniforme; elle est un des grands cercles de la sphère. Il y a sept grands cercles, l'équinoxial, le zodiaque, le cercle du milieu des animaux, les deux cercles par les pôles (les deux colures), la voie lactée et l'horizon de chaque habitation.

Géminus distingue deux sortes de jour; l'un qui est l'opposé de la nuit, et l'autre qui est la somme des deux. Il ne se sert pas du mot composé *nychthémère*. Employons ce mot. Géminus dit que les nychthémères ne sont pas égaux, parce que le Soleil changeant de parallèle, retarde et avance alternativement son lever et son coucher; la différence est peu sensible, et l'on suppose tous les jours égaux. Mais les révolutions du monde sont toutes égales.

L'heure équinoxiale est un vingt-quatrième de cette durée moyenne du jour.

Les jours sont plus longs plus on avance vers le nord. A Rhodes, ils sont de 14′ ½; à Rome, de 15ʰ; ils sont de 16 dans le climat de la Propontide; de 17 et de 18 dans les climats plus septentrionaux.

Pythéas paraît avoir visité ces climats. Il dit, dans ses Livres sur l'Océan, que *les Barbares lui montraient les lieux où le Soleil dormait,* κοιμᾶται, *ou se retirait pour passer la nuit. Or la nuit en ces lieux est fort courte: de 2ʰ pour les uns, de 3ʰ pour les autres; ensorte que peu de tems après le coucher on voyait promptement reparaître le Soleil.*

En avançant encore plus vers le nord, on aurait un jour de 24ʰ, l'arctique se confondrait avec le tropique; plus loin, on aurait des jours d'un mois, de deux, et même de six, suivant la partie du zodiaque qui s'élèverait au-dessus de l'horizon. Pour avoir six mois de jour, il faudrait être au pôle même, au centre de la zône glaciale. Il est à croire que cette zône est inhabitable à cause du froid, et que le Soleil y est toujours invisible à cause des nuages; ensorte qu'on y aurait une nuit éternelle, comme Homère le dit des Cimmériens. On a les phénomènes inverses, mais tout semblables, dans l'hémisphère austral.

Les variations de durée des jours ne sont pas les mêmes dans tous les tems de l'année. Elles sont insensibles 20 jours avant et 20 jours après ceux des solstices; c'est ce qui produit les grandes chaleurs et les grands froids. Pendant 40 jours on voit l'ombre des gnomons parcourir l'arc du tropique. Les changemens sont au contraire sensibles aux équinoxes, et l'ombre du gnomon décrit chaque jour une ligne un peu différente, ce qui provient de l'obliquité du zodiaque, qui coupe l'équateur sous un angle considérable, tandis que le zodiaque touche le tropique dans une grande longueur; ensorte que le changement de déclinaison est imperceptible, et que la variation du jour vers les équinoxes est environ 90 fois celle qui a lieu vers les tropiques.

Les jours sont plus grands que les nuits dans les signes septentrionaux; les nuits sont plus longues dans les signes méridionaux.

Quelques auteurs ont placé les plus longs jours dans le Cancer, et les plus courts dans le Capricorne. Géminus les accuse d'erreur; il ne voit pas qu'ils plaçaient les solstices et les équinoxes au milieu des signes. Nous avons parlé de cette division à l'occasion d'Eudoxe, et nous la retrouverons dans Isidore. Il n'y avait donc aucune erreur, c'était une autre manière de compter et de placer le point de départ de la division. Il les taxe encore de la même erreur, pour avoir dit que le Cancer et le Capricorne n'avaient pas de signes conjugués, ou qui fussent à la même distance de l'équateur. L'erreur serait en effet la même, s'il y en avait une. C'est une manière différente de diviser le zodiaque, et les deux manières sont également bonnes en elles-mêmes; nous en avons exposé les avantages et les inconvéniens respectifs. Hipparque considérait ainsi la chose, et pour ramener à la notation d'Eudoxe celle qu'il avait préférée pour la commodité des calculs, il ajoutait 15° à ses nombres, pour les comparer à ceux d'Eudoxe. D'autres auteurs ont cru voir en cela un effet de la précession des équinoxes. Alors le milieu du signe indiquera le milieu des constellations, et non plus le milieu des arcs de l'écliptique. Cette question pourrait avoir quelqu'importance, si Eudoxe nous eût laissé de bonnes observations, et alors elle serait facile à décider. Mais ces prétendues observations ne sont que des aperçus grossiers et incohérens; la question devient difficile et sans objet réel.

Les étoiles décrivant des parallèles par leur mouvement diurne, ne changent jamais leurs points de lever et de coucher, et dans les mêmes climats ces points de lever et de coucher répondent aux mêmes points de l'horizon. Au contraire, le zodiaque étant oblique, tous ses points ont différens points de lever et de coucher sur l'horizon. Les points extrêmes sont, d'une part, le lever et le coucher du Cancer, et de l'autre, ceux du Capricorne. Jusqu'ici Géminus a raison ; mais il ajoute : Autant le point de lever a changé d'un jour à l'autre, autant le Soleil s'est avancé en longitude pendant l'intervalle, ce qui n'est nullement exact pour la longitude, et ne le serait pas même pour la déclinaison, si ce n'est dans la sphère droite. On pourrait en conclure que Géminus n'était pas mathématicien.

De l'obliquité du zodiaque il résulte encore que les signes, quoique parfaitement égaux, emploient des tems différens à traverser l'horizon. Si le zodiaque est perpendiculaire, un arc donné mettra plus de tems à traverser l'horizon ; s'il est oblique, il mettra moins de tems, parce que plus de parties se lèveront à-la-fois. (Et en effet on peut dire qu'il y a une position où la moitié de l'écliptique passe par l'horizon en moins d'une seconde ; car si l'écliptique se confond un instant avec l'horizon, ce qui a lieu quand le pôle de l'écliptique est au zénit ; à la seconde suivante, la moitié de l'écliptique sera au-dessus, et l'autre moitié sera au-dessous ; une moitié se sera levée, et l'autre se sera couchée.)

Cette inégalité même fait que dans un jour ou une nuit quelconque, six signes entiers du zodiaque passent par l'horizon, ce qui suppose à la vérité le Soleil stationnaire pendant un jour entier, et n'est vrai par conséquent qu'à peu près. Géminus en expose la raison, mais d'une manière obscure. Sans lui prêter d'autres connaissances que celles qu'il avait, on peut lui faire dire : Si le Soleil est immobile en un point de l'écliptique, et qu'il aille du levant au couchant ou du couchant au levant, l'écliptique se sera retournée, le demi-cercle qui était au-dessus de l'horizon sera au-dessous, et réciproquement ; car l'écliptique et l'horizon étant de grands cercles se coupent toujours réciproquement en arcs de 180° ou de 6^s. Dans les nuits d'hiver, on voit lever les signes, qui montent plus lentement ; dans les nuits d'été, c'est le contraire. Cette lenteur ou cette rapidité changent même selon les climats.

Géminus fait ensuite aux Anciens une petite chicane qui naît encore de la même méprise qu'il a faite pour les signes conjugués et pour les jours les plus longs et les plus courts.

Le mois est l'intervalle entre une lune nouvelle et la suivante, ou entre une pleine lune et la suivante. La conjonction, ou la synode, arrive quand le Soleil et la Lune occupent le même point du zodiaque ; la Lune est pleine quand elle est en opposition ou à 180° du Soleil.

Le mois synodique est de $29\frac{1}{2}\frac{1}{24}$. Dans ce mois, la Lune a parcouru le zodiaque tout entier, plus la partie dont le Soleil s'est avancé en longitude dans l'intervalle, c'est-à-dire près d'un signe ; ainsi dans un mois la Lune parcourt près de 13°. Pour les usages civils, on suppose les mois de $29\frac{1}{2}$ jours. Deux mois font 59 jours ; les mois sont alternativement pleins et creux, de 30 et de 29 jours. Ainsi l'année lunaire est de 354 jours ; l'année solaire, de $365\frac{1}{4}$. Les mois lunaires ne sont pas d'un nombre exact de jours, non plus que les mois solaires. On a cherché des périodes qui pussent faire disparaître les fractions.

On voulait régler les mois sur la Lune, à cause des fêtes et des cérémonies religieuses ; on voulait assujétir l'année aux mouvemens du Soleil ; il y avait des fêtes qui se réglaient sur les phases de la Lune, d'autres sur le commencement des saisons. Tel était le système des Grecs.

Les Egyptiens, au contraire, ne règlent ni leurs années sur le Soleil, ni leurs mois sur la Lune ; ils ne veulent pas que les fêtes soient fixées à un jour de l'année, mais qu'elles parcourent successivement l'année toute entière. Leur année est de 365 jours, et leurs mois chacun de 30 jours, au bout desquels ils placent 5 jours épagomènes ou additionnels ; ils ne tiennent pas compte du quart de jour qu'il y a de plus chaque année, afin que leurs fêtes anticipent. Par là, en quatre années elles sont en erreur d'un jour par rapport au Soleil, de 10 jours en 40 ans, d'un mois en 120 ans ; mais tout se rétablit en 1460 ans. Il donne ici aux Egyptiens un système établi sur un raisonnement, au lieu qu'il a dû s'établir tout naturellement sur un fait. Ils sentaient plus que d'autres la nécessité d'établir leur année sur le cours du Soleil et le débordement du Nil, qui arrive toujours dans la même saison. Ils ne connurent d'abord que l'année de 365 jours ; ils en firent douze mois de 30 jours ; il restait cinq jours, dont ils firent des épagomènes, pour que tous les mois fussent égaux. A la longue, ils reconnurent le quart de jour, et ils eurent la période sothiaque de 1460 années, qui en faisaient 1461 de 365 jours. Quand l'expérience les eut ainsi endoctrinés, ils ne voulurent pas changer un arrangement simple et naturel, auquel ils s'étaient accoutumés insensiblement, et au lieu d'innover ils consacrèrent, par une pratique religieuse, ce qui s'était établi de soi-même.

Les Anciens firent d'abord tous les mois de 3o jours ; mais on s'aperçut bientôt de l'erreur, parce que les mois ne s'accordaient plus avec la Lune, ni les années avec le Soleil. On chercha donc une période qui accordât tout, en contenant un nombre entier de mois et un nombre entier d'années. Ils établirent d'abord l'octaétéride, espace de huit ans, qui contenait 99 mois, dont trois embolismiques ou intercalaires, et 2922 jours, qui font 8 fois $365\frac{1}{4}$.

L'excès de l'année solaire de $365\frac{1}{4}$, sur l'année lunaire de 354, est de $11\frac{1}{4}$ jours ; ils cherchèrent par quel nombre il fallait multiplier cet excès, pour en faire des jours non fractionnaires ; en prenant 8 pour multiplicateur, on avait 90 jours, c'est-à-dire trois mois, qu'on ajouta aux 96 mois des huit années.

Ils placèrent les trois mois intercalaires de manière à n'avoir jamais le jour entier en erreur : ils les placèrent donc, l'un dans la troisième année, le second dans la cinquième, et le dernier dans la huitième. Chaque année avait d'ailleurs six mois pleins et six mois creux ou *caves*.

Mais c'était supposer de $29\frac{1}{2}$ jours les mois lunaires, qui sont de $29\frac{1}{2}\frac{1}{15}$; ils multiplièrent ce nombre par 99 ; ils trouvèrent $2923\frac{1}{2}$. Les huit années solaires ne font que 2922 ; la différence est de $1\frac{1}{2}$ jour en 8 ans, 3 jours en 16 ans ; ils ajoutèrent 3 jours dans chaque période de 16 ans ou heccacaédécaétéride.

Cette correction amène une autre erreur. Les trois jours après 16 ans feront 3o jours ou un mois entier en 16o ans ; on retrancha ce mois tous les 16o ans, c'est-à-dire qu'au lieu de trois mois intercalaires dus à chaque octaétéride, on n'en fait cette fois que deux, ce qui rétablit l'ordre.

Cette période même se trouva inexacte, car la véritable valeur est de $29^j\,3^i\,4o^{ii}\,5o^{iii}\,34^{iv}$. (D'autres exemplaires portent $8^{iii}\,2o^{iv}$. Les jours sont divisés en 6o' et les primes en 6o'', etc.) C'est pourquoi il faudra intercaler 4 jours en 16 ans. Il ne faut donc pas que les mois *caves* soient en même nombre que les mois pleins, mais que le nombre des pleins l'emporte sur celui des caves.

Il suit encore que les 12 mois lunaires ne font pas 354, mais $354\frac{1}{2}$ presque, et $365\frac{1}{4} - 354\frac{1}{2} = 364\frac{11}{12} - 354\frac{1}{2} = 1o\frac{11}{12}$. En les multipliant par 8 on a $87\frac{1}{2}$ presque, ce qui ne fait pas trois mois. On ne peut donc, en 8 ans, intercaler trois mois.

On imagina l'énnéacaédécaétéride, ou période de 19 ans.

En 19 ans on place 7 mois intercalaires, et 56 en huit périodes de

19 ans ; mais en 19 périodes de 8 ans, qui font 152 ans, on avait 57 intercalations : on voit le défaut de cette période de 8 ans.

La période de 19 ans est l'ouvrage des astrologues Euctémon, Philippe et Calippe. Ils remarquèrent que 19 ans font 6940 jours ou 235 mois, y compris les embolismiques au nombre de 7. L'année, à ce compte, serait de $565\frac{5}{19}$. Sur 235 mois, ils en firent 110 creux et 125 pleins. Ensorte que les mois pleins n'alternent pas toujours avec les *caves*, mais qu'il y en a quelquefois deux qui se succèdent : 235 mois de 30 jours font 7050 jours ; 7050 — 6940 = 110. Il fallait donc 110 mois caves et 125 mois pleins.

Pour distribuer de la manière la plus égale les 110 mois caves, ils divisèrent 6940 par 110 ; le quotient est $63\frac{1}{11}$: c'est donc tous les 63 jours qu'il faut retrancher un jour.

Mais la période suppose l'an $565\frac{5}{19}$, et elle est de $565\frac{5}{20}$; la différence

$$\frac{5}{19} - \frac{5}{20} = \frac{5\,(20-19)}{19.20} = \frac{5}{19.20} = \frac{1}{19.4} = \frac{1}{76}.$$

Calippe corrigea cette erreur en quadruplant la période de 19 ans et retranchant 1 jour des 6440 pour les réduire à 6939.

Nous verrons dans Ptolémée que les astronomes ont long-tems fait usage de cette période Calippique.

Si ce récit n'est pas composé après coup, on voit comment les Grecs ont successivement perfectionné leurs périodes, en les allongeant à mesure que l'observation des pleines lunes se multipliant, ils apercevaient les défauts de leurs premières approximations. On voit que leur méthode ne suppose que des yeux et quelques connaissances d'arithmétique.

Des peuples plus indolens, moins curieux et moins impatiens, auraient attendu plus long-tems pour trouver, du premier coup, une période plus parfaite. C'est probablement ce que firent les Chaldéens, mais ce n'est qu'une conjecture ; ce qui est certain, c'est que ces tâtonnemens sont loin de supposer une Astronomie perfectionnée ; ils en attestent véritablement l'absence.

Si le récit de Géminus est vrai, les Grecs ne devraient rien aux Chaldéens, si ce n'est peut-être la durée du mois lunaire.

La Lune reçoit sa lumière du Soleil ; ce qui l'a fait reconnaître, c'est que sa partie éclairée est toujours tournée vers le Soleil ; c'est qu'en tout tems *la perpendiculaire menée sur la ligne des cornes se dirige au Soleil*. Toujours une moitié de la Lune est éclairée ; mais cette moitié n'est pas toujours celle que nous voyons ; dans les conjonctions la partie obscure est tournée vers nous, ce qui prouve que la Lune est au-dessous du Soleil. A mesure que la Lune s'éloigne du Soleil, la partie obscure diminue, la partie éclairée augmente. Si l'élongation est de 90°, la Lune est éclairée à moitié ; elle l'est plus les jours suivans. Quand elle est diamétralement opposée au Soleil, elle paraît pleine. La partie éclairée diminue ensuite, comme elle a augmenté. Les différentes phases s'appellent croissant, dichotomie, lune convexo-convexe, pleine Lune. Le croissant est dans les premiers jours du mois, la dichotomie vers le huitième jour, la convexo-convexité vers le douzième, la pleine Lune au demi-mois. Puis les mêmes phases reviennent en sens inverse, et aux mêmes intervalles. L'inégalité du mouvement en produit une dans le tems des phases, laquelle peut aller à un jour et demi. (L'effet est au plus un demi-jour. L'auteur entre ici dans quelques détails que nous omettons, parce qu'ils sont inexacts. Il paraît qu'il ne connaissait pas les Recherches d'Hipparque ; il aurait su que l'inégalité de la Lune n'est que de 5°. Quand on y ajouterait celle du Soleil, et même l'évection, il n'en résulterait jamais trois quarts de jour.)

Les éclipses de Soleil sont produites par l'interposition de la Lune, qui arrête les rayons solaires ; ainsi ce ne sont pas proprement des éclipses, puisque le Soleil ne perd pas sa lumière, qui est seulement arrêtée au passage. Par cette raison aussi, les éclipses de Soleil ne sont pas les mêmes pour tous les pays. Quand le Soleil est entièrement caché pour un lieu de la terre, un autre en voit la moitié, un autre le voit tout entier, selon que ces différens lieux sont ou sur la ligne des centres, ou à côté de cette ligne. Jamais ces éclipses n'arrivent qu'à la nouvelle Lune.

Les éclipses de Lune, au contraire, sont des éclipses véritables ; car la Lune perd sa lumière en passant par l'ombre de la Terre ; la grandeur de la Terre fait que cette ombre est pure et profonde. Ainsi ces éclipses n'arrivent que dans la pleine Lune, quand les centres des trois corps sont dans une même droite, ainsi que l'axe du cône d'ombre. Les apparences de l'éclipse sont les mêmes pour tous les pays. L'éclipse est totale ou partielle selon que la Lune passe plus près du centre de l'ombre, ou plus près des bords. L'espace qui fait éclipser la Lune est d'environ 2°. La grandeur de l'éclipse dépend de la latitude.

Voilà enfin des idées saines et exactes sur les éclipses. Elles sont certainement plus anciennes que Géminus, puisqu'Hipparque ne s'était pas

borné à ces notions générales, et qu'il en avait donné la théorie mathématique, ainsi que nous en verrons la preuve dans Ptolémée. Il est à
croire qu'Hipparque avait trouvé généralement établi ce que Géminus
a recueilli.

Nous avons vu dans le chapitre premier, l'opinion ridicule d'Anaximandre. Nous voyons dans Plutarque qu'au tems de Nicias, 415 ans
avant notre ère, les Athéniens commençaient à concevoir la possibilité
des éclipses du Soleil par l'interposition de la Lune, mais qu'ils avaient
peine à deviner ce qui pouvait causer les éclipses dans les pleines
Lunes. On sait quelles suites funestes eut pour les Athéniens cette
ignorance si singulière pour un peuple si ingénieux et si cultivé. On
voit encore dans la Vie de Pélopidas, à quel point les Thébains furent
effrayés par une éclipse de Soleil, 375 avant J. C. Il faut croire pour
l'honneur des Grecs, que cette ignorance profonde n'a pas tardé à se
dissiper, et si nous n'en avons pas eu plus tôt la preuve, c'est que les
éclipses n'entraient dans les plans ni d'Aratus, ni d'Autolycus, ni
d'Euclide.

Le monde tourne d'orient en occident; tous les astres vont de l'horizon oriental au méridien, et du méridien à l'horizon occidental, où
ils disparaissent. Si dans ce mouvement on les suit dans une dioptre
(qui fasse un angle constant avec l'axe du monde ou avec l'axe d'une
machine placée dans le plan du méridien, c'est-à-dire une machine
parallactique), on se convaincra que tous les astres décrivent des cercles.
La chose est vraie; s'ensuit-il que l'épreuve en ait été faite? je ne le crois
pas. Il est arrivé souvent et il arrive encore qu'un mathématicien, sûr
d'une théorie dont il a réuni des preuves incontestables, en aperçoit
des conséquences nécessaires qui peuvent se vérifier par une observation fort simple; alors, sans la faire lui-même, il indique cette épreuve
que le lecteur peut tenter s'il le juge à propos. Aujourd'hui avec
nos équatoriaux, elle est plus facile que jamais, et elle a été faite
souvent.

Remarquez en passant la première mention de l'équatorial.

Le Soleil a un mouvement propre en sens contraire de ce mouvement général. C'est ce qu'on remarque en voyant les étoiles se lever
chaque jour un peu plus tôt. L'étoile que vous apercevez déjà à une
certaine hauteur après le coucher du Soleil, vous paraîtra chaque jour
un peu plus haute quand le Soleil aura disparu; si le Soleil allait vers
le couchant, l'étoile serait bientôt perdue dans les rayons du Soleil qui

se serait rapproché d'elle ; car le Soleil rend invisibles toutes les étoiles placées dans le signe qui le précède ou qui le suit, et tous les signes de l'écliptique disparaissent ainsi à leur tour. (Nous avons déjà vu cette doctrine dans Autolycus, qui seulement fait l'arc invisible d'un signe au lieu de deux.)

Ce mouvement propre est encore plus aisé à observer dans la Lune. Il suffit de la suivre des yeux pendant une nuit, pour en demeurer convaincu.

Quelques philosophes ont voulu nier ce mouvement propre en supposant que les planètes, à cause de leurs masses, ne peuvent tourner aussi rapidement que les étoiles, ce qui fait qu'elles ont l'air de rester en arrière. Si cette explication était vraie, le mouvement apparent se ferait dans des parallèles ; mais le soleil décrit le cercle incliné du milieu du zodiaque, ce qui le conduit d'un tropique à l'autre. La Lune a sa course dans toute la largeur du zodiaque. (C'est un peu trop dire ; l'inclinaison de la Lune n'est que de 5°, et la demi-largeur du zodiaque est de 6°, mais la parallaxe peut augmenter les latitudes.) La Lune a donc son mouvement propre. Mais ce qui surtout est sans réplique, c'est qu'on voit les planètes aller tantôt en avant, tantôt en arrière, et quelquefois rester stationnaires, ce qui ne peut s'expliquer que par un mouvement propre, et non par un simple retard. *Chacune a sa sphère particulière* qui lui donne le mouvement direct, rétrograde ou nul. D'ailleurs ces retards prétendus ne sont proportionnels ni aux masses ni aux distances ; il faut donc convenir que les planètes ont des mouvemens propres.

Le monde tournant d'orient en occident en un jour et une nuit, on voit les *anatoles* (levers) succéder aux *anatoles*. L'anatole a lieu quand l'astre paraît à l'horizon pour s'élever bientôt au-dessus. Le coucher ou *dyse* (δύσις) a lieu quand l'astre disparaît en descendant au-dessous de l'horizon. On distingue de plus les *épitoles* et les *crypses* ou occultations, que quelques écrivains ont mal à propos confondues.

L'*épitole* est l'apparition d'un astre à l'horizon, lorsque le Soleil s'éloigne chaque jour de cet astre. Il y a une différence analogue entre les dyses ou couchers simples et les crypses qui arrivent quand l'astre couchant va se perdre dans les rayons solaires. La dyse ou simple coucher, n'a de rapport qu'à l'horizon ; la crypse a de plus rapport au Soleil qui se rapproche de l'étoile et l'absorbe dans ses rayons. Ces divers phénomènes se divisent en vrais et apparens, en visibles et invisibles. Aujourd'hui une étoile est perdue dans les rayons solaires, demain elle s'en dégagera et fera son épitole orientale et visible. *Ces apparitions sont annoncées par des affiches*, pour qu'on puisse les observer. Nous abrégeons cette théorie aujourd'hui tombée en oubli. Nous l'avons déjà trouvée dans Autolycus ; nous la retrouverons avec plus de détail dans Ptolémée et dans Théodose.

Géminus la termine par la mention des astres *amphiphanes* qu'on voit dans une même nuit se coucher après le Soleil, et peu de tems après se lever avant lui ; tel est parfois Arcturus. Il en est d'autres, au contraire, qui se lèvent après le Soleil et se couchent avant lui, ensorte qu'ils sont invisibles le jour à cause du Soleil, et la nuit parce qu'ils sont sous l'horizon. On les appelle νυκτιδιάξοδα, ou qui sont absens pendant la nuit.

Dans un chapitre très-court sur les cinq zônes, on trouve cette particularité sur la zône tempérée que nous habitons, c'est qu'elle s'étend dans une longueur de dix myriades de stades, et que la largeur n'en est que la moitié.

Dans le chapitre sur les habitations, il donne les définitions connues de Synœciens, de Périœciens, d'Antœciens et d'Antipodes. Les Synœciens habitent la même partie d'un parallèle ; les Périœciens sont ceux qui en habitent une autre ; les Antœciens, ceux qui habitent un parallèle semblable, mais dans l'autre hémisphère. Imaginez un diamètre de la Terre, ceux qui sont placés aux deux extrémités de ce diamètre sont Antipodes les uns pour les autres.

La Terre est divisée en Asie, Europe et Lybie. Ceux qui ont fait des géographies *rondes* se sont beaucoup écartés de la vérité, en faisant la largeur égale à la longueur, ce qui n'est pas dans la nature. On ne peut donc conserver les rapports des distances dans les *géographies rondes*. La partie habitée a une longueur double de la largeur, ce qui ne peut s'exprimer par un cercle. (Ceci n'est pas bien clair, ni bien exact, peut-être ; s'il veut parler de la projection stéréographique d'Hipparque, il a raison, on n'y peut conserver le rapport des distances ; s'il parle d'un globe, il n'y a nulle difficulté ; s'il parle des cercles simplement développés sur un plan, il a raison. Au reste, peu importe.) On a trouvé la circonférence du méridien de 252000 stades ; le diamètre est donc de 80415. D'après ces données fournies par Ératosthène, il évalue en stades la largeur des différentes zônes.

Ceux qui habitent le même parallèle, ont les jours de même durée, les *éclipses de même grandeur*. (Il se trompe en cela ; car les parallaxes sont différentes.) Les cadrans solaires sont les mêmes ; seulement les jours commencent et finissent plus tôt pour les uns, et plus tard pour les autres. Ceux qui demeurent sous le même méridien comptent exactement les mêmes heures.

Nous ne pouvons rien dire de l'hémisphère austral, sinon par analogie, puisque nous n'avons aucun Mémoire sur ceux qui l'habitent. Quelques Anciens ont parlé de la zône torride ; de ce nombre est Cléanthe le stoïcien. Ils nous ont dit que l'Océan remplit l'intervalle entre les deux tropiques, idée qui s'est trouvée fausse ; car de notre tems on a visité quelques parties de cette zône, et l'on y a trouvé des habitans. (Géminus est même porté à croire que la partie voisine de l'équateur est moins incommodée de la chaleur que les parties voisines du tropique.)

Dans un chapitre sur les significations des astres, il rapporte cette anecdote : Que ceux qui montent sur le mont Cyllène, dans le Péloponnèse, pour sacrifier à Mercure, quand ils y retournent l'année suivante, retrouvent au même état les restes et les cendres du sacrifice, qu'aucun vent n'a dérangés dans l'intervalle. (Le fait n'est probablement pas bien sûr, ou cette montagne ne ressemblerait guère à celles que nous avons visitées.)

Il ajoute que souvent ceux qui montent sur le Sataburius, sont obligés de traverser les nuages : ceci est plus vrai. Arrivés au sommet, ils voient ces nuages sous leurs pieds. Le mont Cyllène n'a pas 15 stades de hauteur, d'après la mesure de Dicæarque ; le Sataburius n'en a que 14 : il est donc certain que les nuages ne s'élèvent pas à une grande hauteur. (Il aurait dû ajouter *toujours*, car les nuages qui souvent occupent le milieu et même parfois le bas de la montagne, en couvrent aussi parfois le sommet, où ils demeurent arrêtés plus ou moins de tems.) Les prédictions qu'on fait sur les vents et les variations de l'atmosphère, tiennent donc à quelque cause locale, et non à une cause régulière et connue. Elles ne peuvent convenir qu'au lieu même où l'on a fait les observations sur lesquelles on fonde ces prédictions. Elles ne tiennent pas à la position du Soleil dans tel ou tel degré du zodiaque. Toutes ces prédictions sont purement empiriques. On a voulu les appuyer sur les levers et les couchers des astres, non que les astres aient aucune influence sur ces changemens, mais ils peuvent servir de signal pour marquer les tems où les changemens s'opèrent par d'autres causes. C'est ainsi qu'un signal de feu n'est pas la cause d'une opération militaire, il n'en est que l'annonce. Tous les astres sont de même nature ; quelle que soit cette nature, ils devraient tous avoir les mêmes effets : mais le Soleil et la Lune s'élèvent tantôt à une moindre hauteur, et tantôt à une plus grande. Il en peut résulter des effets sensibles ; il n'en est pas de même des étoiles. Chaque climat doit avoir ses variations particulières, et les mêmes prédictions ne peuvent servir pour Rome et pour le Pont. Il fait souvent beau à la ville, et il pleut à une campagne qui est sur le même parallèle. Ces changemens n'arrivent pas toujours au jour indiqué ; mais la faute n'en est pas à l'astrologue, comme s'il s'était trompé dans l'annonce d'une éclipse ou dans celle d'un lever. (Il paraît donc que les astronomes prédisaient dès lors les éclipses, et cela doit paraître assez vraisemblable. Ptolémée cependant n'en dit pas un seul mot.) L'astrologie n'est pas un art, et ne mérite pas qu'on se donne la peine d'en expliquer les règles. Il n'est pas vrai que Sirius ajoute sa puissance à celle du Soleil pour produire les grandes chaleurs. Mais le lever de cet astre tombe vers le tems de ces grandes chaleurs ; il sert à les annoncer, et voilà tout. Le Soleil est la seule cause de ces chaleurs. Sirius se lève à Rhodes, 5o jours après le solstice. Dans d'autres endroits, c'est 4o ou 5o jours au lieu de 3o, et cependant les plus grandes chaleurs arrivent en même tems dans tous ces lieux. Le Soleil se lève quelquefois avec des astres plus gros que Sirius ; avec Jupiter ou Saturne, par exemple, et la chaleur n'en est pas redoublée. Géminus juge ici de la grosseur par le diamètre apparent, sans tenir aucun compte de la distance. Après avoir combattu ces idées astrologiques d'influence, il paraît avoir, au contraire, toute confiance aux causes physiques et aux prognostics rassemblés par Aratus à la fin de son Poëme.

Le chapitre suivant a pour titre : περὶ ἐξελιγμοῦ.

De l'Exéligme ou Période dégagée de fractions.

Commençons par l'extrait littéral et fidèle de ce que Ptolémée nous a laissé sur cette période, dans des passages tirés d'Hipparque.

Les *anciens mathématiciens* cherchèrent un certain tems dans lequel la Lune aurait toujours le même mouvement en longitude, et dans lequel l'anomalie se trouverait rétablie.

D'autres *mathématiciens encore plus anciens*, ayant considéré la chose *en gros*, avaient admis que ce nombre de jours était de 6585 ½, pendant lesquels ils voyaient s'accomplir 223 mois, 239 restitutions d'anomalie, 242 de latitude, 241 de longitude et 10° 40′ que le Soleil ajoute aux

28 cercles dans le tems susdit, les restitutions de ces cercles étant rapportées aux fixes.

Il est à regretter que Ptolémée ne nous ait pas dit comment on avait trouvé ces 10° 40′. Ce ne peut être que d'une manière assez grossière, par les appulses ou les occultations dans lesquelles on estimait à vue la distance de la Lune à l'étoile, *en coudées* ou *en diamètres lunaires.*

Pour se délivrer de la fraction, ils multiplièrent tout par 3 et trouvèrent la période de 19756 jours qu'ils appelèrent le *dégagement,* la *période dégagée* ἐξελιγμόν, qui contenait 699 mois, 717 restitutions d'anomalie, 726 de latitude, 723 de longitude et 32° 0′.

Cette période dégagée était donc la même au fond, elle avait moins d'exactitude ; car en triplant tous les nombres, on en avait aussi triplé les erreurs.

Hipparque ensuite prouva, par les observations des *Chaldéens* et les siennes, qu'il n'en était pas ainsi ; car il montra par les observations dont il donnait le calcul, que le premier nombre de jours dans lequel les éclipses reviennent toujours dans un nombre égal de mois, et par des mouvemens égaux, est de 126007 jours 1 heure équinoxiale, dans lesquels il trouve 4267 mois, 4573 restitutions d'anomalie, 412 *cercles zodiaques* moins 7° ¼ à peu près ; c'est ce que le Soleil fait de moins que 345 cercles, *la restitution de ces cercles étant rapportée aux fixes.*

C'est encore la même incertitude sur la manière dont il a déterminé les 7° ½ ; mais ce qui paraît constant, c'est qu'Hipparque est le premier auteur de la distinction du mouvement sidéral au mouvement tropique.

Dans tout ce qu'on vient de lire, il n'est question des Chaldéens que comme observateurs ; on ne cite aucun de leurs calculs, aucune de leurs périodes.

Les *anciens mathématiciens* doivent être Phaïnus, Méthon, Euctemon, Philippe, Aristarque, Calippe et autres qui, avant Hipparque, avaient travaillé à la recherche des périodes. Si le calcul des restitutions était des Chaldéens, Ptolémée devait dire, les Chaldéens ont trouvé *tant de mois* et *tant de restitutions ;* mais Hipparque leur a prouvé, par leurs propres observations, qu'ils s'étaient trompés dans leurs calculs. Rien ne prouve donc ici que les Chaldéens aient connu les restitutions d'anomalie et de latitude, ni le mouvement sidéral.

M. Laplace avoue, dans son *Exposition du Système du Monde,* que les Chaldéens ne sont pas nommés ; mais il dit que Géminus ne laisse là-dessus aucun doute. Avant d'examiner le chapitre de l'*Exéligme* de

Géminus, remarquons d'abord que le mot n'est pas chaldéen, comme le sont le *néros*, le *sossos* et le *saros*, périodes chaldéennes dont on ignore la valeur ; il signifie simplement *période dégagée* de fractions. Et cette opération a été faite par les Grecs ; elle a reçu d'eux un nom qui n'est probablement pas la traduction d'un mot chaldéen, c'est un terme technique imaginé dans cette occasion par les Grecs. Il ne se trouve pas dans les Lexiques, mais la racine en est évidente ; il vient d'un verbe qui signifie *débarrasser*. Voyons maintenant Géminus, et copions-le fidèlement.

L'exéligme est le tems le plus court qui ramène les mois entiers, les jours entiers et les restitutions entières.

On a cherché un nombre qui donnât ces mois et ces jours entiers avec des restitutions entières. Voici en quoi consiste cette *invention*, εὑρεσισ, ou voici comment on y est parvenu.

Le mouvement de la Lune est inégal ; si dans un jour donné elle décrit un arc du zodiaque, le lendemain elle en décrira un plus grand, et toujours un plus grand chaque jour, jusqu'à ce qu'elle arrive au mouvement le plus rapide. Ensuite elle en décrit un plus petit de jour en jour, jusqu'à ce qu'elle arrive au mouvement le plus petit de tous. Le tems entre deux mouvemens les plus petits s'appelle *apocatastasse* ou *restitution*.

On a observé l'exéligme qui renferme 669 mois entiers, 19756 jours ; et dans ce tems, la Lune fait 717 revolutions d'anomalie, 723 zodiaques, auxquels elle ajoute 32°.

On voit que ce passage est copié d'Hipparque, à la réserve que Géminus supprime la restitution de latitude dont il ne dit pas un mot dans tout ce chapitre. Géminus était de Rhodes, il est postérieur à Hipparque qu'il cite en un autre endroit ; il avait pu avoir connaissance des écrits d'Hipparque, mais il n'était pas assez géomètre pour les entendre. En disant 723 zodiaques plus 32°, il n'ajoute pas *par rapport aux fixes*. Il n'avait aucune idée de la précession, il a cru ces mots inutiles.

Voilà, reprend-il, les phénomènes que les *anciennes recherches* ont fait connaître. *Il faut établir de plus l'inégalité du mouvement* en longitude ; déterminer quel est le plus petit, quel est le plus grand, quel est le moyen ; enfin quelle est la variation journalière. En prenant encore ceci *dans les observations*, que le plus petit mouvement est plus grand que 11° et moindre que 12°, que le plus grand surpasse 15° sans aller à 16°. (L'inégalité à établir n'est donc pas des anciens mathématiciens.) Mais comme

la Lune en 19756 jours décrit 725 zodiaques, c'est-à-dire ce nombre
de cercles plus 52°, et que chaque cercle a 360°, *il* (Hipparque) ou *elle*
(la Lune) *a résolu* ces cercles en degrés, et y ajoutant 52°, la somme
s'est trouvée de 260512°. Divisant ce nombre par celui des jours, *nous
trouverons* le mouvement diurne 13° 10′ 35″. *C'est ainsi que les Chaldéens
ont trouvé ce nombre.* (Les Chaldéens ont pu le trouver par la simple
période, et sans la tripler pour avoir l'exéligme. De manière ou d'autre,
j'admets qu'ils l'aient trouvé, seulement j'ai quelque peine à concevoir
les 10° 40′ que le Soleil ajoute aux cercles entiers de la période, ou
les 52° qu'il ajoute aux cercles de l'exéligme. A cela près la détermination du mouvement suivait tout naturellement de la période de 18 ans,
que personne n'a jamais contestée aux Chaldéens. Mais Hipparque et
Ptolémée ont gardé le plus profond silence sur le mouvement moyen que
Géminus leur attribue.

Voilà au reste la seule fois que les *Chaldéens* se trouvent dans le
chapitre; mais cette mention atteste uniquement qu'ils avaient trouvé le
mouvement moyen. Rien ici ni ailleurs ne nous dit qu'ils aient su jamais
en trouver davantage.) Suivons Géminus.

Mais puisque la Lune fait 717 restitutions d'anomalie, *si nous voulons*
connaître en combien de jours la Lune opère cette restitution, *nous
diviserons* le nombre de jours par 717, et *l'on obtient* 27′ 55′ 20″; c'est
en ce tems que la Lune revient du plus petit mouvement à ce même petit
mouvement.

Et puisque dans toute restitution il y a quatre tems *égaux*, *j'ai pris*,
ou *ils ont pris*, ou *on a pris*; car le mot ἔλαβον signifie tout cela.
C'est donc Géminus qui *a pris*; car il vient de dire *si nous voulons*,
nous diviserons et il *arrivera pour quotient.*

J'ai pris le quart 6′ 55′ 20″; c'est en ce tems que la Lune va du plus
petit mouvement au mouvement moyen, du moyen au plus grand,
du plus grand au moyen et du moyen au plus petit; car tous ces tems
sont égaux.

Mais *si vous avez* trois termes en progression arithmétique, la somme
des extrêmes sera double du moyen terme; donc *si nous prenons* la
somme du plus grand et du plus petit, elle sera double du mouvement
moyen. Mais ce mouvement moyen est 15° 10′ 35″; le double ou la somme
des extrêmes sera 26° 21′ 10″.

Voici le point le plus important. Au lieu de dire simplement *le double
sera*, Géminus dit ἐπολλαπλασίασαν δίς; *on multiplia* par deux, ou

si l'on veut encore, *ils multiplièrent par deux* ; car ces deux locutions n'en faisaient qu'une chez les Grecs qui n'ont pas la particule *on*.

On voit d'abord que ce passage est écrit avec une extrême négligence ; les tems et les personnes des verbes changent sans règle ni raison. *Si nous prenons*, on *multiplia* ou *ils multiplièrent*, il arrive. On pourrait lire, en retranchant le ν final πολλαπλασιασα, *j'ai multiplié*, et *il m'est arrivé*.

On multiplia ne fait pas connaître l'auteur du calcul ; *ils multiplièrent* n'indiquerait pas plus les Chaldéens que tout autre , et de quelque manière qu'on lise, on ne voit aucune nécessité de faire intervenir les Chaldéens dans un calcul que Géminus commence et finit en son propre nom, et dont je le crois l'auteur , car Hipparque n'aurait pas admis cette proportion arithmétique qui est la base du calcul. *On multiplia* ou *ils multiplièrent* ne signifiera jamais les Chaldéens, mais tout au plus les auteurs de la période triplée ou de l'exéligme.

La somme des mouvemens extrêmes sera donc 26° 21′ 10″.

Ces mouvemens déterminés par des observations *grossières*, sont 11 et 15 qui font 26° ; les 21′ 10″ qui manquent ont échappé, dit Géminus, aux *instrumens* dont on se servait alors.

Pour trouver 26° justes , Géminus prend les deux limites inférieures 11 et 15 ; il nous a dit lui-même que ces deux nombres sont trop petits l'un et l'autre : il faudra donc augmenter ces deux nombres ; il faudra que la somme des deux augmentations soit de 21′ 10″ ; il faudra enfin qu'elle soit tellement distribuée, que le plus petit ne surpasse pas 12°, ni le plus grand 16°.

Il fallait dire, de manière que le premier n'aille pas à 12°, et que le second reste au-dessous de 16°. Mais comme on n'a que 21′ 10″ à distribuer entre ces deux nombres, on est bien sûr de rester dans les deux limites dont il serait bien impossible de s'écarter. Géminus, fort bon esprit d'ailleurs , se montre ici bien médiocre calculateur.

Voici comment *nous ferons* ce partage. Toujours Géminus parle en son nom , et dans un calcul qui ne fait pas partie des anciennes recherches.

Puisque la Lune va en 6′ 53′ 20″ du plus petit mouvement au moyen et du moyen au plus grand , il faudra trouver un nombre qui, multiplié par le quart 6′ 53′ 20″, sera un certain nombre, lequel ajouté au mouvement moyen , sera un nombre plus grand que 15°, et retranché du mouvement moyen , laissera un reste plus grand que 11.

On voit que le problème est indéterminé ; la solution la plus simple eût été de partager 21' 10" en deux également, on aurait eu 10' 35" pour la moitié.

Pour le plus petit....................... 11° 10' 35"
Pour le plus grand...................... 15.10.35
Pour la somme des deux extrêmes...... 26.21.10
Et pour le mouvement moyen......... 15.10.35

On trouve, continue Géminus, que le nombre cherché est 18' ou $\frac{18}{60} = 0{,}3$.

Multiplié par 6' 53' 20", il donnera.....   2° 4'... au lieu de 2°. (On ne
Retranché du terme moyen........... 15.10.35   voit pas pourquoi
il donnera pour le plus petit mouvement 11. 6.35   Géminus a fait ses
ajouté, il donnera pour le plus grand... 15.14.35   deux corrections in-
La somme sera le double du terme moyen 26.21.10   égales.)
L'augmentation diurne sera 18'.

Là finit le chapitre et tout ce qui concerne l'exéligme.

Il n'atteste rien autre chose des Chaldéens, sinon qu'ils ont trouvé le mouvement moyen, ce qui est trop simple pour être contesté, et qu'ils l'ont trouvé en ajoutant 32° au nombre des cercles décrits par le Soleil ; ce qui pourrait souffrir quelques difficultés. Il a pris cela dans Hipparque qui ne l'attribue nullement aux Chaldéens.

Ce chapitre dit encore que par des observations grossières, *on a trouvé* les limites 11 et 12°, 15 et 16°, entre lesquels tombent les mouvemens extrêmes : *on* ne signifie pas les Chaldéens ; il y a bien plus grande apparence qu'il désigne quelqu'ancien astronome grec. Les Grecs, au moins, étaient géomètres, et long-tems ils ont appliqué leur Géométrie à des questions d'Astronomie bien plus difficiles quoique moins utiles.

Partout, dans le calcul, Géminus dit *nous*, *je*, *on* ; une seule fois par une faute de copie très-commune chez les Grecs où le *v* final n'était souvent qu'euphonique, on peut entendre *ils multiplièrent* ou *on multiplia*, ce qui est la même chose et ne peut se rapporter aux Chaldéens.

Ce mauvais calcul paraît de Géminus qui, ayant pris ses données dans Hipparque, a voulu se donner un vernis de géométrie en calculant la variation diurne.

Rien ne donne donc aux Chaldéens ni l'exéligme, ni les apocatastases rapportées par Hipparque et Ptolémée. Ces auteurs n'ont pas nommé les Chaldéens, ce qui serait très-peu naturel, puisque c'est par leurs observations qu'ils ont corrigé l'erreur.

Ces recherches sur les périodes appartiennent sans doute aux Grecs. On voit en effet que Géminus, dans son chapitre des mois, rapporte des recherches du même genre, évidemment dues aux Grecs, et qui les ont conduits successivement à l'octaétéride ou période de 8 ans; à l'hecca-décaétéride, ou période de 16 ans. Les astrologues Euctemon et Philippe trouvèrent la période de 19 ans, Calippe celle de 76 ans; ils réglèrent les intercalations, ce qui était plus difficile que le calcul de Géminus.

Ces astronomes observaient, aussi bien que les Chaldéens, des éclipses, des appulses. C'est à eux et non aux Chaldéens qu'il convient d'attribuer l'exéligme, et surtout l'observation du mouvement diurne qu'ils paraissent avoir été plus en état de faire que les Chaldéens, à qui personne ne l'attribue, pas même Géminus. On trouve des livres entiers, tels que celui de Firmicus sur la Science astrologique des Chaldéens; des chapitres entiers sur le même sujet, dans Sextus Empiricus, et pas une seule ligne qui suppose la connaissance d'un seul théorème de Géométrie; il n'entrait aucune espèce de Trigonométrie dans leur Astrologie même; tout ce qu'on rapporte de leurs idées sur le système du monde est d'un ridicule extrême; et sans l'hémisphère concave de Bérose qui partage si naturellement les jours en 12 heures temporaires toujours égales entre elles, et variables seulement d'un jour à l'autre; sans cette idée aussi simple qu'ingénieuse qui a donné naissance à la Gnomonique, on ne connaîtrait rien de raisonnable qui soit sorti de cette École, à qui d'ailleurs on ne doit probablement que des registres d'éclipses observées, et la période de 18 ans qui ramène dans le même ordre les éclipses de Lune, période que devait leur donner sans calcul la simple inspection de leurs registres.

Le dernier chapitre est un Calendrier, où l'on trouve les époques des levers et des couchers des principales étoiles, avec des prédictions météorologiques tirées des écrits de Calippe, d'Eudoxe, d'Euctemon, de Dosithée, de Méton, de Démocrite, et surtout des deux premiers.

Ptolémée fit depuis un Calendrier de ce genre sous le titre de Φάσεις ἀπλανῶν ἐπισημασίων; c'est-à-dire, *apparition des Étoiles fixes*.

avec leurs significations ou présages, d'après Eudoxe, Hipparque, Calippe, Conon, Métrodore, Philippe, Dosithée, César, Démocrite et Méton. On y voit aussi beaucoup d'observations anonymes, qui probablement sont de Ptolémée lui-même. Une note ajoutée par un anonyme, nous indique les grandeurs des étoiles, comme il suit :

Première grandeur 15. La Chèvre, la Lyre, Arcturus, la queue du Lion, la luisante des Hyades, Procyon, l'épaule suivante d'Orion, l'Épi, le pied d'Orion (Rigel), le Chien, la luisante du Poisson austral, la dernière du Fleuve, Canobus, le sabot de devant du Centaure.

On n'en voit là que 14 ; Régulus y est oublié.

Seconde grandeur 15. Luisante de Persée, épaule suivante du Cocher, luisante de la Couronne, tête du Gémeau précédent, commune d'Andromède et du Cheval, luisante de l'Aigle, épaule précédente d'Orion, luisante de l'Hydre, de la Serre boréale, milieu de la ceinture d'Orion, Serre australe, Antarès, genou du Sagittaire. Je n'en vois que 13. Il faut lire apparemment les *trois de la ceinture d'Orion*, et non *milieu de la ceinture*.

Ensuite l'auteur de la note, qui demeurait à Alexandrie, donne les lieux où chacun des auteurs cités a fait ses observations. Dosithée à Colonie, à Κολωνία, Philippe dans le Péloponèse et la Locride, Calippe dans l'Hellespont, Méton à Athènes et dans les Cyclades, la Macédoine et la Thrace ; Conon et Métrodore en Italie, Eudoxe en Asie, Sicile et Italie ; Hipparque en Bithynie, Métrodore en Macédoine et en Thrace, Démocrite et César sur la parallèle où le plus long jour est de 15 heures : c'est celui de Rome ; mais on ne sait quel est ce César.

Nous avons placé cet opuscule de Ptolémée à la suite du Calendrier de Géminus, pour ne plus revenir sur un objet qui a perdu désormais toute son importance. Nous finirons ce chapitre par une autre *Introduction aux Phénomènes* ; mais celle-ci est un Commentaire sur Aratus. Elle est d'Achille Tatius, auteur du roman de *Leucippe et Clitophon*. L'auteur vivait vers l'an —500. Son *Introduction* paraît plus moderne.

On y trouve un grand nombre de vers sur les inventeurs de la science ; on y lit que les Égyptiens, les premiers, ont mesuré le ciel et la terre ; que les Chaldéens revendiquent cette gloire : (les titres des uns et des autres sont également perdus, et leur gloire trouvera bien des incrédules.) Prométhée, chez Eschyle, se vante d'avoir appris aux hommes les levers et les couchers. Palamède, dans Sophocle, d'avoir trouvé les signes célestes, les mesures et les révolutions, la révolution de l'Ourse et le coucher du Chien qui *amène le froid*. Atrée, chez Sophocle, d'avoir reconnu le cercle du Soleil; et chez Euripide, d'avoir découvert le mouvement des planètes en sens contraire du mouvement diurne. Thalès avait enseigné l'usage de la petite Ourse.

Tatius donne une singulière preuve de la position de la Terre au centre du monde. Mettez un grain de millet ou une lentille dans une vessie, que vous remplirez ensuite d'air en soufflant; la graine se placera au centre : c'est ce que fait la Terre poussée par l'air également de toute part. Xénophane ne croyait pas que la Terre pût se soutenir ainsi; il lui donnait des fondemens qui s'étendraient à l'infini. Aristophane la faisait suspendue au milieu de l'air, mais Aristophane plaisantait. (*Chœur des nuées.*)

L'opinion des stoïciens était que le monde était en repos, sans quoi la pluie ne pourrait tomber sur la Terre.

En parlant de la boucle de cheveux de Bérénice, il dit qu'elle était inconnue à Aratus, et qu'elle fut observée par Conon. Son autorité sans doute était le témoignage de Callimaque. Nous sommes entièrement de l'avis de Géminus. Le poëte, en composant un Poëme sur cette métamorphose, voulait appuyer sa fable d'un témoignage respectable; c'est ainsi qu'Arioste, quand il veut faire passer une folie, a soin de citer l'archevêque Turpin; et Voltaire, en pareille occasion, cite l'abbé Trithème.

Il dit qu'Ératosthène, dans son Poëme de Mercure (Hermès), donnait aux sphères un mouvement harmonique. Il cite de ce Poëme un assez grand nombre de vers.

La grande révolution de Saturne est de 350655 ans; celle de Jupiter 170620; celle de Mars 12000; l'année du Soleil, de 365 jours et une petite fraction.

Les Chaldéens, les plus curieux des hommes, ont osé marquer la course du Soleil et les heures. Ils partagent l'heure équinoxiale en 30 parties, et disent que c'est la course du Soleil. Ce passage n'offre aucun sens; il faut lire peut-être *le diamètre du Soleil*. Une heure équinoxiale répond à 15°, la trentième partie est un demi-degré; c'est à peu près le diamètre du Soleil. Ils disent encore qu'un homme ni vieux ni enfant, sans se presser et sans aller trop lentement, ferait comme le Soleil 300 stades *purs*. Bailly en conclut qu'ils connaissaient assez bien la circonférence du globe terrestre. 300 stades *purs* vaudraient donc environ 59' 8", qui est le chemin diurne du Soleil sur son cercle. Voilà

encore un stade dont on n'a encore tiré aucun parti. 500 de ces stades
font le chemin d'un homme en 24 heures; 100 seront le chemin de
8 heures, et 12 ½ le chemin d'une heure ou une lieue.

Pour donner une idée du mouvement propre du Soleil, trouvé par
Atrée, il emploie la comparaison d'une fourmi, marchant de l'occident
vers l'orient, tandis que le globe tournerait de l'orient à l'occident.

Quelques-uns ont nié l'existence de la Lune, d'autres ont prétendu
qu'elle était formée des exhalaisons de la Terre; d'autres veulent qu'elle
soit d'air, d'autres de feu, d'autres enfin des quatre élémens. On a dit
qu'elle était une terre brûlée, qu'elle était habitable, et que le lion de
Némée en était tombé sur la Terre. Empédocle, qu'elle était un fragment du Soleil; les uns en font un disque, les autres une sphère.
Quand elle n'est pas pleine, on n'a qu'à monter sur une montagne, on
la verra toute entière.

D'autres veulent qu'elle soit un miroir qui nous réfléchit le Soleil sous
différentes inclinaisons, ce qui produit les phases.

Dans l'énumération des signes, on trouve la Balance, ζυγός; plus loin
on trouve χηλαί, les Serres.

M. Lagrange me demandait un jour si la Balance ne serait pas spécialement affectée à désigner l'arc de l'écliptique qui commence à
l'équinoxe d'Automne, et les Serres à désigner la constellation qui
autrefois occupait cet arc? Je n'ai rien trouvé qui pût appuyer cette
conjecture.

Les planètes sont des animaux, puisqu'elles se meuvent. L'écliptique
a été nommé ἄλυσις, parce que les planètes y sont errantes.

L'été est le tems des chaleurs, parce que le Soleil, dans cette
saison, est *plus près de nous*. Cette idée était plus vraisemblable
que vraie.

Les uns placent les tropiques au premier degré, les autres au huitième, au douzième ou au quinzième.

Les Egyptiens voyant les jours diminuer depuis le Cancer jusqu'au
Capricorne, se livrent à la tristesse dans la crainte que le Soleil ne les
abandonne tout-à-fait. Quand il remonte, ils prennent des habits blancs
et des couronnes.

Il se demande pourquoi les horloges partagent en toute saison le
jour et la nuit en 12 heures égales, quoique les durées varient sans
cesse. Il se contente de répondre que le jour a toujours 24 heures, comme
nous avons toujours cinq doigts à chaque main, mais ces doigts ne sont

pas tous égaux. Ainsi les heures ne sont pas toujours égales. La comparaison n'est pas d'une grande justesse ; car les doigts d'une même main sont inégaux, et les heures d'un même jour sont toutes égales entr'elles.

En faisant l'énumération des cercles de la sphère, il dit qu'elle en a deux grands qui sont en dehors, l'horizon et le méridien.

Dans les globes de bois, l'axe dépasse un peu les pôles. Il ne faut pas s'imaginer qu'il en soit ainsi dans la réalité. Il adopte les nombres d'Eratosthène pour la circonférence et les degrés.

C'est Parménide qui le premier a parlé des zônes.

Ζέφυρος est ainsi nommé de ζέφος, qui signifie *le couchant* chez les poëtes.

Les comètes ne sont pas dans le ciel, mais dans l'air. Elles s'appellent ainsi quand elles ont leur lumière en bas. Si la lumière est en haut, elles s'appellent *lampes* ou *flambeaux* ; si la lumière est longue, on les appelle *poutres*, et *iris* si elles ont la lumière de rosée, ματώδες, *roscidum*.

Voilà tout ce qu'Achille Tatius offre de neuf, de singulier ou même de bizarre ; le reste se trouve partout.

L'ouvrage d'Achille Tatius est une compilation mal digérée ; l'ouvrage de Géminus est à quelques égards tel qu'on pourrait le faire aujourd'hui, clair, méthodique ; il est d'un homme de sens, instruit pour son tems, mais ni géomètre ni astronome. Il n'y a que son dernier chapitre où malheureusement il a voulu faire parade de science en traitant de l'exéligme.

Nous avons dit que l'ouvrage d'Achille Tatius paraît bien postérieur à l'âge où l'on fait vivre l'auteur, c'est-à-dire vers l'an — 5oo. La preuve en est assez simple. Parmi les astronomes qui ont traité des éclipses, il cite Hipparque et Ptolémée ; ailleurs il cite Posidonius le stoïcien, qui vivait du tems de Pompée. Si en effet il était aussi ancien qu'on le prétend, le nom de Ζυγός qu'il donne aux Serres, serait un argument en faveur de ceux qui veulent que cette dénomination soit plus ancienne que le tems de Cicéron et d'Auguste ; elle ne signifie plus rien s'il a vécu après Ptolémée qui nous apprend que les Chaldéens nommaient Ζυγός, la constellation que les Grecs appelaient les Serres. Dans des fragmens du même auteur, imprimés par Pétau, à la suite de l'Introduction, on trouve ce passage : κατὰ τὰς χηλὰς, τὰς καλουμέας ὑπ' αἰγυπτίων Ζυγόν, *dans les Serres que les Egyptiens appellent Balance.* La constellation de la Balance se trouvait donc à-la-fois dans le zodiaque des Chaldéens et dans celui des Egyptiens. Il semble que la réunion de ces deux passages est une assez bonne preuve de l'antiquité de cette constellation.

On trouve encore cet autre passage : ὁ δὲ ζῳδιακὸς ἔχει ἐγχαράξεις τρεῖς, ἃς οἱ μαθηματικοὶ ταινίας καλοῦσι. Πλατὺς δέ ἐστι, ἐν αὐτῷ γὰρ φέρεται ὁ ἥλιος πλατύς. Ἔστι δὲ ὁ κατακεχρισμένος ἐν τῇ σφαίρᾳ κηρῷ μεμιλτωμένῳ ; *le zodiaque a trois traits gravés que les mathématiciens appellent bandelettes. Il a une certaine largeur, puisqu'il est la route du Soleil qui est large. C'est le cercle qui dans la sphère est peint en rouge.* Il dit ailleurs que la voie Lactée est peinte en blanc.

Il est encore à remarquer qu'il donne à la route du Soleil le nom d'*écliptique*, et qu'il en apporte la raison : c'est que les éclipses n'ont jamais lieu que dans ce cercle.

Ce qu'il dit des Egyptiens paraît aussi mériter quelqu'attention. Voici la traduction exacte du passage.

« C'est par euphémisme que les Egyptiens ont nommé φαίνων, *appa-*
» *rent,* Saturne, qui est la plus obscure des planètes. Les Egyptiens
» l'appellent aussi *Némesis.* La seconde planète est celle de Jupiter que
» les Grecs appellent Φαέθων, et les Egyptiens *Osiris.* La troisième est
» celle de Mars, qui chez les Grecs est Πυρόεις, et chez les Egyptiens
» l'astre d'Hercule. La quatrième est celle de Mercure. Qu'on nous
» passe ici qu'elle soit la quatrième ; car on diffère étrangement dans
» la manière de placer Mercure, Vénus et le Soleil. Mercure est donc
» Στίλβων pour les Grecs, et l'astre d'Apollon pour les Egyptiens. La
» cinquième est la planète de Vénus, que les Grecs appellent ἑωσφόρος,
» c'est-à-dire, qui amène l'aurore ou le lever. Ibycus, le premier, a
» réuni les deux dénominations. (Il ne nous dit pas quel nom avait
» Vénus en Egypte.) Le Soleil est la quatrième suivant les Egyptiens,
» et la sixième suivant les Grecs. La septième est la Lune. »

Voilà donc deux manières de placer Mercure et Vénus. Ces deux planètes seront au-dessus du Soleil, si Mercure est la quatrième, Vénus la cinquième et le Soleil la sixième : elles seront toutes deux inférieures, si le Soleil est la quatrième. On ne voit dans ce double arrangement rien qui ressemble au système que Macrobe prête aux Egyptiens, et qui fait tourner Vénus et Mercure autour du Soleil. J'avoue que le silence absolu de Ptolémée et le passage ci-dessus d'Achille Tatius, font que je doute un peu de l'assertion de Macrobe qui ne cite aucune autorité, et dont le témoignage m'a toujours paru un peu suspect.

CHAPITRE XII.

Cléomède.

Nous avons placé Achille Tatius après Géminus, à cause de la ressemblance des titres. Nous aurions dû le faire passer devant, puisqu'il est le plus ancien ; mais comme les deux ouvrages offraient beaucoup de notions communes, nous avons mieux aimé commencer par celui des deux qui les avait présentées d'une manière plus méthodique et plus lumineuse. Achille n'a fait que répéter ce qu'il avait lu, et comme il n'offre rien de neuf ni d'important, l'inconvénient de l'anachronisme est absolument nul. Par les mêmes raisons nous pouvons placer ici Cléomède, beaucoup plus intéressant, mais aussi peu inventeur. Cet écrivain vivait, dit-on, sous Auguste, à peu près comme Géminus. Son livre est intitulé κυκλικὴ θεωρία τῶν μετεώρων, *Théorie circulaire des Phénomènes célestes* ; c'est proprement une cosmographie, une exposition du système du monde et non un traité d'Astronomie.

Le monde n'est pas infini, il a des bornes ; tout ce qui est au-delà est vide et infini. L'auteur diffère en ce point d'Aristote. L'espace occupé par un corps s'appelle *lieu*. Quand nous versons un liquide dans un vase, nous sentons l'air qui en est chassé, surtout si l'ouverture du vase est étroite. Quand nous plaçons un solide dans un vase rempli d'un liquide, il en sort un volume égal au corps plongé. Si vous plongez dans l'eau un vase plein d'air, et d'une embouchure étroite, le vase ne s'emplit pas d'eau, parce que l'air n'en peut sortir.

Si tout corps peut se changer en feu, ainsi que le croient les plus habiles physiciens, il faut que le corps changé occupe un espace dix mille fois plus grand, comme il arrive aux solides réduits en vapeurs.

Après une longue dissertation sur le vide, il passe aux cercles de la sphère et aux zônes. Outre les *antipodes*, il nomme aussi ceux qui sont *antómes*, c'est-à-dire qui ont les épaules opposées entr'eux, ce sont ceux que d'autres appellent *antœciens*. Rien de nouveau d'ailleurs dans ce chapitre. En parlant du mouvement propre d'occident en orient, il semble oser à peine l'affirmer, il se borne à dire il *paraît*. C'est peut-être à Tatius qu'il a pris la comparaison de la fourmi. En parlant de Mars, après Saturne et Jupiter, il dit que la marche de cette troisième planète est plus irrégulière que celle des deux autres; et la remarque est juste. Il avait commencé en disant que le nombre des planètes est infini, quoiqu'on n'en observe que cinq.

Les jours augmentent et diminuent d'une manière fort inégale. Quand ils commencent à augmenter, cette augmentation dans le premier mois, n'est que le douzième de l'excès total du plus long jour sur le plus petit; dans le second mois $\frac{1}{6}$, dans le troisième $\frac{1}{4}$, dans le quatrième $\frac{1}{4}$, dans le cinquième $\frac{1}{6}$ et dans le sixième $\frac{1}{12}$, comme dans le premier. On sent que tout cela n'est qu'approché. Aux environs du tropique, l'écliptique est parallèle à l'équateur; elle lui est inclinée ensuite d'un angle qui va toujours *croissant jusqu'à l'équinoxe où elle coupe l'équateur à angles presque droits*. On voit ce qu'on doit penser de la géométrie de Cléomède. Il parle ensuite de l'inégalité du Soleil, et de l'excentricité qui fait que le Soleil est quelquefois beaucoup plus près de nous. Les nychthémères ne sont égaux que sensiblement et non rigoureusement. Les arcs du zodiaque n'emploient pas tous le même tems à se lever. Il développe l'idée de Posidonius qui prétendait que l'équateur était habitable, parce que le Soleil n'est que peu de tems au zénit, et que les nuits étant égales aux jours, la chaleur du jour a le tems de se dissiper et ne s'accumule pas comme au tropique. Il expose au long la doctrine des ombres et de leurs directions dans les différens climats; il croit qu'en Bretagne les nuits sont si courtes et si peu obscures qu'on y peut lire à toute heure.

Il prouve longuement que la Terre est sphérique, et nous avons déjà vu ailleurs les raisons qu'il en donne. Il place la Terre au milieu du monde.

Son chapitre de la mesure de la Terre est souvent cité. Il y donne d'assez longs détails sur la manière dont Posidonius et Eratosthène ont procédé pour en connaître la grandeur. Il commence par Posidonius, quoique moins ancien, parce que sa méthode lui paraît plus simple.

Rhodes et Alexandrie sont sous le même méridien, première inexactitude.

La distance qui les sépare est de 5000 stades, il ne dit pas comment on s'en est assuré; nous verrons que Strabon ne l'a fait pas tout-à-fait de 4000.

Il partage le cercle en 48 parties égales, ce qui est permis, $\frac{48}{48} = 4$; il divise donc le signe en quatre parties égales de 7° ½ chacune.

L'étoile Canobus n'est pas visible en Grèce, on commence à l'apercevoir à Rhodes, où vivait Posidonius; elle n'y paraît qu'un instant et se couche aussitôt. Il aurait dû dire le tems qu'elle passe sur l'horizon, où peut-être elle ne se montre que par l'effet de la réfraction.

A Alexandrie elle est élevée d'un quart de signe quand elle est au méridien; il ne nous dit pas d'où il a tiré cette observation, ni par qui elle a été faite. Les nombres ronds, ¼ de signe, 5000 stades suffiraient pour rendre le tout plus que suspect.

Suivant Ptolémée, la latitude de Canobus est de 75°, sa longitude 2ˢ 17° 10′. Supposons 2ˢ 15° pour le tems de

Posidonius. La déclinaison australe était de..   51° 28′ 13″ ... 51° 28′ 15″
La hauteur de l'équateur à Alexandrie.........   58.46.55 ou 59.02.

Hauteur méridienne de Canobus à Alexandrie   7.18.42 ou   7.53.47
Posidonius supposait.........................   7.30. 0   7.30.

L'erreur était donc de.......................   + 11.18 ou —   5.47

Selon qu'on emploie la hauteur du pôle observée par les modernes ou transmise par Ptolémée, l'erreur de 11′ se réduit à 7′ à cause de la réfraction. Si nous prenons la hauteur du pôle suivant Ptolémée, l'erreur sera de près de 8′ dans l'autre sens. Posidonius pouvait avoir reçu cette observation d'Alexandrie, mais ces observations n'étaient pas sûres à 20 ou 50′ près; mais passons.

La distance de Rhodes à Alexandrie était donc $\frac{1}{48}$ de la circonférence, sauf un demi-degré de réfraction peut-être à Rhodes. 48×5000=240000 stades, en supposant, dit Cléomède, que cette distance fût en effet de 5000 stades, ce dont il a l'air de douter, puisqu'il ajoute encore que la circonférence sera 48 fois cette distance quelle qu'elle puisse être.

Remarquons que si Alexandrie est à 30° 58′, comme dit Ptolémée, et Rhodes à 36°, comme le disent Hipparque et Ptolémée, il n'y aura que 5° de Rhodes à Alexandrie. Voilà donc 2° ½ ou 2° 45′ d'erreur sur l'arc céleste qui est tout au plus de 7° ½; si 5000 stades font 5°, le degré sera de 1000 stades au lieu de 666 ⅔ que trouvait Posidonius. Et voilà les mesures que des modernes prennent pour appuyer leurs systèmes! Passons à Eratosthène.

Alexandrie et Syène sont sous le même méridien; l'erreur est à peu près comme pour Rhodes. La distance est encore de 5000 stades. On trouve encore 5000 stades de Syène à Méroé, qui sont aussi sous le même méridien, si on les en croit.

Les rayons visuels menés de tous les points de la Terre au Soleil sont parallèles, c'est, dit Cléomède, la supposition des géomètres, et près du zénit, surtout, la différence est insensible ; cela est encore plus vrai que ne le croyait Eratosthène.

A Syène, le jour du solstice les corps ne jettent point d'ombre à midi. Syène est donc sous le tropique. Le Soleil est au zénit ; mais les ombres sont nulles aussi quand c'est le bord et non le centre du Soleil qui est au zénit, voilà donc une incertitude d'un quart de degré sur l'arc céleste.

A Alexandrie, le jour du solstice d'été, la distance zénitale est $\frac{1}{50}$ qui vaudrait 7° 12′. Cette distance a été prise avec l'instrument qu'on nomme *scaphé*. C'est l'hémisphère creux de Bérose, qui n'est qu'un petit instrument de Gnomonique, dont jamais astronome n'a dû se servir, et que Ptolémée ne nomme pas une seule fois.

50 fois 5000 stades ou 250000 stades, seront donc la circonférence du méridien. Le degré en sera la 360° ou 694 $\frac{4}{9}$; Eratosthène ajouta 2000 à la circonférence qui est devenue de 252000, par là son degré se trouve de 700 stades en nombre rond.

Cette méthode, plus exacte en elle-même que celle de Posidonius, n'est pas ici plus sûre, puisque les deux données $\frac{1}{50}$ et 5000 stades sont extrêmement incertaines, pour ne rien dire de plus.

Remarquons encore que Cléomède en rapportant ces deux mesures, dont l'une fait le degré de 666 $\frac{2}{3}$ et l'autre 694 $\frac{4}{9}$ ou 700, ne les compare en aucune manière, ne fait aucune réflexion, ne soupçonne pas même que les stades soient différens, et paraît ne compter ni sur l'une ni sur l'autre, les regardant sans doute comme des essais ingénieux, mais encore grossiers et peu susceptibles de donner le degré à un vingtième près de sa véritable grandeur.

Cléomède commente longuement, non le résultat qui paraît peu l'occuper, mais la méthode en elle-même. On dirait qu'il s'efforce, par la longueur des détails, d'obscurcir le fond, pour justifier la préférence fort injuste qu'il donne au procédé de Posidonius ; il prouve que les plus hautes montagnes n'altèrent pas sensiblement la rondeur de la Terre ; en effet la plus haute de toutes n'a pas 15 stades ; nous trouverons ci-après cette mesure dans Simplicius, elle a été observée par

Eratosthène. La profondeur de la mer n'est pas de 3o stades, il ne cite pas son autorité ; au reste cette profondeur ne fait rien à la question de la figure de la Terre. Il établit ensuite que la Terre n'est rien en comparaison de la distance du Soleil, moins encore si on la compare à la distance des fixes On pourrait lui objecter qu'il ne s'agit pas de la distance des fixes, du moins pour ce qui concerne Eratosthène, puisque c'est le Soleil qu'il a observé.

Une preuve, nous dit-il, que la Terre est un point en comparaison de la sphère des fixes, c'est qu'on voit toujours six signes du zodiaque à-la-fois. Il prend pour une observation réelle, ce qui n'est qu'une conséquence déduite de la supposition qu'il veut prouver, c'est-à-dire que la Terre n'est qu'un point. Il cite cependant deux étoiles diamétralement opposées, Antarès et Aldébaran, qui sont de la couleur de Mars ; on les voit toutes deux ensemble à l'horizon, l'une se levant et l'autre se couchant, et réciproquement ; mais si le fait est vrai et bien observé, il en résulte que les deux étoiles ne sont pas à 180° l'une de l'autre, à cause des deux réfractions : mais retournez la sphère, les réfractions feront un effet opposé, ainsi l'observation est réellement impossible.

Suivant Ptolémée les deux longitudes diffèrent réellement de 180°, mais les latitudes sont australes, l'une de 5° 3o′ et l'autre de 4° seulement. Jamais elles ne pourront se trouver ensemble à l'horizon.

Les cadrans solaires sont construits sur la supposition que le sommet du gnomon est le centre des mouvemens; on néglige donc le rayon de la Terre, il n'en résulte aucune erreur sensible et cela est vrai, mais la preuve n'en était pas acquise.

Si la Terre est si petite, comment peut-elle envoyer la nourriture à tous les astres si grands et si nombreux? La question serait embarrassante si le fait était vrai. Cléomède n'en est point embarrassé. Il répond que si la Terre est petite de volume, elle est très-grande en puissance, elle renferme en elle l'*existence presque entière*. La réponse, en effet, vaut l'objection. Les bois réduits en fumée s'étendent à l'infini. Nous ne suivrons pas Cléomède dans le reste de cette discussion sur la grandeur relative de la Terre. Les objections qu'il examine sont aisées à réfuter et n'ont aucune importance.

Dans le livre second, Cléomède traite d'abord de la grandeur du Soleil. Epicure et ses sectateurs avaient dit que le Soleil n'est pas plus

grand qu'il ne nous paraît, opinion que Lucrèce a exprimée par
ce vers :

Nec Solis rota major
Esse potest nostris quam sensibus esse videtur.

On voit que les épicuriens n'étaient pas géomètres. Mais, dit Cléomède,
il nous paraît plus grand à l'horizon qu'au zénit, il aurait donc à-la-fois
plusieurs grandeurs différentes ; car tandis qu'il se lève pour l'un il
est pour un autre au zénit, ou du moins fort élevé. S'il paraît plus
grand à l'horizon, c'est qu'il est vu à travers les vapeurs et qu'au méridien on le voit à travers un air plus pur. Là, les rayons partis de l'œil
pour saisir le Soleil, ne se rompent pas comme ils font à l'horizon.
On dit que le Soleil, vu du fond d'un puits, paraît plus grand ; ce
serait, dit Cléomède, à cause de l'air humide du fond du puits. L'observation serait d'autant plus curieuse, que le Soleil au fond du puits
se verrait tout près du zénit où communément il paraît plus petit. Le
fait n'est pas vérifié, que je sache ; mais ce qu'on peut aisément constater
avec une lunette et un micromètre, c'est que le Soleil à l'horizon n'est
pas vu réellement plus grand qu'au zénit, et que la Lune y est vue
plus petite quoiqu'elle y paraisse considérablement plus grande. Ainsi
c'est quand elle nous paraît plus grande à l'œil nu qu'elle est réellement
moins grande ; car l'écartement des fils qui suffit pour renfermer la
Lune à l'horizon, ne suffit plus vers le méridien, et l'on voit la Lune
déborder les fils des deux côtés.

Les réponses que rapporte ici Cléomède aux objections qu'il se fait
à lui-même, sont tirées d'un ouvrage de Posidonius. Cet astronome
ajoutait que si nous pouvions voir le Soleil à travers les murs et les
autres corps, comme Lyncée, nous le verrions plus éloigné et plus
petit. *Les rayons partis de l'œil* pour embrasser le disque solaire forment
un cône dont le disque est la base, plus nous imaginerons les côtés
du cône allongés, plus la base augmentera, plus nous devrons croire
le Soleil grand.

Si le Soleil n'était pas plus grand qu'il ne paraît, c'est-à-dire s'il
n'avait qu'un pied, nous ne pourrions l'apercevoir. S'il n'est pas plus
grand qu'il ne paraît, il en doit être de même de la Lune, elle serait
donc égale au Soleil, et souvent plus grande, la voûte du ciel ne serait
pas plus grande qu'elle ne paraît ; tout cela est absurde.

Imaginons un cheval lancé dans une plaine, et qu'on mesure l'espace qu'il parcourt depuis le tems où le premier bord du Soleil arrive à l'horizon, jusqu'au tems où le second bord y arrive à son tour. La course du cheval sera de 10 stades au moins; un oiseau va plus vite encore que le cheval, un trait décoché, bien plus vite encore, et il ne décrirait pas moins de 200 stades dans le même tems. Supposons le mouvement du monde égal à celui du cheval, le diamètre du Soleil serait de 10 stades; il serait de 200 stades si nous le supposions égal à celui du trait. D'aucune manière il ne sera d'un pied, tel qu'il paraît. Le mouvement du monde est incomparablement plus rapide que celui du trait. On dit que le roi de Perse, quand il faisait la guerre à la Grèce, avait placé des hommes de distance en distance depuis Suze jusqu'à Athènes pour avoir des nouvelles plus promptes. Ces sentinelles étaient assez près l'une de l'autre pour s'entendre, et l'on dit que la nouvelle était deux jours à venir de la Grèce en Perse, la voix ne parcourait donc en deux jours qu'un petit arc de la Terre et le Soleil en fait le tour en 24^h. Or le trait y emploierait plus de trois nychthémères. La parole ne suffit pas pour exprimer la vitesse du monde. Ne faut-il donc pas être stupide ou insensé pour prétendre que le Soleil n'a qu'un pied de diamètre? (On croirait que Cléomède ne prolonge cette discussion que pour multiplier les occasions de se récrier contre l'ignorance et l'ineptie des Epicuriens.) Il faudrait que la circonférence du ciel n'eût que 750 pieds, car le diamètre du Soleil mesuré avec les clepsydres, est la 750e partie de son cercle, ou de $28'\,48''$; car si l'on reçoit l'eau qui coule entre le lever des deux bords et celle qui coule en 24^h, on trouve ces quantités dans le rapport d'un à 750. Cette observation est dit-on des Egyptiens. Cette mesure était inexacte; car d'après l'eau écoulée, $28'\,48''$ de l'équateur auront passé par l'horizon; $28'\,48'' \cos H = 28'\,48'' \cos 51^\circ = 24'\,41'' =$ diamètre du Soleil dans les moyennes distances; ce diamètre est de $52'$ environ.

Observez les ombres d'un portique, toutes les colonnes ont des ombres parallèles.

On dit que dans toute la Terre si l'on ouvre une galerie dans la direction du levant au couchant, elle sera sans ombre dans toute sa longueur au jour de l'équinoxe, ce qui n'aurait pas lieu si sa longueur ne répondait pas perpendiculairement à toute la longueur du portique et à la largeur de la galerie; il pouvait ajouter à l'espace qui sépare les galeries extrêmes qui sont également éclairées et, d'après la supposition, à la Terre entière.

À Syène, le jour du solstice on ne voit à midi aucune ombre dans un diamètre de 3oo stades, ce qui prouve que le diamètre du Soleil n'est pas seulement d'un pied. (Cela prouverait encore qu'il faut environ 6oo stades pour faire un degré, puisque le diamètre du Soleil n'est guère que d'un demi-degré.)

Quand on voit le Soleil se lever derrière le sommet d'une montagne éloignée, on voit à-la-fois les deux bords du Soleil, l'un à droite et l'autre à gauche de la montagne, ce qui n'aurait pas lieu si le diamètre du Soleil n'excédait celui de la montagne. On observe la même chose de quelques îles qu'on voit dans l'éloignement, le diamètre du Soleil est donc plus grand que ces îles.

Imaginez un triangle isocèle, prolongez-en les côtés indéfiniment, et menez des lignes parallèles à la base, ces lignes augmenteront de grandeur en proportion de leur distance au sommet. Soit la largeur de l'île égale à la première base, si le Soleil paraît des deux côtés de l'île à-la-fois, son diamètre sera plus grand que la première de ces lignes parallèles, et plus loin vous supposerez le Soleil, plus le diamètre sera grand : or la distance de notre œil à l'île est incomparablement moindre que la distance au Soleil, donc le diamètre du Soleil est incomparablement plus grand que l'île.

D'après l'espace de 3oo stades qui est sans ombre à Syène, Posidonius calcule que le diamètre du Soleil doit être de 3oo myriades de stades et que ce diamètre est au moins 10000 fois aussi grand que celui de la Terre. (Posidonius va trop loin. Le rayon de la Terre vu du Soleil, ne paraît pas soutendre un angle de 9″, le rayon du globe solaire vu de la Terre, soutend un angle de 16′ environ ou 96o″, le Soleil est donc $\frac{96o^\circ}{9^\circ} =$ 107 fois environ grand comme la Terre.) On dit que la Lune mesure deux fois l'ombre de la Terre dans les éclipses totales. Car autant elle est surpassée par le diamètre de cette ombre, autant elle a de chemin à faire dans l'obscurité totale. L'éclipse se partage en trois parties, la première est le tems que la Lune met à entrer de tout son diamètre dans l'ombre, la seconde, celui qu'elle emploie à se mouvoir dans l'ombre, enfin le tems qu'elle emploie à sortir de tout son diamètre; si ces trois tems sont égaux le diamètre de l'ombre sera double du diamètre de la Lune. Dans le premier tems la Lune va de *a* en *b*, dans le second de *b* en *c*, dans le troisième elle sort de tout son diamètre, elle parcourt un arc $= ab = bc$ (fig. 7). L'ombre de la Terre sera double de la Lune; il en conclut que la Terre est le double de la Lune, (ce qui suppose qu'elle n'est pas plus grande que son ombre, et que le Soleil n'est pas plus grand que la Terre.) Le diamètre de la Terre a plus de 80000 stades, celui de la Lune en aura 40000. Le diamètre de la Lune est $\frac{1}{750}$ de son cercle à peu près comme le Soleil. Le cercle de la Lune aura 750 $\times$ 40000 stades $=$ 30000000 stades. Mais la distance de la Lune à la Terre est $\frac{1}{6}$ de son cercle, cette distance sera donc 500.0000 stades ou 125 diamètres de la Lune.

Supposons ensuite que le mouvement des planètes est le même pour toutes, supposition arbitraire et inexacte; il dit: puisque la Lune emploie 27 $\frac{1}{3}$ jours à décrire son cercle, et que le Soleil en emploie 365 $\frac{1}{4}$ à décrire le sien, il faut que le cercle du Soleil soit 13 fois celui de la Lune; alors le diamètre du Soleil sera 13 $\times$ 40000 $=$ 520000; son cercle 390000000 et chacun des signes du zodiaque de 32500000, 2^s ou 65000000 seront la distance du Soleil à la Terre.

Il n'est nullement probable que les planètes aillent toutes de la même vitesse, *les plus éloignées doivent aller plus vite parce qu'elles sont plus légères*. On dit qu'Hipparque (Cléomède est donc postérieur à Hipparque, et il ne l'avait pas lu) a montré que le Soleil est 1050 fois grand comme la Terre. Nous verrons à l'article de Ptolémée ce qu'Hipparque pensait de la parallaxe du Soleil, et par conséquent de sa distance et de son diamètre.

Si on le supposait d'un pied, il faudrait le mettre à 125 pieds de la Terre bien au-dessous de la hauteur des montagnes, dont quelques-unes ont jusqu'à 10 stades. C'est pourtant là l'opinion *de cette tête sacrée qui seule a trouvé la vérité* (Épicure). Quelle serait alors la distance de la Lune qui est $\frac{1}{6}$ de celle du Soleil?

Considérez que le Soleil éclaire le monde qui est presque infini, qu'il échauffe la Terre au point d'en rendre quelques parties inhabitables, qu'il la met en état d'enfanter des fruits et des animaux, qu'il donne aux hommes leurs différentes couleurs, enfin qu'il produit toutes les variétés qu'on observe dans les différens climats, qu'il prête sa lumière à la Lune, *qui de son côté produit les marées*, qu'au moyen de ses rayons *réfractés*, nous avons trouvé l'art d'embraser les corps, malgré son énorme distance, qu'il a produit l'ordre et la stabilité du monde, et que sans lui rien ne subsisterait.

Vient ensuite une violente diatribe contre les épicuriens auxquels Cléomède reproche d'avoir dit que les astres s'éteignent tous les jours à l'occident, pour se rallumer quelques heures après à l'orient, sans songer qu'ils se lèvent et se couchent à différentes heures pour les différentes parties de la Terre. Qui éclairerait donc la Lune si le Soleil s'éteignait? Cette sottise n'a pour fondement qu'un conte de vieille qui dit que les Ibères entendent le bruit que le Soleil fait en tombant et en s'éteignant dans la mer.

Cléomède se propose ici de prouver que le Soleil est plus grand que la Terre. Il a dit que malgré l'épaisseur du globe on aperçoit toujours 180° de l'écliptique; le rayon de la Terre est donc insensible par rapport à celui de ce cercle. Mais le Soleil y occupe un demi-degré; donc le Soleil est plus grand que la Terre. Si le Soleil était aussi petit que la Terre, il ne mettrait aucun tems sensible à traverser l'horizon, et il y met un tems considérable. Quand un corps sphérique est éclairé par un corps sphérique plus petit, l'ombre qu'il projette va s'élargissant sans cesse; elle va diminuant en cône, si le corps qui l'éclaire est plus grand; l'ombre est cylindrique, si les deux corps sont égaux; mais les éclipses nous prouvent que l'ombre n'est ni divergente ni cylindrique, elle est donc conique et le Soleil est plus grand que la Terre.

On prouve de la même manière que la Lune est plus grande qu'elle ne paraît; on le peut surtout par les éclipses de Soleil. Quand la Lune est sur la même ligne que les centres du Soleil et de la Terre, et entre les deux, elle projette derrière elle une ombre conique qui atteint la Terre. Mais elle n'y couvre guère qu'un espace de 4000 stades; car tout l'espace qui ne voit pas le Soleil est dans l'ombre de la Lune, et le diamètre de la Lune est plus grand que celui de l'ombre. Le Soleil étant éclipsé tout entier dans l'Hellespont, il ne l'était pas à Alexandrie, il s'en fallait d'un cinquième de son diamètre, c'est-à-dire de $\frac{12 \text{ doigts}}{5}$ = 2 doigts et 4 dixièmes; car on divise le Soleil et la Lune en 12 doigts chacun. On compte 5000 stades d'Alexandrie à Rhodes et 5000 de Rhodes à l'Hellespont. Ainsi à Rhodes, qui est à moitié du chemin, on aurait vu 1 doigt et 2 dixièmes, et l'éclipse eût été de 10 doigts 8 dixièmes; le diamètre de la Lune sera donc environ 6 fois l'espace parcouru ou 6 fois 10000 stades. On voit donc que les astres doivent être considérablement grands, qu'on juge donc de la grandeur des étoiles qui sont beaucoup plus éloignées. Aucune ne nous paraît moindre que d'un doigt ou 2′ ½. Vénus nous paraît de 2 doigts ou 5 minutes (elle n'est guère que d'une minute), ensorte que son diamètre pourrait être $\frac{1}{5}$ de celui du Soleil, si ces deux astres étaient à même distance.

On voit que les Anciens jugeaient assez mal les diamètres des étoiles et des planètes ; les conséquences qu'ils tiraient ne pouvaient être plus justes que leurs observations.

Mais comme il y a des étoiles et des planètes beaucoup plus éloignées, il n'est pas impossible qu'il y en ait de plus grosses que le Soleil ; car si le Soleil était aussi loin que les étoiles, il ne serait pas plus grand qu'elles ; et si les étoiles étaient à même distance, elles paraîtraient aussi grosses que le Soleil. Aucune des étoiles n'a moins de $3'\frac{1}{2}$, elles sont donc toutes plus grandes que la Terre. La Terre ne serait qu'un point, vue de la distance du Soleil ; elle serait tout-à-fait imperceptible si on cherchait à la voir d'une distance égale à celle des étoiles.

Ce qui prouve encore que la Lune est plus grande qu'elle ne paraît, ce sont les effets qu'elle produit. Elle nous éclaire, elle produit les changemens de l'atmosphère, elle est la cause des marées. De tous les astres la Lune est le seul qui paraisse plus petit que la Terre ; elle nous paraît cependant égale au Soleil, c'est qu'elle est plus voisine de la Terre. En effet aucun astre ne l'éclipse, au lieu qu'elle les éclipse tous (du moins tous ceux qui se trouvent sur sa route). Elle est la seule qui soit éclipsée par la Terre. S'il arrivait à un astre de traverser l'ombre de la Terre, il n'en paraîtrait que plus lumineux, car un corps lumineux dans l'ombre n'en paraît que plus brillant. Enfin sa période n'est que de $27\frac{1}{4}$ jours.

Il y a plusieurs opinions différentes sur la manière dont la Lune est éclairée. Bérose a dit qu'elle est à moitié de feu, et qu'elle a plusieurs mouvemens. Elle a le mouvement diurne, les mouvemens de longitude et de latitude, comme les autres planètes, *un mouvement de rotation qui est de même durée que sa révolution synodique.* Cette idée est remarquable, quoiqu'elle ne soit pas entièrement juste, cette durée est égale à la révolution périodique. Cléomède prétend que ces opinions sont aisées à réfuter. D'abord il est impossible que la Lune soit de feu, si cela était, comment perdrait-elle sa lumière dans les éclipses ? D'autres disent qu'elle est éclairée par le Soleil et qu'elle nous éclaire par réflexion, comme les miroirs et les métaux polis. On a dit encore qu'elle a une lumière propre, mais faible, et que l'autre lui venait du Soleil. Cette opinion a été renouvelée de nos jours ; Cléomède dit qu'elle est la plus probable de toutes. Les corps solides peuvent réfléchir sa lumière; l'eau la réfléchit parce qu'elle a une certaine solidité. Mais les corps rares ne peuvent produire de réflexion; comment l'air ou le feu pourraient-ils réfléchir les rayons, puisqu'ils les laissent pénétrer. Ils ne sont pas éclairés seulement à la surface, ils reçoivent la lumière comme les éponges reçoivent l'eau. La lumière réfléchie est toujours faible et la Lune éclaire le monde, tandis que les corps réfléchissans ne sont point aperçus à deux stades. Dira-t-on que la Lune brille beaucoup parce qu'elle est grande? mais les grands corps ne renvoient pas plus à proportion que les petits. Si la Lune ne brillait que d'une lumière réfléchie, elle ne paraîtrait jamais en croissant (le contraire est reconnu). La Lune ronde renverrait la lumière au Soleil, dans l'opposition le centre seul serait lumineux. Si elle a une lumière propre, comment se fait-il qu'elle la perde dans les éclipses? (l'objection prouverait que Cléomède n'a pas observé beaucoup d'éclipses totales, car il est extrêmement rare que la Lune disparaisse entièrement, et ce qui lui reste le plus souvent de lumière, quoiqu'elle vienne encore du Soleil, aurait fourni à Cléomède une réponse au moins spécieuse). Il répond assez mal à cette objection; il se demande ensuite comment la Lune étant plus petite que le Soleil peut l'éclipser en entier? Comment dans ces éclipses elle ne laisse pas passer les rayons solaires, *puisqu'elle est moins dense que les nuages?* Posidonius répond que la lumière peut bien pénétrer dans le corps de la Lune, mais non la traverser vu son épaisseur; et que si elle cache le Soleil en entier, cela tient à sa distance. Quelques Anciens ont rapporté que les éclipses centrales laissaient voir une couronne lumineuse autour de la Lune, il en résulterait que le diamètre de la Lune serait moindre que celui du Soleil. On voit que Cléomède n'avait aucune idée du diamètre apparent de la Lune, et que le phénomène assez rare des éclipses annulaires n'était connu que par une tradition incertaine.

On imagine deux cercles dans la Lune, l'un qui sépare la partie éclairée de la partie obscure, l'autre qui sépare la partie tournée vers nous, de celle qui est opposée et invisible. La partie éclairée est toujours un peu plus grande que la partie obscure, car le Soleil est plus grand que la Lune. Le cercle de limite n'est donc pas un grand cercle. La partie visible est moindre qu'un hémisphère; car lorsque nous regardons un corps plus grand que l'intervalle entre nos deux yeux, nous n'en voyons pas la moitié. Ce second cercle terminateur est donc un petit cercle comme le premier; mais l'un et l'autre diffèrent peu du grand cercle lunaire ; ils ne conservent pas un instant la même position respective ; ils font un angle qui varie continuellement ; ils se confondent dans les nouvelles et les pleines Lunes (ils sont parallèles et non confondus) ; dans les tems intermédiaires, ils prennent toutes les positions possibles, et c'est ce qui produit les différentes phases. Le mot σελήνη vient de σέλας, *éclat*.

Les nouvelles Lunes ne reviennent pas après des intervalles égaux, ce qui vient de l'inégalité du mouvement apparent du Soleil (il n'avait donc aucun soupçon des inégalités bien plus sensibles de la Lune). La variation des distances du Soleil fait que les cônes d'ombre et leurs sections par la Terre ou la Lune, n'est pas toujours de même largeur. Ainsi quand les conjonctions se font dans les signes où le mouvement du Soleil est plus lent, le mois est plus court ; il est plus long quand le Soleil avance d'un mouvement plus rapide.

Le cercle de la Lune est incliné au zodiaque et le coupe en deux points appelés *nœuds*. Les éclipses de Lune arrivent dans les oppositions qui se font dans les nœuds ; alors les trois centres sont dans le même plan et sur la même ligne. L'ombre de la Terre tombe sur la Lune et lui cache le Soleil : l'éclipse alors est centrale. Si la Lune n'est pas tout-à-fait dans le nœud, elle est à quelque distance au-dessus ou au-dessous du cercle du milieu du zodiaque, et l'éclipse est partielle. L'ombre va par le mouvement diurne d'orient en occident ; mais la Lune, par son mouvement propre, va d'occident en orient. L'éclipse commence par la partie de la Lune qui est tournée vers l'ombre, c'est-à-dire par la partie orientale. Les parties éclipsées les premières, sont aussi les premières à se dégager de l'ombre. Quand l'éclipse est partielle et que la Lune va du nord au sud, l'éclipse se fait dans la partie australe ; c'est le contraire quand elle va du sud au nord. L'ombre sur la Lune est toujours circulaire ; car la Lune sphérique entre dans une ombre conique. Si la Lune est éloignée de la Terre, la section de l'ombre est plus petite et l'éclipse a moins de durée. Si la Lune est périgée, la section est plus grande et l'éclipse plus longue ; dans les moyennes distances, l'éclipse a nécessairement une durée moyenne. (La règle n'est pas tout-à-fait aussi simple ; la durée de l'éclipse est en raison directe de la corde que la Lune décrit dans l'ombre, et inverse de son mouvement relatif : Cléomède néglige ici ce qu'il vient de dire de l'inégalité du mois lunaire.) Tout cela prouve que l'ombre est conique. Si elle était cylindrique ou divergente, elle s'étendrait jusqu'aux étoiles qui paraîtraient alors plus brillantes, parce qu'elles seraient vues dans l'ombre.

On a dit qu'on avait vu la Lune éclipsée près de l'horizon en face du Soleil, élevé lui-même sur l'horizon ; d'où il résulterait que la Lune ne serait pas dans l'ombre de la Terre, et qu'il faudrait chercher à l'éclipse une autre cause. On a répondu que les trois centres étant sur la même ligne, l'épaisseur de la Terre pouvait faire que le Soleil et la Lune fussent visibles à-la-fois et parussent sur l'horizon sensible. Cela pourrait être si la Terre, au lieu d'être sphérique, était un cône pointu, dont l'observateur occuperait le sommet. De cette réflexion à peu près juste en elle-même, Cléomède conclut que cette espèce d'éclipse est impossible, qu'elle n'a jamais été observée, et que c'est un conte fait à plaisir pour embarrasser les astronomes. Il prétend qu'on n'en trouve aucune dans aucun livre ni tradition chaldéenne ou égyptienne. Si l'éclipse de Lune avait une autre cause que l'ombre de la Terre, elle pourrait arriver dans toutes les positions de la Lune par rapport à son nœud. Or on ne voit jamais arriver d'éclipse *qui n'ait été prédite par ceux qui font usage des Tables*, ὑπὸ τῶν κανονικῶν. Cela veut-il dire qu'on faisait alors des almanachs qui annonçaient les éclipses ? Cela n'est pas impossible ; nous avons déjà vu qu'on affichait les phénomènes qui devaient s'observer dans l'année. Il est singulier cependant qu'aucune de ces productions ne nous soit parvenue, et que Ptolémée n'en fasse pas la moindre mention. Il est possible aussi que Cléomède ait voulu dire simplement qu'il n'est jamais arrivé d'éclipse qui ne dût nécessairement avoir lieu selon les Tables, et qui n'eût pû être annoncée par ceux qui font usage de ces Tables. Au reste on pouvait prédire l'éclipse grossièrement sans marquer bien précisément l'heure, la durée ni la quantité, et plusieurs de ces annonces auraient pu quelquefois être démenties par l'événement. Remarquons que Cléomède ne parle pas du mouvement des nœuds. Pour celui de l'apogée, il ne pouvait en avoir aucune idée, puisqu'il ignorait l'inégalité du mouvement. Nouvelle preuve qu'il n'avait pas lu les écrits d'Hipparque, qu'il connaissait uniquement de réputation.

Le fait nié par Cléomède n'en est pas moins sûr. Pline en rapporte un exemple unique il est vrai ; mais s'il n'a pas été remarqué plus souvent, c'est faute d'observateur, car il arrive nécessairement à chaque éclipse de Lune, et doit être vu par celui qui voit la Lune à l'horizon au milieu de l'éclipse. Il a été observé plusieurs fois par les modernes.

Après avoir nié le fait, ce qui était le plus commode, et pouvait paraître permis puisqu'on n'en rapportait aucune observation, Cléomède cherche pourtant à l'expliquer. N'est-il pas possible que quelque nuage nous réfléchisse le Soleil et le fasse voir avant son lever réel, ou après son coucher. N'a-t-on pas vu des parhélies ou de faux soleils à côté du véritable, surtout dans le Pont. N'est-il pas possible que le *rayon parti de l'œil, et traversant un air humide et nébuleux, s'infléchisse et arrive au Soleil au-dessous de l'horizon*, et le phénomène serait le même que celui de l'anneau qu'on voit au fond du vase plein d'eau, et qui était invisible avant que le vase fût rempli, parce que le vase empêchait la vision lorsqu'elle était directe, et cesse de l'empêcher quand le rayon est rompu.

Voilà donc l'explication véritable ; mais Cléomède la présente comme simplement possible, et l'on peut remarquer ce système de vision produite par des rayons allant de l'œil à l'objet, et non de l'objet à l'œil. Nous avons déjà trouvé ce système dans l'Optique d'Euclide ; nous le retrouverons plus détaillé dans l'Optique de Ptolémée, et dans Sextus Empiricus.

Cléomède termine son ouvrage par un chapitre très-court sur les Planètes. On y voit que les planètes ont leur orbite inclinée à l'écliptique. Que la latitude de Vénus peut aller à 5° ; c'est à peu près la moyenne. Que celle de Mercure peut être de 4°, celles de Mars et de Jupiter de 2° $\frac{1}{2}$; celle de Saturne d'un degré. Que Mercure ne peut s'écarter du Soleil que de 20°, Vénus de 50°. Que les autres planètes se montrent à toutes les distances angulaires, depuis 0° jusqu'à 360°. Que Mercure revient en conjonction au bout de 116 jours, Vénus 584, Mars 780, Jupiter 398, et Saturne 374.

Il nous dit enfin que son Livre ne contient pas ses propres idées, mais celles qu'il a recueillies de plusieurs ouvrages anciens et nouveaux et surtout de ceux de Posidonius.

Ces dernières lignes nous donnent une idée assez juste de l'ouvrage: Quand Cléomède a trouvé de bons modèles et qu'il les a bien entendus, il a été clair et exact, quoique toujours un peu diffus ; quand il comprenait moins bien, il a été obscur et entortillé, souvent peu juste, et quelquefois peu d'accord avec lui-même. Cependant son ouvrage est précieux pour l'histoire de la science dont il a tracé le tableau à l'époque où vivait Posidonius, qu'il paraît affectionner de préférence et dont il nous a transmis la doctrine astronomique.

Il n'a presque rien tiré d'Hipparque dont les ouvrages lui étaient apparemment inconnus. Ainsi il n'était pas au niveau des connais-

sances acquises de son tems, mais des connaissances qui avaient pu se
répandre au loin.

Nous avons rapporté l'opinion de Lucrèce sur la grandeur du Soleil.
Quelques vers plus loin, il parle dans les mêmes termes de la Lune et
de tous les astres.

> *Lunaque, sive notho fertur loca lumine lustrans,*
> *Sive suam proprio jactat de corpore lucem,*
> *Quidquid id est, nihilo fertur majore figurâ*
> *Quàm, nostris oculis quam cernimus, esse videtur...*
> *Postremo quoscumque vides hinc Ætheris ignes...*
> *Scire licet, per quàm pauxillo posse minores*
> *Esse, vel exiguâ majores parte, brevique.*

Avec Démocrite il croit que le mouvement propre des planètes vient
de ce que, plus voisines de la Terre, elle ne peuvent égaler la vitesse
de la sphère étoilée :

> *Inferior multò quod sit, quàm fervida signa (Sol)*
> *Et magis hoc Lunam, et quantò demissior ejus*
> *Cursus abest procul à cœlo, terrisque propinquat,*
> *Tantò posse minus cum signis tendere cursum*
> *Flaccidiore etiam quantò jam turbine fertur*
> *Inferior, quàm Sol, tanto magis omnia signa*
> *Haud adipiscuntur, circùm, præterque feruntur.*

C'est par la résistance de l'air qu'il explique la route oblique du Soleil.
La Lune pourrait n'avoir qu'un hémisphère lumineux :

> *Versarique potest, globus ut, si forte pilai*
> *Dimidiâ ex parte candenti lumine tinctus*
> *Versandoque globum variantes edere formas.*

Les éclipses ne pourraient-elles pas être produites par un astre invisible ?

> *Tempore eodem aliud facere id non posse putetur,*
> *Corpus quod cassum labatur lumine semper ?*

La Lune ne perdrait-elle pas sa lumière en traversant des espaces
propres à l'éteindre ?

> *Dùm loca luminibus propriis inimica peragrat ?*

Nous allons reprendre l'ordre des tems que nous avions interrompu
pour placer Cléomède après les commentateurs qui, n'ayant point d'idées
qui leur appartiennent, n'ont en conséquence aucune époque bien fixée,
et nous reportent toujours à des tems antérieurs. Nous passerons à
Théodose qui du moins était géomètre, et paraît auteur de quelques
théorèmes nouveaux.

CHAPITRE XIII.

Théodose, Ménélaus et Hypsiclès.

Théodose vivait vers l'an — 5o; il était de Bithynie. De trois ouvrages qu'il nous a laissés, le plus connu est intitulé *Sphériques*; il est plus géométrique qu'astronomique. Cependant comme il renferme quelques propositions dont les astronomes font usage et qui ne se trouvent pas dans les anciens Traités, nous extrairons ces propositions pour fixer le tems où elles étaient connues. Il n'en résultera pas qu'elles fussent inconnues auparavant. L'usage des mathématiciens n'est pas trop de citer les sources où ils ont puisé; en les lisant, on serait tenté de leur attribuer tout ce qu'ils démontrent, et qu'ils n'ont souvent eu que la peine de recueillir et de mettre en ordre. Faute de connaître l'auteur véritable, ce que nous pouvons faire de moins injuste est de rapporter chaque proposition à celui qui l'a énoncée le premier.

Toute section d'une sphère par un plan est un cercle. La démonstration de Théodose est fort simple.

Un plan ne touche une sphère qu'en un point, et le rayon mené à ce point est perpendiculaire au plan tangent.

Tout cercle qui passe par le centre de la sphère est un grand cercle; les petits cercles parallèles à un même grand cercle, sont égaux quand ils sont à même distance de leur grand cercle.

Une ligne menée du centre de la sphère perpendiculairement au plan d'un petit cercle, passe par le centre de ce cercle et par son pôle.

Les grands cercles se coupent réciproquement en parties égales. Les cercles qui se coupent réciproquement en parties égales, sont de grands cercles.

Un grand cercle qui en coupe un autre perpendiculairement, passe par ses pôles; et s'il passe par ses pôles, il lui est perpendiculaire.

La distance du pôle d'un grand cercle à un point quelconque de sa circonférence, est le côté du carré inscrit.

Les cercles parallèles ont les mêmes pôles ; les cercles qui ont les mêmes pôles sont parallèles.

Si un grand cercle est oblique à un autre grand cercle, il touchera deux parallèles également éloignés. Cette proposition se trouve déjà dans Autolycus.

Si par les pôles on mène des arcs de grand cercle, les arcs des parallèles compris entre ces arcs de grand cercle seront semblables.

Voilà tout ce que renferme d'utile le livre des *Sphériques*. Il est à remarquer que le mot *triangle sphérique* n'y est pas même prononcé ; et cependant Hipparque avait donné long-tems auparavant un ouvrage fort étendu sur les cordes du cercle, et la manière d'en calculer les Tables. Il avait enseigné et démontré dans son livre *des Levers et des Couchers*, les règles nécessaires pour calculer les problèmes les plus compliqués d'Astronomie sphérique. On ne peut révoquer en doute que les cordes qu'il avait calculées n'eussent pour objet la résolution des triangles. Hipparque connaissait infailliblement tous les théorèmes que nous venons d'extraire, et beaucoup d'autres sans doute. Nous n'avons aucune connaissance de ces ouvrages d'Hipparque, si ce n'est par ce que nous en avons déjà vu dans son Commentaire sur Aratus et par ce que nous trouverons ci-après dans Ptolémée ; mais il est à croire que la Trigonométrie de Ptolémée, si elle n'est pas entièrement celle d'Hipparque, en a du moins été déduite en grande partie.

Théodose. Livre des Habitations, Περὶ Οἰκήσεων.

Cet ouvrage paraît avoir un rapport plus direct avec l'Astronomie, mais il est encore de pure théorie. Je n'en ai pu trouver qu'un exemplaire grec, et les démonstrations y manquent. Voyez le chapitre d'Autolycus.

La zône comprise entre les deux tropiques s'appelle zône moyenne. C'est la zône torride.

Le tems compris entre le lever et le coucher du Soleil s'appelle jour ; la nuit est le tems compris entre le lever et le coucher suivant.

Proposition I. L'habitant du pôle boréal voit toujours le même hémisphère ; l'autre hémisphère est toujours caché pour lui. Il ne voit aucune étoile se lever ni se coucher.

Proposition II. L'habitant du cercle équinoxial voit tous les astres

se lever et se coucher, et passer un tems égal au-dessus et au-dessous
de l'horizon, ὑπὸ τὸν ὁρίζοντα.

Proposition III. Dans tout lieu compris dans la zône moyenne, *le
cercle des animaux* est quelquefois perpendiculaire à l'horizon. (On ne
voit point dans Théodose le mot écliptique.)

En effet, dans la zône torride, la hauteur du pôle est moindre que
l'obliquité. Il y a deux points de l'écliptique qui ont une déclinaison
égale à la hauteur du pôle; ces deux points seront au zénit dans leur
passage au méridien, alors l'écliptique se confondra avec l'un des
verticaux.

Proposition IV. Celui dont le point vertical est autant éloigné du
pôle que le tropique l'est de l'équateur, celui-là verra six signes de
l'écliptique se lever, et les six autres se coucher en un instant.

Nous dirions aujourd'hui l'habitant du cercle polaire; mais les Anciens n'avaient point tracé sur leurs sphères ce parallèle qui passe par
le pôle de l'écliptique.

Le pôle de l'écliptique passera une fois chaque jour par le zénit et sera
alors le pôle de l'horizon ainsi que de l'écliptique; ces deux cercles
seront un instant confondus, l'instant d'après ils se couperont en deux
parties égales. Six signes se seront levés, six se seront couchés.

Proposition V. L'habitant de l'équateur verra le méridien couper en
deux également la moitié de l'écliptique, quand le point solsticial sera
dans l'horizon; alors l'écliptique sera perpendiculaire à l'horizon.

Alors en effet le point équinoxial est au zénit et l'écliptique est perpendiculaire.

Proposition VI. Pour l'habitant de l'équateur, tout arc de 180° de
l'écliptique emploie un tems égal à se lever. Il en est de même de deux
arcs opposés quelconques.

En effet, dans chaque nuit, comme dans chaque jour, six signes de
l'écliptique traversent l'horizon; or à l'équateur, tous les jours sont de
12 heures, ainsi que les nuits. Deux arcs opposés font, à leur intersection à l'horizon, des angles égaux; ils passent donc à l'horizon en même
tems, l'un pour se coucher, l'autre pour se lever.

Proposition VII. Si deux horizons ne diffèrent que parce que l'un
est plus oriental que l'autre, ils ne verront pas au même instant une
étoile se lever; mais si le lever est retardé d'un tems, le coucher sera
retardé du même tems.

En effet, puisque la hauteur du pôle est la même, et qu'il s'agit d'une même étoile, les arcs semi-diurnes seront les mêmes.

Proposition VIII. Si deux lieux sont sous le même méridien, tous les astres compris entre l'arctique et l'équateur seront visibles plus long-tems pour celui qui est plus voisin de l'Ourse. Les couchers seront retardés de la même quantité que les levers auront été accélérés. Les astres situés entre l'équinoxial et l'antarctique, seront plus long-tems visibles pour celui qui habite un parallèle austral, et les couchers seront autant retardés que les levers auront été accélérés. Les astres qui sont dans l'équinoxial se lèvent et se couchent en même tems partout.

En effet, le passage de l'étoile au méridien est le même pour les deux hémisphères, mais les arcs semi-diurnes sont très-différens, au lieu que les étoiles à l'équateur sont visibles pendant 12 heures partout.

Proposition IX. Si les deux lieux ne sont pas sous le même méridien, il n'y aura rien de changé à la proposition précédente pour ce qui concerne le tems où les astres seront visibles; il n'y aura de changé que l'instant du passage de l'étoile au méridien.

Proposition X. Pour l'habitant du pôle boréal, le Soleil est sur l'horizon plus de six mois, et sous l'horizon six mois tout au plus. Le jour est de plus de sept mois, la nuit au plus de cinq.

Sans le diamètre du Soleil et les crépuscules, le jour et la nuit seraient de six mois; ces deux causes augmentent le jour aux dépens de la nuit. Voyez Autolycus, pour le signe absorbé dans les rayons du Soleil.

Proposition XI. Ceux qui habitent à quelque distance du pôle auront le jour moins long qu'au pôle même.

Proposition XII. Ceux qui habitent le parallèle (nommé aujourd'hui) polaire, verront le Soleil pendant 24 heures au solstice d'été, et le jour durera 24 heures. Au solstice d'hiver, le Soleil deviendra invisible, la nuit sera de 24 heures. Les autres jours et les autres nuits seront entr'eux dans tous les rapports possibles.

Ainsi, dans cet ouvrage de Théodose, comme dans ceux d'Autolycus, on ne trouve que des notions générales et pas le moindre vestige de trigonométrie ni de calcul.

Théodose. Des Nuits et des Jours, περὶ ἡμερῶν καὶ νυκτῶν.

Cet ouvrage, comme le précédent, a été publié par Dasypodius, avec les deux Traités d'Autolycus. Les démonstrations y manquent de même.

L'auteur suppose que le Soleil se meut uniformément, en sens contraire au mouvement diurne, le long du cercle des animaux, qu'il appelle cercle héliaque, ou solaire.

Il dit que l'hémisphère visible a changé, quand un point de l'écliptique qui était à l'horizon oriental est arrivé à l'horizon occidental après avoir traversé tout l'hémisphère visible.

Il dit que l'hémisphère invisible a changé, quand le point de l'écliptique, qui était à l'horizon occidental, est arrivé à l'horizon oriental, après avoir traversé tout l'hémisphère invisible.

Il dit que le monde a fait un tour entier, quand une étoile *fixe* a été de son lever à son lever suivant, de son coucher à son coucher suivant, ou plus généralement, quand elle est revenue au point d'où elle était partie. Sur le mot *fixe* on a ajouté cette parenthèse : *car il ne leur suppose aucun mouvement, et il suit en cela l'exemple des Anciens.* Cette glose est d'un copiste, sans doute.

Proposition I. Quand le Soleil part du tropique d'été, les jours vont en diminuant et les nuits en augmentant; c'est le contraire après le solstice d'hiver.

Proposition II. Si le Soleil s'est couché un jour et levé un autre jour à même distance du point solsticial, le solstice est arrivé à midi du jour qui tient le milieu entre les deux autres. Le jour du solstice d'été est le plus long jour de l'année. Les jours et les nuits qui ont précédé, depuis le solstice d'hiver, ont été de la même longueur que celle qui s'observera du tropique d'été au tropique d'hiver, en comparant les jours également éloignés de part et d'autre.

Proposition III. Si, un certain jour avant le solstice d'été, le Soleil s'est levé dans un parallèle, et qu'un autre jour après le solstice il se soit couché dans le même parallèle, ces deux jours seront égaux. Les nuits et les jours qui ont précédé, quand le Soleil allait du solstice d'hiver au solstice d'été, seront de même longueur que les nuits et les jours qui suivront du solstice d'été au solstice d'hiver, si l'on compare entr'eux les jours également éloignés.

Proposition IV. Si le Soleil s'est levé et couché sur deux parallèles inégalement éloignés du tropique, le solstice n'aura point eu lieu à midi du jour qui tient le milieu, le jour du solstice sera encore le plus long de l'année (mais non le plus long jour possible). Les jours qui seront dans le demi-cercle où le Soleil était plus près du tropique, seront plus longs que les jours de l'autre demi-cercle. Ce sera le contraire pour le solstice d'hiver.

Proposition V. Après le solstice d'été, si le Soleil se lève dans l'équateur, la nuit qui aura précédé ce lever sera égale au jour qui le suivra.

Proposition VI. Les jours et les nuits, à égales distances de l'équinoxe, sont égaux, et réciproquement, si les jours sont égaux, c'est que les distances sont égales.

Proposition VII. Si le lever et le coucher sont diamétralement opposés (ce sera une preuve que l'équinoxe sera arrivé à midi); la somme des nuits sera égale à celle des jours pendant une demi-année. (Ce serait la même chose pour l'autre moitié, si l'année était composée d'un nombre non fractionnaire de jours.)

Proposition VIII. Quand le Soleil va de l'équateur au solstice d'été, le plus court jour (qui est le premier) est plus long que la plus longue nuit (qui est la première) (car le jour le plus court surpasse 6^h, et la nuit la plus longue n'est pas de 6^h.)

Proposition IX. Quand le Soleil a passé le solstice d'hiver, s'il se lève deux fois, l'une plus haut et l'autre plus bas, alors le coucher qui suit le lever le plus haut sera plus haut que le coucher qui suivra le lever le plus bas, et le coucher qui aura précédé le lever, plus haut que le coucher qui aura précédé le lever le plus bas.

C'est bien multiplier à plaisir les remarques inutiles. Tous ces problèmes oiseux, ces questions obscures et entortillées ont disparu de l'Astronomie, depuis que le calcul a été plus connu; mais cette métaphysique subtile a toujours été du goût des Grecs.

Proposition X. Si le Soleil a passé le solstice d'été et qu'il fasse deux couchers, celui qui suivra le lever le plus haut, sera plus haut que le coucher qui a suivi le lever le plus bas, et le coucher qui aura précédé le lever le plus haut, sera plus haut que le coucher qui aura précédé le lever le plus bas.

Proposition XI. Après le solstice d'été, si le Soleil fait deux couchers, l'un plus haut et l'autre plus bas, le lever qui suivra le coucher le plus haut, sera plus haut que le lever qui suit le coucher le plus bas, et le lever qui aura précédé le coucher le plus haut, sera plus élevé que le lever qui aura précédé le coucher le plus bas.

Proposition XII. Après le solstice d'été, si le Soleil ne fait ni lever, ni coucher dans le cercle équinoxial, alors il n'y aura pas véritablement d'équinoxe.

Proposition XIII. Après le solstice d'hiver, si le Soleil ne fait ni lever, ni coucher dans l'équateur, il n'y aura pas véritablement d'équinoxe.

Livre II.

Proposition I. Quand le Soleil va du Cancer à l'équinoxe, la somme de la nuit et du jour va toujours diminuant.

Proposition II. Quand le Soleil est dans le quart qui commence aux Serres, la somme de la nuit et du jour va toujours en augmentant.

Proposition III. Quand le Soleil est dans le quart qui commence au Capricorne, le jour et la nuit, pris ensemble, font une somme variable qui va diminuant.

Proposition IV. Lorsque le Soleil est dans le quart qui commence au Bélier, le jour et la nuit, pris ensemble, forment une somme variable qui va en augmentant.

L'auteur suppose que le Soleil décrit toujours en 24^h un arc égal, ce qui est en contradiction avec ce qu'il veut démontrer; car il veut prouver que les nychthémères sont variables.

Soit AB (fig. 8) cet arc diurne, et P le pôle. Dans un jour il passera par l'horizon 360° + AB. L'angle APB réglera le tems que l'arc AB mettra à traverser l'horizon. Cet angle sera donc d'autant plus ouvert qu'il sera plus près des pôles de l'équateur et moins oblique aux deux cercles de déclinaison. Or, du point ♈ au point ♋, cet arc se rapproche du pôle et devient moins oblique; de ♋ à ♎, il s'en éloigne; de ♎ à ♑, il se rapproche de l'autre pôle; enfin de ♑ à ♈, il s'en éloigne, ce qui démontre les quatre propositions de Théodose, et les démontre à sa manière. Nous en donnerions la démonstration suivante.

Le triangle nous donne, en faisant (PB — PA) = y,

$$\sin^2 \tfrac{1}{2} P = \frac{\sin(\tfrac{1}{2} AB - y)\sin(\tfrac{1}{2} AB + y)}{\cos D \cos(D + y)} = \frac{\sin^2 \tfrac{1}{2} AB - \sin^2 y}{\cos^2 D \cos y - \sin D \cos D \sin y}$$

$$= \frac{\sin^2 \tfrac{1}{2} AB \sec^2 D - \sin y \, \mathrm{tang}\, y \sec^2 D}{1 - \mathrm{tang}\, D \, \mathrm{tang}\, y} = \sec^2 D \left(\frac{\sin^2 \tfrac{1}{2} AB - \sin y \, \mathrm{tang}\, y}{1 - \mathrm{tang}\, D \, \mathrm{tang}\, y} \right).$$

Il est évident que $\sin^2 \tfrac{1}{2} P$ augmentera avec $\sec^2 D$, et par conséquent avec la déclinaison D. L'auteur suppose AB une quantité constante; $\sin^2 \tfrac{1}{2} AB$ est plus grand que $\sin y \, \mathrm{tang}\, y$, car AB est le mouvement diurne, toujours plus que double du mouvement de déclinaison y.

Proposition V. Après le tropique d'été, le *jour et la nuit*, pris ensemble, font une somme plus grande qu'après le solstice d'hiver, quand on les compare en des points diamétralement opposés.

Proposition VI. Après le tropique d'été, le jour et la nuit, pris ensemble, font une somme égale à celle de la nuit et du jour diamétralement opposé.

A la démonstration de Théodose, que nous ne connaissons que par la traduction latine, nous allons en substituer une qui sera plus claire et qui sera puisée dans des principes qui nous sont plus familiers.

Après le solstice d'été, le Soleil s'est levé aujourd'hui en A (fig. 9) avec la distance polaire PA. Si PA était constant, le Soleil se leverait encore demain en A, après que $(360° + 59')$ auraient passé au méridien. Mais le mouvement en déclinaison fait que PA devient PB; le lever est retardé de APB; entre deux levers il passera au méridien $(360° 59' + APB)$. Soit PA' $= 180° — $ PA. Le Soleil se levera aujourd'hui en A'; mais comme ici le Soleil se rapproche du pôle, il se levera demain en B', et le lever sera accéléré de A'PB'; il aura passé au méridien $(360° 59' — A'PB')$; ainsi le premier *jour et nuit* surpassera le second de $(APB + A'PB')$. Les points A et A' de l'écliptique seront diamétralement opposés, nous aurons comparé le *jour-nuit* au *jour-nuit*; mais conservant le *jour-nuit* d'été, comparons-le au *nuit-jour* d'hiver, et pour cela portons à l'occident le PA'; le Soleil qui s'est couché en A' se couchera demain en B', parce que le Soleil se sera rapproché du pôle; le *nuit-jour* sera $(360° 59' + APB')$, comme le *jour-nuit*, en supposant A'PB' $=$ APB.

Nous démontrons ainsi les propositions V et VI, mais c'est dans des suppositions assez inexactes, celle de l'égalité des mouvemens et d'une durée de l'année qui ne renferme que des jours entiers.

Proposition VII. Les *jours-nuits* sont égaux aux *jours-nuits*, à distances égales de l'équinoxe, après le solstice d'hiver comme après celui d'été.

Cela est évident, dans les mêmes suppositions, PA' $= 180° — $ PA; mais le mouvement en déclinaison se fait dans le même sens avant et après l'équinoxe, et à même distance, soit que le Soleil soit dans les signes ascendans, soit qu'il se trouve dans les signes descendans. Les points ne sont plus diamétralement opposés.

Proposition VIII. Le *jour-nuit* sera égal au *nuit-jour*, à distances égales de l'un ou de l'autre tropique.

Voyez la démonstration de la proposition VI.

Hist. de l'Ast. anc. Tom. I. 31

Proposition IX. Si le solstice arrive à midi ou à minuit, le *jour-nuit* sera égal au *nuit-jour*, pris dans les demi-cercles opposés, c'est-à-dire les jours aux jours et les nuits aux nuits, pourvu que ce soit à même distance du tropique et du solstice qui est arrivé à midi ou à minuit.

Proposition X. Dans aucun autre point le Soleil ne se trouvera au méridien au milieu du jour ou de la nuit (c'est-à-dire que les arcs semi-diurnes seront inégaux entr'eux, aussi bien que les arcs semi-nocturnes); mais lorsqu'après le solstice d'été il traverse l'arc entre l'horizon oriental et le méridien, c'est là que le midi arrivera aussi bien que le minuit. (L'arc semi-diurne oriental sera le plus grand, l'arc semi-nocturne oriental sera le plus grand.)

Proposition XI. Lorsque le Soleil va du solstice d'hiver au solstice d'été, le milieu du jour sera dans l'arc compris entre le méridien et l'horizon occidental.

Proposition XII. Si le solstice d'été arrive au lever du Soleil, le milieu du jour ne sera pas au méridien, mais en deçà, entre l'horizon oriental et le méridien.

Proposition XIII. Si le solstice d'été arrive avant le milieu du jour, le milieu du jour n'aura pas lieu au méridien, mais à l'orient du méridien : il en sera de même du milieu de la nuit.

Proposition XIV. Si le solstice d'été arrive après le milieu du jour, le milieu du jour aura lieu entre le méridien et l'horizon occidental : il en sera de même du milieu de la nuit.

Proposition XV. Si l'année était d'un nombre complet de révolutions solaires, c'est-à-dire d'un nombre entier de *nychthémères*, chaque année les jours reviendraient égaux aux jours, et les nuits aux nuits, tant en nombre qu'en durée. Les solstices, les levers et les couchers reviendraient aux mêmes points de l'horizon et du cercle héliaque ; et aussi à la même heure le Soleil repasserait par les tropiques et l'équinoxial.

Proposition XVI. Si l'année n'est pas d'un nombre complet de retours au méridien, mais qu'il y ait de plus une fraction de jour, les jours et les nuits seront différens en durée, dans les années consécutives ; les solstices, les levers, les couchers ne reviendront ni aux mêmes intersections de l'horizon et du cercle héliaque, et le Soleil ne repassera pas à la même heure par les tropiques et l'équateur.

Proposition XVII. Si nous supposons les retours du Soleil isochrones ou d'égale durée, ce qui est vrai sensiblement, et que l'année soit d'un certain nombre de ces retours, tout reviendra de même chaque année comme il a été dit ci-dessus. Mais s'il n'en est pas ainsi, et qu'il y ait une fraction de jour, si cette fraction est au moins une aliquote exacte, on ne verra pas les mêmes phénomènes revenir exactement chaque année, mais seulement en un certain nombre d'années (tous les quatre ans, par exemple, si la fraction est un quart).

Proposition XVIII. Suivant Méton et Euctemon, l'année serait de $365^j \frac{1}{19}$, ainsi tout reviendra de même au bout de 19 ans.

Proposition XIX. Mais si la fraction n'est pas une aliquote de la révolution, c'est-à-dire du jour, jamais on ne verra revenir les phénomènes exactement les mêmes; jamais le Soleil ne se retrouvera exactement dans la même position à-la-fois pour tous les cercles de la sphère.

Ces trois dernières propositions sont simples et bonnes à connaître; dans le reste, on ne voit que de vaines subtilités qui n'ont pas même le mérite de l'exactitude.

Tous ces théorèmes ne supposent qu'une connaissance fort ordinaire des cercles de la sphère; ils ne peuvent servir de fondement à aucun calcul; ils sont tous renfermés dans la formule $\cos P = - \tang D \tang H$ de l'arc semi-diurne, qui en fournirait des démonstrations fort simples et qui donnerait de plus les valeurs numériques absolues. On serait tenté de croire que Théodose ignorait absolument les principes de la trigonométrie sphérique, et qu'il n'avait aucune connaissance des ouvrages d'Hipparque.

On peut supposer que Théodose était un géomètre spéculatif qui peut-être dédaignait la pratique et se bornait à chercher des démonstrations géométriques, des remarques faites par les astronomes dont il avait lu les ouvrages. Il avait pu augmenter le nombre de ces théorèmes déjà trouvés, ou leur donner plus de certitude et de généralité.

Quoi qu'il en soit, ses trois Traités ont peu fait pour l'avancement de l'Astronomie; ils sont aujourd'hui presqu'inutiles même à l'histoire de la science. Ils ne prouvent guère que le goût des Grecs pour les subtilités métaphysiques, qu'ils portaient jusque dans la Géométrie.

Menelaus.

Menelaus avait aussi composé six Livres sur le Calcul des cordes; ces Livres sont perdus; voyez Théon, page 39. Ce géomètre vivait en l'an +80; il nous reste de lui trois Livres intitulés Sphériques. Ils sont tout entiers consacrés aux triangles; mais les théorèmes en sont presque tous de pure spéculation et d'un usage presque nul pour la pratique. Voici ceux qui peuvent avoir quelqu'utilité.

Le triangle sphérique est l'espace compris entre trois arcs de grand cercle sur la surface d'une sphère. Ces arcs sont toujours moindres que de 180°. On les appelle côtés du triangle.

Les angles sont ceux que forment entr'eux les côtés. Ils sont égaux quand les côtés sont également inclinés.

Dans tout triangle sphérique qui a deux côtés égaux, les deux angles opposés à ces côtés sont égaux.

Si deux angles sont égaux, les côtés opposés le seront aussi.

Si deux triangles ont deux côtés égaux chacun à chacun, et l'angle compris égal, les troisièmes côtés seront égaux.

Si les trois côtés sont égaux chacun à chacun, les angles compris entre les arcs égaux sont égaux.

Deux côtés quelconques sont plus grands que le troisième.

Dans tout triangle sphérique, si un angle est plus grand qu'un autre, le côté opposé au plus grand angle sera plus grand que le côté opposé au petit angle.

Deux côtés étant constans, le troisième côté augmentera avec l'angle compris qui lui est opposé.

Dans tout triangle, le plus grand côté est opposé au plus grand angle.

Dans tout triangle, si deux côtés pris ensemble sont égaux à une demi-circonférence, et que l'on prolonge le troisième côté, l'angle extérieur sera égal à l'angle intérieur sur le même côté. Si $(AB+BC)$ (fig. 10) $= 180°$, on aura $BDC = BCD = BAD$.

Dans tout triangle sphérique, si vous prolongez un côté, l'angle extérieur sera moindre que la somme des angles intérieurs; d'où il résulte que les trois angles d'un triangle valent toujours plus que 180°.

Dans le cas où $AB+BC = 180°$, on a $BCD = A$; donc $BCD < A + ABD$; l'angle extérieur est moindre que la somme des intérieurs opposés. Prenons BC' tel que $AB+BC' > 180°$; $C' < A$, donc $C' < A + ABC'$. Le théorème est encore vrai.

Si $AB+BC > 180°$ (fig. 11), prolongez AB jusqu'en D, et menez dans l'angle extérieur BCD l'arc CE, tel que $ECD = D = A$; $EC = ED$; $BE+EC = BE+ED = 180° - AB$; donc $BE + EC < 180°$; donc $CBA = EBF$ est plus grand que l'intérieur BCE; mais $BCD = BCE + ECD = BCE + D = BCE + A$; donc $BCD < CBA + A$; donc $BCD + BCA < CBA + BCA + BAC$, ou $180° < B + A + C$.

Si deux triangles rectangles ont même hypoténuse et même angle à la base, ces triangles sont parfaitement égaux. Menelaus le démontre synthétiquement, comme tout le reste. On peut le démontrer par la superposition, si les deux triangles vont dans le même sens; dans tous les cas, c'est un corollaire nécessaire de nos formules modernes.

Si deux triangles ont les trois angles égaux chacun à chacun, les côtés le seront aussi. Ce théorème était plus difficile à trouver, parce qu'il n'a pas son analogue dans les triangles rectilignes qu'on ne suppose pas inscrits au même cercle; mais en les supposant inscrits au même cercle, les triangles rectilignes seront égaux puisqu'ils seront composés de trois cordes égales. C'est ce qui a lieu pour les triangles sphériques qui sont toujours supposés à la surface d'une même sphère, et dont les côtés sont exprimés en parties de la circonférence. Ce théorème est encore une suite nécessaire de nos formules pour trouver les côtés par les angles.

Si deux triangles ont des angles égaux chacun à chacun, et le troisième angle plus grand dans le premier que dans le second, le premier triangle aura le troisième côté plus grand que le second triangle.

La formule $\cos C'' = \dfrac{\cos A'' + \cos A \cos A'}{\sin A \sin A'}$ conduirait à ce théorème, mais elle le rend inutile.

Ce théorème a dans Menelaus deux autres parties moins utiles encore.

Dans tout triangle, si un angle droit ou obtus est compris entre deux arcs moindres chacun que de 90°, les deux autres seront aigus.

Notre formule $\cos C \cos A' = \cot C'' \sin C - \sin A' \cot A''$ donne $\sin A' \cot A'' = \cot C'' \sin C - \cos C \cos A'$.

Si $A' = 90°$, nous aurons $\cot A'' = \cot C'' \sin C$; tout sera positif si C et C'' sont $< 90°$.

Si $A' > 90°$, le terme $\cos C \cos A'$ deviendra positif. $\sin A' \cot A''$ sera positif, et par conséquent A'' aigu.

Ce théorème est donc un corollaire que la formule nous dispense de connaître.

Dans tout triangle sphérique ABC (fig. 12), si vous partagez en deux également les côtés AB et BC par l'arc ED, ED sera plus grand que $\frac{1}{2}$AC.

J'omettrai la première proposition du troisième Livre, que nous retrouverons dans Ptolémée. Elle était le fondement de la résolution des triangles sphériques chez les Anciens. Il est très-probable que Menelaus et Ptolémée l'auront prise dans les livres d'Hipparque. Il est certain d'abord qu'elle n'appartient pas à Ptolémée, puisque Menelaus est plus ancien; elle est la seule du livre de Menelaus qui ait une utilité pratique, et l'on voit assez, par tout le reste, que le but de Menelaus n'était pas d'enseigner à résoudre des triangles; et même en rapportant cette proposition, comme tant d'autres, il ne dit pas un mot de l'usage qu'on en peut faire. On trouve ensuite deux théorèmes dont on fait encore un usage fréquent, et qui paraissent ici pour la première fois.

Si l'on partage en deux également l'angle au sommet d'un triangle, par un arc qui forme sur le côté opposé deux segmens, les cordes de ces deux segmens seront entr'elles comme les cordes des côtés adjacens qui renferment l'angle.

Si l'on divise deux angles d'un triangle en deux également par des arcs, ces arcs se rencontreront; et si, des points de rencontre, on mène un arc au sommet du troisième angle, ce troisième angle se trouvera divisé en deux également, comme les deux premiers.

Hypsiclès. Ὑψικλέους ἀναφορικός.

Hypsiclis anaphoricus sivè de ascensionibus quà græcè quà latinè, vulgatus per Jacobum Mentelium. Parisiis, Cramoisy, 1657, in-4°.

Hypsiclès d'Alexandrie vivait sous Ptolémée Physcon, vers l'an 146 avant J. C. Il fut élève d'Isidore-le-Grand; on a de lui les 14° et 15° Livres qu'il a ajoutés aux Elémens d'Euclide, et qui ont pour objet le dodécaèdre et l'icosaèdre, et ensuite l'opuscule des ascensions, qui, dans quelques exemplaires, porte le titre assez peu juste d'*Astronomie*, περὶ ἀστρονομίας.

Ce Livre ne renferme que 6 propositions, et même les trois premières ne sont que des lemmes qui démontrent trois propriétés des progressions arithmétiques; ainsi l'ouvrage ne consiste véritablement qu'en trois propositions, dans lesquelles il donne une méthode pour calculer en combien de tems se lève chaque degré de l'écliptique; cette méthode n'est qu'approximative; elle aurait pu avoir quelque mérite avant la découverte de la Trigonométrie. Mais l'auteur étant contemporain d'Hipparque à fort peu près, a pu ignorer la méthode qui donnait une solution rigoureuse du problème.

Il suppose que, si les arcs sont en progression arithmétique, les tems qu'ils emploient à se lever doivent former une progression arithmétique, ce qui revient à supposer que les différences secondes sont nulles, au lieu qu'elles sont très-sensibles. Sa méthode ne pourrait donc servir tout au plus que pour interpoler et étendre à chaque degré, par exemple, une Table calculée rigoureusement pour les degrés, de dix en dix. Voici cette méthode.

Proposition I. Si vous avez une suite de termes dont les différences soient égales et en nombre pair, l'excès de la somme de la première moitié sur la seconde, en commençant par les plus forts, sera proportionnel au carré de la moitié du nombre des termes.

Soit la progression arithmétique,

$$a, \; a+d, \; a+2d, \; a+5d \ldots \ldots a+(2n-1)d,$$

$2n$ étant le nombre des termes, et d la différence commune.

Le dernier terme de la première moitié sera $a+(n-1)d$; la somme des termes de cette moitié $[2a+(n-1)d]\frac{n}{2} = na + \frac{n^2}{2} + \frac{d}{2}$.

La somme totale sera $[a+a+(2n-1)d]\frac{2n}{2} = 2na + 2nd^2 - \frac{nd}{2}$.

Otez-en la première moitié $\ldots \ldots \ldots \ldots na + \frac{n^2}{2}d - \frac{nd}{2}$

La seconde moitié sera $\ldots \ldots \ldots \ldots na + \frac{1}{2}n^2 d - \frac{nd}{2}$.

L'excès de la grande moitié sur la petite $\ldots \ldots \frac{1}{2}d.n^2$, ou $\frac{1}{2}$ fois la différence multipliée par le carré de la moitié du nombre des termes.

L'auteur démontre cette proposition d'une manière plus longue et moins instructive; car elle ne donne pas le facteur de n^2.

Proposition II. Si le nombre total est impair, la somme de tous les termes contiendra celui du milieu autant de fois qu'il y aura de termes; théorème connu.

Soit $(2n+1)$ le nombre des termes, $a+a+2nd$ la somme des extrêmes, la somme des termes sera

$$(2a + 2nd)\left(\frac{2n+1}{2}\right) = (a+nd)(2n+1),$$

$(a+nd)$ sera le terme du milieu, $(2n+1)$ est le nombre des termes, c'est la proposition d'Hypsiclès.

Proposition III. Si le nombre des termes est pair, la somme totale est égale à celle des deux termes du milieu, multipliée par la moitié du nombre des termes. C'est encore une propriété connue.

Soit $2n$ le nombre des termes, la somme sera, par la propos. I,

$$2na + 2n^2d - nd = (2a + 2nd - d)\,n;$$

les termes du milieu seront

$$a + (n-1)\,d + a + nd = 2a + (2n-1)\,d = (2a + 2nd - d).$$

Voilà les trois lemmes ; le premier est le seul qui ne soit pas dans tous les livres d'Arithmétique.

Proposition IV. Le zodiaque étant divisé en 360° parties égales, que nous nommerons *degrés locaux*, partageons de même cette circonférence ou le tems qu'elle emploie à faire une révolution, en 360 parties de tems que nous nommerons *degrés chroniques*. Nous démontrerons, à l'aide des lemmes précédens, que si l'on connaît pour un lieu donné de la Terre la proportion du jour le plus long au jour le plus court de l'année, nous en déduirons le nombre des *degrés chroniques* de chaque nombre de *degrés locaux*. Ptolémée appelle *tems* les *degrés chroniques*.

Supposons le climat d'Égypte, dans lequel le plus long jour est au plus court comme 7 : 5 ; la demi-durée du plus long jour sera de 7 heures ; celle du plus court de 5 heures. Les 180° de l'écliptique qui passent dans le plus long jour répondront à $\frac{7}{12}$ de 360° ou $7.30 = 210$ degrés chroniques ; les autres 180° passent en $\frac{5}{12}.360° = 5.30 = 150$ degrés chroniques. Les moitiés de ces nombres seront 105° et 75° ; l'excès de la première moitié sur la seconde sera de 30°. Il y a six termes de 30° chacun dans chaque moitié de l'écliptique ; la moitié de ce nombre est 3, dont le carré est 9 ; $\dfrac{30°}{9} = 3°\,20'$: ce sera la différence constante, à ce que dit Hypsiclès. Dans le fait, elle diffère peu de la première des différences premières de la Table de Ptolémée ; mais au lieu d'être constante, elle varie depuis 5° 45' jusqu'à 0° 50'.

De plus, au lieu de prendre six termes, n'en prenons que trois ; la somme ou la moitié du jour sera donc de 105° dont le tiers est 35° ; l'arc du milieu, celui du Lion, sera de 35° ; le suivant, ou celui de la Vierge, $35 + 3°.20 = 38°.20$; le précédent sera de $35 - 3.20 = 31°.40'$; le suivant $31°\,40' - 3°\,20' = 28°\,30'$, le suivant $28°\,20' - 3°\,20' = 25°\,0$; le dernier $25° - 3°\,20' = 21°\,40'$. Nous aurons la Table suivante.

		Table I.	Diff.	Quantités vraies.	Diff.
♎	♍	38°20		34°48'	+ 50'
♏	♌	35. 0	3°20'	35.38	— 5g
♐	♋	31.40	3.20	34.37	4.43
♑	♊	28.40	3.20	29.54	5.42
♒	♉	25. 0	3.20	24.18	3.18
♓	♈	21.40	3.20	20.54	

		Table II.	Differ.
♎	♍	35°33'20"	2°13'20"
♏	♌	33.20. 0	2.13.20
♐	♋	31. 6.40	2.13.20
♑	♊	28.53.20	2.13.20
♒	♉	26.40. 0	2.13.20
♓	♈	24.26.40	

J'y ai joint la Table calculée trigonométriquement par Ptolémée. On voit combien est défectueux le moyen d'Hypsiclès ; mais en outre il suppose

$$3n^2d = 30 \quad \text{au lieu de} \quad \tfrac{1}{2} n^2d = 30,$$

qui devient

$$\tfrac{27}{2} d = 30 \quad \text{ou} \quad d = \tfrac{60}{27} = 2°2222 = 2° 13' 20'',$$

dont la moitié.................................... 1. 6.40.

En prenant six termes, la somme des six, ou 180, est égale à trois fois la somme des deux termes du milieu qui sera 60 ; la demi-somme sera 30 ; la demi-différence 1° 6' 40". Les deux termes du milieu seront 31° 6' 40" et 28° 53' 20". Continuant avec la différence constante, je forme une autre Table qui n'est guère meilleure, mais qui est au moins conforme à la théorie des progressions arithmétiques.

Proposition V. Connaissant la différence constante pour les arcs de 30°, on aura la différence pour les arcs de 1° qui seront 30 fois moindres. Les différences d seront 900 fois moindres, puisque 900 est le carré de 30 ; elles seront

$$\frac{3°20'}{30.30} = \frac{6°40'}{30.60} = \frac{6'40''}{30} = \frac{13'20''}{60} = 13'' 20'''.$$

Proposition VI. Connaissant le tems d'un signe et la différence pour les degrés, on connaîtra le tems d'un degré quelconque. Soit a le premier terme de la Table, le dernier du signe sera $a + 29d$; or

$$d = 13'' 20''' : 29d = 6' 26'' 40'''.$$

La somme totale des termes est 21° 40' ; elle vaut 15 fois le premier et le dernier terme, elle vaut donc $(2a + 29d)15$; on a donc

$$2a + 29d = \frac{21°40'}{15} = 1°26'40''.$$

On fera donc le calcul.

$2a + 29d =$ 1°26'40"	Le 1ᵉʳ terme sera... 40' 6"40"
$29d =$ 6. 25.40	Différence constante. 15.20
$2a =$ 1.20.15.20	2ᵉ terme............ 40.20
$a =$ 0.40. 6.40	3ᵉ terme............ 40.33.20
	4ᵉ terme............ 40.46.40
	etc.

La méthode est ingénieuse; mais elle porte sur une supposition extrèmement vicieuse; j'en ai donné une plus générale dans le chapitre des *Comètes* de mon *Traité d'Astronomie*, pour des quantités qui croissent plus véritablement en progression arithmétique.

On ferait pour chaque signe un calcul semblable à celui qu'on vient de faire pour le signe ♈ : les termes croîtraient continuellement, et pourraient aller jusqu'à 71' au lieu de 40' qu'on a d'abord.

Pour trouver en général en combien de tems ou avec quel arc de l'équateur monte un arc $(L' - L)$ de l'écliptique, calculez
$\tan Æ = \cos\omega \tan L$, $\sin dÆ = \tan\omega \tan H \sin Æ$, asc.obl.$= Æ - dÆ$; Faites de même,

$\tan Æ' = \cos\omega \tan L'$, $\sin dÆ' = \tan\omega \tan H \sin Æ'$, asc. obl.$= Æ' - dÆ'$,

$(Æ' - dÆ) - (Æ - dÆ)$ sera l'arc cherché.

Cette méthode est si facile qu'il n'est pas possible de l'abréger.

CHAPITRE XIV.

Manilius, Strabon, Posidonius, Cicéron.

Nous avons analysé, dans les chapitres précédens, les géomètres grecs qui ont écrit après Hipparque et avant Ptolémée ; pour achever l'Histoire de cette époque, voyons ce qu'on trouve dans les auteurs grecs ou latins qui n'ont fait eux-mêmes que des extraits des Livres grecs, et commençons par Manilius.

Cet auteur qui vivait vers l'an 10, a fait un Poëme qu'il a intitulé : *des choses astronomiques*, Ἀστρονομικῶν. Lalande avait engagé Creux-du-Radier à traduire ce Poëme. Il me pria de revoir cette traduction et d'y joindre des notes ; je le priai instamment de me dispenser de ce travail ingrat. Il le proposa à Pingré, qui trouva plus court de refaire la traduction en entier. Il se peut que Manilius, comme poëte, l'emporte à certains égards sur Aratus, mais son ouvrage est beaucoup moins intéressant ; il est plus astrologique qu'astronomique. Il ne nous apprendra presque rien qu'on ne trouve aussi dans Aratus, et il est entré dans bien moins de détails. Son style est aussi plus rude et beaucoup moins agréable.

On voit au vers 15 qu'il savait que le mouvement propre des planètes est en sens contraire du mouvement diurne ; mais c'était alors une chose généralement avouée. Au vers 50, il fait un mérite aux Chaldéens d'avoir trouvé l'art de lire dans les étoiles, la destinée des humains. Au vers 163, on trouve cette raison de la stabilité de la Terre :

Fertque, cadendo undique, ne cadaret.

Si l'idée n'est pas neuve, elle n'avait jamais été rendue avec cette précision. Plus loin, il prouve que la Terre doit être suspendue, sans quoi les astres ne pourraient tourner autour d'elle. Il ajoute, vers 185, qu'on doit peu s'en étonner, puisque l'univers tout entier n'a aucun fond qui puisse le supporter.

Vers 207, il prouve la courbure de la Terre par l'étoile Canobus, qu'on ne voit guère qu'à Alexandrie. Il la prouve par la figure de l'ombre de la Terre dans les éclipses. Il prouve, comme Cléomède, que la Terre est sphérique.

Il donne en 12 vers la description du zodiaque ; il parle de l'axe à peu près comme Aratus. Il décrit comme lui les Ourses, le Dragon, le Bouvier, le Serpent, le Serpentaire, le Cygne, le Cheval, Andromède, le triangle, Persée, et il y ajoute la Gorgone, le Cocher, la Chèvre, les Chevreaux, les Pléiades, les Hyades. La tête d'Orion est peu visible, *parce qu'elle est enfoncée dans le haut du ciel.* Il décrit la Canicule, Procyon, le Lièvre, Argo, de laquelle il dit heureusement : *servando, Dea facta, Deos.* L'Hydre, le Corbeau, la Coupe, le Centaure, l'Autel, la Baleine, le Poisson austral, l'eau du Verseau, l'Éridan. En parlant des étoiles invisibles qui sont autour du pôle austral, il assure fort gratuitement qu'elles sont la répétition de ce qui entoure le pôle boréal. On remarquera le vers 484, où, pour prouver l'existence de Dieu, il dit :

Si fors ista dedit nobis, fors ipsa gubernat.

Le vers 545 prouve qu'il supposait la hauteur du pôle 36°. C'est celle d'Eudoxe qui écrivait à Cnide ; car il est à remarquer que Manilius a puisé aux mêmes sources qu'Aratus. Il indique ensuite les constellations par lesquelles passent les colures ; mais ce qu'il en dit est si vague qu'on n'en peut tirer aucune instruction solide. Comme Aratus, il met la voie Lactée au nombre des grands cercles de la sphère. Il en fait l'ancienne écliptique, ou le chemin tenu par Phaéton le jour où il conduisit le char de son père. Observons en passant qu'Ovide, dans les instructions qu'il fait donner à Phaéton par son père, confond le mouvement annuel avec le mouvement diurne. Manilius revenant à l'Astronomie, explique les apparences de la voie Lactée par des étoiles si pressées et si éloignées de nous, qu'il nous est impossible de les distinguer.

An major densâ stellarum turba coronâ,
Contexit flammas et crasso lumine candet.

Il en fait aussi une espèce de paradis pour les héros. Il croit, vers 789, que les comètes prennent naissance dans l'air, et s'y dissipent. Il en décrit les diverses sortes, il parle de leur chevelure, de leur barbe ; les unes sont comme des poutres, ou des colonnes, ou des tonneaux ; d'autres ressemblent à des flambeaux, d'autres à des chèvres. Telles sont les matières traitées dans le premier Livre ; les autres ne concernent guère que l'Astrologie.

Il divise les signes en différentes classes. Il en est qui sont tronqués :
le Scorpion perd ses bras dans la Balance ; le Taureau a un pied recourbé,
il est boiteux ; le Cancer n'a pas d'yeux, il n'en reste qu'un au Centaure.
Le Poëte saisit cette occasion pour nous exhorter à la résignation et à
la patience. Il passe aux aspects, aux signes trigones, tétragones et
hexagones. Il fait connaître la distribution des parties du corps humain,
entre les signes.

On voit par les vers 532 et 534, que Manilius désigne le septième
signe indifféremment par le mot de *Balance* et celui de *Serres*. Il explique
les maisons et leurs propriétés : les mouvemens des étoiles dans ces
maisons, et les effets qui en résultent, sont la matière du troisième
Livre.

Fata quoque et vitas hominum suspendit ab astris.

Les maisons, dit Pingré dans une note, règlent ce qui est intérieur à
l'homme ; sa naissance, sa vie, ses qualités. Les *sorts* qui, comme les
maisons, sont au nombre de 12, exercent leur action sur ce qui nous
est extérieur ; les richesses, les amis, etc. Les sorts sont aussi indiqués
par le mot ἆθλα.

Le premier sort est attribué à la fortune, les autres sont le milieu, les
occupations civiles, les jugemens, le mariage, les richesses, les périls,
la noblesse, les enfans, la famille, la santé et les vœux.

Manilius enseigne ensuite en combien de tems se lèvent et se couchent
les signes. Il exprime ces tems en stades, qui sont chacun de deux minutes.
Le Bélier a 40 stades à son lever, et le double à son coucher. Chacun
des signes suivans a pour son lever 8 stades de plus que celui qui le
précède, et 8 de moins pour le coucher. Dans la seconde moitié du
zodiaque, les mêmes nombres reviennent dans un ordre renversé. Il passe
ensuite à la durée des jours qui varie avec la hauteur du pôle. Toutes ces
règles lui servent à déterminer *l'ascendant* ou *le lever de l'horoscope*. Il
en donne aussi pour trouver la durée totale de la vie, et le nombre
d'années que promet chaque signe et chaque maison.

Dans le quatrième Livre, il expose les mœurs, les affections, les
inclinations, les professions vers lesquelles nous sommes entraînés par
les signes célestes ; il distribue aux différens signes du zodiaque les différentes contrées de la Terre.

Dans le cinquième, il se propose de chanter les propriétés et les influences des constellations à leur lever et à leur coucher. On y voit,

vers 19, que Procyon se lève avec le vingt-septième degré du Cancer, la Coupe avec le dernier degré du Lion, la Couronne avec le cinquième de la Balance, l'Epi avec le dixième degré, la Flèche avec le huitième, l'Autel avec le huitième du Capricorne, le Cygne avec le trentième du Sagittaire. (Au vers 409, on trouve une autre *Lyre* dont les astronomes n'ont jamais parlé.) Cassiopée avec le vingtième du Verseau, Andromède avec le douzième des Poissons, le Cheval avec le vingtième, Hercule avec le dernier degré. Mais tous ces renseignemens sont trop vagues pour en rien conclure, et voilà tout ce que j'ai pu trouver à citer dans ce Poëme beaucoup trop long. J'admire la patience de Pingré qui a pris la peine de traduire tant de puérilités.

ΣΤΡΑΒΩΝΟΣ ΓΕΩΓΡΑΦΙΚΩΝ, βιβλοι ιζ, *Strabonis rerum geographicarum*, Libri 17. Avignon, 1587.

Strabon était stoïcien quoiqu'il eût reçu d'abord les leçons d'un péripatéticien. On croit qu'il mourut l'an 12 de Tibère. Il est certain qu'il était moins ancien qu'Hipparque et plus que Ptolémée, puisqu'il cite souvent le premier, et qu'il n'a pas dit un mot du second. Il paraît qu'il était peu versé dans les Mathématiques et dans l'Astronomie dont il n'avait que les notions indispensables à un géographe. En fait de doctrine, on ne trouve guère dans son Livre que ce qu'il avait tiré d'ouvrages plus anciens; mais nous pouvons le consulter comme historien. Il nous apprend d'abord qu'Hipparque regardait Homère comme le plus ancien des géographes, et le premier auteur de la science géographique. Mais dans le fait, c'est Hipparque lui-même qui mériterait cet éloge, puisqu'au rapport de Strabon il enseigna qu'on ne pouvait rien pour la description de la Terre sans le secours du ciel, sans la science des climats pour les latitudes, et sans la comparaison des éclipses pour les longitudes.

Pour preuve de la courbure de la Terre, il cite ce vers de l'Odyssée, où Ulysse, du haut d'un grand flot, voit loin au-devant de lui:

Ὀξὺ μάλα προϊδὼν μεγάλου ὑπὸ κύματος ἀρθείς.

Pour preuve du mouvement du ciel, il rapporte la marche de l'ombre sur les cadrans solaires.

Un peu plus loin il nous dit que, selon Eratosthène, la distance de

Rhodes à Alexandrie, est de 4000 stades. Posidonius la supposait de 5000 stades. Le stade de Posidonius était-il les ⅘ de celui d'Eratosthène? Il aurait dû faire le degré plus grand, et il l'a fait plus petit. Eratosthène avait-il des renseignemens plus sûrs? Il est plus naturel de penser que la véritable distance était ignorée de l'un comme de l'autre.

On trouve à la page 57, un passage curieux d'Eratosthène sur le détroit de Sicile :

« C'est pour cela que les euripes ont des courans, et principalement
» celui de Sicile, et qu'on y observe des effets pareils aux flux et reflux
» de l'Océan. Le courant change deux fois dans l'espace d'un jour et
» d'une nuit, comme on voit l'Océan couvrir et abandonner deux fois
» ses rivages. Il faut donc confesser que le flux de la mer Tyrrhénienne
» est porté dans le détroit de Sicile, comme s'il descendait d'une sur-
» face plus élevée; aussi ce mouvement s'appelle-t-il *la mer descendante*.
» Il commence et finit avec la haute mer ; car il commence vers le
» lever et le coucher de la Lune , et il finit aux deux passages par le
» méridien. Le reflux ou le mouvement contraire des eaux dans le
» détroit, qu'on appelle *mer sortante*, commence à l'un et l'autre pas-
» sage par le méridien , et finit toutes les fois que la Lune est à l'horizon.

» Posidonius et Athénodore ont traité fort en détail des phénomènes
» des marées ; nous nous bornerons à ce que nous venons de dire des
» courans des détroits. »

Cette dernière phrase est de Strabon, qui reproche à Eratosthène d'avoir méconnu la figure de la mer qui doit être sphérique pour le maintien de l'équilibre. Vérité , dit-il encore, qui est reçue par tous les mathématiciens; au lieu qu'Eratosthène paraît croire que l'eau descend parce qu'elle suit un plan incliné. La critique de Strabon me paraît hasardée ; mais pour décider la question , il faudrait avoir l'ouvrage d'Eratosthène ; on n'en peut pas bien juger sur quelques lignes qui pourraient n'avoir pas été copiées bien fidèlement.

Strabon l'accuse expressément d'avoir écrit que la mer intérieure (la Méditerranée) n'avait pas dans toute son étendue le même niveau, et que la différence était sensible, même en des points très-voisins l'un de l'autre ; et cela sur le rapport des ingénieurs qui s'étaient opposés à ce que Démétrius perçât l'isthme du Péloponnèse, parce que, d'après leurs mesures, les eaux du golfe de Corinthe étaient bien plus élevées que celles du côté de Cenchrées ; et c'était à cette différence de niveau qu'il attribuait le courant du détroit de Sicile, ce qui était bon pour le courant descendant, mais aurait dû empêcher tout courant ascendant.

Il examine ensuite les corrections qu'Hipparque a voulu faire aux degrés d'Eratosthène, et nous apprend que ceux qui sont venus depuis ne les ont point adoptées. Hipparque admettait les distances entre Méroé et le Borysthène, sur lesquelles Eratosthène n'a pas commis d'erreurs sensibles; mais, dit Strabon, quand il veut en conclure la mesure des climats en supposant que la terre et la mer forment ensemble une sphère exacte, il paraît sortir de son sujet, ἀλλοτριολογεῖ; car il n'est pas nécessaire que la Terre soit une sphère parfaite, il suffit qu'elle s'écarte peu de cette figure. On ne conçoit guère l'idée de Strabon; Hipparque pouvait-il faire autrement que de partir de ces suppositions pour établir ses calculs? à moins qu'on n'eût mesuré plus loin un autre arc du méridien qui ne se fût pas trouvé de la même grandeur; ce que Strabon ne dit pas.

Il répète, page 59, que la distance de Rhodes à Alexandrie n'est guère moindre que de 4000 stades; si ces 4000 stades valent 7° ½ comme le supposait Posidonius, 8000 stades auraient valu 15°, et le degré eût été de 533 ⅓; mais comme l'intervalle n'est pas tout-à-fait de 4000 stades, on aura conclu en nombre rond le degré de 500 stades dont on ne connaît pas l'origine. Posidonius qui supposait 5000 toises de distance, trouvait le degré de 666 ⅔, la distance mieux déterminée a fait diminuer le degré. On voit encore ce que valent toutes ces déterminations.

A la page 65, il dit expressément que de toutes les mesures, celle qui fait la Terre la plus petite est celle de Posidonius qui lui donne 180000 stades de contour. Voilà encore notre degré de 500 stades. Comment accorder ce passage avec celui de Cléomède, et l'opinion commune qui attribue à Posidonius le degré de 666 ⅔? Nous abandonnerons la question à ceux qui attachent quelqu'importance à ces anciens essais.

A la page 70, on trouve un mot curieux d'Aristote concernant l'Atlantide dont l'ancienne existence et la destruction sont des fictions de Platon; *celui qui l'a créée l'a détruite, comme le mur qu'Homère a bâti et fait disparaître sur le rivage de Troie.*

Il discute ensuite la question des zônes de la Terre. Faut-il en compter cinq ou six en partageant en deux la zône torride? On peut répondre: comme on voudra.

A la page 78, il répète que suivant Eratosthène, la circonférence de l'équateur est de 252000 stades ; que d'Alexandrie à Rhodes, la route est dans la direction du cours du Nil, ainsi que tout le monde en convient ; que Byzance et Marseille sont sur le même parallèle, ainsi que l'a dit Hipparque d'après Pythéas, puisque les ombres y sont dans un même rapport avec le gnomon. Mais, ajoute Strabon, Pythéas a souvent induit en erreur ceux qui s'en sont rapportés à lui. C'est ce qui est arrivé en cette occasion ; car *Byzance est plus au nord que Marseille.* Le fait est que Byzance est de 2° 15' moins boréale : ainsi Strabon est encore plus loin de la vérité que Pythéas.

Plus loin il parle des cartes géographiques. Tous les méridiens sur la sphère concourent en un même point ; mais il importe peu de donner sur le plan aux lignes droites qui les représentent, une légère convergence qui formerait un cône. L'erreur ne sera pas bien sensible si l'on néglige cette convergence comme on abandonne la courbure.

C'est Hipparque qui a transporté à la Terre tous les cercles par lesquels les astronomes divisaient le ciel. Hipparque à qui la science a tant d'obligations diverses, est donc aussi le père de la véritable Géographie.

Si l'on divise le cercle en 360°, chacun de ces degrés sur la Terre sera de 700 stades.

C'est à Syène que la petite Ourse toute entière commence à être comprise dans le cercle arctique, qu'elle est toujours visible, que l'étoile brillante qui est à l'extrémité de la queue, et qui est la plus australe de la constellation, est placée sur l'arctique même. Il y a ici quelqu'erreur de nom. L'étoile de la queue est la plus boréale. Il veut désigner apparemment la plus australe des Gardes. Cependant quelques lignes plus loin, il nomme séparément l'étoile de la queue et le carré.

A Alexandrie, le gnomon est à l'ombre équinoxiale comme 5 est à 7.

A Carthage, le rapport est de 11 à 7.

A Byzance, au solstice d'été, 120 à $42 - \frac{1}{3}$.

Après quelques autres indications plus vagues concernant d'autres climats, il dit que dans celui du Borysthène et de la Mæotide, le point nord de l'horizon est éclairé pendant presque toute la nuit par le Soleil, depuis le coucher jusqu'au lever ; car le tropique d'été est abaissé sous l'horizon de $\frac{1}{2} + \frac{1}{12}$ de signe, ce qui fait 17° $\frac{1}{2}$; c'est la distance du Soleil à l'horizon à minuit. Dans notre climat, lorsque le Soleil est à cette distance de l'horizon, le matin et le soir il éclaire cette partie de l'air. Aux jours d'hiver, le Soleil ne s'élève que de 9 coudées.

A l'abaissement du tropique d'été.......... 17°30′
ajoutez la déclinaison du tropique............. 23.50
                                                     ‾‾‾‾‾‾
vous aurez pour l'abaissement de l'équateur... 41.20
et la latitude.................................... 48.40

L'abaissement du tropique d'été est égal à la hauteur du tropique d'hiver, qui sera de 17° 30′, qui valent 9 coudées. La coudée valait donc 1° 56′ 40″; on peut croire que la coudée signifiait 2 degrés en nombre rond.

Il rapporte comme un conte peu digne de foi, ce que dit Posidonius sur la foi des habitans de la côte d'Espagne, que le Soleil paraît plus grand quand il se couche dans la mer, et qu'on entend alors un bruit semblable à celui d'un fer rouge qu'on plongerait dans l'eau. C'est encore un conte que la nuit obscure succède au jour sans intervalle; l'obscurité ne peut être profonde qu'au bout d'un certain tems, ce qui se remarque dans toutes les autres mers. Voilà jusqu'à présent ce que j'ai rencontré de plus clair et de plus détaillé sur le crépuscule.

A l'occasion du port de Mnesthée, il parle des marées qui entrent dans les cavités de la terre en bouillonnant, et qui permettent aux vaisseaux d'approcher des villes bâties dans l'intérieur à plusieurs stades du rivage.

Les marées sont encore plus considérables vers le Promontoire Sacré, où l'eau se trouve resserrée entre la Mauritanie et l'Espagne. Ces fortes marées sont de quelqu'avantage pour la navigation; elles ont aussi leurs inconvéniens en ce que la mer, en se retirant, laisse les vaisseaux à sec, et le courant de la mer étant opposé à celui du fleuve, n'est pas sans quelque danger pour les bâtimens.

Vers la fin de ce Livre III, on trouve encore que Posidonius a dit que les mouvemens de l'Océan suivent ceux du ciel, et qu'ils ont des périodes diurnes, mensuelles et annuelles comme la Lune. Ainsi quand la Lune est élevée d'un signe ou de 30° au-dessus de l'horizon, la mer commence à s'enfler et monter sur la terre d'une manière très-sensible jusqu'au passage au méridien; ensuite la mer redescend en même tems que la Lune s'éloigne du méridien, et jusqu'à ce que sa hauteur soit réduite à 30°; la mer est ensuite stationnaire jusqu'au moment où la Lune est abaissée de 30° degrés sous l'horizon; alors la mer monte de nouveau jusqu'au passage par le méridien inférieur : elle redescend ensuite, reste stationnaire et remonte toujours de la même manière. Telle est la période diurne.

La période mensuelle fait que les marées sont les plus fortes vers les conjonctions ; qu'elles vont en diminuant jusqu'à la dichotomie ; qu'elles augmentent jusqu'à la pleine Lune ; qu'elles diminuent jusqu'à l'autre dichotomie pour augmenter ensuite jusqu'à la conjonction. Ces augmentations ne se font pas toutes dans le même tems ni avec la même vitesse.

Par la période annuelle, on dit qu'à Cadix les marées sont plus fortes vers le solstice d'été. Posidonius croit qu'elles vont en diminuant jusqu'à l'équinoxe, et augmentent ensuite jusqu'à l'autre solstice.

Deux fois en un jour la mer s'élève et s'abaisse. A la haute mer quelques puits s'emplissent, et restent sans eau quand la mer se retire ; ce qui n'a pas lieu à toutes les marées sans exception.

Strabon pense que l'on peut s'en rapporter au témoignage des habitans de Cadix pour ce qu'ils peuvent observer chaque jour ; ce qu'on n'observe qu'une fois par an n'est peut-être pas aussi sûr. Posidonius rapporte encore qu'un certain Seleucus trouvait aux marées une inégalité zodiacale ; que les phénomènes étaient plus égaux vers les équinoxes, plus inégaux vers les solstices, et que l'inégalité se trouvait dans la quantité comme dans la vitesse : mais que pour lui ayant passé quelque tems à Cadix vers le solstice, il n'avait rien vu d'extraordinaire à la marée de la nouvelle Lune ; au lieu qu'à la pleine Lune du même mois, à Ilipa, il avait remarqué une différence très-grande dans la manière dont la mer entrait dans le Bœtis ; car à l'ordinaire elle ne monte guère qu'à la moitié du rivage, au lieu que ce jour-là elle l'avait couvert tout entier et avait inondé le camp. Or Ilipa est à 700 stades du rivage. La hauteur de l'eau était de *30 stades*, au lieu qu'à Cadix la hauteur de la marée, mesurée sur le mur du quai, n'avait pas été jusqu'à 10 coudées.

Si l'on suppose que la marée extraordinaire a été du double, on pourra se faire une idée de la distance à laquelle elle a dû s'étendre sur les côtes plates.

Toute la côte de l'Océan éprouve de pareilles inondations.

Nous rapportons ces observations, sans rien garantir ni combattre. On peut douter de cette marée de 30 stades de hauteur, et qui s'étend à 700 stades. On peut douter des marées plus fortes aux solstices qu'aux équinoxes ; mais nous copions Strabon comme il a copié Posidonius.

Posidonius.

Posidonius est plus ancien que les auteurs dont nous venons de parler, mais tous ses ouvrages sont perdus; il ne nous reste de sa doctrine que ce qui nous en a été conservé par Cléomède et Strabon, peut-être aussi par Pline, qui paraît y avoir mêlé quelques idées plus modernes. Posidonius était d'Apamée; mais il est surnommé Rhodien, sans doute parce que c'est à Rhodes qu'il fixa son séjour et qu'il établit son école. Ainsi Rhodes peut rivaliser avec Alexandrie. En effet, elle peut se glorifier d'Hipparque et de Posidonius; Alexandrie ne peut guère citer que Ptolémée et Eratosthène, et si l'on veut, le commentateur Théon. Si elle a eu quelques autres astronomes, ils sont à peine connus; Rhodes en eut aussi quelques-uns dont les noms sont ignorés. Nous trouverons dans Ptolémée des observations faites à Rhodes et qu'il est impossible d'attribuer à Hipparque ou à Posidonius. Mais les ouvrages de Ptolémée et de Théon nous sont parvenus, et nous n'avons aucun de ceux qui furent composés à Rhodes, et qui, suivant toute apparence, eussent assuré la primauté à l'école de Rhodes.

Posidonius vivait du tems de Pompée, qui, dit-on, lui rendit une visite. Le philosophe était fort tourmenté de la goutte, ce qui ne l'empêcha pas de donner au général romain la satisfaction de l'entendre. Ne pouvant dissimuler les vives douleurs qu'il ressentait, il s'écria : *O goutte, tu ne me réduiras point à convenir que la douleur soit un mal !* On voit dans cette exclamation plus de faste stoïcien que de bonne foi.

On a recueilli les fragmens de Posidonius sous ce titre :

Posidonii Rhodii reliquiæ doctrinæ, collegit atque illustravit James Bake, accedit Wittembachii adnotatio. 1810, in-8ᵉ de 303 pages.

Le Journal d'Iéna en a fait un assez long extrait, où l'on ne voit guère que des remarques grammaticales sur des passages qui n'ont que peu d'intérêt pour l'astronome. Ces passages, pour la plupart, sont tirés de Cléomède et de Strabon. Nous avons déjà rapporté ceux qui sont de notre sujet; nous ignorons si le volume de Bake en offre d'autres; nous savons seulement qu'on y indique les matières traitées dans les divers ouvrages de Posidonius. Les titres en seraient, d'après le Journal d'Iéna, *de Astrologiâ universâ, de Cœlestibus, de Sublimibus, de Terrestribus et Geographicis.* C'est tout ce que nous en pouvons dire; le reste concerne l'Histoire, la Philosophie et la Morale.

Cicéron.

Cicéron fut, pour la Philosophie, élève de Posidonius; c'est lui-même qui nous l'apprend, au livre I de la Nature des Dieux. *Diodorus, Philo, Antiochus, Posidonius à quibus instituti fuimus.* Il se pourrait donc que le système astronomique exposé par Cicéron, dans le livre II, fût en effet celui de Posidonius. Voici en quoi consiste ce système, qu'il prête au stoïcien Balbus.

Cicéron ne paraît pas éloigné de supposer une ame au monde, *necesse est intelligentem esse mundum et quidem etiam sapientem.* Il fait l'année solaire de 365 jours et un quart *presque*, c'est-à-dire un peu plus courte et plus exacte que celle du Calendrier Julien. Il parle ensuite des phases de la Lune, de ses latitudes boréales et australes, qui font que son cours présente des phénomènes qui ressemblent à ceux des *solstices*. Il admire surtout les mouvemens des cinq étoiles *qu'on a si faussement appelées errantes.* On ne peut attribuer *d'erreur* à ce qui de toute éternité suit un cours réglé dans ses progressions, dans ses rétrogradations et dans ses stations; dans ses disparitions et ses réapparitions, ainsi que dans tous ses degrés de vitesse. De toutes leurs périodes diverses se compose une révolution qui les comprend toutes et s'appelle la grande année. Combien dure-t-elle? C'est une grande question; mais on ne peut douter que cette durée ne soit fixe et déterminée. L'étoile de Saturne, que les Grecs appellent Φαίνων, est la plus éloignée de la Terre, et sa période est de 30 ans presque. Au-dessous, et plus près de la Terre, est l'étoile de Jupiter, nommée aussi Φαέθων; en douze années, elle parcourt les douze signes, montrant dans cette révolution des phénomènes analogues à ceux qu'offre Saturne. L'orbe qui est au-dessous de Jupiter est celui de Πυρόεις, ou Mars, et sa révolution, à ce que je crois, est de 24 mois, 6 jours, un peu moins. Au-dessous de Mars est l'étoile de Mercure, ou Στίλβων, qui fait son tour en un an, sans jamais s'éloigner du Soleil d'un signe entier, soit en avant, soit en arrière. La plus basse et la plus voisine de la Terre est l'étoile de Vénus, ou de Φωσφόρος et Lucifer; son cours est aussi d'une année, dans laquelle elle parcourt le zodiaque tant en longitude qu'en latitude, ce que font aussi les étoiles supérieures. Les écarts de Vénus ne vont jamais à deux signes, soit en avant, soit en arrière. Cette

constance et cette uniformité ne peuvent se comprendre sans une intelligence ; les astres doivent donc être mis au rang des dieux.

La marche des étoiles qu'on appelle fixes n'est pas moins admirable
et ne prouve pas moins d'intelligence. L'éther n'est pas de nature à les
contenir ou à leur donner le mouvement ; il est pour cela trop peu
dense et trop perméable ; il faut donc qu'elles soient placées dans une
sphère indépendante de l'éther. Celui qui croirait qu'un ordre aussi
surprenant et aussi immuable peut subsister sans une ame, ne manque-
rait-il pas lui-même d'ame et de raison ? Cette ame a été nommée par
les Grecs Πρόνοια, c'est-à-dire Providence.

Cet exposé est clair et simple, on n'y voit pas de ces grands
mots, de ces phrases poétiques qui laissent le lecteur incertain sur le
sens qu'il doit leur attribuer. Toutes les idées ne sont pas également
sûres ; mais Cicéron, qui n'était pas astronome, ne pouvait donner
que ce qui lui était fourni par les philosophes de son tems. Ce qu'il
offre de plus singulier, c'est qu'il place Vénus tout près de la Terre,
et Mercure entre Mars et Vénus. Il ne parle pas expressément de la place
du Soleil, mais il distingue les trois planètes supérieures d'avec Mercure
et Vénus. Il ne nous dit pas si les deux planètes inférieures embrassent
le Soleil dans leurs révolutions. Peut-être n'a-t-il pas osé hasarder plus
expressément cette opinion, qu'il a exprimée un peu plus positivement dans son songe de Scipion, où cependant il peut nous laisser
encore quelque doute. Voici ses expressions. Après avoir parlé des
planètes supérieures, il ajoute : Au-dessous de Mars, la région moyenne
est occupée par le Soleil, qui est comme le chef, le prince et le mo-
dérateur des autres luminaires. *Hunc ut comites sequuntur alter Veneris,
alter Mercurii cursus, in infimoque orbe Luna, radiis Solis accensa, con-
vertitur. Infra autem nihil est nisi mortale et caducum.... Nam ea quæ
est media et nona tellus neque movetur et infima est.... Immobilis manens
imâ sede semper hæret, complexa medium mundi locum.* On serait ici
tenté de croire qu'il fait tourner Vénus et Mercure autour du Soleil,
et que c'est ce qui lui a fait placer Mercure au-dessus de Vénus, ce
qui est vrai, quand on ne considère que la moitié des orbites qui est
tournée vers la Terre, et où ces deux planètes étaient le plus souvent
observées, soit dans leurs élongations, soit dans leurs stations et leurs
rétrogradations. La scène de ce songe est dans la voie Lactée. *Erat autem
is splendidissimo candore inter flammas elucens circulus, quem vos, ut à*

Graüs accepistis , lacteum nuncupatis , ex quo omnia mihi contemplanti præclara cœtera et mirabilia videbantur. Erant autem eæ stellæ quas nunquam ex hoc loco vidimus et eæ magnitudines omnium quas esse nunquam suspicati sumus , ex quibus erat illa minima , quæ ultima cœlo, citima Terris , luce lucebat alienâ. Stellarum autem globi terræ magnitudinem facilè vincebant. « C'était ce cercle qui se fait remarquer entre les étoiles, par sa
» blancheur éclatante, et que vous nommez *Lactée*, ou de lait , à l'exemple
» des Grecs. De cette position, je pouvais contempler bien des merveilles,
» par exemple, des étoiles que nous ne voyons jamais d'ici, et qui sont
» d'une grandeur que nous n'avons jamais soupçonnée. La plus petite,
» qui est la dernière du ciel et la plus voisine de la Terre, ne brille que
» d'une lumière empruntée. Quant aux étoiles, ce sont des globes dont
» la grosseur l'emporte beaucoup sur celle de la Terre. »

Nous retrouverons ces idées combinées par Macrobe. Cicéron fait ensuite un extrait du Poëme d'Aratus, qu'il avait traduit dans sa jeunesse ; ainsi nous pouvons considérer Cicéron comme un amateur très-distingué de l'Astronomie.

On voit dans ses Lettres à Tyron, qu'il lui envoie une horloge. On a retrouvé à Tivoli un hémisphère de Bérose, dans des ruines qu'on a estimé pouvoir être celles de la maison tusculane de Cicéron , et l'on en a conclu que l'horloge trouvée à Tivoli était probablement celle dont Cicéron parle à son secrétaire. Le P. Zuzzeri , Jésuite , en a fait l'objet d'une Dissertation dont nous aurons occasion de parler à l'article de l'analemme de Ptolémée.

CHAPITRE XV.

Hygin, Sénèque et Pline.

Hygin, affranchi d'Auguste, dans son Livre des Fables, nous dit
que le navire Argo avait quatre étoiles à la poupe, cinq au gouvernail
droit, quatre au gouvernail gauche, toutes semblables entr'elles ; en
tout 13 étoiles. Ptolémée en met 45, et elles sont loin d'être égales.

Dans un autre ouvrage intitulé *Poeticon Astronomicon*, il se propose
d'exposer plus clairement et plus complètement ce qu'Aratus a présenté
d'une manière plus obscure. Nous omettrons ce qu'ils ont de commun.
Hygin met *Aries* au commencement de l'écliptique et du printems ; aux
têtes des Gémeaux, l'écliptique paraît toucher le tropique ; les signes
du Cancer, du Lion et de la Vierge appartiennent à l'été. L'automne
commence à la Balance et à l'équinoxe. Le Capricorne, le Verseau et
les Poissons forment les signes d'hiver. Il passe ensuite à des détails
sur les diverses constellations, dont il raconte l'histoire mythologique.
La petite Ourse a été nommée *Phœnice*, parce que Thalès, qui la fit
connaître aux Grecs, était de Phénicie. L'homme à genoux est Thésée,
suivant quelques auteurs ; suivant Eratosthène, c'est Hercule placé sur
le Dragon contre lequel il veut combattre ; il tient sa massue de la
main droite, et de l'autre la peau du lion (de Némée). Il donne aussitôt
une seconde fable. Hercule, passant par la Ligurie avec les bœufs de
Geryon, fut attaqué par les habitans, qui voulaient lui ravir sa proie.
Près de succomber sous le nombre, il s'agenouilla, et Jupiter le mit
au nombre des constellations. D'autres disent que c'est Ixion enchaîné
pour avoir voulu violer Junon ; d'autres, que c'est Prométhée enchaîné
sur le Caucase.

A l'article du Cygne, il dit que les Grecs ont ainsi nommé cette constellation, que la plupart, faute d'en connaître l'histoire, ont nommée
du nom générique d'oiseau (ὄρνις). Jupiter, amoureux de Némésis,
n'en pouvant rien obtenir, se changea en Cygne, et se jeta dans le
sein de la déesse, comme s'il fuyait devant un aigle. Némésis l'embrassa, s'endormit, et Jupiter profita du moment. Némésis pondit un

œuf, le dieu le ramassa et le mit sur les genoux de Léda, qu'il trouva assise. Hélène sortit de cet œuf et le dieu la nomma sa fille. D'autres disent enfin que c'est pour Léda que Jupiter se serait métamorphosé en cygne.

Cassiopée, selon Sophocle et Euripide, s'était vantée d'être plus belle que les Néréides, qui, pour se venger, la placèrent dans le ciel (*in siliquastro*) sur un siége antique, où elle paraît la tête en bas (quand elle est sous le pôle), à cause de son impiété.

Ophiuchus était, dit-on, un roi Gète nommé Carnabuta, qui voulut faire périr Triptolème; d'autres prétendent que c'est Hercule; d'autres, Phorbas, ou Esculape, ou Hippolyte, fils de Thésée, ou Glaucus, fils de Minos.

La Flèche est celle avec laquelle Hercule tua l'aigle qui rongeait le cœur de Prométhée.

Arrivé au Scorpion, Hygin dit que ce signe, trop grand, fut partagé en deux parties, et que les Romains ont donné à la première le nom de la Balance. *Quorum unius effigiem Libram dixére.* La Balance était déjà dans le zodiaque des Chaldéens et des Egyptiens.

Voilà ce qu'il y a de moins connu dans cette partie mythologique, qui n'intéresse en rien les astronomes. Hygin passe à la description des constellations.

La petite Ourse a 7 étoiles brillantes, 4 au corps et 3 à la queue, dont l'une a donné le nom au pôle, dont elle est très-voisine, dit Eratosthène, ce qui n'était pourtant vrai, ni du tems d'Eratosthène, ni d'Hygin. Les deux autres étoiles s'appellent χορευται, *les Danseuses*, parce qu'elles paraissent danser autour du pôle.

La grande Ourse a 7 étoiles obscures à la tête, 2 à chaque oreille, 1 luisante à l'épaule, 1 aux pieds de derrière, 2 aux pieds de devant, 1 entre les épaules, 1 au premier pied de derrière, 2 aux pieds de devant; en tout 21. (Je n'en vois que 19.)

Le Dragon a 1 étoile à chaque tempe, 1 à chaque œil, 1 au menton, 10 claires au reste du corps; total, 15.

Bootès ou Arctophylax. Sa main touche le cercle arctique; il a un pied sur le tropique d'été; il est traversé par le tropique des équinoxes; il a 4 étoiles à la main droite, 1 à la tête, 1 à chaque épaule, 1 à chaque main, et au-dessous 1 plus obscure, 1 belle étoile à la ceinture; c'est Arcturus; enfin 1 à chaque pied; en tout 14.

La Couronne a 9 étoiles disposées en cercle, dont 5 plus claires que les autres.

Hercule a 1 étoile à la tête, 1 au bras gauche, 1 luisante à chaque épaule, 1 à la main gauche, 1 au coude droit, 1 à chaque côté; celle de la droite est plus brillante; 2 à la cuisse droite, 1 au genou, 1 au jarret, 2 à la cuisse, 1 au pied, 4 à la main gauche, qu'on croit être la peau du Lion; total, 19.

La Lyre ou Vautour tombant; 1 étoile à chaque extrémité de l'écaille de tortue, 1 à chaque côté, 1 à chacune des parties du milieu, qu'Ératosthène appelle les épaules, 1 dans les épaules de la Tortue, enfin 1 au bas ou à la base; en tout 9. (Je n'en vois que 8.)

Le Cygne. 1 à la tête, 1 au cou également brillante, 5 à chaque aile, 1 sur la queue; 12 en tout. (J'en vois 13.)

Céphée. 2 à la tête, 1 à la main droite, 1 obscure au coude, 1 à la main gauche, 1 à l'épaule, 1 à l'épaule droite, 3 à la ceinture, 1 obscure au côté droit, 2 au genou gauche, 1 à chaque pied, 4 au-dessus des pieds; total, 19.

Cassiopée. 1 à la tête, 1 à chaque épaule, 1 claire à la mamelle droite, 1 grande aux lombes, 2 à la cuisse gauche, 1 au genou, 1 au pied droit, 1 au siège, 1 plus brillante à chacun des angles; total, 13.

Andromède. 1 brillante à la tête, 1 à chaque épaule, 1 au coude droit, 1 à la main, 1 au coude ou bras gauche, 1 à la main, 3 à la ceinture, 2 aux pieds; 20 en tout. (Je n'en vois que 12.)

Persée. 1 à chaque épaule, 1 brillante à la main droite qui tient la faux, 1 à la main gauche qui tient la tête de la Gorgone, 1 au ventre, 1 aux lombes, 1 à la cuisse droite, 1 au genou, 1 à la jambe, 1 obscure au pied, 1 à la cuisse gauche, 2 à la jambe, 4 à la main qui tient la Gorgone; total, 17. La tête et la faux sont sans étoiles.

Le Cocher a le pied droit joint à la corne gauche du Taureau; d'une main il tient les guides; à son épaule gauche on voit la Chèvre, à sa main gauche les Chevreaux; il a 1 étoile à la tête, 1 à chaque épaule; la plus claire est à gauche, c'est la Chèvre; 1 chaque coude, 2 à la main, ce sont les Chevreaux; 7 en tout.

Le Serpentaire. 1 à la tête, 1 à chaque épaule, 5 à la main gauche, 4 à la main droite, 2 aux lombes, 2 au genou, 1 à la cuisse droite, 1 à chaque pied; la plus claire est à droite; 16 en tout. (J'en vois 17.)

Le Serpent 2 à la tête, 5 sous la tête, rassemblées; 2 à la main gauche;

la plus claire est plus près du corps; 5 au dos et près du corps, 4 au premier pli, 6 au second, plus près de la tête; total, 23. (22.)

La Flèche n'a que 4 étoiles; 1 au commencement du bois, 1 au milieu, 2 au fer.

L'Aigle. 1 à la tête, 1 à chaque aile, 1 à la queue; 4 en tout.

Le Dauphin. 2 à la tête, 2 au cou, 5 au ventre ou nageoires, 1 à l'épaule, 2 à la queue; 10 en tout.

Pégase. 2 obscures à la tête et 1 brillante, 1 à la mâchoire, 1 à chaque oreille, 4 obscures au cou, 1 claire à l'épaule, 1 à la poitrine, 1 à la crinière, 1 au nombril qui est à Andromède, 1 à chaque genou, 1 à chaque jarret; total, 23. (17.)

Triangle ou Delta. 1 à chaque angle; 3 en tout.

Bélier. 1 à la tête, 5 aux cornes, 3 au cou, 1 au pied de devant, 4 entre les épaules, 1 à la queue, 1 sous le ventre, 3 aux lombes, 1 au pied postérieur; 18 en tout.

Taureau. 1 à chaque corne, la plus belle à gauche; 1 à chaque œil, 1 au front, 2 à la naissance des cornes. Les sept étoiles s'appellent Hyades; d'autres les réduisent à cinq, en retranchant les deux cornes. 1 au genou droit, 1 à la corne du pied, 1 au genou droit, 3 entre les épaules; la dernière est la plus brillante; 14 en tout, sans compter les Pléiades. (13.)

Les Gémeaux. Le plus voisin du Cancer a 1 étoile brillante à la tête, 1 à chaque épaule, 1 au coude droit, 1 à chaque genou, 1 à chaque pied. L'autre a 1 étoile brillante à la tête, 1 à l'épaule gauche, 1 à la droite, 1 à chaque main, 1 au genou droit, 1 au genou gauche, 1 à chaque pied, 1 au-dessus du pied droit, qui s'appelle Propus; 18 en tout.

Le Cancer. 2 sur la coquille; on les appelle les Anes; 2 obscures aux pieds droits, 2 au premier pied gauche, 2 obscures au second, 1 au troisième, 1 obscure au quatrième, 1 à la bouche, 3 semblables qui ne sont pas grandes dans la pince droite, 2 semblables à la pince gauche; 18 en tout. (16.)

Le Lion. 3 à la tête, 2 au cou, 1 à la poitrine, 3 entre les épaules, 1 au milieu de la queue, 1 grande au bout, 2 sous la poitrine, 1 claire au premier pied, 1 claire au ventre, 1 grande au-dessous, 1 aux lombes, 1 au genou de derrière, 1 claire au pied de derrière; en tout 19.

La Vierge. 1 obscure à la tête, 1 à chaque épaule, 2 à chaque aile, celle qui est à droite est *Protrygeter*; 1 à chaque main, celle de la

droite est plus belle; 7 dans la robe, 1 à chaque pied; 16 en tout.
(J'en vois 17.)

La Balance ou les Serres. 2 à chaque bassin ou serre; les premières
sont les plus belles.

Le Scorpion. 3 au front, celle du milieu est la plus claire; 3 entre
les épaules, 2 au ventre, 5 à la queue, 2 au dard; 15 en tout.

Le Sagittaire. 2 à la tête, 2 à l'arc, 1 à la flèche, 1 au coude droit;
1 à la première main, 1 au ventre, 1 entre les épaules, 1 à la queue,
1 au premier genou, 1 au pied, 1 à l'autre genou, 1 au pouce; 14
en tout.

Le Capricorne. 1 aux narines, 1 au-dessous du cou, 2 à la poitrine,
2 au premier pied, 7 entre les épaules, 7 au ventre, 2 à la queue;
en tout 21. (J'en vois 22.)

Le Verseau. 2 obscures à la tête, 2 belles aux épaules, 1 grande
au coude droit, 1 à la première main, 2 aux mamelles, 1 au lombe
intérieur, 2 au genou, 1 à la cuisse droite, 2 aux pieds; en tout 14.

Les Poissons. Ces poissons sont attachés au premier pied du Bélier
par quelques étoiles, comme par un fil. Le Poisson inférieur a 17 étoiles,
le boréal en a 16. Leur lien en a 3 vers le nord, 3 au sud, 3 à l'est et 3
à la jonction; 12 en tout pour le fil.

La Baleine. 2 obscures à la queue, 5 au pli, 6 sous le ventre; 13
en tout.

L'Éridan. Première courbure, 3; deuxième, 3; troisième, 7; ce
serait 13 en tout.

Le Lièvre. 2 aux oreilles, 2 au corps, 2 aux pieds; 6 en tout.

Orion. 3 obscures à la tête, 2 aux épaules, 1 obscure au coude
droit, 1 semblable à la main, 3 à la ceinture, 3 obscures à l'épée,
2 belles aux genoux, 2 obscures au pied; 17 en tout.

Lœlaps (le grand Chien). 1 à la langue; c'est le Chien; 1 à la tête,
qu'on appelle Sirius; 2 obscures aux oreilles, 2 à la poitrine, 5 au
pied précédent, 3 entre les épaules, 1 au côté gauche, 1 au pied suivant, 1 au pied droit, 4 à la queue; 19 au total.

Procyon. 1 à la tête, 1 à la poitrine, 1 au côté; 3 en tout.

Argo, à la poupe. 5 au premier gouvernail, 4 au second, 5 à la
carène et 5 *sub resectum*, 4 au mât; 23 en tout. C'est 10 de plus qu'il
n'avait dit dans ses Fables.

Phylliris ou le Centaure. 3 obscures à la tête, 2 claires aux épaules,
1 au coude gauche, 1 à la main, 1 à la poitrine de cheval, 1 à chaque

jarret, 4 entre les épaules, 2 claires au ventre, 5 à la queue, 1 au côté de cheval, 2 aux genoux de derrière, 2 aux jarrets; 24 en tout.

La Bête (*Hostia*). 2 à la queue, 1 au premier pied de derrière, 2 aux pieds, 1 claire entre les épaules, 1 à la première partie des pieds, et au-dessous 1 autre, 3 à la tête; 10 en tout.

L'Autel. 2 au-dessus, 1 au bas; 3 en tout.

L'Hydre. 3 à la tête, 6 au pli du cou, la dernière est brillante; 3 au second pli, 4 au troisième, 2 au quatrième, 8 au cinquième jusqu'à la queue; 26 en tout.

Le Corbeau. 1 au gosier, 2 aux ailes et 2 vers la queue, 2 aux pieds; 7 en tout.

La Coupe. 2 au bord, 5 obscures sous les anses, 2 au milieu, 2 au fond; 8 en tout.

Le Poisson austral. Il a 12 étoiles.

Résumé. Constellations boréales........ 262.

Zodiaque.................... 230.

Constellations australes........ 181.

Total des étoiles............. 673.

Eratosthène en compte........ 675.

Hygin passe aux planètes dont il ne tentera pas de donner la théorie; puisqu'Aratus lui-même n'a pas osé le faire. Nous voyons une étoile à la queue du Dragon, qui paraît immobile et placée au pôle du monde. Il a dit plus haut que c'était la queue de la petite Ourse. Si toutes les étoiles sont errantes, il faut que celle-ci change de place. Il faut donc que ce soit le monde qui tourne et non les étoiles : c'est pourquoi nous montrons que le monde tourne avec les étoiles, et non pas les étoiles par elles-mêmes.

Nous pourrions appeler la nuit une éclipse de Soleil. La nuit vient d'abord, le jour ensuite. Les points de lever du Soleil changent, les jours sont donc inégaux. On ne voit pas les étoiles pendant le jour, soit que le Soleil empêche leur lumière de venir jusqu'à nous, soit que son trop grand éclat les efface; ce qui est plus vraisemblable. Le Soleil efface par sa lumière, tout ce qui est dans le signe qu'il occupe.

Si la Lune avait une lumière propre, nous pourrions nous passer du Soleil. Nous aurions la Lune qui reçoit sa lumière de telle sorte qu'elle nous éclaire quand le Soleil est couché; mais non pas de manière à remplir de lumière un lieu plus resserré.

Après ce beau raisonnement, il parle des intervalles entre les étoiles. De la Lune à Mercure, il y a un ton; le mois suivant, il est 1/2 plus loin. De Mercure à Vénus, il y a un demi-ton. Elle passe à un autre signe en 30 jours. Au cercle du Soleil, autre demi-ton; au-dessus du Soleil, Mars est à un demi-ton; Jupiter est d'un demi-ton au-dessus; Saturne d'un ton plus haut encore. De Saturne aux étoiles, il y a un ton et demi.

Il annonce qu'il va parler des intercalations; mais le reste de son Livre est perdu. Ce que nous venons d'extraire peut diminuer nos regrets. Il est assez visible qu'Hygin n'avait que des connaissances très-superficielles.

Sénèque.

Le *Traité des Questions naturelles* de Sénèque, a pour objet la science qu'on appelait Μετεωρολογία, qui n'est pas tout-à-fait ce qu'on appelle aujourd'hui du nom de *Météorologie;* c'était en général la science de tout ce qui se passe et s'observe dans la partie élevée de notre atmosphère. Nous avons vu que Cléomède nomme *Théorie cyclique des météores*, une espèce d'introduction à l'Astronomie. Le mot *cyclique* indiquait qu'il voulait traiter particulièrement des mouvemens qui s'accomplissent dans des cercles, ce qui promettait un peu plus de Géométrie que n'en annonce le titre choisi par Sénèque. Son objet est de rechercher ce qui se passe dans le ciel, *quid agatur in cœlo*. On sent que son Livre doit contenir beaucoup de discussions qui n'entrent pas dans notre plan. Nous nous bornerons à ce qui a quelques rapports à l'Astronomie. Il commence par les feux qu'on voit quelquefois traverser l'air obliquement. A leur vitesse, on voit qu'ils ne vont pas, mais qu'ils sont lancés, *non ire sed projici*. Aristote a donné le nom de *Chèvre* à un globe de feu; tel fut celui qui parut dans la guerre contre Persée, et qui *égalait la grandeur de la Lune*. Nous avons vu nous-mêmes plus d'une fois une flamme qui avait la figure d'un grand globe, *ingentis pilæ*, et qui s'évanouissait dans sa course. Nous avons vu un prodige pareil au tems de la mort d'Auguste, à la chute de Séjan, à la mort de Germanicus. Il attribue ces phénomènes à un air froissé par le choc de ses différentes parties. Si le choc est violent, il en résulte des *poutres*, des *globes*, des *flambeaux*, de *la chaleur;* s'il est moindre, on voit de moindres lumières et des astres à longue chevelure.

Les astres ne sont pas tous d'une même couleur; la rougeur de la canicule est plus vive, celle de Mars beaucoup moins ; Jupiter est d'une lumière pure et blanche. C'est une sottise de croire que les étoiles tombent ou s'élancent d'un lieu dans un autre, qu'elles perdent une partie de leur substance, *aliquid illis auferri et abradi* ; car si cela était possible, elles n'existeraient déjà plus, car il n'y a pas de nuit où l'on n'aperçoive quelque chose de semblable. Tous ces météores prennent naissance dans une région moins haute, et ne sont pas de nature à durer long-tems. On en verrait aussi le jour, si la lumière du Soleil ne les effaçait comme elle efface celle des étoiles.

Le jour où Auguste rentra à Rome, en revenant d'Apollonie, on vit autour du Soleil un cercle aux couleurs de l'arc-en-ciel : les Grecs l'appellent *halos*, *aire* ou *cercle;* nous pourrions le nommer *couronne*. La lumière du Soleil et de la Lune, ou d'un astre quelconque, en frappant l'air, y doit produire des ondes, comme une pierre en produit en tombant dans l'eau. Ces ondes sont de forme ronde, parce que *toute lumière est ronde*. (Il n'a pas réfléchi que dans l'eau la forme des ondes ne dépend pas de celle de la pierre.) Ce cercle qui paraît entourer le Soleil, n'est pas dans la même région, il est beaucoup plus voisin de la Terre ; il ne peut exister autour des astres qui ne sont entourés que d'un *éther* bien moins dense.

Les arcs-en-ciel sont produits par la Lune bien plus rarement que par le Soleil, parce que la Lune a une lumière bien moins forte. Quelques-uns ont voulu expliquer l'arc-en-ciel par les gouttes de pluie qui réfléchissent l'image du Soleil. Si notre vue rencontre un air épais, elle revient sur nous, *ab aëre spisso visus noster in nos redit*. Il y a une maladie qui fait qu'on croit se rencontrer soi-même, et qu'on voit partout son image. On voit que Sénèque avait sur la vision les mêmes idées qu'Euclide et Cléomède.

Rationes quæ non persuadent sed cogunt à geometris afferuntur.

Certains miroirs déforment les images, un globe rempli d'eau grossit les objets qu'on voit à travers.

Quand nous voulons observer une éclipse de Soleil, nous prenons des bassins que nous remplissons d'huile ou de poix, parce qu'un liquide épais est moins facilement dérangé, et conserve les images qu'il reçoit. (On peut soupçonner que plus anciennement on employait l'eau.)

Il se fait quelquefois dans le ciel des ouvertures par lesquelles on aperçoit la flamme qui en occupe le fond, *sunt chasmata, cùm aliquando cœli spatium discedit et flammam dehiscens velut in abdito ostentat.*

Il y a plusieurs espèces de comètes ; les barbues, les flambeaux, celles qui ont la forme d'un cyprès, et bien d'autres ; *pogoniæ, lampades et cyparissiæ, et alia omnia.* Les poutres et les tonneaux sont plus rares ; on doute si ce sont véritablement des comètes.

A la fin du premier Livre, on trouve l'histoire d'un certain Hostius qui tirait un singulier parti des miroirs qui grossissent les images. Ce morceau est curieux, en ce qu'il donne une idée de la licence des mœurs d'une nation à laquelle un philosophe, dans un ouvrage sérieux, croit pouvoir offrir de pareilles images.

Le second Livre traite d'abord de l'air qui est une partie nécessaire du monde, qui sépare en les unissant les parties hautes et basses, qui envoie en haut ce qu'il a reçu de la Terre, et transmet à la Terre les émanations des astres. L'air est froid de sa nature, le Soleil en fait varier la température selon les diverses saisons. Après le Soleil, c'est la Lune qui produit les effets les plus sensibles. Mais les autres étoiles, même par leur lever et leur coucher contraire, y apportent tantôt le froid, tantôt la pluie et autres variations nuisibles à la Terre. (Ainsi parmi quelques idées saines on trouve beaucoup de mauvaise physique.) Le feu, dit Sénèque, le feu pur est placé à la garde du monde, il en occupe la circonférence, il en fait le contour, il ne peut changer cette place, il n'en peut être chassé. L'air poussé par une grande rapidité, peut produire du feu comme il produit du son. Le feu, de sa nature, monte comme l'eau descend. Posidonius rapporte qu'une île s'étant formée dans la mer Egée, la mer était écumante et il s'en élevait de la fumée. La même chose est arrivée de notre tems, sous le consulat de Valérius l'Asiatique.

Les Chaldéens ont déterminé, par observation, la puissance et les effets des cinq planètes. Croiriez-vous que tant de milliers d'étoiles soient oiseuses et sans aucune vertu ; et si l'Astrologie se trouve en erreur quelquefois, cela ne viendrait-il pas de ce qu'elle ne tient compte que d'un petit nombre d'étoiles, lorsque tant d'autres agissent conjointement ? Le reste du Livre est consacré au tonnerre, à la cause qui le produit et à l'explication de ses différens effets.

Le troisième Livre traite des eaux. On y voit qu'un grand déluge doit un jour inonder une grande partie de la Terre ; il examine comment ce déluge pourra se former. Bérose, interprète de Bélus, a assigné les tems du déluge et de la conflagration universelle. La Terre brûlera quand toutes les planètes seront réunies dans le Cancer ; elle sera inondée, quand elles seront toutes en conjonction dans le Capricorne.

Dans le Livre IV, il est question de la neige, de la grêle et de la pluie. On y trouve une longue description des inondations du Nil, et un exemple singulier de superstition ; des χαλαζοφύλακες, officiers publics chargés d'annoncer la grêle ; sur leur parole, chacun faisait un sacrifice selon ses moyens. Dès que la nuée avait goûté du sang de la victime, elle se détournait. Ceux qui n'avaient pas le moyen de payer une victime, se piquaient le doigt avec une plume ou stilet fort aigu, et se préservaient ainsi du danger.

Quelques-uns ont dit que les montagnes doivent être plus chaudes que les plaines, parce qu'elles sont plus élevées. Les neiges perpétuelles des montagnes les plus hautes, prouvent la fausseté de cette opinion. Il n'y a rien de haut sur la Terre quand on compare cette hauteur à la distance des astres. Un ballon à jouer est sensiblement rond malgré ses coutures.

Le Livre V parle des vents et des mouvemens de l'air. On lit à l'occasion des vents, que le ciel est divisé par cinq cercles qui passent par les points cardinaux ; le septentrional (l'arctique), les solsticiaux, l'équinoxial et le brumal (ou antarctique), opposé au septentrional.

L'horizon ou le *finiteur* sépare le monde en deux parties, l'une visible et l'autre invisible. Le méridien coupe l'horizon à angles droits. Il y a d'autres cercles qui coupent obliquement les premiers.

L'horizon coupe les cinq cercles parallèles, ce qui produit dix intersections, cinq au levant, cinq au couchant. Ajoutez les deux intersections du méridien. Le nombre entier sera de douze ; ainsi il y a douze vents.

Le Livre VI a pour titre, *des Tremblemens de Terre*. Les éclipses de Soleil et celles de Lune, quoique plus fréquentes, sont des objets de terreur. Les comètes de toute espèce, les étoiles vues de jour, sont encore plus effrayantes. Il importe donc d'en étudier la nature pour dissiper ces terreurs. Vient ensuite cette phrase : *Nero Cæsar ut aliarum virtutum, ita veritatis inprimis amantissimus*, qui nous doit paraître bien étrange, et qui a dû toujours être une flatterie un peu maladroite.

En hiver le dessus de la terre est froid, les puits sont chauds ainsi que les cavernes et tous les souterrains, parce que la chaleur s'y est réfugiée pour céder la place au froid.

Le ciel tout entier, l'éther igné qui l'entoure, toutes ces étoiles qu'on ne peut compter, ce Soleil qui décrit un cercle bien plus voisin de nous, mais bien plus grand que le tour de la Terre, tirent de la Terre leur nourriture et se la partagent.

La Terre est d'une substance assez rare et qui a beaucoup de vide.

Le septième et dernier Livre parle des comètes. Les choses les plus grandes et les plus admirables cessent d'attirer l'attention quand elles reviennent habituellement; les plus petites nous frappent si elles sont extraordinaires. Le peuple ne daigne pas regarder les mouvemens réguliers du ciel; on ne regarde le Soleil et la Lune que dans leurs éclipses. Mais si l'on aperçoit un feu d'une figure inaccoutumée, tout le monde veut savoir ce qu'il est. On oublie tous les autres pour s'informer de celui qui ne fait qu'arriver. Est-ce un astre, est-ce un prodige ? Ne serait-il pas plus grand et plus utile de chercher quelle peut être la nature des astres qu'on voit tous les jours ? Sont-ils une flamme condensée, sont-ils des corps solides qui nous réfléchissent une lumière empruntée ? Ce dernier sentiment a été celui de plusieurs grands hommes qui ont pensé que si les astres n'étaient d'une matière solide, ils se seraient dissipés depuis long-tems. Il sera donc utile de chercher si les comètes sont de même nature que les autres astres. Elles ont de commun avec eux les levers et les couchers, et jusqu'à un certain point, la figure. Si tous les astres sont de la même nature que la Terre, il pourra en être de même des comètes. Si elles sont purement de feu, comme on les voit durer six mois, on pourra penser que les autres astres pourront être aussi d'une matière assez ténue, et qui cependant pourra résister à la rapidité du mouvement commun. Il importe aussi d'examiner si la Terre est immobile au centre du monde, ou si le ciel étant immobile, la Terre tourne sur elle-même. Des auteurs ont dit que la Terre nous entraîne sans que nous en sachions rien, et que c'est notre mouvement qui produit les levers et les couchers apparens des astres. C'est un objet bien digne de nos contemplations que de savoir si nous avons une demeure paresseuse, ou si au contraire elle est douée d'une excessive vitesse; si Dieu fait tout tourner autour de nous, ou s'il nous fait tourner nous-mêmes. (Copernic a résolu ce problème.)

Pour ce qui regarde les comètes, il faudrait une longue collection de leurs anciennes apparitions; mais la rareté des observations fait qu'on n'a pu reconnaître encore si elles ont un cours régulier et qui les ramène à des intervalles déterminés. C'est un genre nouveau d'observation qui a été depuis peu de tems apporté chez les Grecs. Démocrite, l'un des philosophes les plus subtils de l'antiquité, soupçonnait que le nombre des planètes était plus considérable qu'on ne croit; mais il n'a donné ni le nombre, ni les noms de ces astres inconnus; ce qui surprendra peu, puisqu'on connaît si mal la marche des cinq planètes qu'on a observées si long-tems. Eudoxe a apporté d'Egypte tout ce qu'on en sait (et c'était bien peu de chose); mais il ne dit rien des comètes; d'où il paraît résulter que les Egyptiens qui ont examiné le ciel avec un soin particulier, n'avaient fait aucun travail dans cette partie.

Conon, autre observateur attentif, avait ramassé chez les Egyptiens quelques éclipses de Soleil (elles sont perdues), et n'a fait aucune mention des comètes, qu'il n'eût pas omises s'il eût trouvé chez les Egyptiens quelques connaissances certaines dans cette partie de l'Astronomie.

Epigène et Apollonius de Myndes, qui se vantent d'avoir étudié chez les Chaldéens, sont d'avis opposés; car l'un dit que les Chaldéens placent les comètes au nombre des planètes, et qu'ils en connaissent les périodes. Epigène, au contraire, dit que les Chaldéens n'ont aucune idée de cette théorie, et qu'ils croient les comètes engendrées par des tourbillons d'air agité.

Il réfute Epigène par des raisons que nous croyons inutile de rapporter. Nous dirons seulement qu'il place les comètes parmi les astres dans une région où ni vent ni tourbillon ne peut parvenir. Que les comètes ont, ainsi que les planètes, un mouvement doux et continu et qui ne ressemble en rien à celui d'un corps entraîné par le vent.

Ce n'est pas seulement dans le zodiaque ou dans une certaine partie du ciel qu'on aperçoit les comètes; on en voit partout et surtout au septentrion (ce qui est assez probable, car c'est là qu'elles peuvent être plus long-tems aperçues, parce que leur arc semi-diurne est plus grand). Ce n'est qu'à de longs intervalles qu'on voit des comètes; il est d'autant plus difficile d'en comparer les formes, que pendant leur apparition même, on ne convient pas généralement de cette forme.

Les comètes ne sont pas produites, comme l'ont dit quelques auteurs, par la réunion de plusieurs étoiles qui, par cette réunion, forment une figure plus ou moins allongée. En effet, quand on aperçoit une comète, on voit tous les astres connus à leur place accoutumée; on voit quelquefois les planètes en conjonction, et jamais elles n'ont semblé former un astre plus long; d'ailleurs cette conjonction de deux planètes ne saurait être de longue durée.

Artémidore prétendait que les planètes étaient innombrables, quoiqu'on n'en eût observé que cinq, et que c'étaient les autres qui pouvaient ainsi se réunir en forme de comète. Sénèque répond que c'est là un mensonge impudent, et que ce n'est pas le seul que se soit permis cet auteur, qui prétend que la voûte sphérique du monde est solide; qu'au-delà de cette voûte est placé le feu; mais que dans cette voûte solide, il y a quelques fissures ou fenêtres par lesquelles le feu peut pénétrer dans l'intérieur; que de même elles donnent passage du dedans au-dehors. Quand une partie nouvelle de feu nous apparaît, c'est qu'elle a pénétré par une de ces fissures. Sénèque croit qu'il est tout-à-fait inutile de s'abaisser à réfuter de pareils argumens. D'ailleurs qu'est-ce qui soutiendrait cette voûte? Dira-t-on qu'elle tombe toujours, comme on l'a dit, de la Terre, et qu'elle tombera ainsi à l'infini, sans que nous puissions nous en apercevoir. Sur quelles preuves peut-on affirmer l'existence de ces planètes innombrables, et comment se ferait-il qu'on n'en eût jamais observé aucune?

Après la mort de Démétrius, roi de Syrie, père d'un autre Démétrius et d'Antiochus, peu avant la guerre d'Achaïe, on vit une comète grande comme le Soleil. Elle était d'abord d'un rouge enflammé, et sa lumière dissipait les ombres de la nuit. Peu à peu on en vit diminuer la grandeur et l'éclat; elle disparut enfin. Combien d'étoiles ne faudrait-il pas pour former une pareille comète? mille y suffiraient à peine.

Sous le règne d'Attale, on vit une comète, médiocre d'abord; elle s'éleva, s'étendit de manière à toucher l'équinoxial et égaler la grandeur de la voie Lactée.

La comète qui parut au tems où les villes d'Hélice et de Buris furent englouties, se sépara, dit-on, en deux; mais un seul auteur rapporte ce fait, et il ne dit pas quelles étaient les étoiles qui s'étaient réunies pour former la comète, ni comment elles se sont séparées.

Apollonius le Myndien pense, au contraire, que les comètes sont des corps tels que ceux des planètes, à la réserve que toutes ne sont pas rondes, que leurs orbites sont allongées et visibles seulement dans une partie de leur course. Ne croyons pourtant pas que la comète, vue du tems de Claude, ou celle qui avait paru du tems d'Auguste, ou enfin que celle qui parut sous Néron, et *qui rétablit un peu la réputation des comètes*, fût la même que celle qui s'était montrée après la mort de César, et se levait vers la onzième heure du jour. Les comètes sont en grand nombre; elles diffèrent de grandeur et de couleur : les unes sont rouges sans aucune lumière ; les autres blanches , et leur lumière est pure et liquide. Les autres paraissent de flamme mêlée de fumée. Les unes ont une couleur de sang et de mauvais présage ; celles-ci diminuent, celles-ci augmentent progressivement, comme les planètes qui s'éloignent ou se rapprochent de la Terre, mais plus ordinairement c'est le jour qu'elles paraissent pour la première fois qu'elles sont les plus grandes ; et cependant elles devraient croître ou diminuer , selon qu'elles s'approchent ou s'éloignent. Le fait qu'avance ici Sénèque n'est rien moins que vrai ; mais il pouvait le croire , parce que personne alors ne s'occupant à chercher les comètes , on ne les apercevait que par hasard , et quand elles étaient grandes. *Si les comètes étaient une espèce de planètes , elles se mouvraient dans le zodiaque.* (Il réfutera plus loin cette objection.) Jamais on ne voit le ciel ou une autre étoile à travers une étoile ; *on en voit à travers la comète comme à travers un nuage.* Il en résulterait qu'elles sont des espèces de nuages.

Zénon croyait qu'il n'y a pas de comètes , mais seulement des étoiles réunies qui en ont l'apparence. D'autres disent qu'elles existent par elles-mêmes , que leur course est réglée , et qu'à certains intervalles elles disparaissent. D'autres , enfin , qu'elles existent réellement , mais pour un tems , après lequel elles se dissipent ; et qu'ainsi on ne peut les nommer *des astres ; c'est le sentiment le plus répandu parmi nous.* Posidonius a parlé de colonnes , de boucliers enflammés , et d'autres figures également singulières.

Plusieurs comètes nous échappent , parce que la lumière du Soleil nous empêche de les voir. Posidonius en a vu se dégager des rayons du Soleil ; on en aperçut près de l'occident quand le Soleil fut couché. On croit parmi nous que les comètes se forment dans un air épais , et voilà pourquoi elles sont plus fréquemment vers le septentrion. Mais en ce cas , pourquoi la comète s'avance-t-elle au lieu d'être station-naire ; c'est , dit-il , *qu'elle suit sa nourriture.* Pourquoi la voit-on pen-dant plusieurs mois de suite ? Celle qui a paru sous le *règne heureux* de Néron , a été visible six mois , et son cours était contraire à celui de la comète du tems de Claude. Celle-là partait du septentrion , et après s'être élevée , elle redescendait vers l'orient. Toujours obscure de plus en plus , celle-ci s'éleva de même, mais elle tendait vers l'occident ; d'où , par un détour , elle arriva au méridien où elle disparut. Elles sont donc attirées par la matière qui leur est propre , et elles n'ont pas de route tracée.

Il n'en est pas de même pour les planètes qui vont toutes d'*orient en occident.*

Je ne suis donc pas de l'avis de nos philosophes; je crois que les comètes existent de tout tems, comme les ouvrages éternels de la nature. Si les comètes *suivaient leur aliment*, elles descendraient toujours, car l'air est d'autant plus épais qu'il est plus voisin de la Terre. Or jamais une comète n'est arrivée à terre.

Il est de la nature d'un astre de décrire un cercle. Est-ce là ce que font les comètes? Je n'en sais rien; mais les deux de notre tems l'ont fait. Les comètes ont leur place marquée, elles suivent leur chemin, elles ne s'éloignent pas, mais elles échappent à nos regards; mais si elles sont des planètes, pourquoi ne suivent-elles pas le zodiaque? *Qui donc a posé ces bornes aux planètes, qui peut renfermer dans des bornes étroites des choses divines?* Pourquoi n'auraient-elles pas des orbites plus écartées, pourquoi toutes les parties du ciel ne leur seraient-elles pas également accessibles? N'est-il pas plus grand de tracer des orbites dans toutes les parties du ciel, que de les borner à une seule zône? de faire mouvoir une multitude de planètes, que de les réduire à cinq, et condamner tout le reste à l'immobilité? Mais, me dira-t-on, si les planètes sont en si grand nombre, pourquoi n'en est-il que cinq dont on connaisse les révolutions? Je répondrai qu'il y a plusieurs choses que nous admettons comme très-probables, quoique nous n'en puissions pas démontrer l'existence. Nous croyons que nous avons une ame, et nous ne pouvons dire ni ce qu'elle est, ni où elle réside. Comment veut-on que notre esprit connaisse tout, quand il ne se connaît pas lui-même? On ne voit que rarement les comètes, et leurs révolutions sont très-longues; on ne peut donc bien connaître ces révolutions. Il n'y a pas encore 1500 ans que la Grèce a donné des noms aux étoiles; combien de nations ne connaissent encore le ciel que de vue, qui ne savent pas encore ce qui cause les éclipses de Lune? Même parmi nous cette connaissance n'est pas ancienne; il viendra un tems où ce qui est maintenant caché sera mis au jour; il viendra un tems où notre postérité s'étonnera que nous ayons pu ignorer des choses si faciles. Ces cinq planètes qui se présentent sans cesse à nous, qui se rapprochent et s'éloignent l'une de l'autre, excitent notre curiosité; nous avons appris tout nouvellement à connaître leurs levers, leurs couchers du soir et du matin, leurs mouvemens directs et rétrogrades. Il s'est trouvé des hommes qui nous ont dit : *vous êtes dans l'erreur*, si vous imaginez qu'un astre puisse s'arrêter ou retourner sur ses pas. Cela est interdit aux corps célestes. Tous vont en avant dans le sens où ils ont été lancés. Cette œuvre éternelle a des mouvemens qui ne peuvent changer. Si ces mouvemens s'arrêtaient, il arriverait des choses contraires que l'égalité actuelle prévient; mais en ce cas pourquoi paraissent-ils rétrograder? La rencontre du Soleil produit ces apparences de lenteur; c'est un effet de la position des différens cercles. Il faut qu'à certains tems ces illusions se produisent. Ainsi des vaisseaux voguant à pleines voiles paraissent stationnaires. Il viendra quelqu'un qui nous apprendra quelle est la route de chaque comète; pourquoi elles s'écartent autant des planètes; quelle est leur grandeur et leur nombre. Contentons-nous de ce qui est trouvé, nos descendans ajouteront aux vérités qui nous sont connues. On ne voit point à travers les étoiles, et l'on voit à travers les comètes. Si le fait est vrai, *ce n'est point à travers le corps même de la comète que l'on voit, mais à travers les rayons qui l'entourent et à travers sa chevelure.* Les étoiles sont rondes et les comètes ne le sont pas. Et qui vous accordera que les comètes sont longues? Elles sont sphériques; c'est l'éclat qui les entoure qui prend une forme allongée. Mais pour quelle raison, me demanderez-vous? Commencez donc par nous dire pourquoi la Lune, qui emprunte sa lumière du Soleil, nous la rend si différente? Pourquoi est-elle tantôt rouge et tantôt pâle, d'où vient cette couleur livide et noire, lorsqu'elle est privée des rayons solaires? Pourquoi toutes les étoiles, si différentes entr'elles, sont-elles encore plus différentes du Soleil? Malgré ces différences, ce sont des astres; les comètes peuvent de même être des astres, malgré toutes les différences de figure qu'on y observe. Pourquoi le Soleil nous brûle-t-il dans le Lion, et fait-il geler les fleuves dans le Verseau? c'est pourtant toujours le même Soleil. *Aries* se lève en un tems très-court, la Balance dans un tems beaucoup plus long. (On voit que Sénèque ne savait pas la Trigonométrie sphérique, et qu'il n'avait pas même lu Théodose.) Vous dites que les comètes ne sont pas des étoiles, parce qu'elles n'ont pas la même forme, voyez quelle différence il y a entre l'étoile qui fait le tour du ciel en trente ans, et celle qui le fait en un an. La nature se plaît dans la variété.

Aristote a dit que les comètes annonçaient les tempêtes, les vents et les pluies. *Vous voulez refuser le nom d'astre à un corps qui annonce l'avenir,* et qui l'annonce, non comme ces présages rapportés par Virgile, mais comme l'équinoxe nous annonce la chaleur ou le froid, et comme ces étoiles qui, selon les Chaldéens annoncent le sort des enfans qui naissent. (On est fâché de trouver ce paragraphe après celui qu'on vient de lire.) Au reste, si les comètes annoncent les vents, ce n'est pas pour les jours qui suivent immédiatement, mais pour l'année, suivant l'opinion d'Aristote. Ainsi la comète qui parut sous le consulat de Paterculus et Vopiscus annonçait les tempêtes excessives et continuelles qu'on sentit en Achaïe et en Macédoine; elle annonçait les tremblemens de terre qui détruisirent plusieurs villes.

La lenteur de leurs mouvemens indique qu'elles sont d'une matière pesante et terrestre. Leurs courses se dirigent principalement vers les points cardinaux.

Ces deux assertions sont également fausses, dit Sénèque. Comment Saturne, dont la course est la plus lente, sera donc d'une matière plus pesante; mais on pourrait dire également qu'il est plus léger, car il est plus haut; il ne va pas plus lentement, mais il a plus de chemin, parce que son cercle est plus grand; à la bonne heure, mais j'en puis dire autant des comètes. Mais il est faux qu'elles aillent plus lentement; car en six mois l'une de nos deux comètes a parcouru la moitié du ciel; la première n'avait pas été visible si long-tems; est-ce leur pesanteur qui les fait descendre? non : rien de ce qui circule ne descend. L'une, partie du septentrion, alla par l'occident au midi, et disparut; l'autre, celle du tems de Claude, partie du septentrion, ne cessa de s'élever jusqu'à sa disparition. Voilà tout ce que je puis dire sur les comètes; tout cela est-il vrai? Les dieux le savent, eux seuls connaissent la vérité; quant à nous, nous ne pouvons que faire à l'aveugle des conjectures, sans avoir la certitude ou même l'espérance de rencontrer juste.

C'est à Panætius et à ceux qui veulent que les comètes ne soient pas des astres ordinaires, à chercher si toutes les saisons de l'année sont également propres à produire des comètes; si elles se montrent également dans toutes les parties du ciel. Combien de choses sont hors de la portée de l'intelligence humaine, et combien est petite la partie de la création qui est accessible à nos regards! Le créateur lui-même, qui conduit tous les mouvemens, nous est-il plus connu? Dieu nous est caché, et nous nous étonnons d'ignorer quelques petits feux qui sont hors de notre vue dans un coin du monde.

On voit par cet extrait, que de tous les philosophes qui ont raisonné sur le système du monde, sans être véritablement astronomes,

aucun ne l'a fait d'une manière plus saine et plus sensée. Il manquait
sans doute de connaissances positives ; on trouve dans ses explications
beaucoup de dogmes surannés de la Physique de son tems ; il n'a guère
fait que rassembler des idées qui avaient été émises avant lui, mais il
les a mises dans un meilleur ordre, il les a mieux enchaînées ; et
dans une matière purement conjecturale à l'époque où il vivait, il est
celui qui a fait les conjectures les plus heureuses. Nous n'en dirons pas
autant de l'auteur qui va suivre.

Pline.

Le second Livre de son Histoire naturelle est consacré spécialement
à l'Astronomie. Nous n'y trouverons que quelques faits ou quelques
raisonnemens qu'il aura puisés dans des ouvrages aujourd'hui perdus ;
car Pline n'était ni astronome, ni géomètre.

Le premier fait est l'éclipse de Lune annoncée par Sulpitius Gallus,
la veille du jour où Persée fut vaincu par Paul Emile. Sulpitius avait
composé un Livre à l'occasion de cette éclipse. Cet ouvrage serait aujourd'hui fort curieux ; il est perdu sans doute, et depuis fort long-tems,
car Pline est le seul qui en ait fait mention.

Le second est l'éclipse prédite par Thalès, l'an IV de la 48ᵉ olympiade. Il rapporte cette éclipse à l'an 170 de la fondation de Rome, et
au règne d'Halyatte.

Après lui Hipparque prédit la marche des deux astres pour 600 ans.
*Post hos utriusque sideris cursum in sexcentos annos praevinuit Hippar-
chus, menses gentium diesque et horas ac situs locorum et visus populo-
rum complexus, aevo teste, haud alio modo quam consiliorum naturae
particeps.* L'éloge est magnifique, mais cette emphase ôte au style toute
clarté, toute précision. Il est impossible de s'assurer de ce que Pline
a voulu dire ; on ne sait pas même s'il s'entendait bien. Hipparque
a-t-il fait des éphémérides des mouvemens et des éclipses du Soleil et
de Lune pour 600 ans, a-t-indiqué le jour et le lieu des phénomènes ?
Cela paraît difficile ; le calcul serait immense et, qui pis est, incertain. Hipparque était trop sage pour faire cet emploi de son tems et
hasarder ainsi sa réputation, qui aurait infailliblement été compromise
par un nombre de fausses annonces. Avait-il des Tables qu'il pût croire
exactes pour 600 ans ? Il n'en pouvait guère répondre pour un si long
tems, surtout pour les éclipses de Soleil qui dépendent de la parallaxe.

Avait-il calculé les éclipses pour tous les climats, pour les villes principales? Il lui aurait fallu une Géographie de tous ces pays, telle que les Modernes l'ont à peine. Ce passage ne dit donc rien pour avoir voulu trop dire. Le traducteur est plaisant, quand il dit que ces Tables étaient en vers, à cause du mot *præcinuit*. Ce que Pline trouve de plus merveilleux dans les éclipses de Lune, c'est que tantôt elles se voient à l'orient et tantôt à l'occident, c'est-à-dire à l'horizon en présence du Soleil. Mais remarquez que, selon sa coutume, Pline s'exprime d'une manière peu intelligible, parce qu'elle est vague. Il n'y a que les derniers mots de la phrase qui déterminent l'acception des premiers. Nous avons parlé de ce phénomène à l'article de Cléomède. Pline dit ici que la chose est arrivée une fois, et il n'en donne pas l'époque. Il ajoute qu'en quinze jours, sous Vespasien, on a observé une éclipse de Lune et une de Soleil, et c'est ce qui arrive assez souvent. Remarquez encore son expression, *on cherchait l'un et l'autre de ces astres*, pour dire il était éclipsé, expression qui a plus de prétention que de justesse; car il arrive bien rarement qu'on ait à chercher la Lune, qui reste ordinairement bien visible, quoiqu'éclipsée, et l'on ne cherche pas le Soleil, même dans une éclipse totale, qui d'ailleurs dure si peu.

Pline ajoute qu'à dater du second jour, la Lune ajoute *dodrantes semuncias horarum* au tems qu'elle nous a lui, et cela chaque jour jusqu'à la pleine Lune, et qu'elle en retranche ensuite des quantités égales, ce qui doit éprouver bien des variations, selon les climats et les lieux de l'écliptique où se fait la conjonction; qu'elle ne se dégage des rayons solaires qu'à 14° de distance, ce qui prouve que les étoiles sont plus grandes que la Lune, puisqu'elles se dégagent à 7° de distance. Cela prouverait une lumière plus vive et non un diamètre plus grand. D'ailleurs les étoiles se dégagent à 7° (ce qui même n'est pas bien sûr), mais c'est quand le Soleil est sous l'horizon, au lieu que c'est en présence du Soleil, ou du moins tout aussitôt après le coucher, qu'on peut apercevoir la Lune quand la distance angulaire est de 14°.

Les étoiles sont au ciel pendant le jour, on les aperçoit pendant une éclipse de Soleil, ou du fond d'un puits. Je ne sais si l'on a jamais fait l'expérience du puits, et le nombre des étoiles qu'on aperçoit pendant une éclipse de Soleil, se borne à celui de quelques étoiles de première grandeur, et à quelques planètes; pour cela même il faut que l'éclipse soit totale et non annulaire. Au reste, je ne puis en parler que sur le témoignage d'autrui, car je n'ai jamais vu d'éclipse totale. Pline ne dit pas qu'il en ait observé.

Les planètes sont perdues dans les rayons du Soleil, quand elles sont en conjonction, et ne s'en dégagent que quand elles en sont éloignées d'un arc qui ne peut passer 11°. *Elles sont régies par le contact de ses rayons, radiorum ejus contactu reguntur.* Des commentateurs prétendent qu'il faut lire *teguntur*, *elles sont cachées.* Pline ne peut se résoudre à parler le langage des astronomes; il traduit comme il peut, en style poétique, ce qu'il n'entend pas toujours très-bien.

A 120° de distance elles deviennent stationnaires le matin; quand elles sont à 180°, elles se lèvent le soir. (Ce dernier point est à peu près vrai de toutes les planètes, et le serait exactement sans la différence de déclinaison; l'autre est variable pour chaque planète.) De l'autre côté, quand elles se retrouvent à 120°, elles font leurs stations du soir. Même remarque.

Mars, dès 80° (ou 90°) sent les rayons du Soleil, *ex quadrato* (toujours le style de Pline au lieu de celui de la chose), et ce mouvement s'est appelé second et premier nonagénaire depuis l'un et l'autre lever. Je ne chercherai pas ce qu'il veut dire; je n'ai rien lu, ni chez les Grecs, ni chez les Latins, à quoi puisse s'appliquer ce passage. Pour éclaircir l'obscurité et sentir la fausseté de toutes ces règles pour les stations, les apparitions et les disparitions, il faudrait faire des calculs que l'objet ne mérite pas. Ce chapitre est tout entier du galimathias double. Pline appelle apsides les cercles des planètes; chaque planète a le sien, qui n'est pas celui du monde. L'abside de chaque planète s'élève de son propre centre. Les planètes ont donc des orbes différens et des mouvemens différens, car les absides intérieures sont nécessairement les plus courtes.

L'apside la plus haute de Saturne est dans le Scorpion; celle de Jupiter dans la Vierge; celle de Mars dans le Lion; celle du Soleil dans les Gémeaux; celle de Vénus dans le Sagittaire; celle de Mercure dans le Capricorne. Toutes ces apsides les plus hautes sont dans le milieu des signes indiqués. Voyez les Tables nouvelles ou les Traités nouveaux. Le traducteur (Poinsinet de Sivry), au lieu de citer Halley ou Lalande, aime mieux recourir à Riccioli, sans doute dans l'espérance de trouver l'erreur moindre. Voyez ci-après Ptolémée. Toutes ces dénominations étaient assez incertaines, même après les travaux d'Hipparque. Au reste, c'est peut-être à Hipparque lui-même que Pline les a empruntées. L'apside la plus haute est l'apogée.

Pline parle ensuite des épicycles, sans les nommer, de manière qu'un littérateur est bien sûr de ne pas entendre un mot de ce qu'il a voulu dire, et qu'à chaque ligne un astronome est obligé de deviner une énigme. Il parle ensuite des latitudes en termes encore plus extraordinaires, ce qui n'empêche pas d'apercevoir des bévues singulières qui prouvent que Pline ne comprenait pas ce qu'il se donne tant de peine à défigurer. Ajoutez à cela la mauvaise Physique du tems, et vous aurez l'idée de ce qu'on peut écrire de plus inintelligible sur une science.

Le chapitre XVII renferme les notions communes à toutes les planètes. Pline se demande pourquoi Vénus ne s'éloigne jamais du Soleil de plus que de 46°, et Mercure de 23, et que, parvenues à cette élongation, elles commencent à s'en rapprocher. La question est sensée, et la raison qu'en apporte Pline, c'est que, *conversas utræque habent absidas, ut infra Solem sitæ, tantùmque circuli earum subter est quantùm supernè prædictarum; et ideò, non possunt abesse ampliùs, quoniam curvatura absidum ibi non habet amplitudinem majorem.* Pour traduire ce passage, qui n'est pas sans difficulté, rappelons-nous que Pline appelle *abside* le cercle décrit par la planète. Cela posé :

Pourquoi ces deux planètes se rapprochent-elles du Soleil dès qu'elles sont arrivées à une distance angulaire de 46° ou de 23°? *c'est que leur cercle revient sur lui-même, parce qu'il est situé au-dessous du Soleil ;* il eût été plus juste encore de dire, *parce que leur cercle est situé entre le Soleil et la Terre.* Il est clair en effet que quand elles sont arrivées au point de leur cercle où le rayon visuel est tangent, elles doivent revenir vers le Soleil. L'arc de l'orbite qui, depuis l'apogée jusqu'au point de contingence, allait vers l'orient, commence à se retourner et se diriger vers l'occident : *conversas habent absidas, leur cercle est retourné. Tantùmque circuli earum subter est quantùm supernè prædictarum,* et qu'elles ont au-dessous du Soleil la partie de l'orbite que les autres ont au-dessus. En effet, les planètes supérieures ont au-dessus du Soleil environ la moitié de leur cercle, la moitié qui renferme l'apogée ; mais pour Vénus et Mercure, cette moitié apogée est au-dessous du Soleil ; elles ne peuvent donc pas s'éloigner davantage, parce que leur cercle n'a pas une amplitude plus grande. *Ergo utræque simili ratione modum statuunt absidum suarum margines,* et les bornes qu'elles ne peuvent passer, *margines,* sont déterminées par le rayon de leur cercle. *Modum absidum suarum ac spatia longitudinis latitudinem evagatione pensant.* Ce dernier

passage n'offre pas de sens, et comme il ne fait rien à ce qui précède,
je ne chercherai point à l'expliquer.

Mais pourquoi les élongations ne vont-elles pas toujours à 46 ou 25?
At enim cur non semper ad quadraginta sex, et ad partes viginti tres
perveniunt? Imo verò. Sed ratio canonica (ou canonicos) fallit. La question est très-claire et très-juste; mais que signifie *imo verò?* Il semble qu'il
manque ici quelques mots, ou qu'il faut mettre des points; l'auteur
s'interrompt pour dire que les auteurs des Tables n'en ont pas trouvé
la vraie raison, et cela est juste. La raison, c'est que les rayons vecteurs
sont variables, que les orbites ne sont pas des cercles, et que le Soleil
n'est pas toujours à la même distance de la Terre; c'est ce que n'ont
pas voulu voir les Anciens. Pline va hasarder ses conjectures pour expliquer l'inégalité des digressions. *Namque apparet absidas quoque earum*
moveri, quòd nunquam transeat Solem. Il paraît que leur cercle a un
mouvement. Voilà une explication bien simple, et ce n'est pas celle de
Ptolémée. Mais que signifient ces mots : *quòd nunquam transeat Solem?*
Parce qu'il ne passe (ou dépasse) *jamais le Soleil,* ou *qui ne passe ja-*
mais le Soleil. Faut-il lire *quæ* et *transeant,* ensorte que les absides
ne passent jamais le Soleil? Il n'en faut pas tant, en effet, pour expliquer l'inégalité de quelques degrés qu'on observe dans les digressions.
Itaque cùm in partem ipsam ejus incidéré margines alterutro latere,
tum et stellæ ad longissima sua intervalla pervenire intelliguntur. Cùm
citrà fuére margines, totidem partibus et ipsæ ociùs redire creduntur, cùm
sit illa semper utrique extremitas summa. Ainsi lorsque les bords de l'orbite tombent de l'un ou de l'autre côté sur une partie du Soleil, sur la
même partie du Soleil, ou sur une partie du Soleil même, alors la digression est la plus grande. Ce passage paraît mal rédigé. Si le centre
du cercle de Vénus ne répond plus au centre du Soleil, si c'est le
bord ou la circonférence qui se trouve sur le Soleil, alors l'élongation
serait de 90 au lieu de 45°; si l'autre bord de l'orbite était sur le Soleil,
l'élongation se réduirait à zéro. Je soupçonne que ce passage est altéré
et qu'il faut entendre que si le centre de l'épicycle est à l'orient du
Soleil, et que Vénus se trouve en même tems à la limite orientale,
alors l'élongation se trouvera augmentée de l'angle entre le centre du
Soleil et le centre de l'orbite. Si le centre est à l'occident et Vénus à
l'orient, l'élongation sera diminuée de ce même angle, et cet angle
aura pour *maximam* la plus grande différence observée entre les élongations. Il est permis de soupçonner que Pline n'entendant pas bien

nettement l'auteur grec qu'il copiait, aura traduit ἐπὶ τὸ αὐτό, *in eamdem partem* par *in partem ipsam*, et qu'il faut entendre que, si le bord de l'orbite et le lieu de Vénus sont vers la même partie du ciel, c'est-à-dire tous deux à l'orient, ou tous deux à l'occident, l'élongation sera augmentée; que s'ils sont vers des parties opposées, elle sera diminuée. Mais dans ce sens même, ce n'est pas le bord, *margo*, mais le centre de l'épicycle qu'il faut faire mouvoir à l'occident ou à l'orient, pour que l'élongation ne soit augmentée ou diminuée que de quelques degrés. Je n'ai vu cette inégalité expliquée de cette manière en aucun auteur grec, l'explication n'est pas plus mauvaise que celle de Ptolémée. Si elle est de Pline, elle prouvera qu'il réfléchissait sur ce qu'il extrayait, ce qui est très-naturel, et qu'il était homme d'esprit, ce qui est hors de doute. Mais son texte, altéré ou non, prouve qu'il n'avait pas une idée bien nette de l'orbite de Vénus, ni de ses dimensions, ni même des inégalités qu'on avait observées dans les digressions. Il ajoute : *Hinc et ratio motuum conversa intelligitur. On se rend ainsi raison du mode renversé du mouvement;* car les planètes supérieures ont les mouvemens les plus rapides au coucher du soir, et celles-ci (les inférieures) ont les mouvemens les plus lents. Les supérieures ont les mouvemens les plus lents quand elles sont plus éloignées de la Terre; les inférieures ont alors les mouvemens les plus rapides. Nous ne le suivrons pas dans tout ce qu'il ajoute sur les mouvemens, sur les latitudes. Nous ne sommes pas bien sûrs qu'il s'entende et soit toujours d'accord avec lui-même; mais s'il s'entendait bien, j'avoue que je ne l'entends guère, et si je pouvais y parvenir à force d'application, je n'en serais pas plus avancé. Je ne me suis arrêté à ce que je viens de commenter, qu'à raison de la nouveauté du système par lequel il explique les inégalités des digressions; mais pour les mouvemens, les distances et les latitudes, si ce qu'il en dit est exact, il doit nous dire ce que nous savons; s'il s'est trompé, nous n'avons aucun intérêt à le redresser.

On a cru voir dans ce passage la preuve qu'il faisait tourner Vénus et Mercure autour du Soleil; je crois y voir qu'il place les deux orbites au-dessous du Soleil; mais quand je me serais trompé, il en résulte toujours que Pline s'est expliqué d'une manière trop obscure; et s'il voulait nous expliquer ce système, il aurait dû faire comme Macrobe, qui n'est pas un homme d'un talent aussi distingué, et qui avait au moins le bon esprit de ne pas couvrir sous des ornemens étrangers ce qu'on ne peut jamais exposer d'une manière trop simple et trop claire. Dans tous les cas, c'est toujours par là qu'il faudrait commencer, et réserver le style pompeux pour faire ensuite mieux valoir ce qu'on aurait d'abord fait entendre parfaitement.

Dans le chapitre XVIII il donne les raisons qui font varier les couleurs des planètes; et quoique ce chapitre ne suppose aucunes connaissances mathématiques, on ne voit pas qu'il soit plus clair ou plus aisé à traduire que les précédens.

Le chapitre XIX ne donne que l'une des causes de l'inégalité des jours.

Pline explique dans le vingtième comment ce sont les trois planètes supérieures qui produisent la foudre; il donne les intervalles des astres. La distance du Soleil à la Lune est 19 fois celle de la Lune à la Terre. Ce sont les nombres d'Aristarque.

Pythagore, à qui Pline accorde beaucoup de sagacité, croyait la distance de la Lune de 126000 stades, et celle de la Lune au Soleil de 252000, dix fois moindre que la circonférence de la Terre, que Pline fait ensuite de 2520000; celle des étoiles était triple de celle de la Lune. Ce n'est pas trop le cas de vanter la sagacité de Pythagore. Le traducteur français veut absolument que ce nombre 19 soit 19°.

Pline parle ensuite de la musique des astres et des dimensions de l'univers.

Le stade est de 125 pas, c'est-à-dire de 625 pieds, le pas étant de 5 pieds. Voilà du moins une définition claire et précise. Posidonius ne compte pas moins que 40 stades, ou 2500 pieds pour la hauteur des nuages; de là à la Lune, 20 fois cent mille stades; et de là au Soleil, cinq mille fois cent mille stades. Ce calcul, qui donne pour la distance du Soleil 31 millions de lieues, serait singulièrement approché et ne peut passer que pour une conjecture heureuse. Posidonius n'avait aucun moyen de faire ce calcul. Jamais les Grecs n'ont connu cette distance, puisque toujours ils ont supposé 2′ 51″ ou 171″ pour la parallaxe du Soleil, qui n'est pas de 9″. D'autres comptent 900 stades pour la hauteur des nuages. Pline ajoute sagement : *Incomperta hæc, et inextricabilia sed tam prodenda quàm sunt prodita.* On n'en sait rien, et l'on n'en peut rien savoir; mais nous devons rapporter ce qui a été dit.

Mais voici du moins, ajoute Pline, un raisonnement certain; le cours du Soleil est de 566 parties presque. Il appelle donc *parties* le chemin du Soleil en un jour, et dans ce cas, pourquoi ne dit-il pas 565 plutôt que 566 ? Le diamètre du cercle est toujours $\frac{7}{22}$ de la circonférence; le rayon sera $\frac{7}{44} = \frac{1}{6.28}$; mettons $\frac{1}{6}$, à cause du rayon de la Terre. La distance du Soleil à la Terre sera de 61 fois le chemin que le Soleil fait en un jour. Quant à la Lune, la distance sera de 30 ½.

(Ce calcul est bon pour ce qui regarde le Soleil, il est très-faux pour la Lune ; en tout il n'apprend rien, car il exprime une inconnue par une autre inconnue, qui est le chemin du Soleil en un jour.) Mais le Soleil est au milieu du monde, il suffira donc de doubler ce nombre pour avoir le rayon de la sphère du monde.

C'est par des raisonnemens de ce genre, dit Pline, que Pétosiris et Nécepsos ont trouvé que chaque degré du cercle de la Lune est de 33 stades au moins ; celui de l'orbe de Saturne, de 66 ; celui du Soleil, de 49 ½, puisqu'il tient le milieu. Ajoutez ensuite l'espace de Saturne aux fixes. Il faut avouer que du calcul de Posidonius à celui de Pétosiris la chute est lourde. Pline termine ce dernier calcul, en disant qu'il conduit à des nombres inexprimables.

Il est à remarquer qu'il ne dit rien ni des calculs d'Aristarque, ni de ceux d'Hipparque, dont les parallaxes, combinées avec le degré d'Eratosthène, fournissaient un calcul beaucoup mieux lié, plus géométrique et dont le seul défaut eût été de donner au Soleil une distance beaucoup trop petite, mais dix fois moins inexacte que celle des Egyptiens. On voit que Pline copie, sans choix et sans critique, tout ce qu'il trouve dans ses lectures, sans trop s'inquiéter si les différentes doctrines qu'il expose sont bien d'accord entr'elles, sans faire remarquer, peut-être sans apercevoir la différence qui se trouve entre ce qu'il copiait hier et ce qu'il extrait aujourd'hui. On voit du moins, par cet échantillon, ce que nous devons penser de la science des Egyptiens.

Les comètes sont des astres qui se distinguent par une espèce de chevelure *sanglante ;* on les appelle *barbues* ou *pogoniates*, quand la chevelure s'allonge dans la partie inférieure ; *aconties*, quand elles ont la figure d'un dard ; telle était celle qui parut sous Titus. On appelle *xiphies* celles qui sont plus courtes et se terminent en pointe, comme une épée. Ce sont les plus pâles et elles n'ont aucun rayon. On appelle *pythes* ou tonneaux celles dont la figure concave a une lumière qui ressemble à la fumée ; *cératies*, celles qui sont en corne, comme celle qui se montra au tems de la bataille de Salamine ; *lampadies*, celles qui ressemblent à un flambeau ; *hippées*, celles qui ressemblent à une crinière agitée et revenant sur elle-même en cercle. Il y a des comètes *candides* ou blanches, aux crins d'argent et dont l'œil peut à peine soutenir l'éclat ; elles portent empreinte l'image de la divinité sous des traits humains ; il y a des comètes hérissées de poils et de crinière. Quelquefois cette crinière s'est changée en lance; telle était la comète de l'an 398 de Rome.

Cette distribution méthodique des comètes a l'air d'avoir été faite d'après un Grec qui n'en avait jamais vu lui-même, et qui avait recueilli dans des historiens crédules et mal informés, toutes ces descriptions si peu conformes à ce que nous connaissons. Cependant Hévélius a pris la peine de représenter, par autant de figures, toutes ces formes, qui sont probablement le fruit d'une imagination-troublée.

Les comètes ne sont pas long-tems visibles; jamais on ne les a observées plus de 80 jours, ni moins de 7. Les deux assertions sont inexactes. Il paraît que Pline n'avait pas lu Sénèque, les deux auteurs sont en contradiction sur un fait qui s'était passé sous les yeux du premier, et dont la mémoire devait être encore bien conservée au tems de l'autre.

Les unes se meuvent comme les planètes, les autres sont immobiles; elles paraissent presque toutes au septentrion; mais le lieu n'est pas déterminé. Le plus souvent elles sont dans la voie Lactée. On en observe aussi l'hiver, et vers le pôle austral, mais sans aucun éclat.

On trouve ensuite des idées superstitieuses sur les effets des comètes et les moyens de les détourner. Auguste avait érigé un temple à la comète qui avait apparu au tems des jeux qu'il faisait célébrer après la mort de Jules César. Il parut, écrivait Auguste, un astre chevelu, pendant sept jours, vers le septentrion; il se levait à la onzième heure du jour; il était visible et remarquable en *tout pays*. On crut que c'était l'ame de César admis au rang des dieux.

Il y a des auteurs qui pensent que ces astres sont perpétuels, qu'ils ont des orbites certaines, mais qu'ils ne sont visibles que quand ils sont dégagés des rayons du Soleil. Pline défigure ici une idée juste qui avait été mieux exprimée. D'autres croient que les comètes sont formées fortuitement par les vapeurs de l'atmosphère.

Hipparque, jamais assez loué, aperçut une étoile nouvelle qui s'était formée de son tems, et soupçonnant qu'il pouvait souvent s'en former de semblables, il osa entreprendre un ouvrage qui n'eût pas été sans grande difficulté, même pour un dieu, *rem deo improbam*, c'est-à-dire la description des étoiles. Il *imagina des instrumens* pour en déterminer les lieux et les grandeurs, afin que l'on pût constater si les étoiles naissent et meurent, si elles croissent ou diminuent, laissant ainsi le ciel en héritage à celui qui saurait l'imiter.

Ce passage est célèbre, il a été souvent cité, tout astronome doit le lire avec plaisir et reconnaissance. Pline sait exprimer en termes magnifiques ce qui lui paraît beau, grand et utile; s'il a donné dans quelqu'exagération, elle est justifiée par le sujet. Nous nous permettrons cependant quelques remarques. On ne nous dit pas si cette étoile, née du tems d'Hipparque, est restée au ciel, ou si elle est *morte* du tems même d'Hipparque. Ptolémée n'en fait aucune mention. On ne voit dans son Catalogue aucune étoile à laquelle on puisse appliquer l'anecdote. Ce devait être une étoile brillante; on n'en voit aucune de ce genre dans le Catalogue de Ptolémée, qui ne soit nommée dans les Catastérismes d'Eratosthène, et ce récit pourrait bien être une fable.

Quant à la difficulté du travail, Pline paraît la mettre dans le nombre des étoiles, et cependant Hipparque n'en avait observé que 1080. Ce serait l'affaire de quelques belles nuits. La difficulté véritable, le mérite plus réel serait d'avoir *imaginé des instrumens*. L'instrument imaginé ne pouvait être que l'*astrolabe*, et cet instrument, quoiqu'ingénieux, eût été une invention peu heureuse, avant la découverte du mouvement en longitude. On est persuadé que le Catalogue d'Hipparque était disposé selon les latitudes et les longitudes. Ptolémée, en comparant ses étoiles à celles d'Hipparque, ne parle que des longitudes qui ont varié de 2°⅓, et des latitudes qui sont constantes. Si Hipparque a observé les longitudes, ce ne peut être qu'avec l'astrolabe. Hipparque avait un astrolabe, on le voit dans Ptolémée; on n'en trouve aucune mention plus ancienne. Hipparque, dans son Commentaire sur Aratus, ne parle que d'ascensions droites; il a changé sa manière d'observer, sans doute après la découverte du mouvement en longitude. Pline dit qu'il a imaginé des instrumens; tout se réunit donc pour nous autoriser à attribuer à Hipparque l'invention de l'astrolabe; il avait aussi inventé la dioptre décrite dans Ptolémée; elle servait à déterminer les diamètres de la Lune et du Soleil. C'est là peut-être ce que Pline voulait dire par ces mots, *pour en déterminer les grandeurs*. On n'a jamais eu d'instrumens pour mesurer la grandeur des étoiles.

On voit des espèces de torches ou de flambeaux qui ne brillent qu'à l'instant de leur chute; telle fut celle qui, pendant les jeux donnés par Germanicus Cæsar, traversa le méridien à la vue des spectateurs. Il y en a de deux genres; les unes ne brillent que par la partie antérieure; la *bolide* est ardente dans toute sa longueur. Il y en a qu'on appelle *poutres*, telle fut celle qui parut quand les Lacédémoniens perdirent

l'empire de la Grèce. On voit quelquefois dans le ciel une espèce d'ouverture (*hiatus*) que les Grecs ont appelé χάσμα.

Je passe la description des météores et de tous les phénomènes qui
appartiennent à la Physique plus qu'à l'Astronomie, et surtout les influences des astres.

La Terre est sensiblement sphérique, mais a-t-elle des *antipodes* qui
puissent, comme le nom même l'indique, avoir les pieds opposés aux
nôtres. On demande pourquoi ils ne tombent pas, comme si les antipodes ne pouvaient nous adresser la même question. Pourquoi la Terre
elle-même ne tombe-t-elle pas? Pline répond que la nature s'y oppose
et lui refuse *où tomber*. Pourquoi la mer ne tombe-t-elle pas? c'est que
tomber c'est s'approcher du centre.

La Terre est le centre du monde; Pline en donne les preuves que
nous avons vues ailleurs. C'est la forme sphérique qui fait que la Troglo-
dytique et *l'Egypte qui en est voisine*, ne voient pas les étoiles de l'Ourse,
comme l'Italie ne voit ni Canobus, ni le cheveu de Bérénice, *ni ce que*,
sous l'empire d'Auguste, *on a nommé le trône de César*.

Les commentateurs ont disputé sur le *cheveu de Bérénice*, que quelques-uns ont voulu distinguer de la chevelure, par la raison que Pline
le met parmi les constellations trop australes pour être vues en Italie.
Mais il dit aussi qu'en Egypte on ne voit pas les étoiles de l'Ourse; s'ils
avaient fait attention à ce passage, ils n'auraient pas cherché à entendre
le reste.

Au tems d'une célèbre victoire d'Alexandre, *en Arabie*, la Lune fut
éclipsée à la seconde heure de la nuit; en Sicile, l'éclipse fut vue au lever de la Lune; la différence de longitude était de deux heures, mais
ces heures étaient temporaires, et rien n'indique la saison, ni par conséquent la vraie différence des longitudes. Sous le consulat de Vipsanius
et de Fonteius, le Soleil s'éclipsa la veille des calendes de mars, entre
7 et 8 heures, en Campanie; Corbulon, en Arménie, vit cette éclipse
entre 10 et 11 heures. Pline en conclut la courbure de la Terre, et il a
raison; mais il ne met aucune différence entre les deux éclipses. Il n'avait
aucune idée des parallaxes qui changent le tems de la conjonction apparente dans les éclipses de Soleil.

Il ne dit rien de la quantité de ces éclipses, ni de leur durée; l'heure
est indiquée trop vaguement pour que le calcul puisse avoir une grande
utilité. Il est étonnant que les éclipses de Soleil soient si rares et si peu
détaillées dans les écrits des Anciens. On en trouve au contraire beau-

coup dans l'Histoire de la Chine, mais on s'y borne à la simple mention.

Des signaux de feu transmis de poste en poste, et allumés à midi dans le premier poste, ont été aperçus à trois heures de la nuit dans le dernier; il aurait bien dû nous dire quels étaient ces postes. Il fallait que les feux ne fussent pas servis avec une grande célérité; nos télégraphes vont plus vite. Philonide, coureur d'Alexandre, allant de Sycyone en Elide, faisait en neuf heures le chemin, qui est de 1200 stades (environ 25 lieues); mais il ne revenait d'Elis à Sycyone qu'à la troisième heure de la nuit, quoique le chemin fût en pente, et il répéta plusieurs fois la même expérience. En allant il marchait avec le Soleil, en revenant il allait en sens contraire. Vingt-cinq lieues ne font pas deux degrés de longitude, qui ne changent pas l'heure de 8' de tems; il ne pouvait tout au plus que gagner huit minutes en un sens, et les perdre dans l'autre; il ne devait guère trouver qu'un quart d'heure de différence. C'est ce que Pline ignorait et ses commentateurs aussi, excepté pourtant Bouguer, qui avait fait cette remarque avant moi. Remarquons encore qu'on ne voit pas bien clairement combien durait le retour, puisque l'heure du départ n'est pas indiquée et qu'on ne dit pas la saison dans laquelle a été faite l'expérience.

Les vases horoscopes, c'est-à-dire les cadrans solaires ou hémisphères concaves de Bérose, ne sont pas les mêmes pour tous les pays. Il suffit d'un changement de 300 ou 500 stades pour produire un changement dans les ombres. (Ce changement ne devait pas être bien considérable, pour un changement de 56' ou 60' au plus de différence dans la hauteur du pôle.)

En Egypte, le jour de l'équinoxe, l'ombre était un peu plus que la moitié du gnomon. (Elle devait en être les six dixièmes pour une latitude de 31°.) A Rome, elle est de ⅞. (C'est ce qui conviendrait à une latitude de 41° 58', et elle est de 41° 54'.) A Venise, l'ombre est égale au gnomon (ce qui ne convient qu'à une latitude de 45°; celle de Venise est de 45° 25' 32"; tout cela est passablement exact).

A Syène, les ombres sont nulles le jour du solstice à midi; Pline rapporte plusieurs observations de ce genre. Dans toute la Troglodyte, au rapport d'Eratosthène, pendant 45 jours, les ombres vont dans une direction opposée. Toute la Troglodyte était donc sur le même parallèle. Il y a quelque petite erreur dans la citation. Il en résulte que la Troglodyte était dans la zône torride, ce qui n'est pas douteux, puisque Syène était sur le tropique.

Pline cite ensuite les observations de Pythéas, qui disait que Thulé avait un jour de six mois, quoiqu'elle ne fût qu'à six jours de navigation de Marseille. Il y a ici beaucoup d'inexactitude.

Les Babyloniens comptent le jour du lever du Soleil; les Athéniens, du coucher; les Ombriens, de midi; les prêtres romains, les Égyptiens et Hipparque, de minuit.

Le flux et le reflux de la mer dépendent du Soleil et de la Lune. Ils ont lieu deux fois entre les deux levers de la Lune. L'instant précis de la haute mer change tous les jours; mais les intervalles de chaque jour sont toujours égaux (à peu près) pour les deux marées. Les marées sont moindres dans les nouvelles Lunes, et plus fortes quand la Lune est pleine; elles sont égales entr'elles dans les deux quartiers, plus douces quand la Lune est boréale, et plus fortes quand la Lune australe exerce sa force de plus près. Les marées reviennent les mêmes après 100 révolutions de la Lune.

Elles sont plus fortes dans les équinoxes, et surtout à celui d'automne; elles sont faibles en hiver, et surtout au solstice. Ces marées n'arrivent pas précisément aux époques que nous venons de dire, mais un peu après, et deux heures équinoxiales après le passage au méridien, par la raison générale que tous les effets produits par le ciel exigent toujours un certain tems pour s'accomplir.

Si tout cela n'est pas entièrement exact, Pline ici a le mérite d'avoir écrit en style intelligible; ce n'est pas sa faute si de son tems on n'avait pas une théorie plus complète de ces phénomènes.

Les marées sont plus considérables en certains mois que dans d'autres, soit à cause de l'étendue, soit parce que l'espace est plus libre et qu'il ne s'y rencontre point d'obstacles locaux. C'est surtout aux rivages que l'on peut apercevoir ce mouvement des eaux qui est là plus sensible qu'en pleine mer. Il y a des marées particulières et locales; on en observe sept en un jour en Eubée, et autant dans la nuit.

Ce paragraphe est sans contredit le plus curieux du Livre.

Eratosthène avait trouvé la circonférence du méridien de 252oooo stades, qui font 315oooo pas. (Hipparque ajoute encore un peu moins de 25ooo pas. Le pied romain était de $10^p\,10^l\,\frac{9}{10}$ suivant La Condamine. Les nombres d'Eratosthène pécheraient par excès. Lalande en conclut un stade de 94 $\frac{48}{100}$ de toise.)

Dionysiodore était un Grec de Mélos; célèbre géomètre, il mourut vieux. Quelques jours après ses funérailles, ou trouva dans son tombeau

une lettre signée de lui et adressée aux habitans du monde supérieur,
ou de la surface de la Terre. Il y rapportait qu'il était arrivé de son
sépulcre au centre de la Terre, et qu'il y avait 42 mille stades. D'où
l'on concluait la circonférence de 252oooo stades, en prenant six fois
le rayon. Doublez ce rapport et vous en ferez 84; ajoutez-y 12000 stades,
et vous aurez 96000; d'où vous conclurez que le rayon de la Terre
est $\frac{1}{96}$ de la sphère du monde.

Cette conclusion ne termine pas heureusement ce Livre. Pline voit
dans cette anecdote un exemple remarquable de la vanité grecque; il
pouvait ajouter que cette vanité était assez mal entendue, si ce géomètre
prétendu célèbre en était à savoir que la circonférence est plus grande
que six fois le rayon de la Terre; et il y a grande apparence qu'il
l'ignorait en effet, puisqu'il donne au rayon de la Terre 42 mille stades,
ce qui est précisément le sixième de la circonférence d'Eratosthène.
Pline qui rapporte cette longueur sans y joindre aucune réflexion,
n'était pas plus avancé quoique venu plus tard. Il n'avait pas lu Aristarque dont il ne cite pas la méthode ingénieuse pour trouver la distance
du Soleil. Il paraît qu'il ne connaissait pas les vrais Traités astronomiques, qu'il n'avait lu que ceux des philosophes qui n'étaient pas
géomètres; aussi ne trouve-t-on dans son Histoire que quelques citations
curieuses parmi une multitude de notions souvent fausses, et qui ne
méritent pas un examen plus approfondi.

CHAPITRE XVI.

Écrivains grecs et latins postérieurs à Ptolémée.

Censorinus de Die natali.

Ce serait ici le lieu de parler de Ptolémée et de son commentateur Théon, seuls astronomes que l'école d'Alexandrie nous fournisse après le tems d'Hipparque; mais Ptolémée mérite un examen plus approfondi: c'est dans ses ouvrages principalement que nous trouverons les notions les plus précises et les plus complètes de l'état de la science chez les Grecs; nous recomposerons de ces débris dispersés en partie, un Traité régulier qui nous offrira le tableau des méthodes grecques. Au contraire, les écrivains dont il nous reste à parler pour arriver à l'époque des Arabes, n'ont rien ajouté à la science; ils ne l'ont pas même connue toute entière, et si l'on jugeait par eux, on penserait que la science, au lieu d'avancer, aurait rétrogradé. Nous pouvons donc, sans nuire à l'ordre des idées et des découvertes, passer ici en revue ces auteurs stériles pour donner ensuite toute notre attention à Ptolémée. Nous pourrions à bon droit mettre Sextus Empiricus dans ce chapitre avec les auteurs non astronomes; mais il viendra mieux après les Traités astrologiques qui portent le nom de Ptolémée.

Censorinus écrivait son Traité *du Jour natal*, l'an 238 de J. C., ou l'an 1014 d'Iphitus. Il nous dit lui-même qu'en cette année, l'an 986 de Nabonassar, avait commencé le 7 des calendes de juillet, c'est-à-dire le 25 juin. Son ouvrage souvent cité, quoique très-superficiel, est une espèce de présent littéraire qu'il adresse à son ami Q. Cerellius, au jour de sa naissance. Il y traite légèrement plusieurs questions qui n'ont pas de liaison bien intime. Au chapitre VIII, il expose la doctrine des Chaldéens sur les époques de la gestation auxquelles un enfant peut naître. Il les restreint au septième, au neuvième et au dixième mois; la cause en est le plus ou moins d'obliquité avec laquelle le Soleil, dans sa course annuelle, voit le signe sous lequel s'est opérée la conception. Notre vie est influencée par les étoiles et les planètes; de celles-ci les unes se couchent, sont stationnaires et nous affectent différemment, selon ces diverses positions. Il est à remarquer que les Chaldéens sont presque toujours cités comme astrologues, rarement comme astronomes, et alors, même ce qu'on en raconte, ne sert qu'à rendre leur science plus suspecte.

L'auteur divise les aspects en trigone, quadrat, hexagone, opposition et conjonction. Sa conclusion est que les enfans peuvent naître au septième mois, parce qu'alors le Soleil est en opposition avec le signe où s'est opérée la conception. Au neuvième mois, l'aspect est trigone, au dixième il est quadrat ; mais au huitième il est trop oblique, et par conséquent trop faible. Il est juste de remarquer que Censorinus ne paraît pas croire bien fermement à la bonté de cette doctrine.

Au chapitre XIII il parle de la mesure d'Eratosthène et des 252000 st. qu'il donnait au méridien. Il nous avertit que ce stade est le stade italique de 625 pieds, et non le stade olympique qui n'avait que 600 pieds ; encore moins le stade pythique qui n'en avait que 500. A ce compte, le degré d'Eratosthène serait beaucoup trop grand.

Je ne sais comment ceux qui croient à l'exactitude de cette mesure se tireront de cette remarque de Censorinus. Suivant lui, Pythagore comptait 126000 stades de la Terre à la Lune ; ce qui fait un ton plein. De la Lune à Mercure (στίλβων), moitié moins, c'est-à-dire un demi-ton ; un autre demi-ton à fort peu près, de Mercure à Vénus (Φώσφορος) ; trois fois autant, c'est-à-dire un ton et demi de Vénus au Soleil ; ensorte que de la Terre au Soleil, il y a trois tons et demi ou une quinte (δία πέντε). Du Soleil à Mars (πυρόυς) un ton ; un demi-ton de Mars à Jupiter (Φαέθων) ; un autre demi-ton de Jupiter à Saturne (Φαίνων) ; enfin un demi-ton de Saturne au haut du ciel (*ad summum cœlum*). Du Soleil aux étoiles, l'intervalle est d'une quarte (δία τεσσάρων) ; de la Terre aux étoiles une octave (δία πασῶν). L'univers est enharmonique (εναρμόνιος). Dorylaus disait que le monde était l'instrument dont Dieu jouait. D'autres l'appelaient *la danse* (χορείαν), à cause du mouvement des planètes. Voilà donc ce qu'on savait d'Astronomie à Rome, cent ans après Ptolémée. Sans la date précise qu'il nous donne lui-même, nous ferions à Censorinus l'honneur de le croire beaucoup plus ancien qu'Hipparque et même qu'Aristarque.

Censorinus parle ensuite des diverses espèces de tems, de la *génération* qui est de 30 ans, suivant Héraclite et Zénon. Hérodicus ne la faisait que de 26 ans. Epigène bornait la plus longue vie à 112 ans, Bérose à 116, d'autres l'étendaient à 120 ans. Cette durée peut varier suivant les climats. Il disserte sur la longueur qu'on a donnée aux siècles ; mais ces longueurs étant différentes, n'ont aucun intérêt pour l'astronome qui ne connaît que les divisions égales et constantes du tems, ou tout au plus des divisions dont l'inégalité est réglée par une loi constante. La durée de ce qu'on appelle *grande année*, a subi beaucoup de variations. On remarqua bientôt que douze mois lunaires ne faisaient pas une année, que 13 mois faisaient plus qu'une année : on fit la première de 12 mois, la seconde de 13, et les 25 mois réunis furent *la grande année*. Ce tems fut aussi nommé *triétéride*, quoiqu'il ne fût réellement qu'une diétéride. On imagina successivement la tétraétéride et la pentaétéride. On appela *grande année*, l'espace de quatre ans qui formaient à peu près un nombre exact de jours. Mais cet intervalle ne ramenant pas exactement les Lunes, on le doubla, et l'on eut l'octaétéride qui s'appelle *ennéaétéride*, parce que la première année de ce cycle revenait à la neuvième année (c'est ainsi que nous disons *huit jours* pour une semaine, et *fièvre tierce* pour une fièvre qui revient tous les deux jours).

Eudoxe de Cnide passe pour l'inventeur de cette octaétéride ; d'autres croient qu'elle est de Cléostrate de Ténédos. Les Chaldéens avaient une dodécaétéride ou grande année de 12 ans ; mais elle n'était nullement astronomique : elle ramenait, suivant eux, les bonnes et les mauvaises années, et les maladies.

On a encore l'ennéacaedécaétéride de Méton, dans laquelle on intercale sept fois ; elle est de 19 ans ou 6940 jours. Le pythagoricien Philolaus est l'auteur d'un cycle de 59 ans, dans lequel on compte 21 mois intercalaires. La période de Calippe de Cyzique était de 76 ans ; on intercalait 28 fois. Celle de Démocrite, de 82 ans avec 28 intercalations pareillement. Enfin celle d'Hipparque, de 304 ans avec 100 intercalations.

Ce passage nous fait voir comment les différentes périodes ont pu se former chez les différens peuples, et comment elles devenaient successivement plus longues, à mesure que les mouvemens étaient mieux connus.

Les astrologues ne sont pas bien d'accord sur la quantité dont l'année solaire surpasse 365 jours, ni de combien il s'en faut que le mois lunaire soit de 30 jours. On voit que Censorinus connaissait mieux les astrologues que les astronomes ; car Ptolémée n'avait rien trouvé à changer à l'année d'Hipparque, $365\frac{1}{4} - \frac{1}{300}$.

La grande année des Egyptiens que les Grecs appellent *cynique*, et les

Latins *caniculaire*, n'avait aucun rapport avec la Lune. Elle ramenait le lever de Sirius au premier jour de thoth. Ils négligeaient tous les ans le quart de jour, ensorte que leur période ne se terminait qu'à la 1461ᵉ année. Cette année s'appelait encore *héliaque*, et *l'année de Dieu*. Aristote croyait à une très-grande année qui devait ramener le Soleil, la Lune et toutes les planètes au même point du zodiaque. L'hiver de cette année devait finir par un cataclysme ou déluge : l'été de la même année amenait l'ecpyrose ou la conflagration. Aristarque la croyait de 2484 ans ; Arétès de Dyrrhachium, de 5552 ; Héraclite et Linus, de 10800 ou de 18000 ans si l'on en croit Plutarque. Dion la faisait de 10884 ans ; d'autres beaucoup plus longue ; d'autres infinie, parce que jamais les planètes ne doivent revenir en conjonction. La période la plus usitée chez les Grecs est la pentaétéride qu'ils appellent *olympiade*. Censorinus ajoute qu'il écrit l'an second de la 254ᵉ olympiade. La grande année des Romains était le *lustre*. L'année ordinaire était de 364 ¼ suivant Philolaus, de 365 ⅛ suivant Aphrodisius, de 365 suivant Calippe ; Aristarque de Samos y ajoutait $\frac{1}{1623}$, leçon ridicule à laquelle on a substitué $\frac{1}{4}$. Méton supposait 365 $\frac{5}{19}$; Œnopides 365 $\frac{12}{19}$; Harpalus 365 jours 13 heures équinoxiales ; Ennius 366.

Les Egyptiens désignaient l'année de 365 jours par le mot πέλος. En effet, suivant la notation grecque,

$$
\begin{array}{lr}
\text{ρ exprime} & 50 \\
\epsilon \ldots\ldots\ldots & 5 \\
\iota \ldots\ldots\ldots & 10 \\
\lambda \ldots\ldots\ldots & 30 \\
o \ldots\ldots\ldots & 70 \\
\sigma \ldots\ldots\ldots & 200 \\
\hline
\text{Total} \ldots\ldots\ldots & 365 \\
\end{array}
$$

Censorinus nous apprend ensuite que les Arcadiens s'appelaient προσέληνοι, non qu'ils se crussent plus anciens que la Lune, mais parce qu'ils avaient une année avant que la Grèce eût commencé à régler son année sur la Lune.

Un auteur anonyme dont l'ouvrage est imprimé à la suite de Censorinus, place les points solsticiaux au huitième degré du Cancer et du Capricorne. Les équinoxes au huitième d'*Aries* et de la Balance.

Si l'on ne trouve rien de véritablement astronomique dans Censorinus, on y trouve au moins quelques notions historiques qui ne sont pas sans intérêt.

Macrobe.

Aurelius Théodose Macrobe était un des chambellans de l'empereur Théodose. Son nom annonce un Grec, et lui-même nous dit que le latin n'est pas sa langue maternelle. Son Commentaire sur le songe de Scipion, renferme quelques notions d'Astronomie. Il écrit en philologue, et nous devons nous attendre à ne trouver dans son Commentaire rien de neuf, rien qui lui appartienne. Mais il peut avoir recueilli quelques idées, prises dans des Traités perdus. Il peut nous apprendre quelles étaient les connaissances qu'on avait à la cour de Rome. Nous omettrons tout ce que nous avons eu occasion de voir ailleurs.

Entre plusieurs explications qu'il donne de la voie Lactée, nous rapporterons celle qu'il attribue à Théophraste. Ce n'est autre chose que la soudure des deux hémisphères qui composent la voûte céleste. Macrobe penchait pour l'opinion de Posidonius qui pensait que cette couleur de lait était l'effet de la chaleur céleste, plus forte en cette zône que dans le reste du ciel. L'obliquité de ce cercle est en sens contraire de celle de l'écliptique, afin d'échauffer les parties du ciel dont le Soleil n'approche jamais, ou qu'il ne fait que traverser.

Le Soleil est $\frac{1}{216}$ de son cercle, ou de $\frac{360°}{216} = 1° 40'$. Ceci ne prévient pas en sa faveur pour le reste. Plus loin il rapporte ces mots remarquables de Cicéron, en parlant de Mercure et de Vénus : *Hunc ut comites consequuntur Veneris alter, alter Mercurii cursus. Vénus et Mercure accompagnent partout le Soleil comme des suivans.* En commentant ce passage, Macrobe dit formellement que ces deux orbites embrassent celle du Soleil; ce qui achève de déterminer le sens un peu incertain des expressions de Cicéron. Il attribue cette découverte aux Egyptiens, *nam Ægyptiorum solertiam ratio non fugit, quæ talis est.* Mais il a l'air de dire que Cicéron ne l'entendait pas ainsi.

La Lune nous renvoie la lumière du Soleil et non sa chaleur.

Eratosthène disait que le Soleil était 27 fois aussi gros que la Terre.

La circonférence de la Terre est de 252000 stades, le diamètre est de 80000. Multipliez ce nombre par 60, vous aurez 4800000 stades pour la distance de la Terre au Soleil. C'est aussi la distance où s'étend l'ombre de la Terre. Vous aurez la circonférence de l'orbite solaire de la manière suivante. Le jour de l'équinoxe, présentez au Soleil levant un hémisphère concave dans lequel vous aurez tracé les 12 cercles horaires;

les heures y seront marquées par l'ombre d'un style droit. (Ce passage
nous indique en même tems comment on a pu imaginer ce cadran et le
diviser, soit en heures équinoxiales, soit en heures temporaires. Voyez
ce que nous dirons à ce sujet à la suite de l'analemme de Ptolémée.)
Observez le lieu de cette ombre à l'instant où le premier bord du Soleil
paraît à l'horizon; observez-le de même à l'instant où le second bord
se lève. L'arc décrit par l'ombre sera le diamètre du Soleil; on a trouvé
de cette manière ⅓ d'heure équinoxiale ou 1° 40′. Vous aurez donc le
diamètre du Soleil en stades, et presque double du diamètre de la Terre.
Ce raisonnement est méthodique, mais les données fort incertaines. D'un
côté il mène à un diamètre double de celui de la Terre, et de l'autre
à un diamètre en degrés presque triple de celui qu'on observe. Il est
évident que les travaux d'Hipparque et de Ptolémée étaient ignorés à
Rome, et qu'on n'y lisait que les Philosophes de la Grèce.

Aries était le premier signe du zodiaque, parce qu'à la naissance du
monde il occupait le milieu du ciel; chacun des signes a été donné à la
planète qui s'y trouvait à la même époque; et quand les planètes ont été
épuisées, on a recommencé de la première. Elles y sont placées suivant
l'ordre de leur distance présumée à la Terre. La Lune était dans le
Cancer, le Soleil dans le Lion, Mercure dans la Vierge, Vénus dans
la Balance, c'est-à-dire à 6o° du Soleil; Mars dans le Scorpion, Jupiter
dans le Sagittaire, et Saturne dans le Capricorne; et en rétrogradant,
Saturne dans le Verseau, Jupiter dans les Poissons, Mars dans le Bélier,
Vénus dans le Taureau, Mercure dans les Gémeaux.

Musique des corps célestes. Les planètes supérieures ont les tons aigus,
parce qu'elles se meuvent plus rapidement; la Lune le plus grave de
tous, parce que son cercle étant le plus petit de tous, elle fait moins
de chemin.

Macrobe croyait la zône boréale tempérée, la seule habitée, quoique l'australe dût lui ressembler; mais on n'en avait aucune relation:
on n'a aucune raison de nier les antipodes; on ne doit pas craindre *qu'ils
tombent de la terre dans le ciel*. Les zônes célestes ont des tempéra-
tures pareilles à celles des zônes correspondantes de la Terre.

La grande année est de 15o0o ans.

On voit que nous avons pu, sans nuire à la suite des découvertes,
placer Macrobe avant Ptolémée; nous aurions pu le reporter au tems
de Cicéron, comme nous aurions pu mettre Simplicius après Aristote,
et comme nous mettrons Synésius après le planisphère de Ptolémée.

Simplicius.

Simplicius était né en Cilicie ; il vivait dans le cinquième siècle : il avait étudié sous Ammonius à Alexandrie. Il nous apprend lui-même que cet Ammonius, son maître, y avait observé en sa présence l'étoile Arcturus, au moyen d'un astrolabe *corporel*, διὰ σωματικοῦ ἀστρολάβου, et qu'il en avait trouvé *l'époque*, (ou la longitude) augmentée de la quantité précise dont elle avait dû croître depuis l'époque de Ptolémée, c'est-à-dire à raison d'un degré en cent ans. Sur quoi Simplicius observe qu'il serait plus juste de dire que ce mouvement appartient à la sphère qui contient toutes les fixes. Il semble par là supposer, comme Aristote, que cette sphère est solide. Ptolémée n'avait pas été si loin ; il disait en parlant de cette sphère idéale et non *somatique*, que toutes les étoiles y paraissent comme attachées, ὥσπερ προσπεφυκότες. Au lieu de cette remarque peu utile, nous aimerions mieux que Simplicius eût rapporté l'observation même avec tous les détails qui pourraient nous mettre en état de l'apprécier. Il avait dû s'écouler plus de 5oo ans entre Ptolémée et Ammonius ; et s'il eût bien observé, il aurait dû trouver l'augmentation sensiblement plus grande que d'un degré tous les cent ans ; il est probable qu'Ammonius a voulu dire simplement que l'étoile avait avancé en longitude suivant la doctrine d'Hipparque et de Ptolémée, et qu'il n'a pas porté ses prétentions jusqu'à prouver que la quantité précise de la précession était bien connue.

Le Commentaire de Simplicius sur les quatre Livres d'Aristote, sur le ciel, περὶ οὐρανοῦ, est simple et aussi clair que le comportaient les questions subtiles et souvent oiseuses qu'il avait à développer. Il donne de l'ouvrage d'Aristote l'analyse suivante que nous abrégeons de moitié.

Aristote, après avoir parlé des corps simples ou des élémens, montre que tout ce qui se meut circulairement n'est ni un de ces quatre élémens, ni un composé de ces mêmes élémens, mais un corps simple qui l'emporte sur eux et par son essence et par sa force ; que ce corps n'a point été créé et qu'il est impérissable ; il est borné cependant, car aucun corps n'est infini. Toutes ces notions s'appliquent au ciel ; le ciel est un, rien n'est au-delà, ni corps, ni vide. Telle est la matière du premier Livre.

Dans le second, Aristote résout divers problèmes qui ont pour objet le ciel et ses mouvemens. Il résulte du premier problème que le mouvement naturel au monde ou au ciel, est un mouvement circulaire. Le second détermine les distances et ce qu'on doit appeler les parties hautes et basses, droites et gauches, de devant et de derrière dans le ciel.

On voit dans le Commentaire (p. 96, édit. grecque des Aldes à Venise), que la partie haute est au pôle austral, la partie basse au pôle boréal. Aristote le dit de même, Livre II.

Le troisième problème a pour objet le mouvement propre des planètes et les causes qui le produisent.

Dans le quatrième, Aristote démontre que le ciel est sphérique. Dans le cinquième, il cherche pour quelle raison le ciel se meut comme il fait, et non en sens contraire. Dans le sixième, il prouve que le mouvement du premier ciel est uniforme et qu'il n'a aucune inégalité. Dans le septième, il traite de la matière et de la figure des astres, de leur ordre et de leurs mouvemens. Dans le huitième, il se demande comment le huitième ciel n'ayant qu'un seul mouvement, il se fait que ce ne sont pas les cieux ou les sphères les plus éloignées de la huitième qui ont un plus grand nombre de mouvemens, et pourquoi ce sont celles du milieu. Dans le neuvième, pourquoi chaque sphère ne contient qu'un seul astre, tandis que la huitième, celle des fixes, en contient un si grand nombre. Dans le dixième et dernier problème, Aristote considère la Terre; il en donne la position relativement au ciel; il montre qu'elle est le centre du ciel, qu'elle en occupe le milieu, qu'elle est sphérique et immobile, et que le ciel tourne autour d'elle.

Dans le troisième Livre, Aristote traite des corps sublunaires ou des élémens; ils ne sont point en nombre infini, il n'y en a que quatre; ils n'ont été produits ni par des corps immatériels, ni par un corps étranger, mais les uns par les autres, et ce n'est ni par séparation, ni par composition.

Dans le quatrième il traitera de leur force.

Cet exposé fort court suffira pour nous disculper de ne l'avoir pas entrepris à l'article d'Aristote; il nous prouve que le second Livre est le seul qui soit de notre sujet.

Lalande, dans sa Bibliographie astronomique, en parlant de Simplicius, année 540, se borne à donner le titre de son Commentaire, sans en indiquer aucune édition; celle que nous avons suivie est de 1526, à Venise, chez les Aldes; c'est un volume in-folio tout grec, excepté la préface.

On y voit, page 5, que *l'admirable* Ptolémée, θαυμάσιος, avait composé un Livre de *la Dimension*, περὶ διαστάσεως. Les corps ne peuvent avoir que trois diastases ou dimensions.

On y voit, page 5, *verso*, que Ptolémée dans son *Optique*, ἐν τοῖς Ὀπτικοῖς, avait consacré un Livre aux élémens, περὶ στοιχείων : c'est apparemment le premier, qui est perdu.

On voit encore, page 6, *verso*, qu'Hipparque avait composé un ouvrage dont le titre était : Περὶ τῶν διὰ βάρος κάτω φερομένων, ou *de la chute des graves*.

Page 127, *verso*, il rapporte cette expérience : Si vous bouchez le haut d'une clepsydre, l'eau cessera de couler par l'orifice inférieur ; car l'air ne pouvant pénétrer, il se ferait un vide dans la partie supérieure. Aristote pourrait donc être l'auteur du principe de *l'horreur du vide*.

Page 128, *verso*, il parle des faiseurs de tours qui font circuler un verre plein sans que l'eau se répande. Aristote avait cité plus brièvement cette expérience.

C'est à la page 134 qu'il commente le célèbre passage d'Aristote sur la grandeur de la Terre. Citons d'abord les expressions d'Aristote.

Καὶ τῶν μαθηματικῶν ὅσοι τὸ μέγεθος ἀναλογίζεσθαι πειρῶνται τῆς περιφερείας, εἰς τεσσαράκοντα λέγουσιν εἶναι μυριάδας σταδίων. Ἐξ ὧν τεκμαιρομένοις οὐ μόνον σφαιροειδῆ τὸν ὄγκον ἀναγκαῖον εἶναι τῆς γῆς, ἀλλὰ καὶ μὴ μέγαν πρὸς τὸ τῶν ἄλλων ἄστρων μέγεθος.

Ce qui signifie littéralement :

« Ceux d'entre les mathématiciens qui essaient d'estimer ou de calculer » la grandeur de la circonférence, disent qu'elle peut aller à 40 myriades » de stades ; d'où l'on peut conclure non-seulement que la masse de la » Terre est nécessairement sphéroïde (de forme sphérique), mais » qu'elle n'est pas grande si on compare cette grandeur à celle des » autres astres. »

On voit d'abord qu'il ne s'agit ici d'aucune mesure précise ni même effective, mais de simples tentatives pour estimer, conjecturer, trouver par le calcul. Il ne dit pas quelle est exactement cette grandeur, mais seulement qu'elle peut aller à 400000 stades ; que ces calculs supposent la Terre sphérique, et qu'ils ne la font pas grande par rapport aux *autres* astres. Aristote mettait donc aussi la Terre au nombre des astres. Il ne nous dit pas de quels stades ces mathématiciens ont parlé ; il semble vouloir uniquement fixer une limite que la grandeur de la Terre ne peut passer. Ce passage est le dernier du second Livre.

Voici maintenant la remarque de Simplicius. Pour dernier argument de la sphéricité ou du peu de grandeur de la Terre, Aristote produit le témoignage des mathématiciens qui, en la supposant sphérique, en ont donné une mesure qui ne la fait pas très-grande, puisqu'ils l'ont réduite à un si petit nombre de stades. Ces mêmes mathématiciens ont montré que le Soleil est environ 170 fois gros comme la Terre, et sa distance nous fait croire qu'il n'a qu'un pied de diamètre; ensorte que si quelqu'un voulait du Soleil observer la Terre, elle ne lui paraîtrait avoir que $\frac{1}{170}$ de pied de dimension. Simplicius suppose donc que ces mathématiciens parlaient du diamètre du Soleil et non de son volume, en le faisant 170 fois aussi grand que celui de la Terre. Aujourd'hui nous ne faisons le diamètre du Soleil qu'environ 100 fois celui de la Terre. Si donc, ajoute Simplicius, certaines étoiles qui sont plus grandes que le Soleil, nous paraissent si petites à raison de leur distance, il en résulte que la grandeur de la Terre est bien peu de chose en comparaison de ces distances. Il ne nous dit pas la raison qui le porte à prononcer si affirmativement, que certaines étoiles sont plus grandes que le Soleil. Il continue :

Puisqu'Aristote parle de la grandeur de la Terre, à laquelle il donne 40 myriades de stades en contour, il n'est pas mal, en faveur de ceux qui refusent de croire à la science des Anciens, de rapporter en peu de mots la méthode qu'ils s'étaient faite pour cette mesure. Ils cherchaient avec la dioptre, deux étoiles dont la distance fût d'une partie, c'est-à-dire $\frac{1}{360}$ d'un grand cercle de la sphère des fixes ; trouvant ensuite avec la même dioptre deux lieux qui eussent ces deux étoiles à leur zénit, et mesurant enfin la distance des deux lieux, ils la trouvèrent de 5oo st. ; d'où ils conclurent que le grand cercle de la Terre était de 180000, comme Ptolémée le dit dans sa Géographie.

On voit que Simplicius n'avait jamais mesuré la Terre, et qu'à l'exemple de Cléomède, il imagine un moyen, et donne comme une chose réellement exécutée, le plan qu'il s'est fait à lui-même. Sa méthode n'est ni celle d'Eratosthène, ni celle de Posidonius ; elle ressemblerait plus à celle que Ptolémée dit avoir suivie, et qui probablement n'a jamais été mise en pratique.

Remarquez que Simplicius ne tient aucun compte des 40 myriades d'Aristote, auxquelles il attache si peu d'importance qu'il ne donne pas même l'explication de cette énorme différence de 18 à 40 myriades. Mais, ajoute-t-il, Archimède a montré que le périmètre du cercle est de 3 $\frac{1}{7}$ du diamètre ; le diamètre de la Terre sera donc $\frac{7}{22}$ (180000) ou 57275. (Le calcul donne 57145.) Or il est encore démontré que le produit

du diamètre par le quart du périmètre est égal à la surface du cercle.
Ainsi cette surface sera de 25 myriades doubles carrées, 7728 myriades
simples et 5oo stades (c'est-à-dire 25.7728.5ooo stades). On démontre
de plus que la surface de la sphère est quadruple de celle de son grand
cercle. La surface de la Terre sera donc de 1o5o714 (je trouve 1o5o914
myriades en quadruplant le nombre précédent). Pour en connaître le
volume, multipliez le grand cercle par le diamètre, il en résultera un
cylindre dont la base sera le grand cercle et la hauteur sera le diamètre.

Ce cylindre sera................ 147.6o88.448o.5ooo
ôtez-en le tiers.................... 49.2o29.4826.8333
                                   ———————————————
vous aurez donc pour le volume... 98.4o58.9655.6667
Simplicius dit................. 98.4o65.6446.953o

Le calcul me paraît incohérent. Le diamètre est $\frac{7.18}{22}$ myriades, ou
$\frac{7.9}{11}$ myriades.

La surface du cercle = circonf. $\frac{\text{diamètre}}{4}$ = 18 myriad. $\frac{7.9}{11.4}$ myriad.
= $\frac{7.9.18}{11.4}$ myriad. carrées = $\frac{7.9.9}{11.2}$ myriad. = $\frac{7.81}{22}$ myriad. = $\frac{567}{22}$ myriad.
= 25.7727.2727.2727.etc.

La surface de la sphère = $\frac{7.9.18}{11}$ = $\frac{2.7.9.9}{11}$ = $\frac{1154}{11}$ = 1o5.o9o9.o9o9.etc.

Le volume du cylindre = $\frac{7.9.9}{11.2}$ myr. = $\frac{7.9}{11}$ myr. $\times \frac{7.7.9.9.9}{2.11.11}$ myr.
= $\frac{35721}{242}$ myr. = 147.6o74.58o1.

Le volume de la sphère = $\frac{7.9.9}{11.2} \cdot \frac{7.9}{11} \cdot \frac{2}{3}$ = $\frac{2.7.7.9.9.9}{2.3.11.11}$ = $\frac{71442}{726}$ =
$\frac{35721}{363}$ = 98.4o49.5868.

S'il n'est pas rigoureusement exact, le calcul de Simplicius est au moins
assez approché pour la conséquence qu'il en veut tirer; c'est-à-dire que
les plus hautes montagnes ne doivent pas empêcher qu'on ne considère
la Terre comme sphérique. Car, dit-il encore, Eratosthène ayant mesuré, au moyen de la dioptre et par la distance, la hauteur perpendiculaire des plus hautes montagnes, ne l'avait trouvée que de 10 stades.

Ce passage rappelle une autre tradition; c'est qu'Eratosthène avait
appris aux Egyptiens à déterminer la hauteur des pyramides par leur
ombre. En conclurons-nous qu'Eratosthène connaissait la Trigonométrie

rectiligne, qu'il savait résoudre un triangle rectangle, et qu'il avait des Tables des Cordes? La conclusion serait hasardée. Pour trouver la hauteur des pyramides, il suffisait du théorème des triangles semblables dont les côtés homologues sont proportionnels. Pour la hauteur de la montagne, après avoir mesuré la distance et l'angle de hauteur, il pouvait, à une distance égale, trouver ou placer des signaux ou jalons qui soutendissent le même angle. Le nombre rond de 10 stades prouve assez qu'il n'y avait aucune précision réelle dans ces mesures. Remarquez que tous les nombres d'Eratosthène sont des nombres ronds, 10 stades, 5000 stades, $\frac{1}{50}$, $\frac{11}{83}$, et vous verrez dans ces différentes valeurs, des estimations grossières dont on ne peut tirer aucune conclusion, même probable.

A ces calculs, Simplicius ajoute deux réflexions, l'une assez singulière, et l'autre fort remarquable. Voici ses propres expressions.

Εἰδὲ ὁ Ἀριστοτέλης τὸ μὲν μέγεθος τῆς περιφερείας τῆς γῆς περὶ τεσσαράκοντα μυριάδας λογίζεσθαι τοὺς μαθηματικοὺς φησι, περιφέρειαν ὅλως τὴν ἐπιφάνειαν αὐτῆς λέγων, ἐπειδὴ οὐ προσέθηκε σταδίων εἶναι τοῦτο τὸ μέτρον, ἀμφίβολον εἰ διαφωνεῖ πρὸς τὸ ὕστερον συνειλεγμένον τῆς ἐπιφανείας τῆς γῆς ἀριθμὸν τῶν σταδίων. Καὶ εἰ διαφωνεῖ, οὐδὲν θαυμάσιον, οὔπω γὰρ εὕρητο τὰ ὑπ' Ἀρχιμήδους ποιηθέντα θεωρήματα πρὸς κατάληψιν τοῦ προκειμένου ἀκριβῆ. Ἴσως δὲ οὐδὲ ὁ Ἀριστοτέλης δοκεῖ ὡς ἀκριβῆ ταύτην ἀναμέτρησιν ἀποδεχόμενος. Ἀλλὰ τοσοῦτον ἔλαβεν ἐξ αὐτῆς μόνον, ὅτι οὐκ ἔστι πάνυ μεγάλη τοσαύτη τὸ μέτρον ὑπάρχουσα.

« Par ces 40.0000 stades qu'Aristote donne à la Terre en désignant
» la surface par le mot périphérie, *puisqu'il n'a pas ajouté que cette*
» *mesure est de stades*, il est douteux s'il est ici en contradiction avec
» ce qu'on a trouvé depuis pour le nombre de stades de cette surface;
» et si la contradiction existe en effet, il n'y aurait rien d'étonnant,
» puisqu'il ne pouvait connaître les théorèmes donnés depuis par Archi-
» mède, pour la solution exacte de cette question. Peut-être *aussi*
» *Aristote n'admettait pas cette mesure comme exacte; mais qu'il n'en*
» *prenait que ce qu'il lui fallait pour montrer que la Terre n'était pas bien*
» *grande, puisqu'elle n'avait que cette dimension.* »

Simplicius paraît persuadé que les 400000 stades d'Aristote sont la surface et non le contour de la Terre; alors que deviendrait ce stade qu'on a voulu en déduire, dont aucun auteur n'a parlé, et qui est de beaucoup plus petit qu'aucun des stades connus? Mais comment Aristote ne donnerait-il que 40.0000 stades à la surface, tandis qu'avec un degré de 500 stades, elle serait de 25.7727.2727 stades carrés ? On ne peut guère admettre un pareil mécompte. Comment Simplicius peut-il dire qu'Aristote *n'a point ajouté que cette mesure est de stades*, puisqu'il en compte 40 myriades ? Le texte de Simplicius serait-il altéré, et faudrait-il lire *puisqu'Aristote n'a point ajouté de quelle espèce sont ces stades*; c'est-à-dire des stades carrés ou des stades linéaires ? A-t-il voulu élever une difficulté, faire naître un doute sur un passage qui paraît clair, pour avoir une occasion de montrer son savoir géométrique par le calcul de la surface et du volume, d'après les théorèmes d'Archimède ; c'est ce qui nous paraît difficile à décider ; mais ce qui suit mérite attention. Il paraît douter qu'Aristote lui-même ait cru à l'exactitude de la mesure qu'il rapportait, et penser qu'il n'en faisait mention que pour démontrer, par cette opinion des géomètres, que la Terre était bien peu de chose, comparée au Soleil ou aux étoiles. J'avois émis cette idée long-tems avant d'avoir lu Simplicius, et l'on me permettra de m'appuyer du sentiment qu'il expose.

Simplicius nous dit formellement, page 112, *verso*, que la Lune nous montre toujours la même face. Aristote l'avait exprimé d'une manière moins développée et qui pouvait laisser quelque doute. Il voulait prouver que les astres ne tournent pas. Simplicius ajoute : *Comment un corps qui tournerait sur lui-même nous montrerait-il toujours la même face*, et conserverait-il la même position, s'il n'était pas solidement attaché au tout ? Πῶς γὰρ ἂν ὅλου τοῦ σώματος κυλιομένου τὴν αὐτὴν θέσιν ἐφύλαξε μὴ συνεχὲς ὑπάρχοι πρὸς τὸ ὅλον. Il pense, comme Aristote, que ce ne sont pas les planètes qui tournent autour de la Terre, mais bien les cieux qui les portent. Le Soleil a le sien, la Lune et les autres planètes ont les leurs où elles sont enchâssées. Ἔστιν ἄρα καὶ σεληνιακὸς καὶ ἡλιακὸς οὐρανὸς, ἠδ' οὗτοι, καὶ οἱ τῶν ἄλλων ἄστρων, περιακτικοί. Ainsi les planètes ne tourneraient pas sur leur axe, mais leur axe tournerait avec elles et avec la sphère qui les emboîte. Ce n'est qu'une chicane de mots.

C'est à la page 123 que se trouve le fameux passage qui concerne les observations envoyées de Babylone à Aristote, qui n'en a fait ni le moindre usage, ni la moindre mention. Voici les propres paroles de son commentateur.

Ὑπ' Ἀριστοτέλους οὖν πειθομένους ἕπεσθαι δεῖ μᾶλλον τοῖς ὑστέροις ὡς μᾶλλον σώζουσι τὰ φαινόμενα, ἐκείνων μήτε τελείως σώζοντων, μήτε τοιαῦτα φαινόμενα εἰδότων διὰ τὸ μὴ σω τὰς ὑπὸ Καλλισθένους ἀ

Βαβυλῶνος πεμφθείσας παρατηρήσεις ἀφικέσθαι εἰς τὴν ἑλλάδα, τοῦ Ἀριστοτέλους τοῦτο ἐπισκήψαντος αὐτῷ, ἅς τινας διηγεῖται ὁ Πορφύριος χιλίων ἐτῶν εἶναι καὶ ἐννεακοσίων τριῶν, μέχρι τῶν Ἀλεξάνδρου τοῦ Μακεδόνος σωζομένας, μηδὲ δυναμένων δεῖξαι δι' ὑποθέσεων τὰ πιστευόμενα.

Ce qui signifie :

« Il faut donc, suivant le conseil d'Aristote, se ranger de l'avis des
» derniers astronomes, puisqu'ils sauvent mieux les apparences et que
» les anciens ne pouvaient les sauver aussi bien, et qu'ils n'avaient pas
» une si grande collection de ces phénomènes; en effet, les observations
» envoyées de Babylone par Callisthène, sur la recommandation expresse
» d'Aristote, n'étaient pas encore arrivées en Grèce. Porphyre nous dit
» que ces observations embrassaient un espace de 1903 années, jusqu'au
» tems d'Alexandre de Macédoine. Les Anciens n'avaient donc pas tout
» ce qui leur eût été nécessaire pour établir ou démontrer aux autres les
» hypothèses auxquelles ils auraient eux-mêmes ajouté foi. »

Il est donc évident qu'Aristote n'avait parlé de ces observations dans aucun de ses ouvrages, au moins dans aucun de ceux que son commentateur avait lus.

La certitude de l'anecdote repose donc toute entière sur le témoignage de Porphyre, et sur la fidélité avec laquelle Simplicius a pu le citer. Cet auteur avait composé une *Introduction astronomique*, Εἰσαγωγὴ ἀστρονομουμένων, en trois Livres, nous dit Suidas. Nous avons une introduction au Livre des *Effets des Astres*, de Ptolémée, par le philosophe Porphyre; mais cet ouvrage purement astrologique ne fait aucune mention des 1903 années d'observations babyloniennes envoyées par Callisthènes. Cette tradition a l'air d'un conte. Comment Ptolémée n'en aurait-il pas dit un seul mot, et comment Aristote, qui aurait donné cette commission, aurait-il négligé d'en parler lui-même et de communiquer ce trésor aux astronomes; ou quels seraient enfin ces astronomes à qui Aristote en aurait fait part, et qui en auraient tiré des hypothèses plus conformes aux phénomènes? Avant Hipparque on n'avait aucune théorie de la Lune; avant Ptolémée on manquait d'observations pour la théorie des planètes. Hipparque et Ptolémée ont cité les observations qu'ils avaient prises pour bases de leurs recherches. On ne voit nul vestige de cette longue suite d'observations qui devaient paraître un des fruits les plus curieux des conquêtes d'Alexandre, et qui devaient, en raison de la nouveauté, faire

sur les Grecs plus de sensation qu'elles n'en pourraient faire si on les
retrouvait aujourd'hui.

Aristote explique la scintillation des étoiles par leur distance. Notre vue
est plus forte, elle saisit le Soleil et les planètes avec plus de fermeté,
parce qu'elles sont plus voisines ; elle est faible et tremblante pour saisir
les étoiles qui sont plus éloignées. C'est toujours ce même système de
vision, ces rayons partis de l'œil pour aller embrasser les objets.

Il raconte en ces termes l'occultation de Mars par la Lune :

Τὴν δὲ σελήνην ἑωράκαμεν διχοτόμον μὲν οὖσαν ὑπεισελθοῦσαν δὲ τῶν
ἀστέρων τὸν τοῦ ἄρεως, καὶ ἀποκρυφέντα μὲν.... τὸ μέλαν αὐτῆς ἐξελθόντα
δὲ κατὰ τὸ φαιὸν καὶ λαμπρόν. Ὁμοίας δὲ περὶ τοὺς ἄλλους ἀστέρας
λέγουσι οἱ πάλαι τετηρηκότες ἐκ πλείστων ἐτῶν αἰγύπτιοι καὶ Βαβυλώνιοι,
παρ' ὧν πολλὰς πίστεις ἔχομεν περὶ ἑκάστου τῶν ἄστρων.

« Nous avons vu la Lune dichotome passer sur la planète de Mars,
» qui fut cachée par la partie noire, et qui reparut par la partie visible
» et brillante. On rapporte des choses semblables des autres astres, et
» c'est ce que nous apprennent les Egyptiens et les Babyloniens, des-
» quels nous avons un grand nombre de choses dignes de foi sur chacun
» de ces astres. » C'était bien le cas de parler des observations envoyées
par Callisthènes, si cet envoi était réel. On avait donc reçu des Babyloniens et des Egyptiens des communications qu'on regardait comme importantes ; mais il y a loin de là à une série de 1903 ans d'observations.

On peut douter qu'Aristote ait fait lui-même l'observation de l'éclipse
de Mars ; il aurait dit l'heure, le jour et l'année. *Nous avons vu* signifie
on a vu de notre tems.

Aristote prouve l'immobilité de la Terre par la chute perpendiculaire
des graves. Σημεῖον ὅτι τὰ φερόμενα βάρη ἐπὶ ταυτὴν οὐ παρ' ἄλληλα
φέρεται ἀλλὰ πρὸς ὁμοίας γωνίας ὥστε πρὸς ἓν τὸ μέσον φέρεται τὸ τῆς
γῆς. La preuve est que les graves tombant sur la Terre n'y sont pas
portés parallèles, mais suivant les mêmes angles, ce qui montre qu'ils
se dirigent vers un centre, qui est celui de la Terre.

Nous finirons cet extrait de Simplicius par la citation d'une conjecture
singulière des Anciens. Ἐνίοις δὲ δοκεῖ καὶ πλείω σώματα τοιαῦτα
ἐνδέχεσθαι φέρεσθαι περὶ τὸ μέσον, ἡμῖν δὲ ἄδηλα διὰ τὴν ἐπιπρόσθησιν
τῆς γῆς διὸ καὶ τῆς σελήνης ἐκλείψεις πλείους ἢ τὰς τοῦ ἡλίου γίγνεσθαι
φασί, τῶν γὰρ φερομένων ἕκαστον ἀντιφράττειν αὐτὴν ἀλλ' οὐ μόνην τὴν γῆν.

« Quelques-uns ont cru qu'il pouvait y avoir un plus grand nombre
» de corps circulant autour du centre commun, et qui nous sont cachés

» par la Terre, ce qui pourrait expliquer pourquoi les éclipses de Lune
» sont plus fréquentes que les éclipses de Soleil. Chacun de ces corps
» pourrait, aussi bien que la Terre, intercepter la lumière que reçoit
» la Lune. »

Aristote, car ce passage est de lui, raisonne ici comme un homme qui
n'a aucune idée bien nette des mouvemens célestes, ni des Tables astronomiques, et je crois en effet qu'il n'y en avait aucune de son tems,
ou elles devaient être bien peu sûres.

Martianus Capella.

*Martiani Minæi Felicis Capellæ Carthaginiensis, viri proconsularis, Sa-
tyricon, in quo de nuptiis philologiæ, et Mercurii, et de septem artibus
liberalibus libri singulares, omnes et emendati et notis sivè februis Hug.
Grotii illustrati.* Lugd. Bat. 1599.

Je citerai le plus souvent, dans sa langue, les passages de cet auteur;
j'en supprimerai la traduction. On lit à la page 194 :

*Circulum quidem Terræ ducentis quinquaginta duobus millibus stadiorum,
ut ab Eratosthene doctissimo gnomonicâ Supputatione discussum. Quippe
scaphia dicuntur rotunda ex ære vasa, quæ horarum ductus styli in suo fundo
proceritate discriminant, qui stylus gnomon appellatur, cujus umbræ pro-
lixitas æquinoctio centri sui æstimatione dimensa, vicies quatuor complicata, circuli duplicis modum reddit.* (Veut-il dire que la hauteur du pôle,
multipliée par 24, donne 720°, ou deux cercles? Il était plus simple de
ne la multiplier que par 12; il aurait eu un cercle et la hauteur du pôle
eût été de même 30°.) *Eratosthenes verò à Syene ad Meroen per mensores
regios Ptolemæi certus de stadiorum numero redditus, quotaque portio tel-
luris esset advertens, multiplicansque pro partium ratione circulum, men-
suramque Terræ incunctanter, quot millibus stadiorum ambiretur, absolvit.*

Ce passage nous en apprend moins que celui de Cléomède, duquel il
semble extrait.

Martianus Capella s'efforce ensuite de prouver que la Terre est le centre
du monde; il parle des zônes, des antipodes; mais il dit, on ne sait
pourquoi, que les zônes glaciales n'ont pas d'antipodes. *Antipodes pro-
prios non habent sed ipsæ sibi invicem contrariæ fiunt habitatione antipodæ.*

Ensuite il parle de la circonférence de la Terre; il la fait de 315 fois
cent mille pas, et tout aussitôt il donne le degré de Ptolémée de 500 stad.,
chaque stade étant de 125 pas. Voici ses propres termes : *Singula verò*

stadia centum viginti quinque passibus explicata, quæ octo millenos pas-
sus absolvunt. Unde quingenta stadia quæ sunt passibus unius millia passuum
colligunt sexaginta duo passusque quingentos. Verùm illa stadia quingenta,
trecenties sexagies complicata faciunt semel millies octogenties sexcentena.
Ex quibus millia passuum partitione prædicta collecta faciunt ducenties
vicies quinquies centena. Cette manière des Latins, pour exprimer les
nombres, est un peu barbare, aussi bien que le style du carthaginois
Martianus. Ce qu'on y voit de plus clair, c'est que l'auteur oublie le degré d'Ératosthène pour celui de Ptolémée, et ne songe nullement à les
concilier.

Il fait passer les colures par les huitièmes degrés des signes, comme
Manéthon; il n'avait donc pas bien lu *son Hipparque*; c'est ainsi qu'il
l'appelle. Il donne à l'animal du Centaure le nom de Panthère, que porte
aussi le Centaure; il donne à l'Agenouillé le nom de *Nisus.* Cicéron,
en traduisant Aratus, avait dit : *Genibus nixus.* L'Oiseau est chez lui le
Cygne; parmi les constellations australes, il nomme le Poisson austral
Cœlulum ou ὀυρανίσχος et l'Autel. Il dit que, suivant quelques auteurs,
Canobus s'appelle aussi Ptolémée. *Chelas quam Libram dicimus ;* c'est ainsi
qu'il désigne les Serres.

Il parle très-brièvement de l'inégalité du Soleil et de l'excentricité qui
la produit.

Un chapitre plus remarquable est celui qui a pour titre :

Quod Tellus non sit centrum omnibus Planetis.

Licet generaliter sciendum cunctis orbibus Planetarum eccentron esse tel-
lurem, hoc est, non tenere medium circulorum, quod mundi centrum esse
non dubium; et illud generale septem omnibus advertendum, quod cùm
mundus ejusdem ductus ratione unimodâ torqueatur, Planetæ quotidie tam
loca quàm diversitates arripiunt circulorum. Nam ex his nullum sidus ex
eo loco unde pridiè ortum est elevatur. Quod si est, dubium non est 183 cir-
culos habere Solem per quos ab solstitio in brumam redit, aut ab eâdem
in solstitialem lineam sublevatur. Per easdem quippe mutationes commeat
circulorum. Sed cùm Sol prædictum numerum habeat, Mars duplos circulos
facit; jovis stella duodevicies excrescere octies vicies cumulatis. Saturnus
eos circulos, qui paralleli etiam ducti sunt circumcurrens, qui motus omnium
cùm mundo proveniunt, et Terras ortibus occasibusque circumeunt. Jusqu'ici
rien de bien extraordinaire, si ce n'est la diction : *Nam Venus Mercu-*
riusque licet ortus occasusque quotidianos ostendant tamen eorum circuli

Terras omninò non ambiunt, sed circa Solem laxiore ambitu circulantur, denique circulorum suorum centron in Sole constituunt, ità ut suprà ipsum aliquando, infra plerumque propinquiores Terris ferantur, à quo quidem signo uno, et parte dimidiâ Venus disparatur; sed cùm suprà Solem sunt propinquior est Terris Mercurius, cùm infra Solem Venus ut potè quæ orbe castiore diffusioreque curvetur. Nam Luna quæ propinquior Terris est per quos feratur anfractus ulterius memorabo; post cujus orbem alii Mercurium Veneremque alii ipsius circulum Solis esse concertant. Deinde Martis, Jovis ac Saturni quos omnes ut suis amplitudinibus metiamur, quod non facile astrologi voluére, ab uno Geometriæ concesso assertio est inchoanda quod et ipsa suggerit in præsenti, et ab Eratosthene Archimedeque persuasum in circuitu Terræ esse CCCCVI millia stadiorum et decem stadia. Voila encore une mesure de la Terre attribuée à Eratosthène et Archimède; mais elle ne diffère de celle d'Aristote que de 6010 stades sur le contour, et il est possible qu'Aristote ait négligé cette petite différence pour s'en tenir au nombre rond qui suffisait pour son objet.

Il n'y a de vraiment remarquable dans ce passage que ce qui concerne Mercure et Vénus, dont les orbites ont le Soleil pour centre commun et se trouvent dans la position que nous leur assignons aujourd'hui. On dit que c'est ce peu de lignes qui a été pris par Copernic pour le sujet de ses méditations, et qui l'a conduit à son système du monde; en ce cas, Martianus aurait rendu à l'Astronomie plus de services que des astronomes bien plus habiles, et nous devons lui pardonner son verbiage, ses bévues et son galimathias.

Remarquons encore que Martianus, en exposant ce système, ne fait aucune mention des Egyptiens, à qui Macrobe l'attribue.

Le cercle de la Lune est 100 fois plus grand que la Terre et 600 fois plus grand que la Lune. Souvent une éclipse de Soleil observée totale dans le climat de Meroé était partielle dans le climat de Rhodes et nulle dans le climat du Boristhène. On sait combien ce climat de Rhodes contient de stades; il répondait à la dix-huitième partie de l'ombre causée par la Lune. Mais comme le corps qui jette une ombre conique est plus grand que l'ombre, on a trouvé par les lieux qui voyaient l'éclipse à droite et à gauche, que la Lune était trois fois grande comme son ombre; d'où on a tiré les conséquences ci-dessus.

On trouve le diamètre de la Lune en comparant l'eau écoulée d'une clepsydre, pendant le tems qu'elle met à se lever, comparé à ce qui a coulé pendant une révolution diurne entière. Le cercle du Soleil est 12 fois grand comme celui de la Lune; car le Soleil fait en 12 mois ce qu'elle fait en un. La latitude de la Lune peut aller à 6°.

Les orbes de Vénus et de Mercure sont des épicycles. Les digressions de Mercure sont de 25°.

Martianus Capella paraît un compilateur maladroit qui n'a pas assez de critique pour choisir entre les auteurs qu'il aurait à copier. Il parle d'Eratosthène, d'Hipparque et de Ptolémée, probablement sans les avoir lus, ou il en avait au moins peu profité; il n'était pas au niveau de son siècle, ou son siècle était descendu au-dessous des siècles précédens; ou plutôt, ce qui est plus vraisemblable, les travaux d'Hipparque et de Ptolémée étaient restés renfermés dans les écoles de Rhodes et d'Alexandrie, où même ces grands astronomes n'ont pas eu de dignes successeurs.

J'ai copié ce que Martianus offre, je ne dirai pas de bon, mais de singulier; il n'a de bon que deux ou trois lignes sur Mercure et Vénus, et nous en avions déjà vu l'équivalent à peu près, dans Cicéron et dans Macrobe.

Proclus Diadochus.

Proclus Lycius cognomine Diadochus (ou le successeur) est auteur d'un Livre sur la sphère, souvent réimprimé, et qui n'est cependant qu'un des plagiats les plus impudens qui aient jamais été commis. C'est la copie exacte de plusieurs chapitres de Géminus. Il est donc bien inutile d'en faire ici l'extrait.

Le même Proclus est auteur d'un Livre plus considérable, intitulé : *Hypotyposis astronomicarum positionum.*

Dans une exposition des divers phénomènes qui ont attiré l'attention des astronomes, il attribue aux pythagoriciens la première idée des excentriques et des épicycles. Proclus, dans cette espèce de Préface, est cité deux fois comme s'il n'était pas l'auteur de l'ouvrage; on y cite en même tems Alfragan. Toutes les orbites des planètes ont leurs pôles particuliers. Proclus se sert du mot *écliptique*, ainsi que Martianus. Il décrit l'instrument propre à observer le Soleil. Il donne à cet instrument un diamètre au moins d'une demi-aune (*ulna*, dit le traducteur, car je n'ai pu encore me procurer l'original grec). Il ne fait que paraphraser Ptolémée, dans la description de l'armille solsticiale. Il entend, comme moi, la division du degré en autant de parties qu'il sera possible, afin que nous ayons non-seulement les degrés, mais aussi *des minutes*, ce qui ne dit pas qu'on aura l'angle à la minute, mais en fractions du degré qui vaudront plusieurs minutes, comme des dixaines de minutes, si le degré est divisé en six parties.

Il enseigne à tracer une méridienne par des ombres correspondantes, opération fondamentale dont aucun auteur ne parle, mais qui doit avoir été très-anciennement connue.

L'armille verticale est placée dans le méridien; on connaîtra l'heure de midi, par l'ombre de la partie convexe antérieure qui viendra tomber sur la partie concave opposée. C'est ce qu'il était aisé de supposer, mais aucun auteur ne l'avait dit.

On observera la hauteur du Soleil par l'ombre du petit gnomon supérieur, qui doit couvrir le petit gnomon inférieur. Ces gnomons, suivant Proclus, étaient des espèces de triangles fendus comme des pinnules. C'est ainsi, ajoute-t-il, qu'on a déterminé l'obliquité de 23° 51' 20''; c'est ce que personne n'avait encore écrit, et que nous avons supposé, sans en répondre, à l'article d'Eratosthène. Si le diamètre était de demi-aune, le rayon était au plus d'un pied; il est bien évident qu'Eratosthène ne pouvait obtenir les minutes, et ce témoignage de Proclus confirme tout ce que nous avons dit sur les observations. Reste à savoir si Proclus, venant si long-tems après Eratosthène, était bien sûrement informé.

Il représente par une même figure les deux hypothèses de l'excentrique et de l'épicycle, pour mieux prouver qu'elles donnent toujours les mêmes résultats.

Il suppose, comme Ptolémée, la précession de 36'' par an. Il enseigne la construction d'une machine propre à donner, sans calcul, les lieux vrais et moyens du Soleil.

La même armille servira à trouver les plus grandes latitudes de la Lune, qui vont jusqu'à 5° 30'; c'est au moins 12' de trop. Les nœuds de la Lune ont un mouvement rétrograde. Vient ensuite une exposition peu complète et assez obscure de la théorie lunaire de Ptolémée, de ses recherches sur les parallaxes, puis la manière de trouver le diamètre de la Lune ou du Soleil, au moyen, soit de la clepsydre, soit de la dioptre d'Hipparque.

On voit dans ce chapitre, que Sosigène avait reconnu que le diamètre du Soleil périgée devait être moindre que le diamètre qu'on supposait égal au diamètre apogée de la Lune, et qu'ainsi dans une éclipse où le Soleil périgée serait couvert par la Lune apogée, l'éclipse ne pouvait être totale, et qu'il resterait une partie du Soleil dont la lumière ne serait pas arrêtée par la Lune. C'est la seule mention que j'ai vue chez les Anciens, d'une éclipse annulaire. C'est encore dans ce chapitre qu'on voit la description et la figure de la dioptre d'Hipparque. Ensuite, des calculs sur les volumes de la Terre et du Soleil. Au total, un Commentaire peu instructif sur le grand ouvrage de Ptolémée. L'auteur expose assez longuement la position, les mouvemens, les inclinaisons des excentriques et des épicycles des planètes, sans parler pourtant de ces roulettes employées par Ptolémée pour expliquer mécaniquement les inégalités de la latitude des planètes. Cette partie n'apprend rien à celui qui a lu Ptolémée.

De là il passe à la description de l'astrolabe-planisphère, qu'il décrit d'après Ptolémée, qui lui-même en avait parlé d'après Hipparque, Ammonius, Proclus, Philoponus et Nicephore. Il paraît toujours qu'Hipparque est le premier auteur de cette projection, ce qui nous sera dans la suite confirmé par Synesius. Dans tout cela, rien de mathématique et rien de nouveau.

Il cherche à expliquer pourquoi le Soleil paraît redescendre vers l'équateur, dès qu'il a passé le solstice, quoique réellement il n'ait pas encore atteint le point le plus élevé de son orbite, ce qui vient de l'excentricité et de ce que l'angle de deux plans se mesure par celui de deux lignes perpendiculaires à un même point quelconque de l'intersection commune.

Proclus est encore auteur d'un Commentaire assez long sur le Tetrabiblos de Ptolémée. Nous aurons occasion d'en parler quand nous extrairons l'original.

Arrien.

On lit dans Photius, qu'Arrien avait composé un petit écrit, βιβλιδάριον, sur la nature des comètes, où il faisait tous ses efforts pour prouver que leurs apparitions n'annoncent ni rien de bon, ni rien de mauvais : Μηδὲν μήτε τῶν ἀγαθῶν μήτε τῶν φαύλων τὰ τοιαῦτα φάσματα ἀποσημαίνουσιν. Photius n'en dit pas davantage; mais on entrevoit qu'il ne partage pas cette idée (page 1378).

Isidore, archevêque d'Hispala.

Dans son ouvrage des Origines, où il traite en abrégé de toutes les sciences, Isidore parle de l'Astronomie, au livre III, chapitre XXVI et suivans. Parmi des notions communes je remarque, au chap. XXXIII, cette idée singulière, que la sphère du ciel tourne avec une telle rapidité, que si les *astres* ne tournaient en sens contraire pour en retarder le mouvement, le monde tomberait bientôt en ruines. Je ne sais où le bon évêque avait pris cette idée, digne des philosophes grecs.

Les portes du ciel sont l'orient et l'occident. Dieu a incliné la route du Soleil, pour que la Terre ne fût pas brûlée par sa trop grande chaleur.

La Lune fait son cercle en 8 ans, Mercure en 20, Lucifer en 9, le Soleil en 19, *Vesper ou Mars* en 15, Jupiter en 12, Saturne en 30.

Sol quod solus. Luna quasi Lucina à luce Solis. Stellæ à stando quia non cadunt. Il appelle signes les constellations en général, Arcturus, Ἄρκτου Ὀυρά, la queue de l'Ourse; Orion, *ab urinâ;* voyez les mythologues. Hyades, ἀπὸ τοῦ ὕειν, *à succo, et à pluviis.* Les comètes annoncent la peste, la famine, ou la guerre.

Jubar quod jubas lucis ex se fundit.

Le titre de l'ouvrage est : *Isidori, Hispalensis episcopi, etymologiarum libri XX.* Dans un autre ouvrage, *de Naturâ rerum,* il parle encore de l'Astronomie, des jours, des nuits, de la semaine, des mois et des années. On y voit, comme dans l'ouvrage précédent, que Mars porte aussi le nom de Vesper, que tous les auteurs donnent à Vénus. Mars acronyque, qui se lève le soir et se couche le matin, et qui est alors fort brillant, peut avoir suggéré cette dénomination.

Il partage l'année comme Eudoxe partageait le zodiaque. Le printems proprement dit était précédé du printems froid et suivi du printems chaud. On avait l'été chaud, l'été proprement dit et l'été sec; l'automne sec, l'automne et l'automne humide; l'hiver humide, l'hiver et l'hiver froid. Les équinoxes et les solstices, au milieu du mois comme du signe. Voyez au chapitre d'Hipparque, page 151, ce que nous avons dit de ces divisions de l'année et du zodiaque.

Les étoiles n'ont pas de lumière propre, elles réfléchissent celle du Soleil. Isidore désigne ici les planètes, apparemment. Les éclipses de Soleil nous ont prouvé qu'il y a des étoiles au ciel pendant le jour. Pline nous l'a déjà dit.

L'auteur confond Arcturus et la grande Ourse.

La mer n'augmente pas, malgré la quantité de fleuves qui y portent leurs eaux; c'est que l'eau salée consume l'eau douce qui s'y jette. Cette idée est du saint évêque Clément. De plus, les vents en entraînent une partie, et le Soleil pompe l'autre.

On voit qu'un astronome peut se dispenser de lire saint Isidore, qui prend toutes ses autorités dans les saints-pères et les apôtres.

Cassiodore.

Cassiodore (Marcus Aurelius) qui vivait vers 55o, a fait un *Abrégé
des Sciences*. Le quatrième Livre traite de l'Astronomie ; je n'y ai pas
vu un seul mot à citer.

Théon l'ancien.

Théon de Smyrne, beaucoup plus ancien, puisqu'il vivait en l'an 100,
avait composé un Traité d'Astronomie ; il nous en reste quelques lignes
qui ont été publiées par Bouillaud, d'après un manuscrit de la Bibliothèque du Roi. On y voit que la Lune et Vénus peuvent s'écarter du
zodiaque de 6° de part et d'autre, et *le Soleil d'environ un degré*. Bouillaud
croit ce Théon plus ancien que Ptolémée ; il y a toute apparence ; car il
est appelé Théon l'ancien par le commentateur de Ptolémée.

Le petit *Astronome*, μικρὸς Ἀστρονόμος, ou Ἀστρονομούμενος. C'est
le titre d'un Recueil dont on se servait à Alexandrie. Il contenait les ouvrages suivans : les trois Livres des Sphériques de Théodose, les Données, l'Optique et les Phénomènes d'Euclide, le Livre des habitations,
les deux Livres des jours et des nuits de Théodose, les deux ouvrages
d'Autolycus sur la sphère en mouvement et les levers et les couchers, le
Livre d'Aristarque de Samos sur les grandeurs et les distances, le Livre
des ascensions, d'Hypsicles ; enfin les trois Livres sphériques de Ménélaus. A l'exception du dernier Livre de Ménélaus, nous possédons tous
ces ouvrages : il semble que le parti qu'on en pouvait tirer pour la pratique était assez peu considérable ; mais à côté des observateurs il y avait
probablement des professeurs qui enseignaient la partie spéculative.

Firmicus.

Firmicus Maternus, sicilien, a écrit huit Livres des choses astronomiques, ἀστρονομικῶν ; mais il n'y parle que d'Astrologie. Je ne veux
point communiquer à mes lecteurs l'ennui que m'a causé son ouvrage.
Cet auteur vivait du tems de Constantin et se fit chrétien.

Hypatia, fille de Théon le commentateur, avait composé un ouvrage
intitulé : Ἀστρονομικὸς κανών, *Table astronomique* ; il est perdu. Elle fut
massacrée et mise en pièces, dans une sédition, par les envieux que lui
avait suscités sa grande réputation.

Paul Alexandrin, ou d'Alexandrie, avait composé une Introduction à
l'Astrologie.

Pappus d'Alexandrie, auteur des Collections mathématiques en huit

Livres, dont plusieurs sont perdus. Il avait composé un Commentaire sur la *Composition* de Ptolémée. Nous en trouverons des fragmens à l'article de Théon.

Synésius vivait au commencement du cinquième siècle. Nous aurons occasion de parler de son Planisphère, à l'occasion de celui de Ptolémée. Il fut élève d'Hypatia et évêque de Ptolémaïs. Nous avons parlé de Léonce le mécanicien, à propos de la sphère d'Aratus, chapitre X.

Rufus Festus Avienus paraphrasa Aratus en vers hexamètres.

Thius.

Θεῖος. Thius, astronome athénien qui vivait au sixième siècle, nous a transmis sept observations, lesquelles, si vous exceptez une éclipse de Soleil observée par Théon, sont tout ce qui nous reste de tout le tems écoulé entre Ptolémée et les Arabes. Bouillaud les a publiées en 1645, dans son Astronomie philolaïque.

Ces observations sont consignées dans le manuscrit n° CXIV de la Bibliothèque.

I. L'an 192 de Dioclétien, le 21 athyr, la Lune, ἐπέδραμε; passa par-dessus la planète Vénus. Le lieu apparent de la Lune était à Athènes, 13° du Capricorne; la distance au Soleil, 48°. L'observation est de Thius. C'était l'an 475 de J. C., 18 novembre. L'heure n'est point marquée; Bouillaud suppose 5ʰ ½ du soir. Bouillaud traduit ἐπέδραμε, passa au-dessus, et il peut avoir raison, puisqu'il n'y a ni immersion, ni émersion marquée. Page 172.

II. L'an 214, du 6 au 7 pachon, à la seconde heure de la nuit, le Soleil étant couché, j'ai vu Mars tellement voisin de Jupiter qu'il n'y avait aucun interstice. L'an 498 de J. C., 1 mai, 9ʰ. Page 326.

III. L'an 219 de Dioclétien, du 27 au 28 mechir, la Lune occulta Saturne à la quatrième heure à très-peu près; et après la sortie, prenant l'heure, mon frère et moi, avec l'astrolabe, nous trouvâmes 5ʰ ¼ . ¼ temporaires; de sorte qu'il nous fut aisé de conjecturer que la conjonction avait dû avoir lieu vers 5ʰ. Saturne sortit par le milieu de la partie éclairée. *Le troisième cercle était de près de deux parties.* Bouillaud, p. 246. Les heures sont temporaires et pour Athènes.

C'était l'an 503 de J. C., le 21 février. 11ʰ 43' 41" équinoxiales répondaient à 5ʰ temporaires; l'heure équinoxiale de l'immersion, 9ʰ 52' 54".

IV. L'an 225, le 30 de thoth, Jupiter s'était tellement approché du eteur du Lion, qu'il n'en était qu'à 5 doigts de distance vers le nord, et il n'en a pas approché davantage.

C'était l'an 508, le 27 septembre au matin. Page 278.

V. L'an 225, du 15 au 16 phamenoth, j'ai vu la Lune suivant la claire des Hyades, après que les lampes furent allumées, l'intervalle était d'un demi-doigt au plus; il paraît même que l'étoile avait été occultée; elle était voisine du milieu de la surface convexe de la partie éclairée, le lieu vrai de la Lune vers 16° ¼ du Taureau. Page 172. C'était l'an 509, 11 mars.

VI. L'an 225, 19 payni, après le coucher du Soleil, Mars était joint à Jupiter, ensorte qu'il paraissait plus avancé d'un doigt en longitude et de 2 doigts plus austral. Quoique, d'après les Tables de la Syntaxe et du Canon, le 23 de ce mois, les lieux de ces deux astres dussent être égaux, en cet instant ils ont paru très-différens. C'était l'an 509, 13 juin, après le coucher du Soleil. Page 327.

VII. L'an 226 de Dioclétien, la planète Vénus fut vue moins avancée en longitude que Jupiter, de 20 doigts, mais le 28 elle était plus avancée de 10 doigts, la différence de latitude paraissait nulle; mais suivant l'éphéméride, les deux planètes devaient être en conjonction le 30, et alors on les vit très-séparées. C'était l'an 510, le mois n'est pas marqué; mais d'après les Tables de Ptolémée, Bouillaud trouve que l'observation doit être de l'an 510, 20 août, après le coucher du Soleil. Page 347.

On remarquera dans l'observation III ces mots, *le troisième cercle était de deux parties presque*. Ce troisième cercle est-il le cercle de latitude qui marquait deux parties? La latitude apparente de la Lune était de 19' 27″ A, suivant Bouillaud. Les deux parties seraient deux parties de la division du degré, de 10' en 10'; mais je n'ai jamais vu le mot μοίρα employé en ce sens, ni le cercle de latitude nommé le troisième cercle. Bouillaud ne fait là-dessus aucune remarque et ne tient aucun compte de cette circonstance. Ces deux parties indiqueraient-elles les heures temporaires? Comment l'astrolabe donnait-il l'heure temporaire? Il devait donner l'heure sidérale, d'où l'on pouvait conclure l'heure vraie; il était assez inutile d'en conclure l'heure temporaire.

Cunradus Dasypodius, éditeur des deux ouvrages d'Antolycus et des deux ouvrages les moins connus de Théodose, a donné dans le même volume un Traité de calcul astronomique, composé en grec par le moine Barlaam, dont nous ignorons l'époque, assez peu importante pour l'histoire de la science; car son Livre ne renferme aucune notion qui ne fût plus ancienne que le tems où les moines ont pu commencer. Le titre de l'ouvrage est :

Βαρλααμ μοναχου λογιστικη αστρονομικη.

Ce Traité est divisé en six Livres; il n'y a que le troisième qui ait quelque rapport à l'Astronomie, ou au calcul sexagésimal. On n'y voit, comme dans tous les Traités qui composent cette collection, que des propositions sans démonstration et sans le moindre développement. Le titre général est : *Sphæricæ doctrinæ propositiones græcæ et latinæ, nunc primùm per M. Cunradum Dasypodium in lucem editæ, quorum auctores sequens indicat pagina. Argentorati, excudebat Christianus Mylius.* 1572.

Et au verso :

Theodosii de Spherâ libri tres, de Habitationibus liber, de Diebus et Noctibus libri duo.

Autolyci de Spherâ mobili liber, de Ortu et Occasu Stellarum libri duo, Barlaam monachi logisticæ astronomicæ libri sex.

Voici les propositions de Barlaam, au livre III.

1. Les parties ou unités multipliées entr'elles produisent des unités.

2. Si une quantité (πλῆθος) en multiplie une autre, on aura cette analogie :

L'unité du multiplicateur : la partie :: l'unité du produit : une unité du multiplicande.

Il est difficile de voir bien clairement ce que Barlaam a voulu nous apprendre par cet énoncé si vague et si obscur. Supposons que le multiplicateur soit $0^\circ 57' 49''$, le multiplicande $36^\circ 44' 25''$, l'unité du multiplicateur sera une unité du second ordre, c'est-à-dire une minute; la partie ou le degré l'unité principale, la véritable unité; l'unité du produit sera la minute; l'unité du multiplicande sera le degré; on aura en effet $1' : 1^\circ :: 1' : 1''$. Il n'y avait aucun avantage à faire un théorème si mystérieux, d'une vérité si palpable.

3. Une fraction sexagésimale est multipliée par une autre, quelle sera la nature du produit ? Les primes par des primes, donnent des secondes; les primes par des secondes, font des tierces; par des tierces, elles font des quartes, et ainsi de suite; des secondes par des secondes, produisent des quartes; par des tierces, elles font des quintes, etc. En général, nous dirions que l'indice du produit est la somme des deux indices.

4. Si un nombre en égale soixante fois un autre, en le réduisant à l'espèce supérieure on le rendra numériquement égal au plus petit.

Si l'on a 300' = 60.5', en les convertissant en degrés, on aura 5', qui numériquement égaleront 5'.

5. Si quatre nombres sont en proportion, et que le premier soit 60, le second sera une fraction sexagésimale qui, multipliée par le troisième, donnera le quatrième terme. Soient les nombres 60 : 25 :: 12 : 5; vous pouvez changer ainsi la proportion $1 : \frac{25}{60} :: 12 : 5$; or $\frac{25.12}{60} = \frac{5.5.12}{5.12} = 5$, Voilà tout ce que j'ai pu tirer de cette proposition, aussi obscure qu'inutile, et qui paraît altérée dans le texte grec.

6. Si trois nombres sont en proportion, le premier étant 60, le carré du moyen, divisé par 60, sera égal au troisième, c'est-à-dire sera une fraction sexagésimale dont le nombre sera le carré du terme moyen.

Les six propositions suivantes sont du même genre. Il paraît que le moine Barlaam avait beaucoup plus de loisir que de ressources dans l'esprit, puisqu'il n'a su l'employer qu'à ces niaiseries. Ce qu'on trouve de plus remarquable, c'est une phrase dont l'équivalent est dans Théon.

« On pourrait avoir une Table composée d'après les espèces qu'on » aurait à multiplier, dans laquelle on prendrait avec facilité le produit » de chaque multiplication. » Cette Table a été faite par les modernes; elle se trouve dans les Œuvres de Lansberge, dans la Logistique astronomique de Maurice Bressius, enfin dans Taylor.

Le même Barlaam avait fait un Livre des triangles rectangles; on ne sait s'il traitait des triangles sphériques.

Nous terminerons ces extraits historiques par celui du Livre de Bède, le dernier auteur connu qui ait parlé d'Astronomie avant l'époque des Arabes.

Bède.

Les Œuvres du vénérable Bède, prêtre anglo-saxon, ont été publiées en 8 volumes *in-folio*, par J. Hervage, à Basle.

Bède forma un grand nombre d'élèves qui se sont distingués. On cite entr'autres, Albin ou Alcuin, qu'on dit avoir été l'un des fondateurs de l'Université de Paris. Il mourut en l'an 734.

Il a fait un Livre *de Arithmeticis numeris*. On y trouve une Table de Pythagore plus étendue; elle va jusqu'à 20 sans interruption; de là à 28, aux dixaines, à 59 et à toutes les centaines jusqu'à 1000. Rien de nouveau d'ailleurs.

Un Dialogue *de Computo*. Il y parle de la numération des Latins.

Un Livre *de Divisionibus temporum*. Il y traite des heures, des jours et de leurs variations; des semaines, des mois, de leurs noms latins, des calendes, des ides et des nones, des mois de Romulus et de Numa.

De Arithmeticis propositionibus. Problèmes numériques avec les solutions; un de ces problèmes a pour objet de deviner un nombre pensé. On trouve dans ce chapitre le mot *aripennus*, arpent. Dans la Préface du chapitre sur la division des nombres, on trouve le mot *leuna* ou *leuca*, lieue; dans ce chapitre, il enseigne à se servir des doigts et de leurs articulations, pour faciliter les divisions et les multiplications.

Dans le chapitre *de argumentis Lunæ*, on trouve les problèmes du Calendrier ecclésiastique de cette époque. Son *Ephemeris* est une espèce de calendrier perpétuel avec des Tables. Les chapitres *de Embolismo*, *de Cyclo paschali*, *decennovalis circuli Dionysii Romani sivè exigui* et *beati Cyrilli* n'offrent rien qui nous concerne.

Dans le Livre *de Mundi cœlestis terrestrisque constitutione*, voici ce que j'ai remarqué : Les éclipses reviennent au bout de 55 ans. (Le triple de la période de 18 ans 11 jours ne donne que 54 ans et un mois environ.)

Mercure et Vénus tournent autour du Soleil. C'est ce qu'avait dit Macrobe, d'après Cicéron. On voit dans l'Histoire de Charles, que *Mercure a été vu sur le Soleil, comme une tache, pendant neuf jours*. Si l'auteur avait lu la Syntaxe de Ptolémée, il n'eût pas avancé cette absurdité. C'était probablement une tache assez grande pour être aperçue à la vue simple, ce dont on dit qu'il y a des exemples à la vérité fort rares. *Les nuages avaient empêché de voir l'entrée et la sortie. On voit Mercure et Vénus inférieurs à midi; la clarté du Soleil ne les rend pas invisibles; ces planètes sont alors plus voisines de la Terre et paraissent plus grandes.* Mercure est visible à $\frac{1}{15}$ de signe ou $2°\frac{1}{2}$ du Soleil, Vénus à $\frac{1}{7}$ ou $4°\frac{2}{7}$; la Lune ne se voit pas à cette distance, parce qu'elle n'a pas de lumière propre. (On peut douter aujourd'hui que Mercure et Vénus aient jamais été aperçus si près du Soleil, et ces faits, pour être crus, auraient besoin d'être appuyés sur d'autres témoignages.)

Vénus et la Lune vont jusqu'aux extrémités du zodiaque, divisé en douze lignes; Vénus les excède de deux *momens, duobus momentis*. Mercure en parcourt huit lignes; le Soleil reste dans les deux du milieu. *Duas medias servat nec illas nisi in Librâ excedit*, et n'en sort que dans la Balance. Mars parcourt quatre lignes, Jupiter cinq, Saturne trois seulement. On peut juger par ce passage, de l'érudition astronomique du *vénérable*. Quelques idées vagues sur les stations, les rétrogradations,

les signes où elles peuvent arriver pour les différentes planètes ; sur les
levers, les couchers, les occultations des étoiles, c'est-à-dire leurs disparitions dans les rayons du Soleil ; sur les domiciles des planètes, sur
les eaux surcélestes et sur le froid de Saturne.

La révolution de Saturne est de 30 ans, celle de Jupiter de 12, celle
de Mars de 2, celle du Soleil de 365 jours et un quart, qui fait un jour
au bout de quatre ans ; celle de Vénus de 349 jours, enfin celle de la
Lune est de 27 jours et 8 heures presque.

Bède parle du *saut de la Lune*, de la voie Lactée, du zodiaque, du
méridien et de l'horizon. Il cite une étoile dont aucun autre auteur n'a
fait mention. *Ægyptii præterea* Abus *vocant quamdam stellam quæ eisdem
intervallo temporis exoritur, cujus timent adversitatem.* Ce n'est pas Canobus, qui est nommé deux lignes plus bas.

Il traite ensuite des aspects des planètes.

De circulis Sphæræ et Polo.

Les Hébreux appellent le Soleil *Hama* ; Vénus, *Noga* ; Mercure,
Cocaph ; la Lune, *Libala* ; Saturne, *Sabbai* ; Jupiter, *Sedech* ; Mars,
Madet.

L'apogée de Saturne est dans la Balance, celui de Jupiter dans le
Cancer, celui du Soleil dans le Bélier, celui de Vénus dans les Poissons,
celui de Mercure dans la Vierge, celui de la Lune dans le Taureau ; la
limite boréale du Soleil dans le Bélier (il veut dire sans doute le nœud
ascendant), celle de Saturne dans la Balance, celle de Mercure dans la
Vierge, celle de Vénus dans les Poissons, celle de Mars dans le Capricorne, celle de Jupiter dans le Cancer, celle de la Lune dans le Taureau.

On ne sait où Bède a pu puiser de pareilles notions.

Tems du lever des signes ; figures des constellations. On y voit les deux
Ourses et le Dragon ; Hercule, Cerbère et la massue ; la Couronne, Ophiuchus et le Serpent ; le Scorpion et les Serres ; le Bouvier avec une gerbe
au pied droit ; la Vierge tenant d'une main un caducée et de l'autre un
épi à la hauteur de l'épaule ; les Gémeaux, le Cancer, le Lion ; on n'y
voit pas Régulus, la queue est repliée sous le corps ; le Cocher avec deux
chevaux, le Taureau, Céphée, Cassiopée, Andromède enchaînée et de-
bout, le Cheval, le Bélier, le Triangle, les Poissons, Persée et la Gorgone, la Lyre, le Cygne, le Verseau, le Capricorne, le Sagittaire, l'Aigle,
le Dauphin, Orion, le Lièvre, le Chien, Argo, la Baleine, l'Éridan ou
le Nil ou Eurus, le grand Poisson (cette dénomination serait plus com-

mode que celle de Poisson austral , qui cause des équivoques), l'Autel, le Centaure, qui tient une bête entre les mains et sur l'épaule un thyrse d'où pend un lièvre; l'Hydre, la Coupe et le Corbeau, Anticanis (c'est-à-dire *Procyon*), la voie Lactée, la Flèche.

Cette nomenclature est dans le genre de celle d'Eratosthène et d'Hygin. Les figures paraissent avoir été dessinées par quelqu'un qui n'avait jamais regardé ni le ciel, ni même les cartes célestes. Ces figures sont suivies de celles des douze mois, où il était plus permis à l'auteur de ne suivre que son imagination.

Dans le chapitre *de mensurâ Horologii* on trouve la description d'une méridienne par des ombres égales, sur un plan dont l'horizontalité a été vérifiée au moyen de l'eau, et la description d'une horloge qui donne pour chaque mois, d'heure en heure, la longueur de l'ombre du corps humain , en pieds. L'auteur a oublié de marquer pour quelle latitude il a calculé ses ombres. Celui qui voulait trouver l'heure se plaçait au centre du cadran et servait lui-même de gnomon.

MOIS.	1ʰ et 11ʰ	2ʰ et 10ʰ	3ʰ et 9ʰ	4ʰ et 8ʰ	5ʰ et 7ʰ	Midi.
Janvier et Décembre..	29 *pieds*.	19 *pieds*.	17 *pieds*.	15 *pieds*.	13 *pieds*.	11 *pieds*.
Février et Novembre..	27	17	15	13	11	9
Mars et Octobre......	25	15	13	11	9	7
Avril et Septembre....	23	13	11	9	6 | 7	5
Mai et Août.........	21	11	9	7	5	3
Juin et Juillet........	19	9	7	5	3	1

On peut remarquer que d'un mois au suivant, toutes les différences sont de deux pieds, à l'exception d'une seule, qui probablement est due à une faute d'impression, que j'ai corrigée en marge. On voit comme tout cela doit être exact. Il est évident que les heures sont temporaires, usage qui s'est maintenu probablement jusqu'à l'époque où chaque ville et chaque village a eu son horloge à roues.

On trouve encore dans ce volumineux recueil d'écrits excessivement médiocres, un Traité de l'astrolabe construit graphiquement, et qui n'est pas bien instructif; un Traité dont le titre est : *Compoti ratio*, qui expose le grand cycle paschal de 532 ans du Calendrier Julien. Voyez les Tables de Berlin , premier volume.

Enfin l'auteur, dans un autre Traité, revient sur tous les objets astronomiques dont il a déjà parlé, et n'ajoute rien qui soit ou plus précis, ou plus curieux.

Nous avons dit que Bède avait formé Alcuin, qui a aussi composé un Livre *de Astronomiâ*. Nous ne savons si ce dernier ouvrage a jamais été imprimé, et nous n'avons pu nous le procurer.

Voilà ce qu'on écrivait en Europe, six cents ans après Ptolémée. Il est à remarquer qu'aucun des auteurs qui lui ont succédé ne le cite ; Pline est presque le seul qui cite les travaux d'Hipparque, dont sans doute il n'avait pas lu les écrits. Ces écrits, au reste, paraissent avoir été peu répandus ; Ptolémée est le seul qui témoigne les avoir lus ; ceux de Ptolémée n'ont été connus qu'à Alexandrie, c'est de l'arabe qu'ils ont été traduits pour la première fois, et sans les soins de Bessarion, sans son amour pour tout ce qui tenait à la littérature et aux sciences, nous aurions peut-être eu toujours à regretter l'original grec et le Commentaire de Théon. Concluons que l'Astronomie n'a été véritablement cultivée qu'en Grèce, et presqu'uniquement par deux hommes, Hipparque et Ptolémée. Ici finit cette première partie de notre Histoire. Une nouvelle ère va commencer pour la science ; elle fera le sujet d'un autre ouvrage. Mais avant de la commencer, nous parlerons des Chinois, des Indiens et des autres peuples de l'Asie, qui sont en quelque manière isolés, et dont les époques sont très-incertaines ; ensorte que leurs travaux et leurs découvertes ne peuvent entrer que d'une manière épisodique dans le tableau des progrès de la science astronomique. Mais avant de quitter les Grecs et les Latins, jetons un coup d'œil sur leurs poëtes les plus distingués, pour en extraire des passages qui ont été cités dans beaucoup de livres, tels que ceux de Clavius et de Sacrobosco, et qu'on regretterait sans doute de ne pas trouver dans cette histoire.

CHAPITRE XVII.

Virgile, Ovide, Hésiode, Homère, Horace et Lucain.

On peut être surpris que dans cette revue d'auteurs latins qui ont parlé d'Astronomie, nous n'ayons fait aucune mention de Virgile, qui de tous les poëtes est sans contredit celui qui paraît avoir le plus aimé l'Astronomie, et qui a su rendre le plus heureusement et le plus fidèlement les notions qui pouvaient trouver place en ses Poëmes.

Pour preuve de son estime pour l'Astronomie, il suffit de citer ces vers si connus :

> *Me verò primùm dulces ante omnia musæ,*
> *Quarum sacra fero ingenti perculsus amore,*
> *Accipiant, cælique vias et sidera monstrent;*
> *Defectus Solis varios, Lunæque labores,*
> *Undè tremor terris, quâ vi maria alta tumescant*
> *Obicibus ruptis, rursùsque in se ipsa residant;*
> *Quid tantum oceano properent se tingere Soles*
> *Hyberni, vel quæ tardis mora noctibus obstet,*
> *Sin has ne possim naturæ accedere partes*
> *Frigidus obstiterit circum præcordia sanguis,*
> *Rura mihi et rigui placeant in vallibus amnes*
> *Flumina amem sylvasque inglorius.*

On peut citer encore l'invocation des Géorgiques :

> *Vos ô clarissima mundi*
> *Lumina, labentem cælo quæ ducitis annum.....*

Et ces vers, où parlant de tout ce qui peut contribuer à la gloire d'une nation, il fait une mention particulière de l'Astronomie :

> *Cælique meatus*
> *Describent radio et surgentia sidera dicent.*

Les phénomènes astronomiques sont les premiers objets des chants d'Iopas, au festin de Didon :

> *Cithará crinitus Iopas*
> *Personat auratá docuit quæ maximus Atlas.*
> *Hic canit errantem Lunam, Solisque labores,*
> *Arcturum, pluviasque Hyadas, geminosque Triones....*

Veut-il décrire une coupe d'un travail précieux ? il y place les images de
deux astronomes :

> *In medio duo signa, Conon et quis fuit alter*
> *Descripsit radio totum qui gentibus orbem ?*

Les commentateurs sont divisés sur cet *autre* qui a décrit l'univers ;
il semble que ce ne peut être qu'Eratosthène qui le premier a donné
la mesure de la Terre et celles de ses diverses parties : on a pensé
que ce pouvait être Archimède, à cause de sa sphère céleste. La difficulté de faire entrer dans son vers l'un ou l'autre de ces noms, a sans
doute empêché Virgile de s'expliquer plus clairement.

L'Astronomie ne lui paraît pas moins utile à l'agriculture qu'à la
navigation :

> *Præterea tàm sunt Arcturi sidera nobis*
> *Hædorumque dies servandi et lucidus anguis,*
> *Quàm, quibus in patriam ventosa per æquora vectis,*
> *Pontus et ostriferi fauces tentantur Abydi.....*
> *Haud obscura cadens mittet tibi signa Bootes....*
> *Ante tibi Eoæ Atlantides abscondantur*
> *Gnossiaque ardentis decedat stella coronæ*
> *Debita quàm sulcis committes semina....*
> *At si non fuerit tellus fœcunda, sub ipsum*
> *Arcturum, tenui sat erit suspendere sulco....*
> *Candidus auratis aperit cùm cornibus annum*
> *Taurus et averso cedens canis occidit astro....*

Les interprètes ne sont pas d'accord sur le sens de ce dernier vers.
Lalande a prouvé que les mots *astro averso* ne conviennent qu'au Taureau, qui se lève la tête en bas et la dernière.

On trouve partout la belle description des zônes, du zodiaque, des
pôles, du Dragon et des Ourses :

> *Idcircò certis dimensum partibus orbem*
> *Per duodena regit mundi Sol aureus astra,*
> *Quinque tenent cælum zonæ, quarum una corusca*
> *Semper sole rubens et torrida semper ab igni,*
> *Quam circum extremæ dextrà lævâque feruntur*
> *Cæruleâ glacie concretæ atque imbribus atris ;*
> *Has inter mediamque, duæ mortalibus ægris*
> *Munere concessæ divûm et via secta per ambas*
> *Obliquus quà se signorum verteret ordo.*
> *Mundus ut ad Scythiam, Riphæasque arduus arces*
> *Consurgit, premitur Libyæ devexus in austros.*

> *Hic vertex nobis semper sublimis, at illum*
> *Sub pedibus Styx atra videt manesque profundi.*
> *Maximus hic flexu sinuoso elabitur anguis*
> *Circum perque duas in morem fluminis arctos ;*
> *Arctos oceani metuentes æquore tingi.*
> *Illic, ut perhibent, aut intempesta silet nox*
> *Semper et obtentâ densantur nocte tenebræ ,*
> *Aut redit à nobis aurora diemque reducit*
> *Nosque ubi primus equis oriens afflavit anhelis*
> *Illic sera rubens accendit lumina Vesper.*
> *Hinc tempestates dubio prædiscere cælo*
> *Possumus, hinc messisque diem, tempusque serendi*
> *Et quando infidum remis compellere marmor*
> *Conveniat, quando armatas deducere classes.....*
> *Nec frustra signorum obitus speculamur et ortus,*
> *Temporibusque parem diversis quatuor annum....*
> *Hoc metuens cæli menses et sidera serva ,*
> *Frigida Saturni sese quò stella receptet*
> *Quos ignis cæli Cyllenius erret in orbes....*
> *Atque hæc ut certis possimus noscere signis*
> *Ipse pater statuit quid menstrua Luna moveret*
> *Quo signo caderent austri....*
> *Sæpè etiam stellas, vento impendente, videbis*
> *Præcipites cælo labi, noctisque per umbram ,*
> *Flammarum longos à tergo albescere tractus....*
> *Quantus ab occasu veniens pluvialibus hædis*
> *Verberat imber humum !....*
> *Non ulli tutum est hædis surgentibus æquor....*
> *Libra die somnique pares ubi fecerit horas*
> *Et medium luci atque umbris jam dividet orbem*
> *Exercete viri tauros......*
> *Jam rapidus torrens sitientes Sirius Indos*
> *Ardebat cælo, et medium Sol igneus orbem*
> *Hauserat, arebant herbæ......*

Et en parlant des abeilles :

> *Bis gravidos cogunt fætus, duo tempora messis,*
> *Taygete simul os terris ostendit honestum*
> *Pleias et oceani spretos pede reppulit amnes,*
> *Aut eadem sidus fugiens ubi Piscis aquosi,*
> *Tristior hybernas cælo descendit in undas.*

Il aime à citer les travaux astronomiques toutes les fois que l'occasion se présente :

> *Navita tum stellis numeros et nomina fecit*
> *Pleiadas, Hyadas, claramque Lycaonis arcton.*

C'est dans le ciel qu'il aime à chercher ses comparaisons ; témoin cette
belle image d'Orion :

> *Quam magnus Orion*
> *Cum pedes incedit , medii per maxima Nerei*
> *Stagna viam scindens , humero supereminet undas.....*

Et cette comparaison du jeune Pallas à la planète de Vénus :

> *Qualis ubi Oceani perfusus Lucifer undâ*
> *Quem Venus ante alios astrorum diligit ignes*
> *Extulit os sacrum cœlo , tenebrasque resolvit.*

> *Polus dum sidera pascet*
> *Semper honos nomenque tuum laudesque manebunt.*

Il paraît , par ces vers, que Virgile ne partageait pas cette opinion des
philosophes grecs , rapportée par Cléomède et Sénèque , que c'est la
terre qui fournit aux astres leur nourriture. Il donne une ame à toute
la nature :

> *Principio cœlum ac terras camposque liquentes*
> *Lucentemque globum Lunæ , Titaniaque astra ,*
> *Spiritus intùs alit , totamque infusa per artus*
> *Mens agitat molem et magno se corpore miscet.*
> *Deum namque ire per omnes*
> *Terrasque tractusque maris , cœlumque profundum.*

Après ces grandes et magnifiques idées, s'il paie aussi quelque tribut
aux préjugés de son tems, qui pourrait lui reprocher une confiance
aux pronostics que partageaient alors tous les philosophes et tous les
astronomes , surtout quand on lit les vers qu'ils lui ont inspirés ?

> *Nec minus ex imbri Soles et aperta serena*
> *Prospicere et certis poteris cognoscere signis.*
> *Nam neque tum stellis acies obtusa videtur,*
> *Nec fratris radiis obnoxia surgere Phœbe.*
> *Si verò Sôlem ad rapidum Lunasque sequentes*
> *Ordine respicies , nunquam te crastina fallet*
> *Hora , neque insidiis noctis capiêre serenæ.*
> *Luna revertentes cùm primum colligit ignes*
> *Si nigrum obscuro comprenderit aëra cornu,*
> *Maximus agricolis pelagoque parabitur imber;*
> *At si virgineum suffuderit ore ruborem,*
> *Ventus erit , vento semper rubet aurea Phœbe.*
> *Sin ortu in quarto , namque is certissimus auctor,*

Pura , neque obtusis in cœlum cornibus ibit ,
Totus et ille dies et qui nascentur ab illo ,
Exactum ad mensem , pluviâ ventisque carebunt.
Sol quoque et exoriens et cùm se condit in undas
Signa dabit ; Solem certissima signa sequuntur ,
Et quœ manè refert et quœ surgentibus astris.
Hic ubi nascentem maculis variaverit ortum
Conditus in nubem , medioque refulserit orbe ,
Suspecti tibi sint imbres , namque urget ab alto
Arboribusque satisque notus , pecorique sinister.
Aut ubi sub lucem densa inter nubila sese
Diversi erumpent radii , aut ubi pallida surget
Tithoni croceum linquens aurora cubile ,
Heu ! male tum mites defendit pampinus uvas ,
Tam multa in tectis crepitans salit horrida grando.
Hoc etiam emenso cùm jam decedet Olympo
Profuerit meminisse magis , nam sœpe videmus
Ipsius in vultu varios errare colores.
Cœruleus pluviam denuntiat , igneus Euros ;
Sin maculœ incipient rutilo immiscerier igni ,
Omnia tum pariter vento nimbisque videbis
Fervere , non illâ quisquam me nocte per altum
Ire neque à Terrâ moneat convellere funem.
At si cùm referetque diem , condetque relatum ,
Lucidus orbis erit , frustrà terrebere nimbis ,
Et claro cernes sylvas Aquilone moveri.
Denique quid Vesper serus vehat , undè serenas
Ventus agat nubes , quid cogitet humidus Auster ;
Sol tibi signa dabit. Solem quis dicere falsum
Audeat ?

On a fait une application fort heureuse de ce vers aux pendules à équation , sur lesquelles on inscrit ces mots :

..... Solem audet dicere falsum ,

« Elle ose convaincre le Soleil d'erreur. »

Combien de fois n'avons-nous pas eu à exposer des idées plus hasardées et plus incertaines , qui n'avaient pas pour excuse les charmes d'une diction qui n'a été donnée qu'à Virgile ? Si ces pronostics ne sont pas une partie nécessaire de l'Astronomie ancienne , ils y tiennent d'assez près pour que nous n'ayons pas cru pouvoir les omettre dans cette Histoire. Nous en aurions pu tirer de tout pareils d'Aratus, de Manilius, de Géminus et de Ptolémée ; nous avons mieux aimé les copier dans Virgile, qui du moins n'y a mêlé aucune rêverie astrologique.

Ovide.

Ovide, avec beaucoup d'esprit, mais moins de talent pour la grande poésie, avec moins de goût et de jugement, vise à l'effet en accumulant les détails et les circonstances, sans trop s'inquiéter de ce qui est possible ou vraisemblable. On en voit un exemple frappant dans son récit de l'aventure de Phaéton, où il a réuni sans choix tout ce qu'il savait d'astronomie. Quand on donne un char au Soleil, tout détail astronomique ne peut être qu'une contradiction plus ou moins choquante. On n'a plus à s'occuper ni de l'écliptique, ni de ses douze signes, ni du mouvement propre, ni du mouvement général dont on a chargé les quatre chevaux du Soleil. Mais Ovide n'a garde de rien omettre; il fait dire au Soleil, pour détourner Phaéton de son audacieuse entreprise,

> *Adde quod assidua rapitur vertigine cælum*
> *Sideraque alta trahit celerique volumine torquet.*

En ce cas, il ne reste au Soleil qu'à se laisser entraîner, avec tous les signes du zodiaque; mais il ajoute :

> *Nitor in adversum....*

Cet effort se réduit à marcher en sens contraire et avancer de quelques pas, comme on pourrait faire en allant vers la poupe d'un vaisseau qui voguerait.

> *Nec me, qui cætera, vincit*
> *Impetus et rapido contrarius evehor orbi.*

Que dirait-il de plus s'il se levait à l'occident pour se coucher à l'orient? Il n'est pas vrai qu'il ne soit pas entraîné par le mouvement général; il y cède, et tout ce que produit son mouvement propre, c'est de le faire arriver une minute plus tard au méridien, et deux minutes plus tard à l'occident.

> *Poterisne rotatis*
> *Obvius ire polis, ne te citus auferat axis.*

S'il ne le peut, qu'en arrivera-t-il? Il sera entraîné comme les étoiles; le jour finira quelques minutes plus tôt.

> *Per tamen adversi gradieris cornua Tauri.*

adversi est un contre-sens; il serait plus juste de dire avec Virgile, *aversi*. Ce ne sont pas les cornes que le Soleil rencontre d'abord en entrant dans

le Taureau, il passe sous les Pléiades, au-dessus des Hyades; il arriverait ensuite à la corne boréale, puis il passerait au-dessus de la corne
australe; mais il lui faudrait trois jours pour aller de l'une à l'autre corne,
il lui faudrait un an pour parcourir les douze signes. Ajoutez encore
qu'Ovide suppose ici que le Soleil est aussi éloigné de la Terre que les
étoiles, au lieu que, selon les idées mêmes de son tems, le Soleil était
bien plus près de la Terre que les constellations, ainsi les monstres du
zodiaque, si tant est que Phaéton pût les apercevoir de dessus son char
brillant, ne pouvaient guère lui paraître si terribles. Le Soleil parle à
Phaéton de leurs formes effrayantes; il lui peint énergiquement, et
comme s'il devait les trouver sur son passage, le Sagittaire, le Lion,
le Scorpion et le Cancer.

> *Hæmoniosque arcus, violentique ora Leonis*
> *Sævaque circuitu curvantem brachia longo*
> *Scorpion, atque aliter curvantem brachia Cancrum.*

Scaliger a relevé le peu de justesse de ces détails. Le commentateur justifie Ovide comme il peut, en disant que ce n'est pas par ignorance qu'il
prête au Soleil des raisons aussi fausses, mais pour effrayer Phaéton qui
n'en sait pas davantage. Ovide aurait dû nous avertir au moins de cette
précaution paternelle qui pourtant devait donner à Phaéton des idées bien
inexactes de la route qu'il avait à suivre.

Voyons si la suite justifiera Scaliger ou le critique. Ecoutons les conseils
que donne le Soleil :

> *Nec tibi directos placeat via quinque per arcus.*

Il prescrit donc de ne suivre ni l'équateur ni l'un de ses quatre parallèles.

> *Sectus in obliquum est lato curvamine limes.*

Il lui indique le cercle oblique.

> *Zonarumque trium contentus fine.*

Il lui prescrit de se tenir entre les deux tropiques; c'est une instruction
bien vague. Il ne s'agit plus d'effrayer ici, mais d'instruire, et Phaéton
n'a encore reçu aucune règle bien propre à le diriger.

> *Polumque*
> *Effugito australem junctamque aquilonibus arcton.*

Il lui interdit spécialement les deux zônes glaciales, ce qui est loin de suffire.

Hâc sit iter, manifesta rotæ vestigia cernes.

Voilà qui est plus positif; mais si la route est tracée, si elle porte l'empreinte des roues, elle est solide: conçoit-on qu'il ajoute:

Nec preme, nec summum molire per aëra currum.

Il lui recommande de n'aller ni au-dessous, ni au-dessus de cette route, comme si elle avait plusieurs étages entre lesquels on pût choisir. Il lui défend de s'éloigner trop de la Terre en se dirigeant vers le Dragon, ou de s'en approcher trop en allant vers l'Autel; il suppose donc que les signes méridionaux sont plus voisins de la Terre que les signes septentrionaux. C'est l'erreur que Pline a commise en parlant des latitudes australes de la Lune, dans l'explication qu'il donne des marées. Voyons maintenant ce que va faire Phaéton:

Tum primum radiis gelidi caluère triones.

Le voilà déjà près des Ourses, il échauffe le Dragon, il met en fuite le Bouvier; c'est bien du chemin pour si peu de tems. Tout aussitôt il rencontre le Scorpion qui est dans l'hémisphère austral.

Est locus in geminos ubi brachia concavat arcus
Scorpios et caudâ flexis utrinque lacertis
Porrigit in spatium signorum membra duorum
Hunc puer ut nigri madidum sudore veneni
Vulnera curvatâ minitantem cuspide vidit,
Mentis inops, gelidâ formidine lora remisit.

Il est difficile qu'on soit fâché de rencontrer de pareils vers, quoique déplacés; mais si le Soleil a cru pouvoir abuser de la jeunesse et de l'ignorance de Phaéton, Ovide ne compte-t-il pas un peu trop sur l'inattention ou l'indulgence du lecteur, en transportant ainsi en un clin d'œil, des Ourses au Scorpion, un char qui n'est pas destiné à faire en un jour tant de chemin?

Exspatiantur equi......
Incursant stellis rapiuntque per avia currum
Et modo summa petunt, modo per decliva feruntur;
Inferiùsque suis fraternos currere Luna
Admiratur equos......

Ovide nous laisse ici: un coup de foudre brise le char et nous ne savons ce que deviennent les chevaux, ni comment ils peuvent retrouver le palais du Soleil après avoir fait en moins d'un jour un chemin de plus d'une année.

Il est donc évident qu'Ovide n'avait pas une idée bien nette du mouvement du Soleil ; qu'il a tout confondu pour se livrer au plaisir d'accumuler des descriptions déplacées. Il aurait pu les placer ailleurs, par exemple à l'instant de la création, où il aurait pu passer en revue toutes les constellations, au lieu qu'il se contente alors de ces deux vers :

Sidera cœperunt toto effervescere cœlo
Astra tenent cœleste solum formæque deorum.

Il donne six vers aux cinq zônes :

Utque duæ dextrâ cœlum totidemque sinistrâ
Parte secant zonæ, quinta est ardentior illis.
*   totidemque plagæ tellure premuntur*
Quarum quæ media est non est habitabilis æstu,
Nix tegit alta duas; totidem inter utramque locavit
Temperiemque dedit, mistâ cum frigore flammâ.

Il dit plus loin :

*   Oleniæ sidus pluviale Capellæ*
Taygetenque Hyadasque oculis Arctonque notavi
Ventorumque domos et portus puppibus aptos.

Au vers 517 du second Livre, il parle du petit cercle que décrit une étoile voisine du pôle :

*   illic ubi circulus axem*
Ultimus extremum spatioque brevissimus ambit.

Au Livre VIII, il marque la place de la Couronne et en raconte l'origine :

*   utque perenni*
Sidere clara foret, sumptam de fronte Coronam
Immisit cœlo; tenues volat illa per auras;
Dumque volat, gemmæ nitidos vertuntur in ignes
Consistuntque loco, specie remanente Coronæ,
Qui medius nixique genu est, anguemque tenentis.

C'est au quinzième Livre des Métamorphoses, qu'on lit ces vers que Lalande, dans sa Préface, attribue à Horace :

*   juvat ire per alta*
Astra, juvat Terris et inerti sede relictis
Nube vehi; validique humeris insistere Atlantis.

On ne trouve rien de plus pour l'Astronomie dans les quinze livres des Métamorphoses. Le premier livre des Fastes offre d'abord ce bel éloge des astronomes,

> *Felices animos, quibus hæc cognoscere primis*
> *Inque domos superas scandere cura fuit.*
> *Credibile est illos pariter vitiisque locisque*
> *Altius humanis exseruisse caput.*
> *Non Venus aut vinum sublimia pectora fregit,*
> *Officiumve fori, militiæve labor,*
> *Non levis ambitio, perfusaque gloria fuco,*
> *Magnarumve fames sollicitavit opum.*
> *Admovére oculis distantia sidera nostris*
> *Ætheraque ingenio supposuére suo.*
> *Sic petitur cœlum,......*
> *Nos quoque sub ducibus cœlum metabimur illis*
> *Ponemusque suos ad sua signa dies.*

Il va donc nous annoncer les levers et les couchers des principales constellations.

En janvier.

> *Ergo ubi nox aderit venturis tertia nonis.....*
> *Octipedis frustrá quærentur brachia Cancri*
> *Præceps occiduas ille subibit aquas.*
> *Institerint nonæ : missi tibi nubibus atris*
> *Signa dabunt imbres exoriente Lyrâ.....*
> *Interea Delphin clarum super æquora sidus*
> *Tollitur, et patriis exserit ora vadis,*
> *Postera lux hyemen medio discrimine signet....*
> *Hæc ubi transierint, Capricorno Phœbe relicto,*
> *Per juvenis currés signa gerentis aquam.*
> *Septimus hinc oriens cùm se demiserit undis*
> *Fulgebit tota jam Lyra nulla polo.*
> *Sidere ab hoc, ignis, venienti nocte, Leonis*
> *Qui micat in medio pectore, mersus erit.*

Au commencement du second Livre et du mois de février, on lit :

> *Illá nocte aliquis, tollens ad sidera vultum*
> *Dicet : ubi est hodié quæ Lyra fuerat heri ?*
> *Dumque Lyram quæret, medii quoque terga Leonis*
> *In liquidas subitó mersa videbit aquas.....*
> *Quem modo cælatum stellis Delphina videbas*
> *Is fugiet vultus nocte sequente tuos.....*
> *Jam puer Idæus medii tenus eminet alvo*
> *Et liquidas mixto nectare fundit aquas.*

On reconnaît ici Ganimède ou le Verseau.

> *Tertia nox veniat, custodem protinùs Ursæ*
> *Aspicies geminos exseruisse pedes.....*
> *Continuata loco tria sidera; Corvus et Anguis*
> *Et medius Crater inter utrumque jacet.*
> *Jam levis obliquâ subsidit Aquarius urnâ*
> *Proximus ætherios excipe, Piscis, equos.*

    Au mois de mars :

> *Tertia nox emersa suos ubi moverit ignes*
> *Conditus è geminis Piscibus alter erit.*
> *Nam duo sunt; austris hic est, aquilonibus ille*
> *Proximus, à vento nomen uterque tenet.....*
> *Cùm croceis rorare genis Tithonia conjux*
> *Cœperit et quintæ tempora lucis aget*
> *Sive est Arctophylax, sive est piger ille Bootes*
> *Mergetur, visus effugietque tuos.*
> *At non effugiet Vindemitor.....*

Après avoir raconté la naissance de Pégase, il ajoute :

> *Nunc fruitur cœlo, quod pennis ante petebat*
> *Et nitidus stellis quinque decemque micat.*

Il en fixe le lever héliaque au jour des nones.

> *Protinùs adspicies venienti nocte Coronam*
> *Gnossida. Theseo crimine facta dea est.....*
> *Aurea per stellas nunc micat illa novem.*
> *Postera cum teneras aurora refecerit herbas*
> *Scorpios à primâ parte videndus erit.*

    Eu avril :

> *Dùm loquor elatæ metuendus acumine caudæ*
> *Scorpios in virides præcipitatur aquas.....*
> *Nox ubi transierit......*
> *Pliades incipiunt humeros relevare paternos*
> *Quæ septem dici, sex tamen esse solent.*
> *Seu quod ad amplexum sex hinc venére deorum,*
> *Nam Steropen Marti concubuisse ferunt,*
> *Neptuno Halcyonen et te formosa Celæno;*
> *Maïan et Electran Taygetenque Jovi.*
> *Septima mortali Merope tibi, Sisyphe nupsit,*
> *Pænitet et facti sola pudore latet.*

Sive quod Electra Trojæ spectare ruinas
  Non tulit, ante oculos opposuitque manum.....
Sed jam præteritas quartus tibi Lucifer idus
  Respicit, hâc Hyades Dorida nocte petunt.
Postera cùm veniet terras visura patentes
  Memnonis in roseis lutea mater aquis,
E duce lanigeri pecoris, qui prodidit Hellen
  Sol abit, egresso victima major adest.
Vacca sit an Taurus, non est cognoscere promtum,
  Pars prior apparet, posteriora latent.
Seu tamen est Taurus, sive hoc est fœmina signum
  Junone invitâ munus amoris habet.

Les astrologues font du Taureau un signe femelle. Le commentateur raisonne dans les deux suppositions : ce sera l'image du Taureau qui a transporté Europe en Crète, ou bien Io qui fut changée en
vache.

Sex ubi quæ restant luces Aprilis habebit,
  In medio cursu tempora veris erunt ;
Et frustrà pecudem quæres Athamantidos Helles
  Signaque dant imbres exoriturque Canis.

Mois de mai :

                Primâ mihi nocte videnda
      Stella est in cunas officiosa Jovis
  Nascitur Oleniæ signum pluviale Capellæ
    Illa dati cœlum præmia lactis habet.

Le commentateur dit que le surnom d'Olénie vient d'*Olenus*, ville
de Béotie, ou de ce que la Chèvre appartenait à une nymphe, fille
d'Olénus : c'est aller chercher bien loin des explications insignifiantes.
La Chèvre est ainsi nommée, parce qu'elle est portée sur les bras du
Cocher, ὠλένη, *brachium*, *ulna*.

Naïs Amalthæa Cretæâ nobilis Idâ
  Dicitur in sylvis occuluisse Jovem
Huic fuit hædorum mater formosa duorum
  Inter Dictæos conspicienda greges
Cornibus aëriis, atque in sua terga recurvis,
  Ubere, quod nutrix possit habere Jovis.
Lac dabat illa deo, sed fregit in arbore cornu,
  Truncaque dimidiâ parte decoris erat
Sustulit hoc Nymphe, cinctumque recentibus herbis
  Et plenum pomis ad Jovis ora tulit.

Ille ubi res cœli tenuit, solioque paterno
Sedit et invicto nil Jove majus erat,
Sidera nutricem, nutricis fertile cornu
Fecit, quod dominæ nunc quoque nomen habet.

Voilà bien la Chèvre et les Chevreaux, il faut croire que la corne a été remise à sa place. Peu de tems après, toutes les Hyades sont visibles.

Pars Hyadum toto de grege nulla latet.
Ora micant Tauri septem radiantia flammis
Navita quas Hyadas Grajas ab imbre vocat.

Je crois qu'elles s'appellent ὑάδες, parce qu'elles ont la forme d'un υ; cette voyelle est la première du mot ὕειν, *pleuvoir*; de là une première équivoque. C'est aussi la première lettre du mot ὗς, *sus*; de là une seconde équivoque qui les a fait nommer *suculæ* par les Latins. Ovide dit que les Hyades avaient un frère aîné qui s'appelait *Hyas*.

Baccho placuisse coronam
Ex Ariadnæo sidere nosse potes.

Nocte minus quartâ promet sua sidera Chiron
Semivir......

Le commentateur dit que le Centaure se lève trois jours après les calendes. Ces dates sont difficiles à exprimer en vers. Ovide en vient à bout, le plus souvent d'une manière adroite, mais il n'est pas toujours également heureux.

Hunc Lyra curva sequi cuperet, sed idonea nondùm
Est via; nox aptum tertia tempus erit....
Scorpios in cœlo cùm cras lucescere nonas
Dicimus, à mediâ parte notandus erit.....

On peut voir au vers 495 et suivans, l'histoire d'Orion, dont Ovide lui-même croit devoir laisser une partie à deviner.

Pliadas adspicies omnes, totumque sororum
Agmen, ubi ante idus nox erit una super.
Tum mihi non dubiis auctoribus incipit æstas.....
Auferat ex oculis veniens aurora Booten
Continuâque die sidus Hyantis erit.....

50 mai :

Est Canis Icarium dicunt, quo sidere moto,
Tosta silit tellus, præcipiturque seges.

Mois de juin :

> *Postera lux Hyadas, Taurinæ cornua frontis,*
> *Evocat et multa terra madescit aquâ.....*
> *Navita puppe sedens Delphina videbimus, inquit,*
> *Humida cùm pulso nox erit orta die.*

4 des ides :

> *Tertia lux veniat, quâ tu, Dodoni Thyene,*
> *Stabis Agenorei fronte videnda Bovis.*

Nous n'avons encore vu cette Thyene dans aucun auteur ; mais le
commentateur nous apprend que c'est la dernière des Hyades.

> *Tollet humo validos proles Hyriæa lacertos* (Orion)
> *Continuâ Delphin nocte videndus erit.....*
> *Jam sex et totidem luces de mense supersunt*
> *Huic unum numero tu tamen adde diem*
> *Sol abit e Geminis et Cancri signa rubescunt.....*
> *Ecce suburbanâ rediens male sobrius æde*
> *Ad stellas aliquis talia verba jacit :*
> *Zona latet tua nunc et cras fortasse latebit,*
> *Post erit, Orion, adspicienda mihi.*
> *At si non esset potus, dixisset eidem*
> *Venturum tempus solstitiale die.*

Les fastes sont interrompus au sixième mois et ne contiennent que
la moitié du Calendrier. On en peut voir un plus complet dans Pétau
et dans quelques éditions d'Ovide. Il parle, dans ses *Tristes*, du coucher de Bootès, qui amène les tempêtes :

> *Tingitur Oceano custos Erimanthidos Ursæ*
> *Æquoreasque suo sidere turbat aquas.*

Plus loin, il s'adresse aux deux Ourses :

> *Magna minorque feræ, quarum regis altera Grajas*
> *Altera Sidonias, utraque sicca, rates ;*
> *Omnia cùm summo positæ videatis in axe*
> *Et maris occiduas non subeatis aquas.....*

Et en parlant des périls de sa navigation :

> *Projectus in æquor*
> *Arcturum subit Pleiadumque minas.*

Et dans un autre endroit, en parlant des agrémens de sa campagne :

Sol licèt admoto tellurem sidere findat
Et micet Icarii stella proterva Canis....

Ces citations sont à la vérité peu instructives ; mais avons-nous trouvé une instruction plus réelle dans les derniers auteurs que nous avons été forcés d'extraire ? Celles-ci du moins ne sont pas aussi sèches que celles d'Hygin ou des Catastérismes d'Eratosthène. Disons en passant qu'Hygin passe pour celui contre lequel Ovide a écrit son Poëme *in Ibin*, qui est sans contredit le plus mauvais de ses ouvrages. Il fallait qu'Hygin eût de grands torts avec lui, pour motiver tant de virulence. Hygin était affranchi d'Auguste, aurait-il desservi le poëte auprès de l'empereur, aurait-il été la cause de son exil ? Il paraît que la femme d'Ovide avait été en butte, de la part d'Hygin, à des persécutions d'un autre genre. Il en fallait moins pour enflammer la colère d'un poëte ; mais l'indignation aurait dû lui inspirer de meilleurs vers. Il nous avertit qu'Ibis est un nom supposé ; cette réserve, qui ne s'accorde guère avec le ton général du Poëme, lui était-elle imposée par la crainte d'irriter encore Auguste ? C'est ce qui importe assez peu et n'est pas d'ailleurs de notre sujet. Nous n'en aurions pas même parlé, si cet Hygin n'était un des auteurs dont nous avons cru devoir donner l'extrait.

Puisque nous terminons ce premier Livre par une revue des poëtes, c'est une occasion pour revenir sur Hésiode, dont nous n'avons dit que quelques mots, page 15. Ce poëte nous apprend, dans son Livre *des Travaux et des Jours*, ἔργα καὶ ἡμέραι, que la moisson commence au lever des Pléiades, et les labours à leur coucher :

Πληιάδων Ἀτλαγενέων ἐπιτελλομενάων
Ἀρχηοθ' ἀμητοῦ· ἀρότοιο δὲ δυσσομενάων
Ἅι δὴ τοι νύκτας τε καὶ ἡματα τεσσαράκοντα
Κεκρύφαται, αὖτις δὲ περιπλομένου ἐνιαυτοῦ
Φαίνονται τὰ πρῶτα χαρατσομένοιο σιδήρου.

Elles sont cachées pendant quarante jours, et reparaissent quand on aiguise le soc des charrues.

Soixante jours après le solstice d'hiver, on voit le lever du soir d'Arcturus :

Εὖτ' ἂν δ' ἑξήκοντα μετα τροπὰς ἠλίοιο
Χειμέρι' ἐκτελέσῃ Ζεὺς ἡματα, δὴ ῥα τοτ' ἀστὴρ

Ἀρκτοῦρος προλιπὼν ἱερὸν ῥόον Ὠκεανοῖο
Πρῶτον παμφαίνων ἐπιτέλλεται ἀκροκνέφαιος.

Le tems de la vendange est indiqué par Orion, Sirius et Arcturus.

Εὖτ' ἂν δ' Ὠρίων καὶ Σείριος ἐς μέσον ἔλθῃ
Οὐρανόν, Ἀρκτοῦρον δ' ἐσίδῃ ῥοδοδάκτυλος Ἠώς,
Ὦ Πέρση, τότε πάντας ἀποδρέπε οἴκαδε βότρυς.....
Ἤματα πεντήκοντα μετὰ τροπὰς ἠελίοιο
Ἐς τέλος ἐλθόντος θέρεος, καματώδεος ὥρης,
Ὡραῖος πέλεται θνητοῖς πλόος.

C'est-à-dire que cinquante jours après le solstice, lorsque la saison laborieuse de l'été touche à sa fin, c'est alors que le tems devient favorable à la navigation.

Il n'est nullement question d'Astronomie dans ses deux autres ouvrages. Il est évident que les connaissances d'Hésiode se bornent aux noms, aux levers et aux couchers de quelques constellations principales. Celles d'Homère paraissent encore moins étendues, car il ne parle d'aucun lever, et ce qu'il sait de plus relevé, c'est que le Bouvier se couche tard, ou qu'il est long-tems sur l'horizon. La première fois qu'il parle du ciel étoilé, c'est dans la description du bouclier d'Achille.

Ἐν μὲν γαῖαν ἔτευξ', ἐν δ' οὐρανόν, ἐν δὲ θάλασσαν
Ἠέλιόν τ' ἀκάμαντα, σελήνην τε πλήθουσαν
Ἐν δὲ τὰ τείρεα πάντα, τά τ' οὐρανὸς ἐστεφάνωται
Πληϊάδας θ' Ὑάδας τε, τό τε σθένος Ὠρίωνος
Ἄρκτον θ' ἣν καὶ ἄμαξαν ἐπίκλησιν καλέουσι
Ἥ τ' αὐτοῦ στρέφεται καὶ τ' Ὠρίωνα δοκεύει
Οἴη δ' ἄμμορός ἐστι λοετρῶν Ὠκεανοῖο.

« Il y représenta la Terre, le ciel et la mer, le Soleil infatigable et la
» Lune dans son plein ; il y plaça tous les astres dont le ciel se couronne.
» Les Pléiades, les Hyades et le fort Orion, l'Ourse, qu'on appelle aussi
» le Chariot, qui tourne toujours au même endroit en observant Orion ;
» seule elle n'a point sa part des bains de l'Océan. »

L'épithète d'infatigable donnée au Soleil signifierait-elle qu'il ne se repose jamais, et qu'il ne passe pas les nuits chez Thétis, comme le suppose Ovide, mais qu'il tourne toujours autour de la Terre? C'est ce que je ne saurais décider. Les Pléiades, les Hyades, Orion et l'Ourse ou le Chariot sont donc des constellations connues et dénommées au tems d'Homère. Remarquez qu'il ne fait aucune mention de la petite Ourse, qui probablement n'était pas encore connue dans la Grèce. L'Ourse en tournant *en place*, αὐτοῦ, a toujours les yeux sur Orion, et cela est exact; est-ce comme chasseur qu'elle le redoute? Homère en parle ailleurs comme d'un géant qui passait tout son tems à la chasse. Mais comment peut-il dire que seule elle ne se baigne pas dans l'Océan? Apparemment il compte pour rien et le Dragon et la petite Ourse, parce que ces étoiles n'avaient pas de nom.

Au chant 22 ou χ, il parle d'un astre d'automne, sans le nommer :

Τὸν δ' ὁ γέρων Πρίαμος πρῶτος ἴδεν ὀφθαλμοῖσι
Παμφαίνονθ' ὥς τ' ἀστέρ' ἐπεσσύμενον πεδίοιο
Ὅς ῥά τ' ὀπώρης εἶσιν, ἀρίζηλοι δέ οἱ αὐγαὶ
Φαίνονται, πολλοῖσι μετ' ἄστρασι νυκτὸς ἀμολγῷ.

« Le vieux Priam fut le premier qui l'aperçut brillant comme un » astre (Achille) et s'élançant dans la plaine, comme cet astre qu'on » voit en automne, dont l'éclat est si remarquable, et qui se distingue » entre tous les astres, au tems de la nuit où on trait les vaches. » Ceci ressemble en effet à Sirius, qui peut-être n'avait pas encore de nom chez les Grecs. Il est nommé dans Hésiode comme nous venons de le voir. Voilà tout ce qu'il y a sur les astres dans l'Iliade, à moins qu'on n'y ajoute *le fils chéri d'Hector semblable à un bel astre,*

Ἑκτορίδην ἀγαπητὸν ἀλίγκιον ἀστέρι καλῷ.

Il est encore question d'Orion au cinquième chant de l'Odyssée, mais comme d'un homme aimé par l'Aurore et envié par tous les dieux, jusqu'à ce que la chaste Diane le fit périr de ses douces flèches en Ortygie.

Ὣς μὲν ὅτ' Ὠρίων' ἕλετο ῥοδοδάκτυλος ἠώς
Τόφρα οἱ ἠγάασθε θεοὶ ῥεῖα ζώοντες
Ἕως μιν ἐν Ὀρτυγίῃ χρυσόθρονος Ἄρτεμις ἁγνὴ
Οἷς ἀγανοῖς βελέεσσιν ἐποιχομένη κατέπεφνεν.

Il ne dit mot du Scorpion que Diane avait excité contre lui. Il parle encore d'Orion au chant onzième, qui est celui de la descente aux enfers.

Τὸν δὲ μετ' Ὠρίωνα πελώριον εἰσενόησα
Θῆρας ὁμοῦ εἰλεῦντα κατ' ἀσφοδελὸν λειμῶνα
Τοὺς αὐτὸς κατέπεφνεν ἐν οἰοπόλοισιν ὄρεσσι
Χερσὶν ἔχων ῥόπαλον παγχάλκεον αἰὲν ἀαγές.

« Je vis ensuite le prodigieux Orion qui poursuivait et réunissait
» dans le pré d'Asphodele toutes les bêtes qu'il avait tuées dans les mon-
» tagnes solitaires ; il tenait en main sa massue toute de fer, et qui ne
» pouvait jamais se briser. » Un peu plus haut, dans le même chant, en
parlant des géans Otus et Ephialte, les plus grands des fils de la Terre,
il ajoute, et les plus beaux après le célèbre Orion.

$$\text{Καὶ πολὺ καλλίστους μετά γε κλυτὸν Ὠρίωνα.}$$

Au livre cinq, Ulysse, tenant la nuit le gouvernail de son vaisseau,
observe les Pléiades et le Bouvier qui se couche tard, ou plutôt qui
emploie beaucoup de tems à se coucher.

$$\text{Πληιάδας τ' ἐσορῶντι καὶ ὀψὲ δύοντα Βοώτην.}$$

Homère répète ensuite les trois vers de l'Iliade sur l'Ourse ou le Chariot et Orion.

Un passage du chant treizième paraît ne pouvoir s'entendre que de
Vénus.

$$\text{Εὖτ' ἀστὴρ ὑπερέσχε φαάντατος, ὅστε μάλιστα}$$
$$\text{Ἔρχεται ἀγγέλλων φάος ἠοῦς ἠριγενείης.}$$

« Lorsque nous vimes se lever le plus brillant de tous les astres,
» celui qui vient annoncer la lumière de l'Aurore matinale. »

Lalande dit que de toutes les planètes, Homère et Hésiode ne connaissent que Vénus. Ici le mot Vénus ne se trouve pas, et dans Hésiode,
où ce mot se rencontre rarement, je ne l'ai trouvé que pour désigner
la déesse, et jamais pour la planète.

Horace raconte autrement la mort d'Orion. Ce chasseur avait attenté
à la pudeur de Diane, qui l'en punit en le perçant d'une flèche :

> *intègræ*
> *Tentator Orion Dianæ*
> *Virgineâ domitus sagittâ....*
>   *nautis infestus Orion*
> *Turbaret Hybernum mare......*
> *Me quoque devexi rapidus comes Orionis*
> *Illyricis notus obruit undis......*
>   *neque*
> *Tumultuosum sollicitat mare*
>   *Nec sævus Arcturi cadentis*
> *Impetus aut orientis Hædi......*
>   *Nec tristes Hyadas, nec rabiem noti....*

> *Nil parvum sapias, et adhuc sublimia cures :*
> *Quæ mare compescant causæ, quid temperet annum;*
> *Stellæ sponte suâ, jussæ ne vagentur et errent.*

On ne voit dans tout cela que des choses générales, et rien qui prouve qu'Horace ait fait quelqu'étude de l'Astronomie.

Lucain voudrait montrer plus d'instruction; il exprime l'étonnement des Arabes en voyant les ombres changées de direction :

> *Ignotum vobis Arabes venistis in orbem*
> *Umbras mirati nemorum non ire sinistras.*

Dans nos climats, si l'on regarde l'orient, on voit à midi l'ombre tomber vers la gauche; c'est le contraire en certain tems, dans la zône torride.

> *Umbras nusquàm flectente Syene.*

Lucain oublie d'ajouter que cela n'arrive qu'au jour du solstice d'été :

> *Æthiopumque solum, quòd non premeretur ab ullâ*
> *Signiferi regione poli, ni poplite lapso,*
> *Ultima curvati procederet ungula Tauri.*

Il veut dire sans doute qu'aucun signe du zodiaque ne passerait au zénit des Ethiopiens, si la corne du pied du Taureau ne s'étendait jusqu'à leur parallèle. L'étoile indiquée par Lucain paraîtrait : du pied gauche, à 15° environ de latitude sud. Ces Ethiopiens seraient donc voisins de l'équateur; ils pourraient voir à leur zénit quelques étoiles de la Vierge et du Poisson austral. Lalande rejette cette explication, qui ressemble à celle de Clavius; il veut que les Ethiopiens soient dans la zône tempérée et que ce soit la corne du Taureau qui passe à leur zénit. Mais il y a des Ethiopiens voisins de l'équateur. Au reste, Lalande a supprimé cette remarque dans la troisième édition de son Astronomie, soit qu'il ait changé d'opinion, soit qu'il ait jugé toute discussion inutile sur l'idée d'un poëte qui n'annonce pas des connaissances bien sûres. Un autre passage a exercé les commentateurs, qui ont cru que l'ordre des vers avait été interverti. *Petrus Jaconus Hispanus* les rétablit ainsi :

> *Hic quoque nil obstat Phœbo cùm cardine summo*
> *Stat librata dies : truncum vix protegit arbor ;*
> *Tam brevis in medium radiis compellitur umbra.*
> *Deprensum est hunc esse locum, quà circulus alti*
> *Solstitii medium signorum percutit orbem.*

At tibi, quæcunque es lybico gens igne dirempta,
In noton umbra cadit, quæ nobis exit in arcton.
Te segnis Cynosura subit, tu sicca profundo
Mergi plaustra putas, nullumque in vertice summo
Sidus habes immune maris, procul axis uterque est,
Et fuga signorum medio rapit omnia cœlo.
Non obliqua meant, nec Tauro Scorpius exit
Rectior, aut Aries donat sua tempora Libræ
Aut Astræa jubet lentos descendere Pisces.
Par Geminis Chiron ; et idem quod Carcinus ardens
Humidus Aegoceros, nec plus Leo tollitur Urna.

Il est à croire en effet que l'auteur a dû mettre ses vers en cet ordre. Il parle d'abord du tropique, où l'ombre est nulle à midi le jour du solstice ; il passe ensuite à la zône torride, où l'ombre se dirige vers le midi. Il approche de l'équateur, où on voit coucher la Cynosure et les Ourses ; enfin à l'équateur, toutes les étoiles se couchent et toutes les étoiles se lèvent perpendiculairement. Il reste cependant une équivoque. Lucain a raison de dire que tous les parallèles sont perpendiculaires à l'horizon, et que les nuits sont égales aux jours pendant toute l'année ; mais il ne s'exprime pas avec justesse, quand il dit que les signes ne traversent pas obliquement, *non obliqua meant.* Chaque point du signe se lève à angles droits avec l'horizon, mais le signe tout entier traverse l'horizon obliquement ; les ascensions droites diffèrent des longitudes ; tous les signes emploient des tems différens à se lever, quoiqu'ils soient tous également de 30°.

Le même poëte a dit ailleurs, pour nos climats :

non mergitur undis
Axis inocciduus geminâ clarissimus Arcto.

Le pilote de Pompée fait remarquer que le pôle s'élève quand on va vers le Bosphore de Thrace, et s'abaisse quand on va vers la Syrie :

Hic cum mihi semper in altum
Surget et instabit summis minor Ursa ceruchis
Bosphoron et Scythiæ curvantem littora pontum
Spectamus. Quidquid descendet ab arbore summa
Arctophylax, propiorque mari Cynosura feretur,
In Syræ portus tendet ratis.

Ceruchi, Κεροῦχοι, ce qui retient les cornes des antennes. *Arbor summa*, le haut du mât, qui indique le zénit. Lucain dit encore ailleurs :

> *quorum jam flexus in austrum*
> *Æther non totam mergi tamen aspicit Arcton,*
> *Lucet et exiguâ velox ubi nocte Bootes.*

Lalande a trouvé ce vers inexact, et rigoureusement il a raison ; le Bouvier, constellation boréale, ne peut avoir un mouvement rapide ; mais son arc semi-diurne, qui est toujours de plus de six heures, diminue cependant avec la latitude, et c'est quand le pôle est peu élevé qu'on peut dire qu'on ne jouit pas long-tems de la vue du Bouvier, parce que la nuit est courte ; il est réellement moins de tems sur l'horizon, et il n'est pas visible tout ce tems. Le vers est vrai d'une vérité relative.

Lucain fait de César un amateur de l'Astronomie, quand il lui fait dire :

> *media inter prœlia semper*
> *Stellarum cœlique plagis superisque vacavi,*
> *Nec meus Eudoxi vincetur fastibus annus.*

Ce dernier vers se rapporte à la réformation du Calendrier et à l'année julienne.

Pour finir, rapportons ces vers de Manilius sur la position de la Terre et les mouvemens célestes. Pour un astronome, ce sont les meilleurs vers du poëme.

> *Nec verò tibi natura admiranda videri*
> *Pendentis terræ debet, cùm pendeat ipse*
> *Mundus et in nullo ponat vestigia fundo ;*
> *Quòd patet ex ipso motu cursuque volantis,*
> *Cùm suspensus eat Phœbus cursumque reflectat*
> *Huc illuc, agiles et servet in œthere metas ;*
> *Cùm Luna et stellæ volitent per inania mundi,*
> *Terra quoque, aëreas leges imitata, pependit.*

Nous avons parlé ailleurs du Poëme de Catulle, sur la chevelure de Bérénice. La place de cette constellation est bien marquée dans ces vers :

> *Virginis et sævi contingens namque Leonis*
> *Lumina, Callisto justa lycaonida,*
> *Vertor in occasum tardum dux ante Booten.*

Mais le dernier vers du Poëme n'offre aucun sens ; il faudrait lire :

> *Proximus Arcturo fulgeret usque Leo.*
> Que le Lion fût encore le plus proche voisin d'Arcturus.

LIVRE SECOND.

ASTRONOMIE ORIENTALE.

CHAPITRE PREMIER.

Des Chinois.

Nous avons vu chez les Chaldéens, des prêtres dont l'un des premiers devoirs et l'une des principales occupations étaient d'observer les phénomènes célestes. Tous les témoignages s'accordent à reconnaître que leurs observations embrassaient un grand nombre de siècles. De cette longue série, les Grecs ne nous ont conservé que six éclipses de Lune et pas une de Soleil. Rien ne nous assure que les Chaldéens sussent calculer ou prédire ces éclipses. On leur attribue différentes périodes luni-solaires; mais suivant toutes les probabilités, elles étaient purement empiriques et ne supposaient aucune théorie. La plus ancienne de leurs éclipses n'a précédé notre ère que d'environ 700 ans.

Nous allons voir chez les Chinois une suite de 3858 ans d'éclipses consignées dans les annales de la nation; et ce qu'il y a de singulier, c'est que dans le nombre il ne s'en trouve guère qu'une seule qui soit de Lune; toutes les autres sont de Soleil. Toutes, si nous en croyons les auteurs, ont dû être calculées et figurées d'avance, et observées soigneusement. Cependant ces mêmes annales qui nous en ont conservé les dates, gardent le silence le plus absolu sur toutes les autres circonstances. Les Chaldéens au moins marquaient la quantité de l'éclipse, la partie boréale ou australe qui avait été éclipsée, les instans à peu près du commencement et de la fin. Pour prédire les éclipses de Soleil d'une manière sûre, outre la connaissance des mouvemens moyens, il fallait celle des inégalités et des parallaxes, et quelques passages assez clairs paraissent refuser aux Chinois des tems historiques, ces connaissances qu'ils ne leur accordent que dans des tems fabuleux. Il est difficile de concilier ces autorités. Avant que de prendre un parti sur ces questions, voyons les faits. Nous les puiserons d'abord dans la grande Histoire de la Chine, en treize volumes in-4°, dont la traduction a paru en France en 1777 — 1785, sous ce titre:

Histoire générale de la Chine ou *Annales de cet Empire*, traduite de Tong-Kien-Kang-Mou, par le P. Moyriac-de-Mailla, Jésuite français, missionnaire à Pékin.

On y voit que dès l'an 2857 avant J. C., les mouvemens des cieux dont la connaissance peut seule régler les tems, furent l'objet de la plus sérieuse application de Fou-Hi. Il aurait bien voulu en instruire parfaitement ses peuples; mais ils étaient encore trop grossiers et trop bornés pour concevoir ces théories: il se contenta de leur donner seulement une règle pour compter les tems par les moyens des nombres *10 et 12*, dont les caractères combinés ensemble donnent le cycle de 60 ans; et qui étaient en même tems le fondement de la règle des heures, des jours, des mois et des années, règle si commode qu'elle s'est toujours conservée en Chine depuis Fou-Hi, et qu'elle s'y conserve encore aujourd'hui.

On conçoit parfaitement cette ignorance à une époque aussi reculée; mais comment Fou-Hi était-il mieux instruit? où avait-il puisé les connaissances qu'il désespéra de faire concevoir? On attribue à ce Fou-Hi une foule d'inventions merveilleuses pour le tems. L'Histoire de la Chine, en cela, ressemble à celles des Grecs et d'autres peuples; elle paraît un tissu de fables.

En l'an 2608, Hoang-Ti fit élever un grand observatoire pour rectifier le Calendrier qui était fort défectueux. Il choisit parmi ses officiers ceux qui lui parurent avoir le plus de talent pour cette science; il les chargea d'examiner, les uns le cours du Soleil, les autres celui de la Lune, et d'autres les mouvemens des cinq planètes, avec ordre de rapporter ensuite leurs observations en commun pour en conclure la différence des mouvemens des corps célestes. Ce fut alors qu'on connut par la grande différence des mouvemens de la Lune et du Soleil, que douze mois lunaires n'équivalent pas à une année solaire, et que pour rectifier l'année lunaire et la régler dans les bornes de celle du Soleil, il fallait intercaler sept lunes dans l'espace de 19 années solaires.

D'après ce récit supposé vrai, les Chinois auraient fait en l'an — 2600, ce que les Athéniens firent 2000 ans plus tard ; ils y auraient employé les mêmes moyens à peu près. Sans répondre du fait, on peut dire qu'il n'est pas plus difficile à admettre à une époque qu'à une autre ; mais celui des Chinois ne peut avoir pour nous la même authenticité que celui des Athéniens dont nous avons et entendons les livres.

Hoang-Ti commanda à ses astronomes une machine qui représentât ces mouvemens. On lui montra les motifs de la méthode d'intercalation, et il en fut très-satisfait.

On ne nous dit pas quelles étaient les observations qui avaient donné ce cycle ; c'étaient sans doute, d'une part, les nouvelles et les pleines lunes, et de l'autre, le gnomon peut-être, ou les levers et couchers héliaques des étoiles.

En 2461, Tchuen-Hio sachant par le calcul qu'il en avait fait, que dans une des années de son règne, les planètes devaient se joindre dans la constellation *Che* (constellation qui occupe 17° dans le ciel, et dont le milieu est vers 6° des Poissons), choisit cette année-là pour la première de son Calendrier, d'autant plus que cette même année, le Soleil et la Lune se trouvaient en conjonction le premier jour du printems.

Quoiqu'une conjonction dans un espace de 17° ne soit pas une chose absolument impossible, la circonstance que la nouvelle lune tombait au premier jour du printems, la rend un peu moins vraisemblable, et l'on peut croire ou que le tout est une fable, ou que cette réunion n'était due qu'aux erreurs des mouvemens supposés. On voit chez les Chinois, et nous retrouverons ailleurs cette idée de prendre pour époque primitive une conjonction générale.

En 2557, Yao s'appliqua à rétablir l'Astronomie que l'on commençait à négliger ; il ordonna à ses astronomes d'examiner avec le plus grand soin tous les mouvemens du Soleil et de la Lune, des planètes et des étoiles ; de déterminer exactement les différens tems des quatre saisons. Il leur recommanda surtout d'être attentifs à la régularité ou à l'irrégularité de ces mouvemens. Il n'y a pas d'apparence que cet ordre ait été bien exactement suivi ; car pendant bien des siècles encore, les Chinois ont été persuadés que les équinoxes et les solstices partageaient l'année en quatre parties parfaitement égales. Il envoya Hi-Tchong à l'est, examiner quelle est l'étoile qui se trouve au point de l'équinoxe du printems ; Hi-Chou au sud, pour voir l'étoile qui est au solstice d'été ; Ho-Tchong à l'ouest, pour trouver l'étoile qui est à l'équinoxe d'automne, et Ho-Chou au nord, pour voir l'étoile qui est au solstice d'hiver. Ses astronomes dociles trouvèrent en effet une étoile à chacun des points cardinaux. Mais il n'était pas nécessaire de se disperser pour ces quatre observations qu'un même homme pouvait faire dans un même observatoire. Si le tout n'est pas un conte, on peut encore s'étonner du hasard singulier qui donne aux quatre astronomes quatre noms aussi symétriques.

Le cercle était divisé par les Chinois en 365° ¼, leur année était de 365^j ¼; le Soleil dont on croyait le mouvement uniforme devait donc décrire par jour un degré chinois. Ils pensaient que le Soleil tournait moins vite que le ciel, et que la différence était de 1° dont le Soleil restait chaque jour en arrière.

C'est une idée que les Grecs ont eue plus tard, et que Ptolémée a combattue. Une cause pareille amenait le retard diurne de la Lune; ensorte que l'année lunaire commune était de 354^j $\frac{348}{940}$. En suivant ces calculs, ils trouvèrent une période de 4617 ans qui donnait sans reste un nombre de retours de la Lune au Soleil.

Voilà donc une longue période qui est le résultat d'un calcul et non celui d'observations directes; c'est ainsi que toutes ont été faites.

En 2285, dans la crainte que les mathématiciens Hi et Ho ne vinssent à se négliger dans leur emploi, Chun les fit venir et leur dit de lui construire une machine qui représentât la rondeur du ciel divisé en degrés, ayant la Terre au centre, le Soleil, la Lune, les planètes et les étoiles aux places qui leur conviennent, en leur donnant les mouvemens qu'on observe. Chun fit prendre dans le trésor, des pierres précieuses de différentes couleurs, pour marquer les pôles, le Soleil, la Lune et les planètes. On se servit de perles pour les étoiles. La planche que Mailla nous donne, ne montre aucune de ces merveilles; c'est une simple sphère armillaire où l'on ne voit aucune des planètes; il n'y a d'extraordinaire que le peu de largeur qu'on donne au zodiaque qui se trouve presque réduit à n'être que l'écliptique.

En 2159, les astronomes Hi et Ho (c'étaient sans doute les descendans de ceux dont il vient d'être question, à moins que ces noms ne soient des titres attachés aux fonctions d'astronome) qui se trouvaient gouverneurs de provinces, ne se mettaient plus guère en peine de remplir leur devoir de mathématiciens de l'Empire; ils ne daignèrent pas donner avis à l'empereur d'une éclipse de Soleil qui arriva l'automne de cette année; mais plongés dans la débauche et le vin, ils ne songeaient qu'à leurs plaisirs. L'empereur Tchong-Kang, irrité de leur conduite, ordonna à

son général d'aller à la tête de ses troupes pour les punir. Le général dans son discours aux troupes leur dit : « Le premier jour de la Lune d'au-
» tomne, sur les huit heures du matin, il est arrivé une éclipse de Soleil
» hors de la constellation de Fang (le Scorpion); les aveugles ont battu
» du tambour; les petits mandarins et les peuples, faute d'avoir été
» avertis, ont été épouvantés. Hi et Ho, comme des termes insensibles,
» ont fait semblant de n'en rien savoir. Ignorans dans la connaissance des
» mouvemens célestes, ils doivent subir le châtiment porté par les lois
» de nos premiers empereurs. Ces lois disent : Soit que le tems de quel-
» qu'événement céleste ne soit pas bien marqué, soit qu'on ne l'ait pas
» bien prévu, l'une et l'autre négligence doivent être punies de mort
» sans rémission. » C'est ce qui fut exécuté.

Il faut avouer que cette loi était un peu sévère pour de pauvres astronomes qui n'avaient aucune idée ni des inégalités du Soleil ou de la Lune, ni de la parallaxe. Mais cette loi, si jamais elle a existé, n'a jamais été mise à exécution que cette fois seulement, et cependant il y eut beaucoup de fausses annonces; on peut s'étonner même qu'elles n'aient pas été plus fréquentes, et elles n'ont pas été considérées comme des crimes irrémissibles. Il y a beaucoup d'apparence que la négligence de Hi et de Ho ne fut qu'un prétexte dont on couvrit la vengeance qu'on voulait tirer d'eux, parce qu'ils favorisaient des rebelles.

Le traducteur, dans sa Préface, cite cette éclipse et la punition des astronomes comme une preuve irréfragable de l'ancienneté des Chinois et de la certitude de l'époque où régnait Tchong-Kang; mais pour que cette preuve eût quelque valeur, il faudrait que l'éclipse fût un peu moins incertaine.

Les chronologistes ne sont pas d'accord sur l'année de cette éclipse; les Annales la placent en 2159, d'autres auteurs en 2128. Le P. Gaubil croit qu'on peut prouver qu'elle est de 2155; et pour appuyer ses calculs, il cite ceux de trois autres Jésuites. Mais une année étant donnée, si l'on se permet de la changer de quatre ans, plus ou moins, il ne sera jamais difficile de trouver quelque petite éclipse. Il nous faudrait d'autres preuves pour croire bien fermement qu'elle a eu lieu, qu'elle a été observée et qu'on avait négligé de l'annoncer, ou enfin qu'on se soit trompé dans le calcul. La même chose est arrivée long-tems après à l'astronome Tchou-Kong qui a laissé plus de réputation que Hi et Ho. Ces derniers ne méritaient pas la mort pour une erreur qu'il n'était pas en leur pouvoir d'éviter.

Fréret avait fait quelques objections ; Mailla , dans sa lettre première , tâche d'y répondre , et d'établir que Tchong-Kang fut véritablement empereur ; que la rigueur des lois contre des astronomes négligens , est une preuve qu'on savait calculer les éclipses ; mais s'il est prouvé que 2500 ans plus tard les Chinois n'avaient encore aucune règle pour les parallaxes, il sera bien probable que la négligence de Hi et de Ho pour l'éclipse de 2159 ou 2155, n'est qu'un conte.

Fréret objectait que l'éclipse trouvée par le calcul des astronomes d'Europe , était horizontale et de moins d'un doigt, c'est-à-dire invisible pour tout autre que pour des astronomes , et des astronomes avertis , et qu'ainsi elle n'était pas de nature à effrayer les peuples. Mailla réplique, avec quelque raison, qu'on n'est pas assez sûr de nos Tables modernes pour s'en rapporter à ce qu'elles indiquent , surtout quand l'éclipse est horizontale. On peut accorder à Mailla que malgré nos Tables , cette éclipse pouvait être de plusieurs doigts , et assez grande pour être aperçue ; mais il n'en est pas moins vrai qu'une éclipse qui date de 2000 ans avant J. C. aurait besoin d'être mieux prouvée. Ajoutons que pour trouver une seconde éclipse , il faut descendre de 1450 ans : si la première est certaine , si l'on y attachait cette importance, d'où peut venir une si grande lacune ?

Fréret supposait le texte du Chu-King altéré en cet endroit ; il se fondait sur le silence des auteurs des premières Annales. Le Chu-King est perdu ; mais Mailla prétend qu'il a été rétabli d'après les traditions et quelques fragmens : ensorte qu'il ne s'est trouvé aucun Chinois assez hardi pour révoquer en doute la moindre circonstance de ce livre. Cette raison aurait, ce semble , peu de force pour nous. Il ajoute que les vingt-neuf premiers chapitres , au nombre desquels est celui qui parle de l'éclipse, *furent tirés fidèlement de la mémoire du vieux docteur Fou-Seng , et ensuite collationnés sur un vieil exemplaire.* Voilà ce qu'il a dit de mieux ; mais j'hésiterais à conclure avec lui, que *l'éclipse est sûre et indubitable , que l'Astronomie devait être sur un bon pied sous Tchong-Kang , puisqu'on punissait ainsi une erreur de calcul ; que cette éclipse , par son calcul , a dû arriver en effet en 2159, et qu'ainsi la Chronologie chinoise remonte au moins à cette époque.* Si cela est, pourquoi Gaubil, meilleur astronome que Mailla , rejette-t-il cette éclipse à 2155 ?

Que l'éclipse soit réelle, qu'elle ait été observée quoique non prédite, qu'elle ait été consignée dans le Livre de Confucius, ce n'est pas là ce que je prétends révoquer en doute ; je n'ai là-dessus aucune donnée certaine : mais qu'à cette époque les Chinois aient eu des connaissances qu'on ne leur a jamais vues depuis et dont il n'existe aucune autre preuve, c'est ce qui est au moins fort invraisemblable.

Il nous avertit ensuite que le cycle de 60 ans est purement civil, comme les indictions chez les Romains, et qu'il n'a nul rapport aux mouvemens célestes. On en pourrait induire que l'auteur de ce cycle était lui-même dépourvu de ces connaissances astronomiques qu'il regrettait qu'on ne pût encore donner à ses peuples.

Quant aux circonstances de l'éclipse, il avoue qu'elle arriva *dans* la constellation Fang, et non en *dehors*. En cela Gollet et Gaubil ont raison. Voici la traduction littérale qu'il donne du texte du Chu-King.

Ki, *à l'équinoxe*; tsiou, *en automne*; tching, *huit heures du matin*; Yue-Sou, *premier de la Lune*, Fey-Tsi, *elle s'opposa au Soleil* (l'éclipsa); yu-Fang, *à Fang*. Les traducteurs tartares ont dit : *En automne, à la fin des grands jours, le premier de la Lune, il y eut une éclipse de Soleil à la constellation Fang*. Mais rien de tout cela ne nous dit l'année. Cassini avait trouvé une éclipse en 2007.

Mailla veut défendre l'époque de 2461. « Lorsque Tchuen-Hio
» fit le Calendrier, il établit le commencement de l'année au commen-
» cement du printems. Cette année, le premier jour de la première
» Lune, on était entré dans le printems, cinq planètes s'assemblèrent
» au ciel; on avait passé la constellation *Che*, etc. Pour la vérification
» de ce passage, il faut donc, 1°. que le commencement de cette année
» ait été pris du commencement du printems, que de tout tems on a fixé
» au quinzième degré d'Aquarius; 2°. que le commencement du printems
» ait précédé celui de l'année; 3°. que cinq planètes fussent assemblées;
» 4°. que tout cela soit arrivé passé la constellation *Che*. »

Par les Tables de la Hire, il trouve que l'étoile était en 10^s 1° 27′ 18″. Il ajoute

Que, suivant la pratique, la longitude du Soleil au printems, est 10^{s}15°;

Que le printems a dû arriver le 4 février de l'an — 2461, style grégorien;

Que le commencement de l'année répondait au 6 février; à 15 heures, méridien de Paris.

On avait alors, selon les mêmes Tables, les longitudes suivantes :

$$\begin{aligned}
&\odot \text{ vrai} \ldots\ldots\ \ 10^s\,17^\circ\,52'\,56'' \\
&\mathbb{C} \text{ vraie} \ldots\ 10.18.13.34 \\
&\hbar \ldots\ldots\ldots\ 11.24.20.57 \\
&\text{♃} \ldots\ldots\ldots\ 11.15.56.52 \\
&\text{♂} \ldots\ldots\ldots\ 12.26.50.27 \\
&\text{♀} \ldots\ldots\ldots\ \ \ 9.\ 7.15.\ 4 \\
&\text{☿} \ldots\ldots\ldots\ 11.11.40.48
\end{aligned}$$

Pour Vénus on lit ♄.... 7.15.4.23. Je ne sais ce que l'auteur a voulu dire, mais l'époque est fixée; on pourra si l'on veut recommencer les calculs sur des Tables plus modernes. Il ajoute qu'on vit la Lune, Saturne, Jupiter, Mars et Mercure réunis sur un arc de 11° 58′ 55″; que d'ailleurs il ne faut pas chicaner les Chinois pour avoir mis cinq planètes en conjonction, quand il n'y en avait que quatre; qu'on trouve dans leurs livres plusieurs exemples pareils, ce qui n'est pas donner une idée bien avantageuse de leur exactitude.

Quant aux quatre étoiles qui répondaient alors aux points équinoxiaux et solsticiaux, il en cite au moins deux, les Pléiades au premier degré d'*Aries*, et Fomalhaut au premier degré du Capricorne. Ces étoiles, suivant nos Catalogues, ne diffèrent que de 2ˢ 26° 11′, et non de 3ˢ comme il le suppose.

Il reste encore la difficulté du déluge ; mais Mailla trouve une marge de 209 ans qui lui paraît suffisante pour que la Chine fût bien peuplée, eût un gouvernement, des annales et une Astronomie.

Vers l'an 1130 avant J. C., il est beaucoup question de Tchéou-Kong, et nullement de ses ombres solsticiales que nous trouverons plus loin dans un autre ouvrage.

De l'an 2159 jusqu'à l'an 776, il n'est plus question ni d'Astronomie, ni d'éclipse ; apparemment que le sort de Hi et de Ho avait dégoûté les Chinois d'une science si périlleuse ; mais à la dernière Lune de cette année, il y eut une éclipse de Soleil qui fournit matière aux poètes courtisans ; ce qui ne suffit pas pour la recommander aux astronomes.

Nous allons donner ici le relevé exact de toutes les éclipses mentionnées dans les Annales ; ce ne sont que de simples dates sans aucune indication ni de l'heure, ni de la durée, ni de la quantité de l'éclipse.

Les lettres M et S signifient que l'éclipse est arrivée le matin ou le soir, T qu'elle fut totale, le premier chiffre indique le jour de la Lune, le second le numéro de la Lune dans l'année ; quand le second chiffre est suivi de la lettre *i* , c'est une marque que la Lune était intercalaire ; quand il y a un troisième chiffre , il indique l'heure du soir ou du matin.

Table des Eclipses de Soleil , tirée des Annales de la Chine.

Années av. J. C.	Jours et Lunes.	Années av. J. C.	Jours et Lunes.	Années de J. C.	Jours et Lunes.	Années de J. C.	Jours et Lunes.
2159	1. automn. M.	160	.....	65	30.10 T	206	1. 1
776	1.10°	153	30. 2	70	30.10	208	1.10
709	1. 7 T.	151	11	73	30. 5	210	1. 2
695	1.10	148	9	75	30.11	216	1. 5
668	12 M.	142	30. 7	80	1. 2	219	30. 2
654	9. 5	139	1. 2	81	30. 6	220	1. 2
626	2.15	138	30. 9	87	30. 8	221	30. 1
612	6. M.	127	30. 3	90	2	222	1. 1
601	8.35 T.	122	30. 5	92	1. 6	223	30.11
592	6. M.	112	30. 4	100	1. 7	224	30.11
575	1. 6. 2 S.	95	.....	103	30. 4	233	1. 5
574	12. M.	89	8	107	3	236	10
559	2. 2 S.	87	7	111	1. 1	245	1. 5T.
558	30.14. 5 S.	80	30. 7	114	30. 4	247	2
553	1.10. 0	69	10.12	115	30. 9	260	1. 1
554	9	57	1.12	117	1. [illegible]	271	1.10
552	10	54	1. 4	118	1. 8	272	1.10
550	2	42	1. 3	119	1.12	273	1. 4
549	1. 7. 5 T.	40	30. 6	120	1. 7	273	1. 7
546	9. 9 M.	34	30. 6	126	1. 7	274	1. 1
535	2 S.	26	30. 8	135	1. 8	277	1. 1
527	30. 3 S.	25	1. 3	138	1.12	278	1. 1
525	6	24	30. 2	140	30. 5	281	1. 3
522	7 M.	16	30. 9	147	1. 1	285	1. 8
520	12 S.	15	30. 2	152	7	286	1. 1
518	5	14	30. 1	154	1. 9	287	1. 1
511	10	13	30. 7	157	30. 4	288	1. 1
504	3 M.	—2	1. 1	165	30. 1	288	1. 6
495	8.11 M.	0	30. 4	166	1. 1	305	8
443	.... T.	+6	1.10	167	30. 5	306	1. 1
410	....	14	30. 3	170	30. 5	306	1. 7
389	.... T.	15	30. 7	177	1.10	306	1.12
375	....	26	1. 1	178	1. 2	307	1.11
369	....	27	30. 5	179	1. 4	308	1. 1
301	.... T.	51	30. 3	186	30. 5	312	1. 2
204	30.10	46	30. 3	189	1. 4	316	1. 6
188	1. 1	53	1. 2	193	1. 1	318	1. 4
188	5 T.	55	30. 5	194	30. 6	327	1. 5
181	.... T.	56	30.11	200	1. 9	331	1. 3
178	30.11	60	30. 8	201	1. 3	336	1.10

Suite de la Table des Eclipses du Soleil.

Années de J. C.	Jours et Lunes.	Années de J. C.	Jours et Lunes.	Années de J. C.	Jours et Lunes.	Années de J. C.	Jours et Lunes.
341	1. 2	570	1.10	712	1. 9	939	1. 7
342	1. 1	571	1. 4	715	1. 7	943	1. 4
351	1	572	1. 9	719	1. 5	945	1. 8
352	1. 1	575	1. 2	729	1.10	946	4. 2
356	1.10	575	1.12	752	1. 2	948	1. 6
365	1. 8	578	30.11	732	1. 8	949	1. 6
362	1.12	583	1. 2	733	1. 7	950	1.11
368	1. 3	583	1. 8	733	1.12	952	1. 4
370	1. 7	584	1. 1	735	1.101	955	1. 2
375	1.10	585	1. 1	740	1. 3	956	1. 5 T.
376	1.11	591	30. 2	746	1. 5	961	1. 4
381	1. 6	592	30. 7	754	1. 6	967	1. 6
384	1.10	601	1. 2	756	1. 1	970	1. 4
393	1. 5	616	1. 5	761	1. 7	971	1.10
400	1. 6	618	1.10	768	1. 3	972	1. 9 T.
405	1. 4	621	1. 8	775	1.10	974	1. 2
414	1. 9	626	1.10	779	1. 7	975	1. 7
415	30. 7	627	1. 31	779	30.12	977	1.11
417	1. 1	628	1. 5	787	1. 8	981	1. 9
428	1.11	629	1. 8	795	1.11	982	1. 3
429	1. 5	630	1. 7	796	1. 8	984	1.12 faus.
430	1.11	632	1. 1	801	1. 5	983	1. 2 inv.
435	1. 1	637	1. 3	808	1. 7	986	1. 6
438	1.11	639	1. 8	815	1. 8	991	1. 2 1
440	1. 4	641	0. 5	818	1. 6	993	1. 2
442	30. 7	643	1. 6	834	1. 2	993	1. 8
447	1. 6	644	1.10	843	1. 2	994	1.12
454	1. 7	646	1. 31	844	1. 3	998	1. 5
469	1.10	648	1. 8	845	1.12	998	10
473	1.12	667	1. 8	848	1. 5	1000	1. 3
479	1. 3	669	1. 6	854	1. 5	1002	1. 7
480	1. 9	671	1.	863	1. 7	1004	1.12
481	1. 7	674	1. 3	864	1. 3	1007	1. 5
506	1. 3	680	1.11	876	1. 9	1009	1. 3
520	1. 1	681	1.10	879	1. 4	1012	1. 8
523	1. 5	682	1. 4	888	1. 5	1015	1. 6
538	1. 1	686	1. 6	906	1. 4	1019	1. 3
540	1. 5	686	1. 6	909	1. 2	1021	1. 7
547	1. 1	691	1. 4	911	1. 1	1022	1. 7
548	1. 7	694	1. 6	921	1. 6	1026	1.10
564	1. 2	695	1. 2	925	1. 4	1028	2. 3
584	1. 8	700	1. 5	927	1. 8	1030	1. 8
566	1. 1	702	1. 9	928	1. 2	1033	1. 6
567	1. 1	705	1. 3	930	1. 6	1040	1. 1
567	1.11	706	1. 6	931	1.11	1043	1. 5

Suite de la Table des Éclipses du Soleil.

Années de J. C.	Jours et Lunes.	Années de J. C.	Jours et Lunes	Années de J. C.	Jours et Lunes.	Années de J. C.	Jours et Lunes.
1045	1. 4	1119	1. 4	1211	1. 11	1315	1. 4
1046	1. 5	1120	1. 10	1216	1. 9	1319	1. 2
1048	1. 1	1123	1. 8	1217	1. 7	1320	1. 1
1052	1. 11	1129	1. 9	1213	1. 9	1321	1. 6
1053	1. 10	1137	1. 2	1227	1. 5	1322	1. 11
1054	1. 9	1143	1. 12	1228	1. 6	1327	1. 9
1055	1. 8	1145	1. 4	1233	1. 9	1329	1. 7
1058	1. 8	1147	1. 10	1237	1. 13	1331	1. 8
1059	1. 1	1148	1. 4	1242	1. 9	1331	1. 11
1060	. 7	1149	1. 3	1247	1. 3	1338	1. 8
1061	1. 6	1155	1. 5	1248	1. 1	1341	1. 5
1066	1. 9	1156	. 7	1249	1. 4	1342	1. 10
1068	1. 1	1160	1. 8	1252	10. 2	1343	1. 4
1069	1. 7	1161	1. 1	1253	1. 2	1345	1. 9
1073	1. 4	1162	1. 1	1260	1. 3	1346	1. 2
1075	1. 8	1163	1. 6	1261	1. 2	1347	1. 1
1078	1. 6	1164	1. 6	1265	1. 1	1350	1. 11
1081	1. 11	1169	1. 8	1267	1. 5	1352	1. 5
1082	1. 4	1173	1. 5	1270	1. 2	1353	1. 4
1083	1. 9	1174	1. 11	1271	1. 8	1354	1. 3
1087	1. 7	1176	1. 3	1275	1. 8	1357	1. 1
1091	1. 5	1177	1. 9	1277	1. 10	1358	1. 8
1094	1. 3	1183	1. 11	1287	1. 10	1364	1. 8
1097	1. 6	1188	1. 8	1289	1. 3	1366	1. 7
1100	1. 4	1189	1. 8	1300	1. 8	1367	1. 6
1101	1. 4	1195	1. 3	1313	1. 1	1414	1. 1
1106	1. 7	1200	1. 6	1304	1. 6	1433	1. 7
1107	1. 11	1202	1. 5	1297	1. 4	1699	1. 5….
1113	1. 5	1203	1. 4	1299	1. 8	1643	1. 1
1115	1. 7	1210	1. 4	1303	1. 10	1699	21. avril.

En recueillant ces éclipses trop peu circonstanciées pour être utiles, j'ai pris note des quarante-huit comètes que présente la Table suivante. Il paraît que les Chinois ne faisaient attention aux comètes, comme aux éclipses, que par la crainte qu'ils en avaient. Ils les citent comme des événemens remarquables par la terreur qu'elles inspiraient; mais on ne voit nulle part qu'ils en connussent la théorie le moins du monde; aussi n'en donnent-ils aucun détail, si ce n'est quelquefois quelques mots sur la queue.

Table des Comètes dont il est fait mention dans les Annales de la Chine.

Années.	Lunes.	Lieux ou Étoiles.	Années.	Lunes.	Lieux ou Étoiles.
— 525	6ᵉ	Scorpion.	573	12	Ouei-Ki.
480		Y-Uy	575	7	grande
361		Ouest.	400	2	Tien-Kin.
305			530	9	
303			565	4	
172	grande	Est.	645	5	
157	9	Ouest.	668	4	
155	12	Sud-Est.	905	4	N.-O.
154	1	Ouest.	923	10	
148	4		955		
138	7	Nord-Ouest.	975	5	Ouest.
128	printems.	Est	989	7	
69		Ouest.	1005	11	
61	6	Est.	1005	8	
44	4	Sin.	1018	6	au pôle.
5	1	Kien-Niéou.	1049	2	
∓ 4	3	Ho-Kou.	1066	3	
+ 22	11	Chang.	1076	10	
39		Pléiades.	1097	8	
60		Tien-Tchun.	1106	1	
76	8		1125	6	grande
77	12	Tsouei.	1126	11	
141	2	Cho.	1132	8	
149	8	Tien-Chi.	1138	7	
180	10	Laysin.	1145	4	
200	10	Ta-Leang.	1156	7	
204	10	Tong-Sin.	1232	9	
207	10		1240	1	
212	12	Tche-Heou.	1298	12	
218	3	Est.	1305	12	
236	10	Ta-Tchin.	1540	2	
236	10	Est.	1532	7	
336	1	Kouei.	1593	7	
340	1	Taï-Ouei.			
362	8	Kio-Kung.			

Remarques sur les Tables précédentes et sur quelques phénomènes rapportés dans les Annales.

En — 687, il est mention d'une nuit sans nuages et sans étoiles. Vers minuit on vit tomber une pluie d'étoiles qui s'évanouissaient en approchant de la Terre.

En l'an — 141, le Soleil et la Lune parurent d'un rouge foncé pendant cinq jours ; ce qui saisit le peuple d'une grande frayeur.

En l'an — 74, à la deuxième Lune, il parut une étoile aussi grande que la Lune, et qui dans son mouvement était suivie de plusieurs étoiles de grandeur ordinaire.

En l'an — 58, il tomba des pierres de la grosseur d'une noix.

En l'an + 88, autre pluie d'étoiles.

En l'an 521, taches du Soleil visibles à la simple vue.

En 522, on abandonne l'Astronomie Hiuen-Chi-Ly ; on met en place l'Astronomie Tching-Kouang-Ly.

En 640, le président du Tribunal des Mathématiques représenta que le Calendrier était en erreur de $\frac{3}{4}$ de jour sur les mouvemens du Soleil et de la Lune. L'empereur ordonna les corrections nécessaires.

A la douzième Lune de l'an 892, l'Astronomie King-Fou-Tsing-Hinan commence à être mise en usage.

En l'an 949, à la quatrième Lune, on voit l'étoile Taï-Pé en plein jour, ce qui fut regardé comme un pronostic si fâcheux, qu'on défendit de la regarder. On fit mourir quelques gens du peuple qui avaient contrevenu à la défense. Cette particularité peut nous donner une idée des connaissances et du caractère de la nation.

En l'an 956, on ordonna de suivre l'Astronomie Kin-tien-Ly. En 1106 elle fut remplacée par l'Astronomie Koei-Yuen-Ly.

Outre la sphère offerte à Yao et celle qui fut commandée par Chun, on parle en différens tems de celle de Lo-Hia-Hong qui marquait les heures et les *quarts de tems* ; de celle de Kia-Kouei ; de celle de Tchang-Hang qui était mue par l'eau ; enfin de celle de Tchang-sse-Hiun, mais on n'en parle que d'une manière très-vague.

En 1299, le Tribunal, présidé par Cocheou-King, avait annoncé une éclipse de deux doigts qui n'eut pas lieu. On craignit pour le Tribunal ; mais il se justifia en citant dix exemples pareils depuis l'an 713.

En 1629, le calcul de l'éclipse ne s'accordant pas avec l'observation, l'assesseur du Tribunal proposa les jésuites Longobardi et Térence pour aider à réformer l'Astronomie. Les Jésuites firent dès-lors partie du Tribunal.

On ne pouvait sans un ordre exprès de l'empereur, rien changer à l'Astronomie établie. Des intrigans demandèrent l'abolition de l'Astronomie européenne et le rétablissement de l'ancienne qui était celle de la nation : les tribunaux consultés votèrent en ce sens. L'empereur fit assembler les astronomes des deux écoles, et demanda aux Chinois s'ils n'avaient pas quelques moyens, quelqu'épreuve facile qui pût décider la question : les Chinois ne surent que répondre. Le P. Verbiest, président européen du Tribunal, proposa de calculer quelle devait être l'ombre méridienne du lendemain pour divers gnomons. L'épreuve fut ordonnée et tourna à la confusion des Chinois, qui ne surent pas calculer ces ombres. On peut juger comment les éclipses pouvaient être calculées par des astronomes qui ne savaient pas trouver la déclinaison du Soleil ou en déduire la longueur de l'ombre, c'est-à-dire calculer un triangle rectiligne rectangle. Si l'Astronomie avait fait chez eux si peu de progrès depuis plus de 2400 ans qu'elle était exercée par des hommes revêtus d'une espèce de magistrature, on peut juger ce qu'elle devait être 2159 ans avant J. C.

L'éclipse du 21 avril 1699 fut observée par Kang-Hi, et trouvée de $9^d 30'$ (les Chinois ne comptent que dix doigts au diamètre). Le P. Gerbillon l'observa de son côté à Ninghia. Il y trouva la hauteur du pôle de $38^d 55'$, l'éclipse de $11\frac{1}{2}$ doigts de 12 au diamètre, le commencement à $7^h 4'$, la fin à $9^h 10'$; la durée $2^h 6'$.

« L'observation des éclipses est une des premières et des plus importantes fonctions du Tribunal des Mathématiques. Il faut que l'empereur soit averti par une requête, du jour, de l'heure et de la partie du ciel où l'éclipse aura lieu ; qu'on lui en annonce la grandeur et la durée. Ce compte doit précéder l'éclipse de quelques mois ; et comme l'empire est divisé en provinces très-étendues, il faut qu'elle soit calculée sur la longitude et la latitude de chaque capitale de province. Ces observations, ainsi que le type qui représente l'éclipse, sont gardés par le Tribunal des Rites et par les Colao, qui ont soin de les faire passer dans les provinces et dans toutes les villes de l'empire, afin que le phénomène céleste y soit observé avec les formes prescrites. »

« Voici quel est le cérémonial en pareille circonstance. Quelques jours avant l'éclipse, le Tribunal des Rites fait placer une affiche en gros caractères, dans un lieu public de Pékin (on voit que c'est ici l'étiquette des derniers tems, et l'on peut soupçonner que c'était ce qui s'observait depuis que les Jésuites étaient à la tête du Tribunal des Mathématiques); on y lisait l'heure et la minute à laquelle l'éclipse devait commencer, la partie du ciel où elle devait se voir (comme s'il était nécessaire d'indiquer le lieu du Soleil); le tems que l'astre devait rester dans l'ombre, et le moment où il devait en sortir. Les mandarins de tous les ordres sont avertis de se rendre, revêtus des habits et des marques de leurs dignités, dans la cour du Tribunal des Mathématiques, pour y attendre le moment où le phénomène aura lieu. Tous portent à la main des Tables où la figure et les circonstances de l'éclipse sont décrites. Au moment où l'on s'aperçoit que le Soleil ou la Lune commence à s'obscurcir, tous se jettent à genoux et frappent la terre de leur front. Aussitôt on entend s'élever de toute la ville, un bruit épouvantable de tambours et de timbales, reste de l'ancienne persuasion où étaient les Chinois que par ce tintamarre ils secouraient l'astre souffrant, et l'empêchaient d'être dévoré par le dragon céleste. Quoique les grands, les lettrés et toutes les personnes instruites sachent aujourd'hui que les éclipses ne sont que des événemens naturels, ils n'en continuent pas moins à observer leur antique cérémonial, par une suite de l'attachement que la nation conserve toujours pour les anciens usages. »

« Tandis que les mandarins restent ainsi prosternés dans cette cour, d'autres, placés à l'observatoire, examinent avec toute l'attention dont ils sont capables, le commencement, le milieu et la fin de l'éclipse, en comparant ce qu'ils observent avec la figure et les circonstances données du phénomène. Ils rédigent ensuite leurs observations, les scèlent de leur sceau, et les font remettre à l'empereur, qui, de son côté, n'a pas apporté moins de soin à observer l'éclipse. Le même cérémonial se pratique dans toute l'étendue de l'empire. » (Tom. XIII, pag. 755.)

Il est fâcheux que de tant d'observations, si le récit est vrai, il n'en soit pas resté une seule; que nos missionnaires n'aient pu s'en procurer aucune, pour tirer au moins quelque parti de ces éclipses dont il était assez inutile de conserver la mémoire, puisqu'on négligeait ce qui aurait pu les faire servir au progrès de la science.

Que penser aussi de cette législation qui défendait aux astronomes de faire le moindre changement à leur théorie sans la permission de l'empereur, et cependant les rendait responsables, sur leur tête, des erreurs de ces théories. Pour ramener tous ces récits à quelque chose de raisonnable, voici, ce me semble, à quoi il faudrait les réduire. Le Tribunal des Mathématiques était chargé d'annoncer au peuple toutes les éclipses, et pour cela il devait, par tous les moyens qu'il pouvait imaginer, chercher à prévoir les jours de ces phénomènes, c'est-à-dire ceux de la nouvelle ou de la pleine lune qui pouvait être écliptique. Dans ces cas, il devait ne pas perdre l'astre un seul instant de vue, et sonner le tocsin dès que l'éclipse commencerait, pour que le peuple *pût venir au secours de l'astre souffrant.* Si les astronomes, par négligence, manquaient d'avertir à tems, ils méritaient d'être punis; Hi et Ho ne l'ont été que pour cette négligence. Quant à la défense de rien changer à l'Astronomie, sanctionnée par décret impérial, il faut croire que c'était seulement en ce qui concernait le Calendrier. Je ne tiens pas beaucoup à ces conjectures; mais je voudrais qu'on me fît voir comment les Chinois, si grossiers sous Fou-Hi, en étaient venus en si peu de tems, à avoir un Tribunal de Mathématiques capable de calculer les éclipses de Soleil, eux qu'on a vus depuis d'une ignorance extrême pendant vingt siècles, au bout desquels le président de ce Tribunal n'était pas en état de calculer l'ombre d'un gnomon. On dira que leurs connaissances s'étaient perdues à l'époque où Tsin-Chi-Hong-Ti fit brûler tous leurs livres, l'an 221 avant J. C. Mais en supposant que cet ordre ait été étendu aux livres astronomiques, comment concevoir que les astronomes n'aient pas été en même tems déchargés de cette terrible responsabilité qui pesait sur eux, ou qu'ils n'aient pu consulter leurs anciens calculs, ou qu'à défaut même de tout écrit, ils n'aient pas cherché dans leur mémoire tous les principes qui les avaient guidés jusque-là? Nous voyons bien, au bout d'un long tems, un vieux docteur retrouver dans sa mémoire 29 chapitres du Chu-King, et des astronomes qui peu de jours après avaient peut-être à calculer une éclipse, ne se sont pas hâtés de mettre par écrit des connaissances qui devaient leur être encore si présentes et qu'ils avaient tant d'intérêt à ne pas oublier. L'incendie des livres ne rend donc raison de rien : si dans les derniers tems les astronomes chinois étaient d'une excessive ignorance, ils n'ont jamais dû être beaucoup plus habiles. On peut ne faire aucun progrès sensible dans un art qu'on pratique journellement, mais il est contre la nature de l'esprit humain que l'on rétrograde d'une manière si honteuse. N'y avait-il aucun ambitieux dans le Tribunal de Mathématiques, aucun membre qui eût de l'amour-propre ou le moindre sentiment d'émulation qui le portât à se distinguer pour arriver à la place de président? Nos missionnaires nous ont débité ce qu'ils ont voulu; nous en croirons ce que nous pourrons.

Nous venons d'interroger un homme qui n'est guère que traducteur, et qui n'est connu par aucun ouvrage astronomique; voyons maintenant ce que nous diront des missionnaires astronomes.

En l'an 1729, le P. Souciet publia un ouvrage en deux volumes in-4°, sous le titre suivant:

Observations mathématiques, astronomiques, géographiques, chronologiques et physiques, tirées des anciens livres chinois, ou faites nouvellement aux Indes et à la Chine, par les Pères de la Compagnie de Jésus.

Nous n'extrairons de cet ouvrage que les observations des Chinois; elles ont été recueillies par le P. Gaubil qui avait fait une étude particulière des langues chinoise et tartare, des livres, de l'Histoire et de l'Astronomie de ces peuples. Il avait à cet effet compulsé les livres authentiques des Chinois, calculé et vérifié les principales éclipses, et d'autres observations astronomiques tirées des mêmes sources. Il fut secondé par le P. Jacques.

Des 460 éclipses que nous avons rapportées ci-dessus, il paraît qu'il n'en a guère trouvé qu'une douzaine qui tombassent juste à l'an, au mois ou au jour marqué par les auteurs.

Il en ajoute quatre qui ne sont point rapportées par Mailla. Il y joint 21 conjonctions de Jupiter; la plus ancienne remonte à l'an 73, et la dernière est de 1367. On n'a donc véritablement observé en Chine qu'une seule éclipse plus ancienne que celle de Ptolémée, et même cette éclipse est douteuse.

On a, dit Souciet, l'état du ciel chinois, fait plus de 120 ans avant J. C. On y voit le nombre et l'étendue des constellations, et à quelles étoiles on faisait alors répondre les solstices et les équinoxes, *et cela par observations*. On y voit la déclinaison des étoiles, la distance des tropiques et des deux pôles.

Les Chinois ont connu les mouvemens propres des planètes; ils n'ont connu les mouvemens des étoiles que 400 ans après J. C., près de 600 ans après Hipparque. Ils n'ont rien entendu aux stations ni au rétrogradations; ils faisaient tourner tous les corps célestes autour de la Terre; mais dans des ouvrages particuliers, on trouve quelques vestiges du système qui place le Soleil au centre. Ainsi leurs connaissances astronomiques sont postérieures à celles des Grecs, auxquels ils sont en tout bien inférieurs; ils n'ont pour eux que leurs éclipses de Soleil, les plus anciennes, ou du moins les plus nombreuses qui nous soient parvenues; il reste à savoir si elles sont bien authentiques.

Ils exprimaient en nombre la qualité des éclipses et les termes écliptiques, plus de 120 ans avant J. C. Le P. Kégler, président du Tribunal des Mathématiques, avait une vieille carte chinoise d'étoiles, faite
long-tems avant l'arrivée des Jésuites. Les Chinois y ont marqué plusieurs étoiles qu'on ne voit qu'avec des lunettes, et qui se trouvent assez
bien placées; c'est ce qu'atteste le P. Gaubil, mais il aurait bien dû
dire quelles sont ces étoiles.

Depuis Yao, ils connaissaient l'intercalation d'un jour tous les quatre
ans; ils appellent *ki* cette année intercalaire. Si le fait est vrai, il prouve
une grande antiquité, puisque Yao vivait 2500 ans avant J. C. Ils savaient
observer les ombres du gnomon; ils en déduisaient *passablement* la hauteur du pôle et la déclinaison du Soleil; cela ne suppose qu'une opération graphique, et ils ne savaient pas résoudre un triangle rectiligne,
même rectangle. Ils connaissaient les ascensions droites des étoiles,
200 ans avant J. C.; ils faisaient l'obliquité de 24° chinois, c'est-à-dire
de 23° 59' 18"; car ils divisaient le cercle en 365° ¼.

Cette obliquité pourrait être meilleure que celle des Grecs; mais à
quelle époque a-t-elle été déterminée? on n'en sait rien; ils la supposaient constante, et s'ils l'ont observée si bien et si long-tems, ils auraient
dû en apercevoir la diminution.

Les Chinois ont toujours eu des notions d'Astronomie; on le voit par
leur histoire; ils ont des observations de solstice et de comètes, depuis
l'an — 400 jusqu'à + 1500 et au-delà.

Ainsi les Chinois ont fait à peu près comme les Chaldéens; ils ont
observé sans avoir de théorie; n'ont-ils rien emprunté aux Chaldéens?

Voici la Table des éclipses vérifiées par Gaubil et ses compagnons.

Années.	Conjonction calculée.	Tems chinois.	Lieu du ciel, suivant les Chinois.	Lieu de l'observat.
— 2155	10 octob. 18ʰ 46'	1. Tchen-Kan...............	près de Fang m₁...	Pékin.
— 776	5 sept. 23.48	Sia-Mao an 6 Ye-Cou-Vam	....	Pékin.
— 730	21 févr. 22.58	Kisu-Pim-Vam 51........	....	Caifonsu.
— 709	17 juillet 5, 5	Jinchin-Huon-Vam 11....	....	Caifonsu.
— 601	19 sept. 2.51	Katsu-Tin-Vam 6........	....	Caifonsu.
— 549	18 juin 0.56	Kiatsu-Lim-Vam 23.......	....	Caifonsu.
— 495	21 juillet 23.12	Keng-Chin-Lim-Vam 25...	....	Caifonsu.
— 582	2 juillet 20.32	Ngai-Vam 20........	....	Caifonsu.
— 198	6 août 23.24	Y'Oui-Kaesu 9..........	entre 18° ♌ et 14° m.	Siganfou.
+ 2	21 sept. 22.58	Ouchin-Pimti 2.	....	Siganfou.
+ 31	8 mai 22.33	Komi-Hai-Quani-Vouti 7	5° des Hyades, Pei.	Caifonsu.

Quelques-unes de ces éclipses ne sont point rapportées dans l'ouvrage traduit par Mailla.

Voici encore quelques éclipses trouvées dans les Livres chinois.

Années.	Conjonction vraie.		Lieu ☉.	Quantité.	Lieux.
— 181	5 mars	0° 57'	11ˢ 10° 58' 24"	Totale.	Siganfou.
— 2	4 février	19.58	10.13.59.22	....	Siganfou.
+ 1	8 juin	22.53	2.15.51. 0	....	Siganfou.
+ 65	14 décemb.	22.55	8.23.16. 0	....	Caifonsu.
+ 638	20 mars	5.46	0. 3. 1. 4	....	Caifonsu.

Voilà donc 16 éclipses en tout, sur plus de 460; il est à croire que les autres n'ont pu être vérifiées comme les précédentes. On n'est pas bien d'accord sur l'éclipse de l'an 1, que Couplet croit de l'an 0. Il paraît qu'on n'a pu retrouver la quantité de l'éclipse; on pourrait soupçonner qu'elle a dû être totale.

L'éclipse de l'an 2155 a été calculée par quatre Jésuites; ils la rapportent à l'an 1865 de la création; ils placent le déluge en l'an 1656. L'éclipse a donc été observée 209 ans après le déluge.

Gaubil assure avoir encore vérifié beaucoup d'observations; il a fait voir que c'était bien réellement des observations, et non des calculs faits après coup. Il veut prouver la certitude de la chronologie chinoise, je le veux bien; mais il faut convenir que des observations pareilles prouvent bien que les Chinois avaient peur des éclipses, et nullement qu'ils sussent les calculer.

Voici maintenant des appulses de Jupiter aux étoiles, tirées des anciens livres chinois.

An 75 de J. C., 13 février, Jupiter et la luisante du front du Scorpion, à Loyan ou Honanfou, longitude 4° 5' à l'ouest de Pékin.

95,   1 sept., Jupiter et Régulus, à Loyan.

225, 12 juin, Jupiter et Mars en conjonction près de β Scorpion.

557, 26 avril, Jupiter éclipse ο Sagittaire, à Nanking.

569, 11 mars, Jupiter éclipse σ Lion, à Nanking. Jupit. était rétrogr.

652, 15 mars, Jupiter éclipse σ Lion, à Siganfou.

767, 26 août, Jupiter et Propus, à Siganfou.

773,   5 mai, Jupiter éclipse Propus.

1032, 23 févr., Jupiter éclipse μ Vierge, Caifonsu, latitude 34° 52',
longit. 2° 3′ 15″ ouest de Pékin.

1034, 15 mai , Jupiter éclipse β Scorpion, Caifonsu.

1211, 22 déc., Jupiter et β Scorpion

1212, 1 juin , Jupiter et β Scorpion. Jupiter rétrograde

1212, 11 août, Jupiter direct et β Scorpion

1212, 16 août, Jupiter au-dessus de β Scorpion

lat. 30°20′10″
long. 7.50.48
est de Pékin.

1213, 17 avril, Jupiter éclipse β Scorpion, Pékin.

1301, 23 juill., Jupiter et Propus, Pékin.

1302, 9 janv., Jupiter et Propus, Pékin.

1303, 24 janv., Jupiter et Régulus, Pékin.

1307, 23 juin, Jupiter éclipse β Scorpion.

Ces approximations sont désignées par le mot *fan*, c'est-à-dire que la distance n'était pas d'un degré. Il faut songer aussi que ces éclipses d'étoiles ne sont probablement que des distances moindres qui ne permettaient plus de distinguer l'étoile de la planète.

Les livres chinois rapportent un grand nombre de ces appulses de Jupiter et des autres planètes entr'elles, ainsi que des occultations d'étoiles ou de planètes par d'autres planètes. Ces livres ne remontent pas plus haut que l'ère chrétienne. On y voit beaucoup d'éclipses de Soleil et de Lune où les tems sont marqués, ainsi que la quantité de l'éclipse. C'étaient ces observations qu'il aurait fallu publier.

Voilà tout ce que j'ai pu recueillir dans le premier volume du P. Souciet.

Le second contient une Histoire de l'Astronomie chinoise, par le P. Gaubil, avec des Dissertations.

Les livres qui traitent de l'ancienne Astronomie sont fort rares à la Chine; et ceux qu'on peut se procurer manquent d'ordre et de méthode. Tous les Chinois conviennent qu'après les tems de Tchun-Tsieou (—480), on négligea presqu'entièrement l'Astronomie. On ne se mettait pas en peine d'observer les éclipses, *on n'en offrait point le calcul à l'empereur*, et peu à peu on perdit la science et la pratique du calcul astronomique. Je serais bien plus tenté de croire qu'on n'avait rien perdu et qu'on n'avait rien à perdre.

L'empereur Tsin-Chi-Hoang fit brûler tous les livres d'Histoire, les livres classiques, ceux d'Astronomie et le livre classique Y-King. Les Chinois avaient perdu la méthode enseignée par les anciens, et en particulier par l'empereur Yao, pour le calcul des sept planètes et des fixes.

Il ne restait que des traditions confuses des Catalogues d'étoiles et de constellations, et des fragmens de quelques livres cachés.

Je ne crois pas aisément aux méthodes perdues; mais quand il n'en reste absolument rien, c'est pour nous la même chose que si elles n'eussent jamais existé.

L'an 104 avant J. C., Sse-Ma-Tsien rédigea plusieurs préceptes pour supputer le mouvement des planètes, les éclipses et les syzygies. On ne nous donne pas ces règles. Nous avons celles d'Hipparque, qui sont plus anciennes.

On avait alors de vieux instrumens de laiton, dont on ne rapporte ni l'usage, ni l'ancienneté; on dit seulement qu'ils avaient de grands cercles de deux pieds cinq pouces de diamètre. Lo-Hia-Hong faisait tourner un globe et des cercles sous un plus grand cercle qui représentait le méridien. On ajoute que cet astronome se servit d'un instrument de laiton pour mesurer l'étendue des 28 constellations. On dit formellement qu'on rapportait à l'équateur le mouvement des astres, et qu'on n'avait aucun instrument pour observer le mouvement sur l'écliptique. Ce ne serait pas un inconvénient, si l'on avait connu la Trigonométrie sphérique. Les Chinois étaient donc à cette époque beaucoup moins avancés que les Grecs. Avec une division du cercle en $365\frac{1}{4}$, les calculs auraient eu moins de simplicité, et ces méthodes perdues, nécessairement imparfaites, doivent causer peu de regrets.

On se servait d'un gnomon de huit pieds pour observer dans toutes les saisons les ombres du Soleil; on traça, par le moyen des ombres, des lignes méridiennes, et posant l'instrument dans le méridien, on observa le passage des étoiles et des constellations; au moyen des horloges d'eau, on mesurait les différences des passages ou des ascensions droites, les intervalles entre les levers ou les couchers et les passages au méridien, la grandeur des jours, les tems que les planètes passaient sur l'horizon, enfin les crépuscules du soir et du matin.

L'an 66 avant J. C., Lieou-Hing ayant ramassé les préceptes et les observations de Lieou-Hing son père, de Sse-Ma-Tsien, de Lo-Hia-Hong et plusieurs autres, ayant encore examiné quelques anciennes observations, fit un cours entier d'Astronomie auquel il donna le nom de *San-Song*, ou les trois principes.

Voilà du moins un plan fort raisonnable; il ne nous manque que de savoir avec quel soin on avait procédé, et les connaissances auxquelles on était parvenu.

Lieou-Hing supposait le solstice d'hiver au dernier degré de la constellation Teou, supposant d'ailleurs le mouvement diurne du Soleil d'un degré chinois; il lui était facile de savoir le lieu du Soleil dans les constellations, pour tous les jours et tous les momens de l'année, le jour du solstice étant déterminé; mais ce ne pouvait être que le lieu moyen et le solstice moyen.

L'année est divisée en 24 tsieki, chaque tsieki en trois keou; il supposait l'obliquité de 24° chinois. *Ils savaient calculer le triangle rectiligne rectangle;* par ce moyen on pouvait trouver chaque jour la hauteur méridienne du Soleil et sa déclinaison chaque jour et au jour du solstice. La hauteur du gnomon était de huit pieds, le pied avait dix pouces, le pouce dix funs ou minutes.

Au solstice d'hiver, l'ombre fut trouvée de $15^{p} 1^{ps} 4^{l}$ ou 15.14 à Siganfou.
Au solstice d'été, elle était de. . . . . 1.5.8. . .   1.58

$$\text{Compl. } 8^{p}. . . 9.0969100. . . . . 9.0969100$$
$$15.14. . . 1.1185954 \qquad\qquad 1.58. . . . 0.1986571$$

tang N' $= 58° 39' 56''$ 0.2155054   tang N $= 11° 23' 27''$ 9.2955671
réfraction.   1.33.   11
parallaxe..   — 7. . . . .   — 1
      58.41.22   11.23.37
                                            58.41.22

Somme. 79, 4.59
demi-somme $=$ latitude $=$ 35. 2.29.5
double obliquité $=$ 47.17.45
en l'an — 66, obliquité $=$ 23.58.52.5.

Souciet nous dit que la latitude de Siganfou est de 34° 16' 45''.

En ajoutant à la latitude déduite des ombres 15' 45'' pour le demi-diamètre du Soleil, nous aurons 35° 18' 15'' pour cette latitude. L'observation ne serait donc pas réellement faite à Siganfou. L'obliquité, suivant nos Tables, serait 23° 43' 32''; la différence est de 5' 40'' en moins. Les Grecs, à cette époque, la faisaient trop forte de 8'. Si c'est, comme ils le disent, celle d'Ératosthène, elle ne serait trop forte que de 6', et l'erreur serait à peu près la même, mais en sens contraire.

On n'avait alors aucune idée des inégalités du Soleil, ni de la Lune, ni des planètes. On croyait les quatre saisons parfaitement égales, on ne pouvait donc pas déterminer les jours des solstices; les ombres solsticiales n'étaient donc pas parfaitement exactes. On n'était pas en état de calculer l'état du ciel ; *donc les observations rapportées dans les livres ne sont pas des calculs* ; la conséquence est juste si les observations sont vérifiées, sinon elles seront de mauvais calculs, et les mauvais sont bien plus aisés à faire que les bons.

Le mouvement de la Lune en un jour est de 13° $\frac{3}{5}$ de degré. La révolution synodique 29 jours 53 ké 8′ 64″, ou 29ʲ,530864 ; car le jour a 100 ké, le ké 100′, la minute 100″, etc.

Les différentes phases de la Lune dépendent de ses distances au Soleil. Sa course n'est ni selon l'équateur, ni selon l'écliptique ; elle est très-compliquée. On peut considérer jusqu'à 9 routes ou mouvemens de la Lune. (Il en résulte que la Lune change de route tous les deux ans, puisque la période des nœuds est de 18 ans. Mais on voit qu'ils n'avaient qu'une connaissance bien vague du déplacement de l'orbite, et qu'ils étaient bien loin d'Hipparque, qui vivait à peu près dans le même tems.)

Gaubil dit ensuite que la révolution draconitique est de 29 jours 32 ké.

La Lune fait 254 révolutions tandis que le Soleil en fait 19 ; 235 conjonctions sont 6939 jours 75 ké ; cette révolution s'appelle Tchang. 19 années communes ne feraient que 228 mois, il faut donc ajouter 7 mois intercalaires ; ils les plaçaient aux années 3, 6, 9, 11, 14, 17 et 19ᵉ du Tchang ; mais on ne connaît aucune époque de ce Tchang.

Les calculs du Soleil ou de la Lune, selon les Chinois, n'ont aucune ressemblance avec ceux de l'Astronomie siamoise développée par Cassini.

Ils aperçurent les défauts du cycle de 19 ans ; ils imaginèrent celui de 4617 années solaires, au bout desquelles les conjonctions revenaient au même jour, au même point du ciel et au même jour du cycle de 60, ce qui ne pouvait être bien exact.

Dans l'Astronomie des San-Tong, on suppose un moment appelé Chang-yuen, époque primordiale. Ce moment est celui de minuit, le Soleil et la Lune sont en conjonction avec les cinq planètes, au solstice d'hiver ; la Lune est sans latitude. On suppose un espace de 143127 ans depuis le Chang-yuen jusqu'au moment de minuit, qui fut celui du solstice d'hiver et le premier de la onzième lune de l'an 104 avant J. C.

On sent que cette époque ne peut être que fictive et fort inexacte.

Le Catalogue d'étoiles ne donne ni les longitudes, ni les latitudes, ni les déclinaisons. On n'y voyait donc que les ascensions droites, et comme on n'avait aucune idée de précession, qu'on ne savait pas réduire les observations à une même époque, on sent ce qu'on peut tirer aujourd'hui de ce Catalogue.

Quelque tems avant l'an 85, on représenta à l'empereur Tchang-Ti que l'erreur des conjonctions allait à plus d'un jour; que celle du solstice était de cinq. L'astronome Li-Fang reçut l'ordre de faire un nouveau Calendrier.

La cour étant à Loyang, on détermina les ombres solsticiales de 15 pieds et 1,5; on en déduit la latitude 34° 36′ 1″ et l'obliquité 23° 48′ 56″. Voilà donc l'obliquité augmentée de 10′ en 151 ans.

Li-Fang imagina le cycle de 76 ans; c'est la période trouvée en Grèce par Calippe, il lui donna le nom de *Pou*. De 20 pous il fit une période de 1520 ans, au bout de laquelle les conjonctions revenaient au même jour de la période de 60 jours.

Il fit encore une autre période de 4560 ans, qui, de plus, ramenait les conjonctions à la même année du cycle de 60 années.

Dans le tems qu'on travaillait à ces réformes, on n'avait aucun instrument pour observer les mouvemens rapportés à l'écliptique; ce fut en 99 que l'empereur fit faire un grand instrument pour cet usage. On reconnut alors l'inégalité du mouvement de la Lune, qui variait depuis 12 jusqu'à 15° par jour. Mais ce ne fut que postérieurement à l'an 200 qu'on introduisit des prostaphérèses dans les calculs de la Lune.

En l'an 164, des étrangers sujets de l'Empire romain arrivèrent à la Chine. L'astronome Tchang-Heng fit des armilles, un globe céleste et une sphère. Son Catalogue contenait 2500 étoiles, mais sans latitude et sans déclinaison. Une chute d'eau donnait le mouvement à la machine. Il y avait un tube pour viser aux astres; il était sans verre, mais c'était déjà une chose utile.

L'an 206, Lieou-Hong et Tsay-Yong firent l'Astronomie Kien-Siang, ou image du ciel. Ce sont les premiers qui tinrent compte de l'inégalité de la Lune; ils supposèrent qu'elle pouvait aller jusqu'à 5° chinois. Ptolémée leur eût donné mieux. Ils trouvèrent que l'année n'était pas tout-à-fait de 365 ¼ jours; on ne sait sur quelles observations ils se fondèrent.

En l'an 237 fut composée l'Astronomie des Ouey. Il paraît qu'on tenta de déterminer les degrés du méridien; on pensait que 1000 lys faisaient changer d'un pouce l'ombre d'un gnomon de 8 pieds; mais on ne convient ni de la grandeur du ly, ni de celle du pied. Voilà l'imitation ou plutôt la parodie des mesures grecques. Ils imitèrent aussi les Chaldéens, par leur entêtement pour l'Astrologie. On supposait un rapport mutuel entre les actions des princes et les phénomènes célestes, et l'on se donnait bien de la peine pour trouver ce rapport chimérique. On pensait que les

actions bonnes ou mauvaises des princes pouvaient changer les mouvemens des astres. Ce faux principe regardait surtout les éclipses, qu'on
ne savait pas calculer ; on disait qu'anciennement il n'y avait ni éclipses,
ni rétrogradations ; que ce sont les mauvaises actions des princes qui ont
mis les astronomes dans la fâcheuse nécessité de calculer ces phénomènes,
et les astronomes des dynasties postérieures ont assuré d'une manière
unanime, que *ce ne fut qu'au tems de Lieou-Hong que l'on commença à
avoir des principes fixes pour le calcul des éclipses*. Remarquons que le
mot *fixe* n'est pas synonyme de *certain*.

Quand une éclipse annoncée n'avait pas lieu, on félicitait le prince de ce
que ses vertus l'avaient préservé d'un grand malheur ; dans le cas contraire,
on lui faisait entendre qu'il était menacé de quelqu'événement fâcheux.

Les conjonctions des planètes étaient regardées comme d'un augure
favorable pour les princes ; on en imaginait pour leur faire la cour, et
on les insérait dans les histoires.

Une éclipse de Soleil, au premier jour de la première Lune, était
regardée comme un mauvais présage ; mais au moyen d'une intercalation,
l'éclipse arrivait à la dernière Lune de l'année.

Ce tableau, tracé par un missionnaire, n'est pas de nature à nous inspirer beaucoup de confiance dans les récits des Chinois. Mais comme il y a
moyen de tirer parti de tout, il se persuade que si l'on pouvait corriger les
livres de toutes les erreurs dont la flatterie les a infectés, on aurait une
meilleure idée de l'habileté des astronomes chinois.

Gaubil nous donne ensuite une liste de tous les solstices qui sont
arrivés au moment de minuit, à la conjonction de la Lune et du Soleil,
de 76 ans en 76 ans. Voici ces années :
— 1111, 1035, 959, 883, 807, 731, 655, 579, 503, 427, 351, 275,
   199, 123 et 47.

Je souhaite que cette liste puisse être utile à quelque chronologiste,
mais je ne vois pas ce qu'un astronome en pourrait tirer. Gaubil lui-
même en conclut que dans ce tems on ne savait ni observer, ni calculer
le tems du solstice.

A l'Astronomie des Han et des Ouey succède celle des Tsin, qui
n'assigne encore aux étoiles ni latitudes, ni déclinaisons. Kiang-Ki, chargé
de ce travail, supposa le mois draconitique, ou la période des latitudes
de 27 jours 32 ké 16.13, ou 27,321613. Par cet échantillon, nous pouvons juger du reste ; disons pourtant qu'il se servait du lieu observé de
la Lune éclipsée pour déterminer le lieu du Soleil, moyen employé par

les Grecs depuis plusieurs siècles ; mais on ne sait s'il rapportait ce lieu à l'écliptique ou à l'équateur.

Vers le même tems, l'astronome Yu-Hi parla le premier du mouvement des fixes, qu'il trouva d'un degré en 50 ans, ou de 72″ par an.

On ne mesurait l'ombre qu'au jour que l'on réputait celui du solstice. Hoching-Tien imagina le premier d'observer l'ombre plusieurs jours de suite, pour en conclure la véritable ombre solsticiale et l'instant vrai du solstice. Il trouva de cette manière, qu'à Nanking, l'an 442, le solstice d'hiver eut lieu le 20 décembre à 2ʰ 52′ du matin, suivant notre manière de compter. Il est surprenant, ajoute Gaubil, que les Chinois aient commencé si tard à se servir d'une méthode si naturelle et si simple. L'auteur de cette pratique avait eu des conférences avec un bonze indien. On ne dit pas si elles roulaient sur l'Astronomie, mais on est en droit de le soupçonner.

Hoching-Tien détermina quatre lieux du Soleil par les éclipses de Lune.

Années.	Tems européens.	Lunes de l'année.	Lieux du ☉.	
434	1ʰ après minuit.	7ᵉ	Constell. Y........	15°
436	Vers les 9ʰ du soir.	12	Nicou....	6 ½
437	Vers les 11ʰ du soir.	12	Yeou....	29 ½
440	....	9	Ti......	13 ½

Les degrés sont chinois ; il paraît qu'ils sont comptés sur le zodiaque. On en a conclu que le solstice d'hiver était arrivé entre 13 et 14° de la constellation Teou : on a oublié de nous dire quelle année.

Il fit une grande sphère où les degrés des grands cercles étaient de 5 lignes, ou de ½ pouce : on croit que le pied ne différait guère du pied actuel.

Hoching-Tien entreprit sous main de s'assurer de l'ombre méridienne au gnomon de 8 pieds, au solstice d'été, tandis que le même jour on observait la même ombre à la capitale du Tonking, appelée alors Gan-nan.

A Tong-Feng, elle fut trouvée de... 1ᵖ 5ᵖᵒ.

A Tong-King, de.................. 0.3.2.

La différence est de................ 1.1.8.

Gaubil dit....................... 1.8.2.

Le chemin d'une ville à l'autre était jugé de 1000 lys ; on en conclut que 600 lys, du nord au sud, changent d'un pouce l'ombre en été.

L'Astronomie de Ho-Ching-Tien fut vivement attaquée par Tsou-Tchong, qui, par trois éclipses de Lune, celles de la huitième Lune de l'an 451, de la neuvième de 459, et par une troisième qui fut totale, détermina le lieu du Soleil au solstice d'hiver, au onzième degré de la constellation Teou. Voici trois ombres mesurées par le même astronome, à Nanking.

$$460, \text{ 17 novembre, } 10^{pd} \; 7^{po} \; 7^{lin}.$$
$$461, \text{ 11 janvier, } \quad 10. \; 8. \; 1.$$
$$ \text{ 12 janvier, } \quad 10. \; 7. \; 5.$$

Gaubil en conclut le solstice au 20 décembre 460, à 7ʰ 43ʹ, conclusion qui pourrait être un peu douteuse.

Tsou-Tchong trouvait la précession d'un degré en 45 ans 9 mois lunaires.

On avait toujours cru qu'une étoile était immobile au pôle, Tsou-Tchong fut le premier qui s'aperçut que cette étoile avait un mouvement. Il lui trouva 1° chinois de distance au pôle, et corrigea le mois draconitique, qu'il fit de $27^j \; 5^h \; 5' \; 54^t \; 30''' \; 48^{iv}$ de nos heures. Il prétendit que le cycle de 19 ans était en erreur d'un jour en 200 années solaires. Il se servait d'une période de 391 ans solaires, dans lesquels il plaçait 144 mois intercalaires.

Sa méthode fut d'abord rejetée, mais on finit par l'adopter en 503.

L'astronome Yu-Ko calcula les éclipses des années —2155 et —785. Il se trompa considérablement sur le mouvement des fixes.

Avant l'an 550 on n'avait aucune règle pour la parallaxe de la Lune ; on ne voit encore aucun précepte fort clair pour trouver le commencement, le milieu et la fin d'une éclipse ; les préceptes pour la quantité de l'éclipse n'étaient pas plus exacts. Tchau-Tse-Tsin donna des règles sur ces différens points. Gaubil promet d'en parler ailleurs.

Il introduisit le premier des équations dans les calculs des planètes ; il donna des règles pour réduire à l'écliptique les lieux de la Lune dans son orbite, et calculer la réduction de l'écliptique à l'équateur.

On ne savait pas bien si l'éclipse de Soleil devait se marquer au dernier jour de la Lune, ou bien au premier, ou enfin au second. On montra qu'il fallait toujours la placer au premier.

On prétendit (vers 584) que le mouvement des fixes était d'un degré en 75 ans.

Eclipses tirées de l'Astronomie des Souy.

Années.	Lunes.	Quantités observées.	Quantités calculées.
584 ☾	12	10 sur 15	9 sur 15
585 ☉	6	6 sur 15	1 ½ sur 15
586 ☾	6	2 sur 3	9 ½ sur 15
586 ☉	10	4 sur 5	9 sur 15
590 ☾	3	2 sur 5	7 ½ sur 15
590 ☾	9	2 sur 3	3 sur 10
592 ☾	7	2 sur 3	12 ½ sur 15
593 ☾	7	7 ½ sur 15	7 ½ sur 15
594 ☉	7	plus de moitié.	12 ½ sur 15
595 ☾	11	....	9 ½ sur 15
596 ☾	11	totale.	12 ½ sur 15

Sous les Tang, en 618, les Chinois trouvèrent le solstice d'hiver au 19 décembre, 5ʰ 21ʹ après midi, style européen.

L'an 721, une éclipse annoncée s'étant trouvée fausse, on fit venir à la cour le bonze Y-Hang, qui voulut connaître la situation des principaux lieux de l'empire. Il fit construire des gnomons, des sphères, des astrolabes, des quarts de cercle et d'autres instrumens. Il envoya au nord et au sud deux bandes de mathématiciens, avec ordre d'observer tous les jours la hauteur du Soleil et l'étoile polaire. On mesura les arcs terrestres. Il envoya à la Cochinchine, au Tonquin, observer la durée des jours et des nuits, et les étoiles qui n'étaient pas visibles sur l'horizon de Si-Gan-Fou. On commença à parler de Canobus.

Dans les hauteurs du pôle, comparées avec celles qui furent dans la suite observées par les Jésuites, on trouve des différences de 6ʹ, 54ʹ, 1ʹ et 17ʹ.

On trouva le degré de latitude de 351 lys et 80 pas. On trouva que la polaire était à 3° du pôle. Les Jésuites ne trouvèrent que 200 lys au degré; mais la valeur du ly a varié.

Y-Hang se trompa sur la précession. On voit que les Chinois recommencent continuellement l'Astronomie sans jamais obtenir de succès. Il fit un planétaire qui sonnait les heures. Il trouva la latitude de Sirius de

40° chinois ou 39° 25′ 30″ 12‴; Maraldi la fait de 39° 33′ : il n'y aurait que 7′ ½ d'erreur ; mais on peut douter du nombre rond de 40°.

Il eut une mortification sensible. Il avait annoncé deux éclipses : on avait fait tous les préparatifs et les cérémonies d'usage ; les éclipses n'eurent pas lieu. Il prétendit que son calcul était juste, et que le ciel avait changé ses mouvemens. Il donnait pour exemple de pareils changemens, une occultation de Sirius par Vénus.

Y-Hang préparait un Traité d'Astronomie ; il mourut à 45 ans.

L'an 727, le solstice d'hiver fut fixé au 18 décembre, 5ʰ 18′ style européen.

L'an 784, Su-Tching-Se expliqua la méthode de Y-Hang pour la quantité de l'éclipse. Il mettait le commencement du zodiaque au quatrième degré de la constellation Hiu ; il divisait le jour en 1095 parties ; il prenait la moitié du mois synodique, la moitié du mois de latitude, la différence de ces deux nombres et le mouvement de latitude.

Si le mouvement surpassait 279, il le soustrayait de la différence prise ci-dessus ; il divisait le reste par 66 ; le quotient lui donnait les doigts éclipsés. Si le mouvement était au-dessous de 279, l'éclipse était totale avec demeure.

En l'an 806, on parle d'un char qui montrait le midi : c'est la Boussole.

L'an 822, Su-Gang expliqua fort clairement la parallaxe de longitude, et son usage dans les éclipses : il mit au neuvième degré de Hiu le commencement du zodiaque.

En 892, Pien-Kang fait son Traité du Calcul des Eclipses ; ce n'est au fond que la méthode de Y-Hang. C'est, dit Gaubil, ce que les Chinois ont fait de meilleur, si tant est que Pien-Kang fût Chinois. Il fit un grand Catalogue d'étoiles par longitude et latitude ; le commencement du zodiaque était au 4° de Hiu.

L'an 980, le solstice fut fixé au 16 décembre, 3ʰ 7′ après midi.

En 1001 on n'était déjà plus aussi habile ; on compta 1000 lys pour 5° ; on supposa la précession d'un degré en 78 ou 79 années solaires.

En 1022, nouveau Traité d'Astronomie.

En 1064, plusieurs éclipses mal calculées firent naître un nouveau Calendrier.

On mesure la déclinaison de l'aimant en 1101. En 1106 on fait de nouveaux instrumens.

Un gnomon de 8 pieds donne les ombres suivantes, 12.85 et 1.57 ; d'où résulte l'obliquité 23° 21′.

En l'an 1179, le solstice fut fixé au 15 décembre, 3ʰ 31ʳ.

En 1024 on supposait qu'en 3561 les fixes avaient avancé de 42° ½; c'est environ un degré en 79 ans. Des éditions du Chou-King portent 1° en 71 ou 72 ans.

Gent-Chis-Can et ses successeurs mirent en usage l'Astronomie de Yelu-Tchou-Tsai, qui faisaient l'année solaire de... 365.243594

$$\text{Mois synodique.............} \quad 29.534608$$
$$\text{Mois anomalistique.....} \quad 27.554608$$
$$\text{Mois draconitique......} \quad 27.212214$$

du reste, rien de particulier.

En 1220, le calcul annonçait une éclipse de deux doigts, qui devait commencer à minuit; elle arriva dès la fin de la première veille. Tchou-Tsay eut des conférences avec des astronomes occidentaux, et convint de la supériorité de leur méthode.

Co-Cheou-King devint président du Tribunal des Mathématiques; il travailla 70 ans, et son ouvrage renferme de bonnes choses. On n'a pas son Catalogue d'étoiles. Il abolit l'usage des époques fictives. En 1280, il se servit de gnomons de 40 pieds; il avait égard au diamètre du Soleil; il détermina, par une longue suite d'ombres, le solstice au 14 décembre, 1ʰ 26ᵐ 24ˢ après minuit.

Il avait précédemment, avec les mêmes précautions, déterminé les trois solstices précédens,

$$1277 \text{ déc.}..... 14.7^ʰ 43^ᵐ \text{ matin.}$$
$$1278 \text{ déc.}..... 14.1.43 \text{ après midi.}$$
$$1279 \text{ déc.}..... 14.7.28 \text{ après midi.}$$

Il examina les instrumens des Song et des Kin, et les trouva défectueux de 4 et de 5°; il en fit de nouveaux. La plupart de ses instrumens subsistent encore, mais ils sont dans une salle fermée, et la vue n'en est pas permise. Il fit la précession d'un degré en 67 ans. Il calcula la fameuse éclipse de Tchong-Kang, et crut qu'elle était de l'an 2128. Il envoya des mathématiciens en divers lieux pour observer la hauteur du pôle. On trouve encore dans ces latitudes comparées à celles des Jésuites, des erreurs de ¼ ou ⅕ degré.

Il observa plusieurs années de suite les deux ombres suivantes, 79.8
11.7

Il en conclut l'obliquité 23° 90' 30" ou 23° 35' 40" 18".

Il y a peu de chose à changer à son calcul, et l'on peut supposer
23° 33′ pour l'obliquité de ce tems. Il avertit qu'il a eu égard aux bords
inférieur et supérieur du Soleil, et que la longueur de l'ombre doit être
prise jusqu'au centre de l'image; ce qui n'est pas exactement vrai, car
le centre de l'image n'est pas l'image du centre du Soleil; mais cette
image passait par un trou d'aiguille, et l'erreur était insensible. Gaubil
en conclut que Ta-Tou ou la Grande Cour, dont la latitude est 39° 52′,
n'est autre que Pékin, ou du moins que les deux lieux étaient très-voisins
et sur le même parallèle. Voilà enfin une observation sur laquelle on
peut compter, qui peut inspirer plus de confiance que celles des Grecs,
et au moins autant que celle d'Albategnius. Elle va fort bien avec nos
observations et la diminution de 50″ par siècle.

Cocheou-King trouva que l'étoile polaire était éloignée du pôle de
trois degrés chinois et un peu plus; supposons trois de nos degrés, cette
distance sera beaucoup trop faible.

$$
\begin{array}{lll}
\text{En 1800 longitude}\dots\, 2.25.46.40 & \text{latitude}\dots\, 66.\ 4.15 \\
\qquad\text{précession} - \quad 7.13.20 & \omega = 23.33.\ 0 \\
\qquad\qquad\qquad\qquad \overline{} \\
\text{en 1280}\dots\dots\dots\, 2.18.33.20
\end{array}
$$

$$
\begin{array}{ll}
\cos\omega = 23.33.\ 0\dots\ 9.96223 & \sin\omega\dots\dots\dots\ 9.60157 \\
\sin\lambda = 66.\ 4.15\dots\ \underline{9.96097} & \cos\lambda\dots\dots\dots\ 9.60810 \\
\qquad\quad 0.83792\dots\ 9.92320 & \sin L = 78.33.20\dots\ \underline{9.99125} \\
\qquad\quad 0.15883 & \qquad\qquad\qquad\qquad 9.20092 \\
\qquad\quad \overline{} \\
\qquad\quad 0.99675\dots\ 9.99839 & \cos\Delta = 4°37′,
\end{array}
$$

L'erreur serait de 1° 37′, ou au moins de 1° ¼.

L'Astronomie publiée en Chinois par les Jésuites, au tems de Cang-Hi,
dit nettement que Cocheou-King est le premier Chinois qui ait su la
Trigonométrie sphérique. Elle ajoute que ses méthodes étaient trop
embarrassantes, et qu'on s'en tint alors à la Trigonométrie de Ricci et de
Schall. Gaubil dit encore qu'il n'a pu trouver qu'une partie de celle de
Cocheou-King, et promet d'examiner s'il y a quelque chose qui mérite
d'être communiqué, afin de la publier quand il l'aura dans son entier.

On vantait beaucoup un instrument dont se servait cet astronome; on
n'en dit rien autre chose, sinon qu'il avait un tube et deux fils, et qu'avec
cet instrument, il mesurait jusqu'aux minutes la distance mutuelle de
deux astres.

Avant lui on savait en général la *proportion de la circonférence au diamètre comme de 3 à 1*. On savait calculer les triangles rectilignes rectangles et les obliquangles en les partageant en deux rectangles. Par le moyen de ces connaissances et à force d'examen, *on avait appris quelque chose de la proportion des cordes avec le diamètre*. C'est à quoi se bornait le savoir des Chinois, du moins c'est ce qui paraît d'après les monumens qui restent. On ne dit pas comment Cocheou-King se fit sa méthode, ou s'il la tenait des mathématiciens étrangers qui étaient à la cour.

Cocheou-King se trompa deux fois dans le calcul des éclipses du Soleil, et l'on s'en aperçut à la cour. Après sa mort, les Chinois négligèrent beaucoup l'Astronomie. On y revint en 1374, époque à laquelle parut l'astronomie Ta-Tong. On savait que les étoiles avançaient d'un degré en 72, 71, ou même 70 ans. On introduisit des Mahométans dans le Tribunal des Mathématiques. Peu après, tout alla de mal en pis.

Vers 1573, on faisait mille fautes. Le prince Tching et l'astronome Hing-Y-Lou entreprirent de rétablir l'Astronomie. Ils expliquèrent la méthode des éclipses, et calculèrent la plupart de celles qui se trouvent dans l'Astronomie chinoise. Ils firent la critique des anciennes méthodes dont ils exposèrent le bon et le mauvais. On peut dire que les ouvrages de ces deux astronomes sont ce que les Chinois ont de mieux. Pendant que Hing-Yun-Lou travaillait avec le plus d'ardeur, *la Providence voulut qu'à la cour on connût et on estimât l'Astronomie européenne*; en conséquence on donna le soin du Tribunal des Mathématiques aux Jésuites.

Les Chinois ont eu, à différentes époques, des communications qui ont pu leur donner quelques notions imparfaites. Ils reçurent, en l'an 164 de J. C., des gens qui se disaient envoyés par Gan-ton, roi de Ta-Tsin ou la grande Chine. On compara les deux Astronomies. On voit dans les Livres des bonzes une méthode pour les éclipses et les lieux du Soleil et de la Lune : ces méthodes venaient des Indes. On connaissait à la Chine l'Astronomie du royaume de Niépolo, à l'ouest du Tibet; c'est Médine en Arabie. Un bonze apprit aux Chinois les noms des signes du zodiaque, le Bélier, le Taureau, etc.

Lo-kéou est le nœud ascendant, *kétou* le nœud descendant, nous retrouverons *kétou* chez les Indiens : *po* est le plus haut de la Lune ou la limite. Ces connaissances venaient des chrétiens arrivés en 629.

Dans une Astronomie de ce tems, on voit le cercle divisé en 360°, et le degré en 60'.

En 719, le gouverneur de Samarkande communiqua une Astronomie dont on ne sait rien.

Plus de 2200 ans avant J. C., les Chinois ont eu une année de 365 jours et ½.

A l'occasion de l'éclipse surnaturelle qui arriva, disent quelques auteurs, à la mort de J. C. (p. 172), on lit : *Il est certain qu'alors le Tribunal des Mathématiques trouvait souvent le moyen d'ôter des registres de faux calculs, et de leur en substituer de vrais.*

Dans le tome III, qui est relié avec le second, on trouve le Traité d'Astronomie chinoise du P. Gaubil. Le premier Livre de ce Traité n'est qu'une notice des anciens Livres chinois; l'Y-King, le Chou-King, le Tchun-Tsieou et quelques autres. On y lit quelques détails sur le triangle rectangle, dont les côtés sont 5, 4 et 5 ; sur le carré de l'hypoténuse, sur le parallélogramme que la diagonale divise en deux triangles égaux. C'est en quoi consistait la Géométrie des Chinois, encore n'est-on pas sûr qu'ils sussent démontrer ces théorèmes. La conclusion qu'on peut tirer de cette première partie, c'est que les Chinois remontent à peu près à l'époque du déluge, et qu'ils n'avaient en astronomie que des notions bien vagues et bien imparfaites.

La seconde partie parle de l'Astronomie chinoise, depuis l'an — 206 jusqu'en 1400. On y trouve des Tables

De la conversion des tems chinois en tems européens, et réciproquement ;

Des degrés chinois en degrés de 360 au cercle ; de la déclinaison du Soleil ; des constellations chinoises dont on donne en degrés, sans fraction, l'étendue et la distance au pôle boréal; des époques de l'Astronomie chinoise; des nombres que supposent les méthodes de Cocheou-King.

Supposez le jour divisé en 10000 minutes; un jour aura 100 ké, chaque ké aura 100 fen : 10000 est exprimé par le caractère *van.*

Pour trouver plus facilement les équations de la Lune, on partage le tems entier de l'anomalie en 336 parties, dont la septième partie est 48. Du périgée à l'apogée, comme de l'apogée au périgée, on compte 168 parties.

Entre la révolution d'anomalie et la révolution synodique, la différence est $1^j 9759' 93''$. Dans le tems, entre la conjonction et l'opposition, le mouvement de la Lune est de $182° 62' 87'' \frac{1}{2}$.

Dans la neuvième Table, on voit les 24 tsiéki ou parties égales de l'équateur, pour l'an 85 de J. C., avec les distances du Soleil au pôle boréal, les ombres d'un gnomon de huit pieds et les grandeurs du jour.

La Table 10 est celle des 28 constellations chinoises tirées de l'Astronomie faite par ordre de Cang-Hi; nous allons la transcrire : elle a été rédigée d'après les Catalogues européens.

Table des Constellations au solstice d'hiver de 1683.				Table des Constellations faites en l'an + 105.				Co-Cheou-King. 1280.	
Constell.	Longit.	Latitude.	Grand.	Constell.	Noms.	Étendue sur l'équateur.	Étendue dans le zodiaque.	Équat.	Éclipt.
Kio.	6.19.26	1.59.A	1	1	Teou.	26.0	24.0	25.90	23.47
Kang.	7. 0. 5	2.58.B	4	2	Nieou.	8	7	7.90	6.90
Ti.	7.10.41	0.26.B	2	3	Nu.	12	11	11.55	11.18
Fang.	7.28.51	5.23.A	5	4	Hin.	10	10	8.95	9. 0
Sin.	8. 5.21	3.55.A	4	5	Ouey.	16	16	15.40	15.95
Ouey.	8.10.54	15. 0.A	4	6	Che.	16	18	17.10	18.52
Ki.	8.26.50	6.56.A	5	7	Pi.	10	10	8.60	9.34
Teou.	9. 5.50	3.50.A	5	8	Kouey.	16	17	16.60	17.87
Nieou.	9.29.37	4.41.B	5	9	Leou.	12	12	11.80	12.56
Nu.	10. 7.25	8.10.B	4	10	Ouey.	14	15	15.60	15.81
Hin.	10.19. 1	8.42.B	3	11	Mao.	11	12	11.30	11. 8
Ouey.	10.29. 0	10.42.B	3	12	Pi.	16	16	17.40	16.60
Che.	11.19. 7	19.26.B	2	13	Tse.	2	3	0. 5	0. 5
Pi.	0. 4.78	12.55.B	2	14	Tsan.	9	8	11.10	10.98
Kouey.	0.17.54	15.58.B	5	15	Tsing.	33	30	33.30	31. 3
Leou.	0.29.33	8.29.B	4	16	Kouey.	4	4	2.20	2.11
Ouey.	0.12.33	11.15.B	4	17	Licou.	15	14	13.30	13. 0
Mao.	1.24.48	4.10.B	5	18	Sing.	7	7	6.30	6.31
Pi	2. 4. 5	2.57.A	5	19	Tchang.	18	17	17.25	17.79
Tse.	2.19.22	13.26.A	4	20	Y.	18	19	18.75	20. 9
Tsen.	2.18. 1	23.38.A	2	21	Tchin.	17	18	17.30	18.75
Tsing.	3. 0.55	0.53.A	5	22	Kio.	12	13	12.10	12.87
Kouey.	4. 1.20	0.48.A	5	23	Kang.	9	10	9.90	9.56
Lieou.	4. 5.56	12.27.A	4	24	Ti.	15	16	16.30	15.40
Sing.	4.22.56	22.24.A	1	25	Sang.	5	5	5.60	5.48
Tcheng.	7. 1.19	26.12.A	5	26	Sing.	5	5	6.50	6.57
Y.	7.19.23	22.41.A	4	27	Ouey.	18	18	19.10	17.95
Tchin.	7. 6.13	14.25.A	3	28	Ki.	11	10	10.40	9.59

Les Tables suivantes donnent les lieux du Soleil dans les constella-tions, l'an 85, les quatre points cardinaux sous les Ouey, et autres époques postérieures, les noms chinois des constellations du zodiaque. Voici ces noms :

Aries......	Kiang-Leou.	*Libra*........	Cheou-Sing.
Taurus.....	Ta-Leang.	*Scorpius*.....	Ta-Ho.
Gemini....	Che-Ching.	*Arcitenens*....	Si.
Cancer....	Chun-Cheou.	*Caper*.......	Sing-Ki.
Leo.......	Chun-Ho.	*Amphora*.....	Hiuen-Hiao.
Virgo.....	Chun-Ouey.	*Pisces*.......	Tseou-Tse.

La Table qui vient ensuite est comme un résumé des recherches des Chinois ; elle mérite de trouver ici sa place.

Table de la durée de l'année et des mois lunaires à diverses époques.

Années.	Années solaires.	Mois synodiques.	Mois anomalistiques.	Mois draconitiques.	Dynasties.
— 104	365.25. 0. 0	29.53.8.64		27.32. 0. 0	Han.
— 66	25. 0. 0	8.64		32. 0. 0	
+ 85	25. 0. 0	8.51		32.18. 0	
206	24.61.80	5.40	27.53.53.59	32.15.64	Ouey, Chinois.
237	24.68.80	5.98	45. 5	32.16.17	Tsin.
284	24.68.58	5.95	45.10	32.16.13	
443	60.71	5.85	45.21	32.16. 0	Premiers Song.
493	28.14	5.91	46.87	21.22. 3	
521	31.29	5.29	47.14	21.44.32	Ouey, Tartares.
540	41.87	6. 4	45. 5	21.43. 6	Tsi boréaux,
555	45. 9	5.99	46.42	21.22.55	Souy.
604	45.43	5.95	45.73	21.17.55	
608	55.34	5.94	45.52	21.22.69	Tang.
618	46.11	6. 1	45.43	21.23. 5	
665	47. 0	5.97	45. 4	21.22.21	
794	44. 7	5.92	45. 1	21.22.10	
822	46. 0	5.95	45.46	21.22. 2	
892	45.51	5.95	45. 9	21.22. 2	
1021	45.54	5.94	45.56	21.22. 0	Song.
1064	55.89	5. 9	46. 0	21.22. 0	
1271	59.35	5.95	45.31	21.22. 3	
1280	25. 0	5.95	46. 0	21.22.24	Yuen, Tartares.
Suivant nous....	365.24.22.22	29.53.0.59	27.55.53.46	27.21.22.22	

Dans la Table 27, en quatre parties, on trouve le lieu du Soleil pour tous les jours, depuis le solstice d'hiver jusqu'à l'équinoxe du printems, depuis cet équinoxe jusqu'au solstice d'été, depuis ce solstice jusqu'à l'équinoxe d'automne, et enfin jusqu'au solstice d'hiver.

Le mouvement diurne, au solstice d'hiver, est de........ 1.050585
Il va diminuant ensuite jusqu'à l'équinoxe; il n'est plus que de... 1.001161
Au solstice d'été, de.................................... 0.951516
(Ici le mouvement est croissant.)
A l'équinoxe du printems, de.............................. 0.999110
La plus grande différence d'un jour à l'autre est de 0.0005.

Pour l'usage de ces Tables, il fallait déterminer l'instant du solstice; ainsi elles ne pouvaient avoir long-tems la même exactitude.

La Table 28 a été composée par Y-Hang, en 724. Il suppose les quatre saisons parfaitement égales; il corrige cette supposition par une équation; avec le tems ainsi corrigé, il calcule le lieu moyen du Soleil, auquel il applique ensuite l'équation du centre. On voit combien le système des Grecs, qui est le nôtre, est plus simple.

La Table 29 est celle des latitudes de la Lune. La plus grande est de 6° 2′ ou de 5° 55′.

La Table 30 est celle du mouvement pour les jours d'anomalie de la Lune. Le degré y est supposé de 76′, et le mouvement moyen de 13° 28′. Cette Table est encore de Y-Hang.

La Table 31 donne de même le mouvement pour chaque jour du mois anomalistique, suivant trois auteurs.

Licou-Hong faisait le mouv. { le plus grand, de 14° 10′ } le degré de 19′.
                           { le plus petit..... 12. 5 }

Coching-Tien............ { le plus grand ... 14.13 } le degré de 19′.
                         { le plus petit.... 12. 2 }

Cocheou-King.......... { le plus grand ... 14.55.72 } le degré de 100′.
                       { le plus petit.... 12. 4.62 }

Dans la table 32, l'anomalie est divisée en 336 parties, 168 pour chaque moitié de son cercle. Pour chacune de ces parties appelées *termes*, on trouve l'équation de la Lune et son mouvement horaire. Ce qu'il y a de plus extraordinaire, c'est que les Chinois ont toujours cru que la Lune était périgée quand son mouvement était le plus lent, et apogée quand il était le plus rapide. Toutes leurs Tables sont absolument empiriques.

Dans la Table de réduction de l'écliptique à l'équateur ou de l'équateur à l'écliptique, la plus grande réduction est de $2^o 5o' 85''$, ce qui est presque exact. Cette Table est encore de Cocheou-King; avant lui on n'aurait su la calculer. Au reste, ce n'est pas la réduction qu'il donne, mais l'arc réduit. Ce qu'il y a de particulier, c'est que le plus petit des deux arcs est toujours celui qui sert d'argument.

Durant le tems des Tsin, Yu-Hi faisait la précession annuelle d'un degré.. en   5o ans.
En 440............... Coching-Tien disait............   100
En 400............... Tsou-Tchong.....................   45
Du tems des Léang... Yu-Ko.........................   180
Du tems des Souy.... Lieou-Tcho....................   75
Du tems des Tong... Tson-Gin-Kun..................   55
En 724................ Y-Hang.................... 82 ou 85
Sur la fin du neuvième siècle........................   75
Les astronomes des Song............. 85, 78, 65, 72 et 75
Cocheou-King.............................. 66 ou 67
Sur la fin des Yuen.................................   72
Sur la fin du quatorzième siècle....................   70
Du tems des Van-Ly................................   72 ans.

Ici Gaubil parle d'une description de toutes les étoiles qu'on avait connues avant l'incendie des livres. Il promet de la traduire, et dit que si l'on avait eu soin d'y mettre les longitudes, les latitudes et les déclinaisons, cet ouvrage serait sans prix. On les avait mises dans les Catalogues des Tien, des Tang, des Song, des Yuen et des Ming; mais Gaubil n'en a pas trouvé un seul.

Méthodes pour les Éclipses.

Depuis l'an — 2155 jusqu'à — 776, on sait qu'on calcula souvent des éclipses, et que plusieurs fois on les calcula mal. On ignore quels étaient les principes et la forme du calcul.

De l'an — 206 à l'an + 206, on supposait le mois draconitique de $27^j 7^h 5g$ ou $4o'$; que si la Lune en conjonction était dans le nœud, l'éclipse était totale; que cette éclipse revenait la même après 135 conjonctions et oppositions, et que dans l'intervalle, il y avait 23 éclipses de Soleil et de Lune. Du reste on ne donne aucun détail sur cette période; on n'assigne aucune valeur aux termes écliptiques : on renvoie seulement aux neuf routes de la Lune dont on ne dit rien de plus. Au lieu de 135, ne faudrait-il pas lire 235 ? On ne voit aucun vestige d'équation ; on ne détermine rien sur la latitude.

On voit donc qu'on n'avait réellement aucune règle ; qu'on avait observé pendant un certain tems , et que voyant revenir un certain nombre d'éclipses , on avait conclu qu'elles devaient revenir toutes , ce qui exposait à des erreurs graves et fréquentes pour les éclipses de Soleil sujettes à la parallaxe.

Depuis l'an 206 jusqu'à l'an 500 , on commence à parler des latitudes boréales ou australes; on donne pour règle que si l'éclipse ne doit pas être au moins de la cinquième partie du diamètre , on ne doit pas prendre la peine de la calculer.

On suppose que l'éclipse de Soleil ne sera pas visible , si la Lune est au sud ; en effet ce sont celles-là que la parallaxe fait manquer souvent.

On ne voit aucune règle pour la durée , mais seulement pour la quantité ; on ne distingue pas le milieu de la conjonction , ni la conjonction vraie de la conjonction apparente.

L'éclipse est totale si la latitude est nulle. Si la distance au nœud surpasse 15° , il n'y a plus d'éclipse. On suppose le diamètre de 15 doigts et l'éclipse diminue d'un doigt pour chaque degré de distance au nœud.

A ces règles on joignait quelques adages qui paraîtraient supposer une idée confuse de parallaxe ; par exemple, que l'éclipse n'est pas de la même quantité pour tous les pays, si la Lune vraie est au nord du Soleil ; mais que son lieu apparent soit au sud, c'est comme s'il n'y avait pas d'éclipse ; elle ne sera pas vue.

Voilà où en étaient les Chinois l'an 500 : ils étaient loin des Grecs. Il nous reste à voir ce qu'ils savaient entre l'an 500 et l'arrivée des Jésuites.

Voici les préceptes de Tchang-Tse-Sin.

« Servez-vous d'un instrument gradué et circulaire pour avoir les diamètres du Soleil et de la Lune. Prenez la somme des deux diamètres , retranchez-en la moitié du diamètre de la Lune ; comparez cette quantité à 1° et demi du premier kiao , la différence donnera la moitié du vide obscur. Prenez la différence de chaque degré de latitude , et comparez les deux diamètres, cette comparaison donnera les parties éclipsées. Cherchez le mouvement de la Lune par l'anomalie, comparez-le avec les parties éclipsées , et cherchez la demi-durée ; si la distance au nœud n'est pas de 3°, l'éclipse entre dans les termes du Ki. »

Ces préceptes sont fort obscurs, ils ne peuvent manquer d'être fort inexacts; Gaubil ne sait ce que c'est que le premier kiao et son premier terme; ces raisons nous dispensent de tout commentaire.

« Prenez les demi-diamètres de la Lune et du Soleil, voyez la distance du premier terme du Kiao au Tchun-Fen (point équinoxial d'Aries); de cette distance, ôtez les demi-diamètres du Soleil et de la Lune, le reste est la différence du Sie-Che (direction oblique). Examinez la Table de ces différences pour voir le terme de la totalité de l'éclipse; et avançant ou reculant de 2°, comme on voudra, on comparera les deux demi-diamètres, et l'on aura les parties éclipsées du Soleil. »

Après ces préceptes qu'il ne comprend pas plus que nous, le P. Gaubil en rapporte d'autres, d'astronomes moins anciens, qui sont plus détaillés, sans être plus clairs. Nous savons que ces préceptes se sont plus d'une fois trouvés en défaut, ils sont d'un tems où les Grecs avaient des règles plus simples et plus sûres; il serait assez inutile de commenter des méthodes dont personne ne serait tenté de se servir. L'Astronomie chinoise, beaucoup moins géométrique et plus embarrassée que celle des Grecs, n'a pas eu l'avantage de servir de préparation à des méthodes plus exactes, elle est entièrement isolée; elle a été abandonnée même en Chine pour l'Astronomie européenne: nous nous abstiendrons de tous commentaires, parce qu'ils ne pourraient être que fort longs, fort incertains et fort inutiles.

Les observations des planètes par les Chinois consistent dans les remarques qu'ils ont faites, du nombre de jours que la planète avait été rétrograde, ou directe, ou stationnaire, et des degrés qu'elle avait parcourus dans chacune de ces circonstances. Ces observations sont trop peu sûres et trop grossières pour qu'on en tire aucun parti réel.

Le volume est terminé par une longue série d'éclipses, au nombre desquelles il y en a beaucoup de fausses; on ignore souvent si ce sont des observations ou des calculs. Nous les rapporterons sans nous flatter qu'elles puissent être bien utiles.

Dans les Tables suivantes, le symbole ☾ signifie *mois lunaire* ou *lunaison*. Ce mot doit se sous-entendre quand il manque après un des nombres 1, 2, 3.....12°.

Éclipses recueillies par le P. Gaubil.

Ann.	Circonstances.	An.	Circonstances.	Ann.	Circonstances.	Ann.	Circonstances.	Ann.	Circonstances.
−709	Automn. total.	153	fausse.	27	1. 5e ☾.	136	1. 1ere ☾.	245	1. 4e ☾ fauss.
695	1er 11e ☾.	150	dern. 11e ☾.	28	de nuit.	138	1. 12	246	1. 10
676	avril. fausse.	148	fausse.	30	1. 3e	140	1. 5	247	1. 2 erreur.
669	27 mai.	148	invisible.	30	1. 9e ☾. mat.	141	1. 10	248	1. 1 erreur.
668	1. 12e.	147	9e ☾ considér.	31	dern. 5e	147	1. 1	249	1. 2
664	1. 10e ☾.	146	fausse.	33	7e ☾.	149	1. 6e ☾.	259	1. 7e ☾.
655	1. 9e	145	dern. 7e ☾.	35	6e	152	1. 7	260	1. 1
648	6 avril.	143	1er 8e	35	12e	154	1. 9	261	1. 5
645	4e	139	fausse.	40	dern. 5e	157	fausse.	262	1. 11
626	3 février.	138	1er 10e	41	dern. 2e	158	1. 5	268	16 septembr.
612	28 avril.	136	fausse.	46	1. 6e ☾.	165	1. 1ere ☾.	271	1. 10e ☾.
601	20 septembre.	134	fausse.	49	1. 4e	166	1. 1	272	1. 10
599	6 mars.	134	dern. 7e ☾.	50	2e	167	1. 6	273	1. 4
592	fausse.	127	1. 3e	53	1. 2e	168	1. 10	274	1. 1
575	9 mai.	122	fausse.	55	1. 6e	169	1. 10	275	1. 8
574	1. 11e ☾.	122	1er 6e ☾.	56	1. 12e ☾.	170	1. 3e ☾.	277	1. 1ere ☾ err'.
559	14 janvier.	119	1er 5e	60	1. 9e	171	1. 5	278	1. 1
558	31 mai.	107	fausse.	61	fausse.	175	dern. 12e	283	1. 3
555	31 août.	96	1. 2e	62	1. 3e	177	1. 11	285	1. 8
552	20 août soir.	93	1. 11e	63	fausse.	178	1. 2	286	1. 1
550	5 janvier m.	89	29 septembr,	65	16 décembre.	178	1. 11e ☾.	287	1. 1ere ☾.
549	19 juin.	84	1. 11e ☾.	70	fausse.	179	1. 5	288	1. 1
540	cette 2e fausse.	80	1. 8e	73	1. 6e ☾.	181	1. 9	288	1. 6
548	1er 12e ☾.	70	dern. 12e	75	1. 12e	186	1. 6	299	1. 11
535	18 mars.	57	1. 12e	80	1. 2e	189	1. 4	300	1. 4
527	18 avril soir.	54	1. 4e ☾.	81	1. 8e ☾.	193	1. 1ere ☾.	301	1. 4e ☾.
525	21 août.	49	1. 3e	84	incertaine.	194	1. 7	306	1. 1
521	10 juin.	40	dern. 6e	87	1er 10e	200	1. 9	306	1. 7
520	13 novembre.	34	fausse.	90	1. 2e	201	1. 10	306	1. 12 fausse.
518	9 avril mat.	30	1. 12e	95	1. 4e	208	1. 10	307	1. 11 de nuit.
511	14 novembre.	28	1. 5e ☾.	100	1. 8e ☾.	210	1. 2e ☾.	308	fausse.
505	16 février.	26	1. 10e	103	1. 4e	212	1. 6	312	1. 2e ☾ nuit.
498	22 septembr.	25	1. 3e	107	on s'y trompa.	216	1. 5	316	1. 6
495	22 juillet.	24	1. 3e	111	1. 1ere	219	1. 3	316	1. 12
481	19 avril.	16	fausse.	113	1. 5e	220	1. 2	317	fausse.
204	dern. 10e ☾.	15	1. 5e ☾.	114	1. 4e ☾.	221	1. 6e ☾.	317	fausse.
198	7 août.	14	1. 2e	−114	1. 10	222	1. 1	318	1. 4e ☾.
188	7 juillet.	13	1. 8e	115	1. 10	223	1. 12	325	1. 12
186	fausse.	12	1. 1ere	117	9	224	1. 5	327	1. 5
18.	5 mars.	2	5 févr. mat.	118	1. 8	231	1. 12	331	1. 3
17.	dern. 11e ☾.	−1	fausse.	119	1. 12e ☾.	233	1. 6e ☾.	334	fausse.
177	1er 11e	0	1. 5e ☾.	120	1. 7	240	1. 7	335	fausse.
166	1er 6e	+2	dern. 9e	124	1. 9	242	1. 4	341	1. 2e ☾.
157	fausse.	25	de nuit.	125	1. 3	243	1. 3	342	fausse.
154	dern. 2e	26	1. 1ere	127	1. 8	244	1. 4	346	fausse.

Suite des Éclipses recueillies par le P. Gaubil.

Ann.	Circonstances.	Ann.	Circonstances.	Ann.	Circonstances.	Ann.	Circonstances.	Ann.	Circonstances.
351	1re ☾ fausse	480	fausse.	567	i. 1re ☾.	648	i. 8e ☾.	779	i.12e ☾.
352	1re	481	i. 7e ☾.	567	i.11	660	i. 6	78?	i. 8
356	i.10	483	i.12	569	i.11	661	dern. 5e	787	i. 8
360	i. 8	488	fausse.	570	i.10 ☾ nuit.	666	3	789	i. 1
362	fausse.	490	i. 1	571	i. 9	667	i. 8	792	i.11
366	i.12e	491	de nuit.	572	i. 3e ☾ } nuit.	670	i. 6e.	795	i. 8e
368	i. 3	493	i. 6e	573	i. 9	671	i.11	801	i. 5
370	i. 7	494	i. 5	574	i. 2	672	i.11	808	i. 7
375	i.10	500	i. 1	575	de nuit.	674	i. 3	815	i. 5
376	fausse.	500	i. 7	575	i.10	682	i.11	818	i. 5
379	fausse.	501	i. 1re	576	i. 6e	681	i.10e.	822	i. 4e.
381	i. 6e	501	i. 7	577	i.11	682	i. 4	8a3	i. 9
384	i. 0 ☾ mat.	502	i. 7	580	i.10	683	i.10	834	i. 2
392	i. 5 ☾ soir.	506	i. 3	583	i. 2	686	i. 2	836	i. 1
395	i. 3	508	i. 8	583	i. 7	688	i. 6	843	i. 2
400	i. 6e	509	i. 8e	584	i. 1re	691	i. 4e.	844	i. 2e
403	i. 4	511	i.12	585	i. 1	692	i. 4	845	i. 7
407	i. 7	512	i. 6	587	i. 5	693	i. 9	846	i.12
414	i. 9	513	i. 5	591	de nuit.	694	i. 9	848	i. 5
416	i. 7	516	i. 3	592	fausse.	695	i. 2	854	i. 1
417	i. 1re	519	i. 1re	593	de nuit.	700	i. 5e.	863	i. 7e.
419	i.12	520	i. 1	594	7e ☾ totale.	702	i. 9	876	i. 8
424	fausse.	521	i. 5	601	i. 2	703	i. 3	877	i. 4 ☾ nuit.
427	i. 6	522	i. 5	616	i. 5	707	i. 6	879	fausse.
429	i. 5	522	i.11	618	fausse.	707	i.12	868	i. 3
435	i. 1re	523	i.11e	620	écl. ☾ fausse.	712	i. 9e.	904	i.10e.
439	i.11	529	fausse.	620	écl. ☉ fausse.	715	i. 7	906	i. 4
440	i. 4	531	i. 6	621	i. 8e	719	i. 5	909	i. 2
442	dern. 7e	532	i.10	623	i.10	721	i. 9	911	i. 1
445	i. 6e ☾ nuit.	533	i. 4	626	i.12	724	i.12	921	i. 6
446	i. 6e	534	i. 4e	627	i. 3e	729	i.10e.	923	i.10e.
449	i. 4	538	i. 1	627	i. 9	732	i. 2	935	i. 4 ☾ nuit.
453	i. 7	538	fausse.	628	i. 3	733	i. 7	926	i. 8
454	i. 7	540	i. 5	629	i. 8	734	i.12	927	i. 8
460	fausse.	547	i. 1	630	i. 1	735	i.11 l.	928	i. 2
461	fausse.	548	i. 7e	630	i. 7e	738	i. 9e.	930	i. 6e.
461	i. 9e	559	i. 5	632	i. 1	740	i. 5	931	i.11
468	i.10	561	i. 4	634	i. 5	742	i. 7	937	i. 1
469	i. 4	561	i.10	635	i. 5	746	i. 5	938	i. 1
473	i.12	562	i. 9	637	i. 3	754	i. 6	939	i. 7
477	nuit.	563	i. 3e	638	i. 3e	756	i. 6e ☾ totale.	942	i. 4e ☾ t.
478	nuit.	564	fausse.	639	i. 8	761	i. 7 ☾ annul.	943	i. 4
478	i. 9e	564	i. 8	643	i. 6	768	i. 5	944	i. 9
479	i. 3	565	de nuit.	644	i.10	775	i.10	945	i. 8
480	fausse.	566	i. 1	646	i.10	779	i. 7	946	i. 2

Suite des Éclipses recueillies par le P. Gaubil.

Ann.	Circonstances.	Ann.	Circonstances.	Ann.	Circonstances.	Ann.	Circonstances.	Ann.	Circonstances.
946	1. 6e ☾	1021	1. 7e ☾	1107	1.11^e ☾ (*)	1206	1. 2e ☾ nuit.	1302	douteuse.
949	1. 6	1022	1. 7 grande.	1108	1. 5	1209	1.12	1303	1. 5e ☾
950	1.11	1024	1. 6 n'arrive pas	1110	1. 9	1210	1. 6	1304	1. 5
952	1. 4	1026	1.10	1113	1. 3	1211	1.11	1312	1. 6
955	1. 8	1028	1. 5	1115	1. 7	1214	1. 9	1313	1. 4
956	fausse.	1029	1. 8^e.	1118	1. 5^e.	1216	1. 2^e.	1318	1. 2^e ☾ nuit.
960	1. 5^e.	1033	1. 6	1119	1. 4	1216	1. 7	1319	1. 2
965	1. 4	1036	1. 4	1120	1.10	1217	1. 7	1320	1. 1
963	1. 2	1038	fausse.	1123	1. 2	1218	1. 7 petite.	1321	1. 6
967	1. 6	1040	1. 1	1125	1. 8	1221	1. 5	1322	1.11
968	1.12^e.	1042	1. 8^e.	1129	1. 9^e.	1223	1. 9^e.	1327	1. 9^e.
970	1. 4	1043	1. 5	1135	1. 1	1227	1. 6	1329	1. 7
971	1.10	1044	1.11 ☾ nuit.	1137	1. 2	1228	1. 6	1331	1. 8 ☾ fauss.
972	1. 9	1045	1. 4	1143	1.12	1228	1.12	1331	1.11
974	1. 8	1048	1. 8	1145	1. 6	1233	fausse.	1334	1. 4
975	1. 7^e.	1049	1. 1^{sie}.	1147	1.10^e.	1236	1. 2^e ☾ incert.	1336	1. 8^e.
977	1.11 ☾ total.	1052	1.11	1148	1. 4	1237	1.12	1337	1. 2
981	1. 8	1053	1.10	1149	1. 8	1243	1. 9	1338	fausse.
982	1. 5	1054	1. 4 9 doigts	1154	1. 5 nuages.	1245	1. 3	1342	1.10
986	1.12 ☾ fauss.	1056	1. 8	1155	1. 5	1245	1. 7	1343	1. 4
983	de nuit.	1058	1. 8^e.	1158	1. 5^e.	1246	1. 1ere.	1344	1. 3^e.
985	1.12^e.	1059	1. 1	1160	1. 8	1249	1. 4	1345	1. 9
986	1. 6	1061	1. 6	1161	1. 1	1252	1. 2	1346	1. 2
991	1. 8	1066	1. 9	1162	1. 1	1253	1. 1	1347	1. 1
992	1. 8	1068	1. 1	1163	1. 6	1260	1. 5 $4^h 28'\frac{1}{2}$	1348	1. 7
993	1. 2^e.	1069	1. 7^e.	1164	1. 6^e.	1261	1. 5^e.	1349	1.11^e.
993	1. 8	1073	1. 4	1167	1. 4	1265	1. 1 matin.	1350	1.11
994	1.12	1075	1. 8	1169	1. 8	1267	1. 5 soir.	1351	1. 5
998	1. 5	1078	1. 6	1175	1. 5	1268	1.10 soir.	1352	1. 4
999	1. 9	1080	1.11	1174	1.11	1271	1. 8	1353	1. 9
1000	1. 5^e.	1081	fausse.	1176	1. 5^e.	1272	1. 5^e.	1354	1. 5^e.
1002	1. 7	1082	de nuit.	1177	1. 9 mag.	1275	1. 6	1357	1. 2
1004	1.12	1083	1. 9^e.	1185	1.11	1277	1.10	1358	1. 6
1006	1. 5	1087	1. 7	1188	1. 8	1282	1. 6	1360	1. 5
1007	1. 5	1091	1. 5	1189	1. 2	1287	1.10	1361	1. 4
1007	1.10^e ☾ nuit.	1094	1. 5^e.	1195	1. 5^e.	1289	1. 5^e.	1364	1. 8^e.
1008	1. 5	1095	1. 2	1198	1. 1	1290	1. 8	1366	1. 7
1012	1. 8	1097	1. 6	1199	1. 1	1292	1. 1	1367	1. 6
1013	1.12	1100	1. 4	1200	1. 6 snit.	1294	1. 6		
1014	1.12 ☾ nuit.	1101	1. 4	1200	1.11	1297	4 matin.		
1015	1. 6	1106	1. 7	1202	1. 5	1299	1. 8 manq.		
1019	1. 5	1106	1.12	1203	1. 4	1300	1. 2		

(*) Année 1107 ; commencement à $1^h 28' 24''$, milieu à $3^h 2'$, fin à $4^h 58' 24''$.

Éclipses observées comparées au calcul.

Dates.	Observations.	Calcul du Tribunal.	Dates.	Observations.	Calcul du Tribunal.
1572 1. 6ᵉ ☾	6ʰ 42′ 36″ com 9.42.36 fin. 8 doigts.	5ʰ 28′ 24″ 8.28.24 8 doigts 21′.	1603 1. 4ᵉ ☾	7ʰ 28′ 24″ 9.42.36 8 doigts.	errᵉ 42′ 36″ 14.12
1575 1. 4ᵉ ☾	1.28.28 2.42.30 6 doigts.	1.14.12 3.28.24 6 doigts 15′.	1607	Il n'y eut pas d'éclipse.	6.42.36 com.
1583 1.11ᵉ ☾	11.42.31 2.28.24 9 doigts.	11.28.24 2.28.24 9 doigts 67′.	1610 1.11ᵉ ☾	2.42.36 Le Soleil se couche éclipsé.	2.12.14 5
1594 1. 4ᵉ ☾	9.56.46 11.56.48 3 doigts.	9.42.36 11.42.36 5 doigts 91′.	1617 1. 7ᵉ ☾	Point d'éclipse.	6.28.24
1596 1. 8ᵉ ☾	10.28.24 12.56.48 8 doigts.	10.42.36 1.14.12 9 doigts 86′.	1621	5.14.12 On ne vit pas la fin.	4.42.36 7 4 doigts.

Éclipses de Lune.

L'an — 436. On ne marque ni le jour, ni le mois.

+ 157, 11ᵉ ☾. Observée à Loyan.

165, 1 ☾. Observée à Loyan.

221, 7 ☾. Observée à Loyan.

434, 7 ☾. Éclipse totale observée à Nanking.

436, 12 ☾. Éclipse totale observée à Nanking.

457, 12 ☾. Éclipse totale observée à Nanking.

550, 5 ☾. Nanking.

543, 3 ☾. Nanking.

592, 7 ☾. Siganfou.

595, 11 ☾. De la première à la quatrième veille.

596, 12 ☾. Siganfou.

947, 12 ☾. Loyan.

1063, 10 ☾. Milieu, 6ʰ 39′ 24″ du matin. Caifongfou.

1071, 11 ☾. Commencement 5ʰ 28′ 24″; milieu 6ʰ 25′ 12″.

L'an + 1075, 5 ☾. Commencement 9.14.12 ; milieu 10.25.12.

1074,   9 ☾. Commencement quatrième veille, troisième tien.
1220,   5 ☾. Milieu vers la fin de la première veille.
1270,   3 ☾. Commencement $1^h 42' 36''$.
                          Fin   4.25.12.
1272,   7 ☾. Commencement   1. 0. 0.
                          Fin   3.42.36.
1276,   2 ☾. Commencement   0.11. 0.
                          Fin   2.59.24.
1277,   Commencement   0.25.12.
                  Totale   1.42.36.
                     Fin   3.56.48.
1280,   Fin   7.24.12 soir.
1460, 11 ☾.   6.28.24. Ecl. de 4 d. non prédite.
1577,   On ne vit pas d'écl.; elle était annonc. à $5^h 57'$.
1589, 12 ☾. On ne vit pas d'écl.; elle était annonc. pour $11^h 28' 24''$.
        7 ☾. On observa une éclipse de plus de 10 doigts.
1601,   5 ☾. Commencement $1^h 14' 12''$.
                     Fin 2.42.36, quatre doigts.
       11 ☾. Eclipse de 8 doigts.
1602,   4 ☾. Commencement $0^h 14' 12''$.
                  Totale 1.14.12.
                     Fin 2.14.12.
1606, 10 ☾. Eclipse de 10 doigts au lever ☾.
                  Fin $7^h 14' 12''$ du soir.
1627,   2 ☾. Fin 6.51. Annonce $7^h 42' 36''$.
         Observations faites à Péking, par les Jésuites.
1623,   9 ☾. Fin $8^h 40'$ du soir.
1624,   Eclipse de 6 doigts 15.
             Commencement $1^h 36'$.
             Le Tribunal la faisait de 15 doigts 65.
1627, 12 ☾. Commencement $5^h 1' 0''$.
                     Fin 6.51.
1631,   4 ☾. Commencement 1. 5.

C'est ici que se termine le Traité d'Astronomie chinoise du P. Gaubil. On voit qu'il ne contient que des notions extrêmement vagues et aucun précepte, non-seulement dont on puisse faire usage, mais qui même nous donne la moindre lumière sur les connaissances des Chinois; on peut donc, sans rien hasarder, prononcer que l'Astronomie n'était pas encore née à la Chine, malgré les travaux d'un si grand nombre d'astronomes.

On a vu dans la Connaissance des Tems de 1809, p. 582, un Extrait d'un manuscrit envoyé en 1734 à M. Delisle, par le même P. Gaubil. Ce manuscrit est déposé à l'Observatoire de Paris. Cet Extrait commence par le récit de 29 solstices, c'est-à-dire par le résultat du calcul ou des observations des astronomes. On n'y voit rien qui puisse fonder le moindre calcul. Ce qui suit pourrait être plus intéressant; on y parle des ombres méridiennes du gnomon, observées à la Chine.

Première observation. Suivant la tradition, l'ombre d'été du gnomon de 8 pieds était de.................................... 1$^\text{d}$5.

Suivant une tradition moins sûre, l'ombre d'hiver était de... 13.0.

L'époque est vers l'an 1100 avant J. C. Avant de calculer ces observations, on remarquera que l'une de ces ombres est de 13 pieds tout juste, et l'autre de $1\frac{1}{2}$; il est donc assez naturel de penser que ces observations ne peuvent être que très-grossières.

$$
\begin{array}{llll}
\text{C. 8}.... & 9.0969100 .... & & 9.0969100 \\
1.5.... & 0.1760913 & 13.0.... & 1.1139433 \\
\hline
\text{tang } 10^\circ 37' 11'' & 9.2730013 \quad \text{tang } 58^\circ 23' 33'' & & 0.2108533 \\
+ 11 & \text{Réfraction}...... & + 1.32 \\
- 1 & \text{Parallaxe}...... & - 7 \\
\hline
10.37.21 & & 58.24.58 \\
& & 10.37.21 \\
\end{array}
$$

$$
\begin{array}{lll}
\text{Double latitude}... & 69.\ 2.19 & 2\omega = 47^\circ 47' 37'' 0 \\
\text{Latitude}........ & 54.31.10 & \omega = 23.55.48.5.
\end{array}
$$

Mais le gnomon ne donne que les ombres du bord supérieur; il faut donc y ajouter le demi-diamètre du Soleil, qui n'est pas le même en hiver et en été.

$$
\begin{array}{lll}
\text{Été}... \ 10^\circ 37.21'' & \text{hiver}... & 58^\circ 24' 58'' \\
\frac{1}{2}\odot... \quad 15.46 & & 16.18 \\
\hline
\text{Centre}... \ 10.55.\ 7 .... & & 58.41.16 \\
& & 10.55.\ 7 \\
\hline
\end{array}
$$

$$
\begin{array}{lll}
\text{Double latitude}... & 69.54.23 & 2\omega = 47^\circ 48'\ 9'' \\
\text{Latitude}........ & 54.47.11 & \omega = 23.54.\ 5
\end{array}
$$

La latitude se trouve augmentée de 16', l'obliquité de 16''.

Cette observation serait précieuse, si l'on pouvait la regarder comme authentique et comme exacte; mais outre qu'on nous donne l'ombre d'hiver comme incertaine, on peut soupçonner une erreur de $\frac{1}{2}$ pouce sur chacune des ombres. Supposons qu'elles soient 12.95

```
                                                         1.55.
                    9.0969100 ..................... 9.0969100
     C. 1.55.... 0.1903317          C. 12.95.... 1.1122698
tang 10° 57′ 55″... 9.2872417   tang 58° 17′ 58″... 0.2091798
          10                              1.25
    ──────────                      ──────────
    10.58. 5                        58.19. 5            47° 20′ 58″
                                    10.58. 5   ω = 23.40.29
                                    ──────────
                                    69.17. 8
                    Latitude... 34.58.34.
```

La latitude augmenterait de 8′, et l'obliquité diminuerait de 14′. Il est donc impossible de se fier à des ombres exprimées seulement en pouces, puisqu'un demi-pouce vaut 22′ en été, et 6′ en hiver. C'est dommage, car une observation plus ancienne de 800 ans que celle d'Eratosthène, nous serait d'un grand secours pour la diminution annuelle.

Deuxième observation. Lieou-Hiang trouva 13.14

```
                                      et      1.54
                    9.0969100 ............... 9.0969100
     1.54.... 0.1875207            13.14.... 1.1185954
10° 53′ 47″... 9.2844307   58° 39′ 54″... 0.2155054
          10                          1.25
       15.46                        16.18
    ──────────                      ──────────
    11. 9.43                        58.57.57
                                    11. 9.43
                                    ──────────
                                    70. 7.20  H = 55° 3′ 40″
                                    47.47.54  ω = 23.53.57.
```

Voilà donc, à 1050 ans de distance, deux obliquités qui ne diffèrent pas d'une minute, et elles devraient différer au moins de 8′; et s'il fallait choisir entre les deux, nous choisirions la dernière, comme plus moderne et comme plus précise, puisque les ombres sont en centièmes de pied. On ne connaît pas le lieu de ces observations ; mais peu importe. Gaubil ajoute que les ombres équinoxiales de cet astronome sont très-fautives, parce qu'on déterminait fort mal les jours des équinoxes et des solstices ; mais le même reproche peut s'adresser à tous ces anciens Chinois, ainsi que nous l'avons vu déjà. Au reste, pour les solstices, l'erreur de quelques jours n'est pas d'une si grande importance. Trois jours d'erreur feraient à peine 3', et nous serions bien heureux si nous étions sûrs de 3'.

Troisième observation. C'est une répétition de la première. On y donne comme observées à Nanking, en l'an $+$ 257, ces ombres, qui sont de 1500 ans plus anciennes. Gaubil nous assure que ces transpositions ne sont pas rares chez les Chinois. Ne pourrait-on pas craindre que l'on n'ait fait tout le contraire, et qu'on n'ait attribué à Tcheou-Kong des ombres observées 1500 ans plus tard, et cela dans la vue de rendre l'Astronomie chinoise plus respectable par son ancienneté ?

Quatrième observation. Elle donne 10 pieds pour le 9 novembre 173, et $9^{\text{p}},6$ pour le 7 février 174. On ne peut rien tirer pour l'obliquité de ces ombres, qu'on dit observées avec soin, quoiqu'elles ne soient qu'en dixièmes de pouce.

Cinquième observation. Année $+$ 521, en été, 1,07. On ne donne pas celle d'hiver, mais Gaubil dit avoir calculé les distances zénitales $55^{\circ} 44' 36''$

et 8.56.58

$\overline{}$

$64.21.57 \quad H = 32^{\circ} 10' 48''5$

$47 \cdot 7.41 \quad \omega = 23.53.50.5.$

Cette obliquité serait bien petite. Gaubil ajoute une ombre d'été de 0,58 ; il dit qu'elle est évidemment fausse ; on pourrait soupçonner qu'il y avait 1,58.

Sixième observation. C'est celle des trois ombres de Tsou-Tchong, les dates sont un peu différentes. Voici la nouvelle leçon :

27 novembre 461 Hauteur du centre $36^{\circ} 17' 52''.$
11 janvier   462................. 36.12.13.
12 janvier   462.................

Gaubil les calcule en supposant une obliquité de $23^{\circ} 29'$, qui serait un peu faible.

Hist. de l'Ast. anc. Tom. I.   50

Septième observation. L'an 578, en hiver, à Siganfou, 12″70.

                    597........................ 12.63.
                    579, à Loyang, en été,... 1.48.
                    581........................ 1.48.
                    596........................ 1.45.
                    584............. en hiver, 12.88.

Supposons en été..... 1.48
        en hiver... 12.88

                9.0969100................ 9.0969100
    1.48.... 0.1702616   12.88.... 1.1099159
10° 28′ 52″ ... 9.2671717   58° 9′ 18″ ... 0.2068259
    15.46   17.43
    ───────   ───────
    10.44.38   58.27. 1
                                 10.44.58
                                 ───────
                                 69.11.39 H = 34° 35′ 49″ 5
                                 47.42.23 ω = 23.51.11.5.

Nous aurions encore une obliquité plus grande, si nous faisions diminuer l'ombre d'été entre 579 ou 581 et 584. On voit la confiance qu'on doit à toutes ces observations.

Huitième observation. En 629, Litchanfong n'ayant aucune confiance aux ombres observées avant lui, voulut les déterminer lui-même plus exactement.

Il trouva à Siganfou, en été.... 1.46
            en hiver.. 12.63

                9.0969100................ 9.0969100
    1.46.... 0.1645529   12.63.... 1.1014054
10° 20′ 55″ ... 9.2612629   57° 38′ 57″ ... 0.1985134
    15.46   17.43
    ───────   ───────
    10.56.21   57.56.40
                                 10.56.21
                                 ───────
                                 68.33. 1 H = 34° 16′ 30″ 5
                                 47.20.19 ω = 23.40. 9.5.

J'emploie toujours les mêmes corrections ; elles devraient varier d'un petit nombre de secondes. Gaubil trouve l'obliquité 23° 39′ 23″ 30‴, ce qui fait à très-peu près 24° chinois; c'est-à-dire ce que l'on supposait en Chine depuis plusieurs siècles.

Ces observations, faites sans doute avec toutes les attentions dont on était alors capable, doivent valoir beaucoup mieux que les précédentes; elles ne s'accordent guère avec celles de 521.

La hauteur du pôle s'accorde fort bien avec celle qui fut observée par le jésuite Le Comte, qui trouva 54° 16′ 45″.

En 1700 ans nous aurions 14′ de diminution, ce qui fait en 100 ans 49″ à très-peu près. Ainsi ces dernières observations s'accordent assez bien avec celles de — 1100.

Neuvième observation. Dans les années 1049, 50, 51, 52, on se donna beaucoup de peine pour observer, à Cai-Fong-Fou, les hauteurs méridiennes. On trouva 12.85 et 1.57.

$$
\begin{array}{ll}
9.0969100\ldots\ldots\ldots\ldots\ldots 9.0969100 \\
1.57\ldots\ 0.1958996 \qquad 12.85\ldots\ 1.1089031 \\
\overline{11^s\ 6'\ 12''\ldots\ 9.2928096} \qquad \overline{58^s\ 5'\ 42''\ldots\ 0.2058131} \\
15.46 \qquad\qquad\qquad\quad 17.43 \\
\overline{11.21.58} \qquad\qquad\quad \overline{58.23.25} \\
\qquad\qquad\qquad\qquad\quad 11.21.58 \\
\qquad\qquad\qquad\quad \overline{69.45.23}\ \mathrm{H} = 34°52'41''5 \\
\qquad\qquad\qquad\quad 47.\ 1.27\ \omega = 23.30.45.5.
\end{array}
$$

La diminution serait ici de 9′,4 en 450 ans, ce qui est énorme, on 23′ ½ en 2100 ans, ce qui serait un peu trop fort.

L'an 1100, à Cai-fong-Fou, 12.83
$$
\begin{array}{ll}
\qquad\qquad\qquad 1.56. \\
9.0969100\ldots\ldots\ldots\ldots\ldots 9.0969100 \\
1.56\ldots\ 0.1931246 \qquad 12.83\ldots\ 1.1082267 \\
\overline{11^s\ 2'\ 30''\ldots\ 9.2900346} \qquad \overline{58^s\ 5'\ 17''\ldots\ 0.2051367} \\
15.46 \qquad\qquad\qquad\quad 17.43 \\
\overline{11.18.16} \qquad\qquad\quad \overline{58.21.\ 0} \\
\qquad\qquad\qquad\qquad\quad 11.18.16 \\
\qquad\qquad\qquad\quad \overline{69.39.16}\ \mathrm{H} = 34°49'38'' \\
\qquad\qquad\qquad\quad 47.\ 2.44\ \omega = 23.51.22,
\end{array}
$$

à peu près comme la précédente.

Quelques tems après , à Hang-Tcheou, 10.82

$$
\begin{array}{llll}
 & & 0.91 & \\
 & 9.0969100\dots\dots\dots\dots\dots\dots & & 9.0969100 \\
0.91\dots & 9.9590414 & 10.82\dots & 1.0342273 \\
6^{\circ}\,29'\,22''\dots & 9.0559514 & 53^{\circ}\,31'\,19''\dots & 0.1311373 \\
15.46 & & 1.\,9 & \\
6.45.\ 8 & & 16.18 & \\
 & & \overline{53.48.46} & \\
 & & 6.45.\ 8 & \\
 & & \overline{60.33.54} & 30^{\circ}\,16'\,57'' = \mathrm{H} \\
 & & 47.\ 5.38 & 23.32.49 = \omega.
\end{array}
$$

Dixième observation. Les 22, 23, 24, 25, 26, 27e solstices ont été observés à des gnomons de 40 pieds. On faisait passer l'image du Soleil par un trou comme celui d'une aiguille ; on mesurait l'ombre jusqu'au centre de l'image, 79,8 et 11,7. Il est singulier que les ombres ne soient qu'en dixièmes de pied. Nous avons rapportée ci-dessus cette observation. Gaubil en conclut 23° 33' 9'' 30'''; il ajoute qu'il y a beaucoup d'autres ombres méridiennes observées avec ce gnomon de 40 pieds; il dit que si on les desire il en fera part ; mais il y a grande apparence qu'elles ne sont pas solsticiales.

Il termine en disant que les observations de Tcheou-Kong seraient décisives pour la diminution d'obliquité, *si l'on était bien instruit en détail et d'une manière juste et sans réplique.* Pour moi, je craindrais fort qu'il ne fallût ranger ces observations dans la même catégorie que l'éclipse de Soleil de — 2155. Cependant le doute n'est pas aussi fort, et l'on ne peut s'empêcher de desirer qu'elles soient vraies ; mais dans cette supposition même, on a vu qu'il y aurait un peu de hasard dans leur précision.

La Caille, dans un Mémoire sur la Théorie du Soleil, Académ. des Sciences, 1757, page 110, rapporte avec plus de précision ces observations de Cochéou-King, d'après les nombres originaux marqués sur le gnomon , dans les années 1278 et 1279. Voici ces nombres : ils nous prouvent qu'aucune de ces ombres n'a été mesurée au jour du solstice. La plus voisine en est éloignée de 5 jours, les deux autres en sont éloignées de 12 et de 15 jours.

                                        Dist. app. au zénit.

            1278, 10 juin , 11.7775... 16° 24′ 23″.
            1279, 16 mars, 23.1955... 38.49.48.5.
                  31 mars, 26.0345... 33. 3.31.
                  29 juin , 12.2640... 17. 2.44.
                  29 août , 25.8990... 32.55.19.
                  29 nov., 76.74..... 62.28.11.

Ayant calculé les distances du Soleil au tropique, au moment des observations du 10 juin 1278 et du 29 juin 1279, La Caille les a trouvées de 4′ 5″ et de 42′ 10″; ayant de plus égard à la réfraction et à la parallaxe, il en conclut que la hauteur vraie du tropique du Cancer était,

                en 1278, de..... 73° 39′ 25″,
                et en 1279, de.... 73.39. 9 ,

                et par un milieu... 73.39.17.

Réduisant de même la hauteur observée le 29 novembre 1279, à celle que le Soleil aurait eu dans le tropique du Capricorne, où il arrive quinze jours après, La Caille trouve... 26° 35′ 5″

    différence des hauteurs solsticiales... 47. 4.14
                        obliquité.... 23.52. 7.

La Caille trouve 11″ ou même 12″, à cause de la nutation qui rendait alors l'obliquité plus grande.

Comparant enfin cette obliquité à celle qu'il avait observée lui-même en 1570, de........................ 23° 28′ 19″,

il en tire la diminution en 471 ans...   3.43 ,
ou de 47 ¼ par siècle.

C'est aussi ce que j'ai trouvé par la comparaison des observations de La Caille avec les miennes.

En 1814, M. Silvestre de Sacy publia, dans le seizième volume concernant l'histoire, les sciences et les usages des Chinois, une suite de l'histoire de la dynastie des Tang. On y trouve qu'Y-Hang déterminait les hauteurs du pôle par la polaire de ce tems, dont il croyait bien connaître la déclinaison.

Voici quelques éclipses qui ne se trouvent pas rapportées dans les deux Tables ci-dessus; nous les joignons ici parce qu'elles ne sont pas plus inutiles que les autres.

— 720, 22 février. 776, 29 octobre.
— 669, 27 mai. 785, 21 septembre.
— 668, 10 novembre. 790, 51 janvier.
— 481, 19 avril. 796, 6 septembre, éclipse de ☾.
— 248, 4ᵉ ☾. 809, 27 juillet, ☉.
— 206, 7ᵉ ☾. 854, 14 mars, et non 12ᵉ ☾.
+ 658, 21 mars. 844, 21 février, occultation de ♀.
 728, 27 octobre, considérable. 848, 22 décembre, ☉.
 752, 25 août. 864, 18 août.
 741, 1ᵉʳ avril. 905, 10 novembre.
 755, 25 juin. 907, 26 avril.
 756, 28 octobre.

A la page 582 on lit que dans les usages ordinaires, les Chinois n'ont aucun égard aux jours de la semaine, et qu'ils ne les placent que dans quelques Livres d'Astrologie. On ajoute qu'il est toujours facile de les connaître par les noms des jours de la Lune, parce que les noms correspondent aux 28 constellations.

Il résulte malheureusement de cet exposé, qu'on ne saurait tirer aucune lumière certaine des longs travaux des Chinois. On voit en l'an 206, que l'erreur des instrumens allait à cinq degrés. Cocheou-King, en 1280, se trompe encore d'un degré et demi sur la déclinaison de l'étoile polaire. Jusqu'à l'astronome Ho-Ching-Tien, en 442, aucune ombre n'avait été mesurée au jour du solstice. En 629, Lit-Chan-Fong ne montre aucune confiance aux ombres observées avant lui ; celles même de Cocheou-King n'ont été mesurées qu'à 4, 12 et 15 jours du solstice vrai. Aussi voit-on qu'en général ces ombres méridiennes ne présentent que des résultats incertains et incohérens. On voit enfin que leurs connaissances ont pu leur être communiquées, soit par les Indiens, soit par les Mahométans, et qu'elles ont enfin été remplacées par celles des Missionnaires européens. Nous n'avons donc plus aucun espoir que dans les Indiens ; car les Mahométans s'étaient instruits à l'école des Grecs. Les Indiens seuls pourraient avoir des théories, des périodes et des observations qui leur appartinssent en propre ; c'est ce que nous examinerons dans le chapitre suivant ; mais auparavant écoutons M. de Guignes, qui, dans le 40ᵉ volume des Mémoires de l'Académie des Inscriptions et Belles-Lettres, publié en 1809, a traité la question de l'origine du zodiaque et du calendrier des Orientaux, et des

différentes constellations de leur ciel astronomique. Voici le début de
ce Mémoire.

« Dans un ouvrage particulier concernant les Egyptiens et les Chi-
» nois, qui n'est point imprimé, j'ai eu occasion de faire quelques ob-
» servations sur le zodiaque des nations orientales, et sur son origine.
» On convient assez généralement que les Grecs ont pris le leur des
» peuples de l'Asie, ou plutôt des Egyptiens. Plusieurs savans, qui
» ont travaillé sur ce sujet, ont fait des tentatives pour parvenir à con-
» naître cette origine ; mais comme elle se perd dans les siècles les plus
» reculés, sur lesquels nous n'avons pas assez de monumens, ils ont été
» réduits à ne proposer que des conjectures plus ou moins vraisem-
» blables. Je ne m'occuperai point ici à les réfuter : on doit leur savoir
» gré de leurs tentatives, puisque nous sommes privés de monumens
» suffisans pour remonter avec certitude jusqu'à l'origine du zodiaque...
» Je me suis appuyé sur le témoignage des Orientaux, qui peuvent nous
» fournir de nouveaux secours.... Je crois être autorisé à soutenir que
» les Grecs, faute d'avoir bien compris ce que les Egyptiens enseignaient
» sur le cours de la nature, ont formé un zodiaque, suivant l'idée que
» nous attachons à ce terme, de ce qui, chez les Egyptiens, avait un
» objet tout différent.... Les noms de Bélier, Taureau, etc. ne seraient
» pas des noms de constellations, mais une division de l'année en douze
» parties, relativement aux productions de la Terre et aux influences
» du Soleil sur les productions. Voilà ce que je crois que ces noms expri-
» maient chez les Egyptiens, et non des amas d'étoiles.... Je vois dans
» tout l'Orient une foule de constellations qui tiennent lieu des astérismes
» des Grecs, et qui en occupent les places ; donc les signes Bélier,
» Taureau, etc. n'existaient pas dans l'Orient anciennement ; donc les
» Orientaux avaient un zodiaque différent de celui des Grecs. »

Ce Mémoire, qui présente un système nouveau, appuyé sur des conjectures probables, ne renferme rien d'ailleurs qui tienne à l'Astronomie mathématique, la seule que nous considérons ; ainsi nous renverrons à l'ouvrage même pour les développemens et pour la carte qui
représente les constellations. Nous dirons seulement que les Chinois ne
connaissaient ni la grande Ourse, ni le Chariot ; qu'ils en faisaient un
boisseau marqué principalement par les étoiles du Quadrilatère ; les trois
autres formaient le manche.

CHAPITRE II.

Astronomie des Indiens.

Nous avons sur cette Astronomie un Traité fort étendu de Bailly, et c'est de tous ses ouvrages celui qu'il paraît avoir travaillé avec le plus de soin ; on est fâché seulement d'y remarquer trop souvent cet esprit de système qui domine dans toutes ses productions. Au lieu d'exposer simplement les faits, pour les envisager ensuite sous les différens points de vue qu'ils peuvent offrir, il embrasse une opinion à laquelle il rapporte tout ; il la fait valoir avec beaucoup d'adresse et par des rapprochemens qui sont souvent spécieux ; quelquefois, et surtout dans ce dernier ouvrage, il s'appuie sur une masse imposante de calculs, dissimulant avec soin tout ce qui pourrait nuire à sa cause, ainsi que les objections qu'on pourrait lui faire et qu'il a dû sans doute apercevoir lui-même.

« Les Indiens existent en corps de peuple depuis un grand nombre de » siècles ; ils en ont conservé les traditions, et ce peuple peut être regardé » comme le possesseur des plus précieux restes de l'antiquité. Ces restes » sont d'ailleurs aussi purs qu'ils sont antiques ; car dans son indolence, » il possède sans acquérir, et son orgueil l'empêche de rien adopter ; » il est encore aujourd'hui ce qu'ont été ses premiers auteurs, qui ont » tout institué. »

Il résulterait de là que l'astronomie indienne aurait été formée comme d'un seul jet, et qu'elle serait sortie toute armée, comme Minerve, du cerveau de Jupiter, ou bien que les Indiens n'auraient pas toujours eu cet orgueil qui les empêche de rien adopter, ou cette indolence qui les empêche de rien acquérir. Quoique leur Astronomie soit bien loin de la perfection, elle est cependant trop avancée pour être l'ouvrage d'une seule génération. Bailly croit que la constance et le tems avaient suppléé chez eux à notre industrie et à l'appareil de nos instrumens. Il paraît en cela ne pas se souvenir du caractère indolent qu'il vient de reconnaître en eux, ni de cette *Astronomie perfectionnée* dont il parle si souvent dans ses autres ouvrages. Il croit que l'Astronomie indienne peut nous offrir d'anciennes déterminations qui nous seront fort utiles pour connaître les moyens mouvemens; et il pourrait avoir raison s'il pouvait démontrer, ce qui paraît être le but presqu'unique de son ouvrage, c'est-à-dire que 5102 avant notre ère, à l'époque du déluge, les Indiens comptaient déjà plusieurs siècles d'existence; qu'ils avaient les moyens de bien observer, et qu'ils avaient en effet observé assez bien et assez long-tems pour connaître les inégalités du Soleil et de la Lune, de manière à pouvoir établir une époque avec exactitude; qu'ils avaient dès-lors un zodiaque, une intercalation régulière, et qu'ils connaissaient la précession en longitude beaucoup mieux que Ptolémée n'a su la déterminer 3220 ans plus tard. Il leur accorde même deux zodiaques; l'un partagé en 27 constellations ou domiciles lunaires, et l'autre purement mathématique, partagé en douze signes de 30° chacun.

Le premier de ces deux zodiaques doit être le plus ancien, et jusque-là Bailly a raison; mais il ajoute que la révolution ou le mois lunaire de $27^j 7^h$ leur a donné la semaine de sept jours, le mois de 28 jours et l'année solaire de 13 lunes ou de 364 jours. Il me semble que l'observation des phases de la Lune est encore bien plus facile que celle de sa marche le long du zodiaque, que la révolution synodique est bien plus sensible que la révolution sidérale, que cette révolution de $29 \frac{1}{2}$ ou de 30 jours a dû par conséquent être connue la première, et elle ne donne ni la semaine de 7 jours, ni le mois de 28, ni l'année de 364 jours. Il était bien aisé de s'apercevoir que 12 mois de 28 jours ne ramenaient ni les phases, ni les équinoxes, et que 13 de ces mois ne s'accordaient pas mieux avec les phases. La semaine ne dérive pas non plus bien naturellement ni du mois sidéral de 27 jours, ni du mois synodique de 29 à 30 jours. Cette période prétendue lunaire se montre partout inséparable des noms des sept planètes; elle serait donc une période planétaire fictive et superstitieuse qui doit être bien plus moderne que le mois lunaire, puisqu'elle suppose la connaissance des sept planètes, et même celle de leurs distances, puisque c'est d'après ces distances qu'on a déterminé leur arrangement dans le ciel, et l'ordre dans lequel elles président aux jours de la semaine.

Il semble que la manière dont Géminus nous enseigne que les Grecs sont parvenus de période en période à celle de 19 ans, est à la fois plus simple et plus vraisemblable. Cette période se retrouve chez les Chaldéens, qui avaient dû la trouver par des moyens semblables, mais dont nous n'avons aucun indice. Elle était également connue des Indiens, sans qu'on sache comment ils y étaient arrivés. Voyons au reste ce que Bailly peut alléguer en faveur de son idée.

Nous possédions en 1787, quatre espèces différentes de Tables indiennes. Celles qui nous ont été connues les premières, nous étaient venues de Siam. Elles supposent deux années ; l'une civile et lunaire qui commence au solstice d'hiver, à laquelle elle se ramène par des intercalations ; l'autre solaire et astronomique, qui commence actuellement au printems : elle a une origine variable comme celle du zodiaque, qui avance de 54″ par année avec les étoiles, dans une période de 24000 ans.

L'époque de ces Tables répond au 21 mars de l'an 638 de notre ère. Pour calculer les mouvemens du Soleil, on suppose qu'il parcourt 800 fois le zodiaque en 292207 jours. Pour calculer les mouvemens de la Lune, on suppose qu'en 19 années elle fait 235 révolutions. Quand on a trouvé par ces périodes les mouvemens des deux astres, on les corrige en y appliquant des équations dont les plus grandes sont de $2° 10' 32''$ pour le Soleil, et de $4° 56'$ pour la Lune.

L'apogée du Soleil est supposé fixe et l'erreur est peu considérable ; mais les deux suppositions fondamentales ne s'accordent pas très-bien ensemble. La première donne une révolution sidérale de $365^j 6^h 12' 30''$, qui est d'une précision assez remarquable. L'autre n'est pas aussi précise. Bailly pense qu'on s'est relâché de l'exactitude pour la facilité du calcul, et pour que 19 années renfermassent 235 lunaisons, sans aucun reste. Ce qu'il trouve de plus singulier, c'est que les Siamois partagent leur année en 360 jours, quoiqu'elle ne soit que de $354^j 8^h 48'$: ce qui suppose un mois synodique de $29^j 12^h 43'$, beaucoup moins juste que celui de Ptolémée. Ces jours des Siamois sont fictifs et plus courts que les jours naturels. Les Siamois ont des réductions fort ingénieuses pour revenir de cette supposition aux mouvemens réels. Les Siamois font, comme parmi nous ceux qui, n'étant nullement arithméticiens, se font des règles particulières pour des calculs qu'on exécuterait d'une manière plus simple et plus générale par les préceptes de l'Arithmétique. Ces suppositions des Siamois ressemblent à celles des Indiens de Tirvalour qui donnent au Soleil un mouvement d'un degré par jour, et 360 jours à l'année solaire. Ces jours sont plus longs que les jours naturels. Les Chinois, au contraire, divisent le cercle en $365° \frac{1}{4}$, pour que le Soleil fasse chaque jour un de ces degrés. Toutes ces suppositions marquent une certaine adresse ; mais elles marquent en même tems l'enfance de l'art. Le système des Grecs qui calculent des moyens mouvemens pour des jours moyens,

et qui n'ont plus ensuite qu'à calculer une équation du centre, est à la fois
bien plus adroit et bien plus fécond.

Ces Tables des Siamois ne donnent que les lieux vrais du Soleil et de
la Lune. Le reste du manuscrit manque ; ou n'y trouve ni explication, ni
exemple calculé. Ces Tables ont été composées au septième siècle ; il en
faut conclure que les Siamois venus après les Grecs, étaient moins avancés
et qu'ils n'avaient pas pris une si bonne route.

Les secondes Tables ont été envoyées par le P. Duchamp qui paraît les
avoir prises à Chrisnabouram, dans le pays de Carnate. Ces Tables ne
diffèrent des nôtres que par les élémens.

Les moyens mouvemens y sont calculés pour des années de 364 jours
ou 52 semaines de 7 jours. On n'y voit aucun vestige de la période de
19 ans ; mais tous les 936 jours on intercale un mois. On y donne à
l'apogée du Soleil un mouvement très-lent, et plus lent que les observations ne l'exigent.

Les mouvemens moyens sont assez inexacts ; mais le mouvement relatif
de la Lune est beaucoup meilleur, ce qui prouve que ce mouvement a été
déterminé par les éclipses ou les pleines lunes, c'est-à-dire par la révolution synodique.

L'époque est fixée au lever du Soleil, le 10 mars 1491. Si elles sont
en effet de cette époque, elles n'ont pour nous qu'un intérêt de pure
curiosité.

Les Tables communiquées par le P. Patouillet paraissent venir de
Masulipatnam ou de Narsapour. Elles ont quelque ressemblance avec celles
de Siam. On y calcule les mouvemens du Soleil par la période de 800 ans
ou 292207 jours ; et ceux de la Lune en supposant 800 révolutions en
21857 jours, ce qui suppose la révolution de 27ʲ 7ʰ 42ᵐ 36ˢ.

Pour corriger l'erreur, ils ont soin de renouveler l'époque tous les
87 ans. Ils ont remarqué qu'en 31774 ½ jours, le Soleil et la Lune reviennent à peu près au même point du zodiaque mobile ; il ne s'en faut
que de 5ᵉ pour le Soleil et de 8ᵉ pour la Lune. Ces Tables ont aussi deux
époques ; l'une est pour minuit du 17 au 18 mars 1659, et l'autre pour
midi du 4 mars 1656, style Julien. Ces Tables seraient donc à peu près de
30 ans plus modernes que celles de Képler.

Bailly remarque dans ces Tables une autre singularité. Elles semblent
donner à la Lune une équation annuelle, mais qui diffère de la nôtre
pour la quantité comme pour le signe ; car ils la retranchent quand nous
l'ajoutons. Les *Brames n'ont pas les mêmes ressources que nous pour les*

observations, ils n'ont pu rectifier l'erreur de la quantité, ni celle du signe; et cette dernière, Bailly la rejette sur les copistes.

Enfin les Tables rapportées de l'Inde, par le Gentil, sont encore différentes; elles viennent de Tirvalour. L'année solaire y est partagée en 12 mois inégaux; ces mois sont le tems que le Soleil emploie à décrire un signe de l'écliptique.

L'époque est l'an — 3102, première du caliougan ou âge de l'infortune. On multiplie le nombre d'années écoulées par la révolution 3o5'6'12'5o'; de la somme on ôte 2'3'52'3o'', parce que l'époque astronomique est placée plus tard que l'époque civile. On a de cette manière le jour de la semaine par lequel a commencé l'année courante; on a aussi l'heure du jour. Au moyen de la durée donnée de chaque mois, ils déterminent le premier jour du mois courant, l'heure, la minute et la seconde. Ils ont par là même la longitude; car les jours sont des degrés; les minutes et les secondes d'heure, des minutes et des secondes de degré. En effet ils divisent le jour en 60 heures, l'heure en 60 minutes, etc. Il ne reste d'autre erreur que celle du mouvement supposé uniforme pendant 3o jours; mais ils ont une petite Table qui sert à la corriger.

Le calcul de la Lune se fait d'une manière analogue; mais au lieu des mois qui valent des signes, ils ont quatre périodes de jours avec les mouvemens correspondans. Ces périodes contiennent un nombre de révolutions anomalistiques. On divise le nombre de jours donnés, par la plus grande de ces périodes; on divise ensuite le reste par la seconde; le second reste par la troisième, et le troisième reste par la quatrième. Si la division se fait sans reste, la Lune est apogée. On prend les mouvemens relatifs à chaque quotient. Ils ont en outre une Table des mouvemens pour chaque jour de la plus courte période, en cas qu'il y ait un dernier reste. Ce mouvement ajouté aux précédens, donne la longitude de la Lune. A la grandeur des nombres près, cette méthode paraît assez commode pour ceux qui ne savent autre chose que les règles ordinaires de l'Arithmétique; elle est suffisamment exacte pour les éclipses, et les Indiens ne calculent pas autre chose.

Ces Tables ne supposent pas l'équation découverte par Ptolémée qui n'a lieu que dans les quadratures. Ces Tables n'auraient donc d'autre mérite pour nous que leur antiquité, si elle était bien prouvée.

D'après cet exposé, les méthodes indiennes, si différentes de celles que les modernes ont empruntées des Grecs, n'auraient rien à nous apprendre, puisqu'elles ne peuvent servir que pour les syzygies. Mais ce qui paraît plus important à Bailly, c'est la conformité qu'il trouve entre toutes ces Tables, en ce qui regarde le mouvement du Soleil, qui est la même dans toutes, ainsi que l'équation.

Les mouvemens de la Lune ne présentent pas la même uniformité; ils paraissent avoir été corrigés à trois époques différentes, et chaque fois on les a rendus plus rapides, comme si les Indiens eussent reconnu l'accélération qu'on a introduite dans les Tables modernes des Européens. Ce n'est pas qu'en effet ils aient reconnu cette accélération, mais on conçoit que voyant les éclipses arriver plus tôt qu'elles n'étaient calculées, ils aient en conséquence réformé leurs mouvemens, sans s'inquiéter si ces mouvemens corrigés s'accordaient avec les observations antérieures qu'ils n'avaient aucun intérêt de représenter.

Trois de ces Tables ont des réductions qui paraissent être des différences de méridiens. Bailly en conclut qu'elles dérivent toutes d'un même original. Le Gentil avertit que la méthode qu'il a rapportée porte le nom de *nouvelle*, et qu'à Bénarès, les brames en emploient une autre qui s'appelle *siddanta* ou *ancienne*; que cette méthode n'est plus aujourd'hui entendue de personne. Les Mémoires de Calcutta, qui n'ont pu être connus ni de le Gentil ni de Bailly, les auraient détrompés à cet égard. Cette méthode est exposée d'une manière fort lucide dans divers Mémoires de MM. Davis et Bentley, où l'on trouve tout le système indien, et jusqu'à une éclipse de Lune, calculée en entier d'après les principes du *Sourya siddanta*.

Les trois dernières Tables se déduisent de celles de Tirvalour, en ajoutant aux époques de Tirvalour les mouvemens pour les intervalles, pris dans les Tables de Chrisnabouram. Les époques de Tirvalour n'ont aucune correction de différence de méridiens, parce que Tirvalour est placé sur le premier méridien que les Indiens font passer par le lac de Lanca et les sources du Gange.

Puisque toutes ces Tables dérivent de la même époque, ou que toutes ces époques sont liées par les mêmes mouvemens moyens, il faut déterminer quelle est l'époque primitive. Bailly exclut d'abord les Tables de Siam et de Narsapour, pour ne considérer que celles de Chrisnabouram, dont l'époque est de l'an 1491, et celle de Tirvalour, dont l'époque est l'an — 3102.

L'époque de 1491 est peu éloignée de celle des Tables d'Ulugbeg qui se rapportent à l'an 1449. Or avant Ulugbeg, Hipparque a formé Ptolémée, celui-ci a formé les Arabes; aux Arabes ont succédé les Persans et les

Tartares, à qui nous devons les Tables de Nassir-Eddin et d'Ulugbeg. Chez tous ces auteurs on voit le même système, avec quelques variations dans les mouvemens et les constantes. Dira-t-on que les observations d'Hipparque et de Ptolémée, comparées à celles d'Ulugbeg, ont fourni aux Indiens les mouvemens par lesquels ils sont remontés de l'époque de 1491 à celle de — 5102? Mais les mouvemens qu'on obtiendrait par cette voie ne sont pas ceux des Indiens. Il reste donc à dire que les Indiens n'ont rien emprunté des étrangers, et qu'ils ont déduit leurs mouvemens d'observations faites par eux-mêmes à deux époques différentes. Les Mémoires de Calcutta nous fourniraient une autre explication ; mais sans recourir aux livres originaux inconnus à Bailly, ne pourrait-on pas dire que les Indiens ont tiré ces mouvemens d'observations faites vers 1491, et trois ou quatre cents ans auparavant? Bailly ne s'est pas fait cette objection, mais il pourrait nous dire qu'il y a d'avance répondu par le raisonnement qu'on va lire.

Avec nos meilleures Tables modernes, nous n'oserions répondre des lieux du Soleil et de la Lune, calculés pour une époque aussi éloignée, et nous sommes pleinement de son avis. Les Indiens de 1491 y auraient encore plus mal réussi, sans doute, et cela est en effet très-vraisemblable. Il en conclut qu'en l'an — 5102 , ils avaient déterminé l'époque par des observations directes. Mais pour que ce raisonnement eût quelque force, il faudrait montrer que l'époque de — 5102 est réellement bonne , et produire les observations sur lesquelles elle est fondée ; or c'est ce que Bailly ne saurait faire. Il va tâcher d'y suppléer par des conjectures et des calculs. Mais que pourront valoir ces calculs, puisqu'il convient lui-même que nos meilleures Tables sont insuffisantes pour des tems aussi reculés?

Les Indiens n'ont jamais calculé et observé que des éclipses : il n'y a point eu d'éclipse en 1491 ; donc ce n'est pas cette dernière époque qui est la véritable. Bailly n'y songe pas. S'il n'y a pas eu d'éclipse au commencement de 1491 , n'y en a-t-il eu aucune dans les trois années qui ont précédé ou suivi ? L'observation sur laquelle se fonde une époque a-t-elle eu lieu toujours dans le mois qui a suivi ou précédé ? Ptolémée déduit ses époques de Nabonassar, d'observations faites de 700 à 800 ans plus tard. La Caille réduisait toutes ses observations à l'an 1750 : tous les astronomes en ont fait de même ; on prend une année centenaire ou telle autre qui a quelque chose de remarquable. Les Indiens n'ont-ils pu faire ce qu'on a fait en tout tems et en tout pays?

En l'an — 5102, le Soleil était au premier point du zodiaque par son lieu vrai ; au minuit précédent, la Lune y était par son lieu moyen. Il y a donc eu, vers ce tems, une conjonction ; nos meilleures Tables la donnent : il est vrai qu'elle ne dut pas être écliptique ; mais quinze jours après, il y eut une éclipse de Lune. Les Tables de Mayer, sans l'accélération, en donnent une ; il est vrai qu'elle a dû être invisible dans l'Inde, parce qu'elle arrivait de jour. Les Tables de Cassini la font arriver de nuit. Bailly ne balance pas à croire l'éclipse réellement observée, préférant ainsi les Tables de Cassini à celles de Mayer, par la seule raison que cette préférence est utile à son système. On aura remarqué le lieu de la Lune éclipsée dans le zodiaque ; on aura eu le lieu vrai du Soleil en y ajoutant 180°. Voilà donc un lieu vrai ; mais ce lieu est affecté de la parallaxe de la Lune en longitude ; il doit l'être de l'erreur commise dans la mesure de la distance de la Lune à l'étoile ; il doit l'être de l'erreur sur la position de l'étoile. Pour en déduire le lieu moyen du Soleil et de la Lune, il faut connaître les deux équations et les deux apogées. Avec toutes ces erreurs et ces incertitudes, qui peut répondre de la bonté de l'époque à quatre ou six degrés près ? et telle est à peu près la différence entre les lieux calculés sur nos Tables et celles des Indiens.

Cette époque n'était qu'astronomique. Le Caliougan avait commencé $2^h 5^h 32' 30''$; on tient compte de cette différence dans les calculs faits sur les Tables indiennes. Bailly en conclut encore que l'époque est réelle ; car si elle n'était qu'un calcul, on ne l'aurait pas donnée double. Cette preuve n'est pas bien convaincante. Les Indiens remontant de 1491 à —5102 par leurs périodes, et n'arrivant pas précisément au premier jour du cali-yong, ont dû tenir compte de la différence, et c'est ce qu'ils ont fait.

Autre preuve qui ne sera pas meilleure, les Indiens disent qu'à cette époque toutes les planètes étaient en conjonction. Ce serait une raison de plus pour penser qu'ils l'ont déterminée par le calcul, pour faire partir tous les corps célestes d'un même point.

Bailly dit encore que la conjonction est possible, que nos Tables la donnent à 17° près. Voilà donc nos Tables ou celles des Indiens qui peuvent avoir des erreurs de 17°.

Vénus seule ne s'y trouvait pas. *Le goût du merveilleux y a fait placer une conjonction générale.* Voilà des astronomes bien scrupuleux et bien dignes de confiance ! C'est ce que nous avons vu chez les Chinois, p. 554.

On a les positions des étoiles dans le zodiaque indien ; en y appliquant notre précession de 50″¼, on verra que le commencement du zodiaque à l'époque du cali-yong, était entre le cinquième et le sixième degré du Verseau. Les brames le placent au sixième degré de ce signe. Pourquoi Bailly se sert-il ici de notre précession et non de celle des Indiens ? et si les observations des Indiens sont si exactes, comment de deux époques éloignées ont-ils pu conclure la précession de 54″ par an, qui, pour le dire en passant, ressemble fort à celle d'Albategni.

Il paraît donc que Bailly se hasarde beaucoup trop, quand il conclut *qu'il n'est pas possible de douter qu'il n'y ait eu des observations à cette époque*. Nous verrons dans les livres indiens qu'on n'en trouve pas le moindre vestige, pas la moindre mention, et que s'il y en avait eu, elles auraient nécessairement été fort grossières.

Pour prouver que les Indiens déterminaient les étoiles comme nous par les longitudes, il cite cette observation de l'ancien *Hermès*, qui, 1985 ans avant Ptolémée, plaçait la Lyre et le cœur de l'Hydre en 8ˢ 24° et 4ˢ 7°, tandis qu'au tems de Ptolémée, ces étoiles étaient moins avancées de 7°. Voici le calcul qu'il établit en conséquence.

En 1985 ans, les étoiles ont dû avancer de 28°. Ainsi d'après Hermès, au tems de Ptolémée,

La Lyre devait être en..... 9ˢ 22°, et le cœur de l'Hydre en... 5ˢ 5°
Ptolémée la place en....... 8.17   et   4.0
La différence est donc de... 1.5 = 35°..................... 1.5

C'est la quantité dont le zodiaque d'Hermès précédait alors l'équinoxe. Donc les longitudes sur ce zodiaque devaient être de 35° plus grandes que sur le zodiaque grec ; donc l'observation d'Hermès s'accorde réellement avec celle de Ptolémée ; donc il faut supposer qu'en effet les étoiles d'Hermès étaient rapportées à l'écliptique ; donc les deux observations étaient parfaitement exactes. Ce serait un grand hasard que tout cela fût vrai à la fois, et ce serait un hasard non moins remarquable qu'un fait si extraordinaire pût s'expliquer d'une manière si simple, si cette manière n'était pas la vraie.

Remarquons d'abord que Bailly raisonne comme si Hermès était Indien, et cela peut être fort douteux ; ou bien qu'il avait le même zodiaque que les Indiens, ce qui n'est pas plus sûr. Bailly croit les longitudes de Ptolémée parfaitement exactes, et nous savons qu'elles sont trop faibles d'un degré. La différence des zodiaques se réduit donc à 54°. Il est assez singulier que, suivant Hermès, la différence entre les deux étoiles fût précisément de 4' 17°, comme suivant Ptolémée. Ces longitudes exprimées en degrés sans autres fractions, n'indiquent pas des observations bien précises. Bailly a puisé ce fait dans le livre de Riccius, *de motu octavæ Sphæræ.* Il l'a copié fidèlement, et Riccius l'explique comme Bailly, en disant que les positions d'Hermès sont comptées dans des *signes mobiles.* Mais ces signes mobiles, il les attribue aux *Arabes*, et Bailly les donne aux Indiens. A la bonne heure ; mais où Riccius lui-même a-t-il trouvé ces observations ; quelles sont ses autorités ? c'est celle du Juif, principal auteur des Tables Alphonsines ; de ce Juif qui voulait prouver ces mouvemens alternatifs d'*accès* et de *recès* imaginés par Thébit, qui, pour introduire ces mouvemens dans les Tables, leur a assigné les périodes sabbatiques de 7000 et de 49000 ans, sans aucune preuve tirée de l'observation, ou plutôt contre toutes les preuves qui se tirent des observations. C'est sur cette différence entre Hermès et Ptolémée qu'il établit son système. On voit combien cette autorité doit être suspecte. Ces observations pourraient bien avoir été supposées par ce Juif si peu scrupuleux ; elles ne seraient pas ici d'un grand poids.

Il est donc démontré, suivant Bailly, que les Indiens savaient observer, et cela parce qu'Hermès a donné les longitudes de deux étoiles en degrés ; parce qu'il a trouvé ces longitudes 1985 ans avant Ptolémée, c'est-à-dire vers l'an — 1660, ce qui répond à l'année 1442 du cali-yong. Hermès observait en — 1660 ; donc les Indiens observaient en — 3102, et ils observaient bien !

Les Indiens connaissaient le mouvement diurne de la Lune, 13° 10' 35". Ainsi la Lune étant aujourd'hui près d'une étoile, et le lendemain à pareille heure près d'une autre étoile, ils en concluaient que la différence des deux étoiles était de 13° 10' 35" ; ou bien, si la Lune avait mis dans ce trajet plus ou moins de 24 heures, une règle de trois donnait la différence de longitude. Bailly trouve tout cela fort aisé et sans doute très-exact. Cependant le mouvement diurne peut différer du mouvement vrai de 2° et plus, les deux lieux de la Lune étaient affectés de la parallaxe, ensorte que si une pareille distance se trouvait juste à un ou deux degrés près, on devait s'estimer heureux. Jugez à présent de la bonté d'un zodiaque ainsi composé. Cette division d'ailleurs n'a pu se faire en une nuit ; si on a voulu la vérifier quelques années après, on a dû trouver la Lune à 10° de l'étoile qu'elle avait autrefois cachée. C'est probablement ainsi que les Chinois auront trouvé les neuf routes différentes qu'ils assignaient à la

Lune. Nous pouvons dire qu'en effet les Chinois ont quelquefois regardé le ciel ; mais qui nous prouve que les Indiens s'en soient avisés à cette époque ? L'éclipse du câli-yong a dû arriver entre α et θ de la Vierge ; on a pu mesurer ou estimer en diamètres lunaires, l'intervalle entre la Lune et l'une et l'autre étoile ; on aura eu le lieu de la Lune, et par conséquent celui du Soleil ; puis par la connaissance des moyens mouvemens, on en aura conclu que la Lune était à minuit du 17 février, à l'origine qu'on assignait au zodiaque, et que le Soleil s'y était trouvé six heures après par sa longitude vraie. Mais le lieu vrai du Soleil était affecté de la parallaxe de la Lune, de l'erreur de l'estime et de la mesure, de l'erreur sur le mouvement dans l'intervalle de 15 jours. Le lieu moyen de la Lune avait les mêmes erreurs. Les positions des deux astres ne seront encore rapportées qu'aux étoiles α et θ de la Vierge ; comment a-t-on trouvé la distance de l'étoile à l'origine du zodiaque ? Qu'on juge maintenant quelle a pu être la précision d'une époque ainsi déterminée.

C'est ainsi qu'on pourrait chercher la valeur d'une observation qu'on trouverait mentionnée dans un Livre indien ; mais cette mention ne se trouve dans aucun auteur. Il est douteux que cette éclipse ait été visible ; si elle l'a été, rien ne dit qu'elle ait été observée. Ce n'est pas de la simple possibilité qu'il s'agit, mais du fait.

Les Indiens établissent encore que 20400 ans avant le cali-yong, l'origine du zodiaque répondait à l'équinoxe du printems, et que le Soleil et la Lune y étaient en conjonction. Il est bien visible, dit Bailly, que cette époque est fictive. Je le crois ; mais pourquoi ne serait-elle pas aussi vraie que l'autre ; elle n'en serait que plus propre à nous donner les mouvemens moyens. Bailly cherche comment ils ont pu établir cette époque fictive.

$$20400 \text{ révol. du Soleil} = 20400 \times 365^j\, 6^h\, 12'\, 36'' = 7451277^j\, 2^h.$$
$$272724 \text{ révol. de la Lune} = 272724 \times 27.7.43.13 = 7451277.7.$$

La différence n'est que de cinq heures ; mais diminuez d'un quinzième de seconde la révolution lunaire, et vous ferez disparaître les cinq heures.

Elle serait d'un ou deux jours, si l'on partait de l'an 1491 ; il suffit encore de diminuer le mois lunaire d'une petite fraction de seconde pour la réduire à rien. Bailly a-t-il pu croire qu'on déterminât des époques éloignées de 20 à 25000 ans, avec des mois exprimés en secondes. Ne conserve-t-on pas dans ces calculs toutes les décimales qui sont données

par la comparaison de deux observations éloignées l'une de l'autre. Ptolémée, pour réduire ses observations à l'époque de Nabonassar, ne
pousse-t-il pas l'exactitude jusqu'aux sexagésimales des sixième et septième
ordres? Ce calcul de Bailly ne prouve donc absolument rien en faveur
de l'époque de —5102, de plus que pour celle de +1491.

Les Brames de Tirvalour donnent le mouvement de la Lune de
$7^s 2^o 0' 7''$ dans le zodiaque mobile, ou de $9^s 7^o 43' 1''$, relativement à
l'équinoxe, dans l'intervalle de 1600984 jours, ou 4383 ans 94 jours.
Bailly croit ce mouvement déterminé par des observations distantes de
1600984 jours. Rien ne nous oblige d'adopter une assertion aussi invraisemblable, dont il n'apporte aucune preuve.

Ce grand intervalle finit au 21 mai 1282, à $15^h 15' 10''$, méridien de
Bénarès. Bailly ne doute pas qu'une observation n'eût marqué cette
époque, et cela se peut; il place une autre observation 4383 ans plutôt.

Pour le prouver, il montre qu'en 1282 l'anomalie des Brames ne différait pas de 22' de celle de Mayer. Il montre ensuite que le mouvement des Tables indiennes, pour ce grand intervalle, ne diffère pas
d'une minute du mouvement de Cassini, ni de celui de Mayer; qu'il
diffère de   8' 56'' de celui de Riccioli.

de   9.39 de celui de Tycho.

de 42.48 de celui de Bouillaud.

de 47.46 de celui de Képler.

de 42.14 de celui d'Alphonse.

de 102.48 de celui de Copernic.

Il en résulte tout au plus qu'en 1282 les Brames connaissaient le mouvement aussi bien que Cassini et Mayer, un peu mieux que Riccioli et
Tycho, beaucoup mieux que Bouillaud, Képler et les autres; mais n'y
a-t-il pas un peu de hasard, et si le mouvement d'anomalie était corrigé
de l'équation de M. Laplace, l'accord serait-il aussi grand; de ce que
ce mouvement est le même que celui de Mayer, s'ensuit-il qu'il soit bon?

Il est exact, dit Bailly, parce qu'il a été pris sur le ciel même; dans
ce cas, il doit renfermer l'équation de M. Laplace, ou cette équation
serait fausse. En l'an 1700, l'équation est 0; en l'an —1000, c'est-à-dire
2700 ans plutôt, l'équation est de $7^o 50' 30''$; elle sera bien plus forte
pour 4400, puisqu'elle croît principalement comme les carrés des tems.
Ainsi la conformité aura disparu. Le mouvement des Brames, comme
celui de Mayer, de Cassini et des autres, a dû être conclu d'observations distantes d'un petit nombre de siècles. Cette preuve est donc

comme les précédentes, elle se réduit à rien, ou plutôt elle tourne contre l'assertion de Bailly; car puisqu'il se prévaut ensuite de l'inégalité séculaire de la longitude, qui n'était point alors démontrée, il ne peut rejeter celle d'anomalie, qui tient à la première par un rapport analytique également démontré; il faut adopter cette théorie toute entière, ou la rejeter tout-à-fait. Si l'on fait accorder les longitudes, les anomalies iront mal, et réciproquement.

Bailly considère ensuite l'année sidérale des Indiens, de $365^j 6^h 12' 30''$; il en déduit l'année tropique, à raison de $54''$ de précession. $365.5.50.55$.

La Caille la faisait de.......................... $365.5.48.49$;

la différence n'est que de......................... 1.46.

Elle serait au moins de $3'$; en employant la précession véritable, l'erreur se réduirait à $1' 2''$, d'après la théorie de Lagrange.

Il cherche à diminuer cette erreur par des considérations hypothétiques abandonnées aujourd'hui par leurs auteurs mêmes. Il en induit que si elle était connue en l'an -3102, elle suppose des observations antérieures, et l'erreur deviendrait insensible.

Les anciens Babyloniens supposaient $365^j 6^h 10' 48''$, ce qui deviendrait.......................... $365^j 5^h 50' 28''$.

Albategni trouvait.......................... $365.5.46.24$.

Les Grecs.......................... $365.5.55.12$.

Milieu entre les Grecs et les Arabes.......................... $365.5.50.48$.

Les Indiens, instruits à l'école des Grecs et des Arabes, n'ont-ils pu prendre un milieu entre deux déterminations entre lesquelles ils n'osèrent faire un choix? Cette conjecture n'est-elle pas plus simple et plus vraisemblable que celles de Bailly? Ce milieu n'est-il pas à peu près la valeur de l'année, suivant les Chaldéens? Nous sommes bien sûrs que les Chaldéens ont observé; rien ne le dit des Indiens. Notre conjecture est encore appuyée du calcul suivant :

L'équation du Soleil, selon les Indiens, était de... $2° 10' 32''$.

Celle d'Hipparque était de.......................... $2.23. 0$.

Celle d'Albategni était de.......................... 1.58.

Milieu entre les Arabes et les Grecs.......................... $2.10.30$.

Bailly calcule que suivant la théorie de Lagrange, l'équation devait être de $2° 6' 28''$; l'erreur ne serait que de $4'$. Comment, avec les méthodes qu'on est en droit de supposer, les Indiens auraient-ils déterminé l'équation si juste? N'est-il pas plus probable qu'ils l'ont empruntée? et

en ce cas, que devient cette conformité des quatre Tables diverses sur
le point important, qui est la théorie solaire ?

Bailly se garde bien de faire ces rapprochemens ; il remarque que l'obliquité de l'écliptique était de 24°, suivant Aristarque ; mais Aristarque
faisait le diamètre de la Lune de 2°. Aristarque ne fait pas autorité en
matière d'observations ; il s'était trompé de 5° sur l'angle d'élongation
de la Lune, à l'instant de la dichotomie. C'est ainsi qu'ont pu observer
les Indiens, qui étaient d'ailleurs bien moins géomètres qu'Aristarque.
Eratosthène faisait l'obliquité de 23° 51′ 20″ ; suivant la théorie de
Lagrange, elle était de 23° 51′, au tems du cali-yong.

Ptolémée dit qu'Hipparque n'avait rien changé à l'obliquité d'Eratosthène, soit qu'il ne l'eût pas observée lui-même, soit qu'y trouvant peu
de différence, il eût senti que ses observations n'étaient pas assez précises pour constater une diminution qui ne devait pas être d'une minute.
Ptolémée dit l'avoir vérifiée ; mais je soupçonne qu'il n'en a rien fait, et
de son récit il résulte qu'il ne pouvait pas répondre des 5′ qu'il aura pu
trouver de moins. Bailly pense que les Indiens s'y seraient trompés de 9′ ;
mais ils n'auront commis aucune erreur, si l'on suppose qu'ils l'aient observée en l'an —4502. Ainsi voilà l'époque des observations encore reculée de 1200 ans, parce que les Indiens n'ont pu se tromper ; et nous
ignorons si jamais ils ont possédé un seul instrument !

Les Indiens ont deux révolutions de la Lune. La grande période de
1600984 jours donne 27′ 7ʰ 43′ 12″51 ; la période de 12372 jours donne
$$\underline{27.7.43.13.02}$$

milieu..... 27.7.43.12.665.

Bailly donne ici des centièmes de seconde qu'il négligeait quand il
s'agissait de préférer l'époque de —3102 à celle de 1491 ; en employant
la première il aurait trouvé un résultat contraire à son système. A cause
de l'accélération de Mayer, il trouve que le mois lunaire était de
27′ 7ʰ 43′ 12″,69, toujours par rapport aux fixes ; mais avec l'accélération de M. Laplace, on aurait un résultat différent. Bailly n'a-t-il pas
reconnu lui-même que nos meilleures Tables et nos formules sont incertaines pour une époque éloignée de près de 5000 ans. N'est-ce pas perdre
son tems, que de vouloir démontrer, par ces formules, des observations
prétendues qui ne pouvaient être exactes qu'à quelques degrés près, si
elles étaient réelles.

Les Indiens donnaient un mouvement propre aux aphélies de toutes
les planètes. *Il ne faut pas oublier que les Indiens n'ont jamais été en état*

de faire des observations aussi précises que celles qu'on faisait en Europe il y a plus de cent ans. Bailly pouvait aller plus loin ; il pouvait sans rien risquer dire : Aussi précises que celles qui se faisaient à Rhodes il y a 1900 ans. *Il leur fallait donc une longue suite d'observations pour apercevoir des quantités aussi délicates.* Quelle étendue faudrait-il donner à cette *suite*, pour qu'elle manifestât le mouvement que les Indiens ont assigné à l'apogée du Soleil ? Si ce mouvement était vrai, serions-nous aujourd'hui même en état de le déterminer ? Ils ne nous ont donné que les mouvemens des aphélies de Mercure et de Jupiter, et ces mouvemens approchent plus de celui de Lagrange que ceux de la plupart de nos Tables modernes. La théorie de Lagrange suppose des masses fort douteuses ; si le mouvement des Tables s'accorde avec ces formules, ce serait une raison de le croire incertain. Je demanderai toujours comment on peut, sans instrumens, déterminer des mouvemens d'aphélies ? Ces mouvemens indiens ne seraient-ils pas, comme les mouvemens sabbathiques de 7000 et de 49000 des Tables Alphonsines, un fruit de quelque idée superstitieuse ? Les Indiens, en ce genre, auraient-ils quelque chose à reprocher aux Juifs ?

L'équation de Jupiter augmente, celle de Saturne diminue, et les Tables indiennes satisfont en ce point à la théorie. L'équation de Saturne diffère de la nôtre de $1°\frac{1}{2}$ environ, ce qui ne peut être une erreur de l'observation. Eh pourquoi pas ? Les équations de Ptolémée n'ont-elles pas été déterminées par observations ; n'y a-t-il pas des erreurs de cet ordre ? Par la théorie de Lagrange, l'erreur se trouvera réduite à 2′ au tems de Cali yong. Voilà un accord singulier, dit Bailly. Je conviens que c'est un hasard singulier, qu'une formule douteuse et une observation mauvaise se rencontrent si bien. Comment les Indiens, sans connaître les grandes et nombreuses inégalités de Saturne, seraient-ils arrivés si juste à cette équation ? Bailly n'en fait pas la réflexion ; je n'y vois pas de réponse ; cette preuve est donc toute aussi douteuse que toutes les précédentes.

Pour dernière preuve, Bailly examine les époques du Soleil et de la Lune pour son année favorite — 3102.

Le lieu du Soleil devait être alors, suivant La Caille... $10^s 1°$ 5′ 57″.
                                         suivant Cassini..... 10 1 .16. 0.
                                         suivant les Indiens.. 10 . 3 . 38. 0.

Les lieux moyens de la Lune, suivant Cassini....... 10.5.52.15.

        Suivant Mayer, sans l'accélération... 10.0.51.16.

            avec l'accélération.... 10.6.46.52.

            Suivant les Indiens.... 10.6. 0.

Il réduit l'accélération de 5° 55′ 36″ à............... 5. 8.44.

Suivant les dernières Tables et la Théorie de Laplace, en 2700 ans..................................... 1.57. 0.

La Table prolongée, en tenant compte des secondes différences, donnerait pour —3102, ou pour 4802 ans, à fort peu près....................................... 6,

ou environ 1′ de plus; mais cette théorie, suffisamment constatée pour un espace de 2000 ans au plus, devient fort incertaine pour un intervalle de près de 5000 ans. Les observations prétendues de cette époque ne seraient pas sûres, à quatre degrés près. Cette preuve est donc encore très-incertaine, et l'on n'en peut rien conclure.

Bailly cherche ensuite la correction du lieu du Soleil par la formule de Lagrange, et il trouve 1° 51′; elle n'irait pas à 40 par nos dernières Tables. Suivant son calcul, Bailly trouve que la différence n'est plus que de 41′; elle serait, suivant nous, d'environ 1° 50′; mais comme les observations ont au moins la même incertitude que la formule, et que l'erreur de l'observation est également incertaine, quant au signe, on ne peut absolument rien conclure de ces comparaisons; et puisque, de l'aveu de Bailly, on a mis cinq planètes en conjonction au lieu de quatre, et que la conjonction des quatre n'est même exacte qu'à plusieurs degrés près, on ne peut compter sur aucun des lieux donnés.

Malgré tant de preuves (auxquelles il ne pouvait lui-même avoir beaucoup de confiance), il *n'ose pas décider que l'époque des brames soit le résultat d'une observation qui date de 49 siècles. Il s'en rapporte aux astronomes et aux géomètres,* qui sans doute seront encore un peu moins convaincus que lui-même. Il pense au moins, ce qui est un peu contradictoire, que cette ancienne époque pourrait servir à corriger nos Tables. Je penserais au contraire que quand même elle serait certaine, elle serait trop grossière pour être employée. Les astronomes qui depuis ont fait des Tables du Soleil et de la Lune, ont pensé comme nous; ils ont employé les observations faites depuis cent ans, et comparées à la théorie. Pour nous, fidèles à nos principes, nous nous bornerons à douter, nous ne nierons rien, nous attendrons des preuves. Nous ajouterons même

que nous aurions desiré trouver ces preuves plus concluantes; et c'est
avec un sentiment de regret que nous en reconnaissons l'insuffisance.

Bailly lui-même confesse que les Indiens n'ont pas toujours été aussi
heureux en ce qui concerne les cinq planètes. Il trouve cependant une
grande ressemblance entre leur calcul d'un lieu géocentrique et le nôtre.
Il n'ose pas assurer, mais il soupçonne qu'il y avait parmi eux des philosophes qui mettaient le Soleil au centre du monde. Les preuves qu'il
apporte ne seraient pas intelligibles, si l'on n'avait leurs Tables sous les
yeux. Nous renvoyons cette question à l'endroit où nous examinerons
ces Tables, d'après des renseignemens tirés des Livres originaux.

Il se demande si les Indiens ne seraient pas les auteurs du système que
Macrobe attribue aux Egyptiens, sur Mercure et Vénus. Son opinion sur
les prêtres d'Egypte est à fort peu près celle que nous avons développée
nous-mêmes. Ce que nous savons d'eux, c'est qu'ils ont eu l'année de
365 $\frac{1}{4}$, et qu'ils savaient orienter des édifices, ce qui pouvait être beaucoup aux yeux des Grecs, à une certaine époque, et n'est rien en soi ou
fort peu de chose.

Il croit *que les Indiens, c'est-à-dire les ancêtres et les auteurs des Indiens actuels, ont été les inventeurs de l'Astronomie, assez perfectionnée
(pour le tems) dont il vient de rendre compte. Il croit que cette science
a dégénéré en routine aveugle*; (Il est en cela fort excusable, il n'avait pas
lu les Mémoires de Calcutta), *que les Indiens sont inventeurs ; que leurs
déterminations sont originales et prises sur la nature, puisqu'elles ne ressemblent pas à celles des Astronomies étrangères.* Nous pensons au contraire, et l'on en verra bientôt la preuve, qu'elles diffèrent plus des
autres Astronomies par la forme que par le fond. Nous avons déjà vu
que la théorie du Soleil est assez exactement moyenne arithmétique entre
celles de Ptolémée et d'Albategni, et nous trouverons d'autres raisons de
soupçonner que les Indiens ne se sont pas bornés à ces emprunts; mais
encore une fois, nous ne demandons que la permission de douter.

Bailly cherche dans la chronologie indienne de nouvelles preuves de
son opinion. Il compare l'époque du Cali youg à celles de plusieurs peuples
orientaux; par exemple, à celle des Chinois — 2953, qui en diffère
peu. Parmi les inductions qu'il va recueillant partout avec un soin extrême, on remarque celle qu'il trouve dans une note de George de
Trébisonde, traducteur de l'Astronomie de Ptolémée.

Du déluge à l'époque persane d'Jesdegird, il s'était écoulé 3735ᵃ 10ᵐ 23ʲ.
Entre Nabonassar et Jesdegird....................... 1379. 5.

Du déluge à l'époque de Nabonassar................. 2356. 7.23.
L'époque de Nabonassar répond à................... 747. 1.27.

Époque du déluge............................ — 3103. 9.20.
Cali-youg.................................. — 3102.

Quand tout cela serait exact et sûr, il ne s'ensuit pas qu'on eût déjà une longue suite d'observations, et le déluge paraîtrait une objection de plus contre le système de Bailly. Suivant ses calculs, la chronologie des Indiens embrasse, par une filiation suivie, un intervalle de 7030 ans. Il a promis de prouver les observations par la chronologie; il paraît bien plutôt prouver l'ancienneté de la nation par ces observations mêmes, qu'il suppose réelles, et par l'Astronomie de ce tems, qui suppose encore une longue suite de siècles plus reculés.

La troisième partie de sa Dissertation a pour objet l'influence de l'Astronomie indienne sur les connaissances et les institutions des peuples anciens.

Gengiskan et ses successeurs introduisirent à la Chine (vers 1211) des méthodes astronomiques qui supposaient une année de 365ʲ 5ʰ 50′ 46″. On attribue aux peuples de Lao cette astronomie; mais ces peuples étaient des barbares. Il y a donc une grande apparence qu'ils tenaient cette année des Indiens. (Nous avons vu que cette année était moyenne arithmétique entre celles de Ptolémée et d'Albategni, plus anciens que Gengiskan. Les Chinois, comme les Indiens, comme les Grecs, avaient la période de 19 ans, qui se trouve partout où l'on a regardé le ciel; mais peu nous importe que les Chinois aient reçu des Indiens ou d'ailleurs cette période; j'admettrai sans répugnance que les notions astronomiques des Chinois, sous Yao, pouvaient venir de l'Inde, car ces notions étaient extrêmement imparfaites.)

L'empereur Chueni a voulu que l'année chinoise commençât à la Lune la plus proche du printems, marqué de son tems au quinzième degré du Verseau. Bailly remarque qu'en l'an — 3102, le zodiaque indien commençait au sixième degré du Verseau. A raison de 54″ par an, le commencement du zodiaque, à la deuxième année de Chueni, devait être au quinzième degré du Verseau; Chueni s'est donc conformé à l'usage indien. Nous avons parlé de la conjonction des planètes, qui, suivant le calcul de Chueni, devait avoir lieu à cette époque; c'est encore une imitation des usages indiens. Il avait donc entre les mains les Tables indiennes; elles se sont perdues à l'incendie des livres. (Mais en ce cas la perte devait être facile à réparer, en faisant venir de l'Inde un nouvel exemplaire. Rien de tout cela n'est impossible; rien de tout cela n'est bien prouvé.)

Remarquons que le commencement du zodiaque avançant ainsi de $54''$ par an, c'est-à-dire de $4''$ plus qu'il ne faut, au bout de 15 ans l'erreur devait être d'une minute; après 900 ans elle était d'un degré, et de cinq degrés, par conséquent, pour l'intervalle des deux époques indiennes — 3102 et + 1491. En supposant avec Bailly la première bien déterminée, l'erreur serait de 5e en 1491 sur la position de l'étoile à laquelle commençait le zodiaque; on se serait donc trompé de 5e ou de 5 jours sur le tems de l'équinoxe. L'année sidérale commençait quand le Soleil avait rejoint la première étoile. Le printems n'était donc pas le commencement de l'année; les équinoxes et les solstices étaient vagues et parcouraient successivement les différentes constellations. Ce système avait l'avantage de n'exiger que des yeux, sans aucun instrument. Au signe qui était absorbé dans les rayons solaires, ou au signe qui s'apercevait le premier après le coucher du Soleil, on distinguait les différentes parties de l'année. Mais les amplitudes et les ombres d'un gnomon auraient fourni des indications moins incertaines et plus commodes, sans exiger la connaissance des constellations.

Les longitudes des étoiles étaient constantes dans ce zodiaque; elles augmentent continuellement dans le nôtre par la rétrogradation des points équinoxiaux. En 1800, l'étoile γ du Bélier avait $30^e\ 25'\ 40''$ de longitude; à raison de $50'',2$ de précession par année, on aurait $68^e\ 21'$ pour son mouvement depuis l'époque du cali-youg. En l'an — 3102, la longitude de γ du Bélier devait donc être environ de...... $10^e\ 22^e\ 3'$

On nous dit que le commencement du zodiaque était en... $\underline{10.\ 6}$

moins avancé que γ de.............................. $\overline{16.\ 5}$

L'étoile qui précède γ de $16^e\ 5'$, avait en 1800........... $0.14.21$ de longitude. On ne voit en cet endroit du ciel que des étoiles de six à septième grandeur dans la constellation des Poissons. A cet égard Bailly a raison, et l'erreur de $4''$ par an sur la précession, n'a pu produire rien de bien sensible dans l'espace de 640 ans écoulés entre le cali-youg et l'empereur Chueni.

Cette manière de compter est si différente de la nôtre, qu'il en résulte quelqu'obscurité dans les raisonnemens de Bailly. Les signes mo-

biles sont les constellations; les signes fixes sont les dodécatémories ou
douzièmes du zodiaque; quand les signes sont fixes, le zodiaque est
mobile, ainsi que son commencement; quand le zodiaque est fixe, ainsi
que les signes, ce sont les constellations qui sont mobiles.

Nous ne connaissons l'Astronomie des Perses que par le fragment de
Chrysococca, publié par Bouilland. Ces Tables dépendent de l'époque
d'Jesdegird ou de l'an 632, 16 juin à midi. Elles sont fondées sur plusieurs élémens tirés de Ptolémée; elles ont cependant, pour les époques,
quelque ressemblance avec les Tables indiennes.

L'étoile β de l'Éridan est la première du zodiaque des Perses; en l'an
— 3407, elle a dû avoir 10ˢ 13° de longitude. Le commencement de ce
zodiaque est donc sensiblement le même que celui du zodiaque indien;
en l'an — 2400 ou 2300, le Bélier a dû répondre aux Poissons; le Taureau se trouvait alors à l'équinoxe; de là la tradition exprimée par
Virgile :

Candidus auratis aperit eùm cornibus annum
Taurus......

« C'est à peu près vers ce tems que doivent commencer les obser-
» vations chaldéennes, (Bailly pense que c'est alors qu'on a pu aban-
» donner les 27 ou 28 constellations lunaires pour les 12 signes.)
» Mille ans après, les équinoxes et les solstices répondaient au milieu
» des signes des Poissons, des Gémeaux, de la Vierge et du Sagittaire;
» c'était le tems de l'expédition des Argonautes. On avait lieu d'être
» étonné qu'Eudoxe, 8 ou 900 ans après, eût placé ces quatre points
» au milieu des signes. Cette singularité s'explique par la différence entre
» le zodiaque de Perse et celui de l'Inde, dont l'origine est moins avancée
» de 13°. Ces différentes descriptions se trouvaient en Asie; le hasard
» faisait rencontrer les unes et les autres. Eudoxe aurait eu tort dans ses
» désignations, s'il avait suivi le zodiaque de Perse; il avait raison,
» parce qu'il paraît qu'il a suivi le zodiaque indien. »

On voit que toujours Bailly met des conjectures, de simples possibi-
lités, à la place des faits. J'aime mieux l'explication que j'ai donnée de
la sphère d'Eudoxe; mais je ne tiens pas plus à mon idée qu'à celle de
Bailly, quoique je me croie appuyé du témoignage d'Hipparque. Au
reste, ces explications pourraient être au fond moins différentes qu'elles
ne paraissent au premier coup d'œil.

« Hipparque reprend Aratus et Eudoxe d'avoir dit que les étoiles de

» la tête des deux Gémeaux étaient sur le tropique ; ces étoiles étaient
» éloignées de 6 et 7° du colure. Ces désignations paraissent fausses à
» tous égards ; elles étaient exactes dans le zodiaque indien, dont l'ori-
» gine précédait l'équinoxe de 9° 20′ au tems d'Hipparque. L'étoile des
» Gémeaux était, suivant Hipparque, en 2ˢ 20° 40′ ; elle était donc en
» 3ˢ juste suivant le zodiaque indien ; elle était donc ainsi sur le
» colure. »

D'après ce raisonnement, le colure serait à 9° 20′ du solstice ; or il
me semble qu'on a toujours fait passer les colures par les points solsticiaux et équinoxiaux. Il n'est aucune question de colure, que je sache,
dans le zodiaque indien. Le tropique même indien n'est distant de l'équateur que de 24° ; les deux étoiles ont 30 et 33° de déclinaison ; les étoiles
n'étaient donc ni sur le colure ni sur le tropique, et Bailly a tort de dire
que *les désignations sont exactes toutes deux.*

« Hipparque fait un autre reproche à Eudoxe et à son imitateur Aratus,
qui avaient dit que les étoiles du Bélier sont faibles et ne peuvent se
reconnaître, à la pleine lune, que par celles du triangle et d'Andromède.
Suivant le zodiaque indien, ils ont eu raison ; la première constellation
indienne comprise dans le Bélier, a son origine à un point du zodiaque
où il n'y a que quelques étoiles obscures des Poissons. Cette constellation est réellement désignée par trois étoiles du Bélier, une d'Andromède
et deux du Triangle, selon les indiens. *On voit donc qu'Eudoxe avait
encore raison.* »

Il semble au contraire qu'il avait tort. D'abord il dit expressément que
les étoiles du Bélier sont obscures, et les Indiens se servent de ces
mêmes étoiles pour désigner le signe obscur. Pourquoi Eudoxe supprime-t-
il cette indication pour ne conserver que celle d'Andromède et celle du
Triangle ? ce Triangle est-il aussi visible que la tête du Bélier ?

Bailly trouve tout naturel de supposer que les constellations, avant
d'être désignées par les étoiles qui les composent, l'aient été par les étoiles
qui se lèvent avec elles. « Il paraît même que c'est en passant d'une
» désignation à l'autre qu'on a changé l'origine du zodiaque. Hipparque
» a conservé dans l'Astronomie qu'il nous a laissée, l'ancien usage des
» Perses, de commencer par la seconde constellation des Indiens. »

Il me semble plus raisonnable et moins systématique de commencer
le zodiaque à son intersection avec l'équateur et à l'origine de tous les
triangles sphériques dont l'Astronomie fait un usage continuel. Il est au
moins inutile d'aller chercher la seconde constellation du zodiaque indien

que ci-dessus Bailly accuse Hipparque de n'avoir pas connu. Voyez l'article des têtes des Gémeaux, page 420.

« On ne peut croire que ce soit Ptolémée qui ait choisi l'époque de
» Nabonassar pour y placer les longitudes fondamentales de ses Tables.
» S'il n'eût pas eu le dessein d'associer son Astronomie d'Alexandrie
» à celle de Babylone, il aurait pris son époque dans le règne de
» Ptolémée. »

Les déterminations fondamentales de Ptolémée reposent sur des observations chaldéennes ; les observations les meilleures, les plus anciennes et les plus nombreuses lui venaient de Babylone. Il a voulu qu'on pût les calculer toutes par ses Tables ; il a commencé par l'époque qui les embrasse toutes, par celle dans laquelle probablement elles avaient été écrites et transmises.

Cette explication est assez naturelle pour n'en point faire desirer d'autre ; mais Bailly se ménage une transition pour attacher l'Astronomie grecque à son époque du cali-young.

Remarquons en passant que Ptolémée ayant pris pour époque la première année du règne de Nabonassar, c'est une preuve assez forte qu'il ne connaissait aucune observation plus ancienne, et que le récit de Simplicius et de Porphyre n'est qu'un conte. Nous faisons encore aujourd'hui comme Ptolémée ; la première ligne de nos Tables est l'époque de — 800, parce que nous ne connaissons aucune observation qui remonte plus haut.

« Il nous reste peu de chose de l'Astronomie chaldéenne ; elle avait
» une année sidérale de 365ᵈ 6ʰ 11′, et la période de 6585 ¼ jours. Réduisez
» l'année sidérale à l'année tropique, vous aurez à très-peu près celle
» des Indiens. Mais il semble qu'on ait corrigé la précession de 54″ pour
» la réduire à 50″. »

L'année indienne était sidérale comme celle des Chaldéens ; il est inutile de convertir ces années en années tropiques pour les comparer ; Bailly ne serait pas fâché de trouver chez les Anciens notre précession de 50″. Pour expliquer la ressemblance des années de deux peuples, est-il nécessaire de supposer que l'un ait instruit l'autre ? Ne pourrait-on pas mesurer l'obliquité de l'écliptique à Paris et à Pékin, et trouver la même chose à peu près, sans se rien communiquer ? N'en est-il pas de même de tout ce qui se mesure ?

« Quant à la Lune, les Chaldéens disent que pendant la période de

» 6585ʲ 8ˢ, la Lune faisait un nombre complet de révolutions anoma-
» listiques, et qu'elle parcourait le zodiaque entier, plus 10° 40'. »

Rien ne nous assure que les Chaldéens aient eu cette idée. Ptolémée ne les nomme pas, il ne les cite que comme observateurs, et jamais comme calculateurs ; ces révolutions anomalistiques et les 10° 40' d'excédant, sont des remarques faites par les anciens mathématiciens, et par conséquent par les Grecs ; il n'est mention dans aucun auteur d'aucun mathématicien qui ne fût Grec. On ne voit que les Romains qui aient donné le nom de mathématiciens aux astrologues.

Bailly, par les Tables de Chrisnabouram, trouve en 6585ʲ ⅐,

$$\begin{array}{ll}
\text{Pour le mouvement du } \odot\ldots & 0^{s}\ 10^{\circ}\ 40'\ 38'' \\
\text{Pour celui de la } \mathbb{C}\ldots\ldots & 0.10.40.18 \\
\text{Pour celui de l'apogée}\ldots\ldots & 0.13.29.38 \\
\text{Pour celui du nœud}\ldots\ldots & 0.11.\ 4.55
\end{array}$$

« Le mouvement de la Lune est compté par rapport aux étoiles ; il » suppose 54" de précession. Il y aurait tout lieu de croire que les Chal- » déens, pour composer leurs périodes, se sont réglés sur les Tables et » les calculs des Indiens. »

Il faudrait prouver d'abord que ces 10° 40' vinssent des Chaldéens, ce que nous ne croyons pas ; on voit bien que la période ramène la Lune à son nœud, et par conséquent qu'elle ramène les éclipses, et c'est ce qui a fait trouver la période. On ne voit pas aussi bien qu'elle soit anomalistique, il s'en faut de 2° 49' 20". Les Chaldéens n'ont songé ni à l'apogée, ni à la précession, ni même au nœud. Ils ont vu les éclipses revenir, et voilà tout. Rien ne prouve la moindre communication avec les Indiens ; mais il est sûr que les Chaldéens ont observé.

Bailly passe à la période de 600 ans qui lui donne,

$$\begin{array}{ll}
\text{Pour le } \odot\ldots & 11^{s}\ 21^{\circ}\ 22'\ 18'' \\
\text{Pour la } \mathbb{C}\ldots & 11.21.27.21
\end{array}$$

Cette période ne suppose qu'une longue série d'observations du genre de celles que les Chaldéens ont faites. Si les Indiens ont fait des observations pareilles, ils ont pu la trouver de même. On ne sait à qui elle appartient ; rien n'empêche qu'elle soit aux Indiens, mais rien ne le dit.

Il va montrer ensuite que les Grecs d'Alexandrie ont profité des *notions indiennes*. Voyons ses preuves.

Aristarque disait que la grande année était de 2484. Cette période est celle qui ramène le Soleil et la Lune en conjonction avec la même étoile. Il n'a pu trouver que chez les Chaldéens des observations assez éloignées pour *déterminer* cette période. Où voit-il donc qu'il l'ait *déterminée ?* Aristarque en parle en passant et sans entrer dans aucun détail, sans dire même en quoi consiste cette grande année.

« Ptolémée cite une observation faite à Babylone, 621 ans avant notre
» ère. Cette observation est éloignée de l'époque indienne de 2481. Ce
» rapport entre cet intervalle et la période d'Aristarque, est assez frap-
» pant pour permettre une conclusion légitime. Il y a lieu de croire
» qu'Aristarque a connu l'observation qui a servi de base à cette pé-
» riode, et qu'il l'a comparée à quelqu'observation faite à Babylone
» vers 618. »

Voilà donc l'époque romanesque du cali-youg, connue d'Aristarque, et connue de lui seul ; il a eu communication de l'observation prétendue faite à cette époque ; il l'a comparée à une observation non moins chimérique de 618, et tout cela se fonde sur ce que Ptolémée cite une éclipse observée en 621 ; et voilà ce que Bailly appelle une conclusion légitime.

« Aristarque avait mesuré, dit-on, le diamètre du Soleil, et l'avait trouvé de 30′. »

Oui, Archimède l'a dit ; mais on n'en voit rien dans le livre *des Grandeurs*, où Aristarque dit en deux endroits, que le diamètre de la Lune est de 1° 40′ ; et ce n'est pas une faute de copie, car il fonde sur cette supposition, le calcul du volume de la Lune. Quelle apparence qu'il ait donné 30′ au diamètre du Soleil, et 100′ à celui de la Lune ? Ce diamètre de 30′ est celui des Indiens ; Bailly en conclut qu'il est pris chez les Indiens, comme si on ne pouvait pas mesurer ce diamètre en deux lieux différens. Quel instrument avaient donc les Indiens pour exécuter une mesure manquée par Archimède et déterminée pour la première fois par Hipparque ? N'est-il pas plus naturel de supposer que cette mesure est moderne chez les Indiens ; qu'elle est celle d'Hipparque, ou un milieu entre les deux limites posées par Archimède, comme leur année et leur équation solaire sont des moyennes entre celles de Ptolémée et d'Albategnius, ce qui serait une preuve de plus pour l'époque de 1491 contre celle de — 3102 ?

« Une chose très-extraordinaire, c'est la fixation de l'apogée en 2ˢ 5° 30′. »

Il attribue cette détermination à Aristarque qui n'y a jamais songé. Nous avons le calcul de Ptolémée en entier. Il est fort probable qu'il l'a copié tout entier dans Hipparque, car il avoue lui-même qu'il emploie les mêmes données et qu'il arrive au même résultat. Nous avons donc les observations sur lesquelles se fonde cette détermination; nous en avons le calcul trigonométrique dans tous ses détails. Ce qu'il y a de véritablement extraordinaire, c'est de fermer les yeux sur des faits et des calculs si positifs, ou d'écarter ces faits pour y substituer des conjectures invraisemblables et absolument dénuées de preuves.

Nous sera-t-il permis de hasarder aussi une conjecture ? Nous dirons que Bailly n'écrit jamais que pour étayer un système arrêté d'avance; qu'il parcourt légèrement les écrits des Anciens qu'il ne lit que dans de mauvaises traductions; et qu'il passe tous les calculs pour recueillir tous les passages obscurs qui peuvent lui fournir quelques moyens d'appuyer son idée.

« On attribue à Hipparque la découverte du mouvement des étoiles en
» longitude, ou de la rétrogradation des points équinoxiaux. Nous dirons
» toujours que c'est beaucoup après deux siècles d'observations. Nous
» n'avons pas le dessein d'enlever à cet astronome la gloire dont il jouit
» depuis si long-tems ; cependant il y a des rapports que nous ne devons
» pas passer sous silence. »

A ces rapports vagues, nous opposerons des faits qui ont un peu plus d'importance. Nous avons les observations desquelles Hipparque a déduit ce phénomène si curieux et si neuf. Nous avons, à l'article d'Hipparque et dans l'extrait de Ptolémée, montré quelle précession résulte des observations d'Hipparque et de ses prédécesseurs. Nous n'avons jamais trouvé moins de 42″ et souvent davantage. Hipparque a dit que la précession n'était pas moindre que de 56″ par an : c'est la limite inférieure des valeurs qu'on lui peut assigner ; elle est donc très-probablement plus forte. Ptolémée, par quelques mauvaises observations, a gâté le Catalogue d'Hipparque, ou bien, pour plus de sûreté, il a adopté la limite inférieure posée par Hipparque, parce qu'il ne se sentait pas en droit d'y faire le moindre changement. Voilà ce qui résulte des nombreux calculs que nous avons faits sur le texte de Ptolémée. Bailly va nous opposer le témoignage de l'Arabe Massoudi qui vivait au douzième siècle, et qui nous dit que suivant Brama, le Soleil demeurait 5000 ans dans chaque signe, et que l'année était de 36000 ans. Cette révolution est celle des fixes, et voilà Brama premier auteur de la mauvaise détermination de Ptolémée.

« Mais ce qui est très-remarquable, ce qui semble démontrer les
» imitations et les emprunts des astronomes d'Alexandrie, c'est que
» l'Astronomie indienne ne s'explique point sur le mouvement des étoiles
» en longitude ; à prendre les choses à la lettre, elle semble supposer
» que la bande du zodiaque se meut seule avec toutes les étoiles qui y
» sont renfermées. »

Remarquons que l'Astronomie indienne que connaissait Bailly, ne
s'explique sur rien. On n'a que les Tables qu'il faut décomposer pour
en tirer comme on peut les notions qui y sont renfermées. Les Tables
des planètes ne peuvent rien comprendre de ce qui est hors du zodiaque ;
elles ne peuvent donc indiquer expressément le mouvement général des
étoiles, mais elles disent encore moins que ce mouvement soit borné
à celles du zodiaque. Bailly va prêter cette idée aux Indiens pour en faire
un sujet de reproche contre Hipparque, et pour l'accuser de plagiat dans
des termes assez peu convenables.

« Hipparque, en se conformant aux idées de ceux que nous regardons
» ici comme ses maîtres, commence par supposer que le mouvement
» progressif des étoiles n'avait lieu que pour celles qui sont placées dans
» la zône zodiacale ; nous avouons que ce point nous paraît démonstra-
» tif pour établir la communication de l'Astronomie indienne à celle
» d'Alexandrie. Rien n'est plus *bizarre* que la première hypothèse
» d'Hipparque, et on ne peut imaginer ce qui l'a fait tomber dans cette
» erreur, si ce n'est une imitation d'abord *servile* des Indiens. »

Sans avoir l'imagination de Bailly, il est aisé de trouver la cause de
cette prétendue *bizarrerie* qui n'est rien moins qu'une imitation *servile*.
Hipparque a été conduit à la première idée de la précession par les
distances de l'Epi de la Vierge à l'équinoxe. Ce premier soupçon fut
confirmé par l'observation de Régulus et de quelques autres étoiles voisines de l'écliptique. Hipparque, en homme sage et prudent et qui calculait tout, n'osa pas d'abord étendre à toutes les étoiles ce qui ne lui était
démontré que pour quelques étoiles du zodiaque. Il se fit la question
que Bailly présente comme une hypothèse ; il fit des observations et des
calculs avant que d'y répondre ; il s'assura que le mouvement était
général, ou plutôt qu'il appartenait aux équinoxes qui rétrogradaient.
S'il imitait si servilement les Indiens, pourquoi n'a-t-il pas copié leur
précession de 54"? Souvenons-nous que plus haut Bailly reprochait à
Hipparque de n'avoir pas reconnu le zodiaque indien dans la sphère
d'Eudoxe, à propos du Bélier. Il faut dire pourtant que Bailly paraît

sentir quelque regret de ce qu'il vient de dire, et qu'il fait presqu'aussitôt réparation au grand homme qu'il a traité d'imitateur servile. Il ajoute : *Il vit que ce mouvement naissait de la rétrogradation des points équi- noxiaux, et son génie l'élève à considérer ce phénomène comme un effet général qui affecte toutes les étoiles. Hipparque et Ptolémée ont établi la durée de l'année de 365ᵉ 5ᵉ 55' 12". Les intervalles de cette détermination ne sont pas assez longs pour qu'Hipparque, astronome habile, ait pu y avoir une certaine confiance. Il faut nécessairement que sa confiance ait été fondée sur quelque détermination plus ancienne dont on ne parle pas.* Hipparque nous montre assez que sa confiance est très-médiocre ; que pouvait-il faire, sinon de discuter et de comparer toutes les observations qu'il connaissait ? Il aimait par dessus tout le travail et la vérité ; c'est le témoignage que lui rend Ptolémée à l'occasion même de cette défiance et des recherches nombreuses qu'il avait faites pour s'éclaircir. *Mais s'il a eu la connaissance de la période de 19 ans....* Comment Bailly peut-il en douter ? N'avait-elle pas été trouvée par Méton ? Nous avons vu dans Géminus comment les Grecs y étaient parvenus à force d'essais ; ne l'avait-on pas retrouvée chez les Chaldéens ? Ce n'est pas cette période qui a pu lui inspirer de la confiance, puisqu'il a démontré l'insuffisance de ce cycle, et qu'il en a trouvé deux plus longs, dont au reste il n'a fait aucun usage.

Bailly prétend ensuite qu'avec six siècles d'observations au plus , Hipparque n'a pu établir ses périodes luni-solaires de 345 et 442 ans ; comme si avec six siècles d'observations on ne pouvait, à l'aide du calcul, former autant de périodes qu'on voudra, et choisir celles qui approchent le plus d'être des nombres entiers, auxquels alors on peut d'autant mieux se borner, que les périodes sont plus longues. Bailly traite Hipparque comme ses Indiens, à qui il n'accorde de reconnaître les périodes que quand ils ont des observations faites exactement aux deux termes.

Il conclut ou qu'Hipparque a eu sous les yeux d'autres observations que celles des Chaldéens, et d'une date infiniment plus ancienne, et qu'il a composé ses périodes d'après des mouvemens consignés dans d'autres Tables. Il oublie de nous dire pourquoi ce silence absolu sur les Indiens, quand partout les Chaldéens sont nommés, et les observations prisées en proportion de l'antiquité. Les Grecs n'ont-ils pas toujours vanté les notions que leurs philosophes avaient rapportées de l'Inde ; et quelles étaient ces notions ? celles d'une Astronomie encore dans l'enfance.

Je suis bien éloigné de voir comme Bailly ; mais pour juger ce qu'il affirme ensuite des emprunts faits aux Indiens par les Grecs d'Alexandrie, attendons que nous ayons la connaissance du Sourya-Siddanta. Bailly ne discute pas , il plaide une cause , il fait valoir tout ce qui lui est favorable, il déguise ou dissimule ce qui lui est contraire ; il faut se tenir sur ses gardes avec lui , et se défier de tout ce qu'il dit. Mais de ce qu'il dit même , il faut conclure qu'Hipparque voyant des périodes qui n'étaient appuyées d'aucunes observations, a voulu tout recommencer. En ce cas , il ne doit rien aux Indiens qui ne lui fournissaient aucune preuve. Il a tout recommencé , tout calculé ; nous avons vu l'édifice s'élever sur les fondemens qu'il avait jetés ; nous avons vu le parti qu'on a su tirer de ses débris mêmes : il nous a donné la Trigonométrie sphérique dont jamais les Indiens n'ont eu la moindre idée. Tout le système de Bailly repose sur un point qu'il n'a nullement prouvé ; tout son échafaudage tombe si les Tables indiennes sont postérieures aux recherches des Grecs ; ce seraient au contraire les Indiens qui auraient profité des travaux des Grecs, qu'ils auraient ensuite améliorés et détériorés en partie. Dans tous les cas , l'Astronomie des Indiens n'a eu aucune influence sur les travaux des modernes , et c'est depuis Hipparque seulement, et par lui , que nous voyons un corps de science , des observations incontestables , des faits ajoutés à des faits, des théories successivement perfectionnées , tandis que les Indiens sont toujours demeurés étrangers à tous ces progrès , à toutes ces découvertes.

Voyons maintenant les Tables que connaissait Bailly.

Les Tables envoyées de Siam par l'ambassadeur français Laloubère , en 1687, manquaient d'explication et d'exemples calculés. D. Cassini les a déchiffrées avec beaucoup d'adresse.

Les Siamois ont une année civile et une année astronomique ; le mois intercalaire n'est pas compté dans les douze mois, on le suppose inséré avant l'année.

L'année astronomique commence avec le sixième mois de l'année civile et commune.

Ces Tables supposent une période de 19 années, et 235 mois lunaires, et 228 mois solaires. Cette période est un peu plus juste que celle de Méton , ce qui est sans doute un effet du hasard. Au reste j'en conclurais, vu la facilité avec laquelle cette période se reconnaît, que cette période a été trouvée par les Grecs et les Indiens sans aucune communication entre les deux peuples.

On réduit tous les mois en jours, qui sont des jours artificiels ou des trentièmes des mois lunaires; ils sont de 22′ 32″ plus courts que les mois solaires moyens. 703 jours artificiels sont équivalens à 692 jours naturels. Le mois lunaire est de 29ʲ 12ʰ 44′ 3″.

L'époque est à la fin du samedi qui compte pour o; le dimanche compte pour 1, et ainsi de suite. A Tirvalour, c'est vendredi qui compte o. L'époque est au 21 mars 638 de notre ère.

800 années font 292207 jours, ce qui suppose une année de 365ʲ 6ʰ 12′ 36″. Cette période n'a commencé que 11ʰ 11′ après l'époque. Cassini fait commencer l'année à l'équinoxe moyen du printems. Bailly croit qu'il s'est trompé. 621 jours après l'époque, l'apogée de la Lune se trouvait en o du zodiaque, ou à l'origine des longitudes; le zodiaque est divisé en 12ˢ de 30° chacun.

Par une suite d'additions, de soustractions, de multiplications et de divisions, on arrive à la longitude moyenne du Soleil. On a beau vanter l'adresse et la facilité de ces méthodes, celle des Grecs sera toujours la plus naturelle et la plus simple.

De la longitude on retranche le lieu de l'apogée 2ˢ 20°; on a l'anomalie moyenne, et l'on cherche l'équation du centre dont le *maximum* est 2° 10′ 32″.

On réduit les degrés en parties du zodiaque divisé en 27 constellations.

Par des préceptes de même genre et plus compliqués, on arrive à la longitude de la Lune, à celle de l'apogée, à l'anomalie moyenne et à l'équation dont le *maximum* est 4° 56′.

Au 21 mars 638, le nœud de la Lune était en 8ˢ 5° 43′.

Outre le mois lunaire rapporté ci-dessus... 29ʲ 12ʰ 44′ 3″
les Siamois ont un autre mois de......... 29.12.44.2.25‴ 23ⁱᵛ.

Et 235 de ces mois divisés par 19, donnent une année tropique de 365ʲ 5ʰ 55′ 13″ 46‴, qui ne diffère que de 2″ de celle qu'Hipparque a établie. Bailly trouve cette ressemblance très-remarquable. Je n'y verrais qu'un résultat tout naturel de la période de 19 ans, déterminée en différens lieux et en différens tems avec une précision à peu près égale, à laquelle on mettait si peu d'importance, que les Siamois eux-mêmes négligeaient la différence entre leurs deux mois lunaires.

Ces années n'étaient pas inconnues aux Arabes du douzième siècle. Bailly nous cite toujours les siècles postérieurs aux Grecs; tous ses faits appartiennent à des tems modernes, et ce n'est jamais que par des calculs et des conjectures qu'il remonte à ses époques favorites.

La méthode de calcul imaginée par les Indiens, exigeait qu'ils plaçassent leurs époques à une conjonction. L'époque n'indique donc jamais le tems où les Tables ont été construites. Elle doit toujours être antérieure, car elle doit servir aux calculs usuels pour lesquels on redescend toujours de l'époque fictive jusqu'au tems pour lequel on calcule. Cette nécessité d'une conjonction prouve que toutes les époques sont fictives, contre l'opinion de Bailly.

Nous dirons donc que les Tables de Siam ont été rédigées postérieurement à l'an 638. Elles peuvent être déduites de Tables plus anciennes qui auront été faites de même pour une époque antérieure, la plus voisine qu'on aura pu rencontrer, en satisfaisant à la condition d'une conjonction.

Il est donc impossible de compter sur aucune de ces époques, non plus que sur les mouvemens qui ont servi à trouver l'époque; car jamais les conjonctions ne sont exactes : on s'y permet toujours quelque négligence en faveur des nombres ronds, tant sur les tems que sur les longitudes. Il est impossible par conséquent d'en rien conclure pour l'amélioration de nos Tables.

La Table d'équation de Siam est fort courte, parce qu'elle n'est calculée que de 15 en 15° d'anomalie. L'équation y paraît toujours proportionnelle au simple sinus.

Ces équations siamoises sont... 2° 10′   sin. anom. | 4° 56′ sin. anom.
Celles de Chrisnabouram..... 2.10.32″ | 5. 2.47″.

Les Tables de Chrisnabouram envoyées par le P. Duchamp ont pour époque l'an + 1491. Elles supposent une intercalation après 976 jours lunaires. L'époque était un jeudi 10 mars. A ce moment les Tables donnent

$$\begin{array}{l|l|l}
\odot \ldots\ldots\; 11^s 10^° 19' 40'' & -\; 0^s 58' 29'' & -\; 0^° 7' 32'' \\
\text{Apogée}\ldots\; 2.17.16.41 & -\; 1.45.31 & + \\
\leftmoon \ldots\ldots\; 11.\; 5.34.41 & -\; 0.45.21 & -\; 0.\; 7.51 \\
\text{Apogée}\ldots\; 2.\; 6.47.31 & +\; 1.\; 6.\; 0 & +\; 0.34.25 \\
\Omega \ldots\ldots\; 7.21.19.\; 0 & +\; 0.32.\; 0 & -\; 0.23.\; 3.
\end{array}$$

Les longitudes sont comptées dans le zodiaque mobile dont l'origine était alors

en...... 0^s 14° 52′ 48″,

qu'il faut ajouter à toutes les longitudes pour les rapporter à l'équinoxe. Le premier jour de l'an 499 ou 3601 du cali-yong, l'origine de ce zodiaque coïncidait avec l'équinoxe. Les longitudes réduites à l'équinoxe différaient des Tables de La Caille et Mayer, des quantités que nous avons mises en marge, ce qui nous prouve que ces Tables ne sont pas d'une exactitude merveilleuse.

Suivant ces Tables, l'inclinaison de l'orbite lunaire est de 4° 30′, ce qui est inexact. On y donne à l'apogée du Soleil un mouvement de 6′ 47′ en 200.000 ans, ce qui fait environ 7″ par an. Dans le système de Bailly, il faudrait une observation à chacune des deux extrémités de cette longue période. On ne conçoit pas trop comment les Indiens ont pu déterminer un mouvement si lent, ni comment ils ont pu en soupçonner la nécessité; nous l'apprendrons par les livres des indiens.

Les mouvemens séculaires surpassent ceux de Mayer et de La Caille, des quantités que nous avons mises dans la troisième colonne. Ces mouvemens sont évidemment trop lents pour la Lune et le Soleil, mais le mouvement relatif n'est pas trop mal déterminé, ce qui prouve qu'il a été déduit des éclipses.

Ces Tables diffèrent peu de celles de Tirvalour. Bailly les croit plus modernes. La forme du calcul est presque la même dans toutes.

Les Tables de Narsapour, envoyées par le P. Patouillet, ne diffèrent guère de celles de Chrisnabouram. L'époque est l'an 162, à minuit, du 17 au 18 mars. On a pour ce moment,

$$\begin{array}{lr}\odot \dots\dots\dots\dots\dots & 11^s\,17°\,47'\ 8'' \\ \text{Apogée} \dots\dots\dots & 2.17.16.50 \\ \mathbb{C} \dots\dots\dots\dots\dots & 11.19.58.\ 6 \\ \text{Apogée} \dots\dots\dots & 0.\ 0.56.52 \\ \text{Supplément } \Omega \dots & 6.18.37.58 \end{array}$$

sur le zodiaque mobile.

Suivant les Tables rapportées par Le Gentil, le premier point du zodiaque étoilé coïncidait avec l'équinoxe, l'an 20400 avant le cali-young; il y est revenu l'an 3600 de cet âge. Ainsi les Indiens ont quatre époques principales.

$$\begin{array}{lr}0 \text{ du cali-youg ou} & -\ 3102 \\ 3179 \dots\dots\dots\dots & +\ \ \ 78 \\ 3600 \dots\dots\dots\dots & +\ \ 499 \\ 4592 \dots\dots\dots\dots & +\ 1491. \end{array}$$

L'année solaire sidérale est 365^j 6^h 12′ 50″. Les mois inégaux sont réglés sur le mouvement vrai , et voici la Table donnée par Le Gentil :

♈	*Siffirey*	Avril.........	30′ 55″ 52′
♉	*Vayasey*	Mai....	31.24.12
♊	*Any*	Juin	31.36.38
♋	*Ady*	Juillet........	31.28.12
♌	*Avany*	Août.........	30. 2.10
♍	*Pivatassy* ...	Septembre...	29.27.22
♎	*Arbassy*	Octobre.....	29.54. 7
♏	*Cartiguey* ...	Novembre ...	29.30.24
♐	*Margasy*	Décembre....	29.20.53
♑	*Tay*	Janvier......	29.27.16
♒	*Masey*	Février......	29.48.24
♓	*Pangonny* ...	Mars........	50.20.21.

Ils corrigent ces mois d'une petite équation, qui provient de ce que dans le calcul ils supposent le mois de 50 jours et le mouvement d'un degré par jour.

Ces Tables , au 23 décembre 1768 , étaient en erreur de — 1° 12′ 36′, et Bailly s'étonne que cette erreur ne soit pas plus grande au bout de 4869 ans , parce qu'il suppose l'époque primitive établie en — 3102 sur une observation. Mais nous qui croyons les observations plus modernes de beaucoup, il nous sera permis de trouver l'erreur considérable. Sans doute en réduisant l'observation de 1491 à l'an — 3102, on aura commis une erreur sensible ; mais en revenant ensuite de l'époque fictive à 1491, avec les mêmes mouvemens, l'erreur aura disparu ; il ne sera resté que l'erreur de l'observation ; et en arrivant ensuite à 1768, on aura de plus l'erreur des mouvemens en 277 ans , et la résultante sera de 72 à 73′ qui ne nous étonneront pas de la part d'un peuple qui paraît n'avoir eu aucun instrument, si ce n'est peut-être le gnomon.

Le calcul de la Lune se fait au moyen de quatre périodes anomalistiques qui ne peuvent être exactes qu'à peu près.

Le védam de 1600784 jours qui donne	7me 2′	0″ 7′
Rassam.....	12372...............	9.27.48.10
Calam.....	3031...............	11. 7.31. 1
Devatam....	248...............	0.27.44. 6

La première suppose qu'en 1600784 jours , la Lune a eu un nombre entier de révolutions , plus le mouvement du Soleil en 7me 2′ 0″ 7′ qui valent 7^r 2^s 0′ 7″.

L'équation du centre paraît être de 5° 1′, comme celle d'Hipparque ;
nous avons les observations et les calculs d'Hipparque. L'équation appartiendrait encore à Hipparque, quand même les Indiens l'auraient trouvée
de leur côté. Les Indiens ne montrent ni calcul ni observations ; ils n'ont
aucun droit à réclamer cette détermination, à moins qu'ils ne prouvent
une possession antérieure dont on ne trouve aucun vestige. L'équation
du Soleil est 2° 10′ 32″.

Voici les élémens principaux des Tables de Tirvalour :

en — 3102.	en 1282.
☉ vrai.............. 10ˢ 6° 0′ 0″	☾ vraie ... 7ˢ 13° 45′ 2″
☾ moyenne 10. 6. 0. 0	Apogée.... 7.13.45. 2.
☊ 5. 1.19.16	
Mouvem. sécul. ☾ ... 10. 7.49.53	Cette dernière commencerait
Mouvem. apogée...... 5.19. 5.30	donc une révolution anomalis-
Mouvem. ☊ 4.14.21. 2	tique.

Bailly cherche ensuite à prouver par la comparaison des époques et
des moyens mouvemens, que ces quatre Tables sont liées les unes aux
autres et qu'elles ont une source commune, ce qu'on peut lui accorder
sans aucune difficulté. Toutes leurs époques doivent donc être dérivées
d'une époque primitive ; mais quelle est cette époque primitive, et la
question première revient. Jusqu'ici Bailly ne nous a pas persuadés, y
réussira-t-il mieux dans ce qui va suivre ? Il montre qu'on n'a pu déduire
l'époque de 3102 de celle de 1491, ni par les mouvemens de Ptolémée
qui donneraient une erreur de 11° 52′, ni par ceux d'Ulugbeg qui en
donneraient une de 6° 2′ 13″, ni enfin par ceux de Nassir-Eddin qui en
donneraient une de 12°. Il en conclut que les Indiens ne doivent qu'à
eux seuls ces époques, et je crois qu'on peut encore lui accorder ce
point, non comme démontré, mais comme possible. Il pose encore que
ces deux époques sont liées et n'en font qu'une. Je le veux bien encore.
Il s'agit donc de savoir laquelle des deux est fondée sur une observation.
Il ne trouve aucune éclipse en 1491 ; il croit en trouver une en 3102 :
il regarde cet argument comme décisif, et nous avons prouvé qu'il est
absolument nul.

Comment un astronome tel que Bailly, s'il n'était aveuglé par l'esprit
de paradoxe et de système, pourrait-il nous affirmer qu'on n'établit jamais
une époque que sur une observation réelle, faite quinze jours avant ou

après? Ne connaît-on pas toujours assez bien les mouvemens moyens pour reporter une observation à six mois, un an, trois ans du jour où elle a été faite? N'ont-ils pu avoir une autre observation deux ou trois cents ans plus tôt, qui leur aura donné le mouvement moyen avec lequel ils seront remontés à leur époque civile et romanesque du cali-youg ou du calpa? Mais cette époque fictive sera inexacte; qui en doute? L'erreur pourtant ne sera considérable que pour les tems éloignés où l'on n'aura jamais aucun calcul à faire; elle diminuera à mesure qu'on se rapprochera des deux époques observées. Pourquoi ont-ils choisi cette époque? C'est d'abord un peu par vanité nationale; ensuite c'est qu'ils voulaient faire partir toutes les planètes d'un même point, ainsi que l'exigeait leur méthode de calcul. On demandera encore pourquoi ils avaient adopté cette méthode compliquée qui exige des divisions et des multiplications de nombres énormes, tant d'additions, de soustractions, de réductions et de préceptes divers; c'est qu'ils ne voulaient pas de Tables écrites; ils voulaient des nombres qu'on pût mettre en vers techniques, en chansons même, de manière que le calcul pût s'exécuter sans ouvrir aucun livre.

Ce peu de lignes suffit pour renverser tout le système de Bailly. Voyons pourtant de quelles preuves spécieuses il saura l'appuyer.

Il n'appartient, nous dit-il, qu'à une Astronomie très-perfectionnée de remonter à des époques si reculées. Oui, d'y remonter juste. Or qui nous prouve qu'elle n'ait pas les erreurs de 6 ou 12° qu'elle aurait suivant Bailly par les Tables de Ptolémée et de Nassir-Eddin? Avons-nous quelque moyen de juger cette époque? Il n'y aurait que des observations authentiques, et l'on n'en cite aucune; on se contente de dire qu'il doit y en avoir eu, ce qui n'est nullement vraisemblable.

Il cherche à prouver que 3000 ans avant notre ère, les Indiens observaient.

Le Zend-Avesta rapporte que quatre étoiles gardaient les quatre points cardinaux du monde. Peut-on imaginer rien de plus vague qu'une pareille remarque? Or, dit Bailly, Aldébaran et Antarès n'étaient alors qu'à 40′ des équinoxes. On voit en effet que ces étoiles sont diamétralement opposées, au moins en longitude. Où sont les deux autres qui devraient être à 90° des premières; nous n'en trouvons que de sixième grandeur ou de cinquième tout au plus. Bailly se rejette sur Régulus et sur le Poisson austral, qui sont à 6 et 11° des deux autres points cardinaux. Cette remarque inexacte qu'il était si aisé de faire à la vue simple,

454 ASTRONOMIE ANCIENNE.

prouve-t-elle qu'on savait observer; elle prouve seulement qu'on avait regardé le ciel.

Les anciens Calendriers rapportent un lever des Pléiades sept jours avant l'équinoxe d'automne; n'est-ce pas encore une remarque faite à la vue simple; et rien d'ailleurs ne nous prouve qu'elle ait été faite dans l'Inde, on n'en donne ni le tems ni le lieu.

Il reproduit ensuite l'observation d'Hermès que nous avons déjà discutée, et il assure sans preuve que cet Hermès était Indien.

La précession d'Albatégnius ne diffère que de 52" de celle des Indiens; donc Albatégnius a pris cet élément aux Indiens, quoique nous ayons les observations et les calculs d'Albatégnius, et pas le moindre renseignement sur les observations indiennes.

Nous en sommes donc en finissant au même point précisément qu'au commencement du livre. Aucune preuve réelle que l'époque de 3102 ne soit pas un calcul; aucune preuve qu'on eût alors un seul instrument, aucune qu'on sût les élémens de la Géométrie.

Passons à l'Astronomie des Planètes. Bailly compare les élémens qui leur sont assignés par les astronomes. En voici le tableau, en commençant par les mouvemens annuels.

	♄	♃	♂	♀	☿
Indiens........	12° 13' 13"	30° 20' 42"	6ˢ 11° 16' 56"	7ˢ 14° 47' 55"	1ˢ 23° 42' 40"
Ptolémée......	12.13.24	20.23	16.54	45.57	42. 7
Chrysococca...	12.13.39	20.12	17.12	45.34	43. 3
Nassir-Eddin .	12.13.34	20.34	17.11	47.27	43.16
Ulug-Beg......	12.13.33	20.34	17.13	47.26	43.13
Modernes.....	12.13.36	20.58	17.10	47.29	43. 8

Bailly croit voir que les Indiens donnent un mouvement héliocentrique à Vénus et Mercure; mais ce mouvement n'est pas plus réel pour les Indiens que pour les Grecs; c'est toujours la même manière de combiner les mouvemens.

La conformité qu'on remarque entre ces divers résultats, prouve seulement que ce n'est pas une chose bien difficile que de déterminer les mouvemens moyens des planètes; il est cependant permis de soupçonner que les Indiens, qui n'ont jamais attaché une importance bien grande aux planètes, se sont ici un peu aidés des travaux des Perses et des Arabes.

Équations du Centre.

	♄	♃	♂	♀	☿
Indiens	7°39'40"	5°5'59"	11°33' ♂	1°45'3"	4°27'39"
Ptolémée........	6.52. 0	5.16. 0	11.52. 0	2.23. 0	2.52. 0
Chrysococca...	6.32. 0	5.15. 0	11.25. 0	1.59. 0	3. 0. 0
Modernes	6.23.19	5.34. 0	10.42.13	0.48.30	23.40.48

Les équations de Vénus et de Mercure sont exprimées en quantités
géocentriques; voilà pourquoi elles diffèrent si prodigieusement des
équations modernes. La différence est moins sensible pour les planètes
supérieures.

Seconde inégalité ou parallaxe annuelle.

	♄	♃	♂	♀	☿
Indiens........	6°22'42"	11°31'49"	40°16'24"	46°22'53"	21°31'19"
Ptolémée........	6.30. 0	11.50.11	39.30. 0	46. 0. 0	22.22.30
Modernes	6. 1. 0	11. 5. 0	41. 1. 0	46.23.30	22.58. 0

Il semble que tout cela prouve que ces diverses astronomies peuvent
se concevoir indépendantes les unes des autres, excepté celles dont la
filiation est connue. Celle des Indiens n'aura rien d'extraordinaire, si
elle est du quinzième siècle. Ces élémens des planètes ne se trouvent que
dans les Tables de Chrisnabouram dont l'époque est 1491 : ce qui pourrait
fortifier le soupçon qu'elles sont modernes.

Bailly calcule l'époque des cinq planètes, pour l'an — 3102, par les
Tables modernes. Il trouve quatre planètes réunies sur un arc de 17° ;
Vénus seule y manque. Il croit cette exactitude suffisante ; mais pour
opérer une conjonction exacte, il n'y a qu'à modifier les mouvemens
annuels convenablement, la plus forte correction sera de

$$\frac{17°}{5000} = \frac{1020'}{5000} = \frac{61200"}{5000} = \frac{61,2}{5} = 12"24.$$

Ainsi avec des mouvemens annuels modifiés de 12" au plus, nous aurons
la conjonction de quatre planètes au moins. On voit donc comment ils
ont pu établir leur système de Tables, et se procurer au besoin des

conjonctions générales dans des tems si éloignés qu'il n'en résultait aucun inconvénient.

Passons au calcul du lieu vrai des planètes.

On commence, comme chez les Grecs, à calculer les moyens mouvemens du Soleil, de la planète et de son apogée. On retranche le lieu moyen du Soleil de celui de la planète. Ils se servent de cette différence pour trouver la parallaxe du grand orbe ; mais ils n'en prennent que la moitié qu'ils retranchent du lieu de la planète : c'est la première longitude corrigée ; ils en retranchent le lieu de l'apogée, et avec le reste qui est l'anomalie, ils cherchent l'équation du centre, dont ils prennent encore la moitié qu'ils ajoutent à la première longitude corrigée. Pour avoir la seconde, ils prennent de nouveau la différence entre cette seconde longitude et l'apogée ; ils cherchent l'équation du centre qu'ils ajoutent alors *entière* à la longitude moyenne. Ils ont ainsi la troisième longitude corrigée, de laquelle ils retranchent le lieu du Soleil, cherchent la parallaxe de l'orbe qu'ils retranchent *toute entière*, et c'est la longitude vraie sidérale ; on y ajoute la longitude du premier point du zodiaque, et l'on a la longitude comptée de l'équinoxe.

Bailly voit dans cette opération des longitudes héliocentriques et géocentriques, des aphélies au lieu d'apogées, et des calculs préparatoires pour se procurer les argumens véritables des équations. On pourrait y voir un équant, une correction d'anomalie qui ne dépend que de la demi-excentricité de cet équant ; enfin, une imitation du calcul des Grecs. Les Indiens ne disent pas si les cinq planètes se meuvent autour du Soleil ou autour de la Terre ; mais Bailly a grande envie que ce soit autour du Soleil. *Faute de pouvoir parvenir à la vérité, ils paraissent avoir pris un parti fort sage, celui de tenir compte des apparences.... Mais quelle que soit leur opinion à cet égard, on ne peut disconvenir que la forme de leurs Tables ne soit infiniment plus simple, plus naturelle que celle de Ptolémée. ... Si nous n'avions eu ni Copernic, ni Képler, ni Newton...., nous n'aurions pu établir une théorie qui fût plus raisonnable et plus suffisante.* Il était cependant convenu précédemment, page 197, qu'*il n'examinait pas la légitimité des suppositions.* Ainsi, sans examiner si les suppositions sont légitimes ou suffisamment approchées, il donne hautement la préférence à ces méthodes sur une méthode bien connue, qui peut n'être pas d'une grande simplicité, mais qui est rigoureusement géométrique, et conforme aux suppositions fondamentales. Que dirait-il si ce calcul des Indiens n'était qu'une simplification du calcul de Ptolémée, dans laquelle, pour plus de facilité, on se serait permis de négliger des quantités très-sensibles? C'est ce que je vois de plus probable et de plus conforme à ce que nous trouverons plus loin dans les livres originaux des Indiens : il sera tems alors de nous étendre davantage sur ce point.

Le calcul d'une planète inférieure présente quelques différences plus apparentes que réelles.

On calcule de même les mouvemens moyens du Soleil, de la planète et de son apogée. Au lieu de chercher la parallaxe annuelle, on cherche la digression dont on prend de même la moitié, qui donne la première longitude corrigée. On en retranche l'apogée; on a l'anomalie, l'équation dont on prend la moitié; on l'ajoute à la première longitude corrigée : on a la seconde longitude corrigée. On en retranche l'aphélie; on cherche l'équation du centre, on l'applique toute entière au lieu du Soleil (c'est-à-dire au lieu du centre de l'épicycle), on a la troisième longitude corrigée; on la retranche de la longitude moyenne; on cherche la digression qu'on retranche de la troisième longitude pour avoir le lieu vrai sidéral.

Dans le calcul de Jupiter, l'erreur des Tables indiennes est de 52′; dans celui de Mercure, elle est de 65′ en 1750. Bailly fait de longs raisonnemens pour prouver que les Indiens font tourner Mercure et Vénus autour du Soleil, il m'a paru qu'il ne prouvait rien; mais cet examen nous mènerait trop loin : attendons les connaissances que pourront nous fournir les livres indiens. Bailly qui n'a point vu ces livres, se croit cependant si sûr de son succès, qu'il va presque à croire que les Indiens suivaient le système de Tycho; il prononce ensuite plus affirmativement que *la théorie des brames est simple et vraie; celle de Ptolémée est pénible et fausse. L'Astronomie a langui en Europe, embarrassée dans la complication dont l'a surchargée Ptolémée. Les Indiens qui n'ont point connu Copernic et Képler, calculent depuis un tems immémorial par des méthodes semblables aux nôtres, moins exactes, mais aussi simples et aussi raisonnables.* Il ne manque à cela que des preuves et la vérité.

Il cite ensuite une figure du système planétaire où Vénus et Mercure sont placés au-dessous du Soleil, comme chez Ptolémée. La Terre est représentée au centre, enveloppée des orbes des sept planètes. Bailly n'en est pas ébranlé. L'auteur de la figure fait tourner tout autour de la Terre; mais *il paraît que les brames sont divisés à cet égard*, et cela lui suffit.

La terre est encore enveloppée de deux cercles qui portent les noms de *natchatter* et d'*akash*. Natchatter enveloppe l'arc de Saturne, akash est considérablement plus grand. Les distances ou rayons de tous ces cercles sont telles qu'on les voit dans le tableau ci-joint. Bailly ne peut deviner ce que c'est que le natchatter; pour l'akash, il croit que c'est l'éther.

☽............	524000 Joojuu.
☿............	1043209
♀............	2664656
☉............	4351500
♂............	8146909
♃............	51275704
♄............	127668255
Natchatter...	25920000000
Akash.......	18712080864000000

Le code des Gentoux dit que la longueur et la largeur de la Terre sont de 100000 Joojuu ou de 400000 Cos. Bailly y retrouve la mesure de la Terre d'Aristote, et s'il avait vécu plus long-tems, il y aurait retrouvé nos 40 millions de mètres.

Avant de déterminer cet extrait, citons encore un jugement assez remarquable sur Ptolémée (pag. 287).

Ptolémée qui trouvait dans les observations tout ce qu'il voulait [je serais même tenté d'ajouter qui savait au besoin supposer des observations (*voyez celles qu'il rapporte sur la parallaxe*)], *et qui, suivant nos soupçons, n'a fait que fonder des déterminations anciennes sur des obser-vations modernes, a voulu se rapprocher de l'année* 365ʲ 5ʰ 55′ 12″, *ce qui n'a pas dû être difficile. Il a suffi de chercher parmi les observations, des solstices et des équinoxes qui n'étaient exactes qu'à un quart de jour près, pour en trouver deux dont l'intervalle donnât l'année indienne.* Ce n'est pas ce que Bailly a dit de plus invraisemblable; mais il oublie les recherches multipliées qui avaient conduit Hipparque à cette même année.

Il trouve qu'Hipparque paraît bien savant sur le point de la précession, pour un homme qui venait de tout découvrir. Il y a ici de l'inadvertance tout au moins; Hipparque a fait toutes les comparaisons qui étaient possibles alors : il a trouvé pour la précession des quantités fort inégales, parce que les observations étaient grossières et les intervalles trop peu considérables pour en atténuer les erreurs. Il n'a pu fixer la quantité précise; il n'a pu affirmer qu'une chose, c'est qu'elle n'était pas

au-dessous de 56″ par an. Il s'était assuré qu'elle était commune à des
étoiles dont les positions étaient très-différentes : il en a conclu qu'elle
devait être commune à toute la sphère étoilée. Pour en donner une explication plus simple, il a pensé que les étoiles pouvaient être immobiles,
et que leurs mouvemens apparens étaient produits par un mouvement des
points équinoxiaux en sens contraire, et qu'il a nommé *rétrogradation
des points équinoxiaux*. Aucune des comparaisons dont les élémens nous
sont restés, ne fait ce mouvement moindre de 42″; plusieurs autres le
porteraient à 55 ou 60″. Je ne vois dans tout cela qu'un beau travail nécessairement imparfait, et qui ne passe pas les forces d'un homme tel
qu'Hipparque, qui a donné d'autres preuves de son génie. Je ne vois pas
en quoi il avait besoin du secours des Indiens dont il n'a pu connaître
aucune des observations, et qui, de l'aveu de Bailly, n'ont jamais été
géomètres. *Hipparque*, nous dit-il, pag. clxxvj, *se défiant de toutes ces
déterminations dépouillées des observations qui en doivent être les garans,
a voulu tout recommencer. Il n'a adopté de ces déterminations que celles qui
pouvaient s'accorder avec les siennes et qu'il était en état de démontrer. Il
nous a ramenés au berceau de la science, et tout l'immense travail qui a dû
fonder l'Astronomie indienne a été perdu*. Ce travail n'était-il pas perdu
déjà, puisqu'on n'avait aucune des observations *qui en devaient être les
garans?*

Hipparque a donc tout créé. Depuis ce grand astronome, tout s'est
perfectionné par des progrès dont nous pouvons marquer toutes les
époques dont nous connaissons toute l'histoire. L'édifice entier s'est
élevé sans qu'on y plaçât aucun des matériaux qu'auraient pu fournir
les Indiens.

Si l'Astronomie des Indiens est bien prouvée par Bailly, il avoue lui-
même qu'elle était inconnue; tout était fait quand elle a été retrouvée; elle
était alors entièrement inutile. Nous n'avons donc aucun intérêt à contester
cette antiquité que Bailly croit avoir démontrée. Nous pouvons donc,
sans être soupçonnés de partialité, dire ce que nous pensons de ces démonstrations prétendues qui ne portent que sur des faits modernes, des
autorités fort suspectes et des conjectures très-invraisemblables.

*Lorsque Ptolémée, 265 ans après Hipparque, a examiné et confirmé le
mouvement de 36″ (nous verrons comment il l'a confirmé), il n'a pas
osé y toucher, parce que la quantité en était liée aux deux années dont
Hipparque s'était servi pour la déterminer, et qui n'auraient plus corres-*

pondu entr'elles, si le mouvement des étoiles avait été plus considérable
(pag. 289).

Je n'ai vu nulle part qu'Hipparque ait suivi cette voie ; je n'ai rien vu dans Ptolémée qui autorisât le soupçon qui fonde l'hypothèse étrange de Bailly. En la présentant d'une manière si positive, il aurait bien dû nous citer le passage où ces deux années sont comparées. Tout ce qu'on voit, pag. 279, c'est qu'il cite un passage de Censorin ; ce passage n'est pas de deux lignes, et il y fait de son autorité deux corrections importantes.

En récapitulant, Bailly pose qu'il faut supposer les déterminations indiennes prises 4500 ans avant notre ère ; que si l'époque de — 3102 et les longitudes qu'elles donnent sont admises, elles pourront servir à vérifier nos moyens mouvemens. Je doute qu'on lui passe la première supposition, et je doute encore bien plus qu'on se hasarde à corriger nos Tables par le moyen qu'il indique et dont il aurait dû lui-même faire l'essai s'il y avait une véritable confiance.

Avant de quitter Bailly, déclarons de nouveau que nous ne prétendons pas nier l'antiquité du peuple indien. Nous croyons qu'il pouvait exister, observer même à cette époque si reculée ; mais nous n'en avons aucune preuve. On avoue qu'il savait peu de géométrie ; on ne connaît aucun des instrumens dont il a pu se servir ; on ne dit pas même bien positivement qu'il eût des instrumens. S'il a fait des observations trois ou quatre mille ans avant notre ère, ces observations sans doute ont été fort grossières ; aucune époque astronomique n'a pu être établie par les Indiens qu'à quelques degrés près. Les différences qu'on y trouverait avec nos Tables seraient les résultats de ces erreurs et de ces mouvemens. Nul moyen de les démêler ou de les corriger. Vers 1491, au contraire, on avait tous les moyens, les instrumens, la géométrie et les recherches des Grecs et des Arabes. On pouvait remonter à l'époque où toutes les Planètes ont dû être en conjonction ; l'erreur inévitable dans ces calculs ne pouvait avoir aucun effet sensible ; les Indiens ont pu alors établir ces méthodes qui peuvent se graver dans la mémoire, et qui paraissent inventées en faveur des ignorans. Ces méthodes sont trop différentes des nôtres et leur sont trop inférieures pour que jamais elles puissent se naturaliser parmi nous. Elles sont trop obscures et trop énigmatiques pour avoir profité aux peuples voisins. Tous les élémens qu'elles renferment y sont voilés au point qu'il faut de longs calculs et une certaine adresse pour les y trouver. Elles ont dû être long-tems renfermées chez les Indiens, où la plupart même de ceux qui en font usage ne les entendent pas. Elles n'ont été que

très-imparfaitement entendues de nos missionnaires, de Bailly et de
Le Gentil même qui avait vécu neuf ans dans l'Inde. Aujourd'hui même
que les travaux des académiciens de Calcutta ont porté quelques lumières
dans ce chaos, il est encore bien des points sur lesquels nous desirons des
renseignemens plus précis. Nous y verrons cependant bien des choses
qu'il n'a pas été donné aux Européens de deviner, et qui leveront le voile
en grande partie. Nous verrons au moins ce que nous devons penser de
la plupart des assertions de Bailly. En rédigeant ce qu'on vient de lire sur
l'Astronomie des Indiens, nous n'avons exprimé que ce que nous avons
pensé en 1787, à l'apparition du livre de Bailly. Quoique bien convaincus
que tous ses renseignemens portaient à faux, et qu'il n'avait absolument
rien démontré, nous aurions toujours gardé le silence, et sans cette
occasion où nous avons été forcés d'examiner ses preuves, jamais nous
n'aurions émis notre opinion sur son Traité de l'Astronomie indienne.
Nous avons même long-tems balancé si nous devions parler des Indiens
et s'il n'était pas mieux de les considérer comme entièrement étrangers à
l'Astronomie des Européens.

CHAPITRE III.

Astronomie des Indiens, d'après leurs Livres originaux.

La Société anglaise établie à Calcutta, s'est proposé pour objet spécial de faire connaître à l'Europe l'histoire, la littérature et les sciences des Indiens, d'après les ouvrages écrits dans la langue sacrée, qui n'est plus guère entendue aujourd'hui, même dans l'Inde, que par les brahmines ou ceux qui en ont fait une étude particulière. Au tems où Bailly terminait ses recherches, cette Société commençait les siennes. Elles sont contenues dans les Mémoires intitulés : *Recherches asiatiques ou Mémoires de la Société établie au Bengale.*

Les deux premiers volumes ont été traduits en français; nous y avons nous-mêmes ajouté quelques notes, et nous allons en donner une idée; après quoi nous prendrons dans l'édition anglaise ce qui n'a point encore été mis en français.

Le premier volume ne renferme rien d'astronomique. Dans le second, on trouve un Mémoire sur la chronologie des Hindous; un autre sur l'antiquité de leur zodiaque, et un troisième sur leurs méthodes astronomiques. Commençons par le premier qui porte le n° 7 ; il est de M. Jones, la date est de janvier 1788.

« Les Hindous croient si fermement à la haute antiquité de leur
» nation, qu'un aperçu du système chronologique de ce peuple sera bien
» accueilli des personnes qui cherchent la vérité, sans prédilection pour
» les idées reçues, et sans égard pour les conséquences qui peuvent
» résulter de ces recherches.... mais il faut avoir soin de ne pas nous
» laisser éblouir par une fausse lueur, et de ne pas prendre des énigmes
» et des allégories pour la vérité historique. Ne tenant à aucun système...,
» je me propose de donner un précis de la chronologie indienne, tiré des
» livres sanscrits, ou des conversations avec les pandits. J'y joindrai quel-
» ques remarques ; je ne chercherai point à décider la question si cette
» chronologie n'est pas la même que la nôtre, mais ornée et obscurcie
» par l'imagination des poëtes et par les énigmes des astronomes. »

Ce passage expose un système qui paraît différer entièrement de celui de

Bailly, et se rapprocher beaucoup de celui que nous avons tâché de suivre dans cet ouvrage. Continuons donc à examiner sans prévention, quelles que puissent être les conséquences, et remarquons en passant une différence essentielle entre les Grecs et les Indiens. Si les poëtes de la Grèce ont orné et obscurci la chronologie comme ceux de l'Inde, on ne peut au moins reprocher aucune énigme aux astronomes grecs, qui se sont attachés à tout démontrer.

M. Jones commence par l'extrait d'un livre fort ancien et l'un des plus curieux qui existe dans la langue sanscrite.

« Le Soleil fait la division du jour et de la nuit, qui sont de deux
» espèces, ceux des hommes et ceux des dieux. Un mois est un jour et
» une nuit des patriarches; un an est un jour et une nuit des dieux;
» quatre mille ans des dieux s'appellent l'âge krita ou satya.... L'âge
» des dieux ou 12000 de leurs années, multipliées par 71, forment un
» manouantara. Il y a alternativement des créations et des destructions de
» mondes dans une suite innombrable de manouantaras.

» Tel est l'arrangement que les Hindous croient révélé par le ciel
» même. Des indices tirés de cet arrangement même semblent prouver
» qu'il est purement astronomique. »

M. Paterson croit que les 4320000 années qu'on suppose former les quatre âges indiens, ne sont que des années de 12 jours. Ce nombre divisé par 30 se réduit à 144000. Or 1440 ans sont un puda ou période de l'Astronomie des Hindous, et ce nombre multiplié par 18 s'élève à 25920 ans, qui font la révolution des fixes. Bailly trouvait ce nombre en multipliant 144 par 180, ou par la période tartare appelée *van:* et ce passage est assez curieux; il nous montre quelle est sa manière de raisonner et d'interpréter les auteurs dont il cite les témoignages.

« J'ai déja observé (nous dit-il, pag. 217) que Riccius cite Abraham
» Zachut, qui dit que, suivant les Indiens, on voit au ciel deux étoiles
» diamétralement opposées qui parcourent le zodiaque en 144 ans. Ces
» étoiles sont sans doute l'œil du Taureau et le cœur du Scorpion, qui
» sont précisément, et à une minute près, éloignées de 180° dans le
» zodiaque. Les Indiens qui font la révolution des fixes de 24000 ans,
» n'ont point imaginé qu'il y eût deux étoiles qui fissent la leur en 144 ans.
» J'ai cru en conséquence que les années dont il est ici question, signi-
» fiaient une autre révolution que la révolution solaire. Or les Mogols et
» les Cataïens, c'est-à-dire les Chinois, ont une période de 180 ans; et
» 144 fois 180 ans font précisément 25920 ans, qui sont la révolution des

» fixes, en supposant leur mouvement, comme nous le faisons aujourd'hui,
» d'un degré en 72 ans, ou de 50" par an. »

Bailly cite Riccius, page 51. Or voici la traduction fidèle du passage
de Riccius.

« Alpétrage a cru qu'il y avait dans le ciel des mouvemens encore
» ignorés des hommes : en voici un indice évident. Abraham Zachuth,
» dans sa grande *édition*, atteste qu'il a trouvé dans les Tables des astro-
» nomes d'Hipsala, *d'après l'autorité des Indiens*, qu'il y a dans le ciel
» deux étoiles diamétralement opposées, dont la marche est telle, qu'elles
» parcourent en 144 ans tout le zodiaque, *contre l'ordre des signes*; dont
» l'une est appelée par les Arabes *Alcavir*, et l'autre *Alvardi*. Ces mots
» signifient *grande* et *fleur* ou *rose*. La première participe de la nature
» de Saturne et de Mars; l'autre de celle de Jupiter et de Vénus. »

Ce passage que l'on cite comme une preuve de mouvemens encore
inconnus, ne peut donc s'appliquer à la précession dès lors bien constatée.
Mais comment en le citant, pour le détourner de son vrai sens, Bailly
en supprime-t-il les quatre mots *contre l'ordre des signes*, qui en font
tout le merveilleux ? Est-ce simplement distraction ? Il faut avouer qu'elle
est singulière.

Revenons au mémoire de M. Jones.

« Les modernes Hindous supposent la précession de 54", et la période
» de 24000 ans; mais nous avons lieu de penser que les anciens Hindous
» avaient fait un calcul plus exact, et qu'ils cachaient leur science au
» vulgaire.... Mais toute conjecture à part, nous n'avons besoin que de
» comparer les deux périodes de 4320000 ans et de 25920, et nous ver-
» rons que parmi les diviseurs communs se trouvent 6, 9, 12, 18,
» 36, 72, nombres qui, avec leurs divers multiples, surtout dans leur
» progression décuple, constituent quelques-unes des périodes les plus
» célèbres des Chaldéens, des Grecs et des Tartares.... Nous pouvons
» admettre comme chose à peu près démontrée, que la période d'un âge
» divin fut d'abord purement astronomique. »

Ici l'auteur cite en passant le Sourya-Siddhanta, et M. Langlès ajoute à
cette citation la note suivante.

« Le Sourya-Siddhanta est généralement reconnu comme le plus
» ancien Traité d'Astronomie que les Hindous possèdent. Suivant eux,
» il a été envoyé du ciel par révélation à un nommé *Maya*, vers la fin
» du satya-youg du vingt-huitième maha-youg du septième manouan-
» tara; c'est-à-dire, il y a 21.648.899 ans. Ce nombre prodigieux d'années

» a été réduit par un savant mathématicien anglais, à 731 ans avant
» l'année 1799 (c'est-à-dire à l'an 1268 de notre ère). Le même savant,
» dix ans auparavant, avait accordé 3840 ans d'ancienneté au même
» ouvrage ; mais il paraît que l'autre date (la plus moderne) est le ré-
» sultat de calculs plus justes, et surtout de recherches mieux raisonnées
» et plus approfondies. La prétendue révélation de cet ouvrage au nommé
» Maya, est une imposture sacerdotale des brahmanes. Le véritable auteur
» se nommait *Varâha*. »

Nous trouverons plus loin des détails plus amples sur ce personnage,
et nous donnerons une idée des calculs de M. Bentley.

Le reste du Mémoire de M. Jones n'est pas de notre sujet ; l'auteur le
termine par ces mots :

« De cette manière, nous avons donné une esquisse de l'Histoire
» Indienne, pendant la plus longue période qu'il soit permis de lui
» assigner. Nous avons fixé la fondation de l'Empire de l'Inde à plus de
» 3800 ans de l'époque actuelle » (c'est-à-dire avant 1788; ce qui réduirait à l'an — 2000 la date la plus reculée qu'on puisse attribuer à
l'Histoire Indienne). « Mais le sujet est par lui-même si obscur et telle-
» ment embrouillé par les fictions des brahmanes, qui, pour s'agrandir
» eux-mêmes, ont exagéré à dessein leur antiquité, que nous devons
» nous contenter de conjectures probables et de raisonnemens justes,
» fondés sur la meilleure date à laquelle nous puissions atteindre. D'ail-
» leurs nous ne devons pas espérer un système de chronologie indienne
» à l'abri de toute objection, à moins que les livres astronomiques en
» langue sanscrite, ne désignent clairement le lieu des colures dans
» quelques années précises de l'âge astronomique. Au lieu de traditions
» vagues, comme celles d'une observation grossière faite par Chiron,
» qui peut-être n'exista jamais, il nous faut des preuves dont nos astro-
» nomes et nos savans reconnaissent l'évidence. »

En ce cas, un bon système de chronologie indienne est bien désespéré;
car les Indiens n'ont pas même de Chiron.

Le Mémoire sur l'antiquité du zodiaque, par M. Jones, est le seizième
du tome II; son objet est de prouver, contre Montucla, que la division indienne du zodiaque ne fut empruntée ni des Grecs, ni des Arabes,
mais que les Grecs et les Hindous doivent l'avoir reçue d'une nation plus
ancienne.

Il ne faut pas confondre le système des djiantichicas ou astronomes,
avec celui des pouranicas ou fabulistes poétiques. Les premiers par-

tagent, comme nous, un grand cercle en 360°, qu'ils nomment *ansas* ou *parties* (Les Grecs n'ont jamais employé que le mot μοῖρα ou partie, pour indiquer les degrés). Ils en assignent 30 à chaque signe, dans l'ordre suivant :

Mechâ....	Le Bélier.	*Sinha*.......	Le Lion.	*Dhanous*..	L'Arc.
Fricha...	Le Taureau.	*Canyâ*.....	La Vierge.	*Macara*...	Le Monstre marin.
Mithouna.	Le Couple.	*Toulâ*.....	La Balance.	*Coumbha*.	Le Verseau.
Carcata...	L'Écrevisse.	*Vrichitchiça*.	Le Scorpion.	*Mina*....	Le Poisson.

Le Bélier, le Taureau, l'Ecrevisse, le Lion et le Scorpion ont la figure de ces divers animaux ; le Couple est formé d'une fille qui joue du vinâ, et d'un jeune homme qui brandit une massue. Nous voyons sur nos cartes que Castor tient une lyre et Pollux une massue. La Vierge est sur l'eau dans une nacelle, tenant d'une main une lampe et de l'autre un épi de riz. La Balance est tenue par un peseur qui a un poids dans l'autre main. L'Arc est tenu par un archer dont les parties postérieures sont semblables à celles d'un cheval ; le Monstre marin a la figure d'une gazelle ; le Verseau est une cruche portée sur les épaules d'un homme qui la vide ; les Poissons sont au nombre de deux, ayant chacun la tête tournée vers la queue de l'autre. Cette description est traduite du sanscrit de Sripeti.

La planche qui représente ce zodiaque n'est pas parfaitement conforme à la description qu'on vient de lire. Le Taureau est tout entier et non coupé par le milieu, comme dans le zodiaque grec. Dans le Couple, la jeune fille n'a point de vinâ, le jeune homme n'a point de massue ; ils se tiennent embrassés d'assez près. L'homme qui porte la Balance a l'air de placer quelque chose dans l'un des bassins. Ce zodiaque prouverait donc que le signe de la Balance est déjà fort ancien. Nous verrons dans Ptolémée qu'il était aussi dans le zodiaque des Chaldéens. L'important serait de connaître bien certainement l'âge de ce Sripeti. Un zodiaque et surtout 12 signes, dont les noms et les figures ont tant de ressemblance, ne sont pas, comme l'obliquité de l'écliptique, le diamètre du Soleil, ou même comme la période de 19 ans, de ces choses qu'on peut déterminer en différens tems et sans se rien communiquer. Il en est de même des jours de la semaine et de leurs noms planétaires ; comme au zodiaque, il leur faut une origine commune ; mais faut-il la chercher chez un peuple plus ancien et totalement inconnu ? N'est-il pas plus simple de supposer une communication entre les divers peuples de l'Asie ? Il a été facile de diviser le zodiaque en 12 constellations dessinées à vue ; plus facile encore de le diviser, par la pensée, en 12 signes égaux et purement mathématiques. Il est à croire que ces deux divisions ont d'abord été confondues et fort inexactes ; la division rigoureuse n'a commencé que chez les Grecs ; les Chaldéens, et les Indiens n'avaient aucun moyen, ou n'en avaient tout au plus que de fort grossiers. Le zodiaque, avec ses détails, n'est qu'un point historique dont l'établissement clair et précis n'intéresse que médiocrement la science, et paraît impossible aujourd'hui.

Dans l'intérieur de ce zodiaque indien on voit les planètes ; le Soleil est de deux manières, d'abord monté sur un lion et la tête ceinte d'une auréole, et plus bas sur un char traîné par un cheval à sept têtes. La Lune paraît montée sur un animal à deux cornes droites et longues. Saturne est monté sur un éléphant. Jupiter, sur un animal assez gros dont le museau est pointu. Mars est sur un cheval et le sabre à la main. Vénus est sur un dromadaire et tient un cercle dans ses mains. Mercure est à cheval sur un oiseau. La tête du Dragon est représentée par un homme sans tête, tenant un dard à la main et les pieds sur un animal accroupi qui est tacheté. Le nœud descendant est un gros crapaud.

Au milieu est un ovale qui représente la Terre avec ses villes et ses montagnes et entourée de l'Océan ; le grand axe est dirigé aux points est et ouest, le petit aux points nord et sud.

Les hôtelleries ou stations lunaires n'y sont pas représentées ; elles sont au nombre de 27, qu'on appelle *nak chatras* ; elles sont chacune de 13 ansas et $\frac{1}{3}$, ou de 13° 20'.

Ce cercle divisé en nak chatras ne serait-il pas le nat chatter qui enveloppe les cercles des planètes, dans la figure indienne du système hindou rapporté par Bailly, qui n'a pu deviner l'usage de ce cercle ? Il ne paraît pas que ce puisse être autre chose.

Voici les noms de ces hôtelleries :

Asouini..........	le Bélier..........	trois étoiles de la tête.
Bharani..........		trois de la queue.
Criticâ..........	le Taureau........	six des Pléiades.
Rohini..........		cinq de la tête et du cou.
Mrigasiras........	le Couple........	trois des pieds.
Ardrâ..........		une du genou.
Pounarvasou......		4, tête, poitrine et épaules.
Pouchyâ.........	l'Ecrevisse........	trois, corps et pattes.

Aslechâ............... le Lion............ cinq, face et crinière.
Maqhâ............................... cinq, jambe et hanche.
Pourvap' halgouni.................. deux, une dans la queue.
Outtarap' halgouni. la Vierge........ deux, bras et ceinture.
Hasta.......................... cinq près de la main.
Tchitrâ...................... une, l'épi.
Souâti........... la Balance........ une, bassin nord.
Visakhâ...................... quatre au-delà.
Anouradhâ........ le Scorpion...... quatre dans le corps.
Djyechthâ....................... trois dans la queue.
Moulâ........... l'Arc........ onze à la pointe de la flèche.
Pourvachâra................ deux de la jambe.
Outtara chadha.... le Monstre marin. deux dans la corne.
Sravanâ...................... trois dans la queue.
Danichtâ........ le Verseau...... quatre du bras.
Satabhichâ...................... plusieurs dans l'eau.
Pourvabhadrapada. le Poisson........ deux du premier.
Outtarabhadrapada.................. deux dans le Lien.
Rivati...................... 32 dans le 2ᵉ et dans le Lien.

Num.	Valeurs.	Figures.	Num.	Valeurs.	Figures.
1	13ˢ 20'	Tête de cheval.	15	200° 0'	Morceau de corail.
2	26.40	Yôni ou Bhagu.	16	213.20	Feston de feuilles.
3	40. 0	Un rasoir.	17	226.40	Offrande aux dieux.
4	53.20	Voiture à roues.	18	240. 0	Pendant d'oreilles.
5	66.40	Tête de gazelle.	19	253.20	Queue de lion en fureur.
6	80. 0	Pierre précieuse.	20	266.40	Couchette.
7	93.20	Maison.	21	280. 0	Dent d'éléphant.
8	106.40	Flèche.	22	293.20	Empreinte des 3 pieds de Vichnou.
9	120. 0	Roue.	23	306.40	Un tambour.
10	133.20	Autre maison.	24	320. 0	Joyau circulaire.
11	146.40	Bois de lit.	25	333.20	Image à deux faces.
12	160. 0	Autre bois de lit.	26	346.40	Autre couchette.
13	173.20	Main.	27	360. 0	Tambour plus petit.
14	186.40	Perle.			

Ces figures sont un peu différentes, dans un autre ouvrage sanscrit.

« Rien de plus ingénieux que les vers mémoratifs où les Hindous ont
» coutume de lier ensemble une multitude d'idées qui n'ont d'ailleurs
» aucune espèce de connexion, et d'enchainer pour ainsi dire la mé-
» moire dans une mesure régulière. C'est ainsi qu'en exprimant 32 par
» le mot *dents*; 11 par *roudra*; 6 par *saison*; 5 par *arc* ou *élément*;
» 4 par *océan*, *veda* ou *siècle*; 3 par *râma*, *feu* ou *qualité*; 2 par *œil*
» ou *coumâra*; 1 par *Terre* ou *Lune*, ils ont composé quatre vers qui
» indiquent le nombre des étoiles dans chacune des 27 constellations. »

Ce passage nous donne une idée de la manière dont les Hindous ont
pu mettre en vers ou en chansons les nombres constans et les préceptes
selon lesquels ils font leurs calculs d'éclipses. Ainsi au lieu de tables,
ils ont des vers techniques.

Une révolution complète de la Lune, relativement aux étoiles, ayant
lieu en 27 jours et quelques heures, et les Hindous *n'atteignant pas ou
n'exigeant pas une exactitude parfaite*, ils s'arrêtèrent au nombre 27 et
insérèrent *abhidjit* dans leurs cérémonies nuptiales pour quelqu'intention astrologique. Il se place entre la vingt-unième et la vingt-deuxième
constellation, aux dépens desquelles il est fait. Par là la vingt-unième
n'a plus que 10° 50', et la vingt-deuxième 11° 40'; l'abhidjit est de 4° 10'.

Les noms des 12 mois sont dérivés de ceux des 12 constellations zodiacales. « Les brahmanes eurent toujours trop d'orgueil pour emprunter
» leur savoir des Grecs, des Arabes, des Mogols ou de toute autre na-
» tion profane qui n'a point étudié le langage des dieux. Ils ont un pro-
» verbe : *Aucune créature vile ne peut l'être plus qu'un Yavan*, c'est-à-
» dire qu'un Ionien ou un Grec; aujourd'hui ils désignent par ce nom
» un Mogol ou un Musulman. »

Cet orgueil n'est pas une raison suffisante pour démontrer qu'aucune
idée n'a pu passer de l'Astronomie grecque dans celle des Hindous.
La forme qu'on donnait à cette idée, en l'introduisant dans les calculs,
en déguisait assez l'origine.

Enfin l'auteur prouve que les noms des constellations ne s'accordent
pas avec ceux des Arabes, et qu'ils se trouvent déjà dans des livres très-
anciens écrits en langue sanscretane. On conçoit qu'un zodiaque de 27
maisons a pu se composer partout où on a voulu faire usage de ses yeux.

Il espère prouver que l'usage d'observer les étoiles commença avec
les élémens de la société civile, dans le pays du peuple que nous nommons chaldéen, d'où il se propagea dans l'Egypte, l'Inde, la Grèce et
l'Italie; que Chiron et Atlas furent des personnages allégoriques ou my-

thologiques qui ne doivent pas trouver place dans l'histoire du genre humain, quand on veut l'écrire sérieusement. On a vu dans notre premier chapitre que nous avons pensé ainsi, et nous ajouterons ici qu'on ne doit pas plus y faire entrer Maya et l'époque observée en —5102, que Chiron ou Atlas.

On peut encore remarquer que l'auteur *espère prouver que l'usage d'observer les étoiles a passé des Chaldéens aux Indiens.*

Sur les calculs astronomiques des Hindous; par Samuel Davis. 1789.

Il est facile de se procurer de nombreux Traités d'Astronomie en langue sanscrite, et les brahmanes sont très-disposés à en donner l'explication, ce qui détruit l'assertion de Duchamp, de Le Gentil et de Bailly. Ces Livres sont plus aisés à traduire que la plupart des autres ouvrages composés dans cette langue, lorsqu'une fois on a l'intelligence des mots techniques.

Les recherches suivantes ont été faites à l'aide d'un exemplaire du Sourya Siddhanta et du Ticà, qui en est un commentaire. Quelques auteurs écrivent siddhantam, d'après une mauvaise prononciation de quelques provinces.

Les Hindous divisent l'écliptique en 360°. Leur année astronomique est sidérale et commence à l'instant où le Soleil entre dans le signe du Bélier, que les Hindous appellent Méchà, ou quand il entre dans le Nakchatra Asouin. Chaque mois astronomique renferme autant de jours et de fractions de jour que le Soleil en passe dans chaque signe; et la seule différence entre le tems civil et astronomique consiste en ce que le premier rejette ces fractions et commence les années et les mois au lever du Soleil, au lieu de prendre le moment intermédiaire du jour et de la nuit. De là la portion inégale assignée à chaque mois, suivant la situation de l'apside du Soleil et la distance qui se trouve entre le colure de l'équinoxe du printems et le commencement du Méchà de la sphère hindoue.

Les Hindous sont aujourd'hui aussi savans en Astronomie que leurs ancêtres l'ont jamais été. Il se peut toutefois que la science soit moins généralement répandue parmi eux, parce qu'elle est moins encouragée.

« C'est un usage commun parmi les astronomes, de fixer une époque » d'où ils comptent les mouvemens des planètes. Les anciens Hindous » choisirent *dans les siècles antérieurs* le moment où, d'après les mou- » vemens, tels qu'ils les avaient déterminés, elles dùrent se trouver en

» conjonction dans le commencement du Bélier, et ils supposèrent
» que la création avait eu lieu à cette époque. Comme le calcul ne re-
» gardait que les planètes, il aurait produit un nombre supportable ;
» mais ayant découvert un mouvement lent des apsides et des nœuds,
» et l'ayant fait entrer dans leurs calculs, ils trouvèrent qu'il devait
» s'être écoulé.. 1955884890 ans,
» avant que les planètes fussent parvenues aux points
» qu'elles occupaient, et qu'il devait s'écouler, avant
» qu'elles revinssent au même point, ... 2364115110.

» Ces deux nombres forment ensemble celui de... 4320000000,
» ou la grande période anomalistique appelée *calpa*, et que l'on sup-
» pose devoir être la durée d'un jour de Brama ; ils partagèrent le calpa
» en manouantaras ou yougs plus ou moins considérables. L'usage du
» manouantara n'est pas indiqué dans le Sourya Siddhanta ; mais celui
» du mahá ou du plus long youg est assez manifeste. C'est une période
» anomalistique du Soleil et de la Lune, à la fin de laquelle la Lune
» avec son apogée et son nœud ascendant, se trouve, ainsi que le So-
» leil, dans le premier degré du Bélier. Les planètes ne s'écartent de
» ce point que de leur latitude et de la différence entre leur ano-
» malie moyenne et leur anomalie vraie. »

Voilà une exposition si claire, si simple et si raisonnable, qu'elle
n'a aucun besoin de commentaire. Il serait seulement curieux de savoir
comment et à quelle époque on avait déterminé les mouvemens des
planètes, leurs lieux moyens, leurs apogées et leurs équations. Cette
exposition ne ressemble guère aux conjectures de Bailly ; mais suivons
M. Davis.

« Ces cycles étant fixés de manière à contenir un certain nombre de
» jours solaires moyens, et le système des Hindous supposant que lors
» de la création, quand les planètes commencèrent leurs mouvemens,
» une ligne droite, tirée du point équinoxial Lancá, par le centre de
» la Terre, aurait atteint la première étoile du Bélier, en passant par
» le centre du Soleil et des planètes, on peut calculer proportionnelle-
» ment leur longitude moyenne pour toutes les époques subséquentes.
» On calcule de la même manière les positions des apsides et des nœuds,
» et l'on détermine ensuite l'équation du lieu moyen au lieu vrai. On ne
» voit point dans le Sourya Siddhanta que la division du maha-youg en
» âges satya, tréta, douapar et kali, réponde à aucune vue astrono-

» mique.... Leur origine a cependant été attribuée à la précession des
» équinoxes. De toute manière, le dernier est anomalistique.

» Le tems appelé *mourtá* (sidéral moyen), est évalué par *respirations*.
» Six respirations égalent un vicala ; 60 vicalas, un *danda* ; 60 *dandas*,
» un jour nak chatra. Le mois de savan est celui qui est renfermé dans
» 30 levers successifs du Sourya (le Soleil), et varie dans sa longueur,
» suivant le lagna bhoudja (ascension droite) ; 30 tithis composent le
» mois tchandra (lunaire). Le mois *saura* est celui dans lequel le Soleil
» parcourt un signe du zodiaque ; son passage dans les 12 signes forme
» une année, et une de ces années est un jour déva ou jour des dieux.
» Soixante jours déva, multipliés par 6, donnent l'année déva, et 1200
» années déva forment ensemble 4 yougs. Pour déterminer les années
» saura contenues dans cet ensemble, écrivez 4320000. Cet ensemble est
» le maha-yong comprenant le sandhi et le sandhi-ansa (crépuscule du
» matin et crépuscule du soir). Divisez le calpa par 10 et multipliez le
» quotient par 4 pour le satya-youg, par 3 pour le tréta, par 2 pour le
» douapar, et par 1 pour le cali-youg ; divisez l'un et l'autre des yougs
» par 6 pour leur crépuscule ; 71 yougs font un manouantara ; il y a un
» crépuscule égal au satya-youg, durant lequel un déluge universel a lieu.
» Quatorze manouantaras, y compris les crépuscules, composent un
» calpa, et au commencement de chaque calpa il y a un sandhi égal au
» satya-youg ou à 1728000 années. Un calpa est donc égal à 1000 maha-
» yougs ; un calpa est un jour pour Brama, la durée de sa nuit est la
» même, et cent de ses années forment sa vie. La moitié de la vie de
» Brama, ou cinquante de ses années sont écoulées, et le premier calpa
» de l'autre moitié est commencé ; il s'en est écoulé six manouantaras,
» y compris les sandhis. Le septième manouantara, déjà très-avancé,
» se nomme *vaivasa ouata* ; il s'en est écoulé 27 maha-yougs, et nous
» sommes maintenant dans le satya-youg du vingt-huitième, lequel est
» composé de 1728000 années *saura*. On peut ainsi supputer le total
» des années qui se sont écoulées depuis le commencement du calpa
» jusqu'à présent ; mais il faut en déduire quatre cents fois 174 années
» divines, ou ce produit multiplié par 360 années humaines, cet inter-
» valle étant celui où Brama fut occupé à la création, après laquelle
» commencèrent les mouvemens des planètes. »

Donnons le tableau de cette formation du calpa.

$$\text{Kali} = \frac{4320000}{10} \times 1 = \qquad 432000.$$

$$\text{Douapar} = \frac{4320000}{10} \times 2 = \qquad 864000.$$

$$\text{Tréta} = 3 \text{ kalis} = \qquad 1296000.$$

$$\text{Satya} = 4 \text{ kalis} = \qquad 1728000.$$

Maha-youg.........	4320000.
Multipliez par 71....	3024

71 maha-yougs =	306720000.
Sandhi ansa = satya-youg =	1728000.

Manouantara =	308448000.
Multipliez par 14...	1233792000.

	4318272000.
Sandhi....	1728000.

Durée totale du calpa....	4320000000.

Sandhi au commencement du calpa....	1728000.
6 manouantaras....	1850688000.
20 maha-yougs....	86400000.
7 maha-yougs.....	30240000.
Age satya.........	1728000.

	1970784000.
A dédnire, $474 \times 360 = 1896 \times 90$....	— 170640.

Période écoulée....	1970613360.

Avant de continuer le passage traduit du Sourya Siddhanta, il faut savoir que Sourya est le Soleil; Bouddha, Mercure; Soucra, Vénus; Mangala, Mars; Vrihaspati, Jupiter; Sani, Saturne; Tchandra, la Lune; tchandra-outchtcha ou tchandrotchtcha, l'apogée; tchandra pata, le nœud ascendant; que les révolutions madhyama de Mars, Jupiter et Saturne, et les révolutions sigra de Vénus et de Mercure, répondent à ce que nous nommons aujourd'hui leurs révolutions autour du Soleil.

« 60 vicalas font un cala; 60 calas, un bhaga; 30 bhagas, un rasi; il » y a 12 rasis dans le baghana ou zodiaque. »

Ainsi baghana $= 12^s$; rasi $= 1^s$; rhaga $= 1°$; cala $= 1'$; vicala $= 1''$.

« Pendant un youg, Sourya, Bhoudda et Soucra accomplissent

» 4320000 révolutions madhyama le long du zodiaque. Mangala, Vri-
» haspati et Sani, le même nombre de révolutions sigra. »

Les révolutions moyennes de Vénus et de Mercure sont donc égales
à celles du Soleil, comme chez Ptolémée. Les révolutions sigra de Mars,
Jupiter et Saturne sont des révolutions solaires, ou les différences du
mouvement propre au mouvement d'anomalie.

Tchandra accomplit 57753336 révolutions madhyama ;
ôtez   4320000 révolutions solaires,

il restera 53433336 révolutions ou mois lunaires.

$$\frac{1577917828}{53433336} = 29^j\ 31^d\ 50^p,9 = 29^j\ 12^h\ 44'\ 2''\ 47'''\ 36^{iv}.$$

53433336—51840000=1593336 adhi ou mois intercalaires en 4320000 ans.

Mangala fait 2296832 révolutions madhyama.

Les sigra de Bhoudda sont au nombre de 1797060.

Les madhyama de Vrihaspati sont au nombre de 364220.

Les sigra de Soucra sont au nombre de 7022376.

Les madhyama de Sani sont au nombre de 146568.

Les révolutions de tchandrotchtcha sont au nombre de 488203.

Les révolutions rétrogrades de tchandra pata sont au nombre de 232238.

L'intervalle d'un lever du Soleil à un autre est le jour bhoumi-savan.
Un youg comprend 1577917828 de ces jours.

Le nombre des jours nak chatra est de 1582237828.
Celui des jours de Tchandra......... 1603000080.
Celui des mois adhi................ 1593336.
Celui des tithis kchaja............ 2502252.
Celui des mois *saura*............. 51840.

$$\frac{1577917828}{4320000} = 365^j\ 15^d\ 31^t\ 51''\ 24''' = 365^j\ 6^h\ 12'\ 36''\ 53'''\ 36^{iv}$$
$$= \text{année des Hindous.}$$
$$\frac{1582237828}{4320000} = 566.15.31.31.21 = 566.6.12.36.53.\ 56$$
$$= \text{révolutions diurnes des étoiles.}$$
$$\frac{1577917828}{57753336} = 27.19.8.\ 1.57 = 27.7.39.12.58.\ 48$$
$$= \text{mois lunaire.}$$

Chacun des jours tchandra est la trentième partie du mois synodique
de la Lune.

Le Soleil et les planètes président alternativement au jour de la
semaine.

Le premier jour après la création fut ravivar, ou le jour du Soleil, et commença à minuit sous le méridien de Lanca. Le ravivar répond à notre dimanche.

Le cycle 60 des Hindous se rapporte à la planète Jupiter.

Une de ses années est le tems que Vrihaspati met à s'avancer d'un degré dans son orbite par son mouvement moyen. Cette notion est tirée du Tica; il n'en est point question dans le Sourya Siddhanta. Un autre passage de ce Commentaire semblerait conduire à l'idée que les Indiens avaient remarqué que la Lune tourne toujours la même face vers la Terre.

« Le nombre des révolutions mandotcha (apogée) qui sont directes, » est pour Sourya de 587; pour Mangala, de 204; pour Bouddha, de 568; » pour Vrihaspati, de 900; pour Soucra, de 535; et pour Sani, de 39.

» Le nombre des révolutions des patas (nœuds), lesquelles sont ré- » trogrades, contenues dans un calpa, est pour un Mangala, de 2141; » pour Bouddha, de 488; pour Vrihaspati, de 174; pour Soucra, de » 903; pour Sani, de 662. »

Il faut observer, dit l'auteur du Mémoire, que les mouvemens déter- minés dans ce passage peuvent bien avoir servi à des calculs du tems de Maya ou de l'auteur du Siddhanta; mais qu'ils ont cessé de correspondre aux mouvemens observés, et qu'on les a rectifiés au besoin. Les mou- vemens de l'apogée et du nœud de la Lune sont maintenant augmentés par l'addition de quatre révolutions par youg. La nature de ces correc- tions ou bija est expliquée dans le Commentaire Tica.

Quoique le Sourya Siddhanta passe pour avoir été révélé, et qu'il dût en conséquence ne renfermer que des élémens parfaitement exacts. Le Vichnou d'Hermotter prescrit d'observer les planètes avec un instrument au moyen duquel on puisse déterminer le plus ou moins d'accord entre les lieux observés et les lieux calculés; et s'il y a discordance, il ordonne de la rectifier à l'aide d'un bija. Quel était cet instrument? les Indiens l'ont-ils en effet possédé? quel est l'âge où Vichnou d'Hermotter a vécu? C'est ce qu'on ne nous dit pas encore.

La Table suivante offre les révolutions périodiques des planètes, de leurs apsides, de leurs nœuds, d'après le Sourya Siddhanta. Il y manque les corrections ou bija. On y voit l'inclinaison de leur orbite sur l'éclip- tique; l'obliquité est marquée 24°, et dans des ouvrages composés depuis 268 ans seulement, les Hindous n'y remarquent aucune diminution, preuve qu'ils n'ont jamais été grands observateurs.

Élémens des Planètes, d'après le Sourya Siddhanta.

Planètes	Période sidérale.	Période des apsides.	Période des nœuds.	Mouv. par jour.	Inclinaison.	Circonfér. de l'orbite.
						yojan.
La Lune	27^j 19^d 18^m 1^s	3232^j 50^d	6794^j 23^d	790' 35"	4° 30'	324000
Mercure	87.58.10. 0	4287820184.46	3233742458.11	186.24	2. 0	1043208
Vénus..	281.59.38	2949379117.45	1747417306.45	57...	2	26646637
LeSoleil	365.15.31.31.26	40773o7049. 5	précess.54"p. an.	59. 8	24. 0	4331500
Mars...	686.59.50.58	7735087392. 9	7373447794.23	31.26	1.30	8146909
Jupiter.	4332.19.14.20	1753242031. 6	9068493254.22	5...	1. 0	51375764
Saturne.	10765.46. 2.18	42767123794.52	23835651673.42	2...	2. 0	127666255

Les lieux planétaires calculés par ces mouvemens sont rapportés aux étoiles ; on y ajoute l'ayan ansa, pour les avoir par rapport aux équinoxes.

On croit que les jours où l'on suppose que Brama a été occupé à la création, et qu'on retranche pour avoir le tems depuis que les planètes ont commencé à se mouvoir, ne sont qu'une correction introduite après coup pour corriger des erreurs qu'on avait aperçues depuis la composition de l'ouvrage.

On voit quelle incertitude et quel vague règne dans toutes ces déterminations.

Sans remonter à l'origine, on peut calculer les mouvemens d'une planète, d'après une époque moderne ; mais pour les apsides et les nœuds, il faut remonter à l'époque primitive.

Pour le calcul de l'équation du centre, il faut une Trigonométrie. Les Hindous se servent d'une Table de sinus dont voici les fondemens, suivant le Sourya Siddhanta.

« Divisez par 8 le nombre des minutes contenues dans un signe, c'est
» à-dire 1800 ; le quotient 225' est le premier djyapinda, ou le premier
» vingt-quatrième de la moitié de la corde de l'arc double. Divisez par
» 225 (lisez 233,506) le premier djyapinda ; retranchez du dividende
» le quotient 1' et ajoutez le reste au premier djyapinda, pour former
» le second 449. Divisez le second djyapinda par 233,506, le quotient
» étant 1 $\frac{1}{2}$ et plus ; retranchez 2' du précédent 224', et ajoutez le reste
» ainsi trouvé au second djyapinda, pour former le troisième 671. Divi
» sez ce nombre par 233,506, retranchez le quotient 3' du dernier reste
» 222 ; ajoutez le reste 219 au troisième djyapinda, pour former le

» quatrième 890, et continuez de cette manière jusqu'à ce que vous
» ayez complété les 24 cramadjyas, qui seront comme il suit. »

Pour l'outcramadjya (sinus verse), l'auteur prescrit de prendre la
différence des cosinus ; le précepte est très-inexact, et cependant les
sinus verses sont bien calculés ; il y a sûrement erreur de copie ou de
traduction du sanscrit en anglais. La règle est bien plus simple ; le sinus
verse est la différence du rayon au cosinus.

Cette méthode est curieuse ; elle indique un moyen de calculer la Table
des sinus au moyen de leurs secondes différences.

Le Sourya Siddhanta ne donne pas la démonstration de ce procédé.
Le Commentaire donne les moyens géométriques et directs pour le
calcul des sinus.

« Décrivez un cercle ; divisez la circonférence en 21600 parties égales
» ou minutes. Tirez nord et sud, est et ouest, des lignes à travers le
» centre. Comptez, de part et d'autre du point est, 225' sur la circon-
» férence, et par les deux points ainsi trouvés, tirez une corde qui sera
» perpendiculaire au tridjya (rayon) ; la corde sera le djya, et sa moitié
» l'ardhadjya, appelé djya. »

En ceci les Indiens ressemblent à Albategnius, qui calcule les sinus ou
demi-cordes, et qui leur conserve le nom de cordes.

« On répète l'opération pour 24 divisions, et l'on complète le cramadjya
» ou Table des sinus. Le carré du bhoudjadjya (sinus), soustrait du carré
» du tridjya (rayon), laisse le carré du cotidjya (cosinus)... Prenez le
» tridjya comme égal à 3438' et contenant 24 djyapindas ; sa moitié est
» le djyapinda d'un signe ou de 30° = 1719', qui est le huitième djya-
» pinda ou le seizième cotidjyapinda. Multipliez par 3 le carré du tridjya,
» et divisez le produit par 4 ; la racine carrée du quotient est le djya de
» deux signes, ou 2977' ; la racine carrée de la moitié du carré du tridjya
» est le djya de 45°, ou 2431', lequel nombre, soustrait du tridjya,
» laisse l'outcramadjya 1007. Multipliez le tridjya par cet outcramadjya,
» la racine carrée de la moitié du produit est le djya de 22° 30'.
» Retranchez le carré de ce nombre du carré du tridjya, la racine
» carrée de la différence est le djya de 67° 30', ou 3177', qui est le
» cotidjya de 22° 30', dont le djya égale 1315'. Ce bhoudjadjya et le
» cotidjya, soustraits séparément du rayon, laissent l'outcramadjya de
» chacun, c'est-à-dire 261' pour 22° 30' et 2123' pour 67° 30'. »

Il résulte de là que les Hindous connaissaient les théorèmes....

$$R^2 = \sin^2 A + \cos^2 A, \quad \sin 30^\circ = \tfrac{1}{2}\text{rayon}, \quad \sin\tfrac{1}{2}A = \left(\frac{1-\cos A}{2}\right)^{\frac{1}{2}}, \quad \sin 60^\circ = (\tfrac{3}{4}R^2)^{\frac{1}{2}}.$$

Ces formules suffisent pour calculer leur Table de sinus et de sinus verses de $5^\circ\frac{3}{4}$, en $3^\circ\frac{3}{4}$ pour tout le quart du cercle ; mais il y a grande apparence qu'ils n'en savaient pas davantage, puisqu'ils n'ont pas étendu leur Table à tous les degrés.

Le rayon exprimé en minutes est $3437,745$; celui de la Table $3438'$.
Suivant Archimède, on aurait $3436,3$
ou $3438,5$ $\Big\}$ milieu....... $3437',4$.

Le calcul par les formules, qui a dû être trouvé le premier, n'a pas besoin de démonstration; et d'ailleurs cette démonstration est suffisamment indiquée par la construction ci-dessus.

Le moyen des secondes différences se démontrera comme il suit :

$$\sin (A - \Delta A) = \sin A \cos \Delta A - \sin \Delta A \cos A$$
$$= \sin A - 2\sin^2\tfrac{1}{2}\Delta A \sin A - \sin \Delta A \cos A$$
$$\sin A = \sin A$$
$$\sin (A + \Delta A) = \sin A \cos \Delta A + \sin \Delta A \cos A$$
$$= \sin A - 2\sin^2\tfrac{1}{2}\Delta A \sin A + \sin \Delta A \cos A;$$

d'où

$$\sin A - \sin (A - \Delta A) = + 2\sin^2\tfrac{1}{2}\Delta A \sin A + \sin \Delta A \cos A,$$
$$\sin (A + \Delta A) - \sin A = - 2\sin^2\tfrac{1}{2}\Delta A \sin A + \sin \Delta A \cos A.$$

Ces deux différences premières donnent pour différence seconde,

$$\Delta^2 \sin A = - 4\sin^2\tfrac{1}{2}\Delta A \sin A = - (\text{corde } A)^2 \sin A,$$

$$\Delta A = 3^\circ\, 45', \quad \tfrac{1}{2}\Delta A = 1^\circ\, 52'\, 30'', \quad 4\sin^2\tfrac{1}{2}\Delta A = 0.00428255 = \frac{1}{233,506};$$

c'est-à-dire qu'il faut diviser le dernier sinus par $233,506$ et non par 225, comme il est dit par une faute d'impression; car il est probable que par inadvertance on aura répété le premier quotient 225, qui même est un peu trop fort.

Nous donnerons, page 461, une autre démonstration que M. Playfair a tirée d'un théorème assez obscur de Viète. On trouve celle qu'on vient de lire dans ma préface des Tables trigonométriques de Borda.

Arcs.	Sinus indiens.	Sinus modernes.	Sinus par ma formule.	Δ'	Δ''
0° 0′	000′	000	000	224′85	
3.45	225	224.84	224.85	223.89	0′96
7.30	449	448.72	448.75	221.97	1.92
11.15	671	670.67	670.71	219.10	2.87
15. 0	890	889.75	889.81	215.29	3.81
18.45	1105	1105.02	1105.10	210.56	4.73
22.30	1315 —	1315.57	1315.56	204.93	5.63
26.15	1520	1520.48	1520.59	198.42	6.51
30. 0	1719	1718.87	1719.01	191.06	7.36
33.45	1910	1909.91	1910.07	182.88	8.18
37.30	2093	2092.77	2092.95	175.92	8.96
41.15	2267	2266.66	2266.85	164.21	9.71
45. 0	2431	2430.85	2431.08	153.80	10.41
48.45	2585	2584.64	2584.88	149.73	11.07
52.30	2728 +	2727.55	2727.61	131.05	11.68
56.15	2859 +	2858.38	2858.66	118.81	12.24
60. 0	2978 +	2977.18	2977.47	106.06	12.75
63.45	3084 +	3083.28	3083.55	92.86	13.20
67.30	3177 +	3176.06	3176.30	79.25	13.61
71.15	3256 +	3255.31	3255.54	65.31	13.94
75. 0	3321	3320.68	3320.95	51.09	14.22
78.45	3372	3371.69	3372.04	36.65	14.44
82.30	3409 +	3408.44	3408.59	22.05	14.60
86.15	3431	3430.38	3430.74	+ 7.36	14.69
90. 0	3438	3437.75	3438.10	− 7.36	14.79
93.45		3430.38	3430.74		

Pour vérifier ces formules et la Table des Indiens, j'ai calculé la Table ci-dessus, d'abord en convertissant nos sinus en minutes; ensuite j'ai calculé la Table par les différences secondes, desquelles je passais aux différences premières, et de là aux sinus; après quoi je pouvais calculer une autre différence seconde. On voit que ce procédé serait parfaitement exact, si l'on employait un plus grand nombre de décimales.

Ce procédé différentiel n'avait été jusqu'ici employé que par Briggs, qui même ignorait que le facteur constant fût le carré de la corde de ΔA ou de l'intervalle, et qui n'avait pu le trouver que par le fait, en comparant des différences secondes obtenues par d'autres moyens. Les Indiens auront fait de même; ils n'auront trouvé le moyen des différences que sur une Table calculée d'avance par le procédé géométrique.

Voilà donc une méthode dont les Indiens étaient possesseurs, et que l'on ne trouve ni chez les Grecs, ni chez les Arabes. Mais à quelle époque l'ont-ils connue?

Ils auront vu que la différence seconde à 50° était moitié seulement de celle qu'on voit vis-à-vis 90°; ils en auront conclu que les différences secondes sont entr'elles comme les sinus. Il n'en fallait pas davantage pour avoir le coefficient constant.

Les sinus ainsi vérifiés, il était inutile de vérifier les sinus verses, qui sont les différences du rayon aux cosinus.

Il y avait quelques fautes d'impression dans la Table anglaise; elles étaient visibles, et par conséquent de nulle importance.

M. Playfair, dans le quatrième volume des Mémoires de la Société d'Edimbourg, a parlé de la Table indienne des sinus. Sa Dissertation porte la date du 6 avril 1795. Il croit la Table des Indiens très-ancienne, et par conséquent il n'est pas étonné de n'y pas trouver les tangentes, qui n'ont été connues en Europe que dans le seizième siècle. Mais comme l'idée en est très-clairement exposée dans l'ouvrage d'Albategni, et que dans le treizième siècle on en trouve des Tables calculées par les Arabes, on n'aurait aucun lieu de s'étonner si on en trouvait dans le Sourya Siddhanta, dont nous verrons bientôt que la date ne peut être plus ancienne. Il s'étonne de voir des sinus verses chez les Indiens; mais sa mémoire ne l'a pas assez bien servi, quand il dit que les Arabes ne les ont pas connus. On voit le contraire dans Albategni, dont la Trigonométrie sphérique est en partie fondée sur l'usage de ces lignes, au lieu qu'on ne voit pas très-clairement jusqu'ici l'usage que les Indiens ont su tirer des leurs.

M. Playfair ne doute pas que les Indiens ne connussent beaucoup d'autres théorèmes que ceux qui pouvaient suffire au calcul de leurs 24 sinus; mais il ne dit pas pour quelle raison les Indiens se seraient bornés aux arcs multiples de 3° ¾. Dans ces limites, l'usage de la Table devait être fort incommode et surtout peu exact. Il n'est pas naturel qu'ils se soient arrêtés en chemin, s'ils ont su comment on pourrait aller plus loin.

Il avoue que les Indiens n'ont réellement démontré aucun des deux procédés qu'ils indiquent pour ces calculs. Je serais tenté de croire qu'ils ignoraient ces démonstrations; et s'ils eussent connu le principe, il est probable que leur Table serait encore un peu meilleure. M. Playfair ne l'a point calculée de nouveau; il n'a pu apercevoir l'erreur du diviseur 225, substitué par erreur de copie, probablement, au véritable diviseur

235,5; il ramène la méthode à un théorème de Viète, démontré par Anderson.

Soient A, (A+D), (A+2D) trois arcs en progression arithmétique, on aura

$$\sin(A+D) : \sin A + \sin(A+2D) :: \sin D : \sin 2D :: \sin D : 2\sin D \cos D$$
$$:: 1 : 2\cos D,$$
$$\sin(A+D) : 2\sin \tfrac{1}{2}(2A+2D)\cos \tfrac{1}{2}(2D) :: 1 : 2\cos D,$$
$$\sin(A+D) : 2\sin(A+D)\cos D :: 1 : 2\cos D.$$

Le théorème étant ainsi démontré, l'analogie primitive donne

$$\sin(A+D).2\cos D = \sin A + \sin(A+2D),$$
$$\sin(A+D)(2-4\sin^2\tfrac{1}{2}D) = \sin A + \sin(A+2D),$$
$$2\sin(A+D) - 4\sin^2\tfrac{1}{2}D\,\sin(A+D) = \sin A + \sin(A+2D),$$
$$2\sin(A+D) - \sin A - 4\sin^2\tfrac{1}{2}D\sin(A+D) = \sin(A+2D),$$
$$\sin(A+D) + [\sin(A+D)-\sin A] - 4\sin^2\tfrac{1}{2}D\sin(A+D) = \sin(A+2D).$$

Soient A, A', A″ les trois arcs;

$$\sin A'' = \sin A' + (\sin A' - \sin A) - 4\sin^2\tfrac{1}{2}D\,\sin A'.$$

Connaissant donc $\sin A'$ et $\sin A$, et par conséquent leur différence première $(\sin A' - \sin A)$, la constante $4\sin^2\tfrac{1}{2}D$ et $\sin A'$, on aura tout ce qui est nécessaire pour calculer $\sin A''$.

Soit A = 0; $\quad\quad \sin A'' = \sin A' + \sin A' - 4\sin^2\tfrac{1}{2}D\sin A'$;

ainsi pour commencer la Table il fallait trouver

$$\sin 3° \, 45' \quad\quad \text{et} \quad\quad 4\sin^2\left(\frac{3° \, 45'}{2}\right) = 4\sin^2(1° \, 52' \, 30'').$$

Les Indiens se sont mis à leur aise en faisant $\sin 3° \, 45' = \text{arc } 3° \, 45' = 225'$.

Supposons que par suite ils aient fait

$$4\sin^2\tfrac{1}{2}D = \sin^2 D = \sin^2 3° \, 45' = \left(\frac{225}{3457,5}\right)^2,$$

au lieu du véritable diviseur 233,506, ils auraient trouvé

$$0.0042845 = \frac{1}{233,4} \quad \text{et} \quad \sin A'' = \sin A' + (\sin A' - \sin A) - \frac{\sin A'}{233,4}.$$

Le théorème de Viète conduit en effet à l'expression de la différence seconde des sinus. En extrayant les ouvrages de Viète pour la suite de cette Histoire de l'Astronomie, je n'avais pas aperçu ce corollaire d'un théorème trop peu développé.

M. Playfair trouve que ce théorème a beaucoup d'affinité avec la 97ᵉ proposition des *data* d'Euclide; mais cette analogie ne se voit pas au premier coup d'œil.

Venons aux équations du centre. Pour les calculer, les Hindous ont recours, comme les Grecs, à des cercles excentriques. Ils supposent que l'excentricité est égale au sinus de la plus grande équation, et font sinus équation = sin plus grande équation sin anomalie.

Mais quoique le principe fondamental soit le même, le calcul est très-différent; à l'excentrique, les Hindous substituent un épicycle, ce qui revient au même; mais ce qui leur est particulier et en même tems fort difficile à expliquer, ils font varier à chaque degré le rayon de cet épicycle, qui va diminuant depuis 0 d'anomalie jusqu'à 90°, et la Table calculée pour le premier quart leur sert sans aucune différence pour les trois autres quarts de l'argument. Le rayon de l'épicycle est donc le plus grand quand l'équation est la plus petite, et le plus petit quand elle est la plus grande. Ce n'est pas même le rayon qu'ils font véritablement varier, mais la circonférence de l'épicycle, ce qui ne sert qu'à compliquer inutilement le calcul. Autre singularité : quoique l'équation de la Lune soit plus que double de celle du Soleil, la variation de son épicycle est sensiblement la même que celle de l'épicycle du Soleil.

Bailly n'a donc pas été heureux dans ses conjectures, quand il a félicité les Indiens de n'avoir embarrassé leurs théories ni d'excentriques, ni d'épicycles; ils en ont comme les Grecs; mais au lieu de les calculer suivant les règles rigoureuses de la Trigonométrie, ils y introduisent un terme empirique dont on ne voit ni la raison, ni la nécessité.

L'équation du Soleil est 130′ 32″; les Indiens disent :

Le rayon 3438′ : l'excentricité = 130′ 32″ :: 360° : 13° 40′ = circonférence de l'épicycle.

Cette circonférence, ils l'appellent *paridhi-ansa*; ils prennent sur cette circonférence un arc égal à l'anomalie moyenne. Le sinus et le cosinus de cette anomalie, dans le petit cercle, sont en raison donnée avec le sinus et le cosinus du même arc dans le grand cercle; alors ils ont un triangle rectangle dont les côtés sont $e\sin z$ et $1 + e\cos z$; nous en conclurions l'angle par sa tangente; mais n'ayant point de tangente, ils cherchent l'hypoténuse dont le carré est

$$e^2\sin^2 z + 1 + 2e\cos z + e^2\cos^2 z = 1 + e^2 + 2e\cos z ;$$

le sinus de l'angle est donc

$$\left(\frac{e^2\sin^2 z}{1+e^2+2e\cos z}\right)^{\frac{1}{2}} = e\sin z\left(1-\tfrac{1}{2}e^2-e\cos z\right) = e\sin z - e^2\sin z\cos z - \tfrac{1}{2}e^3\sin z$$
$$= e\sin z - \tfrac{1}{2}e^2\sin 2z \qquad = e\sin z - e^2\sin z\cos z$$

ce qui reviendrait à peu près à la formule rigoureuse; mais au lieu de ce calcul, ils ont préféré d'augmenter la circonférence de l'épicycle de $20'\sin z$, ce qui revient à augmenter le rayon de $3'\,11''$; l'excentricité devient donc $135'\,43''$; ils la font diminuer de $e\sin z$, leur équation devient

$$(135'\,43'' - 3'\,11''\sin z)\sin z = 135'\,43''\sin z - 3'\,11''\sin^2 z.$$

C'est sur cette formule que j'ai calculé la Table suivante, où j'ai mis à côté de la Table indienne, celle qui résulte de ma formule. La colonne suivante est calculée par la formule qui la fait proportionnelle au cosinus. Si ce précepte était moins formellement énoncé dans le Mémoire, on pourrait dire qu'elle n'est que la différence première de l'équation, tirée de la Table même et diminuée de $\frac{1}{70}$, ensorte que l'équation est celle qu'il faut appliquer au mouvement moyen $59'$, tandis que la différence de la Table répond à $1°$. Si le précepte est réellement tiré du Sourya Siddhanta, les Indiens auront connu l'équivalent de notre formule différentielle $d\sin \mathrm{A} = d\mathrm{A}\cos \mathrm{A}$. Cette formule, au reste, n'est pas suffisante pour donner la correction exacte du mouvement, au moins pour la Lune.

L'équation lunaire est calculée par la même méthode et avec la même correction empirique $3'\,11''\sin^2 z$, ce qui est fort bizarre. Comme les équations sont plus fortes, on ne s'est pas permis de négliger la différence de l'arc au sinus. J'ai, pour abréger, changé la formule en celle-ci :

$$\text{équation} = \text{arc}\,(\sin 6°\,5'\sin z) - 3'\,11''\sin^2 z.$$

Ces formules, tant pour le Soleil que pour la Lune, représentent l'équation avec plus d'exactitude qu'elle n'a pu être calculée par les Indiens. Les différences sont le plus souvent insensibles et ne passent $5''$ que dans des cas assez rares. Il est étonnant qu'avec leur Table de sinus de $3°\tfrac{1}{4}$ en $3°\tfrac{1}{4}$ ils aient pu déterminer leurs équations avec si peu de fautes. On ne trouve pas la même précision dans la Table de l'équation du mouvement, qui était cependant bien plus facile et sur laquelle ils se seront négligés.

Équation du Soleil du Sourya Siddhanta.

Anomal. moy.	Équations indiennes.	Suivant ma formule.	Équations du mouv.	Anomal. moy.	Équations indiennes.	Suivant ma formule.	Équations du mouv.
0°	0° 0′ 0″	0° 0′ 0″0	2′ 18″	45°	1°32′58″	1°32′57″5	1′ 52″
1	0. 2.20	0. 2.20.0	2.18	46	1.34.32	1.34.30.5	1.33
2	0. 4.40	0. 4.39.8	2.18	47	1.36. 4	1.36. 5.3	1.29
3	0. 7. 0	0. 6.59.1	2.18	48	1.37.35	1.37.36.8	1.28
4	0. 9.19	0. 9.18.8	2.17	49	1.39. 6	1.39. 6.2	1.28
5	0.11.37	0.11.37.8	2.17	50	1.40.36	1.40.33.9	1.26
6	0.13.56	0.13.56.5	2.17	51	1.42. 3	1.41.59.7	1.23
7	0.16.15	0.16.14.9	2.16	52	1.43.26	1.43.23.6	1.19
8	0.18.33	0.18.33.8	2.16	53	1.44.45	1.44.45.6	1.16
9	0.20.51	0.20.50.4	2.15	54	1.46. 2	1.46. 5.7	1.14
10	0.23. 7	0.23. 7.4	2.14	55	1.47.17	1.47.23.9	1.14
11	0.25.23	0.25.23.8	2.14	56	1.48.33	1.48.40.1	1.13
12	0.27.39	0.27.39.8	2.13	57	1.49.47	1.49.54.3	1.12
13	0.29.55	0.29.54.6	2.13	58	1.51. 0	1.51. 6.5	1.11
14	0.32.10	0.32. 9.7	2.12	59	1.52.12	1.52.16.6	1.11
15	0.34.24	0.34.23.6	2.11	60	1.53.25	1.53.24.9	1. 8
16	0.36.37	0.36.36.8	2.11	61	1.54.35	1.54.31.0	1. 4
17	0.38.49	0.38.49.2	2.10	62	1.55.34	1.55.35.0	1. 0
18	0.41. 1	0.41. 0.9	2. 9	63	1.56.35	1.56.36.9	0.58
19	0.43.12	0.43.11.7	2. 8	64	1.57.34	1.57.36.8	0.57
20	0.45.22	0.45.21.6	2. 7	65	1.58.34	1.58.34.4	0.55
21	0.47.31	0.47.30.6	2. 6	66	1.59.30	1.59.30.0	0.55
22	0.49.39	0.49.38.6	2. 6	67	2. 0.23	2. 0.23.4	0.52
23	0.51.47	0.51.45.6	2. 5	68	2. 1.14	2. 1.14.6	0.49
24	0.53.53	0.53.51.6	2. 3	69	2. 2. 4	2. 2. 3.7	0.46
25	0.55.57	0.55.56.4	2. 2	70	2. 2.51	2. 2.50.6	0.43
26	0.58. 1	0.58. 0.3	2. 1	71	2. 3.36	2. 3.35.2	0.41
27	1. 0. 2	1. 0. 2.9	2. 0	72	2. 4.17	2. 4.17.7	0.39
28	1. 2. 3	1. 2. 4.4	1.58	73	2. 4.57	2. 4.57.8	0.37
29	1. 4. 3	1. 4. 4.7	1.57	74	2. 5.36	2. 5.35.8	0.35
30	1. 6. 2	1. 6. 3.6	1.56	75	2. 6.12	2. 6.11.4	0.32
31	1. 8. 0	1. 8. 1.4	1.55	76	2. 6.45	2. 6.44.0	0.31
32	1. 9.57	1. 9.57.8	1.53	77	2. 7.17	2. 7.16.3	0.28
33	1.11.57	1.11.52.9	1.53	78	2. 7.45	2. 7.45.2	0.25
34	1.13.47	1.13.46.6	1.51	79	2. 8.12	2. 8.12.8	0.23
35	1.15.40	1.15.38.9	1.51	80	2. 8.35	2. 8.36.1	0.22
36	1.17.32	1.17.29.7	1.49	81	2. 8.58	2. 8.58.2	0.20
37	1.19.23	1.19.19.0	1.47	82	2. 9.18	2. 9.18.0	0.18
38	1.21.11	1.21. 6.9	1.45	83	2. 9.36	2. 9.35.3	0.15
39	1.22.57	1.22.53.5	1.43	84	2. 9.51	2. 9.48.5	0.12
40	1.24.42	1.24.38.0	1.42	85	2.10. 3	2.10. 3.3	0.10
41	1.26.25	1.26.21.2	1.40	86	2.10.13	2.10.13.7	0. 8
42	1.28. 7	1.28. 2.8	1.38	87	2.10.20	2.10.22.9	0. 6
43	1.29.46	1.29.42.7	1.36	88	2.10.27	2.10.27.6	0. 4
44	1.31.26	1.31.21.0	1.34	89	2.10.31	2.10.31.8	0. 1
45	1.32.58	1.32.57.5	1.32	90	2.10.32	2.10.32.0	0. 0

Équation de la Lune.

Anomal. moy.	Équations indiennes.	Suivant ma formule.	Équations du mouv.	Anomal. moy.	Équations indiennes.	Suivant ma formule.	Équations du mouv.
0°	0° 0′ 0″	0° 0′ 0″	69′ 40″	45°	3° 34′ 39″	3° 34′ 38″	48′ 54″
1	0. 5.20	0. 5.20	69.39	46	3.38.21	3.38.20	48. 0
2	0.10.40	0.10.40	69.38	47	3.41.58	3.41.57	47. 5
3	0.16. 0	0.15.59	69.33	48	3.45.32	3.45.31	46. 9
4	0.21.19	0.21.18	69.28	49	3.48.59	3.49. 0	45.13
5	0.26.36	0.26.36	69.21	50	3.52.24	3.52.25	44.19
6	0.31.54	0.31.54	69.13	51	3.55.46	3.55.46	43.27
7	0.37.12	0.37.12	69. 4	52	3.59. 2	3.59. 2	42.32
8	0.42.29	0.42.29	68.54	53	4. 2.13	4. 2.14	41.37
9	0.47.44	0.47.44	68.43	54	4. 5.18	4. 5.22	40.41
10	0.52.58	0.52.58	68.28	55	4. 8.18	4. 8.25	39.44
11	0.58.11	0.58.12	68.11	56	4.11.16	4.11.24	38.47
12	1. 3.28	1. 3.28	67.52	57	4.14.11	4.14.28	37.50
13	1. 8.40	1. 8.35	67.35	58	4.17. 0	4.17. 7	36.51
14	1.13.45	1.13.43	67.17	59	4.19.46	4.19.51	35.48
15	1.18.53	1.18.53	66.55	60	4.22.29	4.22.32	34.48
16	1.24. 0	1.24. 0	66.38	61	4.25. 6	4.25. 7	33.41
17	1.29. 5	1.29. 5	66.18	62	4.27.36	4.27.37	32.39
18	1.34. 9	1.34. 9	65.57	63	4.29.59	4.30. 3	31.35
19	1.39.10	1.39.10	65.36	64	4.32.19	4.32.23	30.29
20	1.44. 9	1.44.10	65.14	65	4.34.37	4.34.39	29.22
21	1.49. 7	1.49. 7	64.50	66	4.36.47	4.36.50	28.13
22	1.54. 3	1.54. 3	64.24	67	4.38.54	4.38.55	27. 7
23	1.58.56	1.58.57	63.56	68	4.40.54	4.40.57	26. 1
24	2. 3.47	2. 3.47	63.24	69	4.42.50	4.42.51	24.55
25	2. 8.35	2. 8.37	62.53	70	4.44.40	4.44.41	23.49
26	2.13.22	2.13.23	62.22	71	4.46.24	4.46.26	22.41
27	2.18. 6	2.18. 7	61.48	72	4.48. 5	4.48. 6	21.34
28	2.22.47	2.22.48	61.13	73	4.49.38	4.49.41	20.24
29	2.27.25	2.27.27	60.35	74	4.51. 9	4.51.10	19.14
30	2.32. 2	2.32. 3	59.56	75	4.52.35	4.52.35	18. 3
31	2.36.37	2.36.37	59.20	76	4.53.54	4.53.53	16.51
32	2.41.11	2.41. 6	58.41	77	4.55. 6	4.55. 7	15.38
33	2.45.36	2.45.34	58. 0	78	4.56.15	4.56.15	14.25
34	2.49.58	2.49.57	57.19	79	4.57.17	4.57.17	13.14
35	2.54.20	2.54.19	56.37	80	4.58.13	4.58.18	13. 3
36	2.58.37	2.58.36	55.56	81	4.59. 6	4.59. 7	10.53
37	3. 2.54	3. 2.51	55.14	82	4.59.53	4.59.54	9.41
38	3. 7. 6	3. 7. 2	54.30	83	5. 0.27	5. 0.35	8.34
39	3.11.12	3.11. 9	53.44	84	5. 1. 8	5. 1. 4	7.14
40	3.15.16	3.15.13	52.58	85	5. 1.40	5. 1.40	6. 2
41	3.19.18	3.19.14	51.26	86	5. 2. 5	5. 2. 4	4.51
42	3.23.14	3.23.11	50.57	87	5. 2.20	5. 2.23	3.40
43	3.27. 4	3.27. 4	50.48	88	5. 2.36	5. 2.38	2.37
44	3.30.54	3.30.53	49.46	89	5. 2.44	5. 2.46	1.44
45	3.34.39	3.34.38	48.54	90	5. 2.48	5. 2.48	0. 0

« Le vulgaire des bramines croit que les éclipses sont occasionnées
» par l'intervention du monstre *Rahou ;* ils joignent à cette idée d'autres
» détails également entachés d'ignorance et d'absurdité ; et comme cette
» croyance est fondée sur des déclarations formelles contenues dans des
» ouvrages dont aucun Hindou pieux ne saurait disputer l'autorité divine,
» quelques astronomes ont expliqué avec précaution les passages de ces
» Livres, qui ne s'accordent point avec les principes de leur science. Lors-
» qu'il était impossible de les concilier, ils ont justifié de leur mieux des
» propositions que l'usage avait rendues indispensables, en observant
» que certaines choses indiquées dans les sastras pouvaient avoir été
» ainsi autrefois et peuvent être encore ainsi, mais que pour des vues
» astronomiques, il faut suivre les règles astronomiques. D'autres, plus
» hardis, ont attaqué et réfuté les opinions que la philosophie réprouve ;
» ils ont dit qu'on n'a pu entendre autre chose par *Rahou* et *Cétou* que
» la tête et la queue du Dragon, ou les nœuds de la Lune ; mais ils ne
» nient pas la réalité de *Rahou* et de *Cétou ;* au contraire, ils conviennent
» qu'il faut ajouter foi à leur présence dans les éclipses : on peut sou-
» tenir ces points comme articles de foi, sans préjudice pour l'Astro-
» nomie. »

Ceci rappelle les Préfaces de Copernic et quelques passages des Dia-
logues de Galilée ; il serait curieux de savoir qui, des Indiens ou des
Européens, a eu la priorité. Si deux peuples situés à d'aussi grandes
distances ont pu s'accorder en de pareilles inepties, sans se rien communiquer, comment n'auraient-ils pu avoir aussi, sans rien se devoir, quelques idées plus saines, qui naissent tout naturellement de la
contemplation des astres et de leurs mouvemens ?

Ils regardent la Terre comme sphérique, et conçoivent le diamètre
partagé en 1600 parties égales ou yodjanas. Pour avoir le contour, on
se contentait anciennement de multiplier le diamètre par trois. Les mou-
nis prescrivirent de le multiplier par la racine de 10 , et ils en conclurent
la circonférence équatoriale de 5059 yodjanas. Ce rapport est celui de
1 : 3.1627, et il est donné par le Sourya Siddhanta. Cependant la Table
des sinus suppose 1 : 3.14136. Dans les Pouranas, la circonférence de la
Terre est de 500 000 000 yodjanas. Pour expliquer cette différence, on
a recouru, comme parmi nous, à des yodjanas de différentes longueurs,
et l'on a dit encore que la Terre avait pu changer de grandeur. Nous
n'avons du moins pas encore été jusque-là.

Pour trouver la latitude d'un lieu de la Terre, on observait le palabhâ ou l'ombre d'un gnomon, quand le Soleil arrivait à l'équateur. Le sankou ou gnomon a douze angolas ou douze doigts, chacun divisé en 60 vingoulas. L'ombre observée à Bénarès est de 5° 45′. L'akchacarna (l'hypoténuse) 13° 18′. Prenez-la comme rayon, le gnomon sera le sinus de la latitude = 1487′ = sin 25° 26′, et la circonférence du parallèle sera 4565,4 yodjanas. Par les tangentes, nous aurions 25° 36′ 18″ et 4562,52 yodjanas. Il est à croire qu'il y a faute d'impression, et que la latitude est 25° 36′.

La règle pour trouver la longitude, est d'observer les éclipses de Lune calculées pour le méridien de Lanca, qui passe par Ongéin, lieu bien connu des Anglais, dans le pays des Marattes. Bénarès passe à 64 yodjanas. La longitude est donc de 50 palas. (Je ne trouve que 0° 46′.)

Pour la distance de la Lune à la Terre ou la parallaxe, ils observaient le lever de la Lune, qu'ils comparaient au lever calculé. Pendant la différence des tems, elle aura parcouru un espace égal au demi-diamètre de la Terre. Cette différence des tems est à son mois périodique comme 800 yodjanas à la circonférence 324000. Ils négligeaient la réfraction et l'inclinaison de la sphère, et cependant ils trouvèrent la parallaxe de 51′ 20″. Cette manière de trouver la distance et la parallaxe ne peut être que très-inexacte, mais elle est remarquable et ne leur a pas trop mal réussi.

Les Hindous supposent que toutes les planètes se meuvent sur leur orbite avec la même vitesse. L'orbite de la Lune étant connue par ce qui précède, on avait les orbites des autres planètes par de simples règles de trois.

Pour trouver les diamètres du Soleil et de la Lune, on observait le tems que ces astres emploient à se lever de tout leur disque. On trouvait ainsi 6300 yodjanas pour le Soleil, et 480 pour la Lune. On augmentait ou l'on diminuait ces diamètres, d'après la distance plus petite ou plus grande que la moyenne, dans le calcul des éclipses.

A 5° d'anomalie, le diamètre de la Lune est de 32′ 24″, ce qui est assez exact.

Le diamètre de la Lune, celui de l'ombre, le lieu du nœud au moment de l'opposition étant trouvés, le reste du calcul de l'éclipse, suivant les Indiens, est le même au fond que celui des Européens.

Quand on a trouvé les momens de l'éclipse en tems astronomique, il faut les convertir en tems civil, qui fait commencer le jour au lever du Soleil. Il faut pour ce calcul employer l'ayan-ansa c'est la distance entre l'équinoxe et le premier point du Bélier.

Après la citation d'un passage assez long et assez obscur, M. Davis fait la remarque suivante :

« Ici, autant que je puis le comprendre, au lieu d'une révolution » des équinoxes à travers tous les signes, qui porterait dans toutes les » saisons la première étoile, il s'agit clairement d'un balancement du » troisième degré des Poissons jusqu'au vingt-septième de la Balance », ce qui donnerait une espèce de trépidation de 54°, bien plus considérable par conséquent que celle qu'on attribue à Thébith.

L'ayan-ansa s'ajoute à la longitude calculée du Soleil, et l'on a sa longitude comptée de l'équinoxe; on cherche la déclinaison, l'ascension droite et la différence ascensionnelle, comme faisaient les Arabes, qui ne connaissaient pas encore les tangentes, et qui avaient déjà substitué les sinus aux cordes.

De ces calculs on concluait encore, comme les Grecs et les Arabes, le tems que chaque signe emploie à se lever. Voici la Table des Hindous, telle qu'elle est dans le Sourya Siddhanta.

Signes.	Lagna de Lanca.		Tchara de Baglepour.		Oullagna.	
	Respirations pour les minutes de l'équateur.	Palas de 3600 pour le jour sidéral.	Respirat.	Palas.	Respirat.	Palas.
Mécha.........	1670	278	327	55	1343	224
Vricha.......	1795	299	268	45	1527	255
Mithounna.....	1935	325	110	18	1825	304
Carcata........	1935	325	110	18	2045	341
Sinha.........	1795	299	268	45	2065	343
Canya.........	1670	278	327	55	1997	333
Toula.........	1670	278	327	55	1997	333
Vristchica......	1795	299	268	45	2065	343
Dhanous.......	1935	325	110	18	2045	341
Macara........	1935	325	110	18	1825	304
Coumbha......	1795	299	268	45	1527	255
Mina.........	1670	278	327	55	1343	224

Cette Table est rapportée par Le Gentil, page 253 de son Voyage.

Il avoue ne pas savoir sur quel principe elle est fondée; mais elle est toute pareille à celle qu'on trouve dans Ptolémée; il n'y a de différence que dans les divisions du tems. Ces principes sont d'ailleurs contenus dans le Mémoire de M. Davis. Cependant nous croyons devoir rapporter ici l'explication beaucoup plus détaillée que nous en avons donnée dans la traduction française des Mémoires de Calcutta.

La Table est calculée pour Baglepour, où l'ombre équinoxiale est de $\frac{5^h 30^m}{12,5} = \frac{5.5}{12} =$ tang 24° 37′ 25″ $=$ tang latitude. La Table suppose une obliquité de 24°.

Avec ces données, je cherche les déclinaisons pour la fin de chaque signe, je les place à la seconde colonne de la Table; je cherche de même les ascensions droites, que j'exprime en minutes et dixièmes, et je les place dans la troisième colonne.

Je prends les différences de ces ascensions droites, et j'ai en minutes les parties de l'équateur qui répondent à chaque signe; je les place dans la quatrième colonne, sous le titre de *lagna de Lanca*; c'est le tems que le signe emploie à se lever dans la sphère droite. Ces lagnas sont exprimés en respirations ou minutes de l'équateur; je les divise par 6 et je les transforme ainsi en minutes du jour nak chatra, composé de 60 heures ou de 3600 minutes. Voyez la cinquième colonne.

Cette colonne des palas est celle que Le Gentil n'a pas comprise; il l'a crue singulièrement inexacte; cependant mes calculs confirment ceux des Indiens.

La différence ascensionnelle qu'on voit dans la sixième colonne a été calculée sur la formule sin $d\text{Æ} =$ tang H tang D. Je prends les différences entre les nombres de la sixième colonne, et j'en forme la colonne 7, ou les tcharas de Baglepour; elle indique le nombre de respirations dont le demi-jour croît ou décroît pendant le mois qui répond à un signe donné, sur le parallèle de Baglepour. Je divise le tout par 6 pour réduire les tcharas en palas. C'est la colonne 8.

De l'ascension droite je retranche la différence ascensionnelle; j'ai la colonne neuvième, qui donne l'ascension oblique ou le point orient de l'équateur, pour la fin de chaque signe.

Je prends les différences entre les nombres de la neuvième colonne, et j'ai dans la dixième les oullagnas, en respirations ou minutes de l'équateur. Je les divise par 6, pour les avoir en palas dans la colonne 11.

Les oullagnas pouvaient s'obtenir directement en retranchant des lagnas de Lanca, les tcharas de Baglepour ; ainsi 1668,5 — 326,3 = 1342,2, et — 104,8, retranchés de 1937,5, donnent + 2042,3, en observant les règles des signes algébriques.

On aurait, par une opération semblable, les oullagnas en palas ; mais sous l'autre forme, on voit mieux que les oullagnas sont le tems employé par chaque signe à se lever tout entier sur un horizon donné, comme les lagnas de Lanca sont les tems employés par ces mêmes signes à se lever dans la sphère droite, ou à traverser le méridien.

Les tcharas ne sont pas précisément les différences ascensionnelles, mais bien les variations qu'éprouvent ces quantités, d'un signe au signe suivant. Les tcharas sont les différences entre le tems qu'un signe emploie à se lever sur un horizon donné, et le tems qu'il y emploierait dans la sphère droite. Voici ma Table.

Signes. (1).	Déclinaisons. (2).	Ascens. droite. (3).	Différ. Lagna de Lanca. (4).	Les mêmes en palas. (5).	Différ. ascens. (6).	Tchara de Baglep. (7).	Tcharas en palas. (8).	Ascension oblique. (9).	Oullagnas en respirat. (10).	Oullagnas en palas. (11).
♈ Mécha.....	11°44′ 2″B	1668.5	1668.6	278.1	326.3	326.3	54.4	1342.2	1342.2	223.7
♉ Vricha	20.57.37	3484.5	1794.0	299.0	587.2	260.9	43.5	2875.3	1533.1	255.6
♊ Mithounna.	24. 0. 0	5400.0	1937.5	322.9	692.0	104.8	17.5	4708.0	1832.7	305.4
♋ Carcata ...	20.57.37	7337.5	1937.5	322.9	587.2	104.8	17.5	6750.3	2042.3	340.4
♌ Sinha......	11.44. 2 B	9131.5	1794.0	299.0	326.3	260.9	43.5	8805.2	2054.9	342.5
♍ Canya.....	0. 0. 0	10800.0	1663.5	278.1	000.0	326.3	54.4	10800.0	1994.8	332.5
♎ Toula.....	11.44. 2 A	12468.5	1668.5	278.1	326.3	325.5	54.4	12794.8	1994.8	332.5
♏ Vristchica..	20.57.27	14262.5	1794.0	299.0	587.2	260.9	43.5	14849.7	2054.9	342.5
♐ Dhanous...	24. 0. 0	16200.0	1937.5	322.9	692.0	104.8	17.5	16891.0	2042.3	340.4
♑ Macara....	20.57.27	18137.5	1937.5	322.9	587.2	+104.8	17.5	18794.7	1832.7	305.4
♒ Coumbha..	11.44. 2	19931.5	1794.0	299.0	326.3	260.9	43.5	20257.8	1533.1	255.5
♓ Mina......	0. 0. 0 A	21600.0	1668.5	278.1	000.0	326.3	54.4	21600.0	1342.2	203.7

Les palas de la colonne (5) sont des dixaines de degrés ; les ascensions droites et les déclinaisons sont calculées pour la fin de chaque signe.

On voit que sans être d'une grande précision, la Table indienne est suffisamment exacte. Cette Table suppose une Trigonométrie sphérique, ou du moins les quatre théorèmes anciens des triangles rectangles, tels qu'ils sont donnés et démontrés dans l'Astronomie de Ptolémée, tels qu'ils furent connus des Arabes. On voit que les Indiens les employaient à l'époque du Sourya Siddhanta. On ne sait pas s'ils en avaient les démonstrations. Il nous reste toujours l'incertitude sur l'époque où le Livre indien a été composé; il y a grande apparence que toute cette théorie est empruntée des Arabes.

Calcul de l'éclipse de Lune.

Première opération. Trouver le nombre de jours solaires moyens depuis la création.

Années du calpa écoulées à la fin du satya-youg.......	1970784000
Déduisez la durée de la création.................	17064000
Tems depuis le 1ᵉʳ mouv. des planèt. jusq. la fin du satya-yong.	1953720000
tréta-youg.	1296000
douapar-youg.	864000
Présente année du cali-youg.	4890
Somme...	1955884890
Multipliez par 12...	23470618680
Ajoutez 7 mois.....	7
Mois écoulés depuis la création.....	23470618687

Faites cette analogie :

Le nombre des mois solaires...............	81840000
est au nombre correspondant des mois intercalaires...	1593336
comme le nombre des mois solaires.............	23470618687
au nombre correspondant des mois intercalaires.....	721584677
Nombre des mois lunaires écoulés............	24192003364
Multipliez par 30...............	725760100920
Ajoutez 14 tithis pour l'opposition............	14
Nombre de tithis à la pleine Lune............	725760100934

Faites maintenant cette autre analogie :

Le nombre des tithis d'un youg.............	160300080
est à l'excès des tithis sur les jours moyens........	2508252
comme le nombre de tithis ci-dessus...........	725760100934
à l'excès correspondant............	11356017987
Nombre des jours solaires............	714404082947.

Le premier jour après la création étant ravivar ou dimanche, $=$1.

Divisez par 7 le nombre des jours solaires, il restera 2 $=$ lundi ou sôma-var, jour de la Lune.

Je veux bien que la méthode soit ingénieuse, mais j'ai de la peine à la trouver commode; ce qui suit est encore plus pénible. Jusqu'ici nous ne voyons qu'un long calcul décimal; on y joindra pour ce qui suit, les fractions sexagésimales.

Deuxième opération.

$$\frac{7144040829947 \times 43200000}{1577917828} = 1955884890^{\text{révol.}} \quad 6^r 21^d 44' 2'' 13''' = \odot,$$

$$\frac{7144040829947 \times 5775336}{1577917828} = 26147888255^{\text{révol.}} \quad 0.21.21.58.56 = \mathbb{C},$$

$$\frac{7144040829947 \times 488203}{1577917828} = 221034460^{\text{révol.}} \quad 11.\ 5.31.13.35 = \text{apog.} \mathbb{C},$$

$$\frac{7144040829947 \times 4}{1577917828} = \text{correction du Bija} + 1.37.52.28$$

$$\text{apogée corrigé}.... \quad 11.7.\ 9.\ 6.\ 3$$

$$\frac{7144040829947 \times 233228}{1577917828} = 105147017^{\text{révol.}} \quad 4.27.49.48.\ 0 = \Omega,$$

$$\frac{7144040829947 \times 4}{1577917828} = \text{correction du Bija} = 1.37.52.28$$

$$\text{nœud corrigé}... \quad 4.29.27.40.28$$

$$\frac{7144040829947 \times 387}{1577917828} = \quad 175^{\text{révol.}} \quad 2.17.17.15 \quad = \text{apog.} \odot.$$

Il est assez singulier que le bija du nœud soit le même que celui de l'apogée. Ces corrections sont évidemment grossières et empiriques.

Pour la différence des méridiens,

$$\text{ôtez du lieu du } \odot..... \quad 1' 27'', \text{ il restera } \odot = 6^r 21^d 42' 55'' 12'''$$
$$\text{du lieu de la } \mathbb{C} ... \quad 19.54 \qquad\qquad \mathbb{C} = 6.21.\ 2.25.\ 0$$
$$\text{du nœud}......... \quad 4 \qquad\qquad\qquad \Omega = 4.29.27.36$$
$$\text{de l'apogée } \mathbb{C}..... \quad 9 \qquad\qquad \text{ap. } \mathbb{C} = 11.\ 7.\ 8.57$$
$$\text{de l'apogée } \odot..... \quad 0 \qquad\qquad \text{ap. } \odot = 2.17.17.15.$$

La méthode ne pouvait probablement être mise en vers techniques que de cette manière; mais il nous sera permis de préférer la forme de Tables que nous tenons des Grecs.

Troisième opération. Calcul des équations et du mouvement.

On peut prendre ces équations dans les deux Tables ci-dessus; mais à défaut de Tables, on fera

$$\odot = 6.21.42.55$$
$$\text{apogée} = 2.17.17.15$$

$$\text{Distance } \odot \text{ à l'apogée} = 4.\ 4.25.20$$
$$\text{Distance } \odot \text{ au périgée} = 1.25.54.40.$$

Le sinus de cet arc est 2835′ 31″; $\frac{2835′\,31″ \times 20}{3438} = 14′\,10″$ à soustraire des degrés du paridhi — ansa, ou de 14°; 14° — 14′ 30″ = 13° 45′ 30″ = circonférence de l'épicycle.

$\frac{13°\,45′\,30″ \times 21°35′\,31″}{360} = 108′\,6″$ = sin équation; on peut le prendre pour l'arc, et l'équat. sera 1° 48′ 6″ à déduire de la longit. moy.   1.48. 6.

A minuit moyen, la longitude vraie sera............... $\overline{6.19.54.29.}$

L'écliptique = 21600′ : mouvement moyen $\odot$ = 59′ 8″ :: l'équation = 1° 48′ 6″ : la correction du lieu du $\odot$ = 18″, et la longitude pour le minuit apparent, sera............................... 6.19.54.11.

La correction ne pouvait être qu'approximative. On ne voit ici d'autre différence entre le minuit moyen et le minuit apparent, que celle qui tient à l'équation du centre.

Pour connaître le mouvement vrai, faites $\frac{13°\,45′\,30″}{360°} \times 1941′\,0″\,1‴$ = 74′ = cosinus dans l'épicycle; 1941 est le cosinus de la distance au périgée.

Ensuite, $\frac{59′\,8″}{3438} \times 74′ = 1′\,16″$ = correction du moyen mouvement.

Moyen mouvement... = 59. 8

Mouvement vrai..... = $\overline{60.24.}$

Il paraît certain que la correction ou la différentielle du sinus proportionnelle au cosinus était connue des Indiens, et c'est le seul avantage que je leur vois sur les Grecs.

Pour la Lune, $\frac{108′}{21600} \times 790′\,55″ = 3′\,57″$ = mouvement entre minuit moyen et minuit apparent.

La longitude à minuit apparent sera donc   0′ 20° 58′ 28″

apogée..... 11. 7. 8.57

$\mathbb{C}$ — apogée... = $\overline{1.13.49.31.}$

Le sinus de cette distance est 2379′ 39″ et $\frac{2379′\,39″}{3438} \times 20 = 13′\,51″$.

$\frac{32″ - 13′\,51″ \times 2379′\,39″}{360°} = 210′$ = sin équation. On le suppose égal à l'arc, ainsi l'équation sera — 3° 30′.

La longitude vraie de la Lune, pour minuit appar., sera 0′ 17° 28′ 28″,

Cos distance ☾ à l'apogée $= 2479'\,13''$; circonférence de l'épicycle $= 32° - 13'\,51'' = 31°\,46'\,9''$.

$$\frac{31°\,45'\,9'' \times 2479'\,13''}{360°} = 218'\,47'' = \text{cosinus dans l'épicycle.}$$

Mouvement anomalistique de la Lune $= 790'35'' - 6'41'' = 783'54''$.

$$\frac{783'\,54''}{3438'} \times 218'\,47'' = \quad 49'\,55''.$$

Mouvement moyen. . . . . . . $= \underline{790.35.}$

Mouvem. vrai diurne ☾ . . $= \overline{740.42.}$

On calculerait de même le mouvement de l'apogée pour l'équation du tems ; on trouverait $2''$; le mouvement du nœud serait $1''$. Rassemblons ces élémens.

			Mouvemens.
☉	$=$	$6^s\,19°\,54'\,11''$	$60'\,24''$.
☾	$=$	$0.17.28.28$	$740.42.$
Apogée ☉	$=$	$2.17.17.15$	$0.$
Apogée ☾	$=$	$11.17.\ 8.55$	$6.41.$
☊	$=$	$4.29.27.35$	$5.11.$

Quatrième opération. Trouver le tems de l'opposition.

Distance à l'opposition $= ☉ - 6^s - ☾ = 0.\ 2.25.43.$

    Mouvement depuis la conjonction $= 5.27.34.17 = 10654'\,17''$.

$$\frac{10654'\,17''}{720'} = \frac{\text{mouvement}}{\text{valeur du tithi moyen}}$$

Le reste de la division sera $574'\,17''$; c'est la portion écoulée du quinzième tithi ou pournima-tithi, qui, soustraite de $720'$, laisse $145'\,43''$; ce reste, divisé par le mouvement diurne relatif, donnera la distance à l'opposition. Mouvement ☾ $= 740'\,42''$.

    Mouvement ☉ $= \underline{60.24.}$

    Mouvement relatif $= \overline{680.18.}$

Mouvem. relatif pour un danda $= 680''\,18'''$.

$$\frac{145'\,43''}{680'\,18''} = \frac{524580'''}{40818''} = 12^{dandas}\,5_1^{palas} = \text{distance à l'opposition.}$$

On ne voit pas pourquoi on emploie le mouvement depuis la conjonction, au lieu du mouvement jusqu'à l'opposition, qui donnerait un calcul plus simple.

Cinquième opération. Trouver les longitudes vraies et les mouvemens vrais pour l'instant de l'opposition.

Ajoutez les mouvemens moyens pour $12^d 51^r$, et cherchez de nouveau les équations du centre et les mouvemens vrais. Ces opérations sont toutes pareilles à celles qu'on vient de voir, et il est inutile d'en donner le calcul.

On aura ainsi pour l'opposition, $\odot = 6.20.7.27 \qquad 60' 24''$.
$$\mathbb{C} = 6.20.7.27 \qquad 743. 7.$$
$$\text{Mouvem. relatif} = 682.43.$$

Les Indiens montrent ici plus de scrupule que Ptolémée, qui formait son mouvement relatif d'une manière plus prompte, mais moins exacte.

$$\mathbb{C} = 0.20. 7.27$$
$$\Omega = 1. 0.51.44$$
$$\text{Distance au nœud} = 0.10.24.17 = 624' 17''.$$

Cette distance est dans les limites, ainsi l'opposition sera écliptique.

L'inclinaison $= 4° 39' = 279'$; $\dfrac{279 \times 624' 17''}{3458} = 48' 45'' = $ latitude de la Lune.

On se permet encore de prendre le sinus pour l'arc ; l'erreur du calcul est ici $1' 35''$, l'inclinaison d'ailleurs est trop faible de $30'$ environ. Il est étonnant qu'ils aient si mal déterminé l'inclinaison de la Lune et l'obliquité de l'écliptique.

Sixième opération. Chercher les diamètres de la Lune et de l'ombre.

Mouvem. moyen $\mathbb{C}$: mouvem. vrai :: diamètre moyen : diamètre vrai
$$:: 480,0 \text{ yodjanas} \quad : 451,11 \text{ yodjan.}$$

Ensuite, $\dfrac{451' 11''}{15} = 50' 6'' = $ diamètre $\mathbb{C}$.

$$\text{diam. vr. } \odot = \left(\frac{\text{mouv. vr. } \odot}{\text{mouv. m. } \odot}\right) \text{diam. moy.} = \left(\frac{\text{mouv. vr.}}{\text{mouv. m.}}\right) 6500' = 6639.14 \text{ yodj.}$$

$$\text{diam. vr. } \venus = \left(\frac{\text{mouv. vr. } \mathbb{C}}{\text{mouv. m. } \mathbb{C}}\right) \text{diamèt. } \venus = \left(\frac{743. 7}{790.35}\right) 1600' = 1503.56 \text{ yodj.}$$

$$\text{Diamètre vrai } \odot = 6639' 14'' \qquad \frac{480}{6500}.5135' 18'' = 579' 15''.$$
$$\text{Terre} = \underline{1503.56} \qquad\qquad\qquad \underline{1505.56.}$$
$$5135.18 \qquad\qquad\qquad\qquad 1224.43.$$

$$\frac{1224' \ 45''}{15} = 74' \ 59'' = \text{diamètre de l'ombre.}$$

$$30 . \ 5 = \text{diamètre } \mathbb{C}.$$

$$105 . \ 4 = \text{somme des diamètres.}$$

$$R = 52.52 = \text{rayon de l'ombre.}$$

$$L = 48.45 = \text{latitude } \mathbb{C}.$$

$$R + L = 101.17$$

$$R - L = 5.47 = \text{partie éclipsée.}$$

$$(R^2 - L^2)^{\frac{1}{2}} = [(R+L)(R-L)]^{\frac{1}{2}} = \tfrac{1}{2} \text{ corde dans l'ombre}$$

$$= [(3.47)(101.57)]^{\frac{1}{2}} = 19' \ 54''.$$

$$\frac{19' \ 54'' \times 1'}{682.43} = \frac{1174.60^d}{40965} = \frac{70440.1^d}{40965} = 1^d \ 43' \ 10'' = \tfrac{1}{2} \text{ durée.}$$

$$3.26.21 = \text{durée.}$$

Ce calcul des diamètres et tout ce qui s'ensuit est bien moins simple et moins géométrique que celui des Grecs. Comme Ptolémée, ils négligent l'inclinaison de l'orbite relative, et la différence entre l'opposition et le milieu de l'éclipse.

Il y avait ici une petite erreur dans le calcul de M. Davis; l'important n'est pas que les résultats soient parfaitement exacts; ce qu'il y a de curieux, c'est la marche de l'opération et l'esprit de la méthode.

Septième opération. Trouver la position du point équinoxial, la déclinaison du Soleil, la longueur du jour et de la nuit, le tems compté depuis le lever du Soleil ou l'heure du jour civil.

$$\frac{7144082947 \times 600}{1577917828} = 211650 \ \text{rév.} \ 8^s \ 4°51'50''52'''$$

$$\text{ôtez.... } 6$$

$$2 . \ 4.31.30.52$$

Multipliez par 3...................... 6.13.34.52.36

Divisez par 10...................... 19.21.27.15.56 = ayan-ansa.

Lieu sidéral du ☉...................... 6.19.54.11

Longitude du ☉ comptée de l'équinox. 7. 9.15.58

Déclinaison....................... 14.54.57⎫

Différence ascensionnelle............ 6.57.58⎭ par nos formules.

Par les méthodes indiennes, M. Davis. 14.53

et....   6.59.56

Le diviseur 1577917828 qui se trouve à toutes les opérations est le nombre des jours bhoumi-savan, compris dans un youg.

Les Hindous modernes font leurs calculs en tems solaire moyen, le Sourya-Siddhanta prescrit de les faire en tems sidéral. Un jour sidéral contient 60 dandas, un danda 60 vicoulas, un vicoula 60 respirations ; en tout 21600 respirations qui sont des minutes de l'équateur.

L'ascension oblique, prise dans la table, est de 2058 respirations ; c'est-à-dire que le signe emploie ce tems à se lever. On dira donc : les 1800′ du signe sont à 2058 respirations comme les 60′ 24″ du mouvement vrai du Soleil sont à l'excès du jour solaire vrai sur le tems sidéral. On trouve ainsi 69′ 3″, lesquelles ajoutées à 21600, font 21669 respirations. Du quart de ce nombre, retranchez la différence ascensionnelle, et vous aurez l'arc semi-diurne ; ajoutez cette différence au lieu de la retrancher, vous aurez l'arc semi-nocturne. Le premier est 4997′ 19″ ; le second 5837′ 11″.

Divisez ces deux nombres par 360 pour les réduire en dandas.

La moitié du jour sera...... $13^d 52′ 52″$
Le jour entier sera......... 27.45.46
La moitié de la nuit........ 16.12.52
Le tems sidéral, à minuit.... 43.58.58
Distance à l'opposition...... 12.53
Heure du jour civil......... 56.51.58
Demi-durée................ 1.43.10
Commencement............. 55. 8.28
Fin...................... 58.34.48

Le premier jour après la création fut ravivar ou dimanche. Le jour astronomique de soma-var, ou lundi, finira à minuit avant l'éclipse ; mais le soma-var du tems civil durera jusqu'au lever du Soleil suivant ; et ce soma-var, en calculant le nombre de jours écoulés depuis l'instant où le Soleil est entré dans le signe Toulâ, jusqu'à ce qu'il ait avancé de 19° 54′ dans ce signe, tombera au 19 de cartic qui répond au 5 novembre.

Le tems de la pleine lune et la durée de l'éclipse trouvée par le calcul, diffèrent considérablement de l'annonce qu'on lit dans le *Nautical Almanac*, qui fait arriver l'éclipse 1ʰ 15′ 3″ plus tard, et la fait durer 52′ 52″ de plus en tems européen.

Il résulte de ce calcul où tout est exposé clairement,

1°. Que l'opération est d'une excessive longueur, si on la compare à celle qu'on ferait sur nos Tables, surtout si on se bornait à l'équation du centre;

2°. Que ces Tables anciennes sont assez inexactes, quoique fondées, si l'on en croit Bailly, sur des observations faites à de très-longs intervalles;

3°. Que nous savons d'ailleurs que trois autres Tables indiennes plus modernes, donnent encore sur les tems des éclipses, des erreurs de 28, de 51 et de 12'; et sur la durée, des erreurs de 12 à 20 et même de 32'.

4°. Que les calculs des Hindous sont moins géométriques que ceux des Grecs, et qu'ils reposent de même sur des excentriques et des épicycles, défigurés de plus par des suppositions empiriques.

5°. Que ces Tables ne pourraient servir à corriger nos moyens mouvemens, ainsi que le voudrait Bailly;

6°. Que dans tout cet exposé on ne voit pas la moindre mention ni d'observation, ni même d'instrument; que quand toutes ces théories seraient l'ouvrage des Indiens, la preuve nous manquerait, et que nous ne pourrions y accorder la moindre confiance, puisque nous ignorons tous les fondemens et que nous n'avons aucun moyen d'estimer de quelles erreurs les observations peuvent être soupçonnées; or si nous en jugeons par toutes celles qui ont de 16 à 1800 ans de date, celles des Indiens ne pourraient être que fort médiocres ou même entièrement mauvaises;

7°. Que presque tout nous paraît fort inférieur aux connaissances des Grecs.

Les méthodes des Indiens pour les calculs sont entièrement différentes de celles d'Hipparque; nous en ignorons les démonstrations : au lieu que les Grecs nous ont donné les preuves détaillées de tout ce qu'ils ont employé dans leurs Tables. Les écrits de Ptolémée ont formé les modernes. Les trois centres de Ptolémée, c'est-à-dire ceux de l'équant, de l'excentrique et du zodiaque, l'excentricité coupée en deux parties égales par l'un de ces centres, ont conduit Képler au centre et aux deux foyers de son ellipse. Supposez les Indiens aussi instruits et aussi savans que vous voudrez, leur science et leurs découvertes nous ont été toujours et nous seront toujours parfaitement inutiles; il est plus que douteux qu'ils aient formé les Grecs; il est bien sûr que les Grecs ont formé les Arabes, les Persans, les Tartares et nous. Si Hipparque connaissait les Tables indiennes, comme le veut Bailly, pourquoi n'aurait-il pas donné des Tables pour les planètes? Pourquoi n'a-t-il pas pris leur excentricité solaire et leur inclinaison de l'orbite lunaire? Il diffère d'avec eux en des points essentiels. Il a donc fait lui-même tout ce que nous avons appris de lui.

Ce premier Mémoire ne nous dit rien par-delà les éclipses de Lune, et il ne nous donne pas une idée fort avantageuse de ce que les Indiens ont su faire pour les éclipses de Soleil. Leur parallaxe de 51′ si mal établie d'une part, et dont les variations ne pouvaient pas être meilleures, ont dû jeter nécessairement beaucoup d'incertitude sur les éclipses de Soleil, d'étoiles et de planètes.

On peut regarder comme une singularité, que les Indiens, qui passent pour inventeurs de l'Arithmétique décimale, fassent dans leurs calculs un usage si continuel des fractions sexagésimales : les calculs en sont généralement plus longs et plus difficiles, mais on y trouvait un moyen bien simple de convertir les degrés en jours et en heures ; il n'y avait à changer que les indices.

Le nombre de jours et de tithis employés dans les calculs précédens, excède de beaucoup les bornes de l'Arithmétique des Grecs ; mais le système indien n'a pas de bornes. Il est à remarquer que M. Davis ne dit pas un seul mot de leur manière d'écrire les nombres.

Remarquons enfin que le vernis fabuleux qu'ils ont répandu sur leur chronologie, leurs âges et leurs périodes, nous rend leur témoignage bien suspect, même quand ils nous disent des choses moins invraisemblables. On peut toujours se méfier de la véracité de ceux qui nous ont débité tant de fictions absurdes ou incroyables.

Dans le troisième volume, M. Davis a donné, sous le n° 7, un Mémoire sur le cycle indien de 60 ans. On y lit ce passage presque littéralement traduit du sanscrit ; c'est une méthode pour trouver la durée de l'année solaire.

« Sur un grand cercle horizontal, marquez le point où se lève le Soleil
» dans un jour voisin de l'équinoxe, et lorsque le mouvement en décli-
» naison est le plus sensible. Comptez exactement le nombre des jours
» écoulés depuis l'observation, et celui des levers successifs, jusqu'à ce
» que le Soleil ayant visité les deux solstices, revienne à se lever au
» même point à peu près que la première fois ; marquez le lever du
» Soleil quand il est tout près d'atteindre le point marqué ; marquez de
» même le point du lever, le lendemain, quand le Soleil aura dépassé le
» point de la première observation. Vous aurez le mouvement total en

» un jour, ou le changement diurne du point du lever ; vous saurez de
» combien le Soleil était encore éloigné de votre point, le jour où il
» en approchait le plus. Vous ferez cette analogie : le changement diurne
» est à cet éloignement, comme 24 heures solaires sont au nombre
» d'heures, qu'il faut ajouter aux 565 jours entiers de l'année pour
» avoir la durée totale de l'année solaire que vous transformerez
» ensuite en année sidérale, en tenant compte de la précession des
» équinoxes. »

Voilà une méthode simple, un moyen d'observation qu'on peut perfectionner en comparant ensemble des observations faites après un plus
grand intervalle. Cette méthode est tirée des livres indiens, et je ne l'ai
vue nulle part. Mais a-t-elle été employée ? c'est ce que l'ouvrage indien
ne dit pas. En quel tems s'en est-on avisé ? Ne serait-ce pas un de ces
conseils qu'on donne sans l'avoir jamais pratiqué soi-même, comme on
en trouve plusieurs dans Euclide et les autres géomètres grecs qui n'ont
jamais rien observé par eux-mêmes ?

Appliquons ce précepte à un exemple. Supposons une latitude de 27°,
comme dans l'Inde,

$$\sin \text{amplitude} = \frac{\sin \text{déclinaison}}{\cos \text{haut. du pôle}} ;$$

le 17 mars 1816, la décl. était —1°16′20″

l'amplitude — 1.25.40 ;   le 17 mars 1817, la décl. sera —1°22′ 3″

l'amplitude — 1.32. 5.5   le 18 mars 1817, la décl. sera —0°58′20″

l'amplitude — 1. 5.28   mouv. en décl...... ⎯⎯ 23.43

mouv. diurne = 26.57.5...., c. ar..... 6.7965591

éloign., le 17 = 6.25.5.............. 2.5860244

24ʰ.... 4.9365137

fraction de jour = 5ʰ 47′ 30″.... 4.3190972

jours entiers.... 565

année solaire... 365ʲ 5ʰ 47′ 30″

On voit que le changement d'amplitude, surtout dans ces climats,
surpasse de bien peu le mouvement en déclinaison ; que le mouvement
qui détermine la fraction du jour surpasse de bien peu 6′ de degré.

Supposons un mètre de rayon, l'arc de 6′ sera de 0ᵐ001745 = 0″7737

2 mètres........ 6........ 0.003490 = 1.5474

supposez 3 mètres........ 6........ 0.005235 = 2.3211

Un cercle de trois mètres de rayon pourra passer à bon droit pour un grand cercle, et il ne fera guère que 9ʰ 2 de changement azimutal d'un jour à l'autre. Ajoutez l'incertitude de trois observations, et vous verrez que ce moyen ne sera guère bon que dans un livre. On aurait pu chercher la fraction de jour par le changement de la hauteur méridienne, au moyen d'un cercle vertical, avec plus d'exactitude peut-être et autant de commodité. Il est assez douteux que les Indiens aient suivi ce conseil, et plus douteux qu'ils en aient pu tirer une valeur exacte de l'année.

Le cycle de 60 ans est le mouvement madhyama de Jupiter, à travers un signe, c'est-à-dire le tems qu'il emploie à parcourir un signe par son mouvement moyen.

« L'objet du Mémoire n'est pas d'expliquer ce qu'on entend par le
» mouvement madhyama et sigra, ni comment les Hindous font mou-
» voir les planètes dans des excentriques et des épicycles, ni comment
» ils calculent les lieux apparens, *leur manière est celle de Ptolémée*;
» je dirai seulement que le mouvement madhyama de Jupiter est son
» mouvement propre, et que ce mouvement calculé pour un tems donné,
» et ajouté à l'époque, est la longitude *héliocentrique*. »

Je crois que l'auteur aurait dû dire la longitude *moyenne*; car Ptolémée ne connaît pas de longitude *héliocentrique*, et si les Indiens en admettaient une, ils n'auraient pas suivi *les principes de Ptolémée*, comme M. Davis l'assure. Ce mot n'est pas traduit du sanscrit; on voit que c'est une explication donnée par le traducteur qui n'a pas songé à l'anachronisme.

On lit ensuite deux règles différentes pour trouver l'année courante de ce cycle.

Multipliez par 12 les révolutions expirées de Jupiter; au produit ajoutez le signe dans lequel il se trouve, divisez la somme par 60, le reste ou la fraction donnera l'année courante du cycle. La seconde règle est bien plus compliquée.

Il y avait un autre cycle de Jupiter, qui n'était que de 12 ans.

De toutes les villes de l'Inde, Ujjein est probablement la mieux fournie en productions mathématiques et astronomiques. Cette ville avait autrefois un séminaire principal où ces sciences étaient enseignées; on la regarde encore comme le premier méridien. On serait bien payé de ses peines et de ses dépenses si l'on pouvait retrouver les trois amples Traités d'Algèbre desquels Bhascar déclare avoir extrait le Bija-Ganita, et qu'on croit entièrement perdus. (Ce Bija a été traduit du persan en anglais, et j'ai reçu de l'auteur un exemplaire de cette traduction.) On devrait surtout s'attacher à reconnaître par quels progrès l'Astronomie hindoue est arrivée à son état de perfection relative. On pourrait alors former des conjectures plus probables, *qu'on ne paraît avoir fait jusqu'ici*, sur son origine et son antiquité; car j'imagine que parmi les personnes qui auront considéré la nature et l'usage des cycles ou des révolutions des planètes, ou les altérations qu'elles ont subies à différentes époques, *il y en aura peu qui partagent l'opinion de Bailly, que le cali-youg, ou aucun autre youg, ait eu son origine dans une observation réelle. Il en est de ces périodes comme de notre période julienne dont l'origine remonte bien au-delà du tems où elle a été imaginée. Il faut avouer que sur tous ces points, Bailly n'avait que peu de renseignemens ou d'informations.*

Pour exemple de ces changemens, M. Davis apporte les révolutions de Jupiter.

Aryabhatta dit qu'elles sont au nombre de 364224 en 4320000 ann. sol.
      Bhascar dit 364226,455
      Le Sourya-Siddhanta. 364220
      Et les Bija les réduisent à. 364212

Ces corrections de 4 ou 12 révolutions par youg n'indiquent assurément rien de précis.

L'auteur ne prétend pas que les Hindous n'existent pas en nation depuis fort long-tems; il ne nie pas qu'ils n'aient pu faire des observations il y a 4890 ans; tout ce qu'il entend, c'est que *les observations qui leur sont attribuées par Bailly, ne sont prouvées par rien de ce qui reste de leur Astronomie.* Par la nature de la chose, on voit que le cali-youg, comme la période julienne, a été composé par un calcul *rétrograde*, ce qui n'empêche pas que cette Astronomie ne date de la plus haute antiquité. (C'est ce que j'ai toujours pensé, pourvu qu'on entende une Astronomie qui n'emploie que les yeux, l'horizon, le gnomon, ou si l'on veut, le cercle azimutal dont il a été question ci-dessus, quoique je n'y croie guère.) M. Davis continue ainsi.

» Il y a grande apparence qu'on ne connaîtra jamais quel était l'état de l'Astronomie et la position des planètes, il y a 4892 ans. Cette Astronomie a reçu des changemens successifs; on en vient de voir quelques exemples. On trouve bien d'autres différences dans des livres que, pour cette raison, on doit regarder plutôt comme astrologiques que comme astronomiques.

» Ainsi le Bhagaval, en traitant du système planétaire, place la Lune au-dessus du Soleil, et les planètes au-dessus des étoiles.

» *Rien n'autorise ni Le Gentil, ni Bailly à placer l'origine du zodiaque indien en 10{\it e} 6{\it e} au commencement du cali-youg. Leurs prétentions ne sont fondées que sur des calculs de précession. Bailly donne deux origines à ce zodiaque; il peut en avoir eu plusieurs, quoiqu'on ne puisse aujourd'hui en trouver qu'une seule.* »

A ce Mémoire, M. Davis a joint une figure de l'écliptique indienne. L'origine en est marquée à 180° de l'Epi. Les meilleures Tables s'accordent à donner à cette étoile 180° de longitude.

Le n° 12 est un Mémoire de M. W. Jones, sur l'année lunaire des Hindous.

Il paraît que l'année lunaire de 360 jours est plus ancienne dans l'Inde que l'année solaire. Les Indiens ont attaché leurs fêtes à l'année lunaire; il en est cependant qui se rapportent au mouvement du Soleil. Ce Mémoire où il n'est guère question que de fêtes, de sacrifices ou de cérémonies, n'est nullement de notre sujet.

Au tome IV, n° 10, on trouve des questions et des remarques sur l'Astronomie des Hindous, par M. Playfair.

Première question. A-t-on trouvé chez les Indiens quelques Traités de Géométrie ?

Deuxième question. A-t-on trouvé quelques livres d'Arithmétique ?

Troisième question. La traduction complète du Sourya-Siddhanta n'est-elle pas à désirer ?

Quatrième question. Un Catalogue raisonné de tous les Traités d'Astronomie des Hindous ne serait-il pas utile ?

Cinquième question. Un examen du ciel, fait en société avec un astronome hindou, pour bien connaître les noms des étoiles en sanscrit, ne serait-il pas fort utile pour l'intelligence des Traités d'Astronomie ?

Sixième question. Ne pourrait-on pas donner une description des principaux observatoires et des instrumens qu'on peut encore trouver et qui seraient bien certainement d'origine indienne ?

A la cinquième question, le président répond qu'il a eu la même idée, mais que malgré ses soins, il n'a pu trouver aucun astronome qui sût les noms sanscrits des étoiles : mais il existe un ouvrage sanscrit qui contient les noms, les figures et les positions de tous les astérismes connus des

Hindous anciens et modernes, non-seulement dans le zodiaque, mais presque d'un pôle à l'autre. Ce livre a été entièrement traduit par M. Jones qui l'a remis à M. Davis, qui est l'homme le plus en état d'en tirer un bon parti et de nous donner une histoire exacte et détaillée de l'Astronomie indienne. (Il est fort à desirer que M. Davis nous donne cette Histoire, qui sera certainement très-curieuse ; mais je crois qu'elle sera toujours un ouvrage à part, et qu'elle ne pourra jamais entrer comme partie intégrante dans l'Histoire de l'Astronomie qui nous vient des Chaldéens, des Grecs et des Arabes.)

Le président promettait de répondre aux autres questions dans son premier discours annuel ; mais il mourut quelques mois après.

Dans le discours de ce même président, page 10, on lit que M. Davis est occupé de nombreuses recherches, desquelles il doit résulter que les sphères des Grecs et des Hindous étaient originairement la même, avec de telles différences pourtant dans les détails, qu'il sera incontestablement prouvé que l'un de ces zodiaques n'a pas été copié sur l'autre ; il faudra donc en conclure qu'ils viennent d'une même source. Il est dit ailleurs que l'Astronomie chaldéenne s'est répandue dans l'Inde, chez les Grecs, en Arabie et en Italie.

Dans le cinquième volume, on trouve une horométrie indienne d'une imperfection qui ne peut se comparer qu'à l'ignorance du peuple auquel elle est destinée et qui s'en contente. Nous n'en allongerons pas ce chapitre.

On trouve au n° 18 un Mémoire sur la chronologie des Hindous, par M. Wildfort, qui débute à peu près ainsi :

« Tous les systèmes de géographie, de chronologie et d'histoire de ce » peuple sont également monstrueux. Long-tems avant le neuvième » siècle, le système chronologique était ce qu'il est maintenant. Mais il » ne paraît pas que les Indiens aient eu de tout tems ces prétentions » exagérées. Clément d'Alexandrie les cite comme les peuples dont les » opinions se rapprochaient le plus de celles des Juifs. » (On remarque en effet des traits frappans de ressemblance entre les premiers faits de l'Histoire des deux peuples, mais les dates pourraient être très-différentes ; ainsi le témoignage de Clément d'Alexandrie pourrait ici ne prouver que peu de chose ou rien du tout.)

« Almamoun dit que les Hindous comptaient 720.634.442.715 jours » ou 5725 ans du déluge à l'hégire. (Il y a ici erreur de copie.) Albumazar » croyait que le cali-youg coïncidait avec le déluge. »

M. Wildfort soupçonne que les Hindous ont détruit tous les livres qui étaient contraires à leurs nouvelles prétentions ; et dans ce cas, on concevrait que les plus habiles d'entr'eux auraient bien pu prendre chez les Grecs et les Arabes, les connaissances astronomiques qui leur étaient nécessaires pour composer leurs grandes périodes. On rendrait raison en même tems de la forme de Tables qu'ils auraient imaginée pour déguiser leurs emprunts. De là viendraient ces jours et ces années de tant d'espèces différentes qui compliquent si étrangement leurs calculs, en les ramenant d'ailleurs aux opérations de la simple arithmétique. Mais quelque raisonnable que soit cette explication, nous sommes loin de la donner pour autre chose que pour une conjecture que nous opposons aux conjectures moins vraisemblables de Bailly.

Les Pouranas font mention de deux levers héliaques de Canobus. On a perdu beaucoup de tems et de travail à disputer sur ces deux observations si faciles à faire et si faciles à supposer. En effet, en remarquant, je suppose, que ces levers avaient retardé de dix jours en 1000 ans, on aura pu, en retranchant 10, 20, 30 jours de la date, les rendre plus anciens de 1000, 2000 et 3000 ans, ou tant qu'on aura voulu.

Tout ce qui précède le cali-young est regardé comme fabuleux. Mégasthène avait écrit qu'au tems de l'invasion d'Alexandre, les Indiens comptaient déjà 5000 ou 6042 ans de tems historiques ; mais de ces tems, il ne reste aucun fait, comme de leurs prétendues recherches astronomiques il ne reste pas une observation.

Le n° 21 du cinquième volume contient des remarques de M. Bentley, sur les différentes ères des Indiens. Il les distingue en poétiques et astronomiques. Selon lui,

Le satya-youg de 1728000 ans ne vaut réellement que 1728
Le tétra de..... 1296000........................ 1296
Le douapar.....   864000.........................   864
Le cali-youg...   432000.........................   432
                                                   ————
        Le total ne ferait qu'une somme de.... 4320

Il réduit ainsi à 5803, les années depuis la création. L'année 5803 répond à l'année astronomique 4898. Varaha vivait en l'an 3600 de cette dernière ère ; Saca en 5180 ; Parasara observait 1680 ans avant Varaha. (Ce Mémoire est de 1796. Il semble que plus on étudie les Indiens, plus on voit augmenter la méfiance que leurs écrits inspirent tout d'abord.)

Le tome VI donne, sous le n° 13, un Mémoire curieux de M. Bentley, sur *l'antiquité du Sourya-Siddhânta, et la formation des cycles astronomiques*. Nous allons en faire l'extrait.

Le Sourya-Siddhanta est regardé généralement comme le plus ancien Traité d'Astronomie des Hindous. C'est une chose généralement reconnue et bien prouvée, que les Hindous sont un peuple fort ancien ; mais on peut douter qu'ils aient des livres d'une antiquité si prodigieuse, et ce point est digne d'être examiné. M. Bailly a fait un volume tout entier sur l'Astronomie des Indiens, et M. Playfair a traité le même sujet, en 1789, dans les Transactions d'Edimbourg. Ni l'un ni l'autre ne connaissait les livres des Hindous ; ils ne pouvaient se faire une idée juste de leurs systèmes astronomiques, et les conclusions de M. Bailly portaient sur des fondemens très-mal établis. Les Tables de Tirvalour dont il fait remonter l'époque à l'âge du cali-youg, n'ont été écrites que 4583 ans plus tard, c'est-à-dire il y a 516 ans (en l'an 1281). Elles ont été disposées de manière à donner les positions des planètes en partant de l'une de ces époques comme en partant de l'autre, avec toute la précision qu'on pouvait avec les connaissances qu'on avait alors.

Pour dissiper toutes les illusions, M. Bentley va exposer de la manière la plus claire et la plus simple, le système d'après lequel les Hindous forment leurs Tables.

Un principe admis presqu'universellement, c'est qu'il faut prendre une époque où toutes les planètes sont en conjonction au premier point d'Aries. *On agit comme si cette conjonction générale avait été réellement observée, et l'on détermine les mouvemens moyens qui donneront pour le tems de l'auteur les positions des planètes, telles qu'il a pu les déterminer. En fixant ainsi les époques, ils remontent assez haut dans l'antiquité pour que les erreurs de l'époque ancienne s'évanouissent quand elles sont divisées par le nombre d'années qui se sont écoulées dans l'intervalle ; ensorte que les mouvemens moyens employés ne diffèrent des mouvemens tels qu'on les connaît, que de quantités absolument insensibles.*

« Supposons qu'on prenne pour époque une année éloignée de » 648000 ans ; sans nous embarrasser de la position réelle des planètes » à ce moment (puisqu'il est impossible de la déterminer), on fera » toutes les longitudes $= 0$. La plus grande erreur qu'on y pourra com-» mettre sera de $\pm 180°$. Or $\frac{180°}{648000} = \frac{10800'}{648000} = \frac{648000''}{648000} = 1''$. » M. Bentley dit $0'',1$; il faut qu'il ait voulu mettre un zéro de plus au dénominateur.

Cette idée de M. Bentley est à fort peu près celle qui m'était venue à la première lecture du Livre de M. Bailly, c'est-à-dire avant l'impression du premier volume des Recherches asiatiques. Je me disais : Un astronome, en 1491 ou telle autre année qu'on voudra, connaît les lieux des planètes et leurs moyens mouvemens bien ou mal déterminés; il en conclut l'époque d'une conjonction générale ou presque générale. La conjonction exactement rigoureuse est impossible ou le mènerait trop loin; mais sans remonter si haut, il trouvera des réunions dans un arc de quelques degrés, il négligera les différences, il placera toutes les planètes au même point, soit zéro, soit tel autre. Les degrés négligés, divisés par le nombre d'années, se réduiront à des fractions insensibles qui seront les corrections à faire aux mouvemens annuels. C'est ainsi que j'ai toujours cru que se sont formées toutes les périodes civiles et astronomiques, c'est-à-dire en cherchant des nombres à peu près égaux dans les multiples des périodes particulières de tous les astres qu'on veut mettre en conjonction. C'est ainsi que les Grecs et les Chaldéens ont formé les périodes de 19 ans et celle de l'exéligme.

Cette idée est si naturelle, que je me suis toujours étonné qu'elle n'eût pas fait tomber la plume des mains de Bailly, et elle a fait que je n'ai jamais pu accorder la moindre confiance aux prétendues preuves dont il s'appuie, et que jamais je ne les aurais sérieusement discutées, si j'avais pu m'en dispenser dans cette Histoire de l'Astronomie.

Pour exemple de son idée, M. Bentley se propose de faire des Tables dans la forme indienne, pour l'époque du cali-youg, d'après les Tables de l'Astronomie de Lalande pour 1793; il trouve par ce moyen, pour le cali-youg, les longitudes suivantes :

	Longitudes absolues.	Longitudes relatives.
☉	0ˢ 20° 52′ 28″,5	0ˢ 0° 0′ 0″,0
☽	3.22.55. 9,5	5. 2. 2,42,8
☿	3.22.42.42,0	5. 1.50.13,5
♀	2.24. 6.14,0	2. 5.13.45,5
♂	5. 4.50.40,0	2.13.58.11,5
♃	1.29.58. 2,1	1. 9. 5.33,6
♄	3.24.16.56,1	5. 5.24.27,6

L'année des Indiens est de 565ʲ 15ʰ 51′ 51″ 24‴; c'est le tems d'une révolution complète du Soleil. Pour cette année, les Tables de l'Astronomie de Lalande donnent les mouvemens suivans :

Mouvemens pour une année indienne.

☉	1ˢ 0ᶠ 0ᵉ 0ᵈ 58″ 40‴ 26	1ˢ 0ᶠ 0ᵉ 0ᵈ 0ᵉ 0‴ 00
☿	13.4.12.47.39.17,03	13.4.12.46.40.36 ,78
♀	4.1.24.46.35.36 ,90	4.1.24.45.36.56, 6
♂	1.7.15.12.22.18 ,40	1.7.15.11.23.38, 1
♃	0.6.11.25.17.49 ,30	0.6.11.24.19. 9, 0
♅	0.1. 0.51.49. 9,20	0.1. 0.20.50.29,
♄	0.0.12.14. 8. 0,90	0.0.12.13. 9.20, 6

Nous trouverons ainsi 58″ 40‴,26 de trop pour le Soleil ; retranchez cette qauntité de tous les mouvemens, vous aurez les mouvemens relatifs de la seconde colonne.

Multipliez ces mouvemens relatifs par 4900 ; supprimez toutes les parties fractionnaires de chaque produit ; remplacez-les par les signes, degrés minutes et secondes trouvés ci-dessus par nos Tables, et divisez le tout par 4900, vous aurez les mouvemens requis tels que les voici.

		Excès des mouv. corrigés sur nos mouvemens.
☉	1. 0ᶠ 0ᵉ 0ᵈ 0ᵉ 0‴ 0	
☿	13.4.12.45.40.41.55	— 0″ 4‴ 7
♀	4.1.24.45.12.22.21	+ 24.34.4
♂	1.7.15.11.47.45.72	— 24. 2.5
♃	0.6.11.24.10.15.81	+ 8.55.2
♅	0.1. 0.21. 3. 0.41	— 12.31.4
♄	0.0.12.12.53.55.93	+ 15.24.4

Ainsi des changemens de quelques secondes dans les mouvemens annuels satisferont aux conditions qu'on se sera imposées.

Un astronome européen qui n'aurait aucune idée de la manière des Hindous, et qui trouverait ces mouvemens dans leurs Tables, se laisserait tromper par les apparences, et supposerait à ces Tables une antiquité qu'elles seraient loin d'avoir dans la réalité. (Mais il faudrait en outre qu'il n'eût jamais regardé nos Tables ; car en les voyant commencer toutes à l'an — 800, il devrait aussi penser que nous les avons établies sur des observations réellement faites en — 800 et + 1790 : c'est pourtant dans cette erreur que Bailly est tombé.)

Quoique ce moyen conserve aux Tables toute la précision qu'on a pu leur donner au point réel de départ, cependant à la longue elles s'écarteraient du ciel, et les Hindous ont depuis observé assez pour entrevoir au moins les différences qu'ils ont corrigées par des modifications appelées *bija* (et qui, comme nous avons vu, consistent à diminuer de quelques nombres entiers ceux des révolutions supposées originairement).

Les systèmes des Hindous peuvent se ranger en trois classes.

Les premiers supposent une conjonction générale de toutes les planètes, des apogées et des nœuds, au premier point d'Aries, et cette conjonction a pour période le calpa de 4320000000 ans qui a commencé 1972944000 ans avant le cali-youg. Il paraît que Brohma-Gupta est l'auteur de cette énorme période.

D'autres supposent une conjonction générale et vraie au commencement et à la fin du calpa de Varaha, avec une conjonction moyenne à la fin de certains cycles. Le calpa de Varaha est de la même longueur, mais il a commencé 17064000 ans plus tard. Il tire son nom de son auteur Varaha-Mihir, qui a composé le Sourya-Siddhanta.

Les troisièmes ne supposent aucune conjonction ni au commencement ni à la fin du calpa. A la première classe appartiennent les œuvres de Brohma-Gupta, le Siddhanta et le Seromoni de Bhascar qui ne mettent pas de conjonction au cali-youg.

A la seconde, le Sourya-Siddhanta, le Soma-Siddhanta, le Varishta-Siddhanta et autres qui placent une conjonction moyenne au cali-youg seulement, comme le Jac-Karnob de Varahi, les Tables de Tirvalour, etc.

A la troisième appartiennent Brohma-Siddhanta, Vichnou-Siddhanta, Bhasvoti-Droubo-Rothono, Choudrika, etc. Ces derniers se rapprochent du système européen.

Dans le Sourya-Siddhanta la moindre période de la conjonction générale est de 1080000 ans, ou le quart du maha-youg. Le Soleil fait 1080000 révolutions; la Lune 14438334; Mercure 4484265; Vénus 1755594; Mars 574208; Jupiter 91055, et Saturne 36642.

Ces révolutions ont été trouvées en multipliant les moyens mouvemens par 1080000, et supprimant les fractions de révolutions moindres que de $6'$, et en ajoutant une révolution quand la fraction surpassait $6'$. Or $6' = 648000$ et $\frac{648000}{1080000} = \frac{648}{1080} = \frac{108}{1080} = \frac{18}{30} = \frac{6}{10} = 0'',6$. La plus grande erreur est donc $0'',6$, en supposant exacts les mouvemens primitifs.

Pour se rapprocher des observations, on ajoute quelques révolutions ou on les retranche. Ainsi dans le Sourya-Siddhanta on a ajouté cinq révolutions de Mercure, cinq de Vénus, deux de Jupiter, une de Mars, et cinq de Saturne.

M. Bentley donne ensuite des moyens analogues par lesquels on a trouvé les révolutions des absides et des nœuds.

Nous avons donné l'année solaire du Sourya-Siddhanta ; quand un Hindou veut former un système nouveau d'après des observations nouvelles, il est obligé de déterminer la durée de l'année qui convient à ce système.

Pour trouver la durée de l'année, il faut connaître le commencement d'une année, et le tems écoulé depuis le commencement du cycle jusqu'à l'année connue. Or ce commencement se connaît par la distance observée du Soleil à une étoile. On cherche le tems où la différence de longitude est égale à la longitude de l'étoile ; alors le Soleil est nécessairement au commencement du zodiaque. On trouve dans les livres hindous la longitude des 27 étoiles Yoga ; *mais je n'ai pu découvrir encore de quelle manière se fait l'observation de la distance.* On suppose généralement que l'Epi est l'étoile observée. La longitude de cette étoile est de 6ʳ 5° dans la sphère hindoue, suivant Brohma-Gupta et quelques autres, ce qui avait lieu vers l'an 510 de notre ère.

Suivant Varaha, l'an 3601 du cali-yong a dû commencer à l'équinoxe du printems. La longitude de l'Epi devait être alors de 6ʳ 2° 56′ 43″ ; ce qui ne diffère que de 5′ 17″ de la précédente.

Quand le Soleil entre dans le Bélier, sa longitude moyenne est 0ʳ 2° 7′ 24″, ce qui diffère de six signes à peu près de la longitude de l'Epi ; et nous fournit un moyen de trouver le commencement de l'année hindoue. Les commencemens de deux années successives donnent la durée de l'année sidérale à chaque époque.

Suivant les Européens, l'année sidérale est de 365ʲ 6ʰ 9′ 11″ 56‴. C'est le tems qui ramènerait le Soleil à la même distance de l'Epi. On peut demander pourquoi l'année sidérale des Hindous est plus longue que celle des Européens. La différence pour la durée du cali-yong est de 9′ 5a″ 39‴ 16⁗.

Soit *d* cette différence, *s* l'année sidérale, *h* l'année hindoue, *n* le nombre des jours écoulés du cali-yong, vous aurez

$$s + \frac{d}{n} = h, \quad d = n(h - s) \quad \text{et} \quad n = \left(\frac{d}{h - s}\right).$$

M. Bentley en donne une Table de 100 en 100 ans.

La longueur de l'année étant déterminée soit par la distance à l'Epi de la Vierge, soit par la précession des équinoxes, M. Bentley montre ce qui reste à faire à l'astronome qui veut établir un système complet à la manière du Sourya-Siddhanta; puis il passe aux planètes.

Les équations des orbites des planètes, dans les Tables hindoues, diffèrent considérablement des équations européennes, ce qui vient en partie de la manière dont elles sont calculées, en partie de l'inexactitude des observations, et en partie de leur ancienneté. Les astronomes indiens se sont à cet égard copiés les uns les autres. Celles qu'on voit dans différentes Tables semblent avoir été calculées par Varaha, ou peut-être copiées par lui dans des Tables plus anciennes.

Varaha faisait l'obliquité de 24°; Brahma-Gupta la faisait de la même quantité cinq ou six cents ans plus tôt. Ils n'y cherchaient pas une exactitude de plus d'un demi-degré. On ne peut donc employer ni l'obliquité ni les équations pour déterminer le tems de la composition des Tables.

Les aphélies et les nœuds n'ont pu être déterminés que très-imparfaitement par les Hindous. (On ne voit pas même par quelle espèce d'observations ils en ont pu avoir une connaissance même inexacte; nous sommes dans l'ignorance la plus parfaite sur leur manière d'observer.) Il faut rejeter de même les nœuds et les aphélies.

M. Bentley cherche ensuite à déterminer l'âge du Sourya-Siddhanta. La meilleure manière de déterminer cet âge, est de comparer les lieux de quelques planètes calculées sur ces Tables, avec les lieux calculés sur nos Tables modernes.

Quel que soit le système suivi par un Hindou, on doit penser que ses Tables sont plus exactes pour l'âge où il les a faites que pour tout autre.

Ainsi la différence entre le mouvement séculaire de l'apogée de la Lune suivant le Sourya-Siddhanta et les Tables de l'Astronomie de Lalande, est de 42' 10″,9. Supposons que Varaha ait bien déterminé pour son tems la position de l'apogée, il s'ensuivra qu'au bout de cent ans le lieu de l'apogée sera en erreur de 42'. Deux cents ans après, l'erreur sera double. D'après cette idée, l'époque de l'apogée aurait été déterminée 605 ans avant l'époque de 1795 ou en 1194.

Par des calculs pareils sur le nœud, M. Bentley trouve 580 ans. Les équations trouvées par M. Laplace changeraient quelque chose à ces déterminations, et d'ailleurs on ne peut répondre absolument des positions trouvées par Varaha.

Par le mouvement de l'apogée du Soleil, on trouverait 1105, mais le mouvement est si lent, si difficile à connaître, que ce résultat ne doit pas entrer en compte avec les autres.

Mercure qui s'écarte peu du Soleil, fournirait un résultat de signe contraire ; on ne peut donc absolument rien tirer de Mercure.

Vénus donne 860 ; Mars ne donne que 140, ce qui est évidemment trop faible.

Pour Jupiter, Saturne et le Soleil, M. Bentley a fait usage des nouvelles équations.

L'aphélie de Mars donne 641 ; l'année sidérale 736 ans.

Le milieu entre tous ces résultats divers est 730,6 ou 731 à retrancher de 1792 ; on aura donc l'an 1061 de notre ère.

Ainsi les recherches de Varaha seraient postérieures aux travaux des Arabes, et à plus forte raison postérieures à ceux des Grecs.

Indépendamment de tout calcul, on peut déterminer l'âge de Varaha.

Le Bhasvoti a été composé en 1201 par un disciple de Varaha. Celui-ci vivait donc dans le douzième siècle, et l'époque de la plus grande exactitude de ses Tables doit être vers 1100.

Varaha est auteur d'un autre ouvrage intitulé *Jatok Arnob*. On y trouve des mouvemens qui ne diffèrent de ceux du Sourya-Siddhanta que par quelques fractions de tierces qui sont omises dans le Sourya-Siddhanta. Ces mouvemens sont donc du même auteur, et ceux du Jatok Arnob doivent être les mouvemens originaux. Or l'âge du premier ouvrage se trouve par le calcul, 739 avant 1799 ou 1060.

Le Brohma-Siddhanta, le Vishnou-Siddhanta, le Siddhanta-Manjeri et plusieurs autres, en parlant du Calpa, le nomment le Calpa de Varaha. Tout ouvrage qui cite Varaha ou son Calpa est décidément moderne.

Il est probable qu'à l'époque de sa composition, le Sourya-Siddhanta portait le nom de Varaha ; mais après sa mort les prêtres trouvèrent le moyen d'effacer son nom, et d'introduire le conte ridicule de la révélation faite à Maya, et c'est sur ce conte qu'on a bâti l'antiquité qu'on a voulu donner à cet ouvrage. On compte dix-huit systèmes prétendus révélés.

Ces livres sont devenus extrêmement rares ; cependant M. Bentley est parvenu à se procurer le Soma-Siddhanta, le Brohma-Siddhanta, le Vichnou-Siddhanta, et le Vasishta-Siddhanta, ainsi que Groho-Jamal, l'un des livres qu'on dit écrits par Siva. Mais ces traités suffisent pour nous donner une idée juste de tous les autres.

M. Bentley pense que le Bhasvoti a été calculé par le méridien de Siam, l'an 1023 de Saka, c'est-à-dire 1099 ans de notre ère ; il y a été introduit 167 ans après sa date. De cette remarque on peut déduire avec beaucoup de facilité l'âge des divers Siddhanta imaginés successivement pour remplir les vues des Brahmines.

Après Varaha, l'astronome le plus célèbre est Bhascar-Acharia, né l'an 1506 de Saka, et qui, à l'âge de 36 ans, composa le Siddhanta-Siromoni.

Le Mémoire est terminé par les règles qui servent à traduire une date indienne en une date européenne. Ces règles sont facilitées par des Tables. Nous n'entrerons pas dans ces détails qui nous sont parfaitement inutiles, puisque les livres indiens n'offrent aucune observation à calculer.

Le système exposé dans ce Mémoire, est tellement simple et tellement raisonnable, qu'on y serait conduit même sans le secours des livres indiens ; mais quand on voit qu'il est rédigé d'après un examen sérieux de ces livres, on ne sent pas comment il serait possible de le révoquer en doute, et de lui opposer les calculs systématiques d'astronomes européens qui n'ont vu aucun des livres originaux. Pour l'attaquer, il faudrait chercher des raisons et des faits puisés dans les livres indiens.

Tout nous confirme donc dans notre idée que l'Astronomie des Hindous est totalement étrangère à la nôtre. S'il y a quelques ressemblances, elles viendront ou de la nature même de la chose, ou d'emprunts faits par les Indiens aux Arabes, instruits par les Grecs, plutôt que faits aux Indiens ou par les Arabes qui sont venus trop tard, ou directement par les Grecs. Les méthodes énigmatiques des Indiens ont toujours été inconnues aux Grecs, et ne nous ont été expliquées que depuis un petit nombre d'années ; ensorte que les Grecs n'ont eu aucune obligation aux Indiens, si ce n'est peut-être pour les constellations, ce qui d'ailleurs est loin d'être prouvé ; mais nulle certainement pour la partie mathématique que nous voyons clairement démontrée par les Grecs, tandis que les Indiens ne donnent la preuve de rien. Enfin on ne peut affirmer qu'ils aient observé, pas même qu'ils aient eu le moindre instrument. Les travaux des Indiens, si tant est qu'ils aient travaillé, sont un chapitre à part, et l'on pourrait absolument le supprimer, sans que le tableau des progrès de la science en fût moins complet.

On trouve dans le même volume deux planches qui représentent les constellations des peuples de Burma. Nous nous bornerons à la simple mention, ces constellations et leurs figures, parfois équivoques, ne pouvant être d'aucune utilité pour notre plan.

Tome VIII, n° 6. Des systèmes astronomiques des Hindous, et de leur connexion avec l'Histoire dans les tems anciens et modernes; par M. J. Bentley.

Le Mémoire dont nous venons de rendre compte a été attaqué dans le premier cahier de l'Edinburgh Review. L'auteur se propose ici de répondre à ces critiques.

Le Journaliste objectait qu'il n'était pas prouvé que Varaha-Mira fût le Varaha auteur du Sourya-Siddhanta. M. Bentley établit sa première assertion sur des preuves trop longues pour être ici analysées. Il prouve contre le journaliste que le peu d'accord entre les résultats de Mars et de l'apogée du Soleil ne prouve pas que les erreurs des Hindous fussent si considérables, et la preuve qu'il en donne est évidente; on peut même dire que l'objection du critique était bien peu fondée, et que le milieu entre tous les autres résultats, a toute la probabilité qu'on peut desirer en ces matières. Il le confirme d'ailleurs par nombre de calculs nouveaux et que nous croyons inutile de copier ici.

D'après les recherches précédentes, les Tables ont dû être calculées vers l'an 4100 du cali-youg, ou vers l'an 999 de notre ère. Il prouve que toutes les parties de son système se tiennent, que ses suppositions sont les seules qui puissent expliquer le nombre des périodes de chaque planète, contenu dans la grande période; les mouvemens des différentes planètes, les erreurs qu'on y remarque, ou si l'on veut, les différences entre ces Tables et les Tables modernes. La défense paraît d'une solidité, d'une justesse qui ne laisse rien à desirer. Au reste cette question nous est en quelque façon étrangère. Que le système de M. Bentley soit véritable ou simplement spécieux, il n'en sera pas moins vrai qu'on ne trouve aucune observation, aucun des fondemens sur lesquels reposent ces Tables et ces périodes. Il passe au Graha-Manjéri qui parle d'un autre Calpa. En voici les différentes parties.

```
Satya-young...........................      960 ans.
Tréta................................      720
Douapar..............................      480
Cali-young...........................      240
                                           ————
Maha-young...........................     2400
     70..............................    16800
     Satya-young.....................      960
                                          —————
Manouantara..........................   171360
                                         685440
     Satya............................      960
                                         —————
Calpa................................  2400000
```

Les années écoulées se calculent comme il suit :

```
Satya au commencement......         960 ans.
6 manouantaras complets......    1028160
67 maha-yougs................     160800
Jusqu'à l'ère de Vicramaditya..      707
                                 ————————
Années expirées..............    1190627
```

D'où l'on conclut que le cali-young du soixante-septième maha-young du septième manouantara de ce système, finit 707 ans avant Vicramaditya, ou 764 avant notre ère, ce qui est à fort peu près le tems des plus anciennes observations chaldéennes. En conséquence

```
                                            av. J.C.   diff.
Le satya-young de l'âge d'or commençait en   3164
Le tréta-young ou l'âge d'argent........     2204      960
Le douapar-young ou l'âge d'airain.......    1484      720
Le cali-young ou l'âge de fer............    1004      480
Il a fini en.............................     764      240
                                             ————
          3164 — 764 == 2400
```

Pendant la première période de 960, appelée *l'âge d'or*, les Hindous n'ont point d'Histoire réelle, tout y est fabuleux, *excepté le déluge, représenté allégoriquement par l'incarnation du Poisson.*

Dans la seconde, qui est l'âge d'argent, commence l'Empire Hindou sous les dynasties solaire et lunaire; et depuis Badha, le fils de Soma, le premier de la ligne lunaire, ils comptent 50 règnes jusqu'à la fin du douapar, ce qui donne 24 ans pour chaque règne.

Le même ouvrage fait mention d'un autre système composé de 5876oooo ans, soudivisé comme il suit :

Le calpa contient....................	5ooo ans.
La nuit est de même longueur......	5ooo
Le jour et la nuit ensemble........	10000
3o de ces jour-nuits font un mois....	3ooooo
12 mois font une année............	36ooooo
Et 107 de ces années et 8 mois font la période entière ou la vie de Brahma....	5876oooo

Le calpa ou jour de Brahma est divisé en manouantaras et yougs, comme il suit :

Un satya contient........	2 ans	o mois.
tréta..............	1	6
douapar............	1	o
cali...............	o	6
maha-youg..........	5	o
71 maha-youg.................	355	
avec un satya.................	2	
font un manouantara..............	357	
14 manouantaras..............	4998	
Satya comme au commencement...	2	
Calpa ou jour de Brahma..........	5ooo	

Les années de ce système écoulées au commencement du satya ou âge d'or de l'autre système étaient..........	212560000
De là jusqu'à l'ère chrétienne.................	3164
Années écoulées au commencement de l'ère chrétienne...	212563164
Otez l'âge de Brahma, au tems de la création..........	193799286
De la création à l'ère chrétienne.................	18763878
	3752

Divisez par 5ooo et vous aurez le nombre de fois que le monde a été détruit et recréé ; le reste de la division sera le nombre d'années expirées depuis la création.

Le monde avait donc été détruit 3752 fois. 3878 sera le nombre des années depuis la dernière création jusqu'à l'ère chrétienne.

Le 1er manouantara commence, avant J. C... 58-8 ans.
2e 3521
3e 3164
4e 2807
5e 2450
6e 2093
7e 1736
8e 1379
9e 1022
10e 665
11e 3o8
12e .... après J. C...   49
13e 4o6
14e 763
Et il a fini en .... 1120.

D'après ces principes, l'auteur construit une Table chronologique de l'Empire Hindou.

Dacsha paraît avoir formé les 27 maisons lunaires, et d'autres constellations dont, allégoriquement, il est dit le père. Ce Dacsha paraît avoir quelque ressemblance avec Atlas, qui, suivant la mythologie payenne, était le père des Pléiades et des Hyades, qui sont le Criticà et le Rohini de Dacsha. Atlas est supposé fils d'Asia, la fille de l'Océan; et les Pouranas font Dacsha petit-fils de la fille de l'Océan.

« Nous allons maintenant parler des observations qui nous ont été » laissées par Parasara, Gargu et autres anciens ; ce qui nous mettra en » état d'estimer l'âge où ils ont vécu, aussi bien que les progrès que fit » alors la science astronomique dans l'Inde.

» Il paraît, par ce qu'on voit dans le Parasari-Sanhita, relativement » aux six saisons hindoues, que le colure du solstice passait par le » premier point de Dhanishthà et le milieu d'Aslecha, pendant que le » colure de l'équinoxe coupait le dixième degré de Bharani et 3° 20′ de » Visac'ha.

» Les mêmes positions du colure sont données dans un petit Traité » sur l'ancienne Astronomie, annexé aux Védas, et que possède » M. Colebrooke.

» Vers l'an + 527, le colure des solstices, suivant Brahma-Gupta, » coupait Vashara en 5° 20′, et Pounarvasou dans le dixième degré, ce » qui fait une différence de 23° 20′ depuis le tems de Parasara.

A raison de 50" par an
» 23° 20' font.................... 1680 ans.
» De l'an 527 jusqu'aujourd'hui... 1277
                                    ‾‾‾‾
» Total des années depuis Parasara 2957

» Ce qui fait 150 ans avant le commencement du cali-youg, du premier
» système de Grahamansari, et 130 ans plutôt que la 131ᵉ avant la fin
» du huitième manouantara du second système. »

Le même ouvrage suppose que le Soleil et la Lune se retrouvent en conjonction au premier point de Sravishtha, au solstice d'hiver, à la fin de chaque cycle de l'youg de 5 ans. Dans cette période, la Lune faisait 62 révolutions synodiques et 67 révolutions sidérales; car il semble qu'on n'avait aucune connaissance de la précession des équinoxes.

Dans ce cycle de 5 ans, on comptait 1830 jours solaires, et 1860 jours lunaires.

Les jours solaires d'une année étaient 366
Les jours lunaires................. 372

Il est dit en note que 500 ans avant J. C., Cadmus introduisit en Grèce l'octaétéride de 99 lunaisons, ce qui fait par année 371 ¼. La différence ¾ retranchée de 366 jours solaires, donne 565 ¼ pour l'année de Cadmus. Les 8 années donnent 2922 jours solaires.

$$\frac{2922}{99} = 29^j\ 12^h\ 21'\ 49''\ \tfrac{7}{11}.$$

La lunaison de Cadmus est de 1' 24" plus courte que celle des Hindous.

Moyen mouvement annuel de la Lune 13' 4ˢ24° 0'
Mouvement diurne..................   15° 10' 49" $\tfrac{11}{61}$
Révolution périodique de la Lune... 27' 7ʰ 51' 20" $\tfrac{42}{67}$
Révolution synodique.............. 29.12.23.13. $\tfrac{17}{37}$

le plus long jour étant de 12ʰ 48', et la latitude de 13 ½ nord.

On ne fait aucune mention des jours de la semaine, ni des 12 signes qui paraissent avoir été introduits plus tard.

De cet exposé l'auteur conclut que, il y a 3000 ans, les Hindous n'avaient rien qu'on pût appeler une Astronomie, pas plus que les autres nations. On voit qu'ils se trompaient de 20' 49" ½ sur la durée de la révolution synodique; ce qui devait faire une erreur d'une lunaison en moins de 165 ans.

Après cette période, on ne trouve rien sur l'Astronomie jusqu'à Brahma-Gupta. Voilà donc une lacune de 1680 ans dans l'Astronomie hindoue. Cet astronome vivait en + 527, et trouvant tous les systèmes imparfaits, il composa un nouveau système sur une plus grande échelle, en faisant le calpa de 4320000000 ans ; et dans cette durée, il assignait aux planètes les révolutions suivantes.

	Révolutions.	Apsides.	Nœuds rétrogr.
☉	4320000000	480	. . . .
☽	57753300000	488105858	232311168
☿	17936998984	332	511
♀	7022389492	653	893
♂	2296828522	292	267
♃	364226455	855	63
♄	146567298	41	584

(Les Indiens n'avaient proprement aucune Astronomie ; ils n'ont commencé que l'an 527, quatre cents ans après Ptolémée. Il est assez clair que les Grecs ne leur doivent rien ; il n'est pas aussi clair qu'ils ne doivent rien aux Grecs.)

Les révolutions des équin., en 4320000000 ans, sont   199669

Les jours solaires moyens. 1577916450000

Jours lunaires ou tithis. 1602999000000

Ce premier jour du calpa était un dimanche. Au lever du Soleil, toutes les planètes sont en conjonction moyenne au premier point d'Ariès dans la sphère hindoue. Les années expirées de ce système, au premier jour de Vaisacha sont au nombre de. . . . . 1972948905.

Ces données suffisent pour calculer les lieux des planètes pour un instant quelconque. C'est à ce système que les Hindous ont transporté leur histoire. Ce transport donnait lieu à mille absurdités palpables : pour les déguiser, il a fallu refondre tous les pouranas, introduire des fictions, des prophéties qui répondissent au but qu'on se proposait ; mais ces moyens mêmes font encore mieux ressortir la folie de l'entreprise.

Ce système d'antiquité, quoique propre à flatter à beaucoup d'égards la vanité nationale, excita de nombreuses réclamations qui durèrent tant qu'on conserva le souvenir de l'ancien ordre ; on sentit donc la nécessité d'en faire disparaître tous les restes. En effet, on trouve une tradition qui dit que les Maharastras (Marattes) détruisirent tous les ouvrages des anciens astronomes qu'ils purent rencontrer : ce qui explique la lacune qui se trouve avant Brahma-Gupta ; mais la destruction a dû s'étendre à tous les ouvrages qui paraissaient contredire le système nouvellement établi.

Il résulte de cet exposé, qu'il n'existe pas un seul livre qui ait plus de 1500 ans d'ancienneté, s'il fait la moindre mention de ces énormes périodes ; qu'aucun des romans qu'on appelle *Pouranas* ne peut avoir 684 ans de date, et que quelques-uns sont encore plus modernes.

En finissant, l'auteur donne de nouvelles preuves que Varaha-Mihira vivait il y a environ 700 ans, et sa dernière conclusion est que l'opinion que les Hindous ont de leur antiquité, est fondée principalement sur la vanité, l'ignorance et la crédulité.

Un grand Mémoire sur la Géographie qui vient après, n'est qu'un tissu d'absurdités les plus incroyables, et dont nous ne dirons ici rien autre chose pour l'honneur des Hindous ; nous nous bornerons à traduire le premier paragraphe qui répond à deux des questions de M. Playfair.

« Les Indiens n'ont point de nom ni pour la Géographie, ni pour la
» Géométrie ; mais il n'en faut pas induire qu'ils aient entièrement négligé
» ces deux sciences : ils avaient certainement des connaissances en Géo-
» métrie, mais ils les considéraient avec quelque raison comme faisant
» partie de la science des nombres. On ne trouve chez eux aucun terme
» qui réponde à ce que nous désignons par les mots *Géodésie* ou *Arpen-*
» *tage.* Dans le tems du fameux Jaya-Sinha, Raja de Jayapour, les savans
» de la cour employaient le nom *chestra-dersana* ou *l'inspection et la*
» *connaissance des figures* ; un Traité de Géométrie composé par ordre
» de ce prince, porte encore ce nom. Ces élémens commencent par une
» recherche sur les propriétés des lignes simplement combinées entre
» elles. Cette combinaison est appelée *acshestra* ou *informe.* On procède
» ensuite à la considération des figures régulières, comme le triangle,
» le carré, le cube, etc. ; un angle est appelé *acshétra* ou *informe.* »

Les Hindous ont deux Traités de Géographie en sanscrit ; l'un est du cinquième et l'autre du dixième siècle de notre ère, etc.

Dans le tome IX, n° VI, on trouve un Mémoire de M. Colebrooke sur les divisions indiennes et arabes du zodiaque.

Le premier objet de l'auteur avait été de déterminer exactement quelles étaient les étoiles qui donnent leur nom aux divisions indiennes du zodiaque.

Cette détermination n'était pas aisée ; aucun astronome du pays n'était en état d'indiquer dans le ciel les étoiles dont ils ne savaient que les noms ; il fallut donc recourir aux livres qui donnent les positions de ces étoiles principales. Mais ces positions ne sont pas toujours bien d'accord ; c'est ce qui a fait naître l'idée de comparer les nakschatras des Hindous avec les maisons lunaires du zodiaque arabe. L'auteur se flatte qu'il va donner les lieux exacts des étoiles par lesquelles les Hindous désignent l'orbite de la Lune.

M. Jones a cru que les zodiaques indien et arabe n'avaient point une origine commune ; l'auteur penche pour l'opinion contraire. La coïncidence lui paraît trop exacte en plusieurs points, pour être l'effet du hasard ; les différences prouvent seulement que la nation qui a reçu de l'autre son zodiaque, ne s'est pas bornée à le copier servilement ; il soupçonne que ce sont les Arabes qui ont adopté, avec de légères variations, une division qui était familière aux Hindous. Nous savons, dit-il, que les Hindous ont conservé la mémoire d'une ancienne position des colures relativement aux constellations qui font la division de leur zodiaque, tandis qu'on ne trouve chez les Arabes aucune trace semblable de leurs maisons lunaires, comme divisions du zodiaque, dans des tems si éloignés.

M. Jones se bornait à de simples conjectures ; il ignorait que les Hindous eux-mêmes placent quelques-unes de leurs constellations assez loin des limites du zodiaque.

Les étoiles principales sont désignées par le nom d'*yogatara* ; ce sont les plus brillantes de chaque groupe. Le Sourya-Siddhanta spécifie la situation relative de l'yogatara aux étoiles voisines, et cette position n'indique pas toujours la plus remarquable.

La manière dont on a déterminé les positions des étoiles, n'est pas expliquée dans les ouvrages originaux cités dans ce Mémoire. Le Sourya-Siddhanta dit seulement que l'astronome doit former une sphère, et examiner le sphuta-vicshepa et le sphuta-dravaca, que M. Colebrooke traduit par les mots *latitude* et *longitude*. Les commentateurs disent qu'il faut construire un instrument sphérique, le *golayantra*, suivant les instructions qu'on trouvera plus loin ; et l'on verra bientôt que cet instrument est une sphère armillaire. Un cercle additionnel divisé en degrés et minutes, tourne autour des pôles ; il s'appelle *ved'havalaya* ou *cercle intersecteur*, et paraît être un cercle de déclinaison. L'instrument doit avoir son axe dirigé aux pôles, et son horizon doit être assuré par un niveau d'eau.

L'instrument étant ainsi placé, l'observateur vise à Revati (ζ des Poissons) par un trou qui marque le centre de la sphère ; et ayant trouvé l'astre, il y fait répondre la fin du signe des Poissons sur l'écliptique. L'observateur cherche ensuite un astre quelconque, sur lequel il amène le cercle mobile ; la distance en degrés de l'intersection de ce cercle avec l'écliptique, à la fin des Poissons, est la longitude d'hruvaca de l'astre ; le nombre de degrés du cercle mobile, depuis l'intersection jusqu'à l'étoile, est la latitude vicshepa, nord ou sud.

Le commentateur ajoute que la latitude ainsi trouvée, est apparente (sphut'a) ; c'est la différence de déclinaison entre l'étoile et le point de l'écliptique, qui a la même ascension droite. Mais la véritable latitude (asphutà) se trouve sur un cercle qui passe par les pôles de la sphère céleste ; la longitude trouvée diffère aussi de la véritable longitude.

Le même commentateur ajoute que les longitudes et latitudes du texte sont celles qui sont données par l'observation (*arc of the description thus explained*), et que celles qu'on trouve dans le Siddhanta sont adaptées au tems où l'équinoxe était à l'origine de l'écliptique au commencement de Mécha.

L'étoile ζ des ♓ était en 1800, en o^r 17° 5′ et o° 15′ A ; 17° 5′ répondent à 1230 ans ; ζ était à o° en 570 ; α ♍ était en 1800, en 6^r 21° 5′, latitude 2° 4′ A.

Soit γ Q l'équateur, (fig. 14), γ AB l'écliptique, ED le cercle mobile de déclinaison.

L'observation donnait γ A, longitude du point de l'écliptique qui se trouvait sur le cercle de déclinaison des étoiles E ou D ; la véritable longitude de E était γ B $=$ γ A $+$ AB, la latitude était EB ; la longitude de D était γ C $=$ γ A $-$ AC, la latitude était DC.

$$\sin EB = \sin EA \sin A = \sin (D - \delta) \sin A , \quad \tang AB = \tang (D - \delta) \cos A ,$$
$$\sin CD = \sin AD \sin A = \sin (D + \delta) \sin A , \quad \tang AC = \tang (D + \delta) \cos A .$$

Cette manière d'observer laissait deux calculs à faire pour chaque étoile ; les Indiens se dispensaient de ces calculs. Elle donnait l'ascension droite et la déclinaison, mais on n'en parle pas ; elle conduit naturellement au calcul arabe qui change les ascensions droites et les déclinaisons en longitude ou latitude, et réciproquement. Si les Hindous observaient ainsi en 570, ils ont précédé les Arabes ; mais leur golayantra sera l'astrolabe d'Hipparque.

1. Asouini, qui est à présent le premier nakschatra, était anciennement

l'avant-dernier. Il occupe les 13 ½ premiers degrés de Mécha; il est figuré
par une tête de cheval, et comprend trois étoiles, dont la boréale, qui est
aussi la principale, est placée par les anciens auteurs à 10° nord et à 8° est
du commencement de Mesna.

La première mansion des Arabes, Sherat'an, comprend deux étoiles
de troisième grandeur à la tête d'Ariès, et dont les latitudes sont 6° 26′
et 7° 51′ nord, les longitudes 26° 13′ et 27° 7′; ils y joignent une troisième
étoile de la tête d'Ariès. La brillante, de deuxième à troisième grandeur,
a 9° 30′ de latitude nord, et 1' o° 43′ de longitude : c'est apparemment la
même que l'étoile principale de l'astérisme indien.

Plusieurs pandits consultés par l'auteur, ont indiqué pour cet astérisme,
les étoiles α, β, γ du Bélier. D'après ces autorités et plusieurs autres,
l'auteur ne doute nullement de cette coïncidence, quoique la longitude
d'α soit plus forte de ½ degré que celle qui se déduit de α de la Vierge
supposé à 180°, et quoique son arc de déclinaison soit 13° et non pas 8°,
comptés de l'étoile principale de Révati.

2. Bhavani renferme trois étoiles figurées par un yoni (*pudendum
muliebre*); l'étoile principale est en 12° nord. Suivant Ulugh-Beg, Butain
la seconde demeure des Arabes aurait 1° 12′ de latitude, et 3° 12′, ce
qui ne peut convenir à la constellation hindoue; mais d'après d'autres
témoignages, il paraît que cette constellation est formée des trois étoiles
de la Mouche qui forment un triangle presqu'équilatéral.

3. Critica. Six étoiles figurées par un rasoir. L'étoile principale et
australe est placée 4° ½ ou 5° nord à 1° 50′ du commencement de la constellation, ou de 37° 28′ à 38° du commencement de Mécha. Il paraît
que c'est la luisante des Pléiades qui est éloignée de 40° en longitude
de Révati.

Les étoiles de Thurayya d'Ulugh-Beg correspondent de même avec les
Pléiades.

4. Nous avons conservé le nom arabe de la quatrième mansion,
Débaran; mais nous l'avons restreint à l'étoile principale des Hyades,
qui est sans aucun doute la principale étoile de Rohini, placée en 4° ½ ou
5° nord et à 49° ½ est. Ce Nakschatra est figuré par une roue de chariot;
elle comprend cinq étoiles des Hyades. L'auteur pense comme Bailly,
que ces étoiles sont α, $\digamma$, γ, δ, ε; je ne vois pas bien pourquoi il préfère $\digamma$ de cinquième grandeur à θ qui est de quatrième, et qui est plus
exactement sur la ligne menée de α à γ.

5. Mrigasiras, tête d'Antilope. Trois étoiles, les mêmes que celles de

la mansion Hakab. La distance de 10° sud assignée à la plus boréale, ne peut convenir qu'à une des trois de la tête d'Orion. La différence de longitude de 24 à 25° $\frac{1}{4}$ depuis Critica, va encore assez bien, ainsi que la longitude 62 ou 65° du cercle de déclinaison; car λ d'Orion et ζ des Poissons diffèrent en effet de 65° $\frac{1}{2}$. On s'est trompé en disant que cet astérisme était dans les pieds des Gémeaux ou dans la voie Lactée.

6. Ardra, Perle. Belle étoile que l'un place en 9° sud, et un autre en 11°, à la distance de 4° à 4° $\frac{1}{3}$ du dernier astérisme. C'est la luisante de l'épaule d'Orion α, et non pas le genou de Pollux, comme le pensait Jones.

La sixième mansion arabe, Hanah, est formée de deux étoiles des pieds des Gémeaux. D'autres donnent cinq étoiles à cette constellation, et les cherchent sur le bras gauche d'Orion. Quoi qu'il en soit, il est impossible de concilier ce nakschatra et cette maison. (Sur quoi nous remarquerons que jusqu'ici les deux zodiaques coïncident quand il était presqu'impossible qu'ils différassent, et qu'ainsi il n'y aurait aucun emprunt prouvé. Comment suivre la route de la Lune depuis les Poissons, sans remarquer la tête du Bélier, la Mouche, les Pléiades et les Hyades? Mais ensuite pourquoi aller chercher la tête d'Orion, quand on rencontrait β et ζ cornes du Taureau?)

7. Pounarvasou, Maison ou Arc. Quatre étoiles, dont l'une est à 50 ou 52° du cinquième astérisme, à 6° nord; ce qui s'accorde avec β des Gémeaux : α et β constituent la septième maison arabe Ziraa.

Le nom hindou a la forme du duel; aussi quelques auteurs n'y mettent que deux étoiles. (L'Arc conviendrait mieux à ζ, ε, μ des Gémeaux ou à β, α, θ. Pour faire les quatre, on pourrait joindre ι et θ; l'auteur dit τ et θ, ce qui paraît moins vraisemblable.)

8. Pouchia, Flèche. Trois étoiles; la principale, qui est celle du milieu, n'a aucune latitude; elle est à 12 ou 15° du précédent astérisme, ou à 106° de longitude; c'est δ de l'Ecrevisse : ce qui ne diffère pas beaucoup de la maison Nethrah, qui comprend deux étoiles de la Nébuleuse; les deux autres étoiles peuvent être γ et β.

9. Aslecha, 5 étoiles, Roue du Potier. L'étoile principale et orientale en 7° sud et à 107, 108 ou 109° à l'est. Ce pourrait être α de l'Ecrevisse; ce qui ne peut se concilier avec la maison Tarfah, près de l'œil du Lion. Jones croyait qu'Aslecha pouvait être la face et la crinière du Lion, ce qui s'accorderait mieux avec les Arabes, et moins bien avec ce qui

est désigné par les Hindous. Bailly a commis la même erreur (si c'en est une, elle est pardonnable).

10. Magha, cinq étoiles, Maison. La principale et la plus australe n'a point de latitude, et elle a 129° de longitude, c'est α du Lion. Les autres étoiles sont peut-être γ, ζ, ν, κ.

11. Deux étoiles, Couchette. 12° nord et 144° est, suivant le Sourya-Siddhanta, ou 147 et 148° suivant Brahma-Gupta; probablement δ et θ du Lion, c'est la mansion Zubrah ou Khertan des Arabes.

12. Phalgouni, autre Lit, deux étoiles. La boréale a 13° nord et 155° est; β du Lion : c'est la mansion Serfah des Arabes.

13. Hasta, une Main, cinq étoiles. La principale vers l'ouest, après celle qui est au nord-ouest, est en 11° sud et 170 est. Ce ne peut être que le Corbeau, α, β, γ, δ, ε (choix assez singulier). En ce point les Arabes n'ont rien de commun avec les Hindous que le nombre des étoiles et la longitude.

14. Chitra, Perle, une étoile. 2° sud et 180° est, suivant le Sourya-Siddhanta; mais suivant Brahma-Gupta, 1° ½ ou 2° sud et 183° est; α de la Vierge : c'est la quatorzième des Arabes. Le Gentil se trompe en mettant dans ce nakshatra δ et ε de la Vierge, et Bailly aussi, en mettant θ de la Vierge au milieu de l'astérisme.

15. Swati, Chapelet de corail. 37° nord, longitude 199°, et 198 suivant d'autres. Il paraît que c'est Arcturus. Nulle ressemblance avec la mansion Ghafr qui a trois étoiles aux pieds de la Vierge.

16. Visac'ha, Feston, quatre étoiles. 1°, 1° 20′ ou 1° 30′ sud; 212°, 212° 5 ou 213° est; α de la Balance. Mais la longitude ne s'accorde pas; peut-être κ de la Balance. Les quatre étoiles peuvent être α, ι, ι de la Balance et γ du Scorpion.

La seizième maison arabe paraîtrait β de la Balance.

17. Offrandes, quatre étoiles en ligne droite. Etoile du milieu en 3°, 2° ou 1° 45′ sud, et 224° ou 224° 5 est; peut-être δ du Scorpion : alors les quatre seraient β, δ, π et ρ du Scorpion.

La dix-septième maison arabe a cinq ou six étoiles en ligne droite, β, δ, ν, π, front du Scorpion.

18. Jyésht'ha, Anneau, trois étoiles. La principale et moyenne à 4°, 3° ¼ ou 3° sud, et 229°, 229° 5 ou 230°; ce qui indique Antarès, qui est aussi la maison Kalb. Les trois sont α, σ et τ du Scorpion.

19. Mula, queue de Lion, onze étoiles. La plus orientale en 9°, 8° ¼ et 8° sud; 241° ou 242° est.

Malgré 5° d'erreur sur la latitude, il semble que c'est la dix-huitième des Arabes. C'est la queue du Scorpion; les étoiles sont ε, μ, ζ, η, θ, ι, $\varkappa$, λ, υ et τ du Scorpion.

20. Premier Ashad'ha, dent d'Éléphant, deux étoiles. La boréale en 5° $\frac{1}{2}$, 5° $\frac{1}{3}$ ou 5°, et 255° ou 254° est, ressemble à δ du Sagittaire, étoile de la vingtième maison Naaïm : quatre ou huit étoiles, dont δ et ε.

21. Seconde Ashad'ha, autre dent d'Éléphant. Étoile boréale en 5° sud, et 260 ou 261° est; τ et peut-être ζ du Sagittaire. La vingt-unième des Arabes, Baldah, comprend six étoiles dont deux en 21° et 16°; l'une doit être la tête du Sagittaire; d'autres disent que cette maison n'a pas d'étoiles chez les Arabes. Difficile à concilier.

22. Triangle, trois étoiles, c'est l'Abhijit. Cette constellation est plus courte que les autres. L'étoile principale à 60 ou 62° nord; longitude du cercle de déclinaison 265°, 266° 40' ou 268°; probablement la Lyre. La maison des Arabes comprend deux étoiles, d'autres en comptent quatre. Mais ils les placent dans les cornes du Capricorne, différence totale.

23. Sravana, trois vestiges de pieds, trois étoiles. Celle du milieu à 50° nord; longitude 280, 278 ou 275°. On croit que ce peut être l'Aigle, α, β, γ. La maison des Arabes a deux étoiles à la main gauche du Verseau. Nulle ressemblance.

24. Dhanisht'ha, Tambour, quatre étoiles. La plus occidentale à 36° nord; longitude 290 ou 286°. Probablement α, β, γ et δ du Dauphin. La longitude 294° 12' va assez bien; la latitude 25° 25' est trop petite. Cette position, assez inexacte, serait importante pour le colure solsticial que les anciens astronomes font passer par cette constellation et par Aslecha.

La maison Sand n'a que deux étoiles, β et ξ du Verseau; différence totale.

25. Satabisha, cercle de cent étoiles. La plus brillante n'a pas de latitude; longitude 320° : λ du Verseau, peut-être.

La maison Akhbiyah n'a que trois étoiles à la main droite du Verseau.

26. Premier Bhadrapada, Lit, deux étoiles. 24° nord, 325 ou 320° est. La seule brillante est α de Pégase.

La maison arabe a deux étoiles, α et β de Pégase, ce qui ne s'accorde pas trop mal.

27. Second Bhadrapada, deux étoiles. Homme à deux faces. 26 ou 27° nord, 337° est; peut-être la tête d'Andromède et γ de Pégase.

C'est la maison Mualkha.

28. Révati , trente-deux étoiles figurées comme un tambour. La principale n'a point de latitude , deux n'ont point de longitude ou 35g° 5o′ ; ζ des Poissons.

La maison arabe Risha , Corde ; point de ressemblance.

(Il semble que les ressemblances marquées ne signifient rien , et l'on pourrait en revenir à l'opinion de Jones.)

L'auteur pense que les Hindous peuvent avoir donné l'idée de la sphère armillaire ; qu'il est certain du moins que leur instrument n'est pas l'astrolabe de Ptolémée. Je n'y vois qu'une différence , c'est le cercle mobile de déclinaison substitué au cercle de latitude. Voici la description de l'instrument indien d'après le Sourya-Siddhanta.

Que l'astronome bâtisse l'étonnante structure des sphères céleste et terrestre ; qu'il fasse un globe de bois de la grandeur qui lui conviendra pour représenter la terre avec une baguette qui la traversera par le centre et lui servira d'axe, et qui sortira du globe en deux points opposés ; qu'il y place les cercles qui doivent le supporter , et le cercle équinoxial.

Ces cercles doivent être préparés, c'est-à-dire divisés en signes et degrés. On divisera de même les arcs diurnes , mais en ayant égard à la différence de rayon. On placera un de ces cercles à chaque signe, selon leur déclinaison nord ou sud.

Au milieu de tous ces cercles, on placera le zodiaque ; par les points équinoxiaux et solsticiaux, on fera passer l'écliptique, qu'on divisera en ses douze signes. La Lune et les planètes s'écartent de l'écliptique ; on placera leurs orbites suivant la position de leurs nœuds et leur inclinaison. On donne le mouvement à la machine au moyen d'un courant d'eau , ou par un mécanisme caché dans lequel on se servira de mercure.

Cet instrument , quoi qu'en dise le traducteur, n'était guère propre aux observations, surtout à cause de son globe de bois qui en occupait le centre , ou qui le composait en grande partie.

Le Siddhanta si renommé en donne une description plus étendue que M. Colebrooke réserve pour une autre occasion. Voici celle qu'en donne Bhascara.

Il place au centre un petit globe qui représente la Terre environnée de cercles qui représentent les orbites des planètes arrangées comme les lignes courbes dans une toile d'araignée.

Un axe passe par les pôles de la Terre, se prolonge au-dehors, et porte

un assemblage de cercles suspendus à l'axe par le moyen de tubes et
d'anneaux, ensorte que la sphère peut tourner librement; cet assemblage
comprend un horizon et un équateur, ajusté pour le lieu, avec un méridien, et un premier vertical, et deux verticaux intermédiaires, et un
colure équinoxial, et un cercle suspendu au pôle de l'horizon, apparemment pour mesurer les hauteurs des astres.

Une autre sphère ou assemblage de cercles est suspendu au pôle de
l'équateur. Il consiste en deux colures, un équateur, une écliptique et six
cercles pour les orbites planétaires, et six parallèles à l'équateur, placés
à la fin de chaque signe.

(Il semble que tous ces instrumens ne sont que des sphères armillaires
plus composées, et d'autant moins propres aux observations.)

La description de cette sphère mentionne quelques étoiles principales,
dont voici les positions.

	Brahma-siddhanta-Siromani.		Graha-Lag'hava.		Sourya-Sarrabhâmnia.		Sourya-Siddhant.		Sept Riskis.	
	Latit.	Longit.	Lat.	Long.	Latit.	Long.	Latit.	Long.		Lat. N
Agastya	77° 6'	8..	6°	8°	77.16'	85° 5'	80° 8'	90°	Cratou	55°
Lubd'haca	40.8	86	40.8	81	40. 4	84.36	40.8	80	Paulaha ...	5o
Ayni			8.N	51	14.N	57. 4	8.N	5a	Poulastya ..	5o
Brahme-Ridaia.....			51.N	46	5o.49.N	58.36	3o.N	5a+	Atri	56
Prajapati ou Brahma.			59.N	61	38.38.N	56.53	58.N	57	Angiras....	57
Apamvatsa........			5.N	183	5.N	183	5.N	18o	Vasisht'ha..	6o
Apas.............							9 N	18o	Marichi ...	6o

Agastya est évidemment Canobus; Lubd'haca est Sirius; Brahme-
Ridaia semble être la Chèvre; Ayni peut être la corne du Taureau ou β;
Prajapati la tête du Cocher, δ. Les distances des trois dernières à l'écliptique ne vont pas bien; mais on ne voit pas d'étoile bien remarquable aux
positions assignées.

Apas ou l'Eau est sans doute δ de la Vierge. Apamvatsa comprend les
Nébuleuses de cette constellation.

(Ces positions seraient dignes d'Eudoxe; nous les rapportons pour
ne rien omettre, et sans espérer qu'elles puissent avoir aucune utilité.)

Varaha-Mira dit qu'Agastya est visible à Ussayini, lorsque le Soleil est encore à 7° du signe de la Vierge ; qu'il devient visible quand le Soleil arrive à Hasta, et invisible quand le Soleil arrive à Rohini.

Bhattopala remarque qu'on a observé trois levers héliaques d'Agastya, le 8, le 15 d'asouina et le 8 de cartica.

Bhaswati donne la règle suivante pour calculer le lever héliaque d'Agastya pour une latitude donnée.

La longueur du gnomon, au jour de l'équinoxe, se multiplie par 25 ; au produit ajoutez 900 : la somme divisée par 125 donne en signes et degrés le lieu du Soleil pour le jour où Agastya se lève ou paraît dans le sud à la fin de la nuit. Le commentateur ajoute : que le jour du coucher de la même étoile peut se trouver en déduisant la somme trouvée ci-dessus de 1350. La différence réduite en signes et degrés, est le lieu du Soleil le jour où Agastya se couche au sud-ouest. Suivant cette règle Agastya, à la latitude 26° 34′, se lève quand le Soleil est en 4′ 20′, et se couche quand il est en 1′ 10°.

Le Grahalag'hava donne une autre règle :

Multipliez l'ombre du gnomon par 8, ajoutez 98 au produit, vous aurez le lieu du Soleil en degrés au jour où Agastya se lève ; retranchez ce produit de 78°, et vous aurez le lieu pour le coucher. Par cette règle, à la même latitude, l'étoile se levera quand le Soleil sera en 26° du Lion, et se couchera quand le Soleil quittera le Bélier.

La règle de Bhaswati suppose Agastya à 90° de 0° du Bélier, et en outre que l'étoile est visible quand elle est à un signe du soleil.

L'autre règle place l'étoile à 88° du commencement de Mécha, et la suppose visible à 10° du Soleil. L'ascension droite de l'étoile devait être de 100° du commencement de Mécha. A son lever cosmique, l'étoile devient visible à 60° du Soleil, dans la sphère oblique. A son coucher acronyque, elle disparaît à la même distance. En tenant compte du mouvement de précession, il est probable que la règle de Parasara était faite pour le nord de l'Inde ; lorsque les points solsticiaux étaient dans le milieu d'Aslecha et au commencement de Dhanisht'ha. (Je n'ai vérifié aucun de ces calculs, qui prouvent l'absence de toute trigonométrie.)

Les Richis sont les sept étoiles de la grande Ourse. Les auteurs qui en parlent leur attribuent un mouvement indépendant de la précession. Ce mouvement tient à des idées qui n'ont rien d'astronomique.

Le commentateur remarque que les sept Richis forment une espèce de chariot. Marichi est à l'extrémité, après lui Vasisht'ha dans la partie arquée du timon, derrière est Angiras, après cela vient le quadrilatère ; Atri est au coin nord, ensuite vient Poulaha; Cratou est au nord de la dernière. Les deux étoiles qui se lèvent les premières, sont Poulaha et Cratou; et l'étoile qui est dans une ligne sud du milieu de ces deux étoiles, et celle à laquelle les sept Richis sont unies, et cela dure pendant 100 ans. Le traducteur développe ces idées; nous ne le suivrons pas.

Un commentateur dit que ces sept étoiles ne sont pas attachées, ainsi que les autres, comme par des broches à l'écliptique, mais tournent dans de petits cercles qui lui sont parallèles, se mouvant par leurs propres forces dans la région au-dessus de Saturne et au-dessous des étoiles. En voilà plus qu'il ne faut sur ces visions.

Le yoga n'est rien autre chose qu'une manière d'indiquer la somme des longitudes du Soleil et de la Lune; les règles données pour le calculer nous disent qu'on prend la somme des deux longitudes, qu'on la réduit en minutes, et qu'on la divise par 800 = 13° 20'; le quotient est le nombre d'yogas écoulés depuis Vichcoumbha. Les yogas sont donc les 27 divisions des 360° d'un grand cercle, mesurés sur l'écliptique; mais ce cercle est mobile. Les astrologues comptent 28 yogas au lieu de 27.

Les astrologues ont des drashcanas qui répondent aux décans des Européens. Les Arabes ont de même leur wasch ou wusuh au pluriel. Nous omettrons les longs détails qui ne sont pas de notre sujet. On a cru que le mot *décan* était dérivé de *dreschcanas*, et non du mot grec *déxa*. Le mot indien n'est pourtant pas du langage sanscrit.

Les Indiens avouent eux-mêmes qu'ils ont cultivé l'Astronomie en vue de l'Astrologie. Varaha-Mira cite les Yavanas (peut-être les Grecs) de manière à indiquer que la description des décans est empruntée d'eux.

Le nom de Yavana-Charya est souvent cité par les astronomes hindous; il est possible, mais non certain pourtant, que ce nom indique un Grec ou un Arabe. Ce point, pour être éclairci, exigerait de longues recherches que M. Colebrooke n'entreprend pas pour le présent.

Ce passage est important; il donnerait à penser que les Hindous ont pu emprunter des Grecs ou des Arabes, bien autre chose que quelques notions astrologiques; mais ces réflexions sont superflues. On ne voit rien dans ce Mémoire qui puisse apporter le moindre changement aux conclusions que nous avons tirées ci-dessus.

Le volume X des *Recherches Asiatiques*, imprimé en 1808, à Calcutta, réimprimé à Londres en 1811, ne renferme rien qui concerne l'Astronomie ancienne; il ne nous reste qu'à extraire le Voyage de Le Gentil dans les mers de l'Inde, pour en tirer les notions qu'il en a rapportées et dont Bailly n'aurait fait aucun usage. M. Davis n'a jusqu'ici traité que des éclipses de Lune; Le Gentil a donné les préceptes pour les éclipses de Soleil : il sera curieux de voir comment les Indiens tenaient compte de la parallaxe.

Le Gentil pense que l'Astronomie, tout imparfaite qu'elle est dans l'Inde, est certainement plus avancée encore que celle de la Chine, telle que nos missionnaires l'ont trouvée. Cette Astronomie lui paraît venir de la Chaldée; mais il n'ose l'assurer bien positivement.

Les Indiens conviennent qu'il s'y opéra une réforme sous le règne de Salivaganam, qui mourut l'an 79 de J. C. Dès ce tems, les Indiens calculaient des éclipses de Lune et de Soleil. Tous les Indiens qu'il a vus lui ont paru peu curieux de perfectionner leurs calculs, ne faisant pour cela aucune observation astronomique, ni aucune espèce de recherche.

Ils font tous leurs calculs avec une vitesse et une facilité singulière, sans plume et sans crayon; ils y suppléent par des cauris (espèce de coquilles) qu'ils rangent sur une table, comme nos jetons, et le plus souvent par terre. Cette méthode est bien plus prompte et plus expéditive que la nôtre; mais elle a un grand inconvénient : il n'y a pas moyen de revenir sur ses calculs, ni de les garder, puisqu'on efface à mesure qu'on avance. Si par malheur on s'est trompé dans le résultat, il faut tout recommencer; mais il est bien rare qu'ils se trompent. Ils travaillent avec un sang-froid singulier et une tranquillité dont nous serions incapables, et qui les met à couvert des méprises que nous autres Européens ne manquerions pas de faire à leur place. Leurs règles de calcul sont en vers énigmatiques qu'ils savent par cœur. Au moyen de ces vers qu'on leur voit réciter, à mesure qu'ils opèrent, et au moyen de leurs cauris, ils font les calculs des éclipses de Soleil et de Lune avec la plus grande promptitude.

Leurs Tables du Soleil et de la Lune sont cependant écrites sur des feuilles de palmier, toutes taillées fort proprement de la même grandeur. Ils en font de petits livrets auxquels ils ont recours quand ils veulent calculer une éclipse.

Ces Tables sont sans doute celles des équations, des sinus, des ascensions droites et obliques, et des différences ascensionnelles. Mais on pourrait soupçonner aussi que dans les calculs d'éclipses, ils ne remontent pas toujours à l'époque primitive, et qu'ils trouvent toutes calculées les syzygies moyennes de l'année courante ; alors on conçoit qu'en se bornant à l'inégalité simple de la Lune, l'opération ne doit pas être bien longue.

Ils décrivent la méridienne par les ombres égales d'un gnomon ; ils ne la corrigent pas du mouvement en déclinaison ; mais dans ces climats, l'erreur est peu sensible, et Le Gentil trouve qu'elle ne va pas à 4'. Une erreur plus considérable à l'équinoxe, c'est qu'ils supposent toujours que l'équinoxe arrive à midi juste.

Le Gentil croit que les ombres mesurées par les Anciens, étaient trop grandes. Cela devait être en effet, s'ils prenaient ces ombres pour celles du bord supérieur ; mais s'ils les prenaient pour celles du centre, comme tout porte à le croire, elles étaient trop courtes et leurs latitudes trop faibles.

Ils n'ont aucun mot pour désigner la semaine. Leurs sept jours planétaires ont des numéros, et ces jours sont les mêmes que les nôtres, leur vendredi est notre vendredi.

« Qu'il me soit permis de conclure qu'il y a bien de l'apparence que les
» Brames calculent aujourd'hui sur des mouvemens célestes établis long-
» tems avant eux, soit par les Chaldéens, soit par les anciens Bracmanes,
» dont les Brames eux-mêmes semblent descendre. »

On trouve dans la planche IV, la figure des 27 constellations du zodiaque indien. Le Gentil croit que l'on ne connaît rien de plus ancien.

Dans le calcul de l'éclipse de Lune, on ne trouve rien qui paraisse neuf quand on a lu le calcul de M. Davis, si ce n'est le calcul du rhumb, ou du point du disque par lequel l'éclipse doit commencer ou finir. La règle des Indiens donne très-peu de précision ; elle ne repose que sur l'espèce de la latitude, soit boréale, soit australe.

Le calcul de l'éclipse de Soleil commence par cette phrase :

« Le calcul de ces éclipses est plus long et plus compliqué que celui
» des éclipses de Lune, parce qu'il faut y faire entrer les parallaxes ; or
» les Brames ne les connaissant point, nous allons voir le calcul qu'ils
» y substituent. »

Il consiste à chercher l'*avanati*, terme que Le Gentil n'explique pas ; on y emploie l'*achacharam* qu'il n'explique pas davantage. Tout ce qu'on voit par son calcul qui pouvait s'abréger, c'est que l'on a cette formule,

$$\text{avanati} = \tfrac{1}{5}\ \text{datchara vinaliguey} + \left(\tfrac{8}{100}\right) \text{ de l'achacharam.}$$

L'avanati s'ajoute à la latitude, quand la dénomination est la même ;
il s'en retranche, si les deux quantités sont de dénomination différente.

Daus son exemple, la latitude de la Lune $= 38'\,34''$ nord

$$\text{L'avanati} = \underline{29.\ \ 8}\ \text{sud}$$

$$\text{Latitude apparente} = \overline{9.26}$$
$$\text{Demi-somme des diamètres} = \overline{53.18}$$
$$\text{Partie éclipsée} = \overline{23.52}$$

Pour la réduire en doigts, on la convertit en tierces ; on la divise par
le diamètre du Soleil en secondes ; du quotient on retranche la constante 4.
Ici le quotient est 43, le reste 39 ou $\frac{39}{60} = 7°\,48'$.

Du reste le calcul de la durée se fait comme pour l'éclipse de Lune ;
on n'a donc aucun égard à la parallaxe, si ce n'est pour la plus courte
distance, ou pour la latitude apparente de la Lune à la conjonction, qu'on
ne distingue pas du milieu de l'éclipse. Cette règle simplifie en effet le
calcul, mais c'est aux dépens de l'exactitude.

Soit λ la latitude vraie, π la parallaxe de latitude, $\lambda' = \lambda - \pi$, nous
aurons par mes formules,

$$
\begin{aligned}
\lambda' &= \lambda - \varpi \sin h \cos(\lambda - \pi) + \varpi \cos h \sin(L - N + \tfrac{1}{2}\Pi)\sin\tfrac{1}{2}\Pi \sin(\lambda - \pi)\\
&= \lambda - \varpi \sin h \cos\lambda \cos\pi - \varpi \sin h \sin\lambda \sin\pi + \varpi \cos h \sin(L - n)\sin\lambda\cos\varpi\\
&\qquad\qquad\qquad\qquad\qquad\qquad\qquad - \varpi \cos h \sin(L - n)\cos\lambda\sin\varpi\\
&= \lambda - \varpi \sin h - \varpi \sin\varpi \sin^2 h \sin\lambda - \varpi \sin\varpi \sin h \cos h \sin(L - n)\\
&= \lambda - \varpi \cos\omega \sin H + \varpi \sin\omega \cos H \sin M - \text{etc.},
\end{aligned}
$$

sans erreur sensible, en négligeant des termes qui, réunis, ne vont jamais
à 2'. Soit $\omega = 24°$, suivant les Indiens, et $\varpi = 54' - 3' = 51'$, comme
nous l'avons vu dans les mémoires de Calcutta,

$$\lambda' = \lambda - 46'\,55''\sin H + 20'\,44''\cos H \sin M.$$

Soit $H = 20°$ et $M = 8^s\,25°\,59'\,56''$,

$$
\begin{aligned}
\lambda' &= \lambda - 15'\,51'' - 19'\,50''\sin M\\
&= \lambda - 15'\,51'' - 19'\,25'' = \lambda - 35'\,16''.
\end{aligned}
$$

Soit

$$H = 10°;\ \lambda' = \lambda - 8'\ 5'' - 20'\,23'' = \lambda - 28'\,28''.$$

Le Gentil, dans son exemple, trouve

$$\lambda' = \lambda - 29'\,8''.$$

Il est donc visible que l'anavati est la parallaxe approchée en latitude. On néglige tout-à-fait la parallaxe en longitude et ses effets, tant sur le tems de la conjonction que sur la latitude pour ce moment. On suppose que la parallaxe agit toute en latitude et d'une manière constante pendant toute l'éclipse. On voit combien ce procédé est grossier, et de combien les Indiens étaient en arrière des Grecs.

Le Gentil ne fait aucune réflexion sur cette méthode; il nous dit que l'Astronomie des Indiens, toute imparfaite qu'elle est, lui paraît le fruit de méditations profondes auxquelles les brames de nos jours ne lui paraissent pas capables de se livrer; il en accuse le climat : or cette cause n'étant pas nouvelle, a dû produire en tout tems les mêmes effets; les connaissances des Indiens leur viennent donc d'ailleurs. Tout nous ramène à notre conclusion; il n'y a de véritable science astronomique, au moins connue, que chez les Grecs et leurs imitateurs.

Il s'efforce ensuite de prouver que la période de 600 ans est anomalistique et non synodique. Il trouve que la période de 248 jours, employée par les brames, est faite avec beaucoup d'art, qu'elle paraît avoir quelque ressemblance avec notre hypothèse elliptique simple, qui représente assez bien l'orbite de la Lune dans les syzygies. Il retrouve dans Bérose la période de 432000 et de 43200 ans qu'il réduit à 4320 et 432 ans, qu'il trouve de belles périodes anomalistiques. Il en est de toutes ces périodes comme des nuages où l'on voit tout ce qu'on veut. Il pense encore que l'année de 560 jours peut se considérer aussi comme une espèce de cycle qui ramenait la Lune à son apogée, à un jour près, au lieu que l'année de 365 jours l'en écartait beaucoup davantage.

M. John Leslie, membre de la Société Royale d'Edimbourg, dans la seconde édition de ses *Elémens de Trigonométrie* (1811, pag. 456), après avoir expliqué la construction de la Table indienne des sinus, ajoute les réflexions suivantes.

« Telle est la manière ingénieuse dont les Indiens se servent pour
» calculer leur Table des sinus; mais dans leur ignorance absolue des
» principes de l'opération, ces humbles calculateurs suivent aveuglément
» une routine servile. Il faut donc que les brahmines aient reçu leurs
» notions d'un peuple plus avancé qu'eux dans la science, et qui fût d'un

» génie plus inventif et plus hardi. Quelles que puissent être les préten-
» tions de cette race passive, leurs connaissances trigonométriques n'ont
» aucune marque certaine d'antiquité. Elles leur furent probablement
» portées par leurs vainqueurs, avant la renaissance des lettres en Europe,
» et conduites dans l'est sur le char de la Victoire. Les Hindous ont dû
» recevoir leurs instructions des astronomes de la Perse, qui avaient
» eux-mêmes été instruits par les Grecs de Constantinople, et encouragés
» à ces recherches scientifiques par l'habileté et la munificence de leurs
» conquérans arabes. »

Pour achever de fixer nos idées, rapportons enfin l'opinion émise
par M. le comte Laplace, dans son *Exposition du Système du Monde*,
pag. 367, édit. de 1813.

« A la vérité quelques élémens de l'Astronomie des Indiens n'ont pu
» avoir la grandeur qu'ils leur assignent, que long-tems avant notre ère.
» Il faut, par exemple, remonter jusqu'à 6000 ans pour retrouver leur
» équation du Soleil. Mais indépendamment des erreurs de leurs déter-
» minations, on doit observer qu'ils n'ont considéré les inégalités du
» Soleil et de la Lune que relativement aux éclipses, dans lesquelles
» l'équation annuelle de la Lune s'ajoute à l'équation du centre du Soleil,
» et l'augmente d'une quantité à peu près égale à la différence de sa véri-
» table valeur, à celle des Indiens. »

La conjecture est certainement très-ingénieuse, et l'on ne peut s'empêcher de desirer qu'elle soit vraie; mais il suffit de l'erreur des observations.
Hipparque a commis, sur ce même élément, une erreur beaucoup plus
grande. Ptolémée prétend avoir trouvé la même valeur qu'Hipparque; il
aurait donc commis la même erreur. On ne voit pas comment les Indiens
auraient pu déterminer cette équation; on voit au contraire qu'elle est
une moyenne arithmétique entre celles d'Hipparque et d'Albategni. Tout
nous porte à croire qu'ils ont fait plus d'un emprunt aux Grecs et aux
Arabes. Leur précession est celle d'Albategni. Nous avons le calcul de
l'équation du centre dans Ptolémée; il est presque certain que ce
calcul est tiré des livres d'Hipparque. Mais quoi qu'il en soit, les éclipses
n'entrent pour rien dans ce calcul uniquement fondé sur l'observation des
équinoxes et des solstices. Nous verrons, en commentant Ptolémée, que
pour expliquer l'erreur d'Hipparque, il suffit de supposer qu'il s'est
trompé d'un demi-jour sur l'instant du solstice, ce qui change d'un
jour les différences de durée entre le printems et l'été, augmente l'inégalité de mouvement, et par conséquent l'équation du centre. Or

Hipparque avoue lui-même qu'il a pu se tromper d'un quart de jour dans l'observation du solstice. Il est de fait qu'on se trompait le plus souvent de plusieurs heures dans celles des équinoxes. Il y avait donc beaucoup d'incertitude, et l'erreur pouvait être plus forte encore.

« Plusieurs élémens, tels que les équations du centre de Jupiter et de » Mars, sont très-différens dans les Tables indiennes, de ce qu'ils devaient » être à leur première époque. L'ensemble de ces Tables, et surtout » l'impossibilité de la conjonction générale qu'elles supposent, prouvent » qu'elles ont été construites ou du moins rectifiées dans des tems mo- » dernes. C'est ce qui résulte encore des moyens mouvemens qu'elles » assignent à la Lune par rapport à son périgée, à ses nœuds et au » Soleil, et qui, plus rapide que suivant Ptolémée, indiquent qu'elles » sont postérieures à cet astronome; car ces trois mouvemens s'accélèrent » de siècle en siècle. »

Ces raisons, jointes à celles de M. Bentley, à tous les calculs dont il appuie sa démonstration, paraissent ne laisser aucun doute, et la question semble irrévocablement décidée.

C'est donc à ce qu'on vient de voir que se bornent nos connaissances. Il reste sans doute plus d'un point à éclaircir qui aurait de quoi piquer notre curiosité; mais nous en savons assez pour nous persuader que jamais nous n'apprendrons rien qui puisse nous être utile. Il n'y a nulle apparence qu'on découvre jamais d'observations originales dont la date soit certaine. Il est bien singulier que les Indiens, qui savaient calculer tant bien que mal les éclipses, qui aujourd'hui même les annoncent dans leurs almanachs, n'en aient jamais observées, ou du moins qu'il n'en reste aucun vestige; tandis que les Chinois, moins habiles calculateurs, moins géomètres encore, en ont tenu des registres, et les ont si long-tems consignées dans leurs Annales. On nous parle de leurs sphères, de leurs gnomons, et les gnomons de l'Inde paraissent n'avoir servi que pour les cadrans solaires et pour déterminer la latitude d'un lieu; il est surprenant qu'il ne soit jamais question d'ombres solsticiales et rarement d'ombres équinoxiales; que le Sourya-Siddhanta ne dise qu'en passant un mot de la sphère armillaire qui leur servait à diviser le zodiaque en nakschatras; qu'on ne trouve que dans le Commentaire seulement quelques renseignemens imparfaits, et nulle observation réelle. Leurs sphères armillaires avec leur globe terrestre qui en occupe le centre, et toutes les orbites planétaires, paraissent des meubles de cabinet plutôt que des instrumens destinés à des observations réelles. Leurs fausses latitudes, leurs fausses longitudes paraissent peu propres au calcul. L'étoile des Poissons, à l'intersection de l'équateur et de l'écliptique, a été fort commode pour leurs observations; mais cet avantage n'a pu être d'une longue durée; la précession la déplaçant continuellement, on ne voit pas ce qui les a réglés à d'autres époques. Avec leur obliquité de 24°, leur ignorance de la réfraction, les erreurs qu'ils commettaient sans doute sur la hauteur du pôle, on ne voit pas comment ils auraient pu trouver exactement la longitude et la latitude des étoiles. Ils n'en ont désigné que 27, c'est-à-dire une dans chaque nakschatra; et comment ces positions s'accordent-elles, soit entr'elles, soit avec les nôtres? elles ne sont généralement données qu'en degrés. On peut donc en conclure que jamais les Hindous n'ont été véritablement observateurs; qu'ils n'ont pu avoir rien de précis, à moins qu'ils ne l'aient reçu de leurs voisins, et que ces emprunts mêmes n'ont eu lieu que fort tard. Il nous est donc permis de les traiter en étrangers, et si nous voulions faire autrement, nous serions très-embarrassés à trouver ce que nous pourrions leur devoir, ainsi qu'à fixer les tems où les communications auraient eu lieu. Il est même assez difficile de montrer à quelle époque leur système arithmétique a pu pénétrer en Europe. Si les Indiens en sont véritablement les inventeurs, s'ils en étaient en possession dès long-tems, et lorsque les Grecs ont été s'instruire à leur école, pourquoi ces Grecs voyageurs n'ont-ils pas rapporté cette arithmétique? Mais ne pourrait-on pas faire une autre question? Est-il bien certain que les Grecs les aient visités et qu'ils aient appris d'eux quelques vérités, soit géométriques, soit astronomiques? Nous n'avons sur ce point que quelques traditions extrêmement vagues et rien de sûr. Malgré tous ces doutes, nous ne pouvons quitter les Indiens sans donner ici une idée de cette Arithmétique. Le plus ancien auteur qui en ait parlé, est le moine Planude, dont l'ouvrage est écrit en grec. Quoiqu'il soit de beaucoup postérieur à l'époque où nous avons laissé les Grecs et les Latins, comme il fait un article isolé qui ne se lie à rien, il sera ici placé tout aussi naturellement, au moins, que partout ailleurs, et nous finirons avec les Indiens pour n'y plus revenir.

Nota. L'éclipse calculée ci-dessus, pag. 471 et suivantes, est celle du lundi 2 novembre 1789. Le calcul fait sur les Tables du Sourya-Siddhanta prouve que le lundi des Indiens est exactement notre lundi, puisque *soma-var* signifie *jour de la lune.*

CHAPITRE IV.

Planude.

Τοῦ φιλοσοφωτάτου μοναχοῦ καλουμένου Μαξίμου τοῦ Πλανούδη ψηφο-
φορία κατ' Ἰνδούς, ἡ λεγομένη μεγάλη.

Calcul selon les Indiens, dit le grand Calcul, *par le Moine très-Philo-
sophe appelé* Maxime Planude.

Cᴇ monument curieux, le plus ancien peut-être où se trouve exposée
l'Arithmétique selon le système qui a justement prévalu sur tous les
autres, n'a jamais été publié ni traduit. C'est en général un ouvrage trop
superficiel et trop diffus pour mériter une version entière et littérale ;
mais il est très-digne d'un extrait assez étendu pour nous faire connaître
l'état de l'arithmétique à cette époque, c'est-à-dire vers le milieu du
quatorzième siècle. La langue dans laquelle il est écrit, fait qu'il tient à
l'histoire de l'Astronomie des Grecs et des Indiens tout à la fois ; il sera
une transition naturelle de l'Astronomie ancienne à l'Astronomie des
Européens, qui n'emploie depuis long-tems que cette arithmétiqne.

Dans ce système, tous les nombres possibles peuvent être représentés
par des figures, au nombre de 9. Ces figures ont varié suivant les tems et
les lieux. Voici celles de Planude, suivant deux manuscrits de la Bibliothèque du Roi.

$$1 \quad \jmath \quad \mu \quad f \quad \partial \quad \gamma \quad \Upsilon \quad \Lambda \quad 9$$
$$1 \quad 2 \quad 3 \quad 4 \quad 5 \quad 6 \quad 7 \quad 8 \quad 9$$

1 est le même que dans l'Arithmétique actuelle, 2 est un ϳ ou *ny* grec,
avec une queue droite, plus ou moins longue et un peu oblique ; 3 est
un μ, *my* grec ; 4 est un crochet au-dessous duquel est un ƒ, *rho* ;
le 5 est un ɗ renversé ; le 6 une espèce d'γ ou de γ   le 7 ressemble
beaucoup à l'Ariès Υ des astronomes, avec une courbure un peu moins
prononcée dans les deux cornes ; le 8 un lambda majuscule ; le 9 est exactement comme le nôtre.

Les Indiens ont un dixième caractère appelé *τζίφρα*, *chiffre*, lequel ne signifie rien par lui-même, et qui est o. Le mot *τζίφρα* est arabe, et dans cette langue, *tsifron zéron* signifie *tout-à-fait vide*. Le premier de ces mots, qui signifie *vide*, a été détourné de sa véritable acception, puisqu'on le prend aujourd'hui pour le nom générique des caractères significatifs. L'autre paraît nous avoir donné le mot *zéro* que nous avons substitué à *τζίφρα*.

Chacune des neuf premières figures, quand elles se trouvent à la première place à droite, marque des unités; à la seconde, en allant vers la gauche, elle signifie des dixaines; à la troisième des centaines; à la quatrième des mille; à la cinquième des myriades simples; à la sixième des dixaines de myriades; à la septième des centaines de myriades; à la huitième des mille de myriades; à la neuvième des myriades myriadiques ou du second ordre; à la treizième des myriades du troisième ordre. On irait ainsi jusqu'à l'infini. Planude en donne pour exemple le nombre

$$Α\ ιμγ γ γ ϛ ϑ ϑ ι$$
$$8136274592$$

en séparant ce nombre en tranches de quatre figures, on voit qu'il commence par huitante-une myriades du second ordre, mais c'est uniquement pour l'arithmétique parlée que cette division se faisait anciennement de quatre en quatre figures, comme elle se fait aujourd'hui de trois en trois pour les mille de divers ordres, car notre million n'est qu'un mille du second ordre.

Le *τζίφρα* ne se met jamais à gauche d'un chiffre. On voit déjà que Planude n'a aucune idée des fractions décimales, de cette extension utile autant que naturelle, donnée par les modernes au système des Indiens.

Le zéro se met dans les places vides, et comme les places augmentent les valeurs des chiffres, ainsi font les zéros qui remplissent les places vides. Mis à la suite d'un chiffre, le zéro en décuple la valeur. *μοι* vaut 302; *γοοϛι* vaut 6005, *γοϝμ* vaut 6043.

Les opérations de l'arithmétique sont l'addition, la soustraction, la multiplication, la division, et la recherche d'un nombre considéré comme le côté d'un carré.

Exemple d'Addition.

λομο	ϟ
ϛϡλγ	γ
γμϛμ	μ
8030	2
5687	8
2343	3

Planude opère comme nous faisons encore aujourd'hui, à la réserve qu'il place la somme au-dessus, au lieu que nous la mettons au-dessous. Il ne la sépare pas, ainsi que nous le faisons par un trait. Ainsi 5687 et 2343 font 8030.

Pour la preuve, additionnez les sommes de chaque ligne, en rejetant neuf autant de fois qu'il s'y rencontre.

La première ligne vous donnera

$$8 + 3 = 11 = 9 + 2 = 2.$$

La seconde,

$$5 + 6 + 8 + 7 = 26 = 18 + 8 = 2.9 + 8 = 8.$$

La troisième,

$$2 + 3 + 4 + 3 = 12 = 9 + 3 = 3.$$

Les deux derniers restes réunis sont

$$8 + 3 = 11 = 9 + 2 = 2,$$

comme la première ligne : ainsi l'opération est bonne ; c'est ce qu'on nomme encore aujourd'hui preuve de 9.

Soustraction. Soustraire c'est retrancher un nombre d'un autre nombre, et voir ce qui reste.

18769 reste.
54612 nombre.
35843 nombre à ôter.
111

Le précepte de Planude est celui qu'on suit encore. Si le chiffre inférieur est plus grand que le supérieur, empruntez une unité au chiffre voisin à gauche; elle vaudra 10 : ajoutez cette unité au chiffre inférieur. Ainsi vous ajouterez une unité aux chiffres 4, 8, 5, parce qu'ils sont moindres que leurs chiffres supérieurs. La preuve se fait par l'addition du reste avec le nombre retranché.

Il y a une autre méthode. Diminuez d'une unité tous chiffres qui se trouvent plus faibles que leurs inférieurs, ou sur lesquels il faudra emprunter.

$$\begin{array}{ll} \text{Reste}\ldots & 8984 \\ & 2403 \\ \text{de}\ldots\ldots & 35142 \\ \text{ôtez}\ldots\ldots & 26158 \end{array}$$

Par cette raison, au-dessus de 3514 j'écrirai 2403; je ferai ensuite la soustraction sur les chiffres ainsi diminués de l'unité.

Dans le second exemple, 5002 se changera en 2991.

$$\begin{array}{ll} \text{Reste}\ldots & 06779 \\ & 2991 \\ \text{de}\ldots\ldots & 50024 \\ \text{ôtez}\ldots\ldots & 23245 \end{array}$$

Multiplication. Cette opération consiste à mesurer un nombre par un autre, autant de fois qu'il y a d'unités dans celui qui mesure; il en résulte un autre nombre. (Cette définition n'a pas le mérite de la clarté.) Ainsi deux fois trois font six; on prend trois autant de fois qu'il y a d'unités dans le nombre 2.

Les détails dans lesquels entre Planude sont d'une prolixité fatigante; nous n'en conserverons que ce qui peut être historique.

Soit 24 à multiplier par 35.

$$\begin{array}{c} 840 \\ 24 \\ 35 \end{array}$$

Je dis : 5.4 = 20. J'écris au-dessus du 4 le *rien* (ou zéro), parce que 20 est décadique, c'est-à-dire uniquement composé de dixaines, sans unités. Je retiens le 2 des dixaines.

Je multiplie en χ (ou en croix); 3.4 = 12 et 5.2 = 10; total 22, et 2 retenus font 24; je pose le 4 aux dixaines et je retiens 2. Enfin 3.2 = 6 et 2 retenus font 8 que j'écris, et je vois que 24.35 = 840.

Hist. de l'Ast. anc. Tom. I.   66

L'opération faite à notre manière tiendrait plus de place, mais elle serait plus facile et plus sûre. La complication de l'ancienne méthode augmente avec le nombre des figures.

Soit 264 à multiplier par 432.

$$114048$$
$$432$$
$$264$$

Je dis : $2.4 = 8$; j'écris 8 sans rien retenir, parce que le produit est monadique; $2.6 = 12$ et $3.4 = 12$, total 24; rien de retenu, donc 24. Je pose 4 et retiens 2; $4.4 = 16$ et $2.2 = 4$, en croix, et ensuite $3.6 = 18$; en tout 38, et 2 de retenus font 40. Je pose le *rien* et je retiens 4.

On voit que Planude fait tout de suite les trois opérations qui doivent donner des centaines, comme il a fait tout de suite les deux opérations qui fournissaient des dixaines. Il va faire de suite celles qui donneront des mille.

$4.6 = 24$ et $3.2 = 6$; total 30, et 4 de retenus font 34. J'écris 4 et retiens 3; il ne reste que la multiplication qui donnera des myriades.

$4.2 = 8$ et 3 retenus font 11 que je pose. Je vois donc que

$$264.432 = 114048.$$

Je me sers, pour abréger, des signes $+$, $-$, $=$ et du point, signe de multiplication, toutes choses inconnues à Planude.

Pour la symétrie et la plus grande généralité des préceptes, si l'un des facteurs a moins de chiffres que l'autre, il met à la gauche autant de zéros qu'il en faut pour avoir le même nombre de figures dans les deux lignes.

Soit 54 à multiplier par 1423.

$$76842$$
$$1423$$
$$0054$$

mettez 00 à la gauche de 54, et dites :

$3.4 = 12$. Posez 2 et retenez 1.

$3.5 = 15$ et $2.4 = 8$; total 23 et 1 retenu font 24. Posez 4 et retenez 2.

3.0 = 0 , 2.5 = 10 et 4.4 = 16; total 26 et 2 retenus font 28.
Posez 8 et retenez 2.

4.5 = 20, 2.0 = 0, 1.4 = 4; total 24 et 2 retenus font 26.
Posez 6 et retenez 2.

1.5 = 5, 2.0 = 0, 2.0 = 0, 4.0 = 0; total 5 et 2 retenus
font 7. Posez 7 et l'opération est faite. Les autres combinaisons ne produiraient rien, parce que zéro serait l'un des facteurs. Nous avons
déjà fait quatre multiplications par zéro, et nous aurions pu nous en
dispenser.

On voit l'esprit de la méthode qui est de faire tout de suite toutes les
opérations qui donnent des produits de même ordre. L'opération est
simple pour le produit des unités; elle est simple encore dans le premier
exemple pour les myriades.

Pour les dixaines on n'a que deux produits, pour les centaines on
en a trois, etc.

Aux détails assommans donnés par Planude, l'un des manuscrits
ajoute encore une démonstration par figures de toutes ces opérations
entrelacées en χ, ou, comme dit Planude, *par le chiasme*, κατὰ τὸν
χιασμόν.

Quand un facteur a tout multiplié, et qu'il ne doit plus servir, on le
marque d'un trait pour s'en souvenir et éviter les doubles emplois.

Après une métaphysique obscure et inutile, que Planude qualifie
d'élégante et de naturelle, il passe à la preuve de 9 qui se fait ainsi.

Faites la somme de toutes les figures comme on le pratique pour
l'addition, ôtez-en tous les 9, écrivez au bout de chaque ligne ce qui
restera; multipliez l'un par l'autre les restes des deux facteurs, rejetez
tous les 9 du produit; ce qui restera doit être égal au reste du produit
de la multiplication.

Il croit qu'il n'est pas inutile de donner une autre méthode; mais il
avoue qu'elle est presqu'impraticable avec le *papier* et le *noir*, ἐπὶ χάρτου
διὰ μέλανος; mais elle est aisée sur le sable qui donne la facilité d'effacer
un chiffre avec le doigt pour en substituer un autre. Cette méthode
m'a paru plus incommode que la précédente. Voici au reste l'exemple
qu'il en donne.

$$
\begin{array}{cccc}
 & 0 & 2 & \\
3 & 6 & 6' & 4 \\
 & 6 & 5 & 4 \\
 & 6 & 5 & 4 \\
\end{array}
$$

Il s'agit de multiplier 654 par lui-même.

6.6 = 36 ; j'écris 6 au-dessus du 6 et le 3 à gauche.

6.5 = 5o ; je mets le *rien* au-dessus du 5, et les 3 dixaines se réunissent au 6 de la première opération, et ce 6 se change en 9 ; j'efface donc 6 pour y substituer un 9 (au lieu de l'effacer, marquons-le du signe ' minute, et écrivons 9 au-dessus).

6.4 = 24 ; j'écris 4 au-dessus du 4, et je retiens 2 que je substitue au zéro (au lieu d'effacer le zéro, je le marque d'un trait, et j'écris 2 au-dessus) ; j'ai donc 3924 pour produit de 6.654.

Tout ce qu'il y a de plus remarquable jusqu'ici, c'est qu'il commence la multiplication par la gauche. Pour multiplier maintenant 5o par 4, il transporte 654 à droite, en l'avançant d'une place.

$$
\begin{array}{cccc}
 & 5 & 1 & \\
4 & 2' & 4' & 9 \\
3' & 9' & 2' & 4' \\
 & 6 & 5 & 4
\end{array}
$$

5.6 = 3o ; je n'écris rien au-dessus du 6 où il y a 2 ; je retiens 3 et les joignant à 39 qui sont à gauche de 2, j'en fais 42 que je substitue à 39 (je marque le 3 et le 9 d'un trait, et j'écris 42 au-dessus).

5.5 = 25 ; les 5 je les joins au 4 qui devient 9 (je marque 4 d'un trait, et j'écris 9 au-dessus) ; des 20 j'en fais 2 que je réunis au 2 qui est à gauche du 4' ; je marque ce 2 d'un trait et j'écris 4 au-dessus).

5.4 = 20 ; je n'écris rien pour le zéro ; je retiens 2, et les joignant à 49, j'en fais 51 , et je marque d'un trait le 4 et le 9.

$$
\begin{array}{ccccc}
 & & 7 & & \\
 & 7 & 5' & 1 & \\
4 & 2 & 5' & 1' & 0' & 6 \\
 & 6 & 5 & 4 &
\end{array}
$$

Je transpose de nouveau mon nombre 654 d'une place à droite, et j'écris au-dessus 4251, qui résulte des opérations précédentes.

4.6 = 24 ; les 4 se réunissent à 1 qui devient 5 ; je marque 1 d'un trait et j'écris 5 au-dessus ; les 2 se réunissent au 5 qui devient 7 , je fais la substitution.

4.5 = 20 ; j'écris le *rien* pour le zéro , le 2 je l'ajoute au 5 qui devient 7 ; j'écris 7 au-dessus et je barre 5.

4·4 = 16 ; j'écris 6 au-dessus de 4 ; de la dixaine je fais une unité que je mets au-dessus du zéro, et j'ai pour produit 427716.

Il suffit de comparer ce procédé à celui de l'Arithmétique moderne pour sentir de combien ce dernier est préférable pour la brièveté, la clarté et la sûreté.

$$\begin{array}{r} 654 \\ 654 \\ \hline 2616 \\ 3270 \\ 3924 \\ \hline 427716 \end{array}$$

Division. La division consiste à comparer deux nombres pour voir quel nombre répond dans l'un aux unités de l'autre. Comme quand nous divisons 6 par 3, nous voyons qu'à chaque unité du nombre 3 répondent 2 unités dans le nombre 6. Cette définition vaut beaucoup mieux que celle de la multiplication.

Planude parle ensuite des fractions proprement dites, et de la manière de les réduire à leurs plus simples termes, par le plus grand diviseur commun.

Pour la division d'un nombre plus grand par un plus petit, écrivez le petit au-dessous du grand, et laissez entr'eux un intervalle d'une ligne. Soit 4865 à diviser par 3 : écrivez ces nombres comme vous le voyez ici :

$$\begin{array}{r} 4865 \\ 1621\,\tfrac{2}{3} \\ 3 \end{array}$$

et dites : en 4 combien de fois 3 ? c'est 1 ; écrivez 1 au-dessous du 4 : il reste 1 qui, avec le 8 suivant, fait 18 = 6.3 ; écrivez 6 au-dessous de 8. En 6 combien de fois 3 ? c'est 2 ; écrivez 2 au-dessous de 6 : en 5 combien de fois 3 ? il s'y trouve 1 avec un reste 2 qui donnera $\tfrac{2}{3}$.

Si nous avions eu 4 au lieu de 3 pour diviseur, nous aurions trouvé 1216 $\tfrac{1}{4}$.

$$\begin{array}{r} 4865 \\ 1216\,\tfrac{1}{4} \\ 4 \end{array}$$

Dans l'exemple suivant, 5 est le diviseur, et 9575 le quotient.

$$46865$$
$$9575$$
$$5$$

Viennent ensuite plusieurs exemples insignifians, puis un exemple où le texte paraît altéré. Je conjecture qu'il s'agit de diviser 8578 par 24.

En 8 combien de fois 2? ce serait 4; mais à cause du 4 qui suit le 2, il met 5; 5.2 = 6, de 8 il reste 2 qui, avec le 5 suivant, fait 25; 4.5 = 12; je les retranche de 25, il reste 13; en 13, 2 s'y trouvent 6 fois, à cause de 4 ne mettons que 5; 5.2 = 10; de 13 il reste 3: joignez-y le 7, vous aurez 37; 5.4 = 20; de 57 il reste 17.

En 17, 2 serait 8 fois, ne mettons que 7; 7.2 = 14; de 17 reste 3; 7.4 = 28; de 58 reste 10. Ainsi le quotient est 357 $\frac{10}{24}$.

Les Grecs n'ont pas de terme pour *quotient*; c'est une chose bien remarquable que la pauvreté de leur langue mathématique.

L'exemple suivant est encore plus altéré; il paraît inintelligible, et ne mérite certainement pas la peine qu'on prendrait à le rétablir. On croit voir que Planude veut diviser 248 par 245.

Cette fin est moins correcte que ce qui précède; elle manque même dans l'un des deux manuscrits. En tout le Traité est fort superficiel. S'il donne l'état de la science au tems de Planude, s'il est un tableau fidèle de celle des Indiens, on pourra dire que ce peuple qui avait trouvé un système si commode, si simple et si universel, n'avait pas su en tirer tout le parti possible. Les exemples donnés par Planude sont si aisés, qu'ils auraient pu être calculés presqu'aussi facilement par les chiffres des Grecs. Les Grecs n'avaient pas eu cette idée si belle et si féconde, mais ils étaient plus habiles calculateurs.

L'auteur passe ensuite à l'Arithmétique sexagésimale. Il donne un exemple d'addition, un de soustraction; il explique la multiplication et la division; enfin l'extraction de la racine carrée exacte ou approchée si le nombre n'est pas un carré parfait.

Voulez-vous la racine carrée de 18? le plus grand carré contenu dans ce nombre est 16; ôtez 16 de 18, il restera 2; la racine de 16 est 4: doublez 4 qui deviendra 8; la racine approchée de 18 sera $4\frac{2}{8} = 4\frac{1}{4}$.

Pour la preuve, multipliez $4\frac{1}{4}$ par lui-même, vous aurez 18 et la fraction $\frac{1}{16}$.

Cette méthode est suffisamment exacte pour les petits nombres. Il en

annonce pour la suite une autre , dont Dieu lui a fait la grace d'être
l'inventeur ; mais il se contente de cette première pour les nombres qui
ne passent pas 9999 , parce que leur racine n'a que deux figures.

Soit proposé de trouver le côté du nombre 255

<pre>
            5
        2.5 5
         15   10
          2
</pre>

Trouvez un nombre qui , multiplié par lui-même , puisse détruire le 2
qui commence ce nombre , ou qui en approche le plus près.

2.2 = 4 , ce qui est trop fort ; il faut donc prendre 1. Mettez 1 au-
dessous de 2 , entre 2 et 5 ; doublez cet 1 qui vous donnera 2 ; placez 2
au-dessous de 5 en troisième ligne. Trouvez un nombre qui , multiplié
par 2 , soit contenu dans 12 : vous trouverez 6 ; mais 6 multiplié par lui-
même sera plus fort que ce qui reste à retrancher , car ce reste est 15 ;
abandonnez 6 et prenez 5 ; 5.2 = 10 ; écrivez 5 entre 5 et 2 , à côté de 1 ;
ôtez 10 de 15 , il reste 5 ; placez-le un peu plus haut entre 5 et 5 ; multipliez
5 par lui-même , vous aurez 25 à retrancher de 55 , il restera 10 ; écrivez
10 hors de ligne , à part. Doublez le 5 , vous aurez 10 , écrivez-les à la
troisième ligne , à la suite de 2. Ensuite réunissez les 20 et les 10 de la
troisième ligne , car 2 est un nombre décadique , vous aurez 50 ; retranchez-en la moitié qui sera 15 ; car 50 doit contenir deux fois le côté.
La racine de 255 sera donc 15 $\frac{10}{30}$ = 15 $\frac{1}{3}$. Pour le prouver , prenez le
carré de 15 $\frac{1}{3}$, vous aurez 255 $\frac{1}{9}$. Il faut avouer qu'un commençant aurait
quelque peine à bien comprendre cette méthode , qui n'est pas élégam-
ment exposée.

Pour exemple d'un côté de trois figures , il choisit 421554.

<pre>
          1 1 7
      4 2 1 5 5 4
           1 0 8
      5 6
        1   155
      6 4 9
        1 2 8
              1 8
</pre>

Il prescrit de chercher le plus grand carré contenu dans 42 et non
dans 4 ; il trouve 6 : le reste , après la soustraction de 56 , sera 6 qu'il

place au-dessous. Il double le côté 6 qui donne 12; il l'écrit dessous en troisième ligne, et abaissant 1 pour faire 61 avec le 6, il divise 61 par 12, ce qui lui donne 5 qu'il laisse comme trop fort, et il prend 4.

4.12 = 48; de 61 reste 13; il écrit donc 4 entre 1 et 12.

A côté de 13, il abaisse le 5 qui suit 1, il a 135. Il en retranche le carré de 4 ou 16, il reste 117; il les écrit au-dessus de 5. Il double 4 et il a 8; il les écrit au-dessous et à la suite de 12; il a 128 = 2 fois le côté 64. Il cherche quel nombre, multiplié par 12, retranchera d'abord les 117, et qui, multiplié par 8, retranchera le 8 qui vient après, et qui enfin, multiplié par lui-même, retranchera le dernier : il trouve 9.

9.12 = 108; de 117 il reste 9 : il écrit 9 entre le 5 et le 5, et les 108 au-dessus.

9.8 = 72; il les retranche de 95 formé de 9 et du chiffre suivant 5; il lui reste 23 : il y réunit le 4 qui reste, il a donc 234. Or 9.9 = 81; de 234 il reste 153 qu'il écrit à part hors de ligne; il double le 9 qui donne 18 qu'il place à la suite, et le côté de 421354 se trouve 649 $\frac{153}{1.2818}$.

A la suite de ces exemples, il donne la règle par laquelle il aurait dû commencer; c'est qu'*on cherche le plus grand carré contenu dans le premier chiffre à gauche, si le nombre des figures est impair, et dans les deux premiers, si les figures sont en nombre pair.*

Si le carré n'a que 1 ou 2 figures, le côté n'en aura qu'une.

Si le carré n'a que 3 ou 4 figures, le côté en aura deux.

Si le carré n'a que 5 ou 6 figures, le côté en aura trois, et ainsi de suite.

Il ajoute : *Personne ne pourra nous blâmer si nous disons que cette méthode est de nous, aussi bien que la suivante.* Je crois que personne ne sera tenté de les lui disputer.

Il passe à un nombre dont le côté a quatre figures, et il choisit 16900963.

$$16900963$$
$$411$$
$$9$$

Selon la première méthode. 4.4 = 16. Il place le 4 au-dessous du 6. Il double le 4 qui lui donne 8; il retranche 8 du troisième chiffre 9, il reste 1.

A ce 1 il réunit le zéro suivant, il a 10; il en retranche $1.1 = 1$, il reste 9 qu'il écrit plus bas. Il double 1, ce qui fait 2; il divise 9 par 8; le quotient est 1, il l'écrit : de 10 il retranche 2, il reste 8; il en retranche $1.1 = 1$, il reste 7.

Nous avons donc jusqu'ici le côté 411. Il cherche quel chiffre, joint à ces trois premières figures, formera un nombre dont le carré soit contenu dans 16900963. S'il choisit 2, il aura un carré trop fort; il prend 1, et le côté se trouve 4111, dont le carré est 16900521. C'est le carré le plus voisin; il reste 642; la racine sera $4111\,\frac{642}{8222}$.

Il semble que suivant la règle même donnée par lui, ce côté soit $4111\,\frac{642}{8222} = 4111\,\frac{321}{4111}$.

La manière la plus simple de trouver ce reste 642, est de multiplier 4111 par lui-même et de retrancher le produit du nombre proposé. Planude donne un moyen moins clair et plus long.

Nous avions ci-dessus le reste 7, et de plus 963, sur lesquels nous n'avons pas encore opéré. Il prend ces nombres comme de simples unités. Il dit $7 + 9 = 16$, $1.8 = 8$, $1.2 = 2$, $8 + 2 = 10$; de 16 il reste 6. Du 6 qui vient après le 9, il retranche $1.2 = 2$, il reste 4. Du 5 qui vient ensuite, il retranche $1.1 = 1$, il reste 2. Réunissant ces trois restes 6, 4, 2, pour en faire un seul nombre, il a 642 comme ci-dessus.

On voit que Planude se contente de donner des pratiques à suivre et ne s'embarrasse guère d'en donner les raisons, ni de se faire bien comprendre.

Il prend ensuite le nombre 1690196789, dont le côté doit avoir cinq figures. La racine sera 41112. Ces exemples où tous les quotiens sont des 1 et dont le plus fort est 2, sont mal choisis, parce qu'ils sont trop aisés; mais avec d'autres quotiens, sa méthode serait encore plus embarrassante. Cette méthode est obscure, minutieuse, sujette à erreur, et moins bonne par conséquent que celle de Théon, que nous suivons encore.

Il expose ensuite une méthode de son invention pour trouver une racine approchée. Il choisit pour exemple 24. Le plus grand carré est 16 dont la racine est 4; le double de 4 est 8; $24 - 16 = 8$; la racine sera $4\,\frac{8}{8}$ presque : elle est un peu trop forte, car le carré de $4\,\frac{8}{8}$ ou de 5 est 25.

Il trouve de même que le côté de 17 est $4\,\frac{1}{8}$, à $\frac{1}{64}$ près.

Que 18 est le carré de $4\frac{1}{4}$ ou $4\frac{2}{8}$; 19 le carré de $4\frac{3}{8}$; 20 le carré de $4\frac{4}{8}$ ou $4\frac{1}{2}$; 21 le carré de $4\frac{5}{8}$; 22 le carré de $4\frac{6}{8}$ ou $4\frac{3}{4}$; 23 celui de $4\frac{7}{8}$, et 24 celui de $4\frac{8}{8}$.

En général, soit $a^2 + b$ un carré imparfait; il fait la racine $= a + \dfrac{b}{2a}$; l'erreur est $\dfrac{b^2}{4a^2} = \left(\dfrac{b}{2a}\right)^2$.

Voici une autre méthode qu'il donne encore comme de lui.

Je veux la racine carrée de 6; j'en fais

$$6^\circ = 360' = 21600''.$$

J'en cherche la racine approchée qui sera $146'$ et une fraction, ou $2^\circ 26'$.

$$(146)^2 = 21316$$
$$2(146) = 292$$
$$(146)^2 + 2(146) = 21608 \text{, trop fort de 8 parties.}$$

Donc l'inconnue qui doit multiplier $2a$ est une fraction; elle sera un nombre de secondes approchant de 60, et il trouve $58''$.

L'opération est longue et pénible; il était plus simple de mettre six zéros après le chiffre 6, mais il n'avait aucune idée des fractions décimales. Au reste, elles n'étaient pas nécessaires; il suffisait ensuite de réduire la racine à un seul entier, et de donner ensuite un dénominateur décimal à la fraction. Il aurait eu

$$\sqrt{6} = 2.4492 = 2^\circ 26' 952 = 2^\circ 26' 57'' 12.$$

Planude démontre sa méthode à la manière d'Euclide, en formant un rectangle dont le côté est $2^\circ 26' 58''$. Il passe enfin à une troisième méthode qui est un mélange des précédentes, c'est-à-dire de celle des Indiens, de celle de Théon et de la sienne propre.

Il choisit l'exemple même de Théon, 4500. S'il réduisait en nombre en minutes ou en secondes, il aurait $270000' = 16200000''$. L'opération serait trop longue. Il cherche le plus grand carré contenu dans 4500; c'est celui de 67. Il reste 11, dont il fait $660'$; le double de 67 est 134; $\dfrac{660}{134} = 4$; car $4.34 = 536$; il reste 124 qu'il change en $7440''$; il en retranche $(4)^2 = 16$; il reste 7424.

Il convertit en minutes le double 134 qui devient 8040; il y ajoute le double de 4″ ou 8″, il a 8048. Il convertit en tierces le reste 7425 qui devient 435440; il les divise par 8048″, il trouve 55″, et la racine sera 67° 4′ 55″.

Tout cela est long et pénible. Pour des nombres qui ne sont pas plus considérables, les logarithmes rendent bien inutiles toutes les méthodes d'extraction, et elles les abrègent dans tous les cas.

Planude dit ensuite que tout carré diminué de l'unité, est résoluble en deux facteurs. En effet, du carré $a^2 \pm 2a + 1$ retranchez l'unité, il restera $a^2 \pm 2a = a\,(a \pm 2)$.

Les deux facteurs a et $a \pm 2$ sont l'un plus grand, l'autre plus petit de l'unité que la racine $(a \pm 1)$.

Si du carré......... $(a - 1)^2 = a^2 - 2a + 1$
vous retranchez plusieurs fois la racine $\qquad a - 1$

$$\text{vous aurez les restes}\dots\dots\dots\dots \left\{ \begin{array}{l} a^2 - 3a + 2 \\ a^2 - 4a + 3 \\ a^2 - 5a + 4 \\ a^2 - 6a + 5 \\ a^2 - 7a + 6 \end{array} \right.$$

D'après ces remarques qu'il expose d'une manière fort obscure, il dit qu'on peut tirer la solution du problème suivant, qui se trouve aujourd'hui dans tous les Traités élémentaires d'Algèbre.

Un père mourant appelle ses enfans, fait apporter son coffre, et dit : Je veux que mes enfans partagent également mon or. Le premier prendra une pièce, et le septième de ce qui restera. Le second, deux pièces et le septième du reste. Le troisième, trois pièces et le septième du restant. Le père meurt sans avoir eu le tems d'achever. On demande quel est le nombre des enfans et celui des pièces ou des sacs.

Voici la solution de Planude. Il faut toujours prendre $\frac{1}{7}$; $(7 - 1)$ sera le nombre des enfans; $(7 - 1)^2$ sera le nombre des pièces;

$(7 - 1)^2$ ou.............................. $49 - 14 + 1$

Le premier prend $1 + \dfrac{49 - 14}{7} = 1 + \dfrac{35}{7} = 1 + 5 = 7 - 1 \qquad 7 - 1$

$$\text{Il reste}\dots\dots\dots\dots\dots \overline{49 - 21 + 2}$$

$$\text{Le second prend } 2 + \frac{28}{7} = 4 + 2 = 7 - 1 = \qquad\qquad 7 - 1$$
$$\text{Il reste} \ldots\ldots\; \overline{49 - 28 + 3}$$

$$\text{Le troisième prend } 3 + \frac{21}{7} = 6 = 7 - 1 = \ldots \qquad 7 - 1$$
$$\text{Il reste} \ldots\ldots\; \overline{49 - 35 + 4}$$

$$\text{Le quatrième prend } 4 + \frac{14}{7} = 6 = \ldots\ldots\ldots \qquad 7 - 1$$
$$\text{Il reste} \ldots\ldots\; \overline{49 - 42 + 5}$$

$$\text{Le cinquième prend } 5 \text{ et } \frac{7}{7} = 6 = \ldots\ldots\ldots \qquad 7 - 1$$
$$\text{Il reste} \ldots\ldots\; \overline{49 - 49 + 6}$$

$$\text{Le sixième prend } 6 \text{ et } \frac{0}{7} = 6 = \ldots\ldots\ldots \qquad 7 - 1$$
$$\text{Il reste} \ldots\; 0 = \overline{0 - 7 + 7}$$

Le partage est fini, les enfans sont au nombre de $6 = 7 - 1$; le nombre des pièces $6^a = 36$: les parts sont égales et de 6 chacune.

Ce problème a été imaginé sans doute d'après la remarque faite ci-dessus par Planude ou par quelqu'autre avant lui. L'Algèbre résout ce problème en égalant l'expression des deux premières parts ; mais un algébriste n'aurait probablement pas imaginé cette question ; il n'y aurait pas songé.

Planude se propose ensuite cet autre problème. Trouver deux rectangles égaux en périmètre et dont les aires soient entr'elles comme $1 : n$, c'est-à-dire en raison donnée.

Soient a et b les deux côtés contigus du premier rectangle; $2a + 2b$ le périmètre, ab la surface, c et d les deux côtés du second rectangle, $2c + 2d$ le périmètre, cd l'autre surface.

Nous aurons
$$a + b = c + d \quad \text{et} \quad cd = nab;$$

voilà les deux équations du problème.

$$d = a + b - c, \quad cd = (a + b - c)\,c = (a + b)\,c - c^2 = nab,$$
$$c^2 - (a+b)\,c = -nab, \quad c^2 - (a+b)\,c + \tfrac{1}{4}(a+b)^2 = \tfrac{1}{4}(a+b)^2 - nab,$$
$$\left[c - \tfrac{1}{2}(a+b) \right]^2 = \left[\tfrac{1}{4}(a+b)^2 - nab \right],$$
$$c = \tfrac{1}{2}(a+b) \pm \left[\tfrac{1}{4}(a+b)^2 - nab \right]^{\frac{1}{2}}.$$
$$c = \tfrac{1}{2}(a+b) \pm \tfrac{1}{2}(a+b)\left(1 - \frac{4nab}{(a+b)^2} \right)^{\frac{1}{2}},$$

Cette formule suppose la connaissance du premier rectangle et le rapport n des surfaces ; mais on risque de trouver bien des solutions imaginaires ou purement géométriques avant d'en obtenir une en nombres entiers.

Soit $2p$ le périmètre ; x et y les demi-différences des côtés ; $p - x$ et $p + x$ seront les deux côtés ; $p^2 - x^2$ sera la surface du premier ; $p - y$ et $p + y$ les deux côtés ; $p^2 - y^2$ la surface du second. Nous aurons

$$p^2 - y^2 = np^2 - nx^2 = n(p+x)(p-x),$$
$$p^2 - np^2 + nx^2 = y^2 = p^2 - n(p^2 - x^2) = p^2 - n(p-x)(p+x),$$

Le premier rectangle étant donné avec x, p et n, on aura

$$p^2(n-1) = nx^2 - y^2, \quad p^2 = \frac{nx^2 - y^2}{(n-1)}.$$

Cette solution plus commode que la précédente, a de même l'inconvénient de donner des solutions incommensurables.

Planude donne sans démonstration et sans aucun renseignement, un moyen d'avoir en nombres entiers autant de solutions qu'on voudra. J'ai tiré des raisonnemens de Planude, les formules suivantes :

$$n^3 - 1 = n^3 - n + n - 1,$$
$$n^3 - n^2 + n^2 - 1 = n^3 - q + q - 1 = t^3 - p + p - r = t^3 - q + q - r.$$

Prenez donc $n^3 - 1$ pour le demi-périmètre, $(n^3 - n)$ et $(n - 1)$ seront les deux côtés d'un rectangle, $(n^3 - n^2)$ et $(n^2 - 1)$ les côtés de l'autre rectangle. Vous aurez autant de solutions que vous voudrez en nombres entiers, en choisissant arbitrairement $(n^3 - p)$ et $(p - 1)$; $(n^3 - q)$ et $(q - 1)$.

Tous ces périmètres sont égaux ; mais il faut encore que les surfaces soient en raison donnée.

$$a = (n-1),\ b = n^2 - n,\ ab = (n-1)(n^2-n) = n.(n-1)(n^2-1),$$
$$c = n^2 - 1,\ d = n^3 - n^2,\ cd = (n^2-1)(n^3-n^2) = n^2(n-1)(n-1) = nab.$$

Voilà donc le problème entièrement résolu. Les périmètres sont égaux, et les surfaces $:: 1 : n$.

L'équation $a = (n-1)$ ou $n = (a + 1)$ vous permet de prendre arbitrairement a ou n pour donnée ; prenons a.

Nous aurons

$$n = (a+1), \quad b = n^3 - n, \quad c = n^2 - 1, \quad d = n^3 - n^2,$$
$$ab = n(n-1)(n^2-1), \quad cd = n^2(n-1)(n^2-1)$$
$$b - a = n^3 - n - n + 1 = n^3 - 2n + 1,$$
$$d - c = n^3 - n^2 - n^2 + 1 = n^3 - 2n^2 + 1,$$

a étant pris à volonté, nous avons n et tout le reste exprimé en fonction de n. Nous pouvons de même exprimer tout en fonction de a.

$$n = a + 1, \quad b = n^3 - n = a^3 + 3a^2 + 3a + 1 - a - 1 = a^3 + 3a^2 + 2a,$$
$$a + b = a^3 + 3a^2 + 3a = (a+1)^3 - 1 = c + d,$$
$$c = n^2 - 1 = a^2 + 2a + 1 - 1 = a^2 + 2a,$$
$$d = n^3 - n^2 = a^3 + 3a^2 + 3a + 1 - a^2 - 2a - 1 = a^3 + 2a^2 + a,$$
$$ab = a(a^2 + 3a^2 + 2a) = a^4 + 3a^3 + 2a^2,$$
$$cd = (a^3 + 2a^2 + a)(a^2 + 2a) = a^5 + 2a^4 + a^3 + 2a^4 + 4a^3 + 2a^2$$
$$= a^5 + 4a^4 + 5a^3 + 2a^2,$$
$$b - a = a^3 + 3a^2 + 2a - a = a^3 + 3a^2 + a,$$
$$d - c = a^3 + 2a^2 + a - a^2 - 2a = a^3 + a^2 - a.$$

Tous les nombres sont des entiers; tous ils sont à volonté fonctions de a ou de n. Ce qu'il y a de plus simple, c'est de prendre pour a tous les nombres naturels successivement.

a sera donc 1, 2, 3, 4, 5, 6, etc.
n sera   2, 3, 4, 5, 6, 7, etc.

$$a = 1, \; n = 2, \; c = 3, \quad d = 4, \quad b - a = 5, \quad b = 6, \quad b + a = 7;$$
$$ab = 6, \quad d - c = 1;$$
$$a = 2, \; n = 3, \; c = 8, \quad d = 18, \quad b - a = 22, \quad b = 24, \quad b + a = 26,$$
$$ab = 48, \quad d - c = 10;$$
$$a = 3, \; n = 4, \; c = 15, \quad d = 48, \quad b - a = 57, \quad b = 60, \quad b + a = 63,$$
$$ab = 180, \quad d - c = 35;$$
$$a = 4, \; n = 5, \; c = 24, \quad d = 100, \quad b - a = 116, \quad b = 120, \quad b + a = 124,$$
$$ab = 480, \quad d - c = 76;$$
$$a = 5, \; n = 6, \; c = 35, \quad d = 180, \quad b - a = 205, \quad b = 210, \quad b + a = 215,$$
$$ab = 1050, \quad b - c = 145;$$
$$a = 6, \; n = 7, \; c = 48, \quad d = 294, \quad b - a = 330, \quad b = 336, \quad b + a = 342,$$
$$ab = 2016, \quad d - c = 246.$$

On aurait ainsi autant de solutions qu'on voudrait donner de valeurs à n ou a; mais on peut continuer par de simples additions.

a est la suite des nombres naturels 1, 2, 3, 4, 5, etc.

n est la suite des nombres naturels 2, 3, 4, 5, 6, etc.

On peut continuer tant qu'on voudra.

Les valeurs de c sont...   3 . 8 . 15 . 24 . 35 . 48

3 . 5 . 7 . 9 . 11 . 13.

Les différences de c sont celles des nombres carrés ; on peut donc continuer à l'infini. En effet, $c = n^2 - 1$ étant la suite des carrés, diminués de la constante 1, les différences sont nécessairement celles des carrés.

Les valeurs de d sont...   4 . 18 . 48 . 100 . 180 . 294 . 448

Différences..............   4 . 14 . 30 . 52 . 80 . 114 . 154

10 . 16 . 22 . 28 . 34 . 40

6   6   6   6   6

$d = n^3 - n^2$; les troisièmes différences de n^3 sont 6 ; les troisièmes de n^2 sont nulles ; les troisièmes différences de d sont donc 6.

Les valeurs de b...   6 . 24 . 60 . 120 . 210 . 336

6 . 18 . 36 . 60 . 90 . 126

12 . 18 . 24 . 30 . 36

6   6   6   6

Les troisièmes différences de $b = n^3 - n$ doivent être 6 par la même raison.

Les valeurs de $(b - a)$...   5 . 22 . 57 . 116 . 205 . 330

5 . 17 . 35 . 59 . 89 . 125

12 . 18 . 24 . 30 . 36

6   6   6   6

$b - a = n^3 - 2n + 1$; les troisièmes différences sont donc celles des cubes.

$b + a$, par la même raison, a les troisièmes différences des cubes.

$b + a$........   7 . 26 . 63 . 124 . 215 . 312

7 . 19 . 37 . 61 . 91 . 127

12 . 18 . 24 . 30 . 36

6   6   6   6

$$ab\ldots\ldots\ldots\quad 6\ .\ 48\ .\ 180\ .\ 480\ .\ 1050\ .\ 2016$$
$$6\ .\ 42\ .\ 132\ .\ 300\ .\ 570\ .\ 968$$
$$56\ .\ 90\ .\ 168\ .\ 270\ .\ 396$$
$$54\ .\ 78\ .\ 102\ .\ 126$$
$$24\quad 24\quad 24$$

Les ab ont les différences des quatrièmes puissances. En effet, $ab = n^4 - n^3 - n^2 + 1$.

$$d - c\ldots\ldots\quad 1\ .\ 10\ .\ 33\ .\ 76\ .\ 145\ .\ 246$$
$$1\ .\ 9\ .\ 25\ .\ 45\ .\ 69\ .\ 101$$
$$8\ .\ 14\ .\ 20\ .\ 26\ .\ 32$$
$$6\quad 6\quad 6\quad 6$$

$d - c = n^3 - 2n^2 + 1$ doit avoir les différences des cubes.

On peut donc continuer à volonté, si l'on ne veut que des solutions en nombres entiers.

Nous aurons, par ce moyen, toutes les solutions dans ce système où n dépend de a, car a doit être entier ; $n = a + 1$ sera donc aussi en entier.

Mais les valeurs de c ont des différences toujours croissantes ; d les a de même ; $(d - c)$, $(b - a)$ de même : c'est pis encore pour ab. On ne peut donc prendre pour donnée que a ou n ; le reste mènerait à trop de solutions impossibles en nombres entiers.

Ce problème n'est là que par hasard, car il n'est pas de l'arithmétique indienne plus que de toute autre ; il est de l'arithmétique générale.

Voici encore un autre procédé que Planude donne en terminant son ouvrage. Il diffère du précédent en ce que n et a sont indépendans l'un de l'autre ; ce qui augmente le nombre des solutions.

Prenez arbitrairement un nombre a ; puis un nombre $(n + 1)\,a$, si vous voulez que la seconde surface vaille n fois la première. Ce second nombre sera donc $c = (n + 1)\,a$.

Puis un troisième nombre $d = n^2 a$.

Puis un quatrième nombre $b = n.(n + 1)\,a$.

$$ab = n(n+1)a^2,\ cd = (n+1)\,a\,.\,n^2 a = a^2 n^2\,(n+1),$$
$$a + b = n(n+1)a + a = (n^2 + n)\,a + a = n^2 a + na + a = a(n^2 + n + 1),$$
$$c + d = (n+1)a + n^2 a = na + a + n^2 a = a(n^2 + n + 1).$$

Les périmètres seront donc égaux, et les surfaces dans le rapport de $1 : n$.

La solution limitée peut se ramener à la solution générale.

Nous avions

$$c = (n^2 - 1) = (n + 1)(n - 1) = (n + 1) a;$$

ainsi, au lieu d'une seule arbitraire n, nous en introduirons deux, n et a. Nous aurons donc

$$d = n^3 - n^2 = n^2(n - 1) = n^2 a,$$
$$b = n^2 - n = n(n^2 - 1) = n(n - 1)(n + 1) = n(n + 1) a.$$

Les premières expressions étaient réellement identiques à ces dernières. Pour revenir des dernières aux premières, on rétablira la relation $(n - 1) = a$; les quatre termes renfermant a; a peut rester indéterminée arbitraire.

$c = (n + 1) a$ croîtra comme na; c sera $3a$, $4a$, $5a$, etc.

$d = n^2 a$; il sera donc $4a$, $9a$, $16a$, $25a$, etc.

$b = n(n + 1) a = (n^2 + n) a$ sera

$$6a, \quad 12a, \quad 20a, \quad 30a, \quad 42a, \quad 56a, \quad 72a, \text{ etc.}$$

Diff. des coefficiens...   6   8   10   12   14   16.

Les périmètres seront $(n^2 + n + 1) a$.

Les surfaces seront $n(n + 1) a$ et $n^2(n + 1) a^2$.

n ne peut être moindre que 2, car $n = 1$ donne

$$b = 2, \quad a = c, \quad \text{et} \quad d = ab.$$

Les périmètres seraient $3a$, les surfaces $2a^2$ seraient égales, les deux rectangles seraient identiques, on aurait $d = a$ et $b = c$.

Tout cela est exposé d'une autre manière; mais tout ce que nous venons de dire se trouve dans Planude, ou s'en déduit avec facilité. Ces deux problèmes seraient ce qu'on trouverait de plus curieux dans son ouvrage, sans les mots κατ’ Ἰνδούς, *selon les Indiens*, qui se trouvent dans le titre, et paraissent décider une question qui paraît encore douteuse à quelques personnes; mais nous croyons qu'elle va être décidée par un ouvrage récemment traduit de l'indien, et dont on verra l'extrait dans le chapitre suivant.

CHAPITRE V.

Lilawati.

(La feuille précédente était imprimée depuis bien long-tems, lorsque l'Institut a reçu,
de la part du traducteur, l'ouvrage intitulé) :

*Lilawati or a treatise on Arithmetic and Geometry by Bhascara Acharya,
translated from the original sanscrit by John Taylor. M. D. Bombay, 1816.*

Nous allons extraire de ce traité curieux tout ce qui peut faire suite à
l'ouvrage de Planude, et qui aura quelque rapport à l'Astronomie et aux
questions que nous avons eu occasion de traiter.

On lit dans l'introduction que Bhascara Acharya, auteur du traité,
était né à Bildur, ville du Décan, l'an 1056 de Salivahna, ce qui répond
à l'an 1114 de notre ère. Il composa ce livre, et lui donna le nom de
sa fille Lilawati, pour la consoler de ce qu'il n'avait pu la marier ; il
devait donc être âgé d'environ 40 ans ; ainsi la date du Lilawati doit remonter entre l'an 1150 et 1160 de notre ère.

Bhascara est encore auteur de plusieurs ouvrages. Les plus célèbres
sont le Bija Gannita et le Siromani. Le premier est un traité d'Algèbre
dont M. Edward Strachey a donné une notice qui est en partie une traduction littérale, le reste un simple extrait avec des notes.

Le Siromani est un traité d'Astronomie plus complet et plus lumineux
que le Sourya Siddhanta. Il est en grande réputation parmi les astronomes de Décan, et c'est le seul dont ils fassent usage. Il est divisé en
deux parties : le Gola Adya, qui traite de la sphéricité de la Terre, et le
Gannitta Adya, qui traite du cacul astronomique.

Le Lilawati, si l'on considère le tems où il a été écrit, présente un
système d'Arithmétique profond, régulier et bien lié. Il contient plusieurs
propositions utiles de Géométrie et de Géodésie. Il est le premier livre
qu'étudient les astronomes ou plutôt les astrologues de l'Inde ; car, dans
ce pays, les deux professions sont inséparables, et en général la première n'est considérée que comme un accessoire.

Les règles sont écrites en vers, d'un style concis et elliptique, dans lequel on trouve au plus haut degré cette obscurité qui est la marque caractéristique des ouvrages sanscrits de science et de philosophie.

L'empereur Acbar fit traduire ce livre en persan en 1587, par Fyzy. Une copie de cette version a été remise à M. Taylor, par Mulla Firoz, savant parsis, qui a fait une étude particulière du système astronomique des Arabes. La traduction de Fyzy est souvent très-obscure; on y remarque des omissions considérables, particulièrement à la fin de l'Arithmétique et dans les opérations géométriques qui précèdent le chapitre des cercles.

Il a pareillement omis les chapitres des problèmes indéterminés et des permutations. Le style est diffus, et fait penser que Fyzy n'a fait qu'écrire sous la dictée les paraphrases qui lui étaient faites par les savans du pays, qu'il dit avoir consultés.

M. Taylor a vu chez M. Erskine une traduction de ce même traité, en langue murwar. Elle paraît faite pour l'usage des prêtres du Jaina qui professent l'Astrologie. La ressemblance du sanscrit et du murwari fait que la traduction est plus concise, et qu'on y trouve en plus grand nombre les termes techniques de l'original. Il y a cependant aussi des omissions importantes, telles que celles des problèmes indéterminés et des permutations.

L'objet de M. Taylor, en donnant cette traduction, a été de fournir des documens authentiques sur les connaissances mathématiques des Indiens au douzième siècle, et de montrer leurs principes et leurs manières d'opérer, qui pourront rendre un peu douteuses leurs prétentions au titre d'inventeurs en matière de science. Cette traduction a été long-tems desirée. M. Burrow ne put l'achever; M. Taylor croit qu'il n'aurait pas été plus heureux, sans le secours de trois commentaires qu'il a su se procurer. Il avait en outre trois copies de l'original. La plus ancienne est de l'an 1673; c'est celle qui a servi à la traduction; elle a depuis été portée en Angleterre et déposée à la bibliothèque de la Compagnie des Indes. Les règles et les exemples se trouvent en entier dans deux des trois commentaires; ensorte que M. Taylor avait cinq copies de l'ouvrage; elles sont d'une conformité remarquable. Il a cru inutile de traduire les préceptes en Algèbre européenne, parce que les notes tirées des Commentaires sont assez claires, et que son objet principal était de montrer la marche et les pensées de l'auteur indien.

Les deux livres du Kutacha ou des problèmes indéterminés et des permutations, sont plus obscurs encore que les précédens.

Les Indiens opèrent sur un tableau de 12 pouces de long sur 8 de large. Un fond blanc est formé avec une poussière de pipe; on le recouvre d'un sable rouge; les chiffres sont tracés avec un style de bois qui, déplaçant le sable rouge, laisse voir le fond blanc. En passant le doigt sur le sable rouge, on efface ce qui est écrit, et l'on peut recommencer une autre opération. D'ailleurs, comme l'espace est borné et les caractères nécessairement grands, on est obligé d'effacer à mesure qu'on avance, pour gagner de la place.

Les Indiens font l'addition en commençant par la droite, comme nous; mais ils ont, pour commencer par la gauche, une manière qui n'est pas trop incommode. M. Taylor dit qu'ils ignorent la preuve de 9, bien connue des Arabes, qui l'appelaient *tarazu* ou *balance*; cependant Planude emploie cette preuve dans les quatre opérations de l'Arithmétique; il la donne comme venant de l'Inde, ainsi que tout le reste. Les Arabes ne sont pas une seule fois mentionnés dans son ouvrage.

La soustraction se fait de deux manières exposées aussi dans Planude.

A l'article de la multiplication, il remarque qu'on n'y trouve point la Table de multiplication qu'on dit cependant avoir été apportée de l'Inde par Pythagore. Il explique cette apparente contradiction, en disant que le livre n'étant pas destiné aux enfans, on a cru la Table inutile; il ajoute qu'on s'en sert aujourd'hui dans les écoles, où même on en a de plus étendues.

Le texte donne cinq méthodes de multiplication, les Commentaires en ajoutent deux autres; il y en a aussi plusieurs dans Planude, qui les expose avec plus de détails.

On ne voit dans le Lilawati aucun symbole pour indiquer l'addition, ni la multiplication. Nous avons fait une remarque pareille, mais plus étendue, en extrayant Planude. Suivant M. Taylor, un zéro placé au-dessus d'un nombre signifie qu'il faut le retrancher. Planude ne dit rien de semblable.

Un zéro placé auprès d'une somme, signifie qu'elle a été payée, et que la ligne est annulée. C'est la manière des marchands marattes.

Les Indiens ignorent la méthode des barres pour séparer la somme d'avec les parties ajoutées, ou le reste d'avec la somme soustraite; dans les fractions mêmes, on se contente de placer le numérateur au-dessus du dénominateur, sans aucun trait qui les sépare.

Après cet exposé sommaire des méthodes indiennes, le traducteur passe à celles des Arabes. Il les prend dans deux livres persans : le

au reste, les Arabes en conviennent eux-mêmes ; il ne reste donc aucun doute sur ce point.

Excepté pour le 1, le 5 et peut-être le 4, les Arabes ont adopté les figures indiennes avec très-peu de changement dans la forme. Le traducteur ne donne pas les chiffres indiens ; on les voit dans Planude.

Les deux auteurs arabes commencent leur Géométrie par les définitions du point, de la ligne, de la surface, du solide, des angles droit, aigu et obtus, de la circonférence, du rayon et du secteur. Tous deux font usage des lettres de l'alphabet dans leurs démonstrations, pour désigner les lignes, ce qui montre une grande affinité entre la Géométrie des Arabes et celle de Grecs, et ne ressemble en rien à celle du Lilawati, dans lequel on ne fait aucune attention aux angles. Toutes les opérations y sont faites d'après les relations entre les trois côtés du triangle rectangle. Il est à remarquer que les Arabes nomment *Hindasi* ou *Arithmétique indienne*, l'Arithmétique où les chiffres ont une valeur de position. Cette idée heureuse, qui paraît due aux Indiens, peut devenir le sujet d'une recherche intéressante. Les Indiens sont-ils en effet les auteurs de cette notation, ou l'ont-ils reçue d'un peuple plus avancé dans la science du calcul? Nous penserions que l'idée est tellement simple, qu'elle a pu venir à des ignorans plus aisément encore qu'à des savans. Dans toutes les langues, quand on dit 957, ou 9 cent, cinq dixaines et 7 unités, et qu'on veut écrire ce nombre, l'idée la plus naturelle est d'employer 9, 5, 7, que les mots 9 cent, cinquante et 7 semblent appeler. Plus un peuple sera ignorant, moins il aura de signes pour exprimer ses idées, plus il sera porté à la notation indienne. Ce moyen ne paraît-il pas plus aisé à trouver que celui d'employer quatre caractères différens, pour exprimer 5555, comme faisaient les Grecs. Dans la manière indienne, on n'écrit que les racines *cinq* de cinq mille, de 5 cents, de 5 dixaines et de 5 unités; la position rend inutile la différence de terminaison et tout mot additionnel. Il nous paraîtrait donc superflu de chercher un peuple plus savant qui ait pu instruire les Indiens. M. Taylor pense qu'il faudrait considérer l'état de la science mathématique chez les peuples voisins, qui, par leur religion et leur philosophie, paraîtraient avoir eu de grandes communications avec l'Inde. Mais il faut observer que si l'Arithmétique de position n'est pas originaire de l'Inde, elle doit au moins y avoir existé de tems immémorial; car on ne trouve, chez ce peuple, aucune trace d'une notation alphabétique, telle que celle des Hébreux, des Grecs et des Arabes. Plusieurs siècles se sont écoulés avant que la notation indienne ait pénétré chez les Arabes, et ait été par eux introduite en Europe. Mais, ni en Europe, ni en Arabie, elle n'a fait disparaître les traces de la notation littérale. Les Européens et les Arabes emploient encore occasionnellement les lettres; et chez ces derniers, aussi bien que chez les Orientaux, qui ont adopté leurs sciences, on considère comme une manière élégante de marquer la date d'un événement, celle d'employer un mot dont les lettres, considérées comme chiffres, soient propres à composer la date demandée. On ne voit aucun Indien qui connaisse cet usage des lettres, à moins qu'il ne l'ait appris d'un musulman. On ne trouve rien de ce genre dans aucun livre sanscrit, ni dans aucun livre écrit dans aucune des langues du pays. On y emploie les figures de différens objets, pour représenter des nombres, mais les lettres jamais.

Les extraits que M. Strachey a faits du Bija Gannita, et cette traduction du Lilawati, offrent sans contredit des renseignemens précieux sur l'état des Mathématiques chez les Indiens. Ils ne donnent cependant qu'une idée imparfaite du sujet. Au reste, on ne trouve rien de mieux dans aucun autre livre du pays.

On dit que les Chinois ont des traités d'Arithmétique et de Géométrie; mais comme on n'en a publié ni extrait, ni traduction, nous ignorons jusqu'où s'étendait leur science. Toutes leurs opérations arithmétiques se font par le moyen mécanique du Swanpan. On ne trouve chez eux aucun vestige d'Algèbre; et quoiqu'ils prétendent être très-habiles en Astronomie, il est reconnu, par les meilleurs écrivains chinois, qu'ils sont incapables de calculer une éclipse avec quelque précision. Il en résulte que les Chinois, en Mathématiques, sont encore bien moins avancés que les Indiens.

Quant à l'opinion mise en avant par des hommes d'un mérite éminent, que les premières découvertes en Mathématiques sont sorties de la haute Asie, nous dirons seulement que dans tout ce qu'on a pu nous apprendre des vastes régions du Thibet, rien n'appuie le moins du monde cette conjecture; d'où il faut conclure que jusqu'au moment où l'on aura découvert dans l'Orient des livres d'une antiquité plus grande que celle du Lilawati et du Bija Gannita, et qui contiennent un système d'Arithmétique ou d'Algèbre aussi étendu et aussi complet, il faudra laisser aux Indiens l'honneur d'avoir découvert la notation arithmétique la plus simple et la plus commode qu'on pût imaginer, et confesser qu'à l'aide de cette invention merveilleuse, ils ont fait dans la science du calcul, au moins depuis 700 ans, des progrès bien supérieurs à ceux d'aucun autre peuple de l'Asie.

Les savans d'Europe sont persuadés que les Indiens n'entendent plus

rien aux démonstrations des règles qu'ils suivent dans leurs calculs ; on
en conclut qu'ils n'en sont pas les inventeurs, ou que les Mathématiques
ont dégénéré chez eux au point qu'ils n'ont plus aucune idée des principes fondamentaux de ces pratiques qu'ils ont reçues de leurs ancêtres.

Sans entrer dans la discussion de cette opinion (ou de cette erreur),
M. Taylor nous apprend qu'il a en sa possession un livre intitulé
Udbharna, qui contient les démonstrations des règles du Lilawati. Ces
démonstrations sont une assez bonne preuve de ce qui lui a été cer-
tifié d'ailleurs, que toute cette Géométrie est fondée sur l'Algèbre, et
que les Indiens n'ont jamais rien connu des méthodes des Grecs.

Au reste, il paraît que depuis 200 ans la science mathématique et
astronomique a toujours été en déclinant chez les Indiens. Les astronomes
de l'âge présent sont profondément ignorans en Mathématiques ; ils ne
considèrent pas l'Astronomie comme science, ils se consacrent entièrement à l'étude de l'Astrologie, et n'ont d'autre ambition que celle de
devenir capables de dresser un thème de naissance, de déterminer l'heure
favorable pour un mariage, et de pouvoir pratiquer les cérémonies en
usage dans le pays.

A Poona, que l'on peut regarder comme le principal établissement
des Bramines, il y a tout au plus dix ou douze personnes qui entendent
le Lilawati ou le Bija Gannita ; et quoiqu'il y ait plusieurs astronomes
de profession à Bombay, M. Taylor n'en a pas trouvé un seul qui en-
tendît une page du Lilawati.

Chez les Brames, la dénomination de savant n'est guère donnée qu'aux
grammairiens, aux métaphysiciens et aux théologiens ; et tous ces prétendus savans s'occupent exclusivement de subtilités qui prouvent leur
ignorance entière de toute autre chose. L'Astronomie en particulier, par
la raison qu'elle s'occupe d'objets trop grossiers et trop matériels, leur
paraît indigne de leur attention, sinon en ce qui peut leur servir à pénétrer les desseins du ciel, c'est-à-dire à prévoir l'avenir. Parmi ceux
mêmes qui se livrent à l'étude de l'Astronomie et des Mathématiques, il
n'y en a aucun qui soit informé de ce qu'en ont écrit les véritables savans ;
peu même ont lu le Lilawati ; ils sont dans la persuasion que quiconque
lirait ce livre jusqu'à la fin, serait condamné à la perte de ses facultés
mentales, ou tout au moins à une perpétuelle pauvreté.

Nous allons transcrire quelques passages du Siddhanta Siromani, qui
sont curieux par eux-mêmes, et qui nous montreront combien l'opinion
des savans diffère de l'absurde doctrine des Pouranas.

Ce globe composé de terre, d'air, d'eau, d'espace et de feu, et qui est entouré de planètes, est ferme au milieu de l'espace, par sa propre puissance et sans aucun support. Si le monde avait besoin d'un support matériel, ce support en exigerait un autre, et ainsi de suite. Il faudrait toujours finir par supposer une chose qui se soutînt d'elle-même; et pourquoi cette chose ne serait-elle pas la Terre, qui est une des huit formes visibles de la Divinité ?

La Terre a un pouvoir attractif qui dirige vers elle tout corps pesant qui se trouve dans l'air, et qui fait que ce corps paraît tomber. Mais où pourrait tomber la Terre, qui n'est environnée que de l'espace ?

Les Boudhistes supposent que la Terre tombe continuellement, sans que nous puissions nous en apercevoir; ils imaginent qu'il y a deux Soleils, deux Lunes, deux zodiaques qui se lèvent alternativement.

Si la Terre paraît plane, c'est que la centième partie d'un cercle n'a pas une courbure bien sensible, et que la vue de l'homme ne s'étend qu'à un espace médiocre.

La circonférence de la Terre est de 4967 yojanas; le diamètre est de $1581 \frac{1}{14}$.

Tel est en abrégé le discours préliminaire de M. Taylor; passons à la traduction du Traité d'Arithmétique et de Géométrie.

Le Lilawati commence par des Tables des monnaies, des poids, des mesures de terre, des mesures de grains, de celles du tems, et des divisions du zodiaque.

On trouve ensuite ce principe fondamental : les nombres ont des valeurs croissant en proportion décuple, suivant la place qu'ils occupent.

Après quoi l'auteur donne les noms indiens des 17 premières puissances de 10.

Aux articles de l'addition et de la soustraction, on ne voit rien qui ne soit beaucoup plus détaillé dans le Traité de Planude.

A celui de la multiplication, on trouve quelques pratiques particulières; on y décompose le multiplicateur en plusieurs parties. Ainsi, au lieu de multiplier par 12, on multipliera par 4, et le produit par trois; ou bien par 8 et puis par 4, et l'on fait la somme des deux produits; ou enfin par 20 et par 8, et l'on prend la différence des deux produits.

Pour les méthodes réelles, ce sont celles de Planude, et conséquemment les nôtres.

Pour la division, on réduit le dividende et le diviseur, en les divisant par le facteur commun, quand ils en ont un.

Pour la formation du carré, les Indiens ont quelques pratiques qui dérivent toutes de la formule $(a+b)^2 = a^2 + 2ab + b^2$.

L'extraction de la racine carrée se fait par le procédé de Théon, qui est aussi le nôtre.

Pour la racine cubique, les Indiens ont une règle analogue tirée de la formule $(a+b)^3$. Tous les préceptes sont tellement concis, que l'on conçoit très-bien que peu de commençans puissent les entendre.

Au chapitre des fractions, rien qui ne soit dans Planude et partout.

Effets du zéro. On voit dans l'introduction que le mot *shanya* signifie cercle, zéro, vide; les Arabes ont traduit ce mot par celui de *syfr*, qui signifie vide ou rien.

Nous avons vu dans Planude que le zéro s'appelle plus ordinairement le *rien*. On trouve aussi ce mot dans Théon.

$0+n=n$; $0^2=0$; $\frac{n}{0}$ n'a pas d'autre nom que n divisé par zéro. Le commentateur ajoute que, par cette phrase, il faut entendre que le quotient est infini.

On voit ensuite une règle qui s'écrirait algébriquement $\left(\dfrac{x.0+\frac{x}{2}0}{0}\right)3=63$, ou $\frac{1}{2}x.3=\frac{3}{2}x=63$, ou $x=\frac{2.63}{9}=2.7$; les Indiens résolvent cette équation par une fausse position; d'où l'on pourrait conclure que les Indiens ont bien des pratiques qui ressemblent à l'Algèbre, mais qu'ils n'ont point de notation algébrique.

Le chapitre de l'*inversion* est une indication fort obscure des procédés qui servent à dégager l'inconnue.

Nombre posé; c'est la règle de fausse position.

Cette section se divise en plusieurs cas: on connaît une quantité, ou bien on connaît des restes ou des différences, ou une somme et une différence, ou la différence des carrés; ce sont autant de petits problèmes algébriques, tels qu'on en propose aux commençans. L'auteur donne la règle qui fera trouver l'inconnue, mais il n'en donne pas l'expression algébrique.

Multiplicateur de la racine. C'est une règle qui apprend à résoudre l'équation $x+ax^{\frac{1}{2}}=b$.

Règle de trois directe et inverse; règles de 5, 7, 9, 11 et règle d'échange. Ce ne sont que des règles de proportion plus ou moins complexes.

Quantités mêlées. Des quantités ont un rapport donné, on ne connaît que leur somme ; on montre à déterminer les quantités.

Du tems nécessaire pour remplir un étang. C'est un des problèmes de Diophante.

Acheter et vendre. Questions d'échange plus ou moins composées.

Calcul de l'or. Les indiens jugent du degré de fin à la *couleur.* Règles d'alliages.

Permutations. Rien que d'élémentaire et de bien connu.

Progressions. Sommation des nombres naturels et triangulaires.

Le D. Hutton, qui a donné toutes ces règles dans ses Traités mathématiques, nous dit qu'il est douteux que les règles de ces derniers chapitres fussent connues en Europe à la fin du 16ᵉ siècle.

Péletarius, dans son Algèbre, en 1558, a donné une Table des carrés et des cubes, et il a remarqué que la somme des cubes, en commençant par 1, est toujours un nombre carré dont la racine est la somme des racines des cubes ; c'est précisément la règle du Lilawati.

Seconde partie. Opérations géométriques.

Théorème de l'hypoténuse. Pour approcher de la racine d'un carré imparfait, on le multiplie par 10^{2n}, et quand la racine est ainsi trouvée, on la divise par 10^n.

Soient h, b, c l'hypoténuse, la base et le côté d'un triangle rectangle.

Données.	Inconnues.	
b	h et c problème indéterminé.	
$(h+b)$ et c	b	
$(h+c)$ et b	c	
$h-c$ et c	$h+c$ et h	Toutes ces questions trou-
$h+b$ et c	$h.c$ et h	vent leur solution dans le
$(d+x)=c, h+a=x$ et b	h et c	théorème du carré de l'hy-
$b+c=a$ et h	c et b	poténuse.
$b-c=d$ et h	b	

Dans tout triangle, la somme de deux côtés surpasse toujours le 3ᵉ côté.

Théorème des segmens de la base ; il est dans Ptolémée.

Relations entre l'aire, la diagonale et la perpendiculaire d'un rhombe ou d'un carré.

Des cercles.
$$\frac{5927}{1950} = \frac{\text{circonf.}}{\text{diamètre}} = \frac{31416}{10000}.$$

Aire du cercle. Solidité de la sphère.

Règle pour trouver le sinus verse par la corde ou la corde par le sinus verse.

Règles pour trouver les côtés du triangle, du carré, du pentagone, etc., inscrits et réguliers.

Méthode approximative pour calculer les cordes. Soit C la circonférence, A un arc quelconque, D le diamètre.

Prathama $= (C - A) A = CA - A^2$.

$$\text{Corde} = \frac{(C-A)\,A.\,4D}{-(C-A)A + \frac{1}{4}C^2} = \frac{4D}{-1 + \frac{1}{4}\frac{C^2}{(C-A)A}} = \frac{4D}{-1 + \frac{3}{4}\frac{C^2}{(C-A)A}}.$$

Soit D le diamètre $= 240$, $C = 754$, $\frac{C}{18} = 41,9$ presque; les 18 arcs qui partagent également la circonférence seront des arcs de 20°, mais en parties de 754; ils seront en nombres entiers 42, 84, 126, 168, 210, 251, 293, 335, 377, 419, 461, 503, 545, 587, 628, 670, 712 et 754.

Cette expression, suivant le D. Hutton, donne les cordes un peu trop grandes. Si l'arc est de 2°, l'excès sera $\frac{1}{78}$; il sera $\frac{1}{148}$ pour un arc de 30°. On ne voit pas trop où ils ont pris cette règle, de laquelle ils ont tiré une pratique pour résoudre une équation du second degré. Voyez Hutton, 2e vol., pag. 158.

On trouve ensuite quelques règles approximatives de cubatures sous les titres *étangs*, *briques et pierres d'un mur*, *coupes des bois* et *tas*. Ils supposent que, suivant la quantité du grain, la hauteur du tas sera $\frac{1}{9}$, $\frac{1}{11}$ et $\frac{1}{7}$ de la circonférence.

Ombres d'un gnomon. On y trouve ce problème plus singulier que vraiment utile : Etant donnée la différence de deux ombres et celle de leurs hypoténuses, trouver les deux ombres.

On a les différences, il suffit de chercher les sommes; on y parvient aisément. Soit a le gnomon, $2b$ la différence des ombres, $2c$ celle des hypoténuses, $2x$ la somme des deux ombres, $2y$ somme des hypoténuses, $x + b$ et $x - b$ seront les deux ombres, $y + c$ et $y - c$ les deux hypoténuses.

$$x = c \left(1 + \frac{a^2}{b^2 - c^2} \right)^{\frac{1}{2}} ; \; y = b \left(1 + \frac{a^2}{b^2 - c^2} \right)^{\frac{1}{2}}.$$

Cette solution est identique à la règle indienne : au lieu d'y employer l'analyse, on peut recourir à la Trigonométrie; alors les deux ombres seront les tangentes des distances zénitales A et B; les deux hypoténuses seront les sécantes des mêmes angles; nous aurons

$$\operatorname{tang} A - \operatorname{tang} B = b = \frac{\sin(A-B)}{\cos A\cos B};$$

$$\cos A\cos B = \frac{\sin(A-B)}{b} = \frac{2\sin\frac{1}{2}(A-B)\cos\frac{1}{2}(A-B)}{b};$$

$$\operatorname{séc} A - \operatorname{séc} B = c,$$

$$\operatorname{tang}^2 A + \operatorname{tang}^2 B - 2\operatorname{tang} A\operatorname{tang} B = b^2,$$

$$\operatorname{séc}^2 A + \operatorname{séc}^2 B - 2\operatorname{séc} A\operatorname{séc} B = c^2,$$

$$2 + 2\operatorname{tang} A\operatorname{tang} B - 2\operatorname{séc} A\operatorname{séc} B = c^2 - b^2,$$

$$1 - \operatorname{séc} A\operatorname{séc} B + \operatorname{tang} A\operatorname{tang} B = \frac{c^2 - b^2}{2},$$

$$\cos A\cos B - 1 + \sin A\sin B = \left(\frac{c^2 - b^2}{2}\right)\cos A\cos B,$$

$$1 - \cos(A-B) = 2\sin^2\tfrac{1}{2}(A-B) = \left(\frac{b^2 - c^2}{2}\right)\cos A\cos B,$$

$$\cos A\cos B = \left(\frac{b^2 - c^2}{2}\right)\cdot\frac{2\sin\frac{1}{2}(A-B)\cos\frac{1}{2}(A-B)}{b};$$

d'où

$$\operatorname{tang}\tfrac{1}{2}(A-B) = \frac{(b+c)(b-c)}{2b}\ \dots\dots\dots\dots(1)$$

$$b = \frac{1}{\cos A} - \frac{1}{\cos B} = \frac{\cos B - \cos A}{\cos A\cos B} = \frac{2\sin\frac{1}{2}(A-B)\sin\frac{1}{2}(A+B)}{\cos A\cos B},$$

$$\cos A\cos B = \frac{c}{b}\,2\sin\tfrac{1}{2}(A-B)\cos\tfrac{1}{2}(A-B) = 2\sin\tfrac{1}{2}(A-B)\sin\tfrac{1}{2}(A+B);$$

$$\sin\tfrac{1}{2}(A+B) = \left(\frac{c}{b}\right)\cos\tfrac{1}{2}(A-B)\ \dots\dots\dots\dots\dots\dots(2);$$

connaissant $\frac{1}{2}(A+B)$ par la formule (2), et $\frac{1}{2}(A-B)$ par la formule (1), on aura les deux distances, les deux ombres ou les deux tangentes, et les deux sécantes ou les deux hypoténuses ; on n'en aurait aucun besoin pour connaître l'heure ; mais les Indiens ne savaient pas calculer le triangle sphérique : d'ailleurs, on peut bien avoir la différence des deux ombres, mais comment avoir celle des hypoténuses ? Ce problème n'est donc qu'un amusement ; les Indiens ne pouvaient chercher les angles au sommet du gnomon, ni les angles aux deux ombres.

A ce problème inutile ils en ont attaché plusieurs autres qui ne sont pas plus intéressans et qui sont plus faciles. Ils supposent que l'ombre du gnomon est produite par une lampe placée derrière à une certaine distance ; ce sont des problèmes de triangles rectangles semblables dont les côtés inconnus se calculent par des règles de trois.

Troisième partie. Du Kutuka, c'est-à-dire en général des problèmes indéterminés du premier degré.

Voici le premier. Trouver x tel que $\dfrac{ax+b}{c} = e$, c'est-à-dire un nombre entier.

On trouve aisément $x = \dfrac{ec-b}{a}$; il s'agit donc de trouver un nombre entier e qui, multiplié par c, deviendra divisible exactement par a quand on aura retranché b du produit ec.

Il y a des kutukas de plusieurs espèces : celui qu'on appelle *fixé* sert aux astronomes pour trouver le nombre de jours écoulés depuis le commencement du calpa.

On ne connaît que la fraction de seconde qui termine le mouvement de la planète dans l'intervalle écoulé.

De cette fraction on remonte aux secondes, aux minutes, aux degrés, au nombre de révolutions et par conséquent au nombre de jours; on n'a pas même besoin de savoir la planète dont il s'agit; le calcul la fera découvrir. On trouve en note un exemple du calcul; je n'ai pas eu le courage de le vérifier. On voit que ce problème n'est pas d'une grande utilité, et, dans tous les cas, il ne convient qu'à l'Astronomie indienne.

Quatrième partie. Des transpositions ou permutations.

Il s'agit de trouver en combien de manières on peut arranger un nombre de chiffres donné, et jusque-là, il n'y a rien que de très-ordinaire; mais on demande en outre qu'elle somme formeront toutes les sommes partielles que composeront ces chiffres dans toutes leurs permutations. La solution est aussi simple qu'on puisse le desirer; si ce problème n'est pas utile, on ne peut nier qu'il ne soit curieux.

L'ouvrage est terminé par un appendice sur la manière dont on enseigne aujourd'hui l'Arithmétique dans les écoles indiennes. Les jeunes élèves s'instruisent les uns les autres, et l'ordre qui règne en ces écoles a beaucoup d'analogie avec celui des écoles modernes établies depuis peu en Angleterre et dans plusieurs états de l'Europe, et que l'on cherche à introduire en France.

Le Lilawati, en ce qui concerne l'Arithmétique, n'a que deux avantages sur le traité de Planude, c'est qu'il est d'un indien, et qu'il est plus ancien d'environ 200 ans; car du reste les opérations et les démonstrations sont bien plus détaillés dans l'ouvrage du moine grec.

L'Algèbre de Bhascara Akarya est plus étendue, plus riche en problèmes que le livre de Planude, qui n'a résolu que deux questions en tout; mais les autres qu'on trouve dans le Lilawati ne supposent pas de connaissances plus relevées. Si la science des Indiens est toute entière dans le livre dont on vient de voir l'extrait, on ne concevra guère comment ce peuple aurait pu avoir une Astronomie véritable et qui lui appartînt. Ses notions algébriques ne sont guère plus variées ni plus profondes, ses notions géométriques ne s'étendent qu'aux trois côtés du triangle rectangle, et au théorème des triangles semblables dont les côtés semblables sont proportionnels. Ajoutez-y celui des segmens de la base d'un triangle quelconque et un seul théorème trigonométrique, vous aurez toute la Géométrie des Indiens ; car je ne parle pas de leur règle inexacte pour trouver la corde d'un arc quelconque. Nous conclurons avec M. Taylor, que la lecture de cet ouvrage n'est guère propre à nous faire admettre comme fondées leurs prétentions au titre d'inventeurs. Il faut avouer en même tems que le Sourya Siddhanta renferme plusieurs propositions omises ou ignorées par Bhascara Akarya. Il est à desirer pourtant que M. Taylor, qui possède le Siddhanta Siromani, nous en donne une traduction; il est à croire qu'elle ne modifiera pas sensiblement l'opinion que nous nous sommes faite du savoir des Indiens ; mais elle déciderait irrévocablement une question qui au reste ne semble plus douteuse.

CHAPITRE VI.

Bija Ganita.

LE Bija Ganita, dont il est question plusieurs fois dans le chapitre précédent, est, comme nous avons dit, un traité d'Algèbre, dont la traduction, imprimée en 1813, nous est parvenue l'année suivante. Le frère du traducteur a eu la complaisance de m'en adresser un exemplaire, duquel je vais extraire tous les passages qui ont quelque rapport à l'Arithmétique ou à l'Astronomie des Indiens, et dont l'équivalent ne se trouve pas dans le Lilawati. M. Strachey avoue, dans son Introduction, qu'il n'a point étudié le sanscrit.

« Ce qui fait l'incertitude et la difficulté de ces recherches, c'est que les vieux manuscrits des livres de mathématiques en sanscrit sont excessivement rares, et que dans les derniers tems, les idées des Grecs, des Arabes et des Européens modernes ont été introduites dans les livres sanscrits. Il n'est pourtant pas impossible de distinguer ce qui appartient véritablement aux Indiens, d'avec ce qu'ils ont pu emprunter aux autres nations. »

L'Astronomie des Indiens était en partie fondée sur l'Algèbre. Bhascara dit quelque part qu'il serait aussi absurde de vouloir écrire sur l'Astronomie sans connaître l'Algèbre, qu'il le serait de faire des vers sans aucune connaissance de la grammaire.

M. Davis avait extrait un livre moderne d'Astronomie qu'il croit composé du tems du Jy Sing, qui régnait de 1694 à 1744. On y voyait que Bhascara calculait les sinus et les cosinus d'après les principes des équations indéterminées du second degré; on y trouvait les racines approchées des carrés imparfaits, par des équations indéterminées du premier degré. On cite cette époque comme celle de l'introduction de la science européenne.

« Nous voyons chez les Indiens, dans le 12ᵉ siècle, des notions d'Algèbre qui étaient alors totalement ignorées en Europe; nous voyons que les calculs astronomiques des Indiens étaient fondés sur ces règles algébriques. Il n'est donc pas possible de douter que les Indiens n'aient eu fort anciennement des connaissances en Mathématiques. »

Notre intention n'a jamais été de nier que les Indiens aient fait d'eux-mêmes des progrès assez remarquables dans la science du calcul, ni même qu'ils aient eu fort anciennement quelques notions vagues d'Astronomie; nous croyons avoir prouvé qu'ils n'avaient ni Trigonométrie, ni Astronomie mathématique, ni instrumens; qu'on ne pouvait citer d'eux aucune observation, aucune méthode exacte, aucune détermination sûre et précise. Bhascara, qui vivait dans le 12ᵉ siècle, ne peut en rien infirmer ce qui est établi par tant de preuves pour des tems antérieurs.

On voit au commencement du Bija Ganita que les Indiens, quoiqu'ils n'eussent aucun signe, aucun caractère qui remplaçât le $+$ et le $-$ des modernes, connaissaient cependant ces deux règles que le produit de deux quantités positives ou toutes deux négatives, était positif, et que le produit d'une quantité positive par une négative, était négatif; que tout carré était positif; mais que la racine d'un carré pouvait avoir le signe $-$ aussi bien que le signe $+$, *suivant les circonstances*, et enfin que la racine d'un carré négatif était une chose absurde.

On ne voit point ici de caractère pour exprimer les inconnues; ils les désignaient par des noms de couleurs. Une seconde inconnue s'appelait *noir*, une troisième *bleu*, une quatrième *jaune*, une cinquième *rouge*. Il en résulterait, ce me semble, que les Indiens avaient le fond de la science algébrique, mais qu'ils n'en possédaient pas véritablement la notation. Nous n'avons trouvé que des règles et nulle formule dans le Lilawati; nous n'en trouverons pas davantage dans le Bija.

La multiplication des couleurs se fait comme la multiplication des nombres complexes. M. Strachey ne nous dit pas comment se nommait la première inconnue; supposons qu'elle s'appelât *blanc*, on voit un exemple de multiplication de (3 blancs $+$ 2 noirs $+$ 1 bleu $+$ 1) par ($3^{blancs} + 2^n + 2^{bleu} + 1$), c'est-à-dire la formation du carré; elle se fait comme celle de $3^t 2^u 1^{po} 1^{li}$, dans notre ancien toisé, ou si l'on veut, comme celle de $(5x + 2y + 2z + 1)^2$, et c'est ainsi que M. Strachey la présente.

On voit ensuite une arithmétique des radicaux; on ne nous dit pas si les Indiens avaient un signe radical; il y a grande apparence que non. Le traducteur emploie ce signe; il montre comment on faisait l'addition, la soustraction, la réduction, la multiplication, la division; comment on en trouvait les carrés et les racines, et ces méthodes sont celles que nous employons nous-mêmes, soit qu'elles nous soient venues de l'Inde, soit que nous les ayons imaginées de notre côté, ce qui me paraît probable.

Les occasions d'employer ces règles sont assez rares dans l'analyse moderne ; mais il n'est aucun géomètre qui ne puisse trouver toutes ces règles aussitôt qu'elles lui seront nécessaires, sans jamais en avoir fait aucune étude.

On trouve ensuite des procédés pour obtenir la solution des questions du genre $ax + b =$ nombre carré ; on y voit des multiplications en croix. Planude les désigne sous le nom de χιασμός.

Tout ce que nous venons d'extraire est de l'introduction.

Bija Ganita. Livre I. *De l'égalité de l'inconnue avec un nombre.*

On y voit des équations du premier degré ; on enseigne à trouver des nombres dont la somme et la différence sont des carrés, et le produit un cube ; deux nombres dont la somme des cubes sera un carré, et la somme des carrés un cube ; des problèmes qui se résolvent par le carré de l'hypoténuse ou par la propriété des triangles semblables.

Livre II. *De l'interposition de l'inconnue.* On y résout entre autres l'équation $x^4 - 400x - 2x^2 = 9999$, mais d'une manière indirecte. Ces questions, ajoute l'auteur, dépendent du génie du calculateur et de l'assistance de Dieu. Les Indiens avaient l'équivalent des deux expressions

$$\frac{a+b}{2} + \frac{a-b}{2} = a, \qquad \frac{a+b}{2} - \frac{a-b}{2} = b ;$$

les grecs les avaient de même.

Livre III. *Comment plusieurs couleurs peuvent être égales les unes aux autres.* $5x + 8y + 7z + 90 = 7x + 9y + 6z + 6z.$

Livre IV. *De l'interposition de plusieurs couleurs.* Rien que des carrés et des cubes.

Livre V. *Équation des rectangles.* $4x + 5y + z = xy.$

Note de M. Burrow sur le Kutuka fixé. Un astre fait 37 révolutions en 49 jours et autant de nuits. Combien en fera-t-il en 17 jours. Réponse 12 révol. $10^f 1^\circ 15' 28'' \frac{8}{49}$. Si tout était perdu, excepté $\frac{8}{49}$, comment ferait-on pour retrouver tout le reste ? On ferait $\frac{6ax - 8}{49} = y$; d'où $x = 23$, $y = 28''$, alors $\frac{6ax' - 23}{49} = y'$; on aurait de même x' et y', et ainsi de suite.

Notes de M. Davis tirées d'un traité moderne d'Astronomie.

Par la méthode de Jeist et du Canist, si l'on a deux sinus, il est aisé de trouver les autres, quand on connaît la nature du cercle ; et ainsi par l'addition des *sourds*, on peut trouver la somme et la différence de l'arc, et son sinus peut être calculé.

Bhascara calculait les sinus par la règle $\sin(A \pm B) = \sin A \cos B \pm \cos A \sin B$, et par la formule analogue de $\cos(A \pm B)$. La première de ces formules avait son analogue chez les Grecs; la seconde leur était inutile. Bhascara savait que $\sin^2 A + \cos^2 A = 1$. Les Grecs le savaient de même.

Les Munis ont déterminé les équations du centre des planètes, ce qui ne peut se faire qu'à l'aide des sinus.

« Dans l'*Abekt*, ou lettres symboliques, c'est-à-dire dans l'*Algèbre*, on trouve le calcul des *sourds*, c'est-à-dire des radicaux. »

Ce passage paraît prouver que les Indiens avaient une notation algébrique, ce qui nous avait paru douteux jusqu'ici.

On ne peut avoir numériquement la racine exacte d'un sourd, mais on peut la démontrer géométriquement.

Les Indiens avaient donc une Algèbre du premier et du second dégrés; ils savaient résoudre des problèmes indéterminés; ils sont arrivés d'eux-mêmes à ces connaissances; ils sont les auteurs du système d'Arithmétique universellement reçu aujourd'hui; leur Géométrie se réduit à fort peu près aux théorèmes de l'hypoténuse et des triangles semblables : voilà ce qui paraît leur appartenir. Mais à quelle époque étaient-ils arrivés à ce point? c'est ce qu'on ignore; on peut supposer que c'est au plus tard dans le courant du 11ᵉ siècle, car les traités de Bhascara avaient fait oublier des ouvrages plus anciens, qu'on peut croire composés dans le siècle précédent.

FIN DU PREMIER VOLUME.

DE L'IMPRIMERIE DE Mᵐᵉ Vᵉ COURCIER.

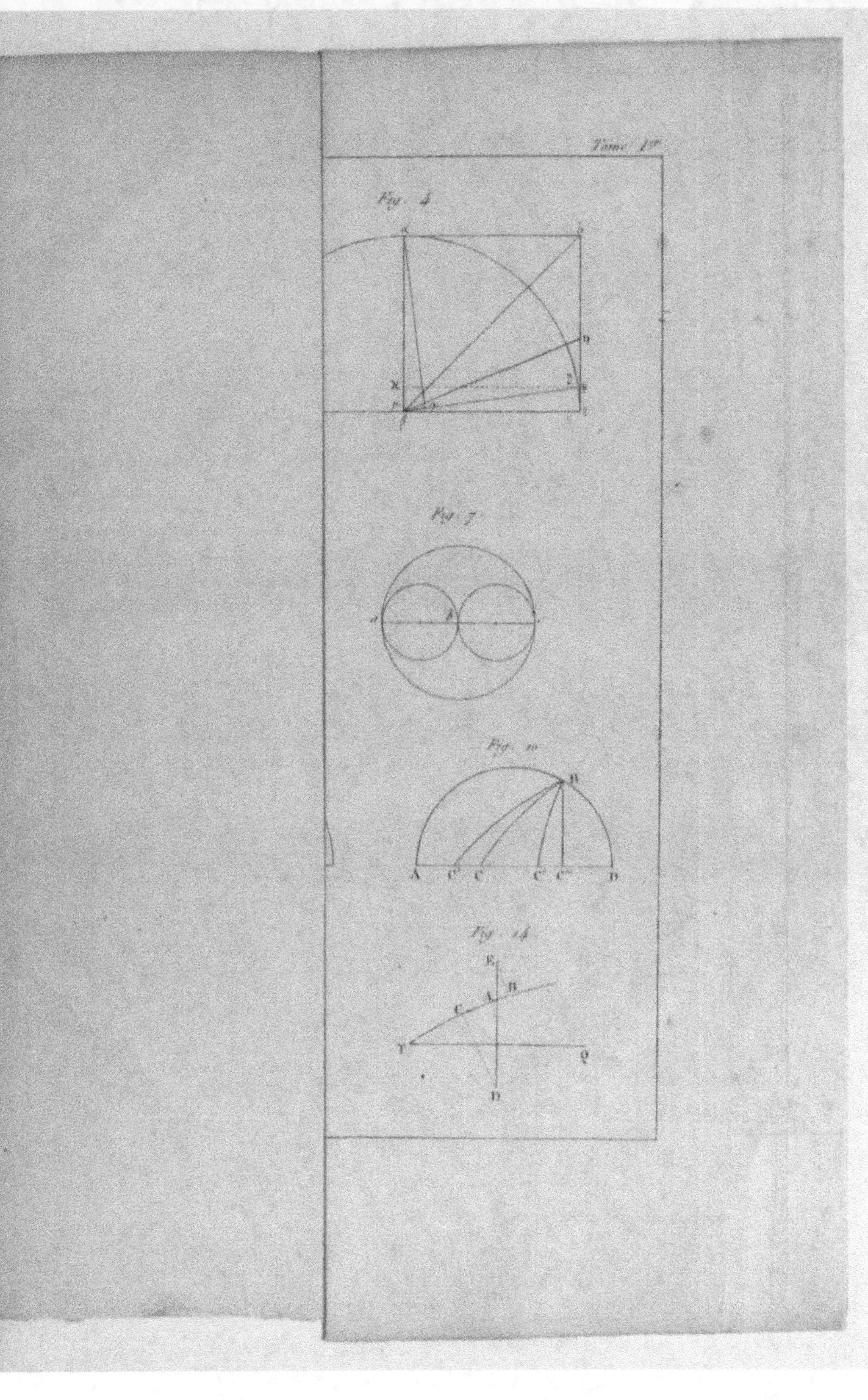
Fig. 4
Fig. 7
Fig. 10
A C' C C' C'' D
Fig. 14
E
C A B
F
N
O

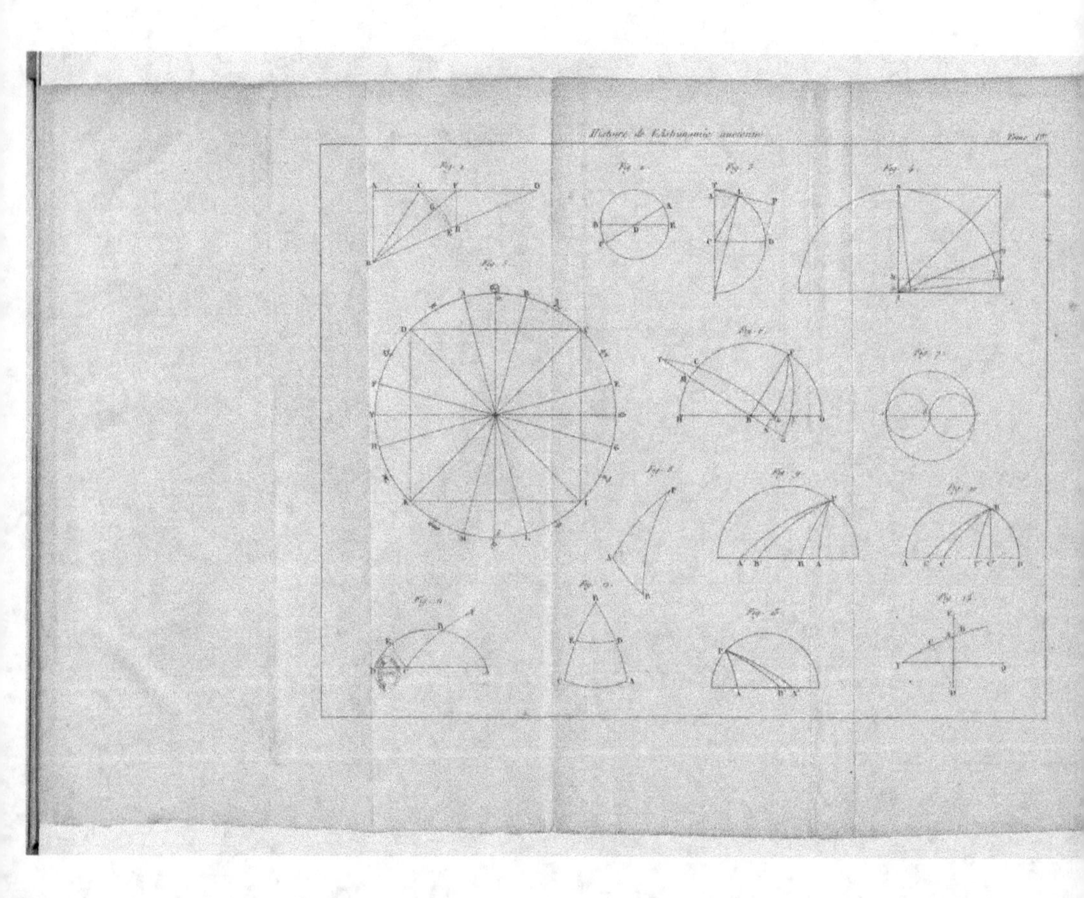

www.ingramcontent.com/pod-product-compliance
Lightning Source LLC
LaVergne TN
LVHW021920060726
842528LV00001B/42